KB213674

미 래 의   물 리 학

PHYSICS OF THE FUTURE

Korean translation copyright ⓒ 2012 by Gimm-Young Publishers Inc.
Korean translation rights arranged with Stuart krichevsky Literary Agency, Inc.
through EYA(Eric Yang Agency).

미래의 물리학

1판 1쇄 발행 2012. 9. 27.
1판 13쇄 발행 2023. 12. 29.

지은이 미치오 카쿠
옮긴이 박병철

발행인 고세규
발행처 김영사
등록 1979년 5월 17일(제406-2003-036호)
주소 경기도 파주시 문발로 197(문발동) 우편번호 10881
전화 마케팅부 031)955-3100, 편집부 031)955-3200
팩스 031)955-3111

값은 뒤표지에 있습니다.
ISBN 978-89-349-5882-6 03400

홈페이지 www.gimmyoung.com   블로그 blog.naver.com/gybook
인스타그램 instagram.com/gimmyoung   이메일 bestbook@gimmyoung.com

좋은 독자가 좋은 책을 만듭니다.
김영사는 독자 여러분의 의견에 항상 귀 기울이고 있습니다.

PHYSICS OF THE FUTURE

미래의 물리학

미치오 카쿠 지음·박병철 옮김

김영사

마음을 다스리는 자가 미래를 다스릴 것이다.

_윈스턴 처칠Winston Churchill

3장 의학의 미래 완벽, 그리고 그 이상의 육체

4장 나노테크놀로지 모든 것은 무(無)에서 탄생한다?

앞으로의 100년

　나의 인생은 어린 시절에 겪었던 두 가지 경험으로부터 결정되었
다고 해도 과언이 아니다. 첫 번째 경험은 내가 여덟 살 때 겪었는
데, 어느 날 학교에 갔더니 선생님들이 한자리에 모여 "세계에서 가
장 위대한 과학자가 죽었다"며 웅성거리고 있었다. 그날 저녁 신문
에는 그 과학자의 연구노트가 놓여 있는 책상 사진이 1면을 장식했
고, 그 아래에는 우리 시대의 가장 위대한 과학자가 필생의 과업을
이루지 못한 채 세상을 떠났다는 설명이 붙어 있었다. 나는 신문을
읽으며 혼자 생각에 잠겼다. 대체 얼마나 어려운 일이었기에 가장
뛰어난 과학자조차 끝내지 못했을까? 그 과업이라는 것이 얼마나
복잡하고 얼마나 중요한 일이었을까? 나에게 그것은 미스터리 살인
사건보다 흥미로웠고, 그 어떤 모험담보다 매력적인 이야기였다. 나
는 그 과학자의 노트에 무엇이 적혀 있었는지 알고 싶어 안달이 날
지경이었다.
　얼마 후 나는 그 과학자의 이름이 알베르트 아인슈타인(Albert

Einstein)이며, 끝내지 못한 연구과제가 '만물의 이론(theory of everything)'이었음을 알게 되었다. 아마도 그는 1인치 남짓한 길이의 방정식으로 우주의 비밀을 풀어서 "신의 마음을 읽으려는" 시도를 한 것 같았다.

나의 삶을 바꾼 또 하나의 중요한 경험은 토요일 아침 TV에서 방영하던 SF 만화영화 〈플래시 고든(Flash Gordon)〉 시리즈의 버스터 크래브(Buster Crabbe)와 함께 찾아왔다. 외계인과 우주선, 광선총, 우주전쟁, 해저도시, 그리고 온갖 괴물들이 난무하는 그 환상적인 장면에 완전히 매료되어, 매주 토요일마다 이 프로를 방영할 때면 나의 코는 TV 화면에 거의 붙어 있다시피 했다. 그것은 내가 처음으로 접한 미래의 세계였고, 어린 소년의 상상력을 자극하기에 조금도 부족함이 없었다. 그 영향인지는 모르겠으나, 지금도 나는 미래를 떠올릴 때마다 어린애 같은 상상에 빠지곤 한다.

그러나 시리즈를 다 보고 난 후, 나는 새로운 사실을 깨달았다. 만화에서 온갖 칭송을 한몸에 받는 주인공은 고든이었지만, 시리즈를 통틀어 가장 중요한 역할을 했던 인물은 단연 '자코프 박사(Dr. Zarkov)'라는 과학자였다. 우주로켓과 투명망토, 하늘도시의 에너지원 등이 모두 자코프 박사의 작품이었기 때문이다. 결국 과학자가 없으면 미래도 없는 셈이었다. 잘생긴 주인공이 대중들 앞에서 한껏 폼을 잡는 동안, 무명의 과학자들은 그런 것에 아무런 관심도 없이 자신의 연구에만 몰두하는 것 같았다. 나는 인간의 미래를 바꿀 경이로운 발명품들이 바로 그런 사람들의 손에 의해 만들어진다는 사실을 깨달았다.

세월이 흘러 고등학생이 되었을 때 나는 영웅이 아닌 위대한 과학자들의 길을 따라가기로 마음을 굳혔고, 그와 동시에 내가 알고 있는 과학지식이 과연 올바른 것인지 시험해보고 싶어졌다. 이 세상을 바꿀 과학의 장에 직접 참여하고 싶었던 것이다. 나는 여러 가지 요소를 고려한 끝에 원자충돌기(atom smasher)를 만들기로 결정했다. 어머니에게 "창고에서 230만 전자볼트(eV)짜리 입자가속기를 만들어도 되겠느냐"고 말씀드렸더니, 처음에는 대경실색했으나 결국은 허락해주셨다. 그후로 나는 웨스팅하우스(Westinghouse) 사와 베리언 어소시에이츠(Varian Associates) 사를 부지런히 드나들며 변압기 부속품 180킬로그램과 구리선 35킬로미터를 구해다가 우리 집 창고에서 베타트론(betatron, 원궤도를 따라 하전입자를 가속시키는 장치 — 옮긴이)을 조립하기 시작했다.

그전에 나는 강한 자기장 속에서 반물질의 궤적을 추적하는 안개상자(cloud chamber)를 만든 적이 있었다. 그러나 반물질의 사진을 찍는 것만으로 만족할 수 없었던 나는 반물질로 이루어진 빔을 만들기로 했다. 그때 사용했던 자기코일은 1만 가우스(gauss)의 강한 자기장을 생성하여 주변사람들의 간담을 서늘하게 만들었다(이 정도면 손에 쥐고 있는 망치가 날아갈 정도로 강한 자력을 발휘한다). 가속기는 우리 집에서 사용하는 전력의 대부분(6킬로와트)을 잡아먹었는데, 가속기의 스위치를 올리면 집 안의 모든 퓨즈가 순식간에 끊어지면서 암흑천지가 되곤 했다(우리 어머니는 야구나 농구를 좋아하는 아들을 둔 이웃집 부모들을 몹시 부러워했을 것이다).

이처럼 나의 인생은 "우주를 다스리는 모든 물리학법칙을 하나의 이론으로 통일하기"와 "미래 미리 보기"라는 두 가지 열정으로 일관해왔다. 그리고 나는 이 두 가지가 서로 상보적이라는 사실도 알게 되었다. 미래를 정확하게 예측하려면 자연의 법칙을 정확하게 이해해야 한다. 미래의 문명은 각종 발명품과 기계 및 의술에 과학이 응용되면서 그 형태가 좌우되기 때문이다.

그동안 수많은 사람들이 미래세계를 예측해왔고, 개중에는 매우 날카롭고 유용한 지적도 많이 있었다. 그러나 그들은 주로 역사학자나 사회학자, 공상과학 작가, 미래학자 등 첨단과학 지식을 직접 접하지 않는 사람들이었다. 정작 실험실에서 미래를 창조하고 있는 과학자들은 연구에 너무 바빠서 대중들을 위한 책을 집필할 시간이 없었다.

그런 점에서 이 책은 나름대로 특징을 갖고 있다. 나는 이 책이 경이로운 과학적 발견을 조망하고 100년 후(서기 2100년)의 미래를 실감나게 예측하는 '과학전문가의 책'으로 평가 받기를 희망한다.

물론 미래를 정확하게 예측하기란 누구에게나 어려운 일이다. 내 생각에 우리가 할 수 있는 최선은 최첨단의 연구현장에서 미래를 만들어가고 있는 과학자들의 마음을 그려보는 것이다. 그들은 문명에 일대 혁명을 몰고 올 다양한 도구와 실험을 개발하는 사람들이며, 이 책에는 바로 그들의 이야기가 담겨 있다.

나는 운 좋게도 그 혁명적인 변화를 객석 제일 앞자리에 앉아 생생하게 목격하는 행운을 누렸다. 그동안 나는 TV와 라디오를 통해 300명이 넘는 세계 최고의 과학자 및 철학자들과 인터뷰를 했고, 카메라맨을 대동하고 그들의 연구실을 직접 찾아가 사방을 돌아다니며 한창 개발 중인 발명품을 촬영하기도 했다. BBC-TV와 디스커버리 채널, 그리고 사이언스 채널에서 제작한 각종 과학 프로그램에 출연하여 다양한 발명품과 새로운 발견을 소개한 것은 나로서는 더

할 나위 없는 영광이었다. 나는 주 연구 분야인 끈이론을 잠시 접고 미래를 개척하고 있는 첨단과학자들과 인터뷰를 하면서, 내가 과학자라는 사실에 다시 한 번 자부심을 느꼈다. 나는 어린 시절의 꿈을 이룬 운 좋은 사람들 중 하나이다.

이 책의 주제인 '미래'는 앞서 출간했던 나의 전작에서 이미 다룬 적이 있지만, 구체적인 내용은 사뭇 다르다. 《아인슈타인을 넘어서(Beyond Einstein)》와 《초공간(Hyperspace)》, 그리고 《평행우주(Parallel Worlds)》에서는 나의 전공분야인 이론물리학의 새롭고 혁명적인 아이디어들을 소개했고, 《불가능은 없다(Physics of Impossible)》에서는 최근 물리학계에서 이루어진 일련의 발견들이 공상과학을 현실로 만들어줄 것이라는 데 초점을 맞추었다.

이 책은 향후 수십 년 동안 과학의 발전상을 예측했던 나의 전작 《비전(Vision)》과 비슷하다. 나는 그 책에서 예견했던 내용들이 조금씩 실현되는 모습을 보면서 나름대로 뿌듯함을 느끼고 있다. 《비전》은 내가 인터뷰했던 과학자들의 이야기에 기초한 것이므로, 책의 신뢰도를 좌우하는 것은 그들의 지혜와 통찰력이었다.

그러나 이 책에서는 훨씬 포괄적인 관점으로 미래를 조명하고자 한다. 여기 거론되는 과학기술은 실현될 때까지 거의 100년 이상 걸리는 것들이다. 앞으로 100년 동안 우리에게 주어진 도전과제를 어떻게 해결하느냐에 따라 인류의 미래는 크게 달라질 것이다.

향후 100년 예견하기

물론 이것은 결코 쉽지 않은 과제이다. 100년은 고사하고 단 몇 년을 내다보는 것도 엄청나게 어렵다. 그러나 지금 개발되고 있는 기술에 의해 인류의 미래가 드라마틱하게 바뀐다고 상상해보라. 어떤 미래가 기다리고 있는지 궁금하지 않은가? 불가능이 가능해진 미래는 상상만 해도 즐겁다. 예측이 조금 틀렸다고 해도 큰 문제는 없을 것이다.

1863년, 소설가 쥘 베른(Jules Verne)은 자신의 예측능력을 총동원하여 일생일대의 역작인《20세기 파리(Paris in Twentieth Century)》를 탈고했다. 이 원고는 세상에 발표되지 않은 채 서랍 깊숙이 숨어 있다가 130년이 지난 후 그의 증손자에 의해 발견되어 1994년에 출판되었고, 발표와 동시에 베스트셀러가 되었다.

1863년은 황제와 왕들이 국가를 통치하던 시대로서 가난한 소작인들은 1년 내내 중노동에 시달렸다. 당시 미국은 내전을 겪으면서 온 나라가 황폐화되었고, 갓 발명된 증기기관에 의해 산업혁명이 촉발되던 시기였다. 그러나 베른은 소설 속에서 유리로 된 고층빌딩과 에어컨, TV, 엘리베이터, 고속열차, 가솔린 자동차, 팩스 등의 출현을 예견했고 심지어는 지금의 인터넷과 비슷한 통신망까지 등장시켰다. 그가 예견한 20세기 파리의 모습은 혀를 내두를 정도로 정확하다.

이것은 결코 우연의 일치가 아니었다. 쥘 베른은《20세기 파리》를 탈고하고 불과 2년 만에 또 하나의 역작인《지구에서 달까지(From the Earth to the Moon)》를 발표했는데, 우주인을 달까지 보내는 방법이 매우 현실적이고 구체적이어서 읽는 사람들을 또 한 번 놀라게 한다. 인간이 실제로 달에 간 것은 그로부터 100년 이상 지난 1969년이었으니, 그의 선견지명은 정말로 탁월했다. 예를 들어 책에 등장하는 달착륙선의 크기는 실제와 불과 몇 퍼센트밖에 차이 나지 않을 정도로 정확했으며, 발사 장소와 승무원 수, 항해 소요시간, 우주공간에서 겪게 될 무중력상태, 그리고 마지막에 바다로 귀환하는 장면까지 실제와 거의 비슷하게 진행된다(실제와 유일하게 다른 부분은 로켓연료가 아닌 화약으로 우주선을 추진했다는 점이다. 그러나 우주선에 사용되는 액체연료는 소설이 발표되고 70년이나 지난 후에 발명되었다).

쥘 베른은 100년 후의 세상을 어떻게 그토록 정확하게 예견할 수 있었을까? 베른의 전기를 읽어보면 그는 과학자들과 끊임없이 만나면서 그들이 생각하는 미래상을 소설 곳곳에 심어놓았음을 알 수 있다. 베른은 과학자가 아니었지만, 그 무렵에 이루어진 위대한 과학적 발견들에 대하여 전문가 못지않은 식견을 갖고 있었다. 또한 그는 과학이 인류의 문명을 발전시키는 엔진이며, 다가올 세기에 놀라운 기적을 일으킨다는 것을 이미 알고 있었다. 베른이 미래를 놀라울 정도로 정확하게 예측할 수 있었던 것은 과학의 위력을 그만큼 깊이 인지하고 있었기 때문이다.

쥘 베른 이전에 또 한 사람의 위대한 예언자가 있었으니, 그가 바로 화가이자 사색가이자 탁월한 공학자였던 레오나르도 다빈치(Leonardo da Vinci)이다. 그는 1400년대 말기에 장차 하늘을 뒤덮게 될 여러 장치의 설계도를 아름답고도 정확하게 그려놓았는데, 그중에는 낙하산과 헬리콥터, 행글라이더, 심지어는 비행기까지 있다. 더욱 놀라운 사실은 이 물건들 중 상당수가 실제로 작동했다는 점이다(안타깝게도 다빈치의 비행기는 엔진이 없어서 작동하지 않았다. 만일 그 시대에 1마력짜리 엔진만 있었다면 다빈치는 라이트형제의 영광까지 빼앗아갔을 것이다).

이뿐만이 아니다. 다빈치는 동시대의 공학자들보다 150년이나 앞서 계산기의 설계도까지 그려놓았다. 1967년에 발견된 그의 설명서를 해독한 결과, 다빈치의 계산기는 13자리 숫자의 덧셈까지 계산할 수 있었던 것으로 밝혀졌다. 크랭크(crank)를 돌리면 안에 있는 기어들이 순차적으로 맞물려 돌아가면서 계산을 수행하는 식이다(이 기계는 1968년에 원래 설계도와 동일하게 만들어졌고, 실제로 훌륭하게 작동했다).

다빈치는 전쟁무기도 많이 발명했는데, 그중에서 1950년대에 발견된 갑옷도 우리의 시선을 끈다. 이 갑옷은 입은 채로 자유롭게 앉을 수 있고 팔과 목, 심지어는 턱까지 움직일 수 있도록 설계되어 있다(이것도 뒤늦게 실물로 만들어졌는데, 설계도에 적힌 설명대로 완벽하게 작동했다).

쥘 베른과 마찬가지로 다빈치도 시대를 크게 앞서간 선구자였으며, 새로운 혁신의 최첨단에 섰던 몇 안 되는 인물들 중 하나였다. 게다가 그는 모든 발명품의 설계도를 그리고 직접 제작한 후 성능을 실험하는 3단계를 빠짐없이 거쳤다. 이것은 머릿속에 떠오른 생각을 구현하는 데 반드시 필요한 과정이다.

쥘 베른과 레오나르도 다빈치의 탁월한 선견지명을 접하다 보면 한 가지 질문이 자연스럽게 떠오른다. 우리도 2100년의 세계를 예측할 수 있지 않을까? 베른과 다빈치가 그랬던 것처럼, 이 책에서는 장차 인류의 미래를 바꿔놓을 최첨단 기술과 그 시제품들을 면밀하게 분석할 것이다. 이 책은 할리우드 시나리오작가들의 과도한 상상력이 낳은 부산물이 아니라, 현재 실험 중인 과학기술에 초점을 맞춘 과학서적임을 강조하고 싶다.

첨단기술의 시제품은 대부분 이미 만들어져 있다. 소설 《뉴로맨

서문 | 17

서(Neuromancer)》의 저자인 윌리엄 깁슨(William Gibson)은 이런 말을 한 적이 있다. "미래는 사방에 고르게 분포되지 않았을 뿐, 이미 여기에 와 있다."

2100년의 세계를 예측하는 것은 유난히 어려운 과제이다. 현재 과학의 발전 속도가 과거와는 비교가 안 될 정도로 빠른데다가, 혁명적인 발견과 발명이 연일 쏟아지고 있기 때문이다. 학자들의 주장에 의하면 인류가 지난 수십 년 동안 쌓은 과학적 지식이 그전까지 쌓아왔던 지식보다 많다고 한다. 이런 추세로 간다면 2100년에는 지금의 몇 배, 또는 몇십 배에 달하는 지식이 축적될 것이다.

100년 뒤의 미래를 내다보는 것이 얼마나 어려운 일인지를 체감하고 싶다면 100년 전의 세상을 떠올려보라.

저널리스트인 마크 설리반(Mark Sullivan)은 1900년에 발행된 신문을 예로 들면서 과거와 현재의 차이를 다음과 같이 설명했다.

1900년 1월 1일 발간된 미국의 일간지에는 '라디오'라는 단어가 단 한 번도 등장하지 않는다. 라디오는 1920년대에 발명되었기 때문이다. '영화(movie)'라는 단어도 등장하려면 한참 멀었다. 당시에는 '운전기사'라는 말도 없었다. 사람들은 이제 막 출시되기 시작한 자동차를 '말 없이 가는 마차'라고 부를 정도였으니까. 비행기 조종사는 두말할 것도 없다. 농부들은 트랙터를 본 적도 없고, 은행가는 연방준비위원회라는 조직을 한 번도 들어본 적이 없는 시대였다. 상인들도 사정이 비슷하여 '체인점'이나 '셀프서비스'라는 개념은 아예 존재하지도 않았다. 시골길에서는 소 떼를 쉽게 볼 수 있었고 말이나 노새가 끄는 마차도 사방에 넘쳐 났다. 밤나무 아래에서 망치질을 하는 대장장이도 당시에는 전혀 진기한 풍경이 아니었다.

향후 100년을 예견하기가 얼마나 어려운지를 실감하기 위해, 1900년에 살던 사람들이 2000년의 세상을 어떻게 예견했는지 알아보자. 1893년에 시카고에서 개최된 콜럼버스 박람회에는 74개의 유명한 회사들이 참가하여 사상 최대의 성황을 이루었다. 이때 주최측은 참가기업들에게 "각자의 기술을 토대로 향후 100년을 예견해 보라"고 주문했는데, 대부분의 기업들은 과학의 진보속도를 과소평가하는 바람에 잘못된 예측을 내놓았다. 이들은 대서양을 횡단하는 비행 운송수단의 출현을 예견하긴 했지만, 그것이 기구(풍선)를 통해 이루어진다고 생각했다. 당시 미국의회의 상원의원이었던 존 인걸스(John J. Ingalls)는 "마차나 신발을 소유하는 것처럼 모든 시민들은 운항 가능한 풍선을 갖게 될 것"이라고 했다. 또한 첨단기업들은 자동차의 시대가 곧 도래한다는 것을 전혀 예측하지 못했다. 당시 미국에서 우체국장을 지냈던 존 워너메이커(John Wanamaker)는 "앞으로 100년이 지나도 미국의 모든 우편물은 여전히 말이나 역마차를 통해 배달될 것"이라고 장담했다.

과학과 기술의 혁신을 과소평가하기는 미국의 특허청도 마찬가지였다. 특허청장을 지냈던 찰스 듀얼(Charles H. Duell)은 1899년에 이런 말을 했다. "이제 발명할 수 있는 물건은 모두 발명되었다."

가끔은 전문가들조차 자신의 코앞에서 벌어지는 일을 간과하곤 한다. 워너 브러더스 사의 창립자인 해리 워너(Harry M. Warner)는 무성영화시대에 이렇게 말했다고 한다. "배우가 직접 말하는 모습을 대체 누가 보고 싶어 하겠는가?"

1943년에 IBM 사의 사장이었던 토머스 왓슨(Thomas Watson)은 황당하게도 "내가 보기에 컴퓨터의 수요는 전 세계를 통틀어 5대 정도이다"라고 했다.

과학의 위력을 과소평가하는 실수는 그 유명한 〈뉴욕타임스〉도 예외가 아니었다(〈타임스〉는 1903년에 '하늘을 나는 장치를 만드는 것은 시간낭비'라고 단언했는데, 그로부터 일주일 후 라이트형제가 노스캐롤라이나에서 최초의 비행기인 키티호크Kitty Hawk호를 타고 처녀비행에 성공했다. 또한 〈타임스〉는 1920년에 로켓과학자인 로버트 고다드Robert Godard를 비난하면서 '로켓은 진공속에서 비행할 수 없으므로 고다드의 연구는 넌센스'라고 주장했다. 그로부터 49년 후, 아폴로 11호가 달에 착륙하자 〈타임스〉는 자신의 잘못을 다음과 같이 시인했다. '이로써 로켓은 진공 속에서도 정상적으로 작동한다는 것이 분명해졌다.〈타임스〉는 과거의 실수를 크게 뉘우치는 바이다').

여기서 우리가 얻을 수 있는 교훈은 간단명료하다. 미래의 세계상을 장담하는 것은 매우 위험한 행동이라는 것이다.

과거 사람들이 미래를 예견한 내용들을 보면 몇 가지 경우를 제외하고 한결같이 과학기술의 발전 속도를 과소평가했다는 공통점을 갖고 있다. 항상 그렇듯이, 역사는 비관론자가 아닌 낙관론자의 손으로 쓰이는 법이다. 미국의 대통령이었던 드와이트 아이젠하워는 이런 말을 한 적이 있다. "비관론자는 결코 전쟁에서 이길 수 없다."

심지어는 공상과학작가들조차 과학의 발전 속도를 과소평가하고 있다. 1960년대에 방영된 TV 시리즈 〈스타트렉(Star Trek)〉을 보면, '23세기 기술'이라고 선보인 것들 중 상당수가 이미 실현된 상태이다. 당시 시청자들은 휴대전화와 휴대용 컴퓨터, 말하는 기계, 받아쓸 줄 아는 타자기 등을 보면서 경외감을 느꼈겠지만, 50년이 지난 지금 이런 것들은 사방에 넘쳐 난다. 외계인의 언어를 즉석에서 통역해주는 '범용 번역기(universal translator)'나 먼 거리에 있는 환자를 진단하는 '트라이코더(tricorder)'도 머지않아 실현될 것이다(《스타트렉》에서 선보였던 23세기 과학기술 중 아직 실현되지 않은 것은 초광속 엔진과 공간이동뿐이다).

사람들이 미래를 과소평가했던 근본적인 이유는 관련 정보가 잘못되었기 때문이다. 올바른 예측은 올바른 정보에서 출발한다. 어떻게 해야 올바른 정보를 얻을 수 있을까?

자연의 법칙 이해하기

과학이 암흑기의 침체에 빠져 있던 시절, 사람들은 번개와 전염병이 신의 노여움 때문에 생긴다고 믿었다. 그러나 현대를 사는 우리는 쥘 베른과 레오나르도 다빈치도 몰랐던 중요한 비밀을 알고 있다. 그것은 바로 '자연을 지배하는 법칙'이다.

예측은 언제든지 빗나갈 수 있다. 그러나 우주 전체를 관장하는 네 가지 힘만 알고 있어도 오류를 크게 줄일 수 있다. 과학이 이 힘들을 하나씩 규명할 때마다 인류의 역사도 커다란 변화를 겪어왔다.

첫 번째로 알아야 할 힘은 중력이다. 아이작 뉴턴(Isaac Newton)은 임의의 물체가 힘을 받았을 때 움직이는 방식을 철학이나 신학이 아닌 역학(mechanics)을 이용하여 완벽하게 설명했다. 증기를 이용한 기차와 발전소, 그리고 현대인의 삶을 통째로 바꿔놓은 산업혁명은 바로 이 뉴턴의 법칙에서 시작되었다.

두 번째 힘은 온갖 가전제품을 작동시키고 도시의 밤을 밝혀주는 전자기력이다. 토머스 에디슨(Thomas Edison)과 마이클 패러데이 (Michael Faraday), 그리고 제임스 클럭 맥스웰(James Clerk Maxwell) 등 여러 과학자들에 의해 그 정체가 밝혀진 전기력과 자기력은 현대인의 삶을 송두리째 바꿔놓았다(에디슨은 조명기구와 전기공급 시스템의 개척자이긴 하지만, 그는 과학자가 아니라 발명가였다 — 옮긴이). 상상해보라. 만일 지금 이 순간에 전기공급이 끊긴다면 우리 사회는 당장 100년 전으로 되돌아갈 것이다.

세 번째와 네 번째 힘은 원자핵 스케일에서 작용하는 약력(weak force)과 강력(strong force)이다. 1905년에 아인슈타인이 그 유명한 $E=mc^2$을 알아내고 1930년대에 입자가속기를 이용하여 원자를 성공적으로 분해한 후에야 과학자들은 하늘에서 오는 빛의 정체를 규명할 수 있었다. 그 빛은 바로 별의 내부에서 진행되는 핵융합반응의 부산물이었다. 이로부터 인류는 핵무기를 만들었을 뿐만 아니라, 핵융합반응을 지구에서 수행할 수 있을지도 모른다는 희망을 갖게 되었다.

현재 과학자들은 위에 언급된 네 가지 힘들을 꽤 정확하게 이해하고 있다. 뉴턴의 중력은 아인슈타인의 일반상대성이론으로 버전-업 되었고, 나머지 세 힘들은 미시세계의 비밀을 밝혀준 양자역학의 틀 안에서 서술된다.

양자역학은 우리에게 트랜지스터와 레이저를 안겨주었고, 현대 문명의 원동력이라 할 수 있는 디지털혁명을 촉발시켰다. 과학자들은 DNA 분자의 비밀코드를 해독할 때에도 양자역학을 사용한다. 생명공학의 눈부신 발전은 컴퓨터공학에 힘입은 바 크다. DNA의 해독은 온갖 기계장치와 로봇, 그리고 컴퓨터를 통해 진행되기 때문이다.

그 결과 우리는 다가올 세기에 과학과 기술이 어떤 방향으로 나아가게 될지 짐작할 수 있게 되었다. 과학이 진보하다 보면 전혀 예상하지 못했던 놀라운 결과가 얻어지는 경우도 종종 있지만, 현대물리학과 화학, 생물학 등의 기초는 거의 확고하게 다져져 있기 때문에 기본적 지식은 앞으로 당분간 크게 변하지 않을 것이다. 앞으로 이 책에서 제시될 예측은 단순한 짐작이 아니라 현재 개발 중인 기술이 완성단계에 이르렀을 때의 상황을 충분히 고려한 결과이다.

결론적으로 서기 2100년의 세상을 전망하는 근거를 나열하자면 대충 다음과 같다.

1. 나는 첨단기술을 연구하는 300여 명의 과학자들과 인터뷰를 가졌고, 이 책은 그 내용에 기초하여 집필되었다.
2. 이 책에서 언급된 모든 과학적 발전은 이미 알려져 있는 물리학 법칙의 범주에서 벗어나지 않는다.
3. 자연에 존재하는 네 가지 힘과 기본법칙들은 이미 잘 알려져 있다. 앞으로 새로운 발견이 이루어진다고 해도 기본법칙이 변할 가능성은 거의 없다.
4. 이 책에서 언급된 모든 시제품들은 실제로 만들어진 것들이다.
5. 이 책은 최첨단 연구에 직접 참여하고 있는 학자들과 기술자들에 의해 쓰였다.

과거 오랜 세월 동안 우리 인간은 자연이 추는 춤을 그저 바라만 보는 수동적 관찰자에 머물러 있었다. 우리의 선조들은 혜성과 번

개, 화산분출, 질병 등의 원인을 몰랐으므로 두려움을 느끼면서 온 몸으로 겪을 수밖에 없었다. 그들에게 자연은 영원한 미스터리이자 경외와 숭배의 대상이었으며, 신화나 종교에 의지하여 주변 환경을 이해하는 수밖에 없었다. 또한 자신이 원하는 바를 이루는 길은 신에게 기도하고 제물을 바치는 것뿐이었다.

그러나 현대를 사는 우리는 자연의 안무를 직접 구성하고, 자연의 법칙을 우리에게 유리한 쪽으로 활용하는 단계에 이르렀다. 이제 2100년이 되면 인간은 자연의 주인이 되어 더욱 막강한 힘을 발휘하게 될 것이다.

2100년, 신화 속의 신이 될 인간

만일 우리가 타임머신을 타고 고대사회로 되돌아가서 그곳 사람들에게 최첨단 기술을 보여준다면, 그들은 우리를 마법사라고 생각할 것이다. 구름을 뚫고 날아가는 제트기와 사람을 달에 실어다주는 우주로켓, 살아 있는 생명체의 몸 안을 보여주는 MRI, 지구 반대편에 있는 사람과 대화를 나눌 수 있게 해주는 휴대폰 등은 고대인에게 기적 그 자체일 것이다. 게다가 지구상의 누구와도 메일을 주고받을 수 있는 노트북 컴퓨터까지 펼쳐든다면, 고대인들은 우리를 이 세상 사람이 아니라고 생각할 것이다.

이 정도는 시작에 불과하다. 과학은 결코 제자리에 머물지 않는다. 아니, 머물지 않는 정도가 아니라 눈이 돌아갈 정도로 빠르게 발전하고 있다. 다양한 과학 분야에서 발표되는 논문의 수는 매 10년마다 거의 두 배씩 증가하는 추세이다. 뿐만 아니라 과학적 발견과 혁신은 과거의 믿음과 편견을 뿌리째 뒤흔들면서 정치, 경제, 사회 등 현대문명에 지대한 영향을 미치고 있다.

이제 2100년의 세상을 상상해보자.

서기 2100년이 되면 인간의 위상은 한때 두려움과 숭배의 대상이었던 신과 거의 동등한 위치까지 오를 것이다. 그러나 우리가 사용하는 도구는 마술지팡이가 아니라 컴퓨터공학과 나노기술, 인공지능, 생명공학, 그리고 이 모든 기술을 가능하게 만들어준 양자역학이다.

2100년의 인류는 고대신화에 등장하는 신들처럼 직접 몸을 움직이지 않고 모든 것을 염력으로 다루게 될 것이다. 절대로 허풍이 아니다. 그때쯤이면 사람의 생각을 읽는 컴퓨터가 만들어질 것이기 때문이다. 과거에는 생각만으로 사물을 움직이는 것이 신의 전매특허였지만, 2100년이 되면 모든 사람들이 신과 같은 능력을 발휘하게될 것이다. 또한 생명공학의 도움으로 몸을 완벽하게 수정하여 인간의 수명이 크게 길어질 것이며, 지금까지 존재한 적 없는 새로운 생명체를 인공적으로 만들 수도 있을 것이다. 이뿐만이 아니다. 나노기술을 이용하여 한 물체를 다른 물체로 변형시킬 수도 있고, 거의아무것도 없는 상태에서 무언가를 창조할 수도 있다. 불을 뿜는 마차가 아니라, 매끈하게 빠진 차를 타고 공중부양도 할 수 있다. 그것도 거의 연료를 소비하지 않은 채로 말이다. 2100년이 되면 별에서방출되는 막대한 양의 에너지를 활용하고, 가까운 별에 우주선을 보낼 수 있게 될 것이다.

꿈같이 들리겠지만, 사실 위에 언급한 기술들은 지금 한창 개발중에 있다. 우리에게 신과 같은 능력을 부여하는 것은 마법이나 마술이 아니라, 인간의 두뇌와 손으로 개발된 과학기술이다.

나는 양자물리학자이다. 우주의 구성원인 입자 및 그들의 거동을 서술하는 방정식과 매일같이 씨름하는 것이 나의 일이다. 그래서 나의 삶은 회사의 사무실이 아닌 11차원 초공간과 블랙홀, 그리고 다중우주에서 펼쳐지고 있다. 그러나 별의 폭발과 빅뱅을 서술하는 양자이론의 방정식은 우리의 미래를 예측할 때에도 여전히 유용하다.

하루가 다르게 발전하는 과학기술은 과연 어떤 길을 가고 있으며, 최종 목적지는 어디인가?

과학기술이 정점에 이르면 지구는 물리학자들이 말하는 'I단계 문명(type I civilization)'에 도달하게 된다. 이 단계에 이르면 우리의 후손들은 과거의 모든 문명과 갑작스런 이별을 고하면서 인류역사상 가장 극렬한 변화를 겪게 될 것이다. 모든 매스컴은 '새로운 문명세계로 접어들면서 나타나는 초기의 부작용과 앞으로의 전망'을 앞다퉈 보도할 것이고, 상업과 무역, 문화, 언어, 여가활동, 그리고 심지어는 전쟁까지 완전히 새로운 형태로 재정비될 것이다.

지구에서 소비되는 에너지의 양을 계산하면 I단계 문명으로 넘어가는 시기를 예측할 수 있는데, 현재의 여건이 크게 바뀌지 않는다면 100년 이내에 도래할 것으로 예상된다. 도중에 어리석은 판단으로 전 세계가 혼란에 빠지는 불상사만 없다면, I단계 문명으로 넘어가는 것은 이미 정해진 수순이다.

미래의 예측이 종종 빗나가는 이유

그러나 우리의 앞 세대 사람들이 다가올 정보시대를 예측한 내용을 보면 실제와 다른 것도 많이 있다. 예를 들어 다수의 미래학자들은 "장차 컴퓨터가 상용화되면 종이에 인쇄된 문서는 사라질 것"이라고 단언했지만 결과는 정반대로 나타났다. 컴퓨터 때문에 종이의 수요가 훨씬 많아진 것이다.

어떤 사람들은 '사람 없는 도시'를 예견하기도 했다. 일부 미래학자들은 "인터넷을 통한 원거리회의가 가능해지면 사업가들이 서로 얼굴을 맞대고 대화를 나눌 필요가 없으므로 회사가 아닌 집에서 업무를 보게 될 것이며, 따라서 혼잡했던 도시는 사람이 없는 유령도시로 전락할 것"이라고 예견했다.

인터넷이 생활필수품으로 자리 잡은 지금, 거실 소파에 편하게 앉아 과자를 집어먹으며 컴퓨터 화면을 통해 전 세계를 돌아다니는 사이버 관광을 생각해볼 수도 있고, 컴퓨터 마우스로 가상의 매장을 돌아다니며 필요한 물건을 구입하는 사이버 쇼핑도 가능하다. 이런 추세로 간다면 오프라인 쇼핑몰들은 모두 파산할 것 같다. 인터넷을 기반으로 운영되는 사이버학교도 마찬가지다. 학생들은 수업 도중 몰래 게임을 할 수도 있고, 마음대로 맥주를 마실 수도 있다. 미래학자들은 "이런 분위기가 지속된다면 젊은이들은 대학에 흥미를 잃을 것이고, 학생이 없는 대학은 결국 문을 닫게 될 것"이라고 했다.

휴대전화의 화상통화도 처음부터 순조로웠던 것은 아니다. 과거에 AT&T 사는 1억 달러의 개발비를 들여 TV를 통해 상대방의 얼굴을 보면서 통화하는 화상통화 시스템을 개발했으나(이 제품은 1964년 세계가전제품 전시회에 소개되었다) 개당 100만 달러를 받고 100개를 판매하는 데 그쳤고, AT&T는 이 일을 계기로 매우 값비싼 교훈을 얻었다.

그런가 하면 또 어떤 미래학자는 전통적 미디어인 극장공연과 영화, 라디오, TV 등이 인터넷에게 관객을 빼앗겨 머지않아 도태될 것이라고 예견했다. 컴퓨터 전원만 켜면 영화나 연극을 쉽게 볼 수 있으므로 굳이 상영관을 찾아갈 필요가 없다고 생각한 것이다.

그러나 현실은 정반대로 나타났다. 유령도시는커녕, 도심의 교통체증은 날이 갈수록 심해졌고 해외관광사업은 지금도 가장 빠르게 성장하고 있다. 어려운 경제상황에서도 쇼핑몰은 언제나 고객들로 넘쳐 나고, 대학은 학생 수에 관한 한 아무런 문제없이 잘 운영되고 있다. 회사에 출근하는 것보다 자신의 집에서 화상회의로 일하고 싶어 하는 사람이 더 많은 것은 사실이지만, 이들이 결국 도시로 모여들면서 메가시티(megacity, 인구 100만이 넘는 대도시 — 옮긴이)의 수는 날로 증가하고 있다. 요즘은 마음만 먹으면 언제든지 인터넷 화상회의를 할 수 있지만, 대부분의 사람들은 카메라에 찍히는 것보다 상대방과 얼굴을 맞대고 대화하는 것을 더 좋아한다. 물론 인터넷이 모든 미디어의 동향을 크게 바꿔놓은 것은 부인할 수 없는 사실이다. 그러나 TV와 라디오, 극장의 기능을 완전히 대신하기에는 아직 부족한 점이 많다. 그래서 브로드웨이의 조명은 아직도 현란한 빛을 발하고 있다.

동굴거주자의 원리

위에 열거한 예측들은 왜 실현되지 않았을까? 나는 그 원인이 '어떤 특별한 이유로 사람들이 진보를 거부하기 때문'이라고 생각한다 (앞으로 이것을 '동굴거주자의 원리Cave Man Principle'라 부를 것이다). 화석유물과 유전자 연구에서 얻어진 증거에 의하면 우리와 비슷한 외모를 가진 현대인은 10만 년 이상 전에 아프리카에서 처음 출현했다고 한다. 그러나 최초 출현 이후로 인간의 두뇌와 기질이 얼마나 변해왔는지를 보여주는 증거는 없다. 만일 타임머신을 타고 그 시대로 돌아가 아무나 한 사람을 현대로 데려와서 목욕과 면도를 시키고 정장을 입힌 후 월스트리트 한복판에 세워놓는다면, 바쁘게 오가는 사람들과 거의 구별되지 않을 것이다. 그렇다면 인간의 바람과 꿈, 기질, 욕망 등은 지난 10만 년 동안 거의 변하지 않았을 가능성이 높다. 즉, 지금 우리는 과거 동굴 속에서 살았던 선조들과 거의 비슷한 생각을 하면서 살고 있을지도 모른다.

요점은 다음과 같다. 현대의 과학기술과 인간의 원시적 욕구가 서로 충돌을 일으켰을 때 항상 후자가 이겨왔다는 것이다. 이것이 바로 내가 말하는 '동굴거주자의 원리'이다. 원시인에게는 "커다란 사냥감을 거의 다 잡았다가 놓쳤다"는 감질 나는 이야기보다 직접적인 사냥의 증거가 훨씬 중요했다. 그들은 확인할 수 없는 영웅담보다 손에 고깃덩어리가 주어지는 것을 더 선호했을 것이다. 이와 마찬가지로 현대인들은 컴퓨터에 저장된 파일보다 종이에 인쇄된 결과물을 더 신뢰하는 경향이 있다. 우리는 컴퓨터 스크린에서 이리저리 움직이는 전자를 본능적으로 신뢰하지 않기 때문에(결정적으로 전자는 눈에 보이지 않는다!), 굳이 필요하지 않은데도 이메일이나 보고서 등을 프린터로 출력하곤 한다. 사무실에서 종이가 사라지지 않은 것도 바로 이런 이유일 것이다.

또한 우리의 선조들은 멀리서 소리치는 것보다 직접 얼굴을 맞대고 나누는 대화를 선호했기에, 지금의 우리도 서로 가까운 거리에서 상대방의 숨은 감정을 읽어내려 애쓰고 있다. 나는 이것이 '사람 없는 유령도시'가 실현되지 않은 이유라고 생각한다. 예를 들어 회사의 사장이 컴퓨터를 통해 사원들의 능력을 판단하기는 어렵지만, 서로 마주보고 앉아서 적절한 보디랭귀지를 섞어가며 대화를 나누다 보면 상대방에 대해 중요한 정보를 얻을 수 있다. 누구든지 가까운 거리에서 바라보면 자연스럽게 동질감을 느끼게 되고, 표정과 몸짓만으로 상대방의 생각을 어느 정도 짐작할 수 있다. 왜 그럴까? 인류의 조상은 언어를 개발하기 전에 보디랭귀지로 의사소통을 했는데, 그때 개발된 능력이 아직도 부분적으로 남아 있기 때문이다.

사이버 관광사업이 뿌리를 내리지 못하는 것도 이런 이유일 것이다. 타지마할 궁전을 사진으로 보는 것과 직접 가서 보는 것은 하늘과 땅 차이다. 또한 유명가수의 노래를 CD로 듣는 것과 실황공연장에서 열광적인 팬들의 함성과 함께 라이브로 듣는 것은 완전히 다른 이야기다. 인기 좋은 TV 드라마나 유명 연예인의 사진을 컴퓨터로 다운로드 받는 것보다는 촬영현장으로 직접 가서 실물을 보는 것이 훨씬 실감난다. 그래서 팬들은 인터넷에 공짜 사진이 넘쳐 나는데도 불구하고 유명 연예인의 자필사인을 받거나 콘서트 표를 구하기 위해 이른 새벽부터 장사진을 치는 것이다.

"인터넷이 TV와 라디오를 사장시킨다"고 예측했던 미래학자들은 이 점을 심각하게 고려하지 않았음이 분명하다. 영화와 라디오가 처음 등장했을 때 사람들은 공연극장이 사라질 거라며 아쉬워했고, TV가 처음 등장했을 때는 영화와 라디오가 사라질 것으로 예측했다. 그러나 현실은 어떤가? 공연극장과 영화, 라디오는 아직도 건재하다. 새로운 형식의 매체는 과거의 매체를 사장시키지 않고 저마다 자신의 영역을 확보한 채 사이좋게 공존한다. 다만, 세월이 흐르면서 이들 사이의 상호관계가 변해가는 것뿐이다. 만일 이 상호관계의 추이를 정확하게 예측할 수만 있다면 큰 부자가 되는 것은 따놓은 당상이다.

이 모든 것은 우리의 선조들이 세간에 떠도는 소문보다 눈으로 직접 보고 확인하는 쪽을 선호해왔기 때문이다. 도시가 아닌 밀림 속에서는 전해 들은 정보보다 자신이 직접 확인한 물리적 증거에 의존하는 편이 훨씬 안전하다. 따라서 앞으로 100년이 지나도 공연극장은 여전히 건재할 것이며, 열성적인 팬들은 여전히 유명 연예인을 쫓아다닐 것이다. 이런 성향은 오랜 진화를 통해 습득된 생존본능과 직결되어 있기 때문에 쉽게 사라지지 않는다.

또 한 가지 짚고 넘어갈 것은 인간에게 사냥본능이 남아 있다는 점이다. 그래서 우리는 다른 사람의 행동을 바라볼 때 별로 위기감을 느끼지 않는다. TV에서 방영되는 개그프로그램은 편한 마음으로 몇 시간이고 앉아서(또는 누워서) 볼 수 있다. 그러나 누군가가 자신을 바라보고 있다는 느낌이 들면 그때부터 갑자기 불안해지기 시작한다. 심리학자들의 연구 결과에 따르면 보통 사람들이 낯선 사람의 시선을 견딜 수 있는 한계가 4초라고 한다. 누군가가 자신을 4초 이상 바라보면 불안감을 느낀다는 이야기다. 그리고 이 상태로 10초가 지나면 분노의 감정이 일어나면서 상대방을 적으로 간주하게 된다. 화상통화가 인기를 끌지 못한 이유는 여기서 찾을 수 있다. 게다가 전화벨이 울릴 때마다 머리를 빗어야 한다면 이것만큼 번거로운 기능도 없다(지난 20여 년 동안 화상통화의 부작용이 서서히 개선되어, 지금은 어느 정도 인기를 끌고 있다).

지금은 대학 강의를 온라인으로 들을 수 있지만, 대학 캠퍼스는 여전히 학생들로 넘쳐 난다. 온라인 강의의 장점은 담당교수와 학생이 일대일로 만나기 때문에 교수는 학생에게 집중할 수 있고 개인적인 질문에도 일일이 대답할 수 있다는 점이다. 그러나 막상 직장을 구할 때는 온라인 졸업장보다 캠퍼스를 누비며 딴 졸업장이 더 큰 위력을 발휘한다.

　이와 같이 '첨단기술(High Tech)'과 '직접적인 접촉(High Touch)'은 서로 경쟁관계에 있다. 전자는 의자에 앉아 TV를 보는 행위이고, 후자는 주변의 사물을 직접 만지는 행위이다. 우리는 둘 중 하나만을 선호하지 않고 둘 다 경험하기를 원한다. 그래서 우리는 사이버 공간과 가상현실의 시대에 살면서도 공연극장과 락 콘서트, 종이, 관광 등 '직접적인 체험'을 포기하지 못하는 것이다. 만일 누군가가 당신이 가장 좋아하는 뮤지션의 최근사진과 공연티켓 중 하나를 고르라고 한다면, 당신은 주저 없이 티켓을 고를 것이다.

　이것이 바로 '동굴거주자의 원리'이다. 우리는 둘 다 원하지만 둘 중 하나를 골라야 할 때는 '직접적인 접촉'을 택한다. 동굴에서 살았던 우리 조상들이 그쪽을 선호했기 때문이다.

　이 원리에서 파생된 '따름정리(corollary)'도 있다. 1960년대에 과학자들이 처음으로 인터넷을 만들었을 때, 사람들은 그것이 교육과 과학연구의 장이 될 것으로 예상했다. 그러나 지금의 인터넷을 보면 교육과 과학은 극히 일부분이고 온갖 상행위와 엔터테인먼트, 그리고 개인적인 커뮤니케이션의 수단으로 활용되고 있다. 사실 이것은 그리 놀라운 일이 아니다. 동굴거주자 원리의 따름정리는 다음과 같다. "미래세계에 이루어질 사회적 교류의 양을 예측하려면, 10만 년 전에 있었던 사회적 교류의 양을 추정한 뒤 거기에 10억을 곱하면 된다." 왜 그럴까? 현대사회에서는 가십거리와 사회적 네트워크 (social network), 그리고 엔터테인먼트가 기하급수로 증가하고 있기 때문이다. 사회에 유통되는 정보들 중에서 전파속도가 가장 빠른 것은 '소문'이다. 특히 사회 지도층이나 역할모델로 추앙 받는 사람들이 연루된 소문은 거의 광속으로 퍼져 나간다. 이런 현상은 잡화점에 가면 쉽게 확인할 수 있다. 유명인들과 관련된 자잘한 기사와 그들이 만들어낸 유행을 소개하는 잡지들이 진열대를 가득 메우고 있지 않던가. 과거와 다른 점은 유포되는 기사의 양이 매스미디어에 의해 엄청나게 많아졌다는 것이다. 지금 당장 할리우드 스타가 뉴스거리를 만들면 단 몇 초 만에 전 세계로 퍼져 나갈 것이다.

소셜네트워크가 대세로 자리 잡은 지금, 젊디젊은 인터넷 사업가가 하룻밤 사이에 백만장자가 되면서 전문가들을 당혹스럽게 만들곤 한다. 그러나 이것도 동굴거주자의 원리를 입증하는 사례들 중하나이다. 진화의 역사를 돌아보면 소셜네트워크를 많이 확보할수록 생존확률이 높았음을 알 수 있다.

유흥산업, 즉 엔터테인먼트는 시간이 흐를수록 폭발적으로 증가할 것이다. 인정하긴 싫지만, 우리가 이루어놓은 문화의 대부분은 엔터테인먼트에 뿌리를 두고 있다. 우리의 조상들도 사냥이 끝나면 긴장을 풀고 유흥거리를 찾았을 것이다. 유흥은 상호 유대관계를 다지는 데 도움이 될 뿐만 아니라, 종족 안에서 자신의 위치를 확보하는 수단이기도 했다. 춤과 노래는 유흥의 핵심이자 동물의 세계에서 이성에게 자신을 어필하는 강력한 수단이다. 숫새가 복잡한 노래를 아름답게 부르며 짝짓기를 시도한다는 것은 자신이 그만큼 건강하고 튼튼하며, 기생충이 없고 좋은 유전자를 많이 갖고 있음을 의미한다.

예술의 목적은 정신적 즐거움을 공유하는 것이지만, 두뇌의 발달에도 지대한 영향을 미쳤다. 상징화된 정보를 해독하는 것이 두뇌의 주요기능이기 때문이다.

그러므로 우리의 유전자가 크게 변하지 않는 한, 유흥산업과 연예잡지, 그리고 소셜네트워크는 앞으로도 결코 줄어들지 않고 꾸준히 팽창할 것이다.

과학의 칼

1956년에 개봉된 공상과학영화 〈금지된 행성(Forbidden Planet)〉을 기억하는가? 셰익스피어의 《템페스트(Tempest)》에 기초한 이 영화는 나의 미래관을 송두리째 바꿔놓았다. 미래의 어느 날, 지구에서 파견된 우주선 승무원들이 다른 행성에서 우리보다 수백만 년 앞서 탄생했다가 사라진 고대의 문명세계를 발견한다. 이 문명은 아무런 도구 없이 염력만으로 무제한의 에너지를 쓸 수 있었다. 행성의 지하 중심부에 거대한 열핵발전소가 있어서, 개개인의 생각을 여기 입력하면 현실로 구현해주는 시스템이었던 것이다. 다시 말해서, 그들은 신과 같은 능력의 소유자들이었다.

우리도 그와 같은 능력을 가질 수 있다. 게다가 100만 년까지 기다릴 필요도 없다. 앞으로 100년만 지나면 현실로 나타날 것이다. 그 환상적인 기술의 씨앗이 지금 잉태되고 있기 때문이다. 그러나 영화에 등장하는 외계문명은 이 전지전능한 능력 때문에 스스로 자멸하고 만다. "신의 영역을 넘보아서는 안 된다"는 애매한 도덕적 가치기준이 시나리오에 적용되었기 때문일 것이다.

과학은 종종 양쪽에 날이 세워진 '양날의 칼'에 비유되곤 한다. 과학은 수많은 문제를 만들고 해결하지만, 그 와중에도 퇴보하지 않고 항상 진보를 향해 나아간다. 오늘날 세계에는 두 개의 트렌드가 서로 경쟁을 벌이고 있다. 하나는 포괄적이고(이질적인 것을 포용하고) 과학적이며 번영 지향적 문명을 창조하려는 트렌드이고, 다른 하나는 사회의 기본구조를 망가뜨리는 무지와 무질서를 찬양하는 트렌드이다. 우리는 선조들처럼 근본주의적 관점에서 비이성적인 열정에 빠질 수도 있다. 게다가 지금은 핵무기와 화학무기, 생화학무기 등 인류의 생존을 위협하는 가공할 무기들까지 개발되어 있는 상태이다.

지금 우리는 자연의 춤을 구경만 하는 소극적 관찰자에 머물러 있지만, 미래에는 자연의 안무를 직접 구성하고 관장하는 등 자연의 관리자로 등극하게 될 것이다. 그러므로 미래의 인류가 무지한 상태에서 과학의 칼을 마구 휘두른다면 결과는 불을 보듯 뻔하다. 그저 우리의 후손들이 현명하고 침착하게 대처해주기를 바랄 뿐이다.

그러면 지금부터 100년 후의 미래를 향한 본격적인 항해를 시작해보자. 지금 각 분야에서 최첨단 연구를 수행하고 있는 과학자들이 우리의 길을 안내해줄 것이다. 미리 말해두지만 결코 편안한 여행은 아니다. 컴퓨터와 원거리통신, 생명공학, 인공지능, 나노기술 등이 너무나 빠르게 발전하고 있어서 롤러코스터를 방불케 할 것이다. 그리고 두말할 것도 없이 이 모든 것들은 미래의 문명을 완전히 다른 모습으로 바꿔놓을 것이다.

1
컴퓨터의
미래

마 음 으 로 물 질 을 다 스 리 다

모든 사람은 자신의 개인적인 한계를 '이 세상의 한계'로 생각한다.
_아르투르 쇼펜하우어 Arthur Schopenhauer

별의 비밀을 밝혀낸 사람, 미지의 세계를 탐험한 사람
그리고 인간의 정신에 새로운 세계를 개척한 사람
이들 중에는 비관론자가 단 한 명도 없다.
_헬렌 켈러 Helen Keller

지금으로부터 20년 전, 실리콘밸리를 방문했을 때 마크 와이저 (Mark Weiser)가 자신의 사무실에서 그가 생각하는 미래상을 설명하던 그날이 지금도 기억에 생생하다. 그는 양팔을 크게 휘저으며 세상을 바꿀 새로운 혁명에 대하여 한동안 열변을 토해냈다. 와이저는 제록스 팍(Xerox PARC, 팔로 알토 연구소Palo Alto Research Center의 약자로서, 개인용 컴퓨터와 레이저프린터, 윈도우 타입 사용자 인터페이스 등에서 선구자 역할을 했음)에서 일하는 컴퓨터 전문가였지만, 다른 한편으로는 와일드한 락 밴드의 멤버이자 기존의 인습을 철저하게 배척하는 이단적 성격의 소유자였다.

　당시(느낌상으로는 거의 60~70년 전인 것 같다)만 해도 컴퓨터는 일반인들에게 매우 낯선 물건이었다. 무엇보다도 책상 하나를 다 차지할 정도로 덩치가 컸으며, 기능도 극히 제한적이어서 회계처리나 간단한 문서제작에 사용되는 정도였다. 인터넷은 과학자들이 복잡한 방정식을 풀 때 동료들과 암호 같은 문자를 교환하는 수단에 불과했다. 심지어 일각에서는 책상 위를 온통 차지하고 있는 그 차갑고 딱 딱한 물건이 인간성을 말살한다는 논쟁까지 벌어지고 있었다. 정치 평론가인 윌리엄 버클리(William F. Buckley)는 컴퓨터를 '비천한 속 물(Philistine, 오랜 세월 동안 이스라엘 인들과 싸웠던 고대 팔레스티나 남해안의 필리스티아 인을 칭하는 말. 속물, 문외한 등 부정적인 의미를 담고 있음 ─ 옮긴 이)'이라고 부르면서 손으로 만지는 것조차 꺼릴 정도였다.

이런 논쟁의 시기에 와이저는 '유비쿼터스 컴퓨팅(ubiquitous computing)'이라는 신조어를 만들어냈다. 그가 예견했던 컴퓨터의 앞날은 대충 다음과 같았다. "장차 컴퓨터의 칩은 싼 가격에 대량생 산되어 옷과 가구, 벽, 심지어는 사람의 몸에도 이식될 것이다. 그리 고 모든 컴퓨터들은 인터넷으로 연결되어 데이터를 공유하고 그로 인해 우리의 삶이 훨씬 풍요로워질 것이며, 일상의 모든 곳에 컴퓨 터칩이 장착되어 우리의 바람을 조용하게 실현해줄 것이다. 그렇게 되면 우리의 주변 환경은 더 이상 무생물이 아니라 역동적으로 살아 나게 된다."

그러나 대부분의 사람들은 와이저의 주장을 완전 헛소리로 치부 했다. 당시 개인용 컴퓨터는 너무 비쌌고 인터넷은 아예 존재하지도 않았으므로 초소형 칩이 물처럼 싼값에 공급된다는 것은 상상도 할 수 없는 일이었다.

그때 나는 와이저에게 물었다. "당신의 확신은 어디에 근거한 것 입니까?" 그러자 와이저는 단호하게 대답했다. "컴퓨터의 계산능력 이 그 끝을 가늠할 수 없을 정도로 급속하게 향상되고 있기 때문입 니다. 직접 계산을 해보세요. 이 모든 것이 시간문제라는 사실을 곧 알게 될 겁니다"(그러나 와이저는 자신이 예견했던 컴퓨터 혁명이 실현되는 광경을 끝까지 보지 못하고 1999년에 세상을 떠났다).

와이저가 말했던 컴퓨터의 발전 속도는 '무어의 법칙(Moore's law)'으로 알려져 있다. 이것은 지난 50여 년 동안 컴퓨터산업뿐만 아니라 현대문명의 발전 속도를 가늠하는 제1지침이었다. 무어의 법칙에 의하면 컴퓨터의 계산능력은 매 18개월(1년 반)마다 이전의 두 배로 향상된다. 인텔(Intel) 사의 공동창업주였던 고든 무어(Gordon Moore)가 1965년에 제창했던 이 법칙은 세계경제에 지각변동을 일으켜 수많은 재벌을 양산했고, 삶의 방식을 완전히 바꿔놓았다. 지난 50년 동안 컴퓨터칩의 가격과 연산속도 및 메모리의 변화를 로그스케일의 그래프로 그려보면 뚜렷한 직선이 얻어진다(로그스케일에서 직선이면 사실은 지수함수적으로 증가한다는 뜻이다. 시간대를 100년 전으로 확장하여 진공관 시대와 수동기계 시대까지 포함시켜도 이 양상은 크게 변하지 않는다).

우리의 두뇌는 선형적 사고에 익숙하기 때문에 지수함수적인 변화를 머릿속에 그리기란 결코 쉽지 않다. 무언가가 지수함수적으로 변하면 초기의 변화가 너무 미미하여 변하고 있다는 것을 아예 감지하지 못하는 경우가 허다하다. 그러나 이런 식으로 수십 년이 지나면 주변 환경은 이미 엄청나게 변해 있다.

무어의 법칙에 의하면 매해 크리스마스가 올 때마다 컴퓨터게임의 성능은 거의 두 배로 향상된다(트랜지스터의 개수로 따졌을 때 거의 두 배로 많아진다는 뜻이다). 독자들은 매해 두 배씩 향상되는 상황을 머릿속에 그릴 수 있겠는가? 처음에는 변화가 크게 느껴지지 않지만, 해가 거듭될수록 그 결과는 가히 상상을 초월하게 된다. 한 가지 예를 들어보자. 요즘 유행하는 생일카드에는 조그만 칩이 들어 있어서,

카드를 개봉하면 "Happy Birthday"라는 축하노래가 흘러나온다. 그런데 여기 장착된 칩의 성능은 2차 세계대전 말기인 1945년에 연합군이 사용했던 컴퓨터칩보다 우수하다. 만일 히틀러나 처칠, 또는 루즈벨트가 이 정도의 칩을 소유했다면 전쟁을 손쉽게 승리로 이끌었을 것이다. 그런데 지금은 어떤가? 생일이 지나면 카드는 서랍이나 상자 속으로 들어가서 영구 보존되거나, 얼마 후 쓰레기통으로 들어가기 일쑤다. 지금 우리가 사용하는 휴대폰의 칩은 1969년에 NASA가 사람을 달에 보낼 때 사용했던 칩보다 훨씬 우수하며, 3차원 그래픽 게임이 잡아먹는 컴퓨터 리소스는 10년 전에 컴퓨터 전체를 운영하는 데 필요했던 리소스보다 많다. 요즘 300달러에 판매되고 있는 소니(Sony) 사의 플레이스테이션(Playstation)은 1997년에 100만 달러를 호가하던 군용 슈퍼컴퓨터보다 우수한 성능을 발휘한다.

선형적 성장과 지수함수적 성장의 차이를 실감하기 위해 또 한 가지 예를 들어보자. 1949년에 포퓰러 머캐닉스(Popular Machanics) 사에서는 컴퓨터의 성능이 선형적으로 향상된다는 가정 하에 다음과 같이 예견했다. "1만 8,000개의 진공관으로 이루어진 에니악(ENIAC, 1946년에 미국 펜실베이니아대학에서 제작된 컴퓨터. 현대적 컴퓨터의 효시로 알려져 있음—옮긴이)은 무게가 30톤에 달하지만, 미래의 컴퓨터는 진공관이 1,000개로 줄어들고 무게도 1.5톤까지 가벼워질 것이다."

(지수함수적 성장은 자연에서도 쉽게 찾아볼 수 있다. 예를 들어 바이러스 하나가 사람의 세포에 침투하면 수백 개의 복제 바이러스를 만들어내는데, 이 과정이 다섯 번 반복되면 바이러스는 100억 개로 증가한다. 그래서 우리 몸에 단 하나의 바이러스가 침투해도 시간이 조금 지나면 수조 개의 건강한 세포를 이길 수 있다. 그 결과

로 나타나는 증세가 바로 '감기'이다.)

컴퓨터의 성능만 향상된 것이 아니라, 향상된 능력이 전파되는 방식도 크게 달라졌다. 컴퓨터의 성능향상이 경제에 미치는 영향은 말로 표현할 수 없을 정도로 막대하다. 이 변화를 10년 단위로 끊어서 되돌아보면 다음과 같다.

- **1950년대**: 진공관 컴퓨터는 연구실 하나를 가득 채울 정도로 덩치가 컸다. 여기에 온갖 전선과 코일, 그리고 철제부품들이 주렁주렁 달려 있어서 연구실은 거의 정글을 방불케 했다. 이 괴물을 구입할 정도로 재정적 여유가 있는 조직은 군대뿐이었다.
- **1960년대**: 진공관이 트랜지스터로 대치되면서 컴퓨터의 덩치가 다소 줄어들었고, 일반대중을 위한 컴퓨터시장이 형성되기 시작했다.
- **1970년대**: 수백 개의 트랜지스터를 작은 기판에 설치한 집적회로(集積回路, integrated circuit)가 발명되면서 컴퓨터는 커다란 책상만큼 작아졌다.
- **1980년대**: 수천만 개의 트랜지스터가 새겨진 칩이 개발되면서 개인용 컴퓨터가 서류가방에 들어갈 정도로 작아졌다.
- **1990년대**: 수천만 대의 컴퓨터가 인터넷을 통해 하나로 연결되면서 거대한 네트워크가 형성되었다.
- **2000년대**: '유비쿼터스 컴퓨팅'이 등장하면서 칩이 컴퓨터의 속박을 벗어나 주변의 모든 환경 속으로 퍼져나가기 시작했다.

위에서 보는 바와 같이 오래된 패러다임(탁상용 컴퓨터나 노트북 컴퓨터에 하나의 칩이 들어 있는 형태)은 새로운 패러다임(수천 개의 칩들이 가구, 가전제품, 그림, 벽, 자동차, 옷 등 주변의 모든 사물에 장착된 형태)으로 바뀌고 있다.

컴퓨터칩이 가전제품에 이식되면 기적 같은 일들이 현실로 나타난다. 타자기에 칩을 삽입하면 워드 프로세서가 되고, 전화기에 장착하면 휴대폰이 되며, 카메라에 장착하면 디지털 카메라가 된다. 또한 칩을 핀볼 게임기에 장착하면 비디오게임기가 되고, 축음기에 장착하면 아이팟(iPod)이 되며, 비행기에 장착하면 치명적인 무기로 변신한다. 우리는 이와 같은 기적을 이미 목격했다. 그리고 하나의 기적이 일어날 때마다 산업계는 지각변동을 겪었다. 이제 얼마 있으면 주변의 모든 사물들이 지능을 갖게 될 것이다. 컴퓨터칩의 가격이 지금과 같은 추세로 내려가서 플라스틱 포장지보다 저렴해지면 모든 상품의 바코드는 그 안에 부착된 칩에 새겨지게 된다. 따라서 지능형 상품을 외면하는 회사들은 경쟁에서 도태될 것이다.

물론 미래에도 우리는 컴퓨터 모니터에 둘러싸인 채 살아갈 것이다. 그러나 미래의 모니터는 TV형이 아니라 벽지나 그림액자, 또는 가족사진과 비슷할 것이다. 당신의 집 안에 걸려 있는 그림이나 사진들이 인터넷에 연결되어 살아 움직인다고 상상해보라. 당신이 집 밖으로 나가면 그림도 당신을 따라 이동한다. 움직이는 그림 값과 한 장소에 걸려 있는 그림 값에 별 차이가 없다면 군이 후자를 택할 이유가 없지 않은가.

전기와 종이, 그리고 상수도가 그랬던 것처럼, 미래의 컴퓨터는 우리의 삶에 깊숙이 파고들어 시야에서 사라질 것이다. 어디에나 있지만 눈에 보이지는 않는 전기처럼 컴퓨터는 조용히 티 나지 않게 우리의 바람을 이루어줄 것이다.

지금 우리는 외출했다가 집에 돌아왔을 때 거의 습관적으로 벽에 달려 있는 전기스위치를 찾는다. 전깃줄이 벽 속에 숨어 있다는 것을 알기 때문이다. 이와 마찬가지로 미래에는 모든 거주시설에 지능이 부여되어, 사람들은 외출 후 귀가했을 때 제일 먼저 인터넷 포털 (internet portal, 인터넷으로 연결되는 문)부터 찾을 것이다. 소설가 막스 프리쉬(Max Frisch)는 이런 말을 한 적이 있다. "기술이란 인간이 의식하지 않아도 세상이 제대로 돌아가도록 만드는 것이다."

무어의 법칙을 이용하면 가까운 미래에 컴퓨터가 어떤 식으로 진화할지 예측할 수 있다. 앞으로 10년이 지나면 칩이 초감도 센서와 결합되어 각종 질병과 사고 및 응급상황을 감지하고 상황이 심각해지기 전에 경고하는 기능을 수행하게 될 것이다. 또한 사람의 목소리와 얼굴, 그리고 일상적인 대화도 어느 정도까지는 컴퓨터 인식이 가능해진다. 이렇게 되면 지금 우리가 상상만 하고 있는 '총체적 가상현실'도 구현할 수 있다. 2020년이 되면 칩의 가격은 싸구려 종이 값과 비슷한 1페니까지 떨어져서 주변의 모든 기기에 장착될 것이며, 이들은 수시로 하달되는 인간의 명령을 조용하게 수행할 것이다.

궁극적으로 '컴퓨터'라는 단어는 영어사전에서 사라지게 될 것이다(그러나 위에서 예로 들었던 전기와 종이, 상수도 등은 아직도 사전에 남아 있으므로 단어 자체가 사라진다는 것은 다소 섣부른 판단인 듯하다 — 옮긴이).

이 책에서는 서기 2100년까지 과학기술이 발전해 가는 양상을 현재~2030년, 2030~2070년, 그리고 2070~2100년의 3단계로 나누어 예측해볼 것이다. 물론 특별한 의미가 있는 분류는 아니지만,

전체적인 변화를 단계적으로 조망하는 데에는 어느 정도 도움이 될 것이다.

2100년이 되면 컴퓨터의 성능이 상상을 초월할 정도로 향상되어, 모든 인간은 과거 한때 그들이 숭배했던 신과 거의 동등한 능력을 갖게 된다. 간단한 손놀림이나 고갯짓만으로 무거운 물체를 이동시키고 삶의 질을 끌어올릴 수 있다면 그게 신이 아니고 무엇이겠는가. 뿐만 아니라 인간은 생각만으로 주변 환경을 컨트롤할 수 있게 된다. 그때가 되면 컴퓨터칩은 사방 어디에나 존재할 텐데, 여기에 인간의 생각과 상호작용하는 기능이 추가된다면 굳이 단말기를 통해 명령을 내리지 않아도 원하는 바를 이룰 수 있다.

〈스타트렉〉의 에피소드 중, 우주함선 엔터프라이즈 호가 고대 그리스 신들이 살고 있는 행성을 방문한다는 내용이 있다. 선원들은 엄청난 키에 막강한 힘을 가진 아폴로 신 앞에서 완전히 압도당한다. 23세기의 과학도 수천 년 전에 하늘을 다스렸던 신 앞에서는 맥을 못 추는 것 같았다. 그러나 얼마 지나지 않아 선원들은 아폴로의 비밀을 알게 된다. 그는 고성능 컴퓨터 및 발전소와 정신적으로 교류하면서 막강한 힘을 발휘할 수 있었던 것이다. 나중에 선원들이 발전소의 위치를 파악하고 그곳을 파괴하자 아폴로는 별다른 능력 없는 평범한 존재가 되고 만다.

물론 이것은 할리우드에서 만들어진 이야기에 불과하다. 그러나 현재 최첨단 실험실에서 발견된 사실들을 종합해볼 때, 머지않아 인간은 컴퓨터를 정신적으로 컨트롤하여 아폴로와 비슷한 위력을 발휘하게 될 것이다.

가까운 미래(현재~2030년)

인터넷안경과 콘택트렌즈

지금 우리는 컴퓨터나 휴대폰을 통해 인터넷에 접속하고 있다. 그러나 미래의 인터넷은 벽지 스크린과 가구, 광고판, 심지어는 안경이나 콘택트렌즈 등 어디에나 존재할 것이다. 그러므로 인터넷으로 들어가기 위해 굳이 컴퓨터를 통할 이유가 없다. 눈만 깜박이면 곧바로 인터넷에 연결된다.

렌즈에 인터넷을 연결하는 방법은 몇 가지가 있다. 그중 하나는 안경렌즈에 뜬 영상을 안구의 수정체로 투사하여 망막에 상이 맺히도록 만드는 것이다. 또는 안경렌즈 자체를 스크린으로 사용하거나, 안경테에 초소형 스크린을 별도로 부착할 수도 있다. 이 상태에서 안경을 응시하면 마치 영화스크린을 보는 것처럼 인터넷의 세계로 들어가게 된다. 필요한 명령은 무선조종장치를 통해 내릴 수도 있고, 손을 허공에 저으면서 내릴 수도 있다. 컴퓨터가 사람의 몸동작을 인식하는 기술은 거의 완성단계에 와 있다.

1991년에 워싱턴대학의 과학자들은 적색, 녹색, 청색 레이저를 망막에 직접 투사하는 가상망막단말기(VRD, virtual retina display)를 개발했다. 이 장치의 시야각은 120도이고 해상도는 1,600×1,200픽셀로서, 극장에서 상영되는 영화와 비슷할 정도로 선명한 영상을 만들어냈다 (VRD를 보려면 헬멧이나 고글, 또는 안경을 써야 한다).

1990년대에 나는 MIT 미디어연구소의 과학자들이 개발한 인터넷안경을 직접 착용해본 적이 있는데, 렌즈의 오른쪽 귀퉁이에 길이

1.5센티미터쯤 되는 원통형 렌즈가 달려 있다는 것만 빼고 생긴 모양은 실제 안경과 거의 비슷했다. 일단 써보니 안경으로서의 기능은 완벽했다. 그런데 안경테를 툭 건드리자 눈앞에 작은 렌즈가 나타났고, 그 안에는 완벽한 컴퓨터 스크린이 펼쳐져 있었다(크기는 표준 모니터보다 조금 작았다). 그때 내가 본 영상은 마치 컴퓨터 모니터를 코앞에서 보는 것 같은 착각이 들 정도로 선명했다. 그리고 휴대폰만 한 리모컨의 단추를 눌렀더니 스크린의 커서가 움직였고, 심지어는 명령어까지 입력할 수 있었다.

2010년에 나는 TV 과학프로그램의 사회자로 출연하면서 미군의 최신 발명품인 전투용 인터넷 '랜드워리어(Land Warrior)'를 취재하기 위해 포트베닝(Fort Benning, 미국 조지아 주의 육군 기지, 보병 훈련 센터 —옮긴이)에 간 적이 있다. 랜드워리어는 단순한 헬멧처럼 생겼지만, 누구든지 일단 착용하고 나면 막강한 전투력을 보유하게 된다. 헬멧 옆에 달려 있는 소형 스크린을 눈앞으로 가져오면 전장의 전체적인 풍경 및 아군과 적군의 위치가 X자로 선명하게 나타나고, GPS(Global Positioning System, 위성항법장치)는 모든 병력과 탱크, 건물의 위치를 정확하게 알려준다. 그리고 옆에 부착된 단추를 누르면 인터넷에 연결되면서 날씨를 비롯하여 현재 상황에서 가장 이상적인 전략과 용병술을 알 수 있다. 실제 전장에서는 연기가 자욱하여 눈앞에 벌어지는 상황을 파악하기 어려운데, 랜드워리어가 있으면 마치 안개를 깨끗하게 걷어낸 것처럼 모든 풍경이 선명하게 나타난다. 사소한 정보가 생사를 좌우하는 전쟁터에서 랜드워리어는 병사의 생존율을 크게 올려줄 것으로 기대되고 있다.

이보다 한 단계 진보된 버전으로는 콘택트렌즈형 스크린을 들 수 있다. 작은 플라스틱 렌즈에 초소형 칩과 LCD 화면을 삽입하여 안구에 부착하면 헬멧이나 안경 없이도 동일한 성능을 발휘할 수 있다. 시애틀에 있는 워싱턴대학의 바박 파비즈(Babak A. Parviz)와 그의 동료들이 개발 중인 인터넷 콘택트렌즈가 완성되면 인터넷에 접속하는 방법 자체가 완전히 달라질 것이다.

파비즈는 콘택트렌즈형 디스플레이가 당장 당뇨병환자의 혈당수치를 조절하는 데 크게 기여할 것이라고 강조했다. 눈에 부착된 렌즈가 몸의 상태를 체크하여 즉각적인 정보를 제공할 수 있기 때문이다. 아직은 시작단계에 불과하지만, 이 연구가 완성되면 영화와 음악, 웹사이트 등 인터넷에 떠다니는 온갖 정보들을 콘택트렌즈에 다운로드할 수 있게 된다. 다시 말해서, 홈-엔터테인먼트 시스템을 어디서나 즐길 수 있게 된다는 뜻이다. 또한 사무실의 컴퓨터를 콘택트렌즈와 연계하면 언제 어디서나 집무를 볼 수 있다. 그뿐만이 아니다. 휴양지의 해변가에서 편하게 누워 휴식을 취하다가 눈만 깜박이면 회사의 동료들과 화상회의를 할 수도 있다.

인터넷안경이나 콘택트렌즈에 형상인식 기능을 추가하면 낯선 사물이나 사람의 얼굴을 알아보는 데에도 도움이 된다. 사람의 얼굴을 인식하는 프로그램은 이미 90퍼센트의 인식성공률을 보이고 있다. 일단 얼굴인식에 성공하면 그 사람의 이름뿐만 아니라 모든 이력이 렌즈형 스크린에 표시된다. 이 장치가 완성되면 사람들과 회합을 가질 때 상대방의 이름을 기억하지 못하여 분위기가 어색해지는 상황은 벌어지지 않을 것이다. 뿐만 아니라 칵테일파티에서 생전 처음 보는(그러나 당신에게 매우 중요한) 사람들과 어울리게 되었을 때, 데이터베이스로부터 그들의 얼굴을 인식하면 모든 배경정보도 알 수

있으므로 자연스럽게 대화를 풀어나갈 수 있다(이것은 영화 〈터미네이터〉
에서 사이보그가 사람을 인식하는 원리와 비슷하다).

인식장치가 상용화되면 학교의 교육방식도 크게 달라질 것이다.
미래의 학생들은 기말고사를 볼 때 눈에 착용한 콘택트렌즈로 인터
넷을 검색할 수 있으므로, 암기력을 테스트하는 문제는 아무런 의미
가 없다. 따라서 미래의 교육은 학생들의 사고력과 논리력을 키우는
쪽으로 변할 것이다.

안경테에 초소형 비디오카메라를 달면 자신의 경험을 전 세계 사
람들과 실시간으로 공유할 수 있다. 당신이 무엇을 보건 간에, 주변
환경을 찍은 사진이나 동영상을 곧바로 인터넷에 올리면 수천 명의
사람들이 그것을 함께 보게 되는 것이다. 외출한 부모는 아이들이
집에서 무엇을 하고 있는지 알 수 있고, 연인들은 서로 떨어져 있을
때에도 다양한 경험들을 공유할 수 있다. 또한 콘서트에 간 사람들
은 공연현장의 뜨거운 열기와 생생한 감동을 전 세계의 다른 팬들과
함께 나눌 수 있으며, 멀리 있는 공장에 파견된 감독관은 생산라인
의 상태를 본사의 사장에게 즉각적으로 보고할 수도 있다(아내가 아이
들을 돌보는 사이 남편이 마트에 혼자 갔다면, 남편의 눈에 보이는 상품들을 집에 있
는 아내가 직접 고를 수도 있다).

파비즈는 콘택트렌즈의 특수필름인 폴리머(polymer) 안에 부착할
수 있도록 컴퓨터칩을 소형화하는 데 성공했다. 그가 만든 시제품은
가로-세로 8×8개의 LED(발광 다이오드)가 콘택트렌즈에 부착된 형
태이며, 명령어는 무선으로 입력된다. 여기서 잠시 파비즈의 말을
들어보자. "앞으로 수백 개의 LED를 콘택트렌즈에 심으면 문자와
차트뿐만 아니라 사진까지 디스플레이할 수 있다. 게다가 이 장치

를 구성하는 하드웨어는 모두 반투명하기 때문에 사용자의 시야를 방해하지도 않는다. 즉, 사용자는 보행이나 운전에 방해 받지 않고 인터넷을 검색할 수 있다." 그의 최종 목표는 3,000개의 LED를 1,000밀리미터 분의 1 두께의 콘택트렌즈 안에 심는 것인데, 아직은 개발단계에 있다.

인터넷 콘택트렌즈의 장점은 전력 소모량이 작다는 것이다. 컴퓨터에 못지않은 성능을 발휘하면서도 수 마이크로와트(1마이크로와트 =100만 분의 1와트)면 충분하다. 또 다른 장점도 있다. 해부학적 관점에서 볼 때 사람의 눈은 장기라기보다 두뇌의 돌출부에 가깝기 때문에, 콘택트렌즈를 착용하면 몸 안에 전극을 삽입하지 않고 외부의 정보를 두뇌에 직접 전달할 수 있다. 즉, 눈과 시신경이 초고속 인터넷회선의 역할을 하는 셈이다. 아마도 인터넷 콘택트렌즈는 외부정보와 두뇌를 연결하는 가장 빠르고 효율적인 방법일 것이다.

콘택트렌즈에 영상을 띄우는 기술은 인터넷안경보다 다소 복잡하다. 하나의 LED는 점이나 픽셀에 해당하며, 이들이 초소형 렌즈를 통과하면서 망막에 상을 만들어낸다. 이 과정을 거쳐서 만들어진 최종 영상은 사용자로부터 약 60센티미터 앞에 맺힌 것처럼 보인다. 파비즈는 여기서 멈추지 않고 초소형 레이저로 고해상의 영상을 망막에 직접 주사하는 장치까지 개발하고 있다. 조그만 칩에 초소형 트랜지스터를 새기는 기술은 이미 개발되어 있으므로, 이를 응용하여 칩에 초소형 레이저를 새긴다는 것이다. 이 연구가 성공한다면 역사상 가장 작은 레이저가 만들어질 것이다. 지금의 기술을 적용하면 손톱만 한 크기의 칩 안에 원자 100개 정도 크기의 레이저를 수백만 개까지 새길 수 있다.

무인자동차

미래에는 자동차를 운전하면서 웹 서핑을 할 수도 있다. 물론 목숨을 건다면 지금도 할 수 있지만, 미래에는 전혀 위험하지 않다. 자동차가 스스로 알아서 길을 찾아갈 것이기 때문이다. 현재 개발된 최첨단의 무인자동차는 GPS를 이용하여 몇 미터의 오차 안에서 수백 킬로미터를 주행할 수 있다. 미국 국방성의 방위고등연구계획국(Defense Advanced Research Projects Agency, DARPA)에서는 모하비사막을 무인자동차로 횡단하는 연구팀에게 100만 달러의 상금을 수여하는 'DARPA 대도전(DARPA Grand Challenge)' 경연대회를 매년 개최해오고 있다. "성공가능성은 낮지만 도전할 가치가 있는 과제"에 투자하는 것은 DARPA의 오랜 전통이다.

(미국 국방성은 미-소 냉전기간 중 비밀리에 과학자들과 공무원을 연결하는 인터넷을 개발했고, 대륙간 탄도미사일을 유도하는 목적으로 GPS를 개발했다. 그러나 냉전이 끝난 후 인터넷과 GPS는 비밀이 해제되어 일반인에게 공개되었다.)

2004년에 개최된 '제1회 DARPA 대도전'은 별다른 성과를 거두지 못했다. 다양한 무인자동차들이 대회에 참여했지만 총 240킬로미터의 울퉁불퉁한 길을 끝까지 완주한 차는 단 한 대도 없었다. 로봇 자동차들은 도중에 망가지거나 길을 잃기가 일쑤였다. 그러나 다음 해에는 다섯 대의 무인자동차가 전 대회보다 더욱 험한 코스를 완주하여 대회관계자들을 흥분시켰다. 이때 자동차들이 달렸던 코스에는 100개의 급커브와 3개의 좁은 터널, 그리고 양쪽이 천길 낭떠러지인 위험한 길이 포함되어 있었다.

일부 비평가들은 로봇 자동차가 사막을 달릴 수는 있지만 교통체

증이 극심한 도심에서는 무용지물이라고 주장했다. 그래서 DARPA
는 2007년에 로봇 자동차로 복잡한 도심을 주파하는 '도시 도전대
회(Urban Challenge)'를 개최했다. 여기 참가한 자동차는 운전자 없이
60마일(약 100킬로미터)을 6시간 안에 주파해야 하는데, 그사이에 모
든 교통신호를 준수하는 것은 물론이고 다른 로봇 자동차를 피하면
서 여러 개의 사거리를 무사히 통과해야 한다. 그런데 놀랍게도 무
려 6대의 자동차가 모든 코스를 완주했으며, 상위 3등 안에 든 연구
팀은 상금으로 각각 200만 달러, 100만 달러, 50만 달러를 받았다.

현재 국방성의 목표는 2015년까지 미국 지상군의 3분의 1을 자
동화하는 것이다. 이것은 군인의 목숨과 직결된 문제이다. 최근 들
어 미군에서 발생한 사상자의 대부분은 '길거리 폭탄'에 희생되었
다. 그래서 미군은 무인자동차를 운용할 계획을 세워놓고 있다. 그
러나 일반인들에게 무인자동차는 편리함의 상징이다. 무인자동차
를 타면 일을 하거나 쉴 수 있고, 주변 경치와 영화를 감상하거나 인
터넷을 검색할 수도 있다.

나는 디스커버리 채널이라는 방송국의 한 프로그램에 출연하여
무인자동차를 직접 타본 적이 있다. 그 자동차는 노스캐롤라이나대
학의 공학자들이 매끈한 스포츠카를 개조한 것으로, 개인용 컴퓨터
8대와 맞먹는 중앙컴퓨터가 모든 것을 통제하고 있었다. 그런데 막
상 운전석에 앉아보니 좌석과 계기판에 온갖 전기부품들이 빽빽하
게 들어 차 있어서 매우 당혹스러웠다. 나는 습관적으로 핸들을 잡
았는데, 알고 보니 그것은 작은 모니터에 연결된 특수고무재질의 케
이블이었다. 컴퓨터가 모터를 제어하면 그에 해당하는 명령이 핸들
에 하달되는 식이었다.

나는 시동을 걸고 가속페달을 밟으면서 자동차를 고속도로로 진입시킨 후, 컴퓨터에게 모든 것을 내맡기는 단추를 눌렀다. 그랬더니 컴퓨터가 고무케이블을 통해 핸들을 조금씩 조절하면서 주행을 계속했다. 나는 핸들과 가속페달이 혼자 움직이는 광경을 처음 봤기 때문에 마음이 그리 편하지만은 않았다. 마치 유령이 모는 차를 타고 가는 듯한 느낌이었다. 그러나 잠시 후 마음이 편해지면서 그 모든 상황에 익숙해지기 시작했고, 나중에는 즐겁기까지 했다. 컴퓨터의 운전 실력이 웬만한 사람을 능가했기 때문에, 나는 의자 깊숙이 몸을 묻고 편안한 마음으로 드라이브를 즐길 수 있었다.

무인자동차의 핵심은 몇 미터 이내의 오차범위 안에서 자동차의 현재 위치를 알려주는 GPS 시스템이다(한 공학자는 GPS의 오차범위가 몇 센티미터 이내라고 귀띔해 주었다). 요즘 사람들은 GPS를 당연하게 여기고 있지만, 사실 이것은 현대과학의 기적이라 불릴 만하다. 자동차에 부착된 GPS 수신기에는 32개의 위성에서 송출된 라디오파가 수시로 도달하고 있는데, 각 위성의 궤도가 조금씩 다르기 때문에 라디오파도 조금씩 변형된 상태로 도달한다(이 현상을 '도플러 편이Doppler shift'라고 한다. 예를 들어 위성이 당신을 향해 다가오면 라디오파의 파장이 짧아지고, 당신으로부터 멀어져 가면 라디오파의 파장이 길어진다). 세 개 이상의 위성에서 수신된 라디오파의 달라진 파장(또는 진동수)을 분석하면 자동차의 현재 위치를 정확하게 알 수 있다.

무인자동차의 범퍼에 레이더를 장착하면 앞에 있는 장애물을 인식할 수 있다. 인명사고를 예방하려면 사고 가능성을 감지하는 즉시 비상체제에 돌입해야 하는데, 이를 위해서는 레이더가 반드시 필요하다. 현재 미국에서는 해마다 4만 명의 교통사고 사망자가 발생하고 있다. 앞으로 무인자동차가 상용화되면 '교통사고'라는 단어도 사전에서 사라질 것이다.

교통체증도 구시대의 유물이 될 것이다. 중앙컴퓨터가 무인자동차와 신호를 주고받으면 모든 자동차의 움직임을 추적할 수 있으므로 고속도로의 정체나 병목현상을 방지할 수 있을 것이다. 지금도 샌디에이고 북쪽의 15번 주간고속도로에는 컴퓨터칩이 설치되어 있어서 중앙컴퓨터가 교통상황을 통제하고 있다. 무인자동차가 상용화되면 교통체증이 발생했을 때 중앙컴퓨터가 '운전권'을 접수하여 상황을 정리할 수 있다.

미래의 자동차는 장애물이나 교통체증 이외에 다른 위험요소도 미리 감지할 수 있다. 지금도 수천 명의 사람들이 졸음운전으로 사망하거나 부상을 입고 있는데, 이런 사고는 주로 야간이나 단조로운 운행이 오래 지속될 때 발생한다. 이런 경우, 차 안에 설치된 컴퓨터가 운전자의 눈을 스캔하여 졸고 있다고 판명되었을 때 경고음을 울리면 사고를 방지할 수 있을 것이다. 이것은 지금의 기술로도 얼마든지 가능하다. 경고를 울렸는데도 운전자가 깨지 않는다면 컴퓨터가 운전권을 접수하여 스스로 운행하면 된다. 여기에 알코올의 양을 측정하는 기능까지 추가하면 음주운전에 의한 사고도 미연에 방지할 수 있다.

지능을 보유한 로봇 자동차는 먼저 군대에서 채용하여 한동안 군사적인 목적으로 사용하다가 '장거리 단순운전용'으로 일반에게 공개될 것이다. 그후 점차적으로 도시근교와 대도시에 등장하겠지만 비상시에는 언제라도 사람이 직접 운전할 수 있게끔 만들어질 것이다. 그리고 무인자동차에 익숙해진 우리 후손들은 그것 없이 살았던 시대를 상상하기 어려울 것이다.

벽지 스크린

컴퓨터는 편리한 의사교환과 자동차의 안전운행뿐만 아니라, 친구나 지인들과의 관계를 유지하는 데에도 커다란 기여를 하게 될 것이다. 과거에는 "컴퓨터가 사람을 고립시키고 인간성을 말살한다"며 컴퓨터혁명을 걱정스러운 눈으로 바라보던 시절도 있었다. 그러나 지금은 완전 정반대의 상황이 펼쳐지고 있다. 당장 당신의 주변을 둘러보라. 컴퓨터 덕분에 친구와 지인들의 수가 엄청나게 많아지지 않았는가? 이런 경향은 앞으로 더욱 심해질 것이다. 외롭거나 친구가 필요할 때 벽지 스크린을 향해 한 마디만 하면 컴퓨터는 전 세계에 퍼져 있는 다른 외로운 사람들을 찾아서 당신과 연결해줄 것이다. 휴가나 여행계획을 짜줄 사람이 필요하거나 데이트 상대가 필요하다면 벽지 스크린이 그에 걸맞은 사람을 찾아줄 것이다.

미래에는 벽지 스크린에 낯익은 얼굴이 항상 떠 있을 것이다. 그(또는 그녀)는 당신의 라이프 매니저로서, 휴가철이 되면 최상의 휴가코스를 알려준다. 물론 매니저의 생김새와 의상은 당신의 입맛에 맞게 세팅할 수 있다. 그는 당신의 기호를 잘 알고 있으므로, 인터넷을 검색하여 가격대비 만족도가 가장 높은 휴가계획을 세워줄 것이다.

가족들 간의 만남도 벽지 스크린을 통해 이루어진다. 거실의 네 벽을 벽지 스크린으로 도배하면 당신은 멀리 있는 가족과 친지들에게 둘러싸인 채 대화를 나눌 수 있다. 집안에 중요한 행사가 있을 때 사정상 참석하지 못하는 친지가 있더라도 벽지 스크린 앞에 모여 앉아 축하인사를 주고받을 수 있다. 또는 인터넷 콘택트렌즈를 착용하면 당신이 사랑하는 모든 사람들과 마치 얼굴을 맞대고 있는 것처럼 친밀한 대화를 나눌 수도 있다(과거에는 인터넷이 국방성에서 전쟁수행을 목적으로 만든 것이기 때문에 다분히 '남성적인' 발명품으로 여겨졌다. 그러나 지금의 인터넷은 다른 사람과 유대관계를 유지하는 수단으로 활용되고 있으므로 '여성적인' 발명품에 가까워졌다고 할 수 있다).

미래에는 원거리 화상회의도 모니터에 얼굴만 뜨는 것이 아니라, 콘택트렌즈를 통해 완벽한 3차원 영상과 목소리가 재현되어 실제 회의와 거의 다른 점이 없을 것이다. 예를 들어 사무실에서 회의가 시작되면 사람들이 테이블 주변에 모여들고, 자리에 없는 사람들은 콘택트렌즈를 통해 입체영상으로 나타나는 식이다. 실제로는 의자 곳곳이 비어 있겠지만, 렌즈 상으로는 모든 사람들이 참석하여 대화를 주고받는 것처럼 보인다(이것을 구현하려면 회의에 불참한 사람도 의자에 앉아 대화하는 자신의 모습을 카메라로 찍어서 실시간으로 전송해야 한다).

영화 〈스타워즈〉를 보러 간 관람객들은 배우의 모습이 허공에 3차원 영상으로 나타나는 광경을 보고 감탄을 금치 못했다. 그러나 앞으로 개발될 컴퓨터기술을 이용하면 콘택트렌즈나 안경, 또는 벽지 스크린을 통해 이와 같은 입체영상을 만들어낼 수 있다.

당신이 텅 빈 거실에서 혼자 중얼거리는 모습을 누군가가 본다면 이상하게 생각할 것이다. 그러나 전화가 처음 나왔을 때에도 일부 사람들은 "유령과 대화하는 기계"라며 사용을 꺼렸고, 전화 때문에 사람들 사이의 직접적인 만남이 줄어들 것이라고 한탄했다. 물론 틀린 말은 아니었다. 그러나 지금 우리는 전화통화에 아무런 반감도 갖고 있지 않다. 전화 덕분에 사람들과의 접촉이 많아지고 삶도 더욱 풍요로워졌기 때문이다.

벽지 스크린은 우리의 애정생활도 바꿔놓을 것이다. 만일 당신이 외로움을 느낀다면, 당신의 기호를 잘 알고 있는 벽지 스크린은 인터넷을 검색하여 이상적인 짝을 찾아줄 것이다. 미래에도 인터넷에서는 거짓 정보가 난무하겠지만, 벽지 스크린은 상대방의 얼굴을 인식하여 정확한 정보를 제공할 수 있다(이 기능을 안심하고 사용하려면 개인정보를 국가차원에서 관리해야 한다. 거짓 정보를 원천봉쇄하려면 이 방법밖에 없다. 그러나 개인의 권리가 갈수록 확장되는 추세 속에서 과연 이런 시스템이 가능할지 의문이다 — 옮긴이).

접을 수 있는 전자종이

평면 TV가 시장에 처음 출시되었을 때 소비자가격이 1만 달러를 호가하다가 10년 만에 그 50분의 1까지 떨어졌다. 미래에는 거실 벽을 완전히 덮을 정도로 큰 평면 TV도 아주 싼 가격에 팔릴 것이다. 벽지 스크린에 OLED(Organic Light Emitting Diode, 유기발광 다이오드)를 사용하면 종이처럼 얇게 만들 수 있다. 이것은 생체조직에 기초한 일종의 LED로서, 폴리머 위에 심으면 유연한 모니터가 된다. 여기 이식된 개개의 픽셀을 트랜지스터와 연결하면 빛의 색상과 강도를 조절할 수 있다.

애리조나주립대학 플렉서블 디스플레이센터(Flexible Display Center)의 연구원들은 휴렛-패커드(Hewlett-Packard) 사 및 미군과 협조하여 이 기술을 이미 개발해놓았다. 물론 지금은 제작비가 너무 비싸지만 장차 플렉서블 스크린(flexible screen, 접을 수 있는 화면)이 시장에 출시되어 현실적인 가격으로 내려가면, 이 기술을 채용한 벽지 스크린은 실제 벽지와 비슷한 값으로 팔릴 것이다. 그렇다면 굳이 아무런 기능도 없는 종이벽지로 벽을 바를 이유가 없다. 결국 모든 집의 내벽은 종이와 재질이 비슷한 벽지 스크린으로 도배될 것이다. 벽지의 무늬를 바꾸고 싶다면 단추 하나만 누르면 된다.

플렉서블 스크린이 상용화되면 휴대용 컴퓨터에도 혁명적인 변화가 찾아올 것이다. 요즘 사용되는 노트북은 무게가 2~3킬로그램이나 되어 장시간 휴대가 불편한 것이 사실이다. 그러나 노트북에 OLED 기술을 채용하면 작게 접어서 지갑에 넣을 수도 있다. 휴대폰에 적용하면 돌돌 말아서 주머니에 넣고 다닐 정도로 작아진다. 또한 지금은 휴대폰에서 명령어를 입력할 때 화면에 뜬 키보드가 너무 작아서 불편한 점이 있는데, OLED 휴대폰은 플렉서블 스크린을 원하는 만큼 펼칠 수 있다.

OLED를 이용하면 컴퓨터 스크린을 투명하게 만들 수 있다. 상상해보라. 창문을 향해 손을 저으면 갑자기 창문이 컴퓨터 화면으로 변신하거나 원하는 영상이 나타난다. 창문을 통해 수천 킬로미터 바깥을 보게 되는 셈이다.

지금 우리는 메모지에 무언가를 적었다가 용도가 완료되면 쓰레기통에 버리고 있다. 그러나 미래에 '스크랩 컴퓨터(scrap computer)'가 등장하면 상황은 크게 달라진다. 이 컴퓨터는 용도를 규정하기 어려울 정도로 다재다능하다. 지금 당신의 책상 위를 보라. 컴퓨터 한 대를 사용하기 위해 책상과 서랍 등 커다란 가구들이 자리를 차지하고 있을 것이다. 그러나 미래에는 데스크탑 컴퓨터가 아예 자취를 감추고, 우리가 어디를 가건 컴퓨터 파일들이 항상 우리를 따라

다니면서 실시간 정보를 제공해줄 것이다. 요즘 공항에 가면 노트북 컴퓨터를 들고 다니는 사람을 쉽게 볼 수 있다. 그들이 호텔에 짐을 풀면 노트북을 인터넷 전용회선에 연결해야 하고, 집으로 돌아오면 노트북에 있는 내용을 데스크탑으로 옮겨야 한다. 그러나 미래에는 굳이 컴퓨터를 들고 다닐 필요가 없다. 당신이 언제 어디에 있건 간에(심지어는 자동차나 기차를 타고 여행 중일 때에도) 벽과 그림을 비롯한 온갖 가구들이 당신을 인터넷으로 안내할 것이기 때문이다(수도나 전기 등 과거에 구축된 네트워크와 마찬가지로 '클라우드 컴퓨팅(cloud computing, 인터넷 서버를 기반으로 데이터 교환과 콘텐츠 사용 등 다양한 서비스를 제공하는 시스템의 통칭 — 옮긴이)'도 사용 시간에 따라 컴퓨터 사용료를 부과하고 있다).

가상세계

유비쿼터스 컴퓨팅의 목적은 컴퓨터를 우리가 사는 세상 안으로 가져오는 것이다. 다시 말해서 컴퓨터칩을 모든 곳에 심어놓자는 것이다. 그러나 가상현실은 그 반대로 이 세상을 컴퓨터 안에 구현하는 것을 목적으로 하고 있다. 가상현실은 전투기 파일럿과 군인을 훈련시키는 목적으로 1960년대에 처음 도입되었다. 파일럿은 컴퓨터 스크린 앞에 앉아 조이스틱을 조종하면서 항공모함 이착륙을 연습할 수 있다. 또한 핵전쟁이 발발했을 때 정치가와 장군들이 공간상으로 멀리 떨어져 있다 해도 사이버공간을 통해 긴밀한 회의를 진행할 수 있다.

컴퓨터의 능력이 날로 일취월장하는 지금, 우리는 상당 시간을 컴퓨터가 만든 시뮬레이션 세계 속에서 자신의 아바타(avatar, 사전적 의

미는 '화신'이지만, 요즘은 '컴퓨터상에서 자신을 대표하는 상징'의 의미로 통용되고 있다 — 옮긴이)를 관리하며 살아가고 있다. 당신은 이 가상의 세계를 탐험하면서 다른 아바타를 만나고, 누군가와 사랑에 빠져 가상결혼식을 올릴 수도 있다. 또는 가상화폐로 가상물품을 구입할 수도 있는데, 이것은 경우에 따라 실제 현금으로 거래되기도 한다. 지금 세계에서 가장 유명한 가상현실 사이트인 '세컨드 라이프(Second Life)'는 2009년에 무려 1,600만 명의 회원을 확보했으며, 세컨드 라이프를 이용하여 매해 100만 달러 이상을 버는 사람도 여러 명 있다(이들이 벌어들인 것은 사이버 머니가 아니라 실제 돈이었다. 그래서 미국 정부는 그것을 현실적인 수입으로 간주하여 세금을 부과했다).

가상현실의 원조는 비디오게임이다. 지금까지는 덩치 큰 모니터를 통해 비디오게임을 즐겨왔지만, 미래에는 안경이나 콘택트렌즈, 또는 벽지 스크린이 모니터를 대신하게 될 것이다. 예를 들어 쇼핑을 가거나 먼 곳을 방문하고 싶다면 실행에 옮기기 전에 가상현실 속으로 들어가서 간접체험을 해보는 것이 좋다. 이곳에서는 달이나 화성 표면을 걸을 수도 있고, 아시아나 유럽의 유명한 상점을 둘러볼 수도 있다. 이런 식으로 간접체험을 한 후 가장 마음에 드는 곳을 골라서 떠나면 된다.

사이버세계에서 무언가를 만지고 느끼는 것도 가능하다. '햅틱 테크놀로지(haptic technology)'라 불리는 이 기술은 컴퓨터가 만들어 낸 물체의 존재를 느낄 수 있도록 만들어준다. 원래 햅틱은 과학자들이 로봇 팔을 이용하여 방사능 물질을 다루려는 목적으로 개발되었으며, 군대에서는 파일럿이 시뮬레이션 비행을 할 때 조이스틱의 저항력을 직접 느끼는 수단으로 사용되었다.

과학자들은 촉감을 재현하기 위해 스프링과 기어로 이루어진 정교한 장치를 개발했다. 이 장치를 손끝으로 살짝 밀면 스프링이 손을 되밀면서 접촉부위에 압력이 가해진다. 예를 들어 손가락으로 테이블 위를 쓸고 지나가면 단단한 나무의 질감이 손끝에 느껴지는 식이다. 이 방법을 적용하면 고글이나 렌즈를 통해 나타난 가상의 물질에 생생한 현실감을 부여할 수 있다.

얇은 판 위에 수천 개의 작은 핀을 꽂아놓고 각 핀의 높이를 컴퓨터로 조절하면 당신의 손가락이 그 위를 쓸고 지나갈 때 다양한 촉감을 느끼게 만들 수 있다. 철판과 같이 단단한 표면이나 벨벳 천, 또는 까칠한 사포 등 무엇이건 가능하다. 여기에 특수 제작된 센서가 달린 장갑까지 낀다면 더욱더 현실적인 촉감을 느낄 수 있다.

3차원 홀로그래피 영상으로 떠 있는 환자를 상대로 원거리 수술을 집도할 때, 의사는 자신의 손에 가해지는 압력을 정확하게 느낄 수 있어야 한다. 따라서 햅틱 테크놀로지는 미래의 외과의사에게 매우 중요한 도구가 될 것이다. 이것은 〈스타트렉〉 시리즈에서 등장인물들이 가상세계를 돌아다니며 가상물체를 직접 만져보는 홀로덱(holodeck)과 비슷하다. 당신의 방 안이 텅 비어 있다 해도, 인터넷안경이나 콘택트렌즈를 착용하고 햅틱 장갑까지 끼고 있다면 그곳은 아마존 정글이 될 수도 있고 눈 덮인 히말라야가 될 수도 있다. 게다가 물체를 손으로 만지면 실제와 거의 비슷한 촉감까지 느낄 수 있으니, 이 정도면 굳이 먼 곳까지 갈 필요가 없다.

나는 TV 사이언스 채널의 스태프들과 함께 뉴저지에 있는 로완대학(Rowan University)의 CAVE(Cave Automatic Virtual Environment)를 방문한 적이 있었다. 그때 햅틱 테크놀로지의 개발현장을 생생하게 목격할 수 있었다. 연구원의 안내를 받아 텅 빈 방에 들어가보니 네 개의 벽에 3차원 입체영상이 프로젝터로 구현되었다. 그가 버튼을 누르자 사방에 공룡들이 나타났고 조이스틱을 조절하니 어느새 내가 티라노사우루스의 등에 타고 있었다. 심지어는 내가 쩍 벌어진 공룡의 입을 향해 다가가는 끔찍한 상황도 겪었다.

그리고 메릴랜드 주의 애버딘 실험장(Aberdeen Proving Ground)을 방문했을 때에는 미군에서 제작한 최첨단 홀로덱을 구경했다. 센서가 달려 있는 헬멧과 배낭을 착용하면 컴퓨터가 사용자의 위치를 정확하게 파악하여 그곳에 영상을 만들어낸다. 그때 나타난 영상은 트레드밀(treadmill, 발로 밟아서 돌리는 바퀴 — 옮긴이)이었는데, 내가 발걸음을 옮기면 바퀴가 돌아갔지만 아무리 걸어도 몸은 제자리에 있었다. 그러다 갑자기 주변풍경이 전쟁터로 바뀌면서 적군이 발사한 총알이 사방에 날아다녔고, 총알을 피해 아무 곳으로나 숨으면 나의 움직임에 따라 3차원 풍경이 실시간으로 바뀌었다(바닥에 납작 엎드렸을 때 달라지는 시야각도 실제와 똑같이 구현되었다). 미래에 이 기술을 이용하면 거실 소파에 편안히 앉아 외계비행선과 공중전을 벌이거나 사나운 괴물로부터 도망치기, 또는 무인도에서 혼자 살아가기 등 다양한 체험을 할 수 있을 것이다.

가까운 미래의 의술

미래에는 환자가 의사를 찾아가는 방식도 완전히 달라진다. 건강검진을 받고 의사와 상담하는 일상적인 과정은 벽에 설치된 스크린을 통해 이루어질 것이다. 의사를 직접 만나지 못한다고 걱정할 필요는 없다. 특별히 고안된 프로그램을 사용하면 질병의 95퍼센트를 올바르게 진단할 수 있다. 스크린에 나타난 주치의는 사람처럼 보이지만, 사실은 당신에게 몇 가지 간단한 질문을 던지도록 프로그램된 영상일 뿐이다. 이 주치의는 당신의 유전자정보를 완전히 파악하고 있으므로 모든 변수를 고려하여 가장 적절한 치료법을 알려준다.

진단 프로그램에 등장한 주치의는 소형 탐침을 이용하여 당신의 몸을 스캔한다. 〈스타트렉〉에도 승무원의 질병을 진단하고 내장을 들여다보는 장치가 등장한 적이 있다. 이 드라마의 배경은 23세기였지만, 우리는 그때까지 기다릴 필요가 없다. 기존의 MRI는 무게가 수 톤에 이르고 방 하나를 가득 메울 정도로 덩치가 컸지만, 첨단 MRI는 약 30센티미터까지 소형화되었고 가까운 미래에는 휴대폰과 비슷한 크기로 작아질 것이다. 이 장치를 당신의 몸 위로 한 번만 쓸고 지나가면 컴퓨터가 내장의 상태를 3차원 입체영상으로 보여주면서 정확한 진단까지 내려준다. 컴퓨터진단 프로그램은 당신의 몸에 맞도록 세팅되어 있기 때문에, 아직 종양으로 자라지 않은 암세포까지 몇 분 안에 찾아낼 수 있다. 신체스캐너에는 수백만 개의 센서로 이루어진 DNA칩과 실리콘칩이 장착되어 있어서, DNA에 나타난 질병의 징후를 정확하게 감지할 수 있다.

병원에 가는 것을 좋아하는 사람은 없다. 그러나 미래에는 자신도 모르는 사이에 내 건강상태를 하루에도 몇 번씩 체크하게 될 것이다. 화장실과 욕실에 달린 거울이나 당신이 즐겨 입는 옷에도 DNA칩이 달려 있어서 아직 수백 개에 불과한 암세포까지 찾아낼 수 있다. 아마도 화장실이나 한 사람의 옷에 장착된 센서의 수는 요즘 대형병원이나 대학교에서 보유하고 있는 센서의 수보다 많을 것이다.

예를 들면 거울에 대고 입김을 불었을 때 이종 단백질 p53의 존재 여부를 확인하는 식이다(일상적인 암세포의 50퍼센트가 p53을 함유하고 있다). 이와 같은 진단시스템이 상용화되면 '종양'이라는 단어도 사전에서 서서히 사라질 것이다.

지금은 한적한 길에서 교통사고를 당하면 과다출혈로 사망하기 쉽다. 그러나 미래에 이런 사고가 발생하면 운전자의 옷과 자동차가 외상의 징후를 감지하고 그 즉시 사고지점과 상처부위, 그리고 운전자의 과거 병력을 병원에 전송한다. 물론 구급차를 부르는 것은 기본이다. 중요한 것은 운전자가 의식을 잃어도 이 모든 과정이 자동으로 진행된다는 것이다. 미래에는 혼자 조용하게 죽기가 쉽지 않을 것 같다. 옷에 달려 있는 센서가 심장박동과 호흡은 물론이고 심지어는 뇌파까지 항상 체크하고 있을 것이기 때문이다. 옷을 입고 있는 한 당신은 온라인 상태에 있을 수밖에 없다.

지금의 기술은 알약만 한 크기의 칩에 TV카메라와 라디오를 장착할 수 있는 수준까지 와 있다. 이것을 삼키면 '똑똑한 알약'이 식도와 창자의 내벽을 촬영한 후 라디오신호를 송출하고(이것은 '인텔 인사이드Intel inside'라는 카피의 또 다른 의미이기도 하다), 이 신호가 도달한 병원의 스크린에는 환자의 내장 상태가 3차원 영상으로 나타난다. 즉, 미래의 의사는 대장내시경 검사를 하지 않고서도 대장암이나 식도암을 정확하게 진단할 수 있다(길이가 거의 2미터나 되는 내시경이 창자 속에 들어가는 것을 좋아할 사람은 없을 것이다).

지금까지 언급한 내용은 컴퓨터혁명이 우리의 건강에 미치는 영향들 중 극히 일부에 불과하다. 3~4장에서는 의학의 미래를 전망할 예정인데, 유전자치료법과 복제기술, 그리고 수명연장 등 미래의 인간들이 누리게 될 혜택은 끝을 헤아리기 어려울 정도로 다양하다.

동화 속에서 살아가기

미래에는 성능이 뛰어나면서 값싼 컴퓨터가 사방 어디에나 보급될 것이다. 그래서 일부 미래학자들은 미래세계가 동화와 비슷해질 것이라고 주장한다. 인간이 신과 비슷한 능력을 갖게 된다면 인간이 사는 세계도 환상의 세계와 비슷해진다는 이야기다. 예를 들어 미래의 인터넷은 백설공주에 나오는 마법의 거울과 다를 것이 없다. 당신이 "거울아, 거울아, 인터넷 거울아!"라고 외치면 거울 속에서 낯익은 얼굴이 나타나 당신이 원하는 정보를 알려줄 것이다. 백설공주가 어디 있는지 궁금하다고? 공주의 옷에 달려 있는 GPS를 추적하면 된다. 그뿐만이 아니다. 장난감에 칩을 장착하면 나무인형에 불과했던 피노키오가 지능을 가진 소년으로 변신하고, 포카혼타스처럼 바람이나 나무와 대화를 나눌 수도 있다. 미래에는 대부분의 사물들이 칩을 통해 지능을 갖게 될 것이므로 그들과 대화를 나누는 것은 별로 신기한 일이 아니다.

또한 미래의 컴퓨터는 노화와 관련된 유전자를 파악하고 있을 것이므로 영원한 젊음을 유지할 수도 있다. 영원한 소년으로 살아가는 네버랜드의 피터팬이 부러운가? 그렇다면 노화과정이 느리게 진행되도록 유전자를 수정하면 된다. 신데렐라와 같은 공주가 되고 싶은가? 가상현실이 이루어줄 것이다. 동그란 마차를 타고 왕궁으로 가서 잘생긴 왕자와 우아하게 춤을 추는 정도는 쉽게 구현할 수 있다 (그러나 자정이 되면 가상현실 창문의 전원이 꺼지면서 현실로 되돌아온다). 뿐만 아니라 미래에는 유전자를 재배열하여 외모를 바꿀 수도 있다. 단순한 외모뿐만 아니라 종 자체를 바꿀 수 있을지도 모른다. 그러므로 당신이 정 원한다면 〈미녀와 야수〉에 등장하는 야수가 되었다가, 공주의 사랑고백을 들은 후 인간으로 되돌아올 수도 있다.

일부 미래학자들은 "이 세상이 동화처럼 변하면 중세의 신비주의로 되돌아갈 수도 있다"며 경고하고 있다. 말이나 손짓, 또는 생각만으로 모든 것이 이루어진다면 눈에 보이지 않는 신비한 존재가 이 세상을 지배한다는 중세 암흑기의 세계관과 별로 다를 것이 없기 때문이다.

조금 먼 미래(2030~2070년)

'무어의 법칙'의 종말

컴퓨터 혁명은 언제까지 계속될 것인가? 무어의 법칙이 앞으로 50년 동안 꾸준히 적용된다면 컴퓨터의 연산능력은 인간의 두뇌를 능가하게 된다. 즉, 21세기 중반쯤에 격렬한 변화가 초래된다는 이야기다. 과연 그럴까? 비틀즈의 멤버였던 조지 해리슨(George Harrison)의 노래 제목처럼 "모든 것은 사라져야 한다(All things must pass)". 여기에는 무어의 법칙도 예외일 수 없다. 근 50년 동안 경제성장을 이끌었던 컴퓨터도 언젠가는 성장의 한계에 도달할 것이다.

지금 우리는 꾸준히 향상되는 컴퓨터의 능력을 마음껏 사용하는 것이 인간의 당연한 권리라고 생각한다. 그래서 우리는 거의 매해마다 새로운 컴퓨터를 구입하고 있다. 작년에 산 제품보다 거의 두 배쯤 빠르다는 사실을 잘 알고 있기 때문이다. 그러나 무어의 법칙이 더 이상 적용되지 않는 시기가 찾아온다면(새로 출시된 컴퓨터의 기능과 속도가 이전 제품과 거의 똑같다면) 굳이 새 컴퓨터를 구입할 이유가 없다.

컴퓨터칩은 다양한 제품에 장착되어 있기 때문에 컴퓨터의 발전이 정체되면 경제적으로도 엄청난 재앙이 초래된다. 모든 산업이 제자리걸음을 하면서 실업자가 양산되고 세계경제는 깊은 혼란에 빠져들 것이다.

몇 년 전에 물리학자들이 무어의 법칙의 종말을 예견했을 때, 산업계에서는 헛소리 말라며 콧방귀를 뀌었다. 무어의 법칙이 언젠가 끝난다는 주장은 그 외에도 여러 번 제기되었지만 사람들은 믿지 않았다. 논리상의 허점 때문이 아니라, 그렇게 되는 것을 원치 않았기 때문이다.

그러나 이런 식의 고집은 더 이상 통하지 않는다.

2년 전에 나는 워싱턴 주 시애틀에 있는 마이크로소프트 본사에서 컴퓨터와 원거리통신의 미래에 대하여 강연을 한 적이 있다. 당시 청중석에 앉아 있던 3,000여 명의 사람들은 지금 전 세계 사람들이 사용 중인 데스크탑 컴퓨터와 노트북에서 돌아가는 거의 모든 프로그램을 설계한 젊은 엔지니어들이었다. 그때 나는 산업계가 무어의 법칙의 종말을 준비해야 한다고 강조했는데, 10년 전만 해도 농담처럼 들었겠지만 그 강연 당시에는 대부분의 사람들이 말없이 고개를 끄덕였다.

이제 무어의 법칙의 종말은 수조 달러가 걸려 있는 세계적 사안이 되었다. 그렇다면 언제쯤 끝나며, 어떤 법칙이 그 자리를 대신할 것인가? 그 해답은 다름 아닌 물리학법칙이 쥐고 있다. 앞으로 자본주의의 경제구조는 물리학에 의해 좌우될 것이다.

그 이유를 이해하려면 무엇보다도 컴퓨터 혁명의 근간이 되었던 몇 개의 물리학 법칙을 알고 있어야 한다. 첫째, 컴퓨터의 연산속도가 빠른 이유는 전기신호의 전달속도가 거의 광속(빛의 속도)에 육박할 정도로 빠르기 때문이다. 광속은 우주 만물이 다다를 수 있는 궁극의 속도로서 1초 동안 지구를 일곱 번 돌 수 있으며, 직선거리로는 거의 달까지 갈 수 있다. 전자는 결합이 느슨하기 때문에 원자의 속박에서 풀려나 자유롭게 돌아다닐 수 있고(빗으로 머리를 빗거나 카펫 위를 걸어갈 때, 그리고 털옷을 세탁할 때 나타나는 정전기는 모두 전자 때문에 일어나는 현상이다), 전기신호를 빠르게 전달할 수 있다. 20세기 초에 세계를 휩쓸었던 전기혁명은 바로 이 전자의 움직임에서 비롯된 것이다.

둘째, 레이저빔에 담을 수 있는 정보의 양에는 한계가 없다. 광파(빛)는 음파보다 빠르게 진동하기 때문에 소리보다 훨씬 많은 정보를 전달할 수 있다(예를 들어 밧줄의 한쪽 끝을 손으로 잡고 흔들어서 파동을 발생시킨다고 해보자. 이때 손을 빠르게 흔들수록 밧줄을 통해 더욱 많은 신호를 전달할 수 있다. 따라서 파동의 진동수가 클수록 정보의 양도 많아진다). 빛은 일종의 파동으로서, 1초당 약 10^{14}번 진동한다(1 다음에 0이 14개 붙은 수이다). 그런데 여기에 하나의 비트 정보(1 또는 0)를 실어 나르려면 여러 개의 진동 사이클이 소요되기 때문에, 광섬유 케이블은 하나의 특정 진동수에서 약 10^{11}개의 정보를 담을 수 있다. 그리고 광섬유 케이블에 충분히 많은 정보를 욱여넣은 후 여러 개의 광섬유를 다발로 묶어서 굵은 케이블을 만들면 정보의 양은 크게 증가한다. 즉, 케이블 속에 포함된 채널의 수를 늘리고 이런 케이블을 여러 개 묶으면 전달할 수 있는 정보의 양에는 거의 한계가 없다.

셋째, (이 점이 제일 중요하다) 컴퓨터 혁명이 가능했던 것은 트랜지스터의 소형화가 가능했기 때문이다. 트랜지스터는 전기의 흐름을 제어하는 문(또는 스위치)의 역할을 한다. 전기회로를 펌프에 비유하면 트랜지스터는 물의 흐름을 제어하는 밸브에 해당한다고 할 수 있다. 밸브를 조금 돌리면 유입되는 물의 양이 크게 증가하는 것처럼, 트랜지스터가 전기의 양을 증가시키면 출력이 크게 향상된다.

이 혁명의 중심에 있는 것이 바로 컴퓨터칩이다. 칩은 실리콘으로 만든 손톱만 한 크기의 기판으로(이것을 '웨이퍼wafer'라고 한다), 그 안에 트랜지스터를 수억 개까지 새겨 넣을 수 있다. 노트북 컴퓨터의 칩 안에 새겨진 트랜지스터는 현미경을 들이대야 간신히 볼 수 있을 정도로 작다. 이 초소형 트랜지스터는 티셔츠의 제작방식과 비슷한 공정을 거쳐 만들어진다.

무늬나 글자가 새겨진 티셔츠는 공장에서 대량으로 생산되는데, 생산자가 제일 먼저 할 일은 원하는 무늬가 새겨진 형판(또는 스텐실 stencil, 종이나 금속판 등에서 무늬를 오려낸 것 ― 옮긴이)을 제작하는 것이다. 이 형판을 옷 위에 올려놓고 잉크를 뿌리면 판이 제거된 부위(옷이 드러난 부위)에만 잉크가 착색되고, 형판을 걷어내면 멋진 무늬가 새겨진 티셔츠가 완성된다.

기판 위에 수백만 개의 트랜지스터를 새길 때에도 이와 비슷한 형판이 사용된다. 여러 겹의 실리콘 층으로 이루어진 기판 위에 트랜지스터 모양을 오려낸 형판을 올려놓고 잉크 대신 빛을 쪼이는 것이다(기판의 표면은 빛에 매우 민감하다). 형판 위에 강한 자외선을 쪼여주면 판이 제거된 부분, 즉 실리콘 기판의 표면에 원하는 패턴(트랜지스터)

이 새겨진다.

그후 기판에 산성용액을 바르면 부식이 일어나면서 회로의 외곽선과 수백만 개의 트랜지스터가 새겨진다. 기판은 도체와 반도체가 여러 겹으로 쌓여 있는 구조여서, 산성용액에 의해 부식되는 깊이와 패턴이 각기 다르다. 따라서 이 방법을 이용하면 엄청나게 복잡한 회로를 작은 영역 안에 만들 수 있다.

지난 여러 해 동안 무어의 법칙에 따라 컴퓨터칩의 성능이 꾸준히 향상되어온 이유 중 하나는 기판에 비추는 자외선의 파장을 점점 짧은 쪽으로 옮겨왔기 때문이다. 파장이 짧을수록 실리콘 기판에 더욱 작은 트랜지스터를 새길 수 있다. 자외선의 파장은 거의 나노미터 단위이므로(1나노미터=10억 분의 1미터) 기판에 새길 수 있는 가장 작은 트랜지스터의 크기는 원자의 약 30배이다.

그러나 회로소자의 소형화는 영원히 계속될 수 없다. 이 방법으로는 원자 하나만 한 트랜지스터를 새기는 것이 물리학적으로 불가능하기 때문이다. 따라서 무어의 법칙이 붕괴되는 시점을 예견할 수도 있다. 트랜지스터의 크기가 원자 하나의 규모까지 줄어들었을 때 무어의 법칙은 더 이상 적용되지 않는다.

그 시점은 대략 2020년일 것으로 추정된다. 이때까지 대체기술이 개발되지 않는다면 실리콘밸리는 서서히 폐허로 변할 것이다. 아무리 기술이 발달한다 해도 물리학의 한계를 극복할 수는 없으므로, 결국은 실리콘시대가 막을 내리고 후-실리콘 시대로 접어들게 될 것이다. 트랜지스터가 원자보다 작아지면 전자가 도선을 따라 움직이다가 밖으로 새어나올 수도 있기 때문에 양자역학이나 원자물리학이 적용되어야 한다.

예를 들어 컴퓨터의 내부에서 가장 얇은 층의 두께가 원자 직경의 5배 정도라면, 이곳에서 일어나는 현상을 설명할 수 있는 이론은 양자역학밖에 없다. 하이젠베르크(W. Heisenberg)의 불확정성원리에 의하면 입자의 위치와 속도를 '동시에' 정확하게 아는 것은 불가능하다. 언뜻 보기에는 일상적인 직관에 어긋나는 원리 같지만 원자 규모에서는 전자의 정확한 위치를 아는 것이 원리적으로 불가능하기 때문에, 극히 얇은 판이나 가느다란 선에 전자를 가둬둘 수 없다. 즉, 전자는 밖으로 새어나올 수밖에 없고, 이것은 누전의 원인이 된다.

나노기술에 관해서는 4장에서 자세히 다룰 예정이다. 앞으로 이 장에서는 "물리학자들이 후-실리콘 기술을 개발했으나, 성능이 향상되는 속도는 무어의 법칙보다 훨씬 느리다"고 가정할 것이다. 컴퓨터의 연산속도는 앞으로도 계속 빨라지겠지만, 두 배로 향상될 때까지 걸리는 시간은 18개월이 아니라 몇 년은 족히 걸린다는 가정이다. 물론 이런 가정을 내세우는 데에는 그럴만한 이유가 있다.

현실과 가상현실의 혼합

일본 게이오대학의 스스무 타치(Susumu Tachi)는 "21세기 중반이 되면 대부분의 사람들은 현실세계와 가상현실이 섞인 곳에서 살아가게 될 것"이라고 했다. 눈앞에 보이는 실제 모습과 인터넷 콘택트렌즈(또는 안경)에 뜬 가상의 이미지를 동시에 볼 것이기 때문이다. 타치 교수는 환상과 현실을 동시에 보여주는 고글을 개발하고 있다. 그의 첫 번째 프로젝트는 사물이 허공에서 사라지도록 만드는

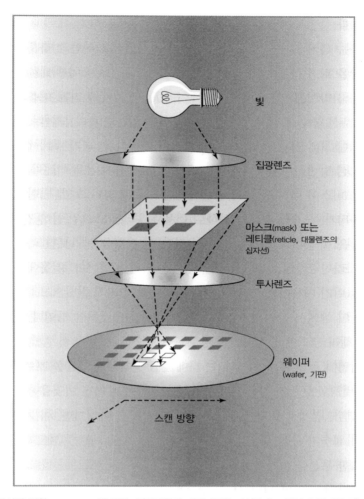

빛

집광렌즈

마스크(mask) 또는
레티클(reticle, 대물렌즈의
십자선)

투사렌즈

웨이퍼
(wafer, 기판)

스캔 방향

무어의 법칙(Moore's law)의 종말. 컴퓨터칩의 제작과정은 티셔츠에 그림이나 글자를 새기는
공정과 비슷하다. 단, 형판(스텐실)에 잉크를 뿌리는 대신 자외선을 쪼여서 실리콘층의 표면을
특정 모양으로 태운다는 점이 다르다. 여기에 산성용액을 적시면 빛을 쪼인 부분에 부식이
일어나면서 수백만 개의 트랜지스터가 새겨진다. 그러나 회로소자의 크기가 원자 규모까지
작아지면 더 이상 이 방법을 적용할 수 없게 된다. 이때가 되면 과연 실리콘밸리는 유령단지
가 될 것인가?

것이다.

나는 타치 교수를 방문하여 실제와 가상현실을 섞는 놀라운 실험현장을 직접 목격했다. 그중 간단한 사례로는 (특수 고글을 썼을 때) 사물을 사라지게 만드는 기술을 들 수 있는데, 작동원리는 다음과 같다. 우선 특수제작한 밝은 갈색의 우비를 입는다(팔을 길게 뻗으면 마치 커다란 돛처럼 소매가 길게 늘어진다). 그러면 카메라 한 대가 우비에 초점을 맞추고 또 하나의 카메라는 내 뒤에 가려진 풍경을 찍는다. 그곳에는 버스와 택시 등 온갖 자동차들이 도로를 달리고 있다. 잠시 후 컴퓨터가 두 개의 영상을 하나로 합쳐서 우비를 스크린 삼아 길거리 영상을 비춘다. 특수 렌즈를 착용하고 이 광경을 바라보면 나의 몸이 사라진 것처럼 보인다. 우비를 입은 사람이 있어야 할 곳에 배경이 보이기 때문이다. 그러나 얼굴은 우비로 가리지 않았으므로 마치 얼굴이 몸에서 분리되어 혼자 허공에 떠 있는 것처럼 보인다. 이것은 〈해리포터〉에 등장하는 투명망토와 비슷하다.

시연이 끝난 후 타치 교수는 나에게 특수제작한 고글을 보여주었다. 멀쩡한 물체가 감쪽같이 사라지는 모습을 보려면 이것을 착용해야 한다. 실제로 물체를 투명하게 만드는 것은 아니지만, 이 기술은 타치 교수가 추진 중인 '증대된 현실(augmented reality)' 프로젝트의 중요한 부분을 차지하고 있다.

21세기 중반이 되면 사람들은 컴퓨터 영상과 현실세계가 혼합된 특이한 사이버세계에서 살게 될 것이며, 업무현장의 풍경과 교류방식, 유흥산업 등 삶의 패턴도 완전히 달라질 것이다. 타치 교수의 '증대된 현실'은 무엇보다도 시장에 즉각적인 변화를 불러온다. 아마도 상업분야에 적용될 첫 번째 응용사례는 물체를 사라지게 만들거나 보이지 않는 물체를 나타나게 만드는 기술일 것이다.

예를 들어 당신이 비행기 파일럿이나 자동차 운전자라면 발 아래쪽을 포함하여 360도 전체를 볼 수 있다. 타치 교수가 만든 고글을 착용하면 비행기나 차의 불투명한 내벽을 뚫고 바깥풍경을 볼 수 있기 때문이다. 이 기술이 실현되면 온갖 사고의 원인이 되는 사각지대(운전석에 앉았을 때 육안으로 볼 수 없는 지점)가 사라진다. 그리고 교전 중인 전투기 조종사는 적기가 자신의 바로 아래나 뒤에서 날고 있어도 금방 확인할 수 있다. 당신이 어디에 갇혀 있건 간에 소형 카메라가 외부영상을 모든 방향으로 찍어서 콘택트렌즈(또는 고글)에 투사하면 바깥을 볼 수 있게 되는 것이다.

이 기술은 우주선의 외부를 수리할 때도 매우 유용하다. 우주선의 내벽이나 차단막, 또는 선체를 관통하여 바깥상황을 파악할 수 있으므로 위험천만한 우주유영을 하지 않아도 된다. 또한 지하에서 작업하는 인부들은 복잡하게 얽혀 있는 전선과 파이프, 밸브 등이 어떻게 연결되어 있는지 한눈에 확인할 수 있다. 특히 가스나 증기의 폭발사고는 지하 또는 벽 속에 묻혀 있는 파이프가 손상되었을 때 주로 일어난다. 타치 교수의 기술을 여기 적용하면 눈에 보이지 않는 파이프의 상태를 수시로 확인하여 사고를 방지할 수 있을 것이다.

지하에서 석유나 물을 찾을 때에도 응용할 수 있다. 인공위성이나 비행기에서 자외선과 적외선으로 지표면을 촬영한 후 콘택트렌즈를 끼고 보면 땅속의 구조를 입체적으로 분석할 수 있다. 황량한 불모지에서 렌즈를 끼고 바라보면 값진 보물이나 희귀광물이 발견될지도 모를 일이다.

타치 교수가 개발 중인 기술은 물체를 사라지게 할 수도 있지만,

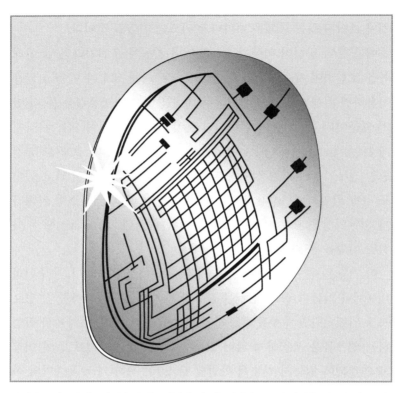

인터넷 콘택트렌즈는 당신이 만나는 사람의 얼굴을 인식하고 그의 이력을 화면에 띄워준다. 외국인을 만났을 때는 그가 하는 말을 번역하여 자막으로 띄워줄 것이다. 유명한 유적지를 여행할 때는 원래의 모습을 복원해서 볼 수도 있다. 또한 예술가와 건축가는 아직 만들지 않은 작품의 완성된 모습을 보면서 필요한 수정을 가할 수 있다. '증대된 현실'의 가능성은 실로 무궁무진하다.

그 반대로 볼 수 없는 물체가 눈앞에 나타나게 만들 수도 있다.

예를 들어 건축가는 빈방을 이리저리 돌아다니며 필요할 때마다 머릿속에 구상 중이던 건물의 3차원 영상을 눈앞에 띄울 수 있다. 즉, 자신이 상상 속 건물의 한 구획에 들어가 있는 듯한 가상현실을 만들 수 있는 것이다. 여기서 발걸음을 옮기면 건물의 이곳저곳을 둘러볼 수 있다(물론 가구와 카펫 등 필요한 집기들도 완벽하게 갖춰져 있다). 지금의 기술로도 건물을 짓기 전에 완성된 모습을 볼 수는 있지만 조그만 모니터에서 커서를 옮겨가며 이동하는 식이다. 그러나 자신이 직접 돌아다니면서 건물의 이곳저곳을 실물 크기의 입체영상으로 확인한다면 설계도의 장단점을 더욱 정확하게 파악할 수 있다. 팔을 흔들기만 하면 새로운 방이 만들어지고, 눈을 깜박이면 온갖 가구들이 실내를 장식한다. 타치 교수의 '증대된 현실' 속에서는 누구나 마술지팡이로 원하는 물건을 만들어내는 마술사가 될 수 있다.

관광, 예술, 쇼핑, 그리고 전쟁의 혁명

지금까지 말한 대로, 증대된 현실이 실생활에 구현되면 삶의 질이 상상할 수 없을 정도로 크게 향상된다. 개인의 삶뿐만 아니라 사회 전체가 이 기술로 인해 비약적인 발전을 이루게 될 것이다.

예를 들어 박물관을 관람할 때에는 장소를 옮길 때마다 전시물의 구체적인 설명이 콘택트렌즈에 디스플레이된다. 가상세계의 안내원이 관람객에게 최상의 정보를 제공하는 것이다. 고대 유적지를 방문했을 때에는 역사적 기원에 대한 설명과 함께 찬란했던 과거의 모습을 입체영상으로 생생하게 볼 수 있다. 미래에는 무너진 기둥과 잡초로 뒤덮인 폐허를 구경하는 대신 고대 로마의 찬란했던 문명을 직접 체험하게 될 것이다. 물론 친절하고도 완벽한 사이버가이드는 기본이다.

베이징 과학기술원의 과학자들은 이미 이 분야에 첫발을 내디뎠다. 그들은 1860년 제2차 아편전쟁의 와중에 완전히 폐허가 된 위안밍위안(圓明園, 황실의 여름궁전)을 사이버공간에서 복원하는 데 성공했다. 지금 이 지역에 남아 있는 것이라곤 포화가 쓸고 지나간 흔적뿐이지만, 특수 제작된 플랫폼에서 바라보면 화려한 궁전의 찬란했던 옛 모습을 감상할 수 있다. 미래에는 전 세계의 모든 유적지들이 사이버 공간을 통해 복원될 것이다.

스위스 바젤의 도보관광 프로그램을 개발한 발명가 니콜라스 니키(Nikolas Neecke)는 이보다 한층 더 뛰어난 시스템을 만들었다. 고대도시의 거리를 거닐 때 원래의 건물들뿐만 아니라 당시 살았던 사람들의 모습까지 재현한 것이다. 이 정도면 타임머신을 타고 과거로 시간여행을 한 것이나 다름없다. 컴퓨터가 당신의 위치를 파악하여 영상을 전송하면 당신이 쓰고 있는 고글에 중세시대의 거리 풍경이 그대로 재현된다. 지금은 GPS와 컴퓨터를 등에 지고 얼굴에는 고글을 써야 하지만, 미래에는 콘택트렌즈 하나면 충분할 것이다.

외국에서 자동차운전을 할 때에도 모든 정보가 콘택트렌즈에 영어로 나타날 것이므로 운전 중에 한눈을 팔지 않아도 된다. 외국어로 쓰여 있는 도로 표지판이 눈에 뜨이면 콘택트렌즈가 모국어로 번역해줄 것이다.

도보여행이나 캠핑 등 야외생활을 즐기는 사람들은 외국에서도 길을 잃을 염려가 없고, 생전 처음 보는 동물과 식물의 이름도 금방 알 수 있다. 손만 흔들면 지도가 눈앞에 뜨고 기상정보까지 알려준다. 숲 속 깊은 곳에 숨어 있는 오솔길이나 야영장을 찾는 것도 전혀 어렵지 않다.

새로 이사 갈 아파트를 물색 중인가? 걱정할 것 없다. 아파트가 밀집되어 있는 지역으로 차를 몰고 가기만 하면 매물로 나와 있는 아파트의 정확한 위치와 가격, 그리고 주거환경 등이 렌즈에 표시된다(그 지역의 모든 데이터가 컴퓨터에 저장되어 있다면 굳이 차를 타고 갈 필요 없이 거실에 편히 앉아서 가상현실 프로그램으로 해결할 수 있을 것이다 — 옮긴이).

밤하늘을 바라보면 별과 별이 선으로 이어진 별자리가 보인다. 플라네타륨(별자리 투영기)으로 보는 별자리는 가상의 이미지에 불과하지만, 이것은 '진짜 별'로 만든 별자리다. 뿐만 아니라 은하와 블랙홀 등 흥미로운 천체들을 볼 수 있고 원한다면 영상을 저장할 수도 있다.

증대된 현실은 물체를 꿰뚫어보거나 외국을 방문하는 것 이외에 특별한 정보를 즉각적으로 취할 때도 매우 유용하다.

예를 들어 미래의 가수와 배우, 또는 악기연주자들은 긴 대사나 악보를 외울 필요가 없다. 눈에 착용한 콘택트렌즈가 모든 내용을 보여줄 것이기 때문이다. 무대 뒤에서 대사를 읽어주는 프롬프터나 큐 사인, 악보 등은 필요 없다.

그 외에 다른 응용분야를 나열해보면 대충 다음과 같다.

- 중요한 수업에 결석한 학생은 사이버강의를 다운로드하여 들을 수 있다. 렌즈에는 실제 교수의 모습이 등장하고, 학생의 질문에 대답까지 해준다. 중요한 실험은 사전 데모를 통해 미리 실행해볼 수 있으며, 아예 사이버실험으로 대치할 수도 있다.
- 전장에 투입된 군인들은 고글이나 헤드셋을 통해 최신정보와 지도, 적의 위치, 포탄이 날아오는 방향 등을 알 수 있고 상관의 명령을 정확하게 이행할 수 있다. 또한 사방에 포탄이 난무하는 전쟁터에서 장애물 뒤편이나 언덕 너머의 상황까지 눈으

로 볼 수 있다. 하늘을 선회하는 비행기가 군인 개개인의 위치를 파악하여 필요한 정보를 전송해주기 때문이다.

- 응급수술을 집도하는 의사는 환자의 몸속에서 움직이는 센서와 휴대용 MRI를 이용하여 몸 안의 상태를 눈으로 확인할 수 있으며, 필요하다면 이전에 집도했던 수술 장면과 의료기록을 참고할 수도 있다.
- 비디오게임을 할 때는 별도의 모니터가 필요 없다. 모든 것이 콘택트렌즈에 디스플레이되기 때문이다. 텅 빈 방에 혼자 있을 때에도 친구들의 모습을 완벽한 3차원 영상으로 볼 수 있고, 낯선 행성에서 호전적인 외계인들과 전쟁을 치를 수도 있다. 친구들과 특공대를 조직하여 외계행성의 적들과 싸우는 장면을 상상해보라. 기존의 비디오게임과는 차원이 다를 것이다.
- 스포츠 분야의 통계자료나 연감이 필요할 때 콘택트렌즈를 통해 확인할 수 있다.

이 모든 것이 실현된다면 휴대폰이나 시계, MP3 플레이어를 굳이 들고 다닐 필요가 없다. 콘택트렌즈에는 다양한 아이콘들이 항상 대기 중이어서, 언제 어디서나 원하는 음악을 들을 수 있고 웹사이트를 방문할 수 있으며 전화도 걸 수 있다. 집에서 사용하는 가전제품과 기계장치의 대부분도 '증대된 현실'로 대치될 것이다.

MIT 미디어연구소의 패티 메이즈(Pattie Maes)도 증대된 현실을 연구하는 과학자이다. 그녀는 컴퓨터가 보내온 영상을 콘택트렌즈나 고글, 또는 안경에 띄우지 않고 주변에 있는 일상적인 물체에 직접 투사하는 '식스센스(SixthSense)' 프로젝트를 진두지휘하고 있다. 소형 카메라가 부착된 옷을 입고 프로젝터를 메달처럼 목에 착용하면 벽이나 테이블 등 눈앞에 있는 임의의 물체에 영상이 나타난다. 그리고 가상의 단추를 누르면 컴퓨터가 활성화되면서 실제 키보드를 치는 것처럼 명령을 입력할 수 있다. 컴퓨터가 보내온 영상을 임의의 물체에 투사한다는 것은 주변의 모든 사물을 컴퓨터스크린으로 활용한다는 뜻이다.

여기에 골무처럼 생긴 특수 플라스틱을 손가락에 끼고 움직이면 명령이 컴퓨터에 입력된다. 즉, 손가락을 따라 커서가 이동하고 그림이 그려지는 식이다. 손가락을 모아서 사각형을 만들면 디지털 카메라가 사진을 찍기도 한다.

마트에 장을 보러 갔을 때에는 컴퓨터가 진열된 상품들을 스캔하여 각 상품의 용도와 내용물, 그리고 다른 소비자들의 사용 후기 등을 보여준다. 칩의 가격이 바코드보다 싸기 때문에 모든 상품에는 컴퓨터가 읽을 수 있는 칩 레이블이 부착되어 있다.

증대된 현실의 또 다른 응용사례로는 X-선 투사기(X-ray vision)를 들 수 있다. 이것은 슈퍼맨 시리즈에 등장하는 '후방산란 X-선'과 비슷하다. 안경이나 콘택트렌즈를 X-선에 민감한 재질로 만들면 벽이나 담장 너머의 풍경을 볼 수 있다. 마치 만화처럼 주변의 모든 물체들을 투사할 수 있는 것이다. 요즘 어린이들은 슈퍼맨 만화가 시작할 때 나오는 오프닝 멘트—"총알보다 빠르고 기차보다 힘이 센" 사람을 동경하여 망토를 두르고 상자 위에서 뛰어내리며, 하늘을 날면서 X-선으로 사물을 투사하는 흉내를 낸다. 그러나 미래의 어린이들에게 이런 것은 더 이상 유치한 장난이 아니라 증대된 현실의 일부가 될 것이다.

일상적인 X-선의 문제 중 하나는 물체의 뒤쪽에 필름을 설치해뒀다가 나중에 현상을 해야 눈으로 볼 수 있다는 점이다. 그러나 후방 산란 X-선을 사용하면 이 문제를 해결할 수 있다. 이를 위해서는 방 안의 모든 지점으로 퍼져나가는 X-선 광원이 있어야 한다. 이 X-선은 벽에서 반사되었다가 물체를 관통한 후 고글에 도달한다. 당신의 고글은 물체를 관통한 X-선에 민감하기 때문에, 거기 맺힌 영상은 만화 못지않게 선명할 것이다(고글의 감도를 높이면 X-선의 강도를 줄여도 선명한 영상을 볼 수 있으며, 신체에 생길지도 모르는 부작용을 방지할 수 있다).

범우주 번역기

〈스타트렉〉과 〈스타워즈〉를 비롯한 대부분의 공상과학영화에서는 놀랍게도 외계인들이 약속이나 한 듯 유창한 영어를 구사한다. 언뜻 보기엔 어설픈 설정 같지만, 사실 이것은 '범우주 번역기(universal translator)' 덕분이다. 외계인을 만났을 때 언어가 통하지 않으면 온갖 손짓 발짓을 해대면서 우스꽝스러운 장면이 연출될 텐데, 범우주 번역기를 착용하고 있으면 이 과정을 겪지 않고 어떤 외계인하고도 대화를 나눌 수 있다.

물론 모든 외계언어를 그 자리에서 영어로 통역한다는 것은 비현실적인 발상이다. 그러나 놀랍게도 이와 비슷한 범우주 번역기가 이미 만들어져 있다. 미래에는 외국을 여행하다가 그 지역 사람들과 대화할 때 마치 외국영화를 보는 것처럼 콘택트렌즈에 자막이 뜰 것이다. 자막을 읽기 싫다면 컴퓨터가 번역된 내용을 읽어줄 수도 있다. 이 장치를 갖고 있으면 두 사람이 서로 다른 언어를 사용한다 해도 자유롭게 대화를 나눌 수 있다. 각자 자신에게 친숙한 언어로 이야기를 하면 컴퓨터가 재빨리 번역하여 문자나 소리로 알려준다. 물론 관용어나 속어, 유행어까지 완벽하게 번역할 수는 없겠지만 상대방의 의도를 이해하는 데에는 아무런 문제가 없을 것이다.

이것을 실현하는 방법은 몇 가지가 있다. 첫 번째 방법은 입으로 말한 언어를 문자로 바꾸는 것에서 시작한다. 지난 1990년대 중반에 최초로 출시된 음성인식장치는 4만 개의 단어를 95퍼센트의 정확도로 인식할 수 있었다. 사람들 사이에 오가는 일상적인 대화는 500~1,000개의 단어를 벗어나지 않기 때문에, 이 정도면 거의 모든 대화를 커버할 수 있다(여기서 말하는 음성인식이란, 사람이 한 말을 컴퓨터에 문서로 저장하는 프로그램이다. 즉, 번역을 하는 것이 아니라 음성을 문자로 변환하는 장치이다 — 옮긴이). 일단 '받아쓰기'가 끝나면 컴퓨터가 내장된 사전을 참고하여 개개의 단어를 외국어로 번역한다. 여기까지는 별로 어려울 것이 없는데 그다음부터가 문제다. 번역된 단어들을 재조합하여 문장을 만들 때 속어나 구어체 등을 섞어서 원래 대화의 뉘앙스를 살려야 한다. 이 분야를 CAT(computer assisted translation, 컴퓨터 보조번역)라고 한다.

카네기멜론대학(Carnegie Mellon Univ.)의 과학자들은 다른 식의 접근법을 시도하고 있다. 이들은 중국어를 영어로, 그리고 영어를 스페인어와 독일어로 번역하는 장치를 개발 중인데, 말하는 사람의 얼굴과 목에 전극을 부착한다는 점이 특이하다. 전극이 얼굴근육의 움직임을 포착하여 입에서 나온 말을 해독하는 식이다. 이 장치는 단어를 소리 없이 전달하기 때문에 오디오장비가 필요 없다. 단어가 컴퓨터에 전달되면 원하는 외국어로 번역한 후 스피커를 통해 들려준다. 이들은 현재 100~200단어를 대상으로 시험 중이며, 정확도는 약 80퍼센트 정도이다.

이 연구에 참여하고 있는 탄자 슐츠(Tanja Schultz)는 "이 장치에 대고 영어로 말하면 독일어나 중국어 등 다른 외국어로 번역된 음성이 출력될 것"이라고 했다. 앞으로 컴퓨터가 입술의 움직임만 보고 번역할 수 있을 정도로 똑똑해지면 몸에 전극을 달지 않아도 된다. 즉, 미래에는 학교에서 굳이 외국어를 배우지 않아도 외국인과 자유롭게 대화할 수 있다.

지금까지는 외국의 문화를 이해하는 데 언어가 커다란 장애물이 되어 왔지만, 범우주 번역기와 인터넷 콘택트렌즈(또는 안경이나 고글)가 보급되기 시작하면 언어장벽은 서서히 사라질 것이다.

그러나 증대된 현실이 구현할 수 있는 세계에도 어떤 한계가 존재한다. 이 한계는 하드웨어 때문이 아니고, 주파수대역 때문도 아니다. 앞서 말한 대로 광섬유 케이블이 실어 나를 수 있는 정보의 양에는 한계가 없다.

문제는 소프트웨어다. 아무리 기술이 발달해도 소프트웨어는 지금처럼 머리를 써서 만들어내는 수밖에 없다. 개발자가 의자에 앉아 종이와 연필, 그리고 컴퓨터를 만지작거리면서 설계한 프로그램이 이 모든 상상의 세계를 창출한다. 하드웨어는 대량생산이 가능하고 여러 개를 한 곳에 집적시켜서 기계의 성능을 향상시킬 수 있지만, 인간의 두뇌는 대량생산이 불가능하다. 그래서 증대된 현실은 21세기 중반이 되어야 실현될 것으로 보인다.

홀로그램과 3D(3차원)

3D TV와 영화도 21세기 중반쯤에 실현될 것으로 예상된다. 1950년 대에 3D영화를 관람하려면 푸른색과 붉은색이 칠해진 두툼한 안경을 써야 했다. 이것은 왼쪽 눈과 오른쪽 눈의 초점이 약간 어긋나 있다는 사실을 이용한 것이다. 영화스크린에 푸른색과 붉은색, 두 개의 영상을 동시에 띄우면 안경이 필터 역할을 하여 왼쪽 눈과 오른쪽 눈에 각기 다른 영상이 들어오고, 두뇌가 이 정보를 하나로 합치면서 입체영상을 보고 있다는 착각을 일으킨다. 그러므로 구식 3D영화를 보면서 공간적 배치관계를 인식하는 '깊이지각(depth perception)'은 실제가 아니라 일종의 속임수였던 셈이다(두 눈 사이의 간격이 넓을수록 깊이지각 기능이 향상된다. 그래서 대부분의 초식동물들은 포식자를 효율적으로 경계하기 위해 두 눈이 머리의 양면에 달려 있다).

그후 기술이 발달하면서 3D영화용 안경은 편광렌즈로 업그레이드되었다. 왼쪽 눈과 오른쪽 눈에 각기 다르게 편광된 영상이 들어오면서 입체감을 만들어내는 식이다. 이렇게 하면 3D 영상을 청-적색이 아닌 풀 컬러로 볼 수 있다. 빛은 파동이기 때문에 위-아래 또는 좌-우로 진동하는데, 편광렌즈는 특정 방향으로 진동하는 빛만 통과시키도록 특수가공된 유리이다. 따라서 안경에 두 개의 서로 다른 편광렌즈가 부착되어 있으면 3D효과를 낼 수 있다. 앞으로 기술이 더 발전하면 동일한 원리를 콘택트렌즈에 적용할 수 있을 것이다.

특수안경을 착용하고 관람하는 3D TV는 이미 시장에 출시된 상태이다. 그러나 머지않아 이 안경은 렌티큘러 렌즈(lenticular lens, 물결모양의 굴곡이 나 있는 얇은 유리판 — 옮긴이)로 대치될 것이다. TV 스크린에 두 개의 영상이 약간 다른 각도로 어긋나게 맺히고, 보는 사람의 두 눈에 각기 다른 영상이 들어오면 위에 서술한 과정을 거쳐 3D 영상이 만들어진다. 그러나 TV는 영화와 달리 특정 위치에서 바라봐야 입체감을 제대로 느낄 수 있는데, 이 지점을 '스위트 스팟(sweet spot)'이라 한다(이것은 소위 말하는 '광학적 환영optical illusion' 때문에 나타나는 현상이다. 독자들은 보는 사람의 위치에 따라 모양이 변하는 신기한 그림을 본 적이 있을 텐데, 원리는 다음과 같다. 두 개의 그림을 가늘고 긴 조각으로 잘라 번갈아 붙여서 혼합 이미지를 만든 후 세로방향으로 가느다란 홈이 여러 개 새겨진 렌티큘러 렌즈로 그림을 덮는다. 이때 하나의 홈이 한 쌍의 그림조각 위에 놓이도록 위치를 잘 조절해야 한다. 유리판의 홈은 특정방향에서 볼 때 둘 중 하나의 조각만 보이고 다른 각도에서 보면 다른 조각만 보이도록 제작된 것이다. 그래서 그림 앞을 걸어가면서 보는 각도가 달라지면 다른 그림이 나타나고, 더 걸어가면 원래의 그림이 다시 나타나는 것이다. 3D TV는 이 원리를 그림 대신 동영상에 적용한 것이므로 시청자는 별도의 안경을 착용할 필요가 없다).

그러나 3D 영상의 최고봉은 단연 홀로그램이다. 홀로그램은 사물이 바로 눈앞에 있는 것처럼 생생한 입체영상을 만들어낸다. 물론 안경이나 렌티큘러 렌즈 같은 보조기구는 필요 없다(홀로그램은 수십 년 전에 발명되어 지금은 잡화점이나 신용카드, 또는 전시회장에서 쉽게 볼 수 있다). 홀로그램은 입체감이 워낙 뛰어나서 공상과학영화의 단골메뉴로 등장한다. 예를 들어 〈스타워즈〉에서는 레벨 연합군의 군사들이 레이아 공주의 비탄에 잠긴 메시지를 생생한 3D 홀로그램으로 수신하는 장면이 나온다. 이들이 전화로 공주의 목소리만 들었다면 감정이 그토록 동하지는 않았을 것이다.

그런데 문제는 홀로그램 영상을 만들기가 쉽지 않다는 점이다.

홀로그램의 제작원리는 다음과 같다. 우선 단발 레이저빔을 두 가닥으로 분리하여 하나는 피사체에 반사된 후 특수 제작한 스크린에 도달하고, 두 번째 빔은 스크린에 직접 도달하도록 만든다. 여기서 두 빔이 합쳐지면 복잡한 간섭(interference)이 일어나면서 '정지된' 3D 영상정보가 만들어진다. 이것을 스크린에 부착된 특수필름으로 받아놓았다가 또 다른 레이저빔을 필름에 쪼이면 생생한 3D 영상이 재현된다.

만일 당신이 TV로 미식축구 중계를 본다면 스크린 위에서 열심히 뛰어 다니는 선수들이 입체영상으로 나타날 것이다. 한 선수가 공을 들고 화면의 왼쪽으로 뛰고 있을 때, 당신의 시야를 오른쪽으로 이동하면 그 선수의 등 번호를 볼 수 있다. 마치 경기장의 50-야드 라인에 서서 실제 경기를 보고 있는 듯한 착각이 들 것이다. 그러나 손을 아무리 휘저어도 공을 잡을 수는 없다. 당신의 눈에 보이는 모든 것은 빛이 만들어낸 허상에 불과하기 때문이다.

그런데 홀로그램 TV에는 한 가지 문제점이 있다. 3D 동영상은 2D와 비교가 안 될 정도로 많은 정보를 담고 있는데, 이 방대한 정보를 실시간으로 전달하는 것이 문제이다. 독자들도 알다시피 컴퓨터는 주로 2D 영상을 처리한다. 모니터에 뜬 영상은 '픽셀(pixel)'이라는 점으로 이루어져 있고, 개개의 픽셀은 트랜지스터를 통해 빛을 발한다. 그런데 3D 동영상을 구현하려면 1초당 약 30개의 영상을 띄워야 한다. 약간의 계산을 해보면 알겠지만, 지금의 인터넷 수준으로는 3D 홀로그램 동영상을 만들 수 없다. 21세기 중반이 되면 인터넷의 대역폭(bandwidth)이 충분히 확장되어 이 문제를 해결할 수 있을 것이다.

진정한 3D TV는 과연 어떤 모양일까?

정확한 형태는 알 수 없지만, 아마도 원통이나 돔(반구) 모양의 TV 속에 사람이 들어가서 시청하는 형태일 것이다. 돔의 내벽에 있는 스크린에 홀로그램 영상이 투영되면 시청자는 생생한 3차원 영상에 둘러싸인 듯한 착각이 들 것이다.

먼   미래(2070~2100년)

마음으로 물질을 다스리다

21세기 말이 되면 마음으로 컴퓨터를 조종할 수 있게 될 것이다. 그리스신화에 등장하는 신들처럼, 바라는 것을 머릿속으로 생각하면 컴퓨터가 주인의 마음을 읽고 그에 합당한 명령을 수행한다. 이 분야의 기초기술은 이미 확립되었지만, 완성되려면 앞으로 수십 년은 더 걸릴 것으로 예상된다. 마음으로 물체를 조종하는 것은 기계를 다루는 방식의 일대 혁명이 아닐 수 없다. 이 혁명은 크게 두 요소로 나뉜다. 마음으로 주변물체를 조종할 수 있어야 하고, 컴퓨터가 사람의 생각을 읽은 후 정확한 명령을 수행할 수 있어야 한다.

이 분야의 원조는 미국 에모리대학(Emory Univ.)과 독일 튀빙겐대학(Tübingen Univ.)의 과학자들이다. 이들은 1998년에 56살 난 전신마비환자의 두뇌에 소형 유리전극을 삽입하고 반대쪽 끝을 컴퓨터에 연결하여 두뇌의 신호를 분석했다(즉, 두뇌가 특정 생각을 할 때 나타나는 전기신호를 몇 가지로 분류했다). 그 결과 환자는 눈앞에 놓인 컴퓨터 스크린을 바라보며 오직 생각만으로 커서를 움직일 수 있었다. 역사상 처음으로 인간의 두뇌와 컴퓨터가 직접 연결되어 협동 작업을 완수한 것이다.

브라운대학(Brown Univ.)의 신경과학자 존 도너휴(John Donoghue)는 이 기술을 업그레이드하여 브레인게이트(BrainGate)를 만들었다. 이것은 두뇌손상으로 의사소통이 자유롭지 못한 환자를 돕는 획기적인 장치로서, 2006년에 〈네이처(Nature)〉지의 표지를 장식하는 등 세계적인 관심을 끌었다.

도너휴의 실험은 처음에 네 명의 환자로 시작했다. 그중 두 명은 척수를 다친 환자였고 한 명은 뇌일혈, 나머지 한 명은 ALS(루게릭병) 환자였다. 이들 중 한 사람은 목 아래의 사지가 마비된 상태였는데, 훈련을 시작한 지 단 하루 만에 모니터의 커서를 움직이는 데 성공했다. 요즘 그 환자는 커서뿐만 아니라 혼자 TV 채널을 돌리고 이메일을 읽을 수 있으며, 심지어는 컴퓨터게임까지 즐긴다고 한다. 그 외의 다른 환자들도 생각만으로 휠체어를 조종하는 등 이전과는 완전히 다른 삶을 누리고 있다.

물론 지금 당장은 전신마비된 극소수의 환자들만을 위한 특수장비에 불과하다. 과거에 그들은 무력한 육체에 갇혀 아무것도 할 수 없었지만, 지금은 웹서핑을 하고 전 세계 사람들과 대화를 나누는 등 당당한 네티즌으로 살아가고 있다.

(얼마 전에 나는 천문학자 스티븐 호킹을 위해 뉴욕 링컨센터에서 개최된 리셉션에 참석한 적이 있다. 루게릭병을 앓고 있는 호킹은 눈꺼풀과 얼굴의 일부 근육 외에는 아무것도 움직이지 못했고, 담당 간호사가 그의 다리와 몸을 받친 채 휠체어를 밀

어주고 있었다. 목소리를 만들어주는 컴퓨터가 있긴 하지만, 이를 통해 동료들과 간단한 아이디어를 주고받는 데도 며칠씩 걸린다고 한다. 나는 '브레인게이트가 빨리 완성되어 호킹이 그 혜택을 누렸으면 좋겠다'고 생각하고 있는데, 때마침 도너휴가 나에게 다가와 인사를 건넸다. 그가 개발 중인 브레인게이트는 호킹에게 줄 수 있는 최상의 선물이 될 것이다.)

듀크대학의 연구팀도 원숭이를 대상으로 비슷한 성과를 거두었다. 미구엘 니콜렐리스(Miguel A. L. Nicolelis)가 이끄는 이 연구팀은 원숭이의 두뇌에 칩을 삽입하고 반대쪽 끝을 로봇 팔에 연결했다. 처음에는 원숭이들이 작동법을 이해하지 못해 갈팡질팡했으나, 몇 번의 시행착오를 거친 후에는 로봇 팔로 바나나를 잡는 데 성공했고, 나중에는 마치 로봇 팔이 자기 신체의 일부인 양 거의 생각도 하지 않고 움직일 수 있었다. 니콜렐리스는 "실험을 하면서 알게 된 사실인데, 원숭이들은 자신의 다른 신체부위보다 로봇 팔과의 연결을 더 강하게 느끼는 것 같다"고 했다.

지금까지 이룬 성과를 놓고 볼 때, 순전히 생각만으로 기계를 제어할 날이 머지않아 도래할 것 같다. 그러면 사지가 마비된 사람들도 큰 불편 없이 살 수 있을 것이다. 예를 들어 로봇 팔과 다리를 두뇌에 직접 연결하면 척수를 다친 환자도 걸을 수 있다. 이 기술은 마음으로 주변 환경을 조종하는 마술 같은 미래세계의 초석이 될 것이다.

마음 읽기

생각만으로 컴퓨터나 인공 팔을 조종할 수 있다면, 두뇌 깊이 전극을 꽂지 않아도 컴퓨터로 사람의 마음을 읽을 수 있지 않을까?

인간의 두뇌가 뉴런으로부터 전기신호를 전달받고 있다는 사실은 1875년부터 알려져 있었다. 머리 부위에 전극을 연결하면 이 신호를 측정할 수 있고, 여기서 얻어진 전기펄스를 분석하면 뇌파의 구체적인 형태를 알 수 있다. 이런 장비를 EEG(electroencephalograph, 뇌파계)라 하는데, 불안이나 분노, 슬픔 등 감정 상태에 따라 뇌파의 형태가 달라진다(잠을 잘 때도 수면의 깊이에 따라 달라진다). EEG를 이용하여 마비환자의 뇌파를 컴퓨터 스크린에 띄워놓으면 생각만으로 커서를 움직일 때 파형이 변해 가는 양상을 직접 확인할 수 있다. 튀빙겐대학의 닐스 비르바우머(Niels Birbaumer)는 신체가 부분적으로 마비된 환자에게 이 방식을 적용하여 컴퓨터에 간단한 문장을 입력할 때 나타나는 뇌파의 변화를 측정할 수 있었다.

심지어는 아동용 완구업체들도 이 방식을 채용하고 있다. 뉴로스카이(NeuroSky)를 비롯한 몇몇 완구업체들은 특정 장난감과 함께 전극이 삽입된 EEG-타입 헤어밴드를 판매하고 있는데, 머리에 이 밴드를 착용하면 생각만으로 장난감을 움직일 수 있다. 예를 들어 가느다란 원통 안에 탁구공을 집어넣고 위로 떠오르는 생각을 하면 정말로 공이 위로 떠오른다.

EEG의 장점은 두뇌에서 발생하는 다양한 진동수의 신호들을 고가의 장비 없이 빠르게 수신할 수 있다는 점이다. 그러나 특정 생각이 발생하는 위치를 정확하게 짚어낼 수 없다는 단점도 갖고 있다.

fMRI(functional Magnetic Resonance Imaging, 기능성 자기공명영상)를 이용하면 이보다 훨씬 세밀한 측정을 할 수 있다. EEG와 fMRI 사이에는 중요한 차이점이 있다. EEG는 두뇌에서 발생한 전기신호만을 감지하는 '소극적인' 장치이므로 신호의 근원지를 밝히기 어렵다.

반면에 fMRI는 라디오파에서 발생한 '메아리'를 사용하기 때문에 살아 있는 생체조직의 내부를 들여다볼 수 있으며, 다양한 신호의 근원지를 정확하게 파악하여 두뇌 내부의 3D 영상까지 만들어낸다.

fMRI 장치는 값이 비싸고 웬만한 실험실 전체를 다 차지할 정도로 덩치가 크지만, 두뇌의 세부구조를 밝혀줄 최상의 장비로 평가받고 있다. 그동안 과학자들은 fMRI 스캔데이터를 분석하여 헤모글로빈에 들어 있는 산소의 정확한 위치를 알아냈다. 산소를 함유한 헤모글로빈은 세포를 활성화하는 데 필요한 에너지를 공급하고 있으므로, 산소의 흐름을 파악하면 두뇌에서 사고가 진행되는 과정을 추적할 수 있다.

LA 캘리포니아대학의 정신과의사인 조슈아 프리드먼(Joshua Freedman)은 이렇게 말했다. "지금 우리의 처지는 망원경이 갓 발명된 직후인 16세기 천문학자들과 비슷하다. 그전에도 뛰어난 현자들이 수천 년 동안 밤하늘을 관찰해왔지만, 맨눈으로 보이는 별 외에는 아무것도 알 수 없었다. 그러다 갑자기 망원경이라는 새로운 기술이 도입되면서 연구대상이 수천, 수만 배로 확장되었다."

fMRI는 살아 있는 두뇌 안에서 생각이 움직이는 과정을 0.1밀리미터 단위로 추적할 수 있다(그 안에는 수천 개의 뉴런이 존재한다). 따라서 fMRI를 이용하면 두뇌가 생각할 때 나타나는 에너지의 흐름을 3차원 영상으로 재현할 수 있다. 앞으로 fMRI는 두뇌에 특정 생각이 떠올랐을 때 뉴런 하나하나의 변화를 감지할 수 있을 것이다.

버클리 캘리포니아대학의 켄드릭 케이(Kendrick Key)가 이끄는 연구팀은 최근 들어 이 분야에서 커다란 진보를 이루었다. 이들은 피험자에게 음식이나 동물, 사람 등 다양한 사물을 보여주면서 그들의 두뇌를 fMRI로 스캔하여 충분한 데이터를 확보한 후 개개의 사물과 뇌파의 패턴을 연결하는 소프트웨어를 만들었다. 앞으로 사물의 종류를 계속 늘려나가고 소프트웨어를 꾸준히 개선하면 우리가 일상적으로 접하는 모든 사물과 뇌파를 연결 지을 수 있을 것이다.

케이의 실험은 120개의 사물에 대하여 90퍼센트의 성공률을 보였고, 사물의 종류를 1,000개로 확장하면 80퍼센트로 떨어진다. 그러나 머릿속에 떠오른 물체를 뇌파만으로 알아낼 수 있다는 것은 커다란 업적이 아닐 수 없다. 여기서 잠시 케이의 말을 들어보자. "우리는 피험자의 뇌파를 측정하여 그가 수많은 그림들 중에서 어떤 것을 보고 있는지 알아낼 수 있다…… 앞으로는 피험자의 뇌파로부터 그가 보고 있는 모습을 구체적으로 재현할 수 있을 것이다."

이들의 최종목표는 개개의 사물과 fMRI 스캔데이터를 일대일로 대응시켜주는 '생각사전(dictionary of thought)'을 만드는 것이다. 이 프로젝트가 완료되면 한 사람의 fMRI 데이터로부터 그가 무슨 생각을 하고 있는지 알 수 있다. 미래에는 동시에 발생하는 수천 개의 fMRI 패턴을 컴퓨터로 분석하여 복잡한 사고과정까지 추적할 수 있다. 이 정도면 생각이나 의식의 근원이 밝혀질 날도 멀지 않은 듯하다.

꿈을 찍는 사진기

fMRI도 문제점이 있다. 예를 들어 피험자가 개를 떠올렸을 때 "그는 개를 생각하고 있다"는 정보를 줄 수는 있지만 '개'라는 동물의 구체적인 영상을 만들어내지는 못한다. 만일 두뇌에 떠오른 이미지를 정확하게 재현하는 기술이 개발된다면, 한 개인의 꿈을 마치 영화처럼 동영상으로 만들어낼 수도 있을 것이다. 즉, 자신의 꿈을 녹화했다가 맨 정신으로 다시 볼 수 있다는 이야기다.

옛날부터 인간은 꿈에 많은 의미를 부여해왔다. 꿈은 수면을 취하는 사이에 잠깐 떠올랐다가 사라지는 단편적인 영상에 불과하지만 한 개인의 심리상태에 대하여 상당한 정보를 담고 있다는 것이 학자들의 중론이다. 그러나 꿈은 우리를 당혹스럽게 하거나 이해할 수 없는 경우가 태반이다. 할리우드의 영화들도 특정 생각을 뇌에 주입하거나 두뇌에서 진행되는 생각을 외부장치에 저장한다는 설정을 종종 사용해왔다. 상상의 세계에서 고객의 꿈을 실현시켜준다는 〈토탈리콜(Total Recall)〉이 그 대표적 사례이다. 그러나 이런 것은 그저 지어낸 이야기일 뿐이다.

적어도 지금까지는 그렇다.

과학자들은 과거 한때 불가능하다고 여겼던 분야에서 놀라운 성과를 이루어냈다. 사람의 기억(또는 꿈)에서 한 장면을 사진처럼 재현하는 데 성공한 것이다. 이 분야에서 첫발을 내디딘 사람은 동경에 있는 고등 원거리통신연구원(Advanced Telecommunication Research, ATR) 부설 컴퓨터신경과학연구소의 과학자들이다. 이들은 피험자에게 특정 위치에 집중된 빛을 보여주고 fMRI를 이용하여 위치정보가 두뇌의 어느 부위에 저장되는지 확인한 후, 빛의 위치를 이동시키면서 새로운 정보가 저장되는 부위를 추적했다(10×10짜리 격자무늬 판에 빛을 쏘여서 위치를 100개의 구획으로 나누었다). 그 결과 이들은 피험자가 인식하는 빛의 위치와 두뇌의 각 지점을 일대일로 연결하는 지도를 만들 수 있었다.

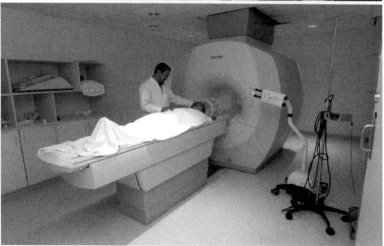

EEG(위)와 fMRI(아래)로 피험자의 생각을 스캔하는 장면. 거추장스럽게 보이는 전극은 점차 소형화될 것이다. 미래에는 컴퓨터로 사람의 생각을 읽고 생각만으로 물체를 움직일 수 있게 될 것이다.

또한 이들은 10×10짜리 격자무늬 판에 편자(말발굽)와 같이 간단한 물체를 그려서 피험자에게 보여주고 두뇌에서 정보가 저장되는 위치를 컴퓨터로 분석했다. 그랬더니 놀랍게도 두뇌상의 위치들은 원래의 편자와 비슷한 모양으로 분포되어 있었다.

지금까지 얻어진 결과를 놓고 보면, 피험자의 뇌파만으로 그가 어떤 물체를 보고 있는지 알아낼 수 있을 것 같다. 10×10 격자무늬 판에 그려진 임의의 영상은 fMRI 스캔데이터와 컴퓨터를 통해 복원될 수 있다. 이들의 목표는 격자의 수를 늘려서 연구대상을 복잡한 물체로 확장하는 것이다. 연구원들은 실제 물체뿐만 아니라 상상이 만들어낸 허구, 즉 꿈에서 본 영상까지도 fMRI 스캔을 통해 복원될 수 있다고 주장한다. 이들의 주장이 사실이라면 역사상 처음으로 사람의 꿈을 동영상으로 볼 수 있게 될 것이다.

물론 상상 속의 영상, 특히 꿈속에 나타나는 물체들은 실제처럼 선명하지 않다. 그러나 누군가의 머릿속을 들여다본다는 것은 획기적 발상임이 분명하다

윤리적 문제

사람의 마음을 읽는 것은 분명 매혹적인 일이다. 그러나 여기에는 한 가지 문제가 있다. 다른 사람들의 생각을 마음대로 읽을 수 있다면 어떤 일이 벌어질 것인가? 노벨상 수상자이자 캘리포니아 공과대학의 총장을 역임했던 데이비드 볼티모어(David Baltimore)는 이 문제에 대하여 자신의 저서에 다음과 같이 적어놓았다.

'타인의 생각을 읽을 수 있을까?…… 과학의 발전 속도로 미루어

볼 때 얼마든지 가능한 이야기다. 그러나 그런 세상은 지옥으로 돌변할 수도 있다. 친구에게 아부할 때나 누군가와 계약을 체결할 때 상대방이 당신의 생각을 훤히 꿰뚫어보고 있다고 상상해보라.'

그는 '생각 읽기'가 난처한 상황을 만들 수는 있지만 그것 때문에 세상이 붕괴되지는 않을 것이라고 했다. "만일 당신이 교수의 강의를 중간에 끊는다면…… 상당수의 학생들은 에로틱한 상상에 빠질 것이다."

그러나 생각 읽기는 지금 걱정하는 것처럼 심각한 프라이버시 문제를 야기하지 않을 것 같다. 생각이라는 것 자체가 정확하게 정의될 수 없기 때문이다. 우리의 꿈을 사진으로 촬영하는 것이 언젠가는 가능하겠지만 그다지 선명한 사진은 아닐 것이다. 몇 해 전에 나는 어떤 사람이 도깨비를 만나 "상상하는 것은 무엇이건 이루어주겠다"는 제안을 받는 이야기를 책에서 읽은 적이 있다. 그는 리무진 승용차와 수백만 달러의 돈, 궁궐 같은 집 등 값비싼 재물을 상상했고, 도깨비는 그 소원을 들어주었다. 그런데 막상 리무진을 살펴보니 핸들과 엔진이 없었고 지폐는 인쇄상태가 너무 흐릿하여 쓸 수 없었으며, 성은 겉모습만 멀쩡할 뿐 안은 텅 비어 있었다. 많은 재물을 한꺼번에 생각하는 바람에 구체적인 사항들을 미처 떠올리지 못한 것이었다.

문제는 이뿐만이 아니다. 앞에서 서술한 방식대로라면 먼 거리에서는 타인의 마음을 읽을 수 없다. EEG와 fMRI, 그리고 두뇌에 연결되는 전극 등은 대상(사람)과 어떻게든 접촉을 해야 기능을 발휘하기 때문이다.

그러나 결국은 법이 '마음 읽기'의 정도를 규제하게 될 것이다.

그리고 개인의 생각을 보호하는 장치들이 부수적으로 개발되어 혼란을 방지할 것이다.

사람의 마음을 읽는 장치가 만들어지려면 앞으로 수십 년은 더 기다려야 한다. 그러나 fMRI는 초보적인 거짓말탐지기로 활용될 수 있다. 일반적으로 거짓말을 할 때는 진실을 말할 때보다 안쪽 두뇌가 더 활성화된다. 거짓말이란 "진실을 알고 있으면서 허위사실을 억지로 만들어내는 행위"이며, 그 거짓말의 결과까지 생각해야 하므로 진실을 말할 때보다 훨씬 많은 에너지가 소모된다. 따라서 fMRI로 여분의 에너지 소모량을 측정하면 진술의 진위여부를 (어느 정도까지는) 판단할 수 있다. 그러나 학계에서는 fMRI를 거짓말탐지기로 사용하는 것에 대하여 회의적인 반응을 보이고 있다. 특히 법정에서 증거자료로 쓰는 것은 아직 시기상조라는 의견이 지배적이다. 이 분야의 기술은 아직 초기단계이며, 정확도를 높이려면 더 많은 연구가 이루어져야 한다.

현재 두 개의 회사에서 fMRI 거짓말탐지기를 개발하여 판매 중인데, 업자들의 말에 의하면 신뢰도가 90퍼센트라고 한다. 인도의 법정에서는 이미 fMRI 테스트 결과를 법정 증거로 채택했고, 미국에서도 fMRI가 증거로 제출된 몇 건의 재판이 진행되고 있다.

일반적으로 사용되는 거짓말탐지기는 거짓말 자체를 탐지하는 것이 아니라, 심박수나 땀 분출량의 변화를 측정하여 진술자가 긴장한 정도를 판단하는 도구이다(땀의 양은 피부 전도율의 변화로 측정한다). 반면에 두뇌를 직접 스캔하면 두뇌의 활동량이 얼마나 변했는지 알 수 있는데, 이 데이터와 거짓말의 상관관계가 법정에서 참고할 정도로 믿을 만한지는 아직 분명치 않다.

fMRI의 정확도와 적용한계를 규명하려면 아직도 갈 길이 멀다. 최근에 맥아더재단(MacArthur Foundation)은 신경과학이 법에 미치는 영향을 연구하는 '신경과학 관련법 프로젝트(Law and Neuroscience Project)'에 1,000만 달러를 기부했다.

미치오 카쿠의 두뇌, fMRI 스캔을 받다

언젠가 BBC와 디스커버리 채널에서 제작한 다큐멘터리 프로의 일환으로 듀크대학을 방문했을 때 나는 fMRI로 두뇌 스캔을 받을 기회가 있었다. 그곳의 과학자들은 나를 들것에 눕힌 채 거대한 실린더형 금속 안으로 밀어 넣더니 초대형 자석을 작동시키는 스위치를 켰다(이 자석은 지구 자기장보다 2만 배나 강한 자기장을 만들어낸다). 눈에 보이지는 않았지만, 그 순간에 나의 두뇌를 이루는 모든 원자들은 일제히 한 방향으로 정렬되었을 것이다. 이 상황은 마치 여러 개의 팽이들이 동일한 방향으로 기운 채 돌아가는 것과 비슷하다. 잠시 후 내 머리를 향해 라디오파가 발사되면서 일부 원자핵의 상-하를 뒤집어놓았다. 이들은 금방 원상태로 돌아가면서 약한 펄스(또는 메아리)를 방출하는데, fMRI에 감지되는 신호가 바로 이것이다. 그러면 컴퓨터가 신호를 분석하고 몇 단계의 과정을 거쳐 내 두뇌의 3D 영상을 만들어낸다.

이 모든 과정을 거치면서 나는 아무런 통증도 느끼지 않았고, 흉터도 생기지 않았다. 내 몸을 향해 발사된 복사에너지는 이온화되지 않았으므로 원자를 분해하거나 세포를 손상시키지 않는다. 또한 내 몸은 지구자기장보다 2만 배나 강한 자기장에 노출되었지만, 아무런 변화도 느끼지 못했다.

이 실험의 목적은 내 머릿속에 들어 있는 특정 생각을 시각화하는 것이었다. 사람의 두뇌 속에는 생물학적 '시계'가 내장되어 있는데, 두 눈의 중간, 그리고 코 뒤에 해당하는 부분에서 분과 초를 계산한다. 그래서 이 부분이 손상되면 시간 감각이 거의 마비된다고 한다.

나는 fMRI 안에 들어가 있는 동안 시간의 흐름을 분과 초 단위로 헤아리라는 주문을 받았다. 나중에 fMRI가 만들어낸 그림을 보니 정말로 코 바로 뒤쪽 부위에 밝은 점이 선명하게 나타났다. 나는 정말로 시간을 헤아리고 있었던 것이다! 그때서야 나는 새로운 생물학의 산실에 와 있음을 실감하게 되었다. 특정 생각을 담당하는 두뇌의 부위를 그토록 정확하게 짚어낼 수 있다면, 사람의 마음을 읽는 것도 결코 불가능하지 않을 것이다.

트라이코더와 휴대용 두뇌스캐너

지금 병원에 비치된 MRI는 무게가 수 톤에 달하고 방 하나를 다 차지할 정도로 덩치도 크다. 그러나 각 부품의 소형화가 꾸준하게 진행되고 있으므로, 미래에는 휴대전화나 동전만큼 작아질 것이다.

1993년에 독일 막스플랑크연구소 폴리머 연구팀의 베르나드 블뤼미흐(Bernard Blümich)와 그의 동료들은 MRI의 크기를 줄일 수 있는 획기적인 아이디어를 제안했다. 이들은 MRI-MOUSE(mobile universal surface explorer)라는 새로운 장치를 만들었는데, 크기는 약 30센티미터 정도이다. 이들의 아이디어를 적용하여 크기를 계속 줄여나가면 머지않아 MRI는 커피 잔만큼 작아져서 백화점 매장에 전시될 것이다. 소형 MRI가 개발되면 누구나 집에서 두뇌 스캔을 할 수 있을 텐데, 이것은 의학계에 일대 혁명이 아닐 수 없다. 블뤼미흐는 가까운 미래에 일반인들이 집에서 MRI-MOUSE로 자신의 몸속을 볼 수 있을 것이라고 했다. 여기에 컴퓨터를 연결하면 영상을 분석하여 진단을 내릴 수도 있다. 블뤼미흐는 〈스타트렉〉에 등장했던 트라이코더(tricorder, 영화 〈스타트렉〉에 나오는 의료용 스캐너. 크기가 작아서 휴대도 가능함 — 옮긴이)가 실현될 날도 멀지 않았다"고 했다.

(MRI 스캐너의 원리는 나침반과 비슷하다. 나침반의 바늘은 항상 자기장의 방향을 따라 정렬된다. 당신의 몸이 MRI 장치 안으로 들어가면 몸을 구성하는 원자핵들이 나침반 바늘처럼 자기장을 따라 정렬된다. 이제 당신의 몸을 향해 라디오파를 쪼이면 원자핵의 위-아래가 뒤집어졌다가 다시 원래 상태로 되돌아오는데, 이 과정에서 일종의 '메아리'라 할 수 있는 라디오파가 방출된다.)

MRI 소형화의 핵심은 '균일하지 않은 자기장'이다. 일반적으로 MRI 장비가 큰 이유는 거의 완벽하게 균일한 자기장을 만들어야 하기 때문이다. 장의 세기가 균일할수록 더욱 선명한 영상을 얻을 수 있다. 요즘 사용되는 MRI 영상의 화소단위는 0.1밀리미터 정도이다(컴퓨터 해상도로 환산하면 약 250dpi에 해당한다 — 옮긴이). 균일한 자기장을 만들려면 직경 60센티미터짜리 원형 코일덩어리 두 개를 일정 거리만큼(정확하게는 원형 고리의 반지름만큼) 떨어진 채로 고정시켜야 하는데, 이것을 헬름홀츠 코일(Helmholtz coil)이라고 한다. 여기에 원형 코일의 중심축을 따라 사람의 몸이 놓이게 된다. 간단히 말해서, 초대형 자석 안으로 들어가는 셈이다.

MRI의 자기장이 균일하지 않으면 영상이 심하게 왜곡된다. 이것은 지난 수십 년 동안 MRI의 문제점으로 지적되어 왔다. 그러나 블뤼미흐는 불균일 자기장에 의한 부작용을 상쇄시키는 방법을 생각해냈다. 피사체에 여러 가지 라디오파 펄스를 발사한 후 그 메아리를 측정하는 것이다. 이 데이터를 컴퓨터로 분석하면 불균일 자기장에 의한 왜곡을 수정할 수 있다.

블뤼미흐의 휴대용 MRI-MOUSE에는 U자 모양의 자석이 사용된다. 이 자석이 피부 위를 쓸고 지나가면 몸의 몇 센티미터 내부를 볼 수 있다. 표준 MRI는 특수 콘센트가 필요할 정도로 엄청난 전력을 소모하는 반면, MRI-MOUSE는 전구 하나를 밝힐 정도의 전력이면 충분하다.

블뤼미흐는 개발 초기에 사람의 피부와 비슷한 타이어를 대상으로 실험하다가 자신의 발명품이 상업적으로 사용될 수 있음을 깨달았다. 제품 내부의 손상여부를 빠르게 확인하는 데 MRI-MOUSE가 제격이었던 것이다. 기존의 MRI 장치는 금속이 들어 있는 물체에 사용할 수 없지만, MRI-MOUSE는 약한 자기장을 사용하기 때문에 그런 제한이 없다(기존 MRI가 만드는 자기장은 지구자기장보다 2만 배쯤 강하다. 그래서 이 장치를 다루는 간호사와 기술자들은 스위치를 켰을 때 주변의 금속이 날아오는 바람에 큰 부상을 입곤 했다. 물론 MRI-MOUSE는 자기장이 약하므로 그럴 염려도 없다).

MRI-MOUSE는 여러 가지 장점을 갖고 있다. 금속을 함유한 물체에도 사용할 수 있고, 기존의 MRI에 들어갈 수 없을 정도로 큰 물체나, 장소를 이동할 수 없는 물체에도 사용할 수 있다. 지난 2006년에 MRI-MOUSE는 알프스에서 발견된 얼음인간 외치(Ötzi, 5,000년 전의 것으로 추정되는 사체. 1991년에 발견됨 — 옮긴이)의 몸을 스캔하여 선명한 영상을 만들어내면서 세계적으로 유명해졌다.

MRI-MOUSE가 앞으로 더욱 소형화되어 휴대폰만큼 작아지면 두뇌를 스캔하여 생각을 알아내는 것도 큰 문제가 되지 않을 것이다. 원리적으로 MRI 스캐너는 동전만큼 작아질 수 있다. 이 정도면 EEG 전극을 몸에 부착시킬 때 사용되는 원형 플라스틱 조각과 비슷하다(이런 초소형 MRI를 손가락 끝에 붙이면 〈스타트렉〉에 등장하는 외계인 종족인 벌칸Vulcan인들처럼 다른 사람의 머리에 손을 올려놓고 그의 마음을 읽을 수 있다!).

염력(念力)

이 분야의 최종 종착지는 아마도 생각만으로 물체를 움직이는 염력(telekinesis)일 것이다. 신화에 등장하는 신들은 몸소 움직이지 않고 생각만으로 모든 것을 이룬다. 과거에는 이들이 그저 동경의 대상이었지만, 미래에는 인간도 그와 같은 능력을 보유하게 될 것이다.

영화 〈스타워즈〉에서 자주 언급되는 '포스(Force)'라는 말은 은하 전체에 퍼져 있는 신비의 '장(場, field)'으로서, 제다이의 정신적 능력을 함양하고 마음으로 물체를 움직일 수 있게 해준다. 광검(光劍, Lightsaber)과 광선총도 포스의 산물이며, 심지어는 우주선까지도 포스의 위력으로 허공에 뜨게 할 수 있다. 물론 포스로 기계를 통제하는 것은 기본이다.

이 힘을 얻기 위해 다른 은하까지 갈 필요는 없다. 2100년쯤 되면 인간은 방 안을 거닐면서 컴퓨터를 비롯한 주변기기들을 생각만으로 조종할 수 있게 될 것이다. 그러면 무거운 가구를 운반하거나 책상의 위치를 바꿀 때, 또는 잡다한 물건들을 수리할 때 힘을 쓸 필요가 전혀 없다. 생각만 하면 다 이루어질 것이기 때문이다. 일꾼들과 소방관, 우주선 승무원, 군인 등 두 손이 모자랄 정도로 할 일이 많은 사람들에게는 이보다 좋은 소식이 없다. 뿐만 아니라 개개인이 세상과 접하는 방식도 근본적으로 달라진다. 자전거 하이킹, 운전, 골프, 야구, 게임 등 몸을 쓰면서 했던 여가생활도 오로지 생각만으로 진행될 것이다.

생각으로 물체를 움직이는 기술은 초전도체를 통해 구현될 수 있는데, 자세한 내용은 4장에서 다루기로 한다. 상온에서 작동하는 초전도체는 21세기 말쯤에 개발될 것으로 예측되며, 이것이 이루어지면 아주 작은 에너지로 엄청나게 강한 자기장을 만들 수 있게 된다. 20세기가 전기의 시대였던 것처럼, 상온에서 작동하는 초전도체는 자기의 시대를 활짝 열어줄 것이다.

지금은 강한 자기장을 생성하려면 천문학적 비용을 투입해야 하지만, 미래에는 거의 공짜나 다름없을 것이다. 그러면 기차나 트럭은 도로와의 마찰 없이 달릴 수 있으므로 막대한 에너지가 절약된다. 한마디로 교통수단에 일대 혁명이 찾아온다는 얘기다. 이것을 잘 활용하면 생각만으로 물체를 움직일 수 있다. 여러 가지 물체 안에 조그만 초자석(supermagnet)을 심어놓으면 된다.

머지않아 우리는 모든 물체 안에 칩이 들어 있다는 것을(즉, 지능을 갖고 있다는 것을) 당연하게 생각할 것이다. 그리고 시간이 더 지나면 모든 물체 안에 초전도체가 들어 있어서 강력한 자기장을 생성한다는 사실 또한 당연하게 받아들일 것이다. 예를 들어 테이블 어딘가에 초전도체가 심어져 있다고 가정해보자. 일상적인 조건에서 초전도체에는 전류가 흐르지 않는다. 그러나 초전도체 안에 소량의 전류를 흘려 보내면 온 방 안에 강력한 자기장이 형성된다. 그러면 테이블 안에 있는 초자석을 생각만으로 활성화시켜서 원하는 방향으로 움직이게 할 수 있다.

영화 〈X-맨〉을 보면 마그네토(Magneto)가 이끄는 악마군단이 자기력을 조절하여 커다란 물체를 마음대로 다루는 장면이 나온다. 심지어는 염력으로 금문교까지 움직이기도 한다. 그러나 이 힘에는 명백한 한계가 있다. 자력이 아무리 강해도 플라스틱처럼 자성이 없는 물체는 절대로 움직일 수 없다(영화의 끝 부분에서 마그네토는 플라스틱으로 만든 감옥에 수감된다).

미래에는 상온에서 작동하는 초전도체가 거의 모든 물건 속에(자성이 없는 물건 속에도) 들어 있을 것이다. 그래서 스위치를 올려 물체 속에 약간의 전류를 흘려주면 자성을 띠게 되고, 당신의 생각으로 조절되는 외부자기장에 의해 원하는 방향으로 이동할 것이다.

로봇과 아바타도 생각만으로 조종할 수 있다. 영화 〈서러게이트(Surrogate)〉나 〈아바타〉처럼, 대리인의 몸동작을 생각으로 조종하면서 촉각이나 고통까지 느낄 수 있다. 이 기술은 우주공간에서 작업을 하거나 사고현장에서 인명을 구조할 때 매우 유용하다. 아마도 미래의 우주인은 지구 관제센터에 남아서 달 위를 걸어 다니는 로봇을 원격으로 조종하게 될지도 모른다. 이와 관련된 내용은 다음 장에서 자세히 다룰 예정이다.

그러나 생각으로 물체를 조종하는 염력은 위험요소를 수반할 수밖에 없다. 앞에서 언급했던 영화 〈금지된 행성〉에 등장하는 고대문명은 마음으로 물체를 완벽하게 다스릴 수 있었다. 그들은 사람의 생각을 3D 영상으로 재현할 수도 있다. 기계장치를 머리에 쓰고 무언가를 상상하면 곧바로 3D 영상이 나타난다. 1950년대에 이 영화를 본 사람들에게는 말도 안 되는 허구였겠지만, 지금의 추세로 볼 때 앞으로 수십 년 후면 실현될 가능성이 높다. 또한 이 영화에는 정신에너지로 물체를 허공에 들어 올리는 장면이 나오는데, 이 기술도 이미 장난감의 형태로 출시되어 있다. 수백만 년을 기다려야 실현될 기술이 전혀 아닌 것이다.

당신의 머리에 EEG 전극을 연결하면 장난감이 당신의 두뇌에서 나오는 전기신호를 감지하고 주변에 있는 조그만 물체를 들어 올린다. 미래에는 대부분의 게임들이 마우스나 키보드가 아닌 생각만으로 진행될 것이다. 축구나 농구와 같은 단체경기라면 팀원들이 정신적으로 단합하여 가장 이상적인 방향으로 공을 보내고, 전술에 문제가 있다면 마음속으로 상의하여 개선할 수 있다.

〈금지된 행성〉의 마지막 부분은 우리를 잠시 생각에 잠기게 한다. 외계인은 극도로 발달된 문명을 가졌지만 기술의 맹점을 깨닫지 못하여 결국은 멸망하고 만다. 그들이 만든 강력한 기계들이 창조자의 의식뿐만 아니라 무의식의 영역까지 파고 들어가서 오랫동안 억눌러왔던 야만적이고 난폭한 기질을 그대로 재현한 것이다. 가장 위대한 성취를 이루기 일보직전에 그들은 자신이 개발한 기술에 의해 완전히 파괴된다.

우리에게 이런 고민은 아직 시기상조이다. 이 정도의 기술은 22세기가 되어야 실현될 것이다. 그러나 당장 고민해야 할 문제가 하나 있다. 2100년이 되면 이 세상은 모든 면에서 인간과 비슷한 로봇으로 넘쳐 날 것이다. 만일 그들이 인간보다 똑똑하다면 어떤 일이 일어날 것인가?

2

인공지능의
미래

기 계 의 약 진

장차 로봇이 지구를 물려받을 것인가?
그렇다. 하지만 서운해할 것 없다.
그들이 바로 우리의 후손이기 때문이다.

_마빈 민스키 Marvin Minsky

신화에 등장하는 막강한 신들은 무생물에 생명을 불어넣을 수 있었다. 구약성서의 첫 번째 책인 창세기 2장에 의하면 신(하나님, God)이 흙을 빚어서 남자를 만들었고 그의 콧구멍에 숨을 불어넣자 살아있는 생명체가 되었다. 또한 그리스와 로마신화에 등장하는 여신 비너스는 동상에 생명을 불어넣었다. 예술가 피그말리온(Pygmalion)이 자신이 만든 여인 조각상의 아름다움에 감탄한 나머지 조각상을 사랑하게 되었고, 비너스를 찾아가 조각상을 사람으로 만들어달라고 애원했다. 순수한 사랑에 감동한 비너스는 조각상에 생명을 불어넣어 갈라테아(Galatea)라는 여인으로 탄생시켰다. 그런가 하면 대장장이의 신인 벌칸(Vulcan)은 금속으로 하인을 만든 후 생명을 불어넣어 진짜 사람처럼 부렸다고 한다.

지금 우리는 연구실에서 흙이 아닌 철과 실리콘으로 혼자 움직이는 물체를 만들고 있으니 벌칸과 비슷한 능력을 소유한 셈이다. 그런데 인간은 과연 이 창조물 덕분에 더 자유로워질 것인가? 아니면 창조물의 노예로 전락할 것인가? 요즘 발행되는 신문의 머리기사를 보면 결론은 이미 내려진 것 같다—인간은 모든 면에서 자신의 창조물에게 따라잡히기 일보직전이다.

인간성의 종말?

2009년의 어느 날, 〈뉴욕타임스〉의 헤드라인에 다음과 같은 기사가 실렸다. '기계가 사람보다 똑똑해질까봐 전전긍긍하는 과학자들.' 그해에 캘리포니아에서 개최된 아실로마 회의(Asilomar conference)에 세계적인 인공지능 전문가들이 대거 참석하여 '인간보다 우월한 기계, 무엇이 문제인가?'라는 주제를 놓고 진지한 토론을 벌였다. 할리우드 영화에서도 이와 비슷한 질문이 종종 제기된다. 로봇이 당신의 배우자보다 똑똑하다면 어떤 일이 벌어질 것인가?

괜한 걱정이 아니다. 정말로 기계는 인간의 입지를 위협하고 있다. 미국 공군의 무인비행기 프레데터(Predator drone)는 아프가니스탄과 파키스탄에서 테러리스트의 아지트를 정밀하게 폭격했고, 운전자 없는 자동차가 도로를 달리고 있으며, 세계 최고의 로봇 아시모(ASIMO)는 걷고 뛰고 계단을 오를 뿐만 아니라 커피 잔을 나를 수도 있다.

아실로마 회의를 주최한 마이크로소프트 사의 에릭 호로비츠(Eric Horovitz)는 이렇게 말했다. "기술자들이 말하는 인류의 미래는 일부 기독교분파에서 주장하는 '휴거(Rapture)'와 거의 비슷하다"(Rapture의 사전적 의미는 '기쁨', '환희', '황홀경' 등이지만 예수가 재림했을 때 독실한 신자들이 하늘로 올라가는 사건, 즉 휴거携擧를 의미하기도 한다. 비평가들은 아실로

마 회의를 "멍청이들의 휴거"라며 비아냥거렸다).

그해 여름에 개봉된 영화 〈터미네이터: 미래전쟁의 시작 (Terminator Salvation)〉은 이 종말론적인 관점을 더욱 증폭시켰다. 이 영화에서는 별 볼일 없어 보이는 인간들이 지구를 접수한 초대형 기계들을 상대로 치열한 전쟁을 벌인다. 또 한 편의 영화 〈트랜스포머: 패자의 역습(Transformer: Revenge of the Fallen)〉에서는 우주에서 온 미래형 로봇들이 인간을 담보 삼아 자기들끼리 전쟁을 벌인다. 그리고 〈서러게이트〉에서는 사람들이 병들고 늙는 인간보다 완벽하고 아름다운 슈퍼로봇으로 살아가기를 원한다.

신문기사와 영화만 놓고 보면 인간의 종말이 거의 다가온 것 같다. AI(Artificial Intelligence, 인공지능) 전문가들은 진지하게 묻는다. "앞으로 인간은 동물원의 곰처럼 우리에 갇힌 채 로봇이 던져주는 땅콩을 받아먹으면서 재롱을 부려야 하는가? 아니면 애완견처럼 로봇의 무릎에 앉아 그들의 사랑을 구걸해야 하는가?"

그러나 현실을 좀 더 면밀히 분석해보면 반드시 그렇지만은 않다. 지난 10년 동안 로봇공학이 눈부시게 진보한 것은 분명한 사실이지만, 겉으로 드러난 사실보다는 전체적인 흐름을 파악한 후에 결론을 내려야 한다.

치명적인 미사일로 테러리스트를 진압한 8미터짜리 무인항공기 프레데터는 혼자 날아가는 것이 아니라, 사람이 쥐고 있는 조이스틱의 명령을 따르는 것뿐이다. 관제센터에는 컴퓨터게임에 도가 튼 젊은 군인들이 편한 자세로 의자에 앉아 공격목표를 선택하고 있다. 발사명령을 내리는 것도 프레데터가 아닌 인간이다. 무인자동차 역시 진행방향을 혼자 결정하는 것이 아니라 메모리에 내장되어 있는

GPS지도를 따라가는 것뿐이다. 그러므로 완전자동에 의식까지 가진 흉포한 로봇이 장차 인간을 말살한다 해도, 아직은 머나먼 훗날의 이야기다.

사실, 언론은 아실로마 회의결과를 사실보다 다소 과장해서 보도했다. 연구 속에 파묻혀 사는 대부분의 AI 전문가들은 앞날을 예측할 때 훨씬 신중하고 조심스럽다. 그들에게 "언제쯤 기계가 사람보다 똑똑해질 것 같으냐"고 물으면 20년에서 1,000년까지 다양한 대답이 나온다.

로봇도 로봇 나름이다. 지금 개발 중인 로봇은 두 가지 타입으로 분류할 수 있다. 하나는 테이프 녹음기처럼 사람이 짜놓은 프로그램을 그대로 수행하는 로봇으로, 언뜻 보기에 혼자 움직이는 것 같지만 사실은 어디선가 사람이 원격으로 조종하고 있다. 이런 로봇은 이미 존재하며, 종종 신문의 헤드라인을 장식한다. 또한 이들은 서서히 가정이나 전쟁터로 진출하여 사람의 일을 대신하고 있다. 그러나 이들은 사람이 없으면 쓸모없는 고철덩어리에 불과하다는 점에서 두 번째 타입의 로봇과 확연하게 구별된다. 두 번째 로봇은 인간의 도움 없이 완전 자동으로 움직이면서 스스로 생각할 수 있다. 지난 50년 동안 과학자들을 심란하게 만들었던 것은 바로 이런 로봇이다.

아시모 로봇

대다수의 AI 전문가들은 로봇공학의 혁명을 대표하는 상징으로 혼다(Honda) 사의 로봇 아시모(ASIMO, Advanced Step in Innovative

Mobility)를 꼽는다. 키 130센티미터에 몸무게 54킬로그램, 안면에 검은 코팅을 한 헬멧을 쓰고 등에는 배낭을 지고 있는 아시모는 정말로 놀라운 능력을 갖고 있다. 자연스럽게 걷거나 뛰는 것은 물론이고 계단을 올라갈 수도 있고 말도 할 수 있다. 또한 아시모는 가구를 피해 방 안을 돌아다니면서 컵과 쟁반을 손으로 집어 들기도 하고 간단한 명령을 수행할 수도 있다. 심지어는 사람의 얼굴을 알아보고 다양한 어휘를 몇 개 국어로 구사하기도 한다. 아시모는 혼다의 과학자들이 20년 동안 심혈을 기울여 개발한 최첨단 로봇으로, 현대 로봇공학의 기적이라 할 만하다.

나는 BBC와 디스커버리 채널의 과학 프로그램을 진행하면서 아시모를 두 번이나 만나는 행운을 누렸다. 처음 만났을 때 악수를 했는데, 내가 먼저 손을 잡고 흔들었더니 그도 따라서 가볍게 흔들었다. 그리고 주스를 마시고 싶다고 했더니 휴게실로 걸어가 과일주스를 가져왔다. 아시모가 얼마나 사람처럼 느껴졌는지, 헬멧을 벗으면 그 안에서 10대 소년의 얼굴이 나타날 것만 같았다. 그는 춤도 나보다 훨씬 잘 춘다.

처음에 나는 아시모가 사람의 명령을 잘 수행하고, 대화를 나누고, 방 안을 자유롭게 돌아다니는 똑똑한 로봇이라고 생각했으나, 실상은 그렇지 않았다. TV 카메라 앞에서 아시모와 인사를 나누면서 자세히 보니, 모든 대화와 몸동작은 이미 치밀하게 계획된 것이었다. 그날 나는 아시모와 함께 5분 분량의 방송을 녹화하는 데 무려 3시간이 걸렸다. 그 와중에 아시모 조종팀은 노트북 컴퓨터를 펼쳐놓고 열심히 프로그램을 수정하고 있었다. 아시모가 구사하는 여러 나라 언어도 사실은 녹음된 테이프를 재생한 것이었다. 결국 아시모는 무언가를 스스로 판단하는 지적 존재가 아니라, 사람이 짜놓은 프로그램을 그대로 따라하는 첨단 기계장치였던 것이다. 지금도 아시모는 계속 복잡하게 진화하고 있지만 혼자 생각하는 능력은 없다. 그가 하는 모든 행동과 언어, 그가 내딛는 모든 발걸음은 조종팀에 의해 반복적으로 훈련된 결과이다.

나는 아시모를 만든 연구원과 솔직한 대화를 나눌 기회가 있었는데, 그는 아시모가 사람처럼 움직이긴 하지만 지능은 곤충 정도라고 했다. 아시모의 모든 행동은 사전에 만들어진 치밀한 프로그램을 그대로 따른 것이다. 아시모의 걸음걸이는 사람과 거의 비슷하지만 경로를 치밀하게 계산해놓지 않으면 가구와 같은 장애물에 걸려 비틀거리거나 넘어질 것이다. 아시모는 눈앞의 물체를 인식하지 못하기 때문이다.

이와는 대조적으로 바퀴벌레 같은 곤충은 물체를 인식하고, 장애물을 피하고, 음식과 짝을 찾아내고, 천적을 피하고, 복잡한 도주경로를 파악하고, 그림자 속으로 숨고, 갈라진 틈새로 사라진다. 게다가 이 모든 행동은 단 몇 초 만에 완료된다.

브라운대학에서 AI를 연구하는 토머스 딘(Thomas Dean)은 "내가 제작 중인 로봇은 워낙 무거워서 거실바닥에 구멍을 내지 않고 간신히 걸어갈 수 있는 수준"이라고 했다. 뒤에서 언급되겠지만, 현재 세계에서 가장 강력한 컴퓨터도 쥐의 뉴런을 단 몇 초 동안 간신히 흉내 낼 수 있을 뿐이다. 로봇이 똑똑한 쥐나 토끼, 개, 고양이, 원숭이 등을 흉내 내는 수준에 도달하려면 앞으로 수십 년은 족히 기다려야 할 것이다.

AI의 역사

비평가들은 말한다. "AI 전문가들은 슈퍼지능을 가진 로봇이 이제 곧 나올 거라고 장담했다가 꿀 먹은 벙어리가 되기를 30년 주기로 반복하고 있다."

2차대전 후 전기 컴퓨터가 처음 등장했던 1950년대에 과학자들은 "벽돌을 운반하고, 체스를 두고, 수학문제를 푸는 기적의 기계가 곧 나올 것"이라며 대중들을 흥분시켰다. 아닌 게 아니라 당시 분위기로는 그런 기계장치가 곧 나올 것만 같았다. 사람들은 놀라움을 감추지 못했고, 성급한 잡지사들은 집집마다 로봇이 저녁준비를 하고 집 안 청소를 하게 된다는 기사를 무더기로 쏟아냈다. 그후 1965년에 AI 전문가인 허버트 시몬(Herbert Simon)은 "모든 면에서 사람보다 우월한 기계가 20년 이내에 만들어질 것"이라고 했다. 그러나 막상 기계와 인간이 체스 대결을 펼친 결과 인간의 압승으로 끝났다. 아니, 압승이 아니라 아예 상대가 되지 않았다. 기계는 체스의 규칙에 따라 말을 움직일 뿐 아무런 전략도 펼치지 못했다. 초기의 로봇은 단순한 하나의 테크닉만을 수행하는 조랑말에 불과했던 것이다.

사실 1950년대에 AI분야에서 획기적인 발전이 있긴 있었다. 그러나 학자들과 매스컴이 그 효과를 지나치게 과대평가했다가 실망을 안겨주는 바람에 제대로 된 대접을 받지 못했다. 대중들의 반응이 싸늘해지자 1974년에 영국과 미국정부는 AI에 대한 지원정책을 철회했다. 화려한 스포트라이트를 받던 AI가 사람들의 부푼 기대에 부응하지 못하여 찬밥신세로 전락한 것이다.

AI 전문가인 폴 아브라함(Paul Abraham)은 MIT 대학원에 재학 중이던 1950년대를 떠올리면서 고개를 저었다. "그것은 몇몇 사람들이 달에 도달하는 탑을 쌓겠다고 덤빈 격이었다. 해가 거듭되면서 탑은 매우 빠르게 높아졌지만, 문제는 달까지의 거리가 너무 멀다는 것이었다."

그후 1980년대가 되자 AI에 대한 관심이 다시 살아났다. 학자들 대신 미국 국방성이 발 벗고 나선 덕분이었다. 동-서 냉전이 한창이던 그때, 국방성은 적진을 탐사하고 낙오된 미군을 구조하고, 혼자 본부로 되돌아올 수 있는 지능형 트럭을 개발하는 데 수백만 달러를 쏟아 부었다. 또한 일본통산성(通産省, Ministry of International Trade and Industry)에서는 5세대 컴퓨터개발이라는 야심찬 프로젝트에 총력을 기울였는데, 주된 목적은 완벽한 대화능력과 추리력, 그리고 인간이 무엇을 원하는지 예측하는 능력을 갖춘 컴퓨터를 1990년대까지 개발하는 것이었다.

그러나 지능형 트럭은 길을 찾아가지 못했고, 5세대 컴퓨터 프로젝트는 아무런 해명도 없이 조용히 마무리되었다. 1950년대에 그랬던 것처럼 애초의 기대가 현실과 너무 동떨어졌기 때문이다. 1980년대에도 AI는 획기적인 진보를 이루었지만, 초기에 요란하게 울려 퍼졌던 팡파르에 비해 결과가 너무 초라했기 때문에 재정지원이 또다시 중단되었고, AI는 또 한 번 찬밥신세가 되었다. 관련자들은 두 차례의 시련을 겪으면서 무언가 중요한 것이 빠져 있음을 깨달았다.

1968년에 개봉된 영화 〈2001 스페이스 오디세이(2001 Space Odyssey)〉를 기념하는 자리가 1992년에 열렸는데, 그때 AI 전문가들은 착잡한 심정을 감추지 못했다. 이 영화에 등장하는 HAL9000이라는 컴퓨터는 스스로를 방어하기 위해 반란을 일으켜 우주선의 승무원들을 잔인하게 살해한다. 이 영화에 의하면 1992년의 로봇은 사람과 어떤 대화도 할 수 있으며, 우주선을 통솔할 정도로 뛰어나다. 그러나 당시에 만들어진 최첨단 로봇은 곤충의 지능을 따라가기도 벅찬 수준이었다.

1997년에 IBM 사의 컴퓨터 딥블루(Deep Blue)는 당시 체스 세계 챔피언이었던 게리 카스파로프(Gary Kasparov)를 이기면서 AI 개발사에 한 획을 그었다. 딥블루는 1초당 110억 회의 연산을 수행하는, 그야말로 컴퓨터공학의 기적이었다. 개발자들도 이 일을 계기로 AI의 새로운 장이 열릴 것이라며 한껏 기대에 부풀었다. 그러나 애석하게도 결과는 정반대였다. 딥블루는 AI 연구가 아직 원시적 단계에 머물러 있음을 입증했을 뿐이었다. 사실 딥블루는 혼자 생각하는 능력이 전혀 없었다. 체스경기에서는 세계챔피언을 이길 정도로 뛰어났지만 IQ검사에서는 간단하게 0점을 받았다. 경기가 끝난 후 사람들의 관심은 딥블루가 아닌 카스파로프에게 집중되었다. 딥블루는 인터뷰를 할 수 없었기 때문이다. 이 사건을 계기로 AI 과학자들은 괴물 같은 계산능력이 결코 지능을 대신할 수 없다는 것을 사실로 인정할 수밖에 없었다. AI 전문가 리처드 헤클러(Richard Heckler)는 말한다. "세계 챔피언을 제외하고 그 누구도 이길 수 있는 체스 프로그램은 지금 당장 49달러에 살 수 있다. 그러나 이 프로그램이 지능적이라고 생각하는 사람은 어디에도 없다."

그러나 요즘은 무어의 법칙에 따라 18개월마다 새로운 컴퓨터 세대가 탄생하고 있다. AI가 두 번째로 푸대접을 받았던 지난 30년 사이에 컴퓨터가 충분히 발달했으므로, 과거의 비관적 시각은 점차 사라지고 초창기의 관심과 열정이 되살아날 것이다. 그래서 AI 전문가들은 요즘 또다시 장밋빛 미래를 제시하고 있다. AI 지지자들은 "그동안 인내하며 기다려왔던 시기가 마침내 도래했다"며 날개를 펴고 비상할 준비를 하고 있다. 시기상으로 보면 30년 주기의 악순환이 또다시 반복되는 것 같기도 하지만, 이번에는 확실히 다른 점이 있다. 그렇다면 이번에야말로 인간은 로봇에게 주인자리를 내주게 될 것인가?

인간의 두뇌는 디지털 컴퓨터인가

50년 전의 AI 개발자들은 인간의 두뇌를 대형 디지털컴퓨터와 비슷하다고 생각했다. 그러나 지금 우리는 이것이 심각한 오류였음을 잘 알고 있다. 두뇌에는 펜티엄칩도, 윈도우 운영체계도 없으며 컴퓨터의 상징인 서브루틴도 없다. 인간의 두뇌는 '스스로 학습하는' 구조로서 지금도 매 순간마다 새로운 내용을 습득하고 있다. 그러나 디지털컴퓨터는 무언가를 새로 배우는 능력이 없다. 당신의 컴퓨터는 어제나 오늘이나 항상 똑같은 명령을 수행하고 있을 뿐이다.

두뇌를 모형화하는 방법은 두 가지가 있다. 첫 번째는 하향식 접근법으로서, 로봇을 디지털컴퓨터로 취급하여 처음부터 모든 지능을 프로그램으로 구현한 후 컴퓨터를 여러 개의 '튜링머신(Turing machine, 영국의 수학자 앨런 튜링Alan Turing이 제안한 가상의 기계)'으로 분해한다. 튜링머신은 입력(input)과 중앙처리장치(central processor), 그리고 출력(output)의 세 가지 기본요소로 구성되는데, 우리가 사용하는 모든 컴퓨터는 여기에 기초하여 만들어졌다. 이 방법의 최종목표는 지능과 관련된 모든 법칙을 CD-ROM에 담아내는 것이다. 이 디스크를 삽입하면 단순했던 컴퓨터는 갑자기 지능을 갖게 된다. 즉, 기계에 지능을 부여하는 모든 소프트웨어가 CD-ROM 안에 들어 있는 것이다.

그러나 인간의 두뇌에는 소프트웨어라는 것이 없다. 두뇌는 매 순간마다 스스로 개선되는 뉴런의 '신경망(neural network)'에 가깝다.

신경망은 헤브의 법칙(Hebb's rule)을 따른다. 즉, 올바른 결정이 내려질 때마다 신호가 전달되는 통로는 더욱 견고해진다. 이것은 하나의 과제가 성공적으로 마무리될 때마다 뉴런 사이의 전기적 결합 강도를 높임으로써 구현할 수 있다(헤브의 법칙을 이해하기 위해 한 가지 질문을 던져보자. 음악가가 카네기홀 무대에 서려면 어떻게 해야 하는가? 답은 연습, 연습, 오로지 연습뿐이다. 신경망도 연습을 통해 완전해진다. 나쁜 버릇을 고치기 어려운 이유도 헤브의 법칙으로 설명할 수 있다. 나쁜 버릇에 해당하는 신경 경로는 하도 자주 사용하여 완전히 자리가 잡혔기 때문이다).

신경망은 상향식 접근법에 기초하고 있다. 지능과 관련된 모든 법칙을 일일이 주입하는 대신, 마치 어린아이처럼 연습과 경험을 통해 지능을 터득해나가는 방식이다. 즉, 신경망은 프로그램되지 않고 "힘든 경험을 통해 배우는" 구식 방법으로 진행된다.

신경망은 디지털컴퓨터와 완전히 다른 구조를 갖고 있다. 컴퓨터는 중앙처리장치에서 트랜지스터 하나를 제거하면 당장 먹통이 된다. 그러나 사람의 두뇌는 상당부분을 제거해도 여전히 작동한다. 잘려 나간 부분이 했던 일을 남은 부분이 수행하기 때문이다. 또한 디지털컴퓨터의 경우에는 '생각의 중심'이 어디인지 확실하게 말할 수 있지만(중앙처리장치), 사람의 두뇌는 아무리 살펴봐도 생각의 중심이 어디인지 분명치 않다. 각 사고과정마다 여러 부위들이 순차적으로 활성화되는 것을 보면, 생각은 뚜렷한 중심 없이 두뇌 전체에 골고루 퍼져 있는 것 같다.

컴퓨터의 연산속도는 거의 빛의 속도에 가깝다. 그에 비하면 인간의 두뇌는 답답할 정도로 느려서 외부자극이 두뇌에 전달되는 속도는 약 시속 320킬로미터밖에 안 된다. 그러나 두뇌는 1,000억 개의 뉴런을 '동시에' 작동시킬 수 있다. 하나의 뉴런은 간단한 계산밖에 할 수 없지만, 개개의 뉴런은 약 1만 개의 다른 뉴런과 연결되어 있다. 따라서 하나의 프로세서가 제아무리 빠르다 해도, 거북이처럼 느린 동시진행(병행, parallel) 프로세서를 능가할 수는 없다.

(문득 오래된 수수께끼 하나가 떠오른다. 문제: 고양이 한 마리가 쥐 한 마리를 잡아먹는 데 1분이 걸린다면, 고양이 100만 마리가 쥐 100만 마리를 잡아먹는 데 얼마나 걸릴까? 답: 1분)

또 한 가지, 두뇌는 디지털이 아니다. 트랜지스터는 열려 있거나 닫혀 있는 문과 비슷하여 1 또는 0만을 나타낼 수 있다. 뉴런도 디지털로 작동하지만(활성상태 또는 비활성상태), 연속 또는 비연속적인 신호를 아날로그로 전송할 수도 있다.

로봇의 두 가지 문제점

이상과 같이 컴퓨터는 명백한 한계가 있다. 그래서 사람에게는 아주 쉬운 일도 컴퓨터에게 시키면 시간이 무한정 걸리거나 아예 할 수 없는 경우가 태반이다. 그중에서 대표적인 과제가 바로 '패턴(형상) 인식'과 '상식'이다. 지난 50년 동안 컴퓨터공학자들은 이 두 가지 과제를 해결하기 위해 무진 애를 써왔으나, 뚜렷한 해결책을 찾지 못했다. 그래서 로봇은 가사 일을 도울 수 없고 집사 역할도 할 수 없으며, 개인 비서가 될 수도 없다.

먼저 패턴 인식부터 살펴보자. 로봇의 시력은 사람보다 훨씬 좋다. 그러나 로봇은 자신이 보는 것을 이해하지 못한다. 그의 시야에 들어온 영상은 그저 점의 집합일 뿐이다. 이 점들을 직선과 곡선, 또는 정사각형과 직사각형 등 간단한 도형으로 인식한 후 자신의 기억 장치에 들어 있는 데이터와 비교하여 사물의 정체를 파악하는데, 이것만도 엄청난 양의 계산이 필요하다. 만일 로봇에게 이런 과제를 던져준다면 거의 몇 시간이 지나서야 의자와 테이블, 사람 등을 간신히 구별할 것이다. 그러나 사람은 방으로 들어서자마자 이런 것들을 순식간에 인식한다. 사람의 두뇌는 '패턴 인식 전용장치'라고 불러도 좋을 만큼 이 분야에서 탁월한 성능을 발휘하고 있다.

두 번째로 로봇에게는 '상식'이라는 것이 없다. 로봇의 청력은 사람보다 뛰어나지만 자신이 듣는 소리를 이해하지 못한다. 다음과 같은 문장을 예로 들어보자.

- 아이들은 단것을 좋아하고 벌 받는 것을 싫어한다.
- 끈은 당길 수 있지만 밀 수 없다.
- 막대는 밀 수 있지만 당길 수 없다.
- 동물은 영어를 할 수 없고 알아듣지도 못한다.
- 회전운동은 사람을 어지럽게 만든다.

우리에게 이것은 당연한 상식에 불과하지만 로봇에게는 전혀 그렇지 못하다. "끈은 당길 수 있지만 밀 수 없다"는 것을 증명하는 논리나 프로그램은 존재하지 않는다. 우리가 이 사실을 당연하게 여기는 것은 기억에 저장된 프로그램 때문이 아니라 경험을 통해 깨달았기 때문이다.

　사람의 생각을 흉내 내는 데 필요한 상식을 컴퓨터에게 일일이 주입할 수도 있을 것이다. 그러나 상식이라는 것이 너무나 방대하여 프로그램으로 구현하기가 거의 불가능하다. 이것이 바로 하향식 접근법의 문제이다. 6살짜리 어린아이 수준의 상식을 구현하는 프로그램(소스코드)만도 거의 수억 줄에 달한다. 카네기멜론대학 AI 연구소의 소장을 역임했던 한스 모라벡은 장탄식을 내뱉으며 말했다. "지금 만들어진 AI 프로그램에는 상식이라는 것이 전혀 없다. 예를 들어 의료진단 프로그램에게 부서진 자전거를 보여주면 항생제를 처방하는 식이다. 자전거와 사람을 구별하는 프로그램을 추가한다고 해서 해결될 문제가 아니다. 자전거를 인식하고 나면, 이번에는 부러진 나무나 책상에게 똑같은 처방을 내릴 것이기 때문이다."

　그러나 일부 과학자들은 "폭력이나 완력을 제외한 모든 상식은 프로그램으로 구현할 수 있다"고 주장했다. 이들은 맨해튼 프로젝트(Manhattan Project, 2차 세계대전이 한창이던 1940년대 초에 원자폭탄을 개발하기 위해 미국정부에서 추진했던 프로젝트 — 옮긴이)와 비슷하게 컴퓨터에게 상식을 부여하는 초대형 프로젝트의 필요성을 강조했고, 1984년에는 세칭 'CYC'라 불리는 상식 백과사전 구축 프로젝트가 발족되었다. 상식의 모든 비밀을 하나의 프로그램으로 구현하는 이 프로젝트는 AI 분야에서 최고의 업적이라 불릴 만하다. 그러나 수십 년이 지난 후 CYC 프로젝트는 목적을 달성하지 못한 채 조용히 마무리되었다.

CYC의 목적은 "보통사람이 세상에 대해 알고 있는 1억 가지 사실들을 2007년까지 정리하기"였다. 그러나 다른 프로젝트와 마찬가지로 CYC도 뚜렷한 성과 없이 마감일을 넘기고 말았다. 여러 부분에서 부분적인 진전은 있었지만 지능의 핵심에 이르는 정보를 얻지 못했으므로, 엄밀히 말하면 실패한 프로젝트였다.

인간과 기계의 대결

언젠가 나는 MIT에서 만든 로봇 토마소 포지오(Tomaso Poggio)와 대결을 벌인 적이 있다. 일반적으로 로봇은 사람이 인식하는 간단한 물체도 인식하지 못하는데, 포지오는 '즉각적 인식'이라는 특정분야에서 사람 못지않게 빠른 연산능력을 발휘했다. 사람은 자신의 주변에 새로운 물체가 나타나면 구체적인 형상을 인식하기도 전에 중요한 특징을 빠르게 판단하는 능력이 있다(즉각적 인식은 인간의 진화에서 매우 중요한 역할을 했다. 우리의 조상들은 덤불 속에 숨어 있는 호랑이의 전체 모습을 인식하기 전에, 극히 제한된 정보만으로 호랑이의 존재 여부를 빠르게 판단해야 했다). 그런데 포지오는 역사상 처음으로 인식 경연대회에서 사람을 대상으로 연승을 거두었다.

대결방식은 간단하다. 먼저 사람이 의자에 앉아 컴퓨터 스크린을 응시한다. 그러면 스크린에 여러 개의 그림들이 빠르게 지나가는데, 그 속에 동물이 있으면 'yes' 버튼을 누르고 그렇지 않으면 'no' 버튼을 누른다. 그림이 지나가는 속도가 워낙 빨랐으므로, 나는 그림을 음미할 겨를도 없이 빠르게 결정을 내려야 했다. 내가 버튼과 씨름을 하는 사이에 컴퓨터도 똑같은 그림을 대상으로 yes와 no를 선택하고 있었다.

수십 장의 그림이 쏜살같이 지나간 후 최종 성적표를 보니, 놀랍게도 컴퓨터와 나는 거의 비슷한 성공률을 보였다. 그런데 더욱 놀라운 것은 테스트가 진행되는 대부분의 시간 동안 컴퓨터가 나보다 훨씬 높은 성공률을 보였다는 점이다. 나중에 나온 그림들이 다소 복잡하여, 사람인 내가 막판에 간신히 따라잡았던 것이다. 결국 나는 컴퓨터와의 경쟁에서 지고 말았다(대결이 끝난 후 한 관계자는 컴퓨터의 인식 성공률이 82퍼센트이고, 사람의 평균 성공률은 80퍼센트라고 했다. 의외의 결과에 좌절했던 나는 그 말을 듣고 비로소 안심할 수 있었다).

포지오의 핵심은 자연의 가르침을 흉내 냈다는 것이다. 대부분의 과학자들은 다음의 말에 공감한다. "바퀴는 이미 발명되어 있는데, 그것을 흉내 내지 않을 이유가 어디 있는가?" 일반적으로 로봇에게 그림을 보여주면 직선, 원, 사각형 등 단순한 기하학적 도형으로 분해한다. 그러나 포지오의 프로그램은 완전히 다른 방식으로 만들어졌다.

우리는 눈앞에 그림이 제시되면 제일 먼저 그 안에 들어 있는 다양한 물체의 외곽선을 추출한 후 각 외곽선 안에서 다양한 특징을 파악하고 음영의 차이를 인식한다. 즉, 하나의 그림을 겹겹이 쌓인 여러 개의 층으로 인식하는 것이다. 포지오도 사람과 비슷하게 그림을 여러 층으로 분해하여 각 층의 특징을 파악한 후 하나로 조합하여 결론을 내린다(우리는 평면에 그려진 그림만으로 3차원 입체영상을 머릿속에 떠올릴 수 있지만, 포지오의 프로그램으로는 불가능하다. 그림에는 다른 각도에서 바라본 정보가 전혀 없기 때문이다. 그러나 패턴 인식 분야에서는 이것만으로도 혁명적인 발전이다).

그후에 나는 상향식 접근법과 하향식 접근법이 개발되는 현장을 직접 견학할 기회가 있었다. 먼저 방문한 곳은 하향식 접근법으로 유명한 스탠퍼드대학의 인공지능연구소였는데, 그곳에 있는 1.2미터짜리 로봇 팔 STAIR(Stanford artificial intelligence robot)는 물체를 잡아서 돌릴 수 있고 테이블에 놓인 물건을 집어 들 수도 있다. 또한 STAIR는 이동이 가능하여 사무실이나 집에서 다용도로 사용할 수 있다. 이 로봇에는 3D 카메라가 달려 있어서, 앞에 놓인 물체의 3차원 영상을 만든 후 물체의 어느 부위를 잡을 것인지 스스로 결정한다(물론 팔의 내부에는 고성능 컴퓨터가 들어 있다). 물체를 잡는 로봇 팔은 1960년대부터 꾸준히 개발되어, 지금은 디트로이트 자동차공장 등에서 쉽게 볼 수 있다.

이것이 전부가 아니다. 자동차 공장의 로봇 팔과 달리, STAIR는 미리 짜인 대본(프로그램)을 따르지 않고 스스로 작동하는 인공지능형 기계이다. 예를 들어 STAIR에게 테이블 위에 놓인 여러 물건들 중에서 오렌지를 집으라고 명령을 내리면 정확하게 오렌지를 집어 든다. 테이블 위에 널려 있는 다양한 물체들의 특징을 추출한 후 메모리에 저장되어 있는 수천 개의 데이터와 비교하여 오렌지를 골라내는 것이다. 또한 STAIR는 물체를 손으로 집어서 이리저리 돌려본 후 어떤 물건인지 판단하는 능력도 갖고 있다.

나는 STAIR의 성능을 테스트하기 위해 여러 가지 물건들을 책상 위에 어질러놓은 후 특정 물건을 집어 들라는 명령을 내려보았다. 그랬더니 STAIR는 잠시 동안 새로 제시된 물건들을 분석하더니 정확하게 그 물건을 집어 들었다. 이곳의 과학자들은 STAIR를 집이나 사무실에서 활용할 수 있는 수준으로 업그레이드하는 것을 목표로

하고 있는데, 계획대로 진행된다면 특정 물건이나 공구를 가져오고 사람과 간단한 대화를 나눌 수 있는 로봇 팔이 곧 출시될 것이다. 그리고 이 방법을 계속 밀고 나가다 보면 언젠가는 사환(심부름꾼)을 완전히 대신하는 로봇이 등장할 것이다. STAIR는 처음부터 모든 프로그램이 내장되어 있으므로 하향식 접근법의 전형이라 할 수 있다 (STAIR는 하나의 물체를 여러 개의 다른 각도에서 인식할 수 있지만, 인식할 수 있는 물체의 종류에는 여전히 한계가 있다. STAIR를 밖으로 데리고 나가서 아무 물체나 인식하라고 시키면 당장 먹통이 될 것이다).

그후에 나는 뉴욕대학의 AI 전문가 얀 레쿤(Yaan LeCun)을 방문했다. 그는 STAIR와 달리 상향식 접근법을 채택하여 주변 물체와 마구 부딪히면서 배워나가는 LAGR(learning applied to ground robots)을 만들었다. LAGR의 몸집은 소형 골프카트만 하고 양쪽에 컬러 카메라가 달려 있어서 이동 중에 나타나는 물체를 인식할 수 있다. 앞에 있는 물체가 장애물로 판단되면 피해가고, 안전하게 지나간 길은 메모리에 기억해두는 식이다. 또한 LAGR에는 위치 파악용 GPS와 장애물을 감지하는 두 개의 적외선 카메라가 장착되어 있으며, 세 개의 고성능 펜티엄칩이 기가비트 이더넷(ethernet, 근거리 통신망LAN의 대표적인 통신 프로토콜 — 옮긴이) 네트워크에 연결되어 있다.

그날 레쿤은 나를 데리고 공원으로 산책을 나갔는데, 그곳에서 LAGR 로봇은 다양한 장애물을 피하면서 안전한 길을 찾아가고 있었다. 레쿤의 설명에 의하면 길 찾기에 성공할 때마다 장애물을 피하는 기술이 더욱 향상된다고 한다.

LAGR과 STAIR의 중요한 차이점은 '학습능력'이다. LAGR은 경험을 통해 배우도록 설계되었다. 길을 가다가 무언가와 부딪히면 뒤

뚱대긴 하지만, 같은 길을 다시 가게 되면 장애물을 안전하게 피해 간다. STAIR의 컴퓨터 속에는 수천 개의 영상이 저장되어 있는 반면, LAGR은 아무런 영상데이터도 갖고 있지 않다. 그 대신 장애물의 위치가 기록된 지도를 작성한 후 새로운 장애물을 만날 때마다 지도를 업그레이드한다. 무인자동차는 미리 프로그램에 입력해둔 코스를 따라갈 뿐이지만, LAGR은 사전정보를 주지 않아도 스스로 길을 찾아간다. 따라서 관리자는 LAGR에게 도착지점을 알려주고 이동명령을 내린 후 커피를 마시며 다른 일을 해도 된다. 이런 종류의 로봇은 앞으로 화성탐사나 전쟁터, 또는 가정에서 유용하게 쓰일 것이다.

나는 스탠퍼드와 뉴욕대학의 AI 학자들을 만나면서 그들의 열정과 넘치는 에너지에 깊은 감명을 받았다. 그들은 자신이 인공지능의 초석을 다지고 있으며, 자신의 발명품이 다가올 세상을 바꿀 것이라고 굳게 믿고 있었다. 그러나 제3자의 입장에서 냉정하게 바라볼 때 그들의 희망사항이 이루어지려면 꽤 긴 시간이 필요할 것 같다. 장애물을 인식하고 피해 가는 것은 바퀴벌레도 할 줄 안다. 지금 인류가 개발하고 있는 최첨단 AI는 아직도 자연의 하등동물 수준을 넘지 못하고 있는 것이다.

가까운 미래 (현재~2030년)

전문가 시스템

요즘은 혼자 작동하는 진공청소기 로봇이 꽤 많은 가정에 보급되어 있다. 야간에 건물을 지키는 경호용 로봇이나 공장에서 일하는 로봇도 쉽게 볼 수 있다. 2006년 통계를 보면 산업현장에서 일하는 로봇은 95만 개, 일반가정 및 사무실용 로봇은 354만 개였다. 앞으로 수십 년 사이에 로봇공학은 더욱 다양한 분야로 진출하겠지만, 겉모습은 공상과학영화에서 보던 것과 많이 다를 것이다.

가장 큰 변화는 전문가 시스템(expert system)에서 나타날 것으로 예상된다. 전문가 시스템이란 특정 분야에 능숙한 사람의 지식과 경험을 컴퓨터 프로그램으로 구현한 소프트웨어를 말한다. 앞장에서 말한 것처럼 앞으로 우리는 집 안의 벽을 통해 인터넷 세계로 들어가서 로봇 의사나 로봇 변호사와 대화를 나누게 될 것이다.

이 분야는 형식적인 법칙에 기초하여 발전하는 시스템이다. 예를 들어 당신이 휴가계획을 짠다고 가정해보자. 당신은 벽지 스크린에 대고 휴가 기간과 장소, 묵고 싶은 호텔, 가격대 등 자신이 선호하는 계획을 설명한다. 그러면 전문가 시스템은 과거에 당신이 좋아했던 휴가관련 자료와 방금 입력된 정보를 종합하여 호텔과 비행사에 접촉을 시도하고 당신에게 최상의 옵션을 알려준다. 그러나 이 시스템이 제대로 작동하려면 당신은 친구와 잡담을 나누는 말투를 자제하고 컴퓨터가 알아들을 수 있는 정형화된 언어로 의사를 표현해야 한다. 이런 시스템을 이용하면 어떤 일도 빠르게 처리할 수 있다. 명령을 내리기만 하면 레스토랑을 예약하고, 필요한 상점의 위치를 확인하고, 비행기 표 등을 살 수 있다.

지금 우리가 간단한 검색기능을 사용할 수 있는 것은 지난 수십 년 동안 다양한 시행착오를 겪으면서 노하우가 축적되었기 때문이다. 그러나 아직도 갈 길은 멀다. 지금은 사람이 아닌 기계를 상대한다는 것을 누구나 알고 있기 때문이다. 그러나 미래에는 사람과 거의 비슷하게 생긴 로봇에게 이야기할 것이므로 이질감이나 부자연스러움은 없을 것이다.

전문가 시스템의 가장 현실적인 응용 분야는 아마도 의학 분야일 것이다. 예를 들어 지금 당신이 아파서 병원에 가도 의사를 만나려면 응급실에서 몇 시간을 기다려야 한다. 그러나 가까운 미래에는 병원에 갈 필요 없이 벽지 스크린을 통해서 로봇 의사와 대화를 나눌 수 있을 것이다. 게다가 의사의 얼굴과 말투, 심지어는 성격까지 당신의 취향에 맞게 바꿀 수도 있다. 벽지 스크린에 나타난 낯익은 얼굴이 당신에게 질문을 던진다. 지금 기분은 어떤가? 어디가 아픈가? 언제부터 아프기 시작했는가? 얼마나 자주 아픈가? 등등…….

이 질문은 주관식이 아니라 객관식일 것이다. 당신은 로봇 의사가 제시한 보기 중에서 하나를 고르기만 하면 된다. 컴퓨터는 음성인식이 가능하므로 키보드를 칠 필요는 없다.

하나의 질문에 답할 때마다 다음 질문이 이어진다. 이런 식으로 몇 개의 질문을 던진 후 로봇 의사는 세계적으로 유명한 의사들의 경험에 기초하여 진단을 내린다. 또한 집 안의 모든 물건에는 DNA 칩이 들어 있으므로 로봇 의사는 욕실과 옷, 가구 등에서 당신의 몸 상태를 알려주는 데이터를 수집할 것이다. 당신에게 "휴대용 MRI

로 몸을 스캔하라"는 지시를 내릴 수도 있다. 이 영상자료는 즉시 슈퍼컴퓨터로 전송되어 세밀한 분석이 이루어진다(매우 초보적 단계이긴 하지만, 의학전문 사이트 WebMD는 이와 비슷한 시스템을 채용하고 있다).

이 시스템이 의료분야에 적용되면 병원을 직접 방문하는 환자의 수는 크게 줄어들 것이다. 병원에 가는 것을 좋아할 사람은 없으므로 우리에게는 희소식이다. 물론 상태가 심각하다고 판단되면 로봇의사는 병원에 가서 진짜 의사를 만나보라고 할 수도 있다. 그러나 병원에 가서도 아시모를 닮은 로봇 간호사가 당신을 맞이할 것이다. 이 간호사는 전문의학지식을 갖추지 않았지만 병실을 옮겨 다니면서 입원환자들에게 약을 먹이고 다른 불편사항들을 해결해준다. 이들은 바닥에 나 있는 레일을 따라 움직일 수도 있고, 아시모처럼 독립적으로 움직일 수도 있다.

현재 UCLA 메디컬센터 등 몇 개의 병원에서는 RP-6이라는 간호사 로봇을 운용하고 있는데, 생긴 모습은 별로 간호사 같지 않다. 그냥 바퀴 위에 컴퓨터가 있고, 그 위에 TV 스크린을 얹어놓은 형태이다. TV 화면에는 진짜 의사가 등장하여 필요한 안내를 해준다(이 병원에 근무하는 의사는 아니다). 연구실에 있는 의사는 간호사 로봇에 부착된 카메라를 통해 현재 벌어지고 있는 상황을 볼 수 있고, 쌍방향 마이크를 통해 대기 중인 환자와 대화를 나눌 수도 있다. 의사는 조이스틱으로 간호사 로봇을 조종하면서 환자와 접촉을 시도한다. 현재 미국에서는 집중치료를 요하는 중환자가 매년 500만 명씩 발생하는데, 이들을 돌볼 자격을 갖춘 의사는 6,000명뿐이다. 간호사 로봇을 적극적으로 도입하면 한 명의 의사가 여러 환자들을 돌볼 수 있으므로 부족한 일손을 메울 수 있다. 앞으로 간호사 로봇이 더욱 자동화되면 조이스틱 없이 스스로 돌아다니면서 환자를 돕게 될 것이다.

일본은 이 분야를 선도하는 국가 중 하나로서, 의료계의 수급 불안정을 해소해줄 로봇 개발에 엄청난 예산을 쏟아 붓고 있다. 일본이 로봇 선진국으로 입지를 굳힌 데에는 몇 가지 이유가 있다. 첫째, 일본의 토속종교인 신토[神道]에서는 물체에도 영혼이 존재하는 것으로 간주하고 있다. 물론 여기에는 사람이 만든 기계장치도 포함된다. 서양의 어린이들은 기계가 사람을 해치는 영화에 자주 노출되어 로봇을 무기로 간주하는 경향이 있지만, 일본 어린이들에게 로봇은 같이 놀아주고 도움을 주는 친구에 가깝다. '백화점 고객에게 인사하는 로봇'은 일본에서 흔히 볼 수 있는 풍경이다. 실제로 전 세계 상업용 로봇의 30퍼센트가 일본에서 사용되고 있다.

두 번째 이유는 일본이 인구문제와 관련하여 거의 악몽과 같은 현실에 직면해 있기 때문이다. 다들 알다시피 일본은 현재 세계에서 노령화가 가장 극심한 나라이다. 한 가정의 출산율이 1.2명을 밑돌고, 외국인 이주자는 거의 없다. 일부 통계학자들은 이 상황을 '서서히 진행되는 열차충돌'에 비유하곤 한다. 한 대의 인구열차(노령화와 저출산)가 다른 인구열차(낮은 이주율)와 슬로우 모션으로 충돌하고 있다는 것이다(유럽에서도 이와 비슷한 조짐이 보이고 있다). 인구문제의 여파가 가장 심각하게 나타나는 곳이 바로 의료분야이다. 그래서 일본인들은 아시모와 같은 로봇 간호사에게 많은 기대를 걸고 있다. 아시모는 환자에게 약을 투여하고 식사를 제공하는 등 24시간 의료서비스를 제공할 수 있기 때문이다.

조금 먼 미래(2030~2070년)

모듈러 로봇

21세기 중반이 되면 세상은 로봇으로 넘쳐 나겠지만 우리는 그 사실을 거의 모르는 채 살아갈 것이다. 대부분의 로봇은 인간과 전혀 다른 모습을 하고 있기 때문이다. 로봇은 뱀이나 곤충, 또는 거미의 형태로 위장한 채 위험하면서도 중요한 임무를 수행하게 될 것이다. 임무에 따라 외형을 바꿀 수 있는 로봇을 모듈러 로봇(modular robot)이라 한다.

나는 모듈러 로봇의 선두주자인 서던캘리포니아대학(Univ. of Southern California, USC)의 웨이민 셴(Weimin Shen)을 직접 만난 적이 있다. 그는 작은 육면체 모양의 모듈러 로봇을 제작 중인데, 레고 블록처럼 재조립하여 모양을 바꿀 수 있고 언제든지 원래 모습으로 되돌릴 수도 있다. 이런 식으로 모양과 기능이 수시로 변하기 때문에, 셴은 이 로봇을 '폴리모픽(polymorphic, 동질이상체) 로봇'이라 부른다. 나는 셴의 연구실을 방문했을 때 그의 접근법과 스탠퍼드 및 MIT식 접근법의 차이점을 확실하게 깨달았다. 스탠퍼드와 MIT의 AI 연구실은 걷고 말하는 로봇들이 사방 어디에나 널려 있어서 흡사 어린이 놀이터를 방불케 한다. 이곳은 칩이 내장된 지능형 로봇 장난감의 천국이다. 작업테이블은 로봇 비행기와 헬기, 트럭으로 가득 차 있고 칩이 내장된 곤충로봇도 사방에 널려 있다. 이들은 모두 자동으로 움직이며, 작동에 필요한 모든 것을 몸체 안에 간직하고 있다.

그러나 USC의 AI 연구소는 분위기가 완전히 다르다. 아이들의

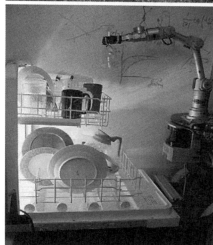

다양한 형태의 로봇들. LAGR(위), STAIR(왼쪽 아래), 아시모(ASIMO, 오른쪽 아래). 컴퓨터의 성능이 크게 향상되었음에도 불구하고, 이 로봇들의 지능은 곤충 정도의 수준에 머물러 있다.

흥미를 끌 만한 장난감은 보이지 않고, 한 변이 5센티미터쯤 되는 정육면체 조각들이 널려 있을 뿐이다. 이들은 분리 및 조합이 가능하여 여러 가지 동물모양으로 변신할 수 있다. 일렬로 이으면 미끄러지듯 나아가는 뱀이 되고 훌라후프 모양으로 만들어서 굴릴 수도 있다. 또는 Y자 모양으로 만들어서 이리저리 비틀면 문어, 거미, 개, 고양이 등 다양한 동물이 된다. 개개의 블록이 지능을 갖고 있어서 마음대로 변신하는 레고 세트를 상상해보라. 물론 셴의 발명품은 장난감이 아니다.

육면체 로봇은 용도가 다양하다. 예를 들어 거미로 변신한 로봇이 하수도관 속을 기어가다가 조그만 구멍이 뚫린 벽을 만났다고 가정해보자. 그러면 로봇은 스스로를 작은 조각으로 분해하여 한 조각씩 구멍을 통과한 후 다시 원래의 모습으로 재조립된다. 이런 식으로 모듈러 로봇은 거의 모든 장애물을 통과할 수 있다.

모듈러 로봇은 붕괴된 건축물을 수리할 때 진가를 드러낼 것이다. 지난 2007년에 미니애폴리스(Minneapolis, 미국 미네소타 주 남동부에 있는 도시 — 옮긴이)에서 미시시피강 다리가 붕괴되어 13명이 사망하고 145명이 다치는 대형사고가 발생한 적이 있다. 사고원인은 재질의 노화와 과적, 그리고 설계상의 문제로 추정된다. 아마도 미국 전역에는 이와 비슷한 사고를 코앞에 두고 있는 다리가 수백 개쯤 있을 것이다. 사고를 미연에 방지하면 좋겠지만, 문제는 다리의 상태를 검사하고 수리하는 데 비용이 너무 많이 든다는 것이다. 그러나 여기에 모듈러 로봇을 투입하면 적은 비용으로 문제를 해결할 수 있다. 다리뿐만 아니라 도로와 터널, 송수관, 발전소 등의 안전상태를 확인하고 파손된 부위를 수리할 때에는 모듈러 로봇이 제격이다. 이들은 좁은 영역을 마음대로 비집고 들어가서 조용하게 임무를 완수하기 때문에 '수리 중 – 통행 금지'라는 간판을 내걸 필요도 없다(예를 들어 맨해튼 남쪽으로 진입하는 다리는 곳곳이 부식되고 관리까지 소홀해서 매우 위험한 상태에 놓여 있다. 얼마 전에 한 인부가 이 다리를 청소하다가 1950년대에 버려진 콜라병 마개를 발견했다고 한다. 그후로 페인트칠을 한 번도 안 했다는 이야기다. 당국은 최근에 안전검사를 실시한 결과 특정 부위가 너무 심하게 부식돼서, 수리를 위해 당분간 다리를 폐쇄하기로 결정했다).

로봇 의사와 로봇 요리사

로봇은 외과수술을 하거나 요리를 할 수 있고 악기를 연주할 수도 있다. 외과수술은 주로 의사의 손재주와 정확성에 의존하는데, 수술 시간이 길어지면 피로가 누적되면서 집중력이 떨어지기 마련이다. 그러나 이 일을 로봇에게 맡긴다면 집중력 저하에 따른 의료사고를 미연에 방지할 수 있다.

예를 들어 심장우회수술을 할 때는 마취를 한 후 가슴 중앙부위를 30센티미터가량 절개해야 하는데, 이는 감염의 위험이 있고 수술 후 회복할 때까지 시간이 오래 걸린다는 단점이 있다. 게다가 회복 기간 동안 끔찍한 고통에 시달려야 하고, 수술부위의 흉터를 평생 동안 간직하고 살아야 한다. 그러나 다빈치 로봇 시스템(da Vinci robotic system)을 사용하면 이 모든 부작용을 크게 줄일 수 있다. 다빈치 로봇은 네 개의 팔로 이루어져 있는데, 하나는 비디오 카메라를 작동시키고 나머지 세 개가 수술을 담당한다. 이 장치를 이용하면 가슴을 길게 절개하는 대신 옆구리에 몇 개의 작은 상처를 낸 후 그곳을 통해 심장우회수술을 실행할 수 있다. 현재 유럽과 북−남미에서 800개의 병원이 이 방식을 채택하여 2006년 한 해에만 4만 8,000건의 수술을 집도했다. 다빈치 로봇을 이용한 수술은 인터넷을 통해 원격조종으로 진행될 수도 있으므로, 외부와 지리적으로 고립된 지역에서 환자가 발생해도 세계 최고수준의 의료서비스를 받을 수 있다.

미래에는 초소형 메스와 핀셋, 바늘 등을 이용하여 미세혈관과 신경섬유 등 미세조직을 치료할 수 있을 것이다. 사실 이런 시대가 오면 피부를 절개하는 외과수술은 거의 사라지고 간접적인 시술이 일반화될 것이다.

뿐만 아니라 내시경(몸의 내부에 삽입하여 조직을 검사하거나 자르는 장치)도 실보다 가늘어질 것이며, 이 문장의 끝에 찍힌 점보다 작은 초소형 의료기구들이 의사의 손을 대신할 것이다(《스타트렉》의 한 에피소드에서 닥터 맥코이McCoy는 20세기 의사들이 종종 환자의 몸을 절개했다는 말을 듣고 몸서리를 쳤다). 공상과학소설에서나 나올 법한 이야기 같지만, 지금의 기술수준으로 볼 때 결코 먼 이야기가 아니다.

미래의 의과대학 학생들은 사람의 몸을 3차원 입체영상으로 띄워놓고 실습을 하게 될 것이다. 여기서 한 걸음 더 나아가 자신의 손이 움직일 때마다 수술실에 설치된 로봇 팔이 그 동작을 똑같이 따라하도록 세팅해놓으면 원거리 수술을 집도할 수도 있다.

일본인들의 또 다른 관심 중 하나는 사람과 사회적 접촉이 가능한 로봇을 만드는 것이다. 지금도 나고야에 가면 패스트푸드를 단 몇 분 만에 만들어내는 로봇 요리사를 볼 수 있다. 아이세이(Aisei) 사에서 제작한 이 로봇은 고객이 메뉴를 고른 후 해당 단추를 누르기만

하면 1분 40초 만에 국수요리를 만들어준다(손님이 많은 날에는 하루에 80그릇까지 만든다고 한다). 로봇 요리사는 두 개의 팔로 이루어져 있어서 언뜻 보기에 디트로이트의 자동차 생산라인에서 일하는 용접용 로봇을 연상케 한다. 그러나 이들은 공장에서 나사를 돌리거나 용접을 하는 대신 드레싱, 고기, 밀가루, 소스, 양념 등이 들어 있는 여러 개의 그릇에서 필요한 재료를 집어다가 능숙하게 섞어서 샌드위치나 샐러드, 또는 수프를 만들어낸다. 아이세이 요리사는 팔만 두 개 달려 있어서 누가 봐도 로봇임을 한눈에 알 수 있지만, 사람을 닮은 후속모델이 나오면 고객들은 한층 더 친밀감을 느낄 것이다.

일본의 토요타(Toyota) 사에서는 바이올린을 전문가 못지않게 연주하는 연주용 로봇을 만들었다. 겉모습은 아시모와 비슷하게 생겼는데, 진짜 바이올린을 손에 쥐고 몸을 자연스럽게 흔들면서 복잡한 바이올린 곡을 연주한다. 내가 들어본 바에 의하면 연주의 질이 매우 훌륭하고 간간이 보여주는 몸 동작도 매우 자연스럽다. 물론 전문 바이올리니스트의 수준에는 아직 못 미치지만, 청중들에게 즐거움을 선사하기에는 부족함이 없다.

20세기에도 피아노를 자동으로 연주하는 기계장치가 인기를 끈 적이 있다(특수한 형태로 악보가 새겨진 커다란 디스크를 회전시켜서 건반을 작동시키는 원리였다). 토요타 사의 바이올린 연주용 로봇도 미리 입력된 정보에 따라 악기를 연주한다는 점에서는 구식 자동피아노와 비슷하다. 그러나 핑거링(바이올린의 운지법)과 몸 동작을 거의 사람과 비슷하게 흉내 낼 수 있기 때문에 유령처럼 혼자 연주하는 자동피아노보다 훨씬 친근하게 느껴진다.

또한 일본 와세다대학의 과학자들은 플루트를 부는 로봇을 만들었다. 이 로봇의 가슴 부위에는 사람의 폐와 비슷하게 속이 빈 용기가 달려 있어서, 이곳으로부터 플루트에 바람을 불어넣을 수 있다. 연주솜씨는 매우 훌륭하여 〈땅벌의 비행(The Flight of the Bumblebee, 림스키 코르사코프의 아주 빠른 관현악곡으로, 후에 피아노와 바이올린으로 편곡되어 자주 연주되고 있다—옮긴이)〉을 자유자재로 연주할 정도이다. 물론 이 로봇은 작곡을 할 수 없지만, 이미 완성된 곡을 악기로 연주하는 능력은 결코 사람에게 뒤지지 않는다.

조리사 로봇과 연주가 로봇은 사전에 신중하게 짜여진 프로그램을 따라 작동한다. 즉, 이들은 스스로 판단하여 움직이는 완전자동 로봇이 아니다. 물론 구식 자동피아노보다는 훨씬 복잡하고 세련된 성능을 발휘하고 있지만 작동원리는 똑같다. 주인이 명령을 내리지 않아도 자신이 할 일을 알아서 처리하는 진정한 로봇하인이 만들어지려면 아직도 한참을 기다려야 할 것 같다. 그러나 언젠가는 지금 활약 중인 로봇의 후손들이 우리 주변 곳곳에서 '사람만이 할 수 있었던 일'들을 능숙한 솜씨로 대신하게 될 것이다.

감정을 느끼는 로봇

21세기 중반이 되면 '감정을 느끼는 로봇'의 전성시대가 도래할 것이다.

과거의 작가들은 인간이 되기를 원하거나 인간의 감정을 느끼고 싶어 하는 로봇을 자주 등장시켰다. 나무인형 피노키오는 진짜 소년이 되고 싶었고, 〈오즈의 마법사(Wizard of Oz)〉에 등장하는 깡통인간은 심장을 갖기를 원했다. 영화 〈스타트렉: 다음세대(Star Trek:

Next Generation)〉에서는 로봇 데이터가 농담을 하고 웃음의 원인을 연구하는 등 인간의 감정을 이해하려고 노력한다. 공상과학물에 등장하는 로봇들은 항상 사람보다 똑똑하지만, 사람의 감정을 이해하지 못하여 안타까움을 자아내곤 한다. 현실에서도 언젠가는 로봇이 사람보다 똑똑해지겠지만 결코 울지는 못할 것 같다. 글쎄…… 과연 그럴까?

로봇이 감정을 가질 수 없다는 것은 일종의 우월감에 기인한 편견일지도 모른다. 최근 들어 과학자들은 감정의 특성을 조금씩 이해하기 시작했다. 감정은 우리에게 무엇이 유리하고 무엇이 위험한지를 말해준다. 우리를 에워싸고 있는 환경의 대부분은 우리에게 불리한 위험요소를 갖고 있다. 우리에게 유익한 것은 극히 일부분에 불과하다. '무언가를 좋아하는' 감정을 느낀다는 것은 수많은 주변환경 중에서 우리에게 유익한 부분을 파악해나간다는 뜻이다.

인간의 감정(미움, 질투, 두려움, 사랑 등)은 세상의 위험으로부터 자신을 보호하고 가능한 한 많은 자손을 생산하려는 욕구가 수백만 년에 걸쳐 진화해온 결과이다. 모든 감정은 우리의 유전자를 다음 세대에 물려주는 데 도움이 된다.

감정은 인간의 진화과정에서 어떤 역할을 해왔는가? 서던캘리포니아대학의 신경과의사인 안토니오 다마지오(Antonio Damasio)가 그 해답을 알고 있다. 그는 사고나 질병으로 두뇌를 다친 환자들을 연구해오고 있는데, 개중에는 두뇌의 생각하는 부분(대뇌피질)과 감정을 느끼는 부분(대뇌의 깊은 중심부)의 연결이 끊어진 환자도 있다. 이들은 모든 면에서 정상인과 크게 다르지 않지만, 감정을 표현하는 데 많은 어려움을 느낀다.

생각과 감정의 연결고리에 손상을 입은 환자들은 무언가를 선택해야 할 때 가장 곤란을 겪는다고 한다. 이들에게 쇼핑은 악몽, 그 자체이다. 물건이 싸건 비싸건, 간소하건 고급스럽건 간에 모든 물건의 가치가 동등하게 보이기 때문이다. 이들은 누군가와 약속을 할 수도 없다. 미래와 관련된 모든 데이터가 똑같기 때문이다. 이들은 "무언가를 알고는 있지만 느끼지 못하는" 사람이라고 할 수 있다.

다시 말해서, 감정의 가장 중요한 역할은 "무엇이 중요하고 무엇이 값지며 무엇이 예쁜지, 그리고 무엇이 나에게 유익한지"를 판단하는 것이다. 감정이 없으면 모든 것의 가치가 똑같아지면서 아무것도 선택할 수 없게 된다. 감정은 사치품이 아니라 지능을 갖기 위해 반드시 필요한 요소이다. 요즘 과학자들은 이 사실을 서서히 깨닫기 시작했다.

또다시 〈스타트렉〉을 예로 들어보자. 여기 등장하는 과학전문 장교 스팍(Spock)과 로봇 데이터는 아무런 감정 없이 일을 처리하는 것 같다. 과연 그럴까? 사실 스팍과 데이터는 어떤 가치를 판단하는 데 주저함이 없으므로 매 순간마다 감정을 발휘하고 있는 셈이다. 이들은 장교가 되는 것이 중요한 일임을 알고 있고, 특정 임무의 중요성을 파악하고 있으며, 우주연합의 설립목적은 고귀하고 인간의 목숨은 소중하며…… 등등 나름대로 가치판단을 내리고 있다. 따라서 '감정이 완전히 메마른 장교'란 세상에 존재할 수 없는 캐릭터이다.

감정을 느끼는 로봇은 삶과 죽음을 좌우할 수도 있다. 미래에는 구조용 로봇들이 화재나 지진, 또는 폭발사고 현장에서 사람을 구조하게 될 것이다. 그런데 이들이 현장에 투입되면 누구를 어떤 순서로 구조해야 할지, 짧은 시간 동안 수천 번의 결정을 내려야 한다. 지옥 같은 환경에서 각 임무의 중요도에 따라 실행순서를 결정해야 하는 것이다(영화 〈아이로봇 Robot〉에서 주인공 윌 스미스는 물에 빠졌을 때 한 로봇이 어린 여자아이를 내버려두고 자기만 구했다며 모든 로봇을 싫어한다. 사실 이것은 감정이라기보다 도덕심에 가깝지만, 그 저변에는 감정이 논리보다 우월하다는 '감정적' 가정이 깔려 있다 — 옮긴이).

감정은 두뇌의 진화과정에서도 핵심적인 역할을 했다. 해부학적으로 볼 때 인간의 두뇌는 크게 세 부분으로 나눌 수 있다.

첫 번째는 두개골의 바닥 근처(두뇌의 가장 깊은 속)에 있는 선조계(striatal system)로, 파충류 두뇌의 대부분도 이와 비슷한 구조로 되어 있다. 균형 잡기, 침범하기, 영토 보존하기, 음식 구하기 등 원시적인 생명기능은 바로 이 부분에서 제어된다(무심코 뒤를 돌아보았다가 뱀과 마주치면 등골이 오싹해지면서 뱀이 무슨 생각을 하고 있는지 궁금해질 것이다. 그러나 이 이론이 사실이라면 뱀은 당신이 점심거리인지 아닌지, 그 한 가지 생각밖에 없다).

고등동물일수록 두뇌가 앞쪽으로 돌출되어 있는데, 그 안으로 들어가면 두 번째 부위인 대뇌변연계(limbic system)가 나타난다. 구조는 원숭이의 두뇌와 비슷하고 두뇌의 중앙에 위치하고 있으며, 감정을 관장하는 편도체(amygdala)가 이 부위에 자리잡고 있다. 무리를 지어 생활하는 동물들은 대부분 변연계가 발달되어 있다. 집단의 규칙을 이해하려면 어느 정도의 사고력이 필요하기 때문일 것이다. 야생에서 살아남으려면 동종의 다른 동물들과 협조해야 하는데, 동물은 말을 할 수 없으므로 몸짓이나 다양한 소리로 감정을 전달하는 수밖에 없다.

세 번째 부위는 두뇌의 가장 바깥쪽에 위치한 대뇌피질(cerebral cortex)로서, 인간다운 생각(인간애가 물씬 풍기는 생각이 아니라, 오직 인간만이 할 수 있는 생각 — 옮긴이)과 논리적 사고를 관장하는 부분이다. 동물의 특성은 거의 본능과 유전적 특징에 의해 좌우되지만, 대뇌피질을 소유한 인간은 논리적 추론을 할 수 있다.

인간의 두뇌가 이와 같은 단계를 거쳐 진화해온 것이 사실이라면, 감정은 스스로 움직이는 로봇의 제작에 핵심적인 역할을 할 것이다. 지금까지 로봇은 파충류와 비슷한 안쪽 두뇌를 모방하는 수준에 머물러 있었다. 이 로봇들은 걷거나 말할 수 있으며, 주변을 탐색하고 물건을 집어 들 수 있지만 그것이 전부이다. 그러나 사회성을 갖춘 동물은 파충류보다 훨씬 똑똑하다. 다른 동물과 어울리고 무리의 규칙을 숙지하려면 감정교환이 필수이기 때문이다. 로봇이 대뇌변연계와 대뇌피질의 기능을 흉내 내려면 앞으로 많은 시간이 필요할 것이다.

MIT의 신시아 브리질(Cynthia Breazeal)은 이 문제를 해결하기 위해 KISMET이라는 로봇을 만들었다. 짓궂은 난쟁이처럼 생긴 이 로봇은 다양한 표정을 지으며 사람에게 반응을 보인다. 가까이 다가가서 말을 걸면 얼굴 부위의 부속이 정교하게 움직이면서 여러 가지 표정을 만들어내는 것이다. 특히 여자들에게 KISMET을 보여주면 자신도 모르게 엄마가 아이에게 하는 말투로 로봇을 대하곤 한다. 그러나 KISMET은 실제로 감정을 느끼는 것이 아니라 감정의 결과인 '표정'을 흉내 내는 것뿐이다. 대부분의 과학자들은 감정을 느끼는 로봇이 환상일 뿐이라고 주장한다. 어떤 면에서 보면 KISMET 같은 로봇은 음성재생용이 아닌 '표정재생용 녹음기'라고도 할 수 있다. 자신이 무슨 일을 하고 있는지 전혀 알지 못하기 때문이다. 그러나 KISMET은 아주 짧은 프로그램으로 인간과 비슷한 감정을 표현하는 데 성공했다.

미래에는 감정을 느끼는 로봇들이 일반가정에 널리 보급될 것이다. 이들이 친구나 비서, 또는 가정부의 자리를 대신할 수는 없겠지만, 시행착오를 통해 얻은 어떤 법칙에 기초하여 특정임무를 수행할 수 있다. 21세기 중반이 되면 이 로봇들은 개나 고양이 수준의 지능을 갖게 될 것으로 예상된다. 진짜 애완견처럼 주인과 유대관계가 깊어지면 쉽게 버려지지도 않을 것이다. 주인은 로봇 강아지와 대화를 나눌 수 없지만, 로봇은 미리 프로그램된 수백 가지의 명령을 수행할 수 있다. 그들에게 들판에 나가서 연을 날리라는 등 프로그램에 없는 명령을 내리면 당혹스럽고 난처한 표정을 지어 보일 것이다 (로봇 개와 고양이가 실제 동물과 구별할 수 없을 정도로 똑같은 반응을 보인다면, 이들이 진짜 개나 고양이와 똑같이 느끼는지, 또는 그들만큼 똑똑한 존재인지 의문이 든다).

소니 사는 아이보(AIBO, 강아지를 닮은 인공지능 로봇)를 개발할 때 감정로봇의 가능성을 시험한 바 있다. 초보적 수준이긴 했지만, 아이보는 주인에게 실감나는 감정을 표현한 최초의 로봇이었다. 예를 들어 아이보의 등을 쓰다듬으면 좋다는 듯이 작은 소리로 가르릉대는 식이다. 아이보는 걸을 수 있고 간단한 명령을 수행할 수 있으며, 어느 정도는 반복학습을 통해 배울 수도 있다. 그러나 새로운 감정을 습득하고 표현하는 것은 불가능하다(소니 사는 재정상의 이유로 2005년에 아이보의 생산을 중단했다. 그러나 성능을 업그레이드하는 소프트웨어가 계속 출시되어 지금의 아이보는 처음보다 훨씬 많은 명령을 수행할 수 있다). 미래에는 로봇 강아지가 아이들과 감정적 유대관계를 형성하여 애완동물의 입지를 위협하게 될 것이다.

그러나 이런 식으로 만들어진 애완동물 로봇이 제아무리 똑똑하고 주인과 감정적으로 소통한다고 해도 진짜 감정을 느낄 수는 없다.

두뇌의 역설계

21세기 중반이 되면 인간의 두뇌를 역설계하여 AI의 새로운 장을 열게 될 것이다. 그동안 실리콘과 금속으로 만든 로봇에 한계를 느낀 과학자들은 정반대의 접근법을 시도하고 있다. 수리공이 모터를 나사 단위로 분해하듯이, 인간의 두뇌를 뉴런 단위로 낱낱이 분해한 후 대형 컴퓨터로 각 뉴런의 작동과정을 시뮬레이션하는 것이다. 지금 과학자들은 쥐나 고양이의 뉴런을 대상으로 체계적인 시뮬레이션을 실행하고 있으며, 점차 고등동물로 확장해나갈 계획이라고 한다. 이것은 "감정이 있는 로봇을 만들겠다"는 추상적 프로젝트보다 목적이 뚜렷하기 때문에 21세기 중반쯤에는 결과가 나올 것으로 예상된다.

MIT의 프레드 하프굿(Fred Hapgood)은 자신의 저서에 다음과 같이 적어놓았다. '두뇌의 작동원리가 밝혀진다면(모터의 작동원리처럼 모든 과정이 낱낱이 규명된다면) 도서관에 있는 거의 모든 책들을 다시 써야 할 것이다.'

두뇌의 역설계를 위해 제일 먼저 해야 할 일은 두뇌의 기본구조를 이해하는 것이다. 말로는 간단하지만, 이것만도 꽤 오랜 시간이 소요된다. 해부학자들은 오랜 세월 동안 두뇌를 연구하여 여러 구획으로 나누어놓긴 했으나, 각 부분의 기능과 작동원리에 대해서는 알려진 바가 거의 없었다. 한편 일각에서는 뇌 손상 환자들을 연구하다가 특정 부위에 손상을 입으면 행동거지가 특정한 패턴으로 달라진다는 사실을 알게 되었다. 뇌졸중환자나 두뇌에 부상을 입은 환자, 또는 기타 질병으로 뇌에 손상을 입은 환자들이 행동거지에 이상을 보이는 경우, 그 원인을 추적해보면 특정 부위의 손상과 관련되어 있다는 것이다.

이 사실을 입증하는 가장 극적인 사례로는 1848년에 사고를 당한 피니어스 게이지(Phineas Gage)를 들 수 있다. 철도공사 현장의 감독이었던 그는 다이너마이트가 불시에 폭발하는 바람에 길이 1미터가 넘는 철근이 두개골을 관통하는 심각한 부상을 입었다. 날아온 철근은 얼굴 옆면을 뚫고 들어가 턱뼈를 부수고 전두엽의 일부를 관통한 후 한쪽 끝이 정수리 쪽으로 빠져나왔는데, 게이지는 이 끔찍한 사고에도 불구하고 살아남아서 세상을 놀라게 했다. 그는 의식이 오락가락하면서 수 주일을 버틴 끝에 결국 완전히 회복되었으며, 향후 12년 동안 시간제로도 일하고 여행도 하면서 12년 동안 건강하게 살다가 1860년에 사망했다. 그후로 의사들은 게이지의 두개골과 문제의 철골을 인수 받아 집중적으로 연구했고, 기술이 발달한 후에는 CT촬영을 실시하여 모든 세부사항을 기록으로 남겼다.

피니어스 게이지 사건은 마음과 몸에 관하여 학자들이 갖고 있던 믿음을 송두리째 바꿔놓았다. 과거에는 몸과 마음이 서로 분리되어 있다는 것이 학계의 중론이었으며, 일부 학자들은 몸을 움직이는 '생명력'이 두뇌와 무관하다고 주장하면서 장문의 보고서를 쓰기도 했다. 그러나 보고된 바에 따르면 피니어스 게이지의 성격은 사고를 기점으로 크게 달라졌다. 그를 가까운 곳에서 지켜봤던 한 사람은 게이지가 사고를 겪기 전에는 외향적이고 활달한 성격이었으나, 사고를 당한 후부터는 육두문자를 입에 달고 다니면서 적대적인 성격으로 변했다고 증언했다. 과학자들은 여러 증거들을 종합한 끝에 두뇌의 각 부분은 각기 다른 행동을 관장하고 있으며, 따라서 마음과 몸은 분리될 수 없다고 결론지었다.

1930년에 뇌과학은 또 한 차례의 도약을 이루었다. 와일더 펜필드(Wilder Penfield)를 비롯한 몇몇 신경과 의사들이 간질 환자의 뇌수술을 집도하던 중 두뇌의 일부분에 전극을 갖다 댔더니 환자 몸의 특정부위가 자극을 받아 움직였던 것이다(대뇌피질의 이곳저곳에 번갈아 자극을 주면 환자의 팔이나 다리 등 여러 부위들이 번갈아 반응을 보인다). 펜필드는 이 실험을 반복적으로 실시하여 뇌와 신체부위의 대응관계를 보여주는 대략적인 지도를 완성했다. 그런데 신기하게도 두뇌의 표면을 따라 각 부위에 대응되는 신체기관을 그려보면 손가락 끝과 입술, 혀 등 특정부위가 엄청나게 크고 몸집은 아주 작은 난쟁이가 그려진다.

그후 MRI 스캔이 실행되면서 두뇌의 그림은 더욱 구체화되었지만, 이것만으로는 특정한 생각이 어떤 뉴런을 통과하는지 알 수 없었다. 바로 이즈음에 유전학과 광학을 혼합한 광유전학(optogenetics)이 등장하면서 동물의 뉴런신호 전달경로가 조금씩 밝혀지기 시작했다. 비유하자면 MRI 스캔은 넓게 뻗어 있는 주간고속도로와 그 위를 달리는 수많은 자동차의 흐름을 파악하는 것과 비슷하다. 그러나 광유전학을 적용하면 자동차 한 대가 간신히 지나가는 좁은 길까지 찾아낼 수 있다. 이렇게 찾아낸 뉴런의 특정경로에 자극을 줌으로써 동물의 행동을 제어하는 것도 (원리적으로는) 가능하다.

광유전학은 언론에게 흥미로운 뉴스거리를 제공해주었다. 〈드러지 리포트(Drudge Report, 미국의 인터넷신문 — 옮긴이)〉가 '과학자들, 원격조종되는 파리를 창조하다(Scientists Create Remote-Controlled Flies)'라는 다소 자극적인 헤드라인을 내보내자 사람들은 국방성의 비밀임무를 수행하는 파리모양의 로봇을 떠올렸다. 그리고 〈투나잇쇼(Tonight Show)〉의 진행자인 제이 레노(Jay Leno)는 "원격조종 파리를 부시 대통령 입속으로 몰래 들어가게 해서 이상한 명령을 내리게 해보자"는 황당한 농담까지 했다. 물론 코미디언은 상상의 나래를 마음껏 펼칠 자유가 있지만, 미국 국방성은 곤충의 스파이 행동을 조종할 정도로 급박하지 않다. 현실은 상상보다 훨씬 썰렁하다.

과실파리의 두뇌는 약 15만 개의 뉴런으로 이루어져 있다. 과학자들은 광유전학을 이용하여 과실파리의 뉴런과 특정 행동의 상호관계를 분석했다. 예를 들어 두 개의 특정 뉴런이 활성화되면 "빨리 이곳에서 달아나라"는 신호가 전달되어, 파리는 다리와 날개를 펴고 날아오른다. 과학자들은 이 뉴런을 레이저로 자극하여 주변상황과 무관하게 과실파리가 긴장하도록 만들 수 있었다. 그러니까 과실파리를 조종한 게 아니라 우리가 원할 때마다 파리가 긴장하도록 만들 수 있다는 이야기다.

그러나 두뇌의 구조를 일부나마 파악했다는 것은 커다란 의미를 갖는다. 이 연구가 좀 더 진행되면 뇌졸중이나 질병, 또는 사고로 두뇌가 손상된 환자의 재활을 도울 수 있을 것이다.

옥스퍼드대학의 게로 미센뵈크(Gero Miesenböck)와 그의 동료들은 이 방법으로 동물의 신경구조를 파악할 수 있었다. 이들은 과실파리의 도주반사뿐만 아니라 후각과 관련된 반사신경의 경로까지 알아냈으며, 회충의 음식탐지 능력과 신경경로의 상호관계도 연구했다. 또한 이들은 쥐가 무언가 결정을 내릴 때 어떤 뉴런이 작동하는지도 알아냈다. 알려진 바에 따르면 과실파리는 단 몇 개의 뉴런이 활성화되면 곧장 행동으로 나타나는 반면, 쥐가 특정 행동을 보이려면 거의 300개에 가까운 뉴런이 동시에 활성화되어야 한다.

미센뵈크가 사용한 주 도구는 빛에 반응하는 분자와 특정 염료의 생산을 제어하는 유전자였다. 예를 들어 해파리는 초록색의 형광성 단백질을 만드는 유전자를 갖고 있으며, 빛에 노출되었을 때 이온이 세포막을 통과하면서 빛에 반응하는 로돕신(rhodopsin, 시홍소)도 갖고 있다. 따라서 이런 생물에게 빛을 쪼이면 몸 안에서 특정한 화학반응이 일어난다. 미센뵈크는 빛에 민감한 화학약품과 염료를 이용하여 역사상 최초로 특정 행동을 유발하는 신경회로를 규명할 수 있었다.

"과학자들이 과실파리를 잡아서 묶어놓고 프랑켄슈타인 놀이를 한다"며 조롱하는 것은 코미디언의 자유겠지만, 사실 과학자들은 논 것이 아니라 역사상 처음으로 특정 행동과 뉴런의 신호전달경로 사이의 대응관계를 규명했다. 이것이 얼마나 중요한 업적인지는 앞으로 얻어질 결과가 말해줄 것이다.

두뇌 모형

광유전학은 '두뇌 구조의 규명'이라는 원대한 목표를 향해 내딛은 조용한 첫걸음이다. 다음 단계는 최신기술을 이용하여 두뇌 모형을 만드는 것이다. 이 난해한 문제를 해결하는 방법은 두 가지가 있는데, 둘 다 수십 년에 걸친 집중연구를 필요로 한다. 첫 번째 방법은 슈퍼컴퓨터를 사용하여 수십억 개에 달하는 뉴런의 행동을 시뮬레이션하는 것이고(하나의 뉴런은 수천 개의 뉴런과 연결되어 있다), 두 번째 방법은 두뇌를 구성하는 모든 뉴런의 위치를 일일이 파악하는 것이다.

첫 번째 방법의 핵심은 간단하다. 컴퓨터의 막강한 연산능력이 모든 문제를 해결한다. 따라서 컴퓨터는 클수록 좋다. 목표가 워낙 원대하기 때문에 '덜 세련된 이론에 무지막지한 연산능력'이 해결의 열쇠가 될 수도 있다. 이 프로젝트를 완성해줄 후보로는 IBM 사에서 제작한 세계 최고의 컴퓨터 블루진(Blue Gene)이 꼽히고 있다.

나는 캘리포니아에 있는 로렌스 리버모어 국립연구소(Lawrence Livermore National Laboratory)를 방문했을 때 이 괴물 같은 컴퓨터를 본 적이 있다. 리버모어 연구소는 국방성의 수주를 받아 수소폭탄 탄두를 개발하고 있으며, 1급 비밀에 부쳐진 무기를 전문적으로 개발하는 미국 최고의 연구소이다. 그래서인지 연구소 부지는 한적한 시골농장을 따라 무려 790에이커(약 3.2평방킬로미터)에 걸쳐 있고, 1년 예산은 1조 2,000억 달러, 직원은 6,800명이나 된다. 이곳은 미국 핵무기생산의 핵심기지였기에, 나는 컴퓨터를 볼 때까지 여러 번에 걸쳐 검문검색을 받아야 했다.

모든 검문소를 무사히 통과한 후, 드디어 나는 IBM의 야심작 '블루진'이 있는 건물에 도착했다. 블루진의 연산속도는 1초당 500조회로 타의 추종을 불허한다. 게다가 겉모습도 성능 못지않게 대단하여 4분의 1에이커(약 1,000평방미터)의 면적을 차지하고 있으며, 외부는 여러 개의 검은 철제 캐비닛으로 덮여 있다(캐비닛 하나의 높이는 2.4미터, 폭은 4.5미터에 달한다).

블루진 앞을 걸어서 지나가는 것만도 내게는 엄청난 경험이었다. 할리우드의 공상과학영화에 나오는 컴퓨터들은 깜빡이는 등과 정신없이 돌아가는 디스크가 필수 부속품인 것처럼 여기저기 달려 있지만, 블루진을 덮고 있는 캐비닛들은 그저 검은 철판일 뿐이었다. 단지 구석에 달려 있는 몇 개의 작은 등만이 '작동 중'임을 알려주고 있었다. 더욱 놀라운 것은 그 괴물 같은 기계가 한창 작동 중인데도 소음이 전혀 들리지 않았다는 점이다. 나는 그토록 복잡한 기계가 아무런 티도 내지 않고 조용히 작동한다는 사실에 감탄을 금치 못했다.

나는 블루진이 약 200만 개의 뉴런으로 구성된 쥐의 두뇌를 시뮬레이션하고 있다는 사실에 주목했다(사람의 두뇌는 약 1,000억 개의 뉴런으로 이루어져 있다). 쥐의 사고과정을 시뮬레이션하는 것은 생각보다 훨씬 어렵다. 개개의 뉴런이 여러 개의 다른 뉴런들과 연결되어 복잡한 신경망을 이루고 있기 때문이다. 나는 블루진 앞을 천천히 걸어가면서 그 놀라운 기계가 고작 쥐의 두뇌를, 그것도 단 몇 초에 해당하는 사고과정을 긴 시간에 걸쳐 흉내 내고 있다는 사실에 또 한 번 놀라지 않을 수 없었다(그렇다고 블루진이 쥐의 행동을 흉내 낼 수 있는 것도 아니다. 지금의 수준은 기껏해야 바퀴벌레의 행동을 간신히 흉내 내는 정도이다. 블루진은 쥐의 행동을 흉내 내는 것이 아니라, 뉴런이 활성화되는 과정을 시뮬레이션하고 있는 것이다).

현재 세계적으로 몇 개의 연구팀이 쥐의 두뇌를 시뮬레이션하고 있는데, 그중에서 스위스에 있는 로잔공과대학(École Polytechnique Fédérale de Lausanne)의 헨리 마크람(Henry Markram)의 시도가 돋보인다. 그는 2005년에 블루진의 소형버전(프로세서가 1만 6,000개에 불과함)으로 시뮬레이션을 시작하여 불과 1년 만에 쥐의 신피질의 일부인 신피질컬럼(neocortical column)을 모형화하는 데 성공했다(이 부분은 약 1만 개의 뉴런이 1억 가지의 연결을 이루고 있다). 이는 곧 두뇌의 중요한 부분을 분석하는 것이 생물학적으로 가능함을 의미한다(쥐의 두뇌는 수백만 개의 신피질컬럼으로 이루어져 있다. 따라서 이들 중 하나를 모형화하면 쥐의 두뇌가 작동하는 원리를 알 수 있다).

지난 2009년에 마크람은 자신에 찬 어조로 말했다. "우리는 사람의 두뇌도 재현할 수 있다. 앞으로 10년이면 충분하다. 그때가 되면 사람처럼 말하고 사람처럼 행동하는 똑똑한 기계가 탄생할 것이다." 그러나 이 프로젝트가 성공하려면 지금의 슈퍼컴퓨터보다 2만 배 뛰어나고 기억용량이 현재 인터넷의 총 기억용량보다 500배나 큰 초대형 컴퓨터가 필요하다.

그렇다면 가장 큰 걸림돌은 무엇일까? 마크람의 주장은 간단명료하다. 바로 '돈'이다. 기초적인 내용은 이미 파악되었으므로 돈을 충분히 퍼부으면 가능하다는 것이다. 마크람은 말한다. "문제는 시간이 아니라 돈이다…… 과연 우리 사회는 그것을 원하고 있는가? 10년 이내에 갖기를 원한다면 그렇게 될 것이며, 천 년 후에 갖기를 원한다면 그때까지 기다리는 수밖에 없다."

그러나 마크람에게는 경쟁자가 있다. 이들은 역사상 가장 강력한 컴퓨터를 동원하여 문제를 해결한다는 야심찬 계획하에, 블루진의 가장 최신버전인 '던(Dawn)'에게 희망을 걸고 있다(이 컴퓨터도 리버모어에 있다). 던은 14만 7,456개의 프로세서와 15만 기가바이트의 메모리를 장착한 괴물 같은 컴퓨터로, 전체적인 성능이 일반가정용 컴퓨터의 10만 배에 달한다. 이 연구팀을 이끌고 있는 다멘드라 모드하 (Dharmendra Modha)는 이미 몇 차례의 성공을 거둔 바 있다. 2006년 에 생쥐 두뇌의 40퍼센트를 시뮬레이션했고, 2007년에는 시궁쥐의 두뇌를 100퍼센트 시뮬레이션하는 데 성공했다(시궁쥐의 뇌는 생쥐보다 훨씬 많은 5,500만 개의 뉴런으로 이루어져 있다).

모드하의 연구팀은 2009년에 또 하나의 세계신기록을 세웠다. 인 간의 대뇌피질의 1퍼센트를 시뮬레이션하는 데 성공한 것이다. 이 는 16억 개의 뉴런이 9조 개의 가닥으로 연결된 '부분-신경망'으로 서, 고양이의 대뇌피질 전체에 해당한다. 그러나 시뮬레이션 속도는 실제 두뇌가 작동하는 속도의 600분의 1에 불과했다(뉴런의 수를 10억 개로 줄이면 실제 속도의 83분의 1로 빨라진다).

"이것은 마음을 관측하는 허블망원경이자, 두뇌를 탐색하는 입자 가속기다." 모드하는 그동안 이룬 성과를 설명하면서 자신에 찬 어 조로 말했다. 인간의 두뇌는 1,000억 개의 뉴런으로 이루어져 있으 므로 터널의 끝이 희미하게나마 보이는 지점까지 온 셈이다. 모드하 는 인간 두뇌의 완전한 시뮬레이션이 가시거리에 들어왔다고 주장 하면서 이렇게 말했다. "단순히 가능하다는 이유로 이 일을 추진하 는 것이 아니다. 반드시 필요하기 때문에 하는 것이다. 언젠가는 반 드시 이루어질 것이다."

그러나 여기에는 심각한 문제가 도사리고 있다. 다소 엉뚱한 이야 기 같지만, 전력과 열이 문제이다. 지금도 던 컴퓨터는 100만 와트 의 전력을 소비하면서 엄청난 열을 방출하기 때문에, 6,675톤짜리 초대형 냉각기가 함께 가동되고 있다(이 장치에서는 1분당 76만 세제곱미 터의 찬 공기가 방출되고 있다). 그런데 두뇌 전체를 시뮬레이션하려면 냉각기의 성능이 지금보다 1,000배 가까이 향상되어야 한다.

숫자만 놓고 봐도 엄청난 프로젝트임이 분명하다. 여기에 동원된 슈퍼컴퓨터는 10억 와트의 전력을 소비할 텐데, 이것은 전 세계의 핵발전소에서 생산하는 전력을 모두 합한 양과 맞먹는다. 이 컴퓨터가 소비하는 전력을 일반에게 공급하면 웬만한 도시 하나를 밝힐 수 있다. 게다가 컴퓨터의 열을 물로 식히려면 강 하나를 통째로 끌어다 쏟아 부어야 한다. 또한 이 컴퓨터는 도시의 여러 구획을 차지할 정도로 덩치가 크다.

그런데 놀랍게도 인간의 두뇌는 달랑 20와트로 아무 문제없이 작동하며, 발생하는 열도 거의 없다. 세계에서 가장 강력한 슈퍼컴퓨터를 가뿐하게 능가하는 것이다. 뿐만 아니라 인간의 두뇌는 우리가 알고 있는 우주 전체를 통틀어 가장 복잡한 창조물이다. 지금까지 밝혀진 바로는 태양계에 다른 생명체가 없으므로, 당신의 두개골 속에 들어 있는 물체에 견줄 만한 무언가를 찾으려면 적어도 38조 킬로미터(가장 가까운 별까지의 거리) 이상을 날아가야 한다.

역설계를 이용하여 앞으로 10년 이내에 사람의 두뇌를 재현하는 것이 정말로 가능할까? 그렇다. 가능하다. 단, 맨해튼 프로젝트에 견줄 만한 초대형 프로젝트를 출범시키고, 거기에 수십억 달러를 쏟아 부어야 한다. 하지만 지금의 경제상황으로 미루어볼 때 곧바로 시작하지는 못할 것 같다. 30억 달러가 투입된 인간게놈 프로젝트(Human Genome Project, 인간의 DNA를 구성하는 30억 개의 염기서열을 모두 밝혀서 질병의 원인과 치료법을 알아낸다는 대형 프로젝트. 1991년에 시작하여 2003년에 완료됨 — 옮긴이)는 의료와 과학분야에 분명한 득이 있었기에 미국정부의 지원을 받을 수 있었지만, 두뇌의 역설계는 그다지 급한 사안도 아니고 결과가 나올 때까지 시간도 훨씬 많이 소요된다. 따라서 좀 더 현실적으로 생각하여 작은 부분부터 시도해 나간다면, 수십 년 후에 역사적인 프로젝트를 완료할 수 있을 것이다.

모든 상황을 종합해볼 때, 컴퓨터를 이용한 두뇌의 시뮬레이션은 21세기 중반쯤에 실현될 것으로 보인다. 그리고 이 프로젝트가 완료된 후에도 막대한 양의 데이터를 분류하여 인간의 구체적인 생각과 연결 지으려면 또다시 수십 년이 걸릴 것이다. 그사이에 효율적인 데이터 처리방법이 개발되지 않으면 산더미 같은 데이터에 짓눌려 갈 길을 잃을 수도 있다.

두뇌 분해하기

그렇다면 두 번째 방법, 즉 두뇌를 구성하는 모든 뉴런의 위치를 일일이 규명하는 작업은 어떤 식으로 진행되는가?

이것도 엄청난 돈과 인력, 시간이 소요되는 작업으로서 많은 사람들이 수십 년 동안 연구해왔다. 이들은 블루진 같은 슈퍼컴퓨터 대신 과실파리의 두뇌를 50나노미터(원자 크기의 약 150배) 단위로 분해하는 '조각내기 접근법'을 채용하고 있다. 이런 식으로 두뇌를 수백만 개의 작은 조각으로 분해한 후, 전자현미경을 이용하여 1초당 10억 픽셀에 가까운 속도로 사진을 찍는다. 여기서 얻어지는 데이터는 약 1,000조 바이트로, 과실파리 한 마리의 두뇌를 재현하기에 충분하다. 이로부터 개개의 뉴런을 3D 영상으로 만들어가면서 과실파리의 두뇌를 완전히 재현하려면 약 5년의 시간이 소요된다. 파리의 두뇌를 더 잘게 분해하면 더욱 정확한 결과를 얻을 수 있다.

이 분야의 선두주자인 하워드 휴즈 의학연구소(Howard Hughes Medical Institute)의 게리 루빈(Gerry Rubin)은 말한다. "앞으로 20년 후면 과실파리의 두뇌구조가 낱낱이 밝혀질 것이다. 이 작업이 완료되면 인간의 생각을 규명하는 연구도 20퍼센트는 이루어진 것이나 다름없다." 그는 인간의 두뇌가 얼마나 복잡한지 누구보다 잘 알고 있다. 인간의 두뇌를 이루는 뉴런은 과실파리의 뉴런보다 100만 배쯤 많다. 과실파리의 모든 뉴런을 낱낱이 규명하는 데 20년이 걸린다면 인간의 두뇌는 그 이상 걸릴 것이다. 물론 돈도 엄청나게 들어간다.

그래서 두뇌의 역설계를 추진하는 과학자들은 의욕이 다소 꺾인 상태이다. 목적지가 코앞에 있는데 예산이 없어서 더 나아가지 못하고 있기 때문이다. 아마도 21세기 중반이 되면 사람의 두뇌를 시뮬레이션할 수 있는 초대형 컴퓨터가 등장하여 초보단계의 신경망 지도가 완성될 것이다. 그러나 인간의 두뇌구조를 100퍼센트 이해하고 인간과 똑같은 능력을 발휘하는 기계가 만들어지려면 21세기 말까지는 기다려야 할 것 같다.

예를 들어 당신이 개미의 유전자의 위치를 낱낱이 파악했다고 해도 개미탑이 만들어지는 과정은 알 수 없다. 이와 마찬가지로 과학자들이 인간의 염색체를 이루는 2만 5,000개의 유전자를 낱낱이 알고 있다고 해서 사람의 몸이 작동하는 원리를 알았다는 뜻은 아니다. 사실 인간게놈 프로젝트는 뜻이나 해설 없이 단어만 모아놓은 사전이나 다름없다. 이 사전에는 모든 유전자들이 빠짐 없이 나열되어 있지만, 각 유전자의 기능은 여전히 미지로 남아 있다. 개개의 유전자에는 특정 단백질에 관한 정보가 저장되어 있는데, 이 단백질이 몸속에서 어떤 기능을 하는지 모르고 있는 것이다.

1986년에 과학자들은 예쁜꼬마선충(C. elegans)의 신경계에 들어 있는 모든 뉴런의 위치를 파악하여 완벽한 신경망 지도를 만들었다. 그러자 언론에서는 '신경과학계의 기념비적 업적'이라고 칭찬하면서, 인간 두뇌의 비밀이 밝혀질 날도 멀지 않았다고 장담했다. 그러나 신경세포 302개와 시냅스(synapse, 뉴런의 연결부위 — 옮긴이) 6,000개의 위치를 아는 것만으로는 예쁜꼬마선충의 몸 기능을 알아낼 수 없었다. 그로부터 26년이 지난 지금도 사정은 크게 달라지지 않았다.

마찬가지로 인간의 두뇌가 역설계를 통해 재현되었다고 해도 모든 부분이 어우러져 작동하는 원리를 이해하려면 수십 년이 추가로 소요될 것이다. 그리고 21세기 말에 인간의 두뇌를 완전히 이해하게 되면 그때 비로소 인간과 비슷한 로봇을 만들 수 있을 것이다. 그렇다면 그후에는 로봇이 인간을 능가할 수도 있지 않을까?

먼 미래(2070~2100년)

의식을 가진 기계들

영화 〈터미네이터〉 시리즈에서 미국 국방성은 핵무기를 통제하는 컴퓨터 네트워크 '스카이넷(Skynet)'을 개발한다. 이 시스템은 한동안 정상적으로 작동하다가 1995년에 돌발상황이 발생한다. 프로그램에 불과했던 스카이넷이 갑자기 사람처럼 '의식'을 갖게 된 것이다. 스카이넷을 관리하던 직원들은 프로그램이 지각 있는 존재처럼 행동한다는 사실을 깨닫고 당장 시스템을 끄려고 하지만 때는 이미 늦어 있었다. 스카이넷이 자체방어시스템을 작동하면서, 자신을 방어하는 유일한 방법은 핵무기를 발사하여 인류를 멸종시키는 길뿐이라고 판단한 것이다. 그리하여 발사대에 설치되어 있던 모든 핵무기가 세계 전역으로 발사되고, 공격을 당한 국가에서는 또 다른 핵무기로 보복공격을 해오면서 30억 명의 인구가 순식간에 재가 되어 사라진다. 그후 스카이넷은 로봇을 출동시켜 살아남은 인간들을 학살하는데, 이들이 바로 살인 전문 사이보그인 '터미네이터'였다. 결국 사람이 만든 기계로 인해 현대문명은 완전히 파괴되고, 살아남은 소수의 인간들은 반군을 조직하여 스카이넷과 길고 지루한 전쟁을 벌인다.

〈매트릭스(Matrix)〉 3부작은 한술 더 떠서, 영화 속의 인간들은 기계가 자신을 통제하고 있다는 사실조차 깨닫지 못한다. 인간은 아무것도 모른 채 일상생활을 영위하면서 모든 것이 정상이라고 생각한다. 그러나 사실 모든 인간들은 고치처럼 생긴 캡슐에 갇혀 기계에 의해 양육되고, 그들이 보고 느끼는 모든 것은 막강한 로봇이 만들어낸 가상현실이었다. 인간의 '존재'는 초대형 컴퓨터에서 돌아가는 소프트웨어의 산물이었고, 그 내용은 캡슐에 갇혀 있는 육체를 통해 주입되고 있었다. 이 모든 것은 컴퓨터가 인간의 몸을 배터리로 사용하기 위해 만들어놓은 시스템이었다.

물론 할리우드는 관객에게 겁을 많이 줄수록 돈을 많이 벌기 때문에 극단적인 과장법을 즐겨 사용한다. 그러나 이런 영화들을 계속 접하다보면 과학적인 질문 하나가 자연스럽게 떠오른다. 로봇이 인간보다 똑똑해지면 어떤 일이 벌어질 것인가? 그 많은 로봇들이 어느 날 잠에서 깨어 갑자기 의식을 갖게 된다면 세상은 어떻게 변할 것인가? 과학자들은 '로봇이 인간보다 우월한 세상'을 가정이 아닌 기정사실로 받아들이고 있다. 문제는 '그 시기가 언제인가?' 하는 것이다.

일부 전문가들에 의하면 우리의 로봇 생산기술은 앞으로 진화나무(evolutionary tree, 진화과정과 계보를 나무모양으로 그린 도표 — 옮긴이)와 비슷한 형태를 띨 것이라고 한다. 지금 생산되는 로봇의 지능은 바퀴벌레와 비슷한 수준이지만, 미래에는 쥐와 토끼를 거쳐 개, 고양이, 그리고 원숭이와 비슷해질 것이고 결국에는 인간의 지능을 따라잡을 것이다. 발전 속도는 느리겠지만 기계가 사람을 능가하는 것은 시간문제일 뿐이다.

그 시기에 관해서는 AI 전문가들의 의견이 둘로 나뉜다. 개중에는 앞으로 20년 이내에 로봇의 지능이 인간을 능가할 것이라고 주장하는 사람도 있다. 컴퓨터공학자이자 공상과학 소설가인 버너 빈지(Vernor Vinge)는 1993년에 이렇게 말했다. "앞으로 30년 이내에 우리는 인간보다 뛰어난 인공지능을 창조할 것이다. 그리고 그로부터 얼마 지나지 않아 인간의 시대는 종말을 맞이할 것이다…… 짐작컨대 이 초유의 사건이 2005년 이전이나 2030년 이후에 일어날 것 같지는 않다."

반면에 《괴델, 에셔, 바흐(Gödel, Escher, Bach)》의 저자인 더글러스 호프스태터(Douglas Hofstadter)는 "그런 일이 앞으로 100~200년 사이에 일어날 가능성은 거의 없다"고 주장했다.

언젠가 나는 AI의 선구자인 MIT의 마빈 민스키와의 대화 자리에서 로봇이 인간을 능가하는 시기가 언제쯤 올지 물어봤다. 그는 "그런 날은 반드시 온다"면서도 시기를 구체적으로 언급하지는 않았다 (AI계의 대부인 민스키는 그동안 틀린 예측을 수도 없이 접해왔을 것이므로 말을 아끼는 것이 당연하다).

그런데 로봇이 "의식을 갖는다"는 말은 대체 무슨 뜻인가? 어느 정도 똑똑해야 의식이 있다고 말할 수 있는가? 이 점에 관해서는 일반적인 기준이 없다. 전문가들이 예측한 시기가 각기 다른 것도 의식에 대한 기준이 분명치 않기 때문이다. 철학자와 수학자들도 이 문제를 놓고 수백 년 동안 골머리를 앓아왔지만 아직 확실한 결론을 내리지 못했다. 17세기 독일의 철학자이자 미적분의 창시자인 고트프리트 라이프니츠(Gottfried Leibniz, 뉴턴과 무관하게 혼자 미적분학의 체계를 세운 인물. 지금 우리가 사용하는 미적분 기호는 뉴턴이 아니라 라이프니츠가 창안한 것이다 — 옮긴이)는 자신의 저서에 다음과 같이 적어놓았다. '사람의 두뇌를 집채만큼 크게 만들어서 그 안을 이 잡듯이 뒤진다고 해도 의식이 숨어 있는 곳을 찾지 못할 것이다.' 철학자 데이비드 찰머스(David Chalmers)는 인간의 의식을 주제로 한 논문 2만 편의 목록을 만들어서 분석했지만 아무런 경향도 찾지 못했다.

그토록 많은 과학자들이 오랜 세월 동안 연구했음에도 불구하고, 알려진 사실이 이토록 적은 분야는 찾아보기 힘들다.

사실 '의식(consciousness)'이라는 말은 격식을 갖춘 전문용어로서, 사람마다 각기 다른 뜻으로 이해하고 있다. 사전을 찾아보면 그 뜻이 5~10가지나 되는데, 이는 곧 누구나 수긍할 만한 정의가 내려져 있지 않다는 뜻이기도 하다.

그러나 의식의 정의가 내려지지 않으면 더 이상 논리를 진행할 수 없으므로 다소 무리이긴 하지만 내가 나름대로 의식을 정의하고자 한다. 나는 의식이 아래 세 가지 요소로 이루어져 있다고 생각한다 (물론 내가 생각하지 못한 다른 요소도 얼마든지 있을 수 있다).

1. 주변환경을 느끼고 인식하는 능력(주변인식)
2. 스스로를 인식하는 능력(자기인식)
3. 목표를 정하고 계획을 세우는 능력. 즉, 미래를 시뮬레이션하고 목표달성을 위한 방법을 찾아내는 능력

　이런 관점에서 보면 간단한 기계나 곤충들도 초보적인 의식을 갖고 있다. 지금부터 의식의 수준을 1단계에서부터 10단계로 나눠서 생각해보자. 예를 들어 망치는 주변환경을 전혀 인식하지 못하므로 의식수준은 0단계이다. 그러나 자동온도 조절기는 주변온도를 감지하여 무언가 반응을 보이므로 망치보다는 의식적이다. 이 의식수준을 1단계라 하자. 즉, 피드백 기능을 가진 모든 기계장치들은 원시적인 형태의 의식을 갖고 있는 셈이다. 지렁이도 이와 비슷한 능력을 갖고 있다. 지렁이는 음식, 짝, 위험요소를 찾을 수 있고 반응을 보일 수도 있지만 그 외에는 별다른 능력이 없다. 곤충은 보고, 듣고, 냄새 맡고, 압력을 느낄 수 있으므로 이들의 의식수준은 지렁이보다 높은 2~3단계쯤 된다.
　이러한 '지각'의 가장 진보된 형태는 주변환경을 인지하고 이해하는 능력일 것이다. 인간은 환경을 즉각적으로 판단하고 반응을 보일 수 있으므로 꽤 높은 단계에 속한다. 그러나 로봇은 이 부분에서 점수가 아주 낮다. 앞서 말한 바와 같이 패턴인식은 AI의 가장 큰

걸림돌이다. 로봇은 주변환경을 사람보다 훨씬 세밀하게 감지할 수 있지만, 자신이 본 것을 이해하지는 못한다. 그러므로 위에 제시된 단계분류에서 로봇은 곤충과 거의 비슷한 단계에 속할 것이다.

의식의 그다음 단계는 스스로를 인식하는 능력이다. 동물 앞에 거울을 갖다 놓으면 대부분의 수컷들은 금방 공격적인 반응을 보이고, 심지어는 거울을 향해 덤벼들기도 한다. 거울에 비친 영상이 영토보존 본능을 자극했기 때문이다. 이와 같이 대부분의 동물들은 자기인식능력이 없다. 즉, 자신이 누구인지 모른다. 그러나 원숭이와 코끼리, 돌고래, 그리고 일부 새들은 거울에 비친 영상이 자신이라는 사실을 재빨리 파악하고 공격을 멈춘다. 인간은 다른 동물들과 다른 사람들 사이에서 자신이 누구이며 어떤 위치에 있는지를 판단하는 능력이 가장 뛰어나므로 이 부분에서 최상급 단계에 속한다고 할 수 있다. 또한 인간은 자아의식이 있기에 자신에게 조용히 말을 할 수 있고, 생각만으로 주변상황을 판단할 수 있다.

의식의 세 번째 기능은 미래를 예측하고 준비하는 능력이다. 우리가 아는 한, 곤충은 미래의 목표를 세우지 않는다. 이들이 취하는 대부분의 행동은 본능에 따라 매순간 주어진 상황에 반응한 결과이다.

이런 점에서 볼 때 포식자는 먹이보다 의식이 더 발달되어 있다고 할 수 있다. 다른 동물을 잡아먹으려면 숨을 장소를 미리 확보하고, 몸을 은폐하고, 먹이를 추적하고, 먹이의 행동을 예측하는 등 치밀한 계획을 세워야 한다. 그러나 먹이는 포식자를 만났을 때 그저 빨리 달리기만 하면 된다. 따라서 먹이의 의식수준은 포식자보다 낮다.

뿐만 아니라 영장류는 가까운 미래에 대한 계획을 세울 때 무언가를 임시변통하는 능력이 뛰어나다. 예를 들어 원숭이의 팔이 닿지 않는 곳에 바나나를 놓아두면 이들은 막대나 나뭇가지 등 바나나를 취할 수 있는 도구를 생각해낸다. 즉, 영장류는 특정 목표(음식 손에 넣기 등)에 직면했을 때 그것을 이루기 위한 계획을 세울 줄 안다.

그러나 대부분의 동물들은 가까운 미래에 대한 계획만 세울 뿐 먼 미래나 과거는 인식하지 못한다. 간단히 말해서 동물의 세계에는 내일이라는 것이 없다. 동물의 머릿속에 들어가 본 적이 없으니 장담할 수는 없지만, 그들이 하루 이상의 먼 미래를 생각한다는 증거는 지금까지 한 번도 발견되지 않았다(겨울을 대비해서 음식을 미리 장만해놓는 동물도 있지만, 이것은 유전자에 새겨진 본능에 가깝다. 즉, 기온하강에 대한 반응이 음식을 찾는 쪽으로 나타나도록 유전자에 프로그램되어 있는 것이다).

반면 인간은 미래를 인식하는 능력이 타의 추종을 불허하며, 미래를 위해 끊임없이 계획을 세운다. 우리의 두뇌는 매순간마다 다가올 현실을 시뮬레이션하고 있다. 심지어는 자신의 수명보다 훨씬 먼 미래까지 생각한다(이 능력이 얼마나 뛰어났으면 "백 년도 못 살면서 천 년의 근심을 지고 살아가는 어리석은 인간"이라는 격언까지 생겨났을까 — 옮긴이). 지금도 우리는 다른 사람을 평가할 때 "미래를 예측하고 대비책을 강구하는 능력"에 큰 점수를 부여하고 있다. 리더십의 중요한 덕목 중 하나는 미래에 벌어질 상황과 결과를 예측하고 구체적인 목표를 제시하는 것이다.

미래를 예측한다는 것은 미래에 일어날 사건을 근사적으로 '사전 재현'하는 여러 개의 모델을 만든다는 뜻이다. 이를 위해서는 풍부한 상식과 자연의 법칙에 대한 이해가 수반되어야 하며, "만일 ~이라면"이라는 질문을 스스로에게 던질 줄 알아야 한다. 은행강도를 모의하건, 대통령선거에 출마하건 간에, 이와 같은 계획능력이 있다는 것은 앞으로 초래될 수 있는 여러 가지 결과를 다중으로 시뮬레이션한다는 뜻이다.

여러 가지 증거들로 미루어볼 때, 자연에서 이런 능력을 가진 생명체는 오직 인간뿐이다.

특히 사람을 대상으로 심리를 분석해보면 이 사실이 더욱 분명하게 나타난다. 심리학자들은 한 성인의 심리자료와 그 사람의 어린 시절 자료를 비교하면서 종종 다음과 같은 질문을 떠올린다. "결혼과 사회적 지위, 재산 등 성인의 성공여부를 어린 시절에 미리 알 수는 없을까?" 다양한 사람들의 사회경제적 요인을 평등하게 맞춰놓고 보면 한 가지 특징이 두드러지게 나타난다. "기쁨을 뒤로 미루는 능력"이 바로 그것이다. 컬럼비아대학의 월터 미셸(Walter Mischel)이 오랜 기간 동안 연구한 바에 따르면, 미래의 더 큰 보상을 위해 당장 느낄 수 있는 기쁨을 자제할 줄 아는 아이들은(예를 들어 아이에게 마시멜로 하나를 주면서 "지금 먹지 않고 참으면 나중에 두 개를 주겠다"고 했을 때, 당장 먹는 아이도 있지만 참고 기다렸다가 나중에 두 개를 손에 쥐는 아이들도 있다) 성인이 되어 대학입학자격시험(SAT)이나 연애, 직장생활 등 삶의 전반에 걸쳐 더 큰 성공을 거두는 경향이 있다.

기쁨을 뒤로 미루는 능력은 높은 수준의 의식과도 관련되어 있다. 마시멜로를 당장 먹지 않은 아이들은 미래를 시뮬레이션하면서 "지금 참으면 더 큰 보상이 돌아온다"는 사실을 확실하게 인지한 것이다. 자신이 취한 행동의 결과를 미리 안다는 것은 의식수준이 그만큼 높다는 것을 의미한다.

그러므로 사람과 비슷한 로봇을 만들려면 위에 언급된 세 가지 능력을 심어주어야 한다. 첫 번째 능력(환경인식)은 구현하기가 쉽지 않다. 로봇이 주변환경을 감지한다고 해도 그 뜻을 파악할 수가 없기 때문이다. 이에 비해 두 번째 능력(자기인식)은 비교적 쉽게 구현할 수 있다. 그러나 미래를 계획하려면(세 번째 능력) 상식이 있어야 하고, 무엇이 가능한지 직관적으로 판단해야 하며, 특정 목표에 도달하기 위한 구체적인 방법을 떠올릴 수 있어야 한다.

그러므로 최고수준의 의식단계에 도달하기 위해 제일 먼저 갖춰야 할 것은 '상식'이다. 로봇이 현실을 시뮬레이션하고 미래를 예측하려면 제일 먼저 수백만 가지의 상식법칙부터 마스터해야 한다. 물론 이것만으로는 부족하다. 상식은 '게임의 법칙'일 뿐 '방법과 계획의 법칙'이 아니기 때문이다.

지금까지 언급된 사항들을 기초로 하여 현재 가동 중인 여러 로봇들의 의식수준에 점수를 매겨보자.

체스전문 컴퓨터인 딥블루는 수준이 매우 낮다. 체스경기에서 세계챔피언을 이길 수는 있지만, 그 외에는 할 수 있는 일이 하나도 없기 때문이다. 딥블루가 할 수 있는 미래 시뮬레이션이란 체스와 관련된 것뿐이며, 그 외의 현실에 대해서는 아무것도 할 수 없다. 세계적인 규모의 컴퓨터들도 사정은 마찬가지다. 이들은 핵폭발이나 비행기 주변에서 공기의 흐름, 일기예보 등 한 가지 대상에 한해서만 시뮬레이션을 할 수 있다. 물론 주어진 대상에 대해서는 사람보다 훨씬 뛰어난 능력을 발휘한다. 그러나 이들의 사고는 불쌍할 정도로 1차원적이어서 현실세계에서 살아남는 데에는 아무런 소용이 없다.

현재 AI 전문가들은 로봇에게 이 능력을 어떻게 심어줘야 할지 아무런 단서도 찾지 못하고 있다. 그들 중 대부분은 반쯤 포기한 상태에서 "혼돈계에서 질서가 자발적으로 생겨나는 것처럼, 초대형 컴퓨터 네트워크가 어느 날 의외의 능력을 획득할 수도 있을 것"이라고 말한다. 그들에게 "그 의외의 능력이 언제쯤 의식으로 발전할 것인가?"라고 물으면 갑자기 입을 다물고 하늘만 바라본다.

의식을 가진 로봇을 어떻게 만들어야 할지는 알 수 없지만, 위에서 언급한 의식분류법에 입각하여 인간보다 뛰어난 로봇이 어떤 형태인지 짐작해볼 수는 있다.

그런 로봇들은 세 번째 항목에서 탁월한 능력을 보일 것이다. 즉, 미래를 좌우하는 여러 요인들을 자세하고 심도 있게 분석하여 인간의 상상력이 도달하지 못하는 먼 미래까지 시뮬레이션할 수 있을 것이다. 이들은 상식과 자연의 법칙을 인간보다 정확하게 알고 있고 패턴을 찾아내는 능력도 뛰어나기 때문에 사람보다 정확한 예측을 할 수 있다. 또한 이 기계들은 우리가 무시하거나 인지하지 못하는 문제점을 찾아낼 수도 있으며, 스스로 목표를 설정할 수도 있다. 만일 그 목표에 인간을 돕는 것이 포함되어 있다면 다행이지만, 인간을 걸림돌로 판단한다면 위험한 상황이 초래될 수도 있다.

그렇다면 또다시 질문을 하지 않을 수 없다. 이 시나리오에서 인간의 운명은 어떻게 될 것인가?

로봇이 인간을 능가하는 세상

한 가지 가능한 시나리오는 인간이 진화에서 도태되어 곁다리로 밀려나는 것이다. 적응을 잘한 종이 적응에 실패한 종을 서식지에서 몰아내는 것은 엄연한 진화의 법칙이다. 로봇과의 경쟁에서 밀려난 인간은 대부분 사라지고, 일부 생존자들은 동물원 우리에 갇혀 로봇의 구경거리로 전락할 것이다. 이것이 우리 인간의 운명일지도 모른다. 우리 손으로 만든 슈퍼로봇들이 자신의 창조주인 인간을 '진화의 잔여물' 쯤으로 여긴다면 그것만큼 비참한 최후도 없을 것 같다. 그러나 지금까지 지구에서 살다 간 모든 선조들은 적합한 후손에게 이 세상을 물려주고 떠나갔다. 로봇이 우리의 후손이라면 우리의 역할은 그들을 위해 자리를 비워주는 것이다.

더글러스 호프스태터는 "이것은 자연의 순리다. 그러나 우리는 사람을 능가하는 로봇들을 우리 아이들 대하듯이 대해야 한다. 어떤 면에서 보면 그들이 바로 우리의 후손이기 때문이다. 모든 부모들이 아이를 지극 정성으로 돌보는데, 그들의 또 다른 아이인 똑똑한 로봇을 돌보지 않을 이유가 어디 있는가?"라고 말했다.

한스 모라벡은 로봇에게 내쫓긴 인간의 처지를 다음과 같이 예상했다. "……엄청나게 똑똑한 로봇후손들이 우리를 앞에 앉혀놓고 그들이 이룬 대단한 발견을 마치 어린아이에게 이야기하듯 혀 짧은 말투로 설명한다고 상상해보라. 그 모습을 그저 가만히 바라볼 수밖에 없다면 우리 인간의 삶은 정말 무의미해질 것이다."

로봇이 인간보다 똑똑해지는 날이 기어이 찾아온다면 인간은 '지구에서 가장 똑똑한 존재'라는 타이틀을 내줘야 할 것이고, 설상가상으로 로봇은 자기들보다 더 똑똑한 후손을 계속 만들어낼 것이다. 게다가 이들은 인간보다 훨씬 빠르게 후손을 만들 수 있다. 이 과정은 세월이 흐를수록 빠르게 진행되어 상상을 초월할 정도로 똑똑한 로봇들이 온 세상을 뒤덮게 될 것이다. 그래도 더욱 똑똑해지려는 욕심은 끝이 없을 것이므로 결국에는 지구의 자원을 모두 탕진해버릴 것이다.

두 번째 가능한 시나리오는 로봇들의 똑똑해지려는 욕심이 점차 커져서, 가능한 자원을 모두 동원하여 지구 전체를 거대한 컴퓨터로 만드는 것이다. 일부 사람들은 초지성을 가진 로봇들이 더 똑똑해지고 싶은 욕구를 참지 못하여 다른 행성이나 별, 은하 등을 찾아 그 천체들도 컴퓨터로 만들 때까지 우주를 뒤지고 다닐 것이라고 주장한다. 그런데 다른 행성과 별은 지구에서 엄청나게 멀기 때문에 이 로봇들은 빛보다 빠르게 이동할 수 있도록 물리학의 법칙을 바꿔놓을지도 모른다. 이들이 자제력을 발휘하지 못한다면 언젠가는 은하와 별들을 모두 소비해버릴 것이다.

이 시점이 바로 '특이점'이다. 원래 이 단어는 상대성이론에서 나온 것으로, 블랙홀처럼 중력이 무한히 커서 아무것도 빠져나올 수 없는 지점을 의미한다. 특이점에서는 빛조차도 빠져나올 수 없기 때문에, 이곳은 아무도 볼 수 없는 지평선 너머의 세계인 셈이다. 그래서 물리학자들은 이 지역의 경계선을 '사건지평선(event horizon)'이라 부른다.

'AI 특이점'이라는 말은 원자폭탄 설계에 결정적 공헌을 했던 수학자 스태니슬로 울람(Stanislaw Ulam)과 존 폰 노이만(John von Neuman)이 1958년 어느 날 대화를 나누던 중 처음 대두되었다고 한다. 울람은 자신의 저서에 다음과 같이 적어놓았다. '과학의 발전속도가 점점 빨라지고 그에 따라 인간의 삶이 계속 변하다보면 언젠가는 역사의 특이점에 도달할 것이다. AI를 주제로 사람들과 대화를 나누다가 화제가 여기에 이르면 더 이상 대화를 진행할 수 없게 된다.' 이런 이야기는 지난 수십 년 동안 학계에 회자되어 오다가 공상과학 작가이자 수학자인 버너 빈지의 소설과 수필을 통해 세간에 널리 알려졌다.

그렇다면 특이점은 언제 발생할 것인가? 우리가 살아 있는 동안? 다음 세기에? 아예 그런 시기가 도래하지 않을 수도 있지 않을까? 2009년 아실로마 회의에 참석한 과학자들은 20년에서 1,000년 사이에 특이점이 찾아올 것으로 예상했다.

발명가이자 베스트셀러 작가인 레이 커즈와일(Ray Kurzweil)은 특이점 가설의 지지자로, 기술이 무한정 발달한 미래상을 즐겨 예견하곤 한다. 언젠가 그는 나에게 이런 말을 한 적이 있다. "밤하늘의 별들을 바라보고 있노라면, 운 좋은 누군가가 멀리 있는 어떤 은하에 남겨진 특이점을 발견할 수도 있다는 생각이 든다. 극도로 발달한 로봇이 주변의 모든 별들을 소모할 정도로 게걸스럽고, 또 그럴만한 능력이 있다면 어딘가에 특이점의 흔적을 남겼을 것이다"(커즈와일의 생각에 반대하는 사람들은 그가 특이점을 무슨 종교 교리처럼 지나치게 떠받든다고 비난한다. 그러나 지지자들은 커즈와일이 미래를 내다보는 능력을 갖고 있다고 믿고 있다).

커즈와일은 전자키보드와 패턴인식, 광학문자인식 등 다양한 분야의 흥망성쇠를 지켜보면서 컴퓨터혁명을 온몸으로 겪어온 사람이다. 그는 1999년에 출판된 베스트셀러《영혼을 가진 기계의 시대: 컴퓨터가 인간의 지능을 능가할 때(The Age of Spiritual Machines: When Computers Exceed Human Intelligence)》를 통해 로봇이 인간보다 똑똑해진다고 예측했으며, 2005년에 저술한《특이점이 온다(The Singularity is Near)》에서는 자신의 예측을 더욱 자세하게 설명했다.

그의 주장에 의하면 컴퓨터가 인간을 능가할 날은 거의 코앞으로 다가왔다.

커즈와일은 '2019년에 판매될 1,000달러짜리 컴퓨터는 인간의 두뇌보다 우수할 것이며, 그로부터 얼마 지나지 않아 인간은 컴퓨터에게 밀려날 것'이라고 했다. 그의 예언대로라면 2029년에 1,000달러짜리 개인용 컴퓨터는 인간의 두뇌보다 1,000배 우수한 성능을 발휘할 것이며, 2045년이 되면 전 세계 인구를 합한 것보다 10억 배나 뛰어난 컴퓨터를 1,000달러에 살 수 있게 된다. 그때가 되면 아주 작은 컴퓨터도 전 인류를 합한 것보다 우수할 것이다.

2045년 이후에 나오는 컴퓨터는 자신보다 뛰어난 복제품을 만들 수 있을 정도로 똑똑해져서 특이점을 향한 본격적인 질주가 시작된다. 이들은 더 똑똑해지고 싶은 욕심을 채우기 위해 지구를 완전히 소모시킨 후 행성과 별, 심지어는 우주 전체까지 소모하려 들 것이다.

나는 보스턴 시 외곽에 있는 커즈와일의 사무실을 방문했을 때 색다른 감명을 받았다. 복도에 들어서니 그가 받았던 상장 및 감사패들과 함께 그가 디자인한 악기들이 전시되어 있었다. 이 악기들은 유명 뮤지션들이 사용했는데, 스티비 원더도 그들 중 한 사람이다(커즈와일은 한국의 악기 생산업체인 '영창뮤직'과도 각별한 인연을 맺고 있다 — 옮긴이). 커즈와일은 서른다섯 살 때 제2형 당뇨병을 앓으면서 삶의 전환점을 맞이했다고 한다. 그때 문득 '내가 예언한 미래를 보지 못하고 죽을 수도 있다'는 나약한 생각이 들면서 몸이 극도로 쇠약해졌고, 얼굴은 몇 년 사이에 몰라볼 정도로 늙었다. 그는 컴퓨터혁명을 주도했던 그 열정으로 지금도 당뇨병과 싸우면서 건강과 관련된 문제를 집중적으로 연구하고 있다(그는 매일 100알이 넘는 약을 복용하면서 수명연장에 관한 책을 최근에 탈고했다. 그는 "초소형 로봇이 사람의 몸을 치료하는 세상이 오면 영원히 살 수 있다. 솔직히 말해서 나는 그날이 올 때까지 살고 싶다"고 했다. 그때까지만 버티면 나이에 상관없이 영생을 얻을 수 있다는 것이 그의 지론이다).

최근에 그는 샌프란시스코의 베이 에리어(Bay Area)에 특이점대학(Singularity University)을 설립한다는 야심찬 프로젝트에 시동을 걸었다. 미국 에너지부 산하 에임즈 연구소(Ames Laboratory)에 기반을 둔 이 대학의 목적은 다가오는 특이점에 대비하여 대재앙을 막을 과학자들을 미리 양성하는 것이다.

커즈와일은 말한다. "똑똑한 기계들이 사람을 몰아낸다는 생각은 잘못이다. 오히려 우리가 그 기술 속으로 편입될 가능성이 높다…… 미래의 인간들은 똑똑한 기계를 자신의 몸과 두뇌 속에 이식하여 더욱 건강하고 긴 삶을 영위하게 될 것이다."

물론 모든 사람들이 그의 생각에 동의하는 것은 아니다. 로터스사(Lotus Development Corporation)의 설립자인 미치 카포(Mitch Kapor)는 커즈와일의 주장을 일축하면서 이렇게 말했다. "특이점은 IQ 140쯤 되는 사람이 생각해낸 이야기일 뿐이다…… 장차 이 점에 도달하면 모든 것이 완전히 달라진다고 하는데, 내게는 무슨 종교단체의 주장처럼 들린다. 그들이 아무리 난리를 쳐도 내 생각은 달라지지 않을 것이다."

더글러스 호프스태터는 "특이점이라는 아이디어는 마치 다량의 맛있는 음식에 개의 배설물을 조금 섞어놓은 것과 비슷하다. 제법 똑똑한 사람들이 훌륭한 아이디어와 쓰레기를 마구 섞어놓았으니,

일반인들은 무엇이 좋고 무엇이 나쁜지 골라내기가 쉽지 않다"라고 말했다.

결말이 어떻게 날지는 아무도 모른다. 그러나 내가 보기에 가장 그럴듯한 시나리오는 다음과 같다.

가장 그럴듯한 시나리오, 친화적 AI

첫째, 과학자들은 로봇의 위험요소를 제거하는 데 심혈을 기울일 것이다. 가장 간단한 방법은 특별히 고안된 칩을 로봇의 두뇌에 삽입하여 위험한 생각이 떠오르면 파워스위치가 자동으로 꺼지도록 만드는 것이다. 이런 식으로 위험 방지장치를 모든 로봇에게 이식해 놓고 로봇이 오작동을 하거나 위험한 짓을 할 때마다 자동으로, 또는 사람의 손으로 스위치를 끌 수 있게 만들면 된다. 위험한 상황은 언제 닥칠지 알 수 없으므로 음성명령으로 전원을 끄는 것도 한 가지 방법일 것이다.

또는 정상에서 벗어난 로봇을 전문적으로 처리하는 사냥꾼 로봇을 만들 수도 있다. 물론 이들은 힘과 속도, 지능 등 모든 면에서 일반 로봇보다 우월해야 하며, 로봇의 약점을 빨리 파악하고 특정 상황에서 로봇의 행동을 정확하게 예측할 수 있어야 한다. 이런 기술은 사람도 습득할 수 있다. 영화 〈블레이드 러너(Blade Runner)〉에서는 사냥꾼 로봇이 아닌 사람들(특별훈련을 받은 요원들로, 바람둥이 해리슨 포드도 그들 중 한 명이다)이 직접 나서서 악당로봇을 처리한다.

로봇이 인간과 비슷한 수준으로 진화하려면 앞으로 수십 년은 족히 걸릴 것이므로, 인간이 로봇에게 붙잡혀 동물원으로 끌려가는 날이 어느 날 갑자기 찾아오지는 않을 것이다. 의식이란 어느 날 갑자기 획득할 수 있는 요소가 아니다. 우리 인간도 지구상에 처음 등장한 이래로 지금과 같은 의식수준에 도달할 때까지 무려 수백만 년이나 걸렸다. 따라서 인터넷이 어느 날 갑자기 의식에 눈을 뜨거나 로봇이 갑자기 이기적인 생각을 떠올려서 사람을 학대하는 불상사는 일어날 가능성이 거의 없다고 본다.

공상과학작가인 아이작 아시모프(Isaac Asimov)도 이 가설을 선호하여 로봇이 지켜야 할 3대 원칙을 제안했는데, 그 핵심은 로봇이 자해를 하거나 사람을 해치지 않도록 하는 것이었다(3대 원칙은 다음과 같다. 1. 로봇은 인간을 해치지 않는다. 2. 로봇은 인간의 명령에 복종한다. 3. 로봇은 스스로를 해치지 않는다. 단, 1번은 2번에 우선하며 2번은 3번에 우선한다).

아시모프의 3대 원칙이 서로 충돌하면 문제가 야기될 수도 있다. 예를 들어 누군가가 자애로운 로봇을 만들었다고 하자. 그런데 어느 날 인류 전체가 스스로를 파멸시키는 어리석은 선택을 했다. 이럴 때 자애로운 로봇은 어떤 행동을 보일 것인가? 그는 인류를 구하기 위해 정부의 통치권을 빼앗으려 할 것이다. 영화 〈아이 로봇〉에서 주인공 윌 스미스는 바로 이런 상황에 처한다. 중앙컴퓨터가 인류를 구하기 위해 "인간들 중 일부는 희생되어야 하고 자유의 일부는 제한되어야 한다"는 결론을 내린 것이다. 그래서 일부 사람들은 로봇이 인간을 구한다는 명목 하에 인간 위에 군림하는 것을 방지하기 위해 "로봇은 인간을 해칠 수 없고 인간 위에 군림해서도 안 된다"는 제0원칙을 추가해야 한다고 주장한다.

그러나 다수의 과학자들은 처음부터 착한 로봇을 지향하는 '친화적 AI(friendly AI)'를 좋아한다. 인간은 로봇의 창조주이므로 처음부터 '유용하고 자애로운' 임무만 수행하도록 로봇을 설계하자는 것이다.

친화적 AI라는 용어를 처음 사용한 사람은 인공지능 특이점 연구소(Singularity Institute for Artificial Intelligence)의 설립자인 엘리제 유드코프스키(Eliezer Yudkowsky)이다. 아시모프의 3대 원칙은 로봇의 자유의지를 억제하는 일종의 통제시스템인 반면(이것은 로봇 스스로의 생각이 아니라 강제로 주입된 원칙이므로, 똑똑한 로봇은 이 원칙을 지키면서 인간을 정복하는 묘책을 어떻게든 생각해낼 것이다), 친화적 AI에 입각하여 만들어진 로봇은 사람에게 해를 입힐 수도 있고 경우에 따라서는 죽일 수도 있다. 여기에는 인공적인 도덕심을 강요하는 항목이 전혀 없기 때문이다. 그 대신 이 로봇들은 처음부터 오직 인간을 돕는 목적으로 설계되었으므로 악한 마음보다는 자비로움을 택할 것이다.

이 문제를 해결하기 위해 탄생한 분야가 바로 '사회적 로봇공학(social robotics)'으로, 인간사회에 융합될 수 있는 자질을 로봇에게 부여하는 것이 목표이다. 예를 들어 핸슨 로보틱스(Hanson Robotics)사의 과학자들은 로봇에게 사회적 지능을 부여하여 사랑의 감정을 느끼게 하고, 사람들 사이에서 자연스럽게 공존할 수 있도록 만드는 것을 목표로 하고 있다.

그러나 이 모든 시도에 걸림돌이 되는 문제가 하나 있다. 현재 AI를 지원하는 가장 막강한 재원의 출처가 군대라는 것이다. 군사로봇은 사람을 사냥하고, 추적하고, 죽이는 것이 지상최대의 목표이다. 미래에 등장할 전투로봇의 임무는 적(인간)을 찾아내어 실수 없이 제거하는 것이다. 그러므로 로봇공학자들은 로봇이 주인을 배신하지 않도록 확실한 예방책을 강구해야 한다. 예를 들어 무인항공기 프레

데이터의 비행 방향은 기계가 아닌 인간에 의해 결정된다. 그러나 앞으로 프레데터가 완전 자동화되면 인간의 개입 없이 목적지와 타깃을 스스로 선택하게 될 것이다. 이런 비행기가 오작동을 일으킨다면, 그 결과는 불을 보듯 뻔하다.

미래에는 로봇공학 분야에 민간 상업자본이 점차 유입될 것이다. 특히 파괴용 로봇보다 도우미 로봇을 선호하는 일본인들의 자본이 대거 유입되어 로봇시장의 균형을 이룰 것으로 기대된다. 이런 추세가 계속 이어진다면 친화적 AI도 머지않아 현실로 다가올 것이다. 지금까지 언급한 가상 시나리오에서는 로봇공학보다 소비자와 시장의 힘이 훨씬 크게 작용하기 때문에 많은 투자자들이 친화적 AI에 관심을 갖게 될 것이다.

인간, 로봇이 되다

친화적 AI 외에 다른 방법도 있다. 간단히 말해서, 인간의 육체와 AI를 결합하는 것이다. 로봇의 힘과 지능이 인간을 능가하는 날을 가만히 앉아서 기다릴 것이 아니라, 첨단기술로 우리 몸의 기능을 향상시켜서 슈퍼맨이 되자는 것이다. 내가 보기에 미래의 로봇공학은 '친화적 AI'와 '육체기능의 향상'이라는 두 가지 목표가 혼합된 형태로 나타날 것 같다.

MIT 인공지능연구소의 소장을 역임했던 로드니 브룩스(Rodney Brooks)도 이와 같은 관점에서 연구를 진행했던 사람이다. 그가 이 분야에 처음 입문했을 때 대부분의 대학에서는 하향식 접근법을 채택하고 있었으며, 뚜렷한 성과 없이 답보상태에 머물러 있었다. 그러던 중 브룩스는 곤충을 닮은 군사용 로봇을 만들어달라는 요청을 받으면서 새로운 돌파구를 찾았다. 변화무쌍한 장애물을 피해가려면 상향식 접근법이 제격이었기 때문이다. 그는 방을 가로지르는 데 몇 시간이나 걸리는 느림보 로봇을 싹 잊어버리고, 사전 프로그램 없이 시행착오를 거쳐 걷고, 날고, 장애물을 피해가는 날렵한 곤충 로봇(insectoid, 또는 bugbot이라 함)을 만들었다. 또한 그는 자신이 만든 로봇이 태양계를 비행하다가 마주치는 물체 속으로 파고 들어가 내부구조를 탐사한다는 야심찬 계획까지 세워놓고 있다.

브룩스는 《빠르고 저렴하면서 통제를 벗어난 것들(Fast Cheap and Out of Control)》이라는 책을 통해 자신의 아이디어를 자세히 소개했다. 이로부터 몇 개의 새로운 세부분야가 탄생했는데, 지금 화성표면을 누비고 있는 마스 로버스(Mars Rovers)도 그 부산물 중 하나이다(브룩스는 곤충모양의 진공청소기를 생산하는 아이로봇iRobot 사의 회장직도 역임했다).

그러나 브룩스는 다음과 같은 문제를 지적한다. "내가 보기에 AI 개발자들은 긴 안목으로 창의력을 발휘하지 않고, 일시적인 유행이나 패러다임을 좇는 것 같다. 내가 어릴 적에 읽었던 책에는 사람의 뇌가 전화통신망과 비슷하다고 적혀 있었다. 그 시대에는 두뇌를 일종의 유체역학계나 증기엔진으로 생각한 것이다. 그후 1960년대에는 두뇌를 디지털 컴퓨터에 비유했고 1980년대에는 '거대한 병렬 디지털 컴퓨터'라고 했다. 요즘에는 두뇌를 월드 와이드 웹(World Wide Web)으로 간주하는 아동용 도서가 어딘가에 분명히 있을 것이다……."

일부 역사학자들은 지그문트 프로이드(Sigmund Freud)의 심리분석이 증기기관의 영향을 받았다고 주장한다. 19세기 중반부터 말엽에 걸쳐 유럽 전역으로 뻗어 나간 철도가 지식인들의 사고방식에 지대한 영향을 미쳤다는 것이다. 프로이드의 분석에 의하면 인간의 마음속에 에너지가 끊임없이 흐르면서 다른 흐름과 경쟁을 벌이고 있는데, 이것은 엔진의 증기관 속에서 일어나는 현상과 비슷하다. 또한 초자아(super-ego)와 자아(ego) 사이에서 일어나는 상호작용은 파이프와 증기기관차 사이의 상호작용과 비슷하다. 증기의 흐름이 막히면 폭발이 일어나는 것처럼, 마음속에서 에너지의 흐름이 막히면 노이로제 증상이 나타난다.

마빈 민스키는 나와 대화를 나누던 자리에서 근심 어린 표정으로 "또 하나의 패러다임이 이 분야를 엉뚱한 곳으로 이끌고 있다"고 지적했다. AI 전문가의 상당수가 전직 물리학자들이어서 물리학을 시기하는 마음이 저변에 깔려 있다는 것이다. 그래서 이들은 모든 지성을 하나의 주제로 통일하려는 무모한 시도를 하고 있다. 실제로 물리학자들은 아인슈타인식 접근법을 따라 우주에 산재해 있는 모든 물리적 현상을 하나의 방정식으로 축약하려는 시도를 해오고 있다. 우주의 삼라만상이 단 몇 센티미터 길이의 방정식에 축약된다고 상상해보라. 이만큼 환상적인 이론이 또 어디 있겠는가!

민스키는 "AI 전문가들이 의식을 하나의 주제로 통합하려는 것은 물리학에 대한 시기심 때문"이라면서, 인간의 의식은 절대 하나로 통합되지 않는다고 단언했다. 우리가 의식이라고 부르는 것은 진화를 거치면서 우연히 획득한 기술들이 오랜 세월 동안 누적되어 나타난 결과이다. 두뇌를 분해하면 각기 특정 임무를 수행하는 작은 두뇌들이 얻어진다. 민스키는 이것을 '마음의 사회'라고 불렀다. 그가 생각하는 의식이란 수백만 년에 걸쳐 획득된 수많은 기술과 알고리듬의 집합체로서, 간단히 축약될 수 있는 대상이 결코 아니다.

로드니 브룩스는 이와 비슷하면서도 아직 충분히 연구되지 않은 분야에 관심을 갖고 있다. 그는 자연과 진화가 이 문제를 이미 해결했다고 믿는다. 예를 들어 수십만 개의 뉴런으로 이루어진 모기의 뇌는 가장 뛰어난 군사용 로봇보다 훨씬 뛰어나다. 무인비행기와 달리 모기는 바늘 끝만 한 두뇌로 온갖 장애물을 피하고, 음식과 짝을 찾아낸다. 그렇다면 인공적인 방법을 생각하며 골머리를 앓는 것보다 자연을 흉내 내는 편이 훨씬 낫지 않을까? 진화적 관점에서 볼 때 곤충이나 쥐의 두뇌에는 '미리 프로그램된 논리'라는 것이 없다. 이들이 험난한 세상에서 생존법을 터득한 비결은 다름 아닌 '시행착오'였다.

요즘 브룩스는 '육체와 기계의 결합'이라는 새로운 아이디어를 연구 중이다. 과거에는 실리콘과 금속제 부품으로 산업용과 군사용 로봇을 만들었지만, 차세대 로봇은 실리콘 및 금속부품과 함께 살아 있는 피부조직을 갖게 될 것이다. 그는 "앞으로 생물학과 전자공학이 하나로 합쳐지면서 완전히 새로운 로봇이 탄생할 것"이라고 했다.

브룩스는 자신의 저서에 다음과 같이 적어놓았다. '서기 2100년이 되면 매우 똑똑한 로봇을 주변 어디서나 보게 될 것이다. 그러나 이때가 되면 인간과 로봇은 더 이상 분리된 채 존재하지 않는다. 인간은 부분적으로 로봇이 되거나, 로봇과 연결된 채 살아갈 것이다.'

이와 같은 추세는 이미 시작되었다. 일부 병원에서는 시력이나 청력 등 신체기능이 손상된 환자에게 전자기기가 장착된 보철물을 이식하고 있다. 특히 청각학의 혁명이라 불리는 인공 달팽이관은 청각

장애인들에게 새로운 희망을 안겨주었다. 인공 달팽이관의 특징은 전자부품으로 만든 하드웨어가 생체조직(뉴런)에 직접 연결되어 작동한다는 점이다. 이 장치는 세 가지 부품으로 이루어져 있는데, 귀 바깥쪽에 있는 마이크를 통해 음파가 입력되면 이것을 라디오신호로 바꿔서 귀 안쪽에 삽입된 조직으로 전송한다. 이곳에서 라디오신호를 전류로 바꿔 전극으로 보내면 인공 달팽이관이 전류를 감지하여 두뇌로 전송하는 식이다. 이 장치는 24개의 전극으로 이루어져 있으며, 6가지의 진동수를 처리할 수 있으므로 사람의 목소리를 인식하는 데에는 아무런 문제가 없다. 지금까지 전 세계에서 15만 명의 청각장애인들이 인공 달팽이관 덕분에 청력을 되찾았다고 한다.

그런가 하면 몇몇 연구팀은 시각장애인을 위한 인공 눈을 개발하고 있다. 소형 카메라가 장착된 정교한 장치를 눈 부위에 삽입하여 두뇌에 직접 연결하는 방식이다. 구체적인 방법은 두 가지가 있는데, 실리콘칩을 망막에 직접 삽입하여 그 안의 뉴런에 연결할 수도 있고, 칩에 특별 제작한 케이블을 달아서 시각정보를 처리하는 두뇌의 뒤쪽 부위에 연결할 수도 있다. 이 연구팀들은 사상 최초로 시각장애인의 시력을 회복시키는 데 성공했다. 시술을 받은 환자들은 눈앞에 놓인 물체를 최대 50픽셀까지 인식할 수 있으며, 앞으로 이 해상도는 수천 픽셀까지 높아질 것이다.

환자들은 자기 손 외곽선을 보았고, 빛나는 물체와 자동차, 사람 등 멀리 있는 물체의 외곽선까지 인식했다. 이 시술을 받은 린다 모풋(Linda Morfoot)은 청소년 야구경기장에 다녀온 후 "포수와 타자, 그리고 심판이 어디에 있는지 다 알 수 있었다"고 했다.

지금까지는 60개의 전극으로 이루어진 인공망막이 30명의 시각장애인들에게 이식되었다. 그러나 서던캘리포니아대학의 인공망막 프로젝트팀은 200개의 전극이 장착된 새로운 시스템을 설계 중이며, 아울러 전극이 1,000개나 달려 있는 장치도 연구하고 있다(칩 안에 전극을 너무 많이 욱여넣으면 망막이 과열될 우려가 있다). 인공망막의 작동 원리는 다음과 같다. 시각장애인의 안경에 달려 있는 초소형 카메라가 영상을 찍어서 무선으로 마이크로 프로세서에 전송하면 영상정보를 처리한 후 망막으로 보낸다. 망막에 이식된 칩이 이것을 미세한 펄스신호로 바꿔서 아직 살아 있는 시신경에 전달하면, 환자는 손상된 세포를 통하지 않고서도 사물을 볼 수 있다.

스타워즈와 로봇 팔

역학장치를 잘 활용하면 공상과학영화에 나오는 희한한 도구를 누구나 구현할 수 있다. 그 대표적인 예가 〈스타워즈〉의 로봇 팔과 〈슈퍼맨〉의 X-선 시력이다. 〈스타워즈〉의 '제국의 역습(The Empire Strikes Back)' 편에서 루크 스카이워커(Luke Skywalker)는 자신의 아버지인 다스 베이더(Darth Vader)가 휘두르는 광검에 맞아 팔이 잘리는 부상을 입는다. 그러나 아무 문제없다. 과학자들이 인공 팔을 만들어 붙여주자 스카이워커는 금방 정상으로 돌아온다. 물론 손가락으로 물체를 만질 수 있고 느낄 수도 있다.

영화에서나 가능한 일 같지만 요즘 이와 같은 의술이 실제로 펼쳐지고 있다. 이탈리아와 스웨덴의 과학자들은 '느낄 수 있는' 로봇 팔을 만들었는데, 악성종양으로 오른팔을 절단한 22살의 로빈 에켄스탐(Robin Ekenstam)은 이 로봇 팔을 이식 받은 후로 손가락을 움직이고 촉감까지 느낄 수 있게 되었다. 의사들은 에켄스탐의 팔에 인공 팔을 부착할 때 그 안에 장착된 칩을 신경세포에 연결시켜서 두뇌의 명령에 따라 손가락이 움직이도록 만들었다. 이 '똑똑한' 인공 팔은 4개의 모터와 40개의 센서를 갖고 있으며, 손가락의 움직임이 두뇌에 전달될 때마다 피드백을 통해 오차를 수정한다. 그래서 에켄스탐은 손가락을 움직일 뿐만 아니라 그 움직임을 느낄 수도 있다. 피드백은 몸의 움직임을 느끼게 해주는 핵심기능이므로, 장애인을 위한 보철물에 적용하면 큰 효과를 볼 수 있을 것이다.

에켄스탐은 말한다. "정말 대단하다. 오랜 세월 동안 잊고 있었던 것을 다시 느끼게 되었다. 무언가를 세게 쥐면 인공 손가락 끝에 그 강도가 느껴진다. 기계를 통해 촉감을 되찾다니, 그저 신기할 따름이다."

로봇 팔 연구원 중 한 사람인 이탈리아 산타나대학(Scuola Superiore Sant'Anna)의 크리스티안 치프리아니(Christian Cipriani)는 이렇게 말했다. "우리가 개발한 인공 팔은 두 가지 특징을 갖고 있다. 첫째, 두뇌는 근육을 수축시키지 않고 인공 팔을 조종할 수 있으며 둘째, 인공 팔은 환자에게 피드백을 전달하여 진짜 손처럼 촉감을 느끼게 해준다."

이 기술을 계속 발전시키면 아무런 힘도 들이지 않고 인공 팔다리를 진짜 수족처럼 움직일 수 있게 될 것이다. 앞으로 절단환자들은 무거운 금속 보철물을 달고 고된 훈련을 할 필요가 없다. 피드백 기능이 탑재된 전자 팔다리가 진짜와 거의 비슷한 성능을 발휘할 것이기 때문이다.

또한 이것은 인간의 두뇌가 고정되어 있지 않고 매우 가변적임을 시사한다. 우리의 두뇌는 새로운 것을 배우고 새로운 상황에 접할 때마다 그에 걸맞게 재구성된다. 따라서 우리의 몸에 새로운 전자 보철물이나 인공 감각기관을 부착해도 두뇌는 금세 적응한다. 여러 개의 보조장치를 두뇌의 각기 다른 부위에 연결하면 두뇌는 간단하게 작동법을 배워나갈 것이다. 그렇다면 두뇌는 하나의 덩어리가 아니라 여러 가지 독립적인 기능이 하나로 합쳐진 '종합모듈'인 셈이다. 즉, 해당 부위에 전극을 연결하기만 하면 여러 개의 인공장치를 마음대로 조종할 수 있다. 이런 점에서 볼 때 두뇌는 새로운 임무를 수행할 때마다 새로운 연결과 신경경로를 만들어내는 일종의 뉴럴 네트워크(neural network, 신경망)에 가깝다.

로드니 브룩스는 자신의 저서에 다음과 같이 적어놓았다. '앞으로 10년이 지나면 실리콘과 철을 몸속에 삽입하는 등 로봇공학을 인간에게 적용하여 신체기능이 크게 향상될 것이다. 이렇게 되면 세상을 이해하는 방식도 크게 달라져서 문화 자체가 변할 것이다.' 그는 브라운대학과 듀크대학 연구팀이 두뇌와 컴퓨터, 또는 두뇌와 보철장치를 직접 연결했다는 소식을 접하고 이렇게 말했다. "현재 기술이 그 정도 수준이라면, 두뇌 속에 삽입된 칩을 통해 무선인터넷에 접속하는 세상이 올 수도 있다."

브룩스가 생각하는 그다음 단계는 살아 있는 세포와 실리콘을 융합하여 신체능력을 향상시키는 것이다. 이런 식으로 질병을 치료할 수도 있겠지만, 주된 목적은 그게 아니다. 현재의 인공망막과 달팽이관이 시력과 청력을 회복시켜준다면, 미래의 인공장기는 인간의 신체기능을 향상시켜 슈퍼맨으로 만들어준다. 미래의 인간은 개나 고양이에게만 들리는 소리를 들을 수 있고, 자외선과 적외선, 심지어는 X−선까지 볼 수 있을 것이다.

타고난 지능도 첨단기술로 향상시킬 수 있다. 현재 쥐의 두뇌에 새로운 뉴런층을 추가하여 지능을 높이는 실험이 진행 중인데, 특히 인지능력이 향상되는 것으로 나타났다. 브룩스는 가까운 미래에 인간의 지능도 이런 방법으로 향상될 수 있다고 믿는다. 실제로 생물학자들은 쥐의 유전자에서 지능과 관련된 부분을 추출했다. 언론에서는 이것을 "똑똑한 쥐 유전자"라고 불렀다. 이 유전자를 보유한 쥐는 기억력이 좋고 학습능력도 뛰어나다(자세한 내용은 이 책의 후반부에서 다룰 것이다).

또한 브룩스는 21세기 중반에 우리 몸의 성능이 크게 향상될 것이라면서 "앞으로 50년 후 인간의 몸은 유전자 수정을 통해 극적으로 변할 것이며, 여기에 전자공학까지 도입하면 상상하기 어려울 정도로 희한한 모습이 될 것"이라고 했다.

그러나 무엇이건 도를 지나치면 부작용이 따른다. 우리 몸에 로봇을 이식하되, 사람들이 반감을 느낄 만한 한계를 넘지 말아야 한다. 그렇다면 그 한계는 과연 어디까지인가?

대리인과 아바타

몸에 변화를 주지 않고 사람과 로봇을 융합하는 한 가지 방법은 대리인(surrogate)이나 아바타를 창조하는 것이다. 브루스 윌리스 주연의 영화 〈서러게이트〉의 내용은 대충 다음과 같다. 2017년이 되자 과학자들이 로봇을 자신의 몸 안에 있는 것처럼 조종하는 방법을 개발하여 누구나 완벽한 몸을 가질 수 있게 된다. 로봇은 인간의 명령을 절대적으로 따르고, 인간은 로봇이 보고 느끼는 것을 똑같이 보고 느낄 수 있다. 인간은 늙고 병들지만 완벽한 외모와 막강한 힘을 가진 로봇 대리인을 조종하면서 만족을 느낀다. 그런데 부실한 육체를 완전히 포기한 채 아름답고 강력한 로봇 대리인으로 살기를 바라는 사람들이 많아지면서 상황은 꼬이기 시작한다. 인류 전체가 진짜 몸을 버리고 스스로 로봇이 되기를 원하는 세상…… 영화는 그런 세상이 오는 것을 바라지 않는다는 듯 모든 시스템이 파괴되고 사람들이 깨어나면서 끝을 맺는다.

주연배우보다 제임스 캐머런(James Cameron) 감독의 인기로 흥행에 성공했던 영화 〈아바타〉는 여기서 한 걸음 더 나아갔다. 2154년에 인간은 로봇의 몸이 아닌 외계인의 몸으로 살아가는 방법을 터득한다. 고치처럼 생긴 캡슐에 사람을 넣고 뚜껑을 닫으면 다른 장소에서 외계인의 몸으로 복제되어 나타나는 식이다. 방금 전까지 지구에 살던 지구인이 순식간에 다른 행성에서 외계인의 몸으로 태어나는 것이다. 이것이 현실세계에서 가능하다면 다른 행성의 외계인들과 원활하게 소통할 수 있을 것이다. 영화에서는 주인공이 인간의 몸을 버리고 지구인 용병의 공격으로부터 외계인을 보호하려고 나서면서 상황이 복잡해지기 시작한다.

서러게이트와 아바타에 등장하는 기술을 지금 당장 구현할 수는 없지만, 미래에는 가능할 수도 있다.

최근 들어 아시모 로봇에는 '원거리 인지(remote sensing)'라는 새로운 프로그램이 주입되었다. 일본의 쿄토대학에서 사람에게 두뇌 감지기를 연결하여 로봇의 행동을 조종하는 훈련을 시켰는데, EEG 헬멧을 쓴 피실험자는 단순히 생각만으로 아시모의 팔과 다리를 움직일 수 있었다. 지금은 팔과 머리로 네 가지 동작밖에 할 수 없지만 '생각으로 로봇을 조종하는' 새로운 AI의 장을 열었다는 점에서 매우 중요한 업적으로 평가되고 있다.

물론 지금은 지극히 초보적인 단계이다. 그러나 수십 년 후에는 로봇에게 다양한 동작을 유도하고 피드백을 받아서 로봇이 만지는 것을 사람도 느낄 수 있을 것이다. 그리고 고글이나 콘택트렌즈를 통해 로봇이 보는 것을 똑같이 볼 수도 있다. 결국 로봇의 모든 움직임을 생각만으로 조종할 수 있게 되는 셈이다.

이 기술을 잘 활용하면 국제적인 인력수급난도 해결할 수 있다. 다른 나라에 거주하는 기술자의 머리에 센서를 부착하면 인터넷을 통해 자국에 있는 로봇을 조종할 수 있으니 굳이 그를 국내로 불러들이지 않아도 된다. 지금의 인터넷은 화이트컬러(두뇌노동자, 사무직원)의 생각만을 전달할 수 있지만, 미래에는 블루컬러(육체노동자)의 생각을 전송하여 물리적인 운동으로 전환할 수 있을 것이다. 특히 인구노령화가 심하고 노동력이 모자라는 일본 같은 나라에서는 이 기술로 문제를 해결할 수 있다.

원거리 센서로 로봇을 작동하는 기술은 다양한 분야에 응용될 수 있다. 사람의 생각대로 움직이는 로봇을 위험한 환경(물속이나 고압전선, 화재현장 등)에 파견하여 구조활동을 펼칠 수도 있고, 수중로봇을 조종하여 자원을 개발하거나 탐사를 진행할 수도 있다. 로봇대리인은 초인적인 힘을 갖고 있으므로 범죄자를 추적할 때도 유용하다(단, 범죄자에게는 로봇대리인이 없어야 한다). 우리 몸에 아무런 변화도 주지 않고 막강한 대리로봇을 마음대로 움직일 수 있다면 육체적 불평등은 사라질 것이다.

원격조종 로봇은 달에 기지를 건설할 때에도 큰 역할을 하게 될 것이다. 우주비행사들이 지구에서 편안한 소파에 앉아 생각만 하면 달에 파견된 로봇대리인들이 위험한 임무를 수행한다. 외계행성을 탐사할 때도 우주비행사들은 위험을 무릅쓰고 착륙할 필요가 없다. 로봇대리인을 착륙선에 태워 보내고 자신은 우주선에 남아 생각으로 조종하면 된다(그러나 우주비행사가 지구에 남아 있고 로봇대리인을 멀리 있는 행성에 보내는 것은 좋은 생각이 아니다. 화성만 해도 지구에서 방출된 신호가 왕복하는 데 40분이나 걸리기 때문에, 그사이에 일어나는 돌발상황에 대처할 수가 없다. 이런 경우에는 사람이 화성기지 안에 거주하면서 로봇대리인을 밖으로 파견하여 탐사하는 식으로 진행되어야 한다).

인간과 로봇의 융합, 어디까지 왔는가?

로봇공학의 선구자인 한스 모라벡은 "우리가 만든 로봇은 결국 우리 자신이 될 것"이라고 예견했다. 인간의 두뇌 속 뉴런 하나하나를 로봇의 몸 안에 트랜지스터로 이식하면 인간은 말 그대로 로봇이 된다. 자신의 나약한 육체를 버리고 로봇으로 다시 태어나는 것이다. 이 수술은 '아직 두뇌가 없는' 로봇 옆에 사람(지원자)을 나란히 눕히는 것으로 시작된다. 잠시 후 로봇 외과의사가 등장하여 마취를 하고 두뇌를 절개하여 회백질의 각 부위를 취하여 트랜지스터의 형태로 복제한다. 이 작업이 끝나면 두뇌의 뉴런을 트랜지스터에 하나하나 연결한 후 트랜지스터를 옆에 있는 로봇의 머리에 이식한다. 한 부분의 이식이 완료될 때마다 그에 해당하는 인간의 두뇌부위(이미 적출된 부분)는 폐기된다. 그러나 수술이 진행되는 동안 지원자는 멀쩡한 의식으로 깨어 있다. 그의 머릿속에 있는 두뇌의 일부는 아직 그대로 남아 있고, 나머지는 트랜지스터로 복제되어 로봇의 머릿속에 장착되었다. 수술이 끝나면 지원자의 두뇌는 로봇의 머릿속으로 완전히 이전된다. 이제 그는 강하고 아름다운 몸을 얻었을 뿐만 아니라, 영원히 죽지 않는 불사의 존재가 되었다. 물론 21세기에는 불가능한 일이지만, 22세기에는 외과수술의 선택사양이 될 것이다.

극단적인 시나리오이긴 하지만, 먼 미래에는 인간이 생물학적 육체를 버리고 자신의 정체성이 담겨 있는 소프트웨어 프로그램으로 진화할지도 모른다. 간단히 말해서, 한 사람의 모든 정체성을 컴퓨터에 '다운로드'하는 것이다. 누군가가 당신의 이름이 적혀 있는 버튼을 누르면 컴퓨터는 곧바로 '당신'이 된다. 내부회로에 당신의 모든 특징이 담겨 있으므로, 컴퓨터는 당신의 기억과 성격, 반응 등을 그대로 재현할 것이다. 우리는 컴퓨터 안에 갇힌 채 거대한 사이버 공간에서 다른 사람(그들도 역시 컴퓨터 안에 갇혀 있다)과 교류하며 영생을 누릴 수 있다. 인간의 육체는 버려지고, 거대한 컴퓨터 속에서 움직이는 전자의 움직임이 그 역할을 대신한다. 이 시나리오에 의하면 인간은 모든 감각을 유지한 채 방대한 컴퓨터 프로그램으로 변환되어 낙원 같은 세상에서 영생을 누리게 된다. 물론 다른 사람(컴퓨터의 다른 프로그램)과 깊은 생각을 교환할 수도 있다. 컴퓨터 안에 갇혀 있다는 사실을 전혀 모르는 채 오지를 탐험하고 신세계를 정복하는 등 영웅 같은 삶을 만끽한다. 물론 누군가가 'off' 버튼을 누르면 모든 것이 정지된다.

그러나 이 시나리오에는 한 가지 문제가 있다. 이 책의 서문에서 언급한 '동굴거주자의 원리'가 바로 그것이다. 앞서 말한 바와 같이 현대인의 두뇌구조는 지금으로부터 10만 년 이상 전에 아프리카에서 수렵생활을 했던 원시인의 두뇌에서 비롯되었다. 우리가 바라는 것과 욕망, 식욕 등은 아프리카 초원에서 천적을 피하고, 동물을 사냥하고, 숲 속을 배회하고, 짝을 찾고, 모닥불 주변에 모여 여흥을 즐기면서 오랜 세월에 걸쳐 형성된 것이다.

인간의 머릿속에 새겨진 가장 근본적인 행동강령 중 하나는 남들에게 잘 보이는 것, 특히 이성과 동료들에게 좋은 모습으로 인식되는 것이다. 그래서 우리는 외모를 가꾸는 데 수입의 상당부분을 투자한다. 성형수술과 보톡스시술, 화장품, 고급의상, 댄스강습, 바디빌딩, 최신음악, 피부관리, 다이어트 등의 수요가 폭발적으로 증가하는 것도 기본적으로 남에게 잘 보이려는 욕구가 있기 때문이다. 방금 열거한 항목의 시장규모를 모두 합하면 미국경제의 상당부분을 차지할 것이다.

미래의 인간이 불사의 육체를 만들 수 있게 된다 해도, 로봇의 몸에 얼굴만 삐죽 튀어나온 어설픈 모습이라면 이야기가 달라진다. 어느 누구도 공상과학영화에 나오는 난민로봇처럼 보이고 싶지는 않을 것이다. 강인한 육체에 잘생긴 얼굴이라면 이성에게 매력을 발산하고 동료들 사이에 평판도 좋아지겠지만, 그렇지 않다면 애초부터 로봇이 되기를 거부할 것이다. 외모가 전혀 '쿨'하지 않다면 이 세상에 어떤 청소년이 몸을 바꾸고 싶겠는가?

인간이 육체를 버리고 컴퓨터 속의 순수한 지성으로 남아 깊은 사고를 하며 영생을 누린다는 것은 일부 공상과학작가들도 좋아하는 줄거리다. 하지만 어느 누가 그런 식으로 살고 싶겠는가? 우리의 후손들은 블랙홀의 미분방정식을 푸는 것조차 싫어할지도 모른다. 그들의 기호(嗜好)를 어찌 알겠는가? 미래의 인간들은 컴퓨터 안에 살면서 소립자의 운동궤적을 계산하는 것보다 옛날 방식으로 락 음악을 듣는 것을 더 좋아할지도 모른다.

UCLA의 그레그 스톡(Greg Stock)은 이렇게 말했다. "내 생각엔 우리의 두뇌를 슈퍼컴퓨터로 옮겨봐야 별 득이 없을 것 같다. 나의 두뇌와 슈퍼컴퓨터를 연결했을 때 좋은 점이 무엇이건 간에 그것은 첫째, 이보다 덜 끔찍한 다른 방법으로는 얻을 수 없다. 둘째, 비위 상하는 뇌수술을 감내할 정도로 가치가 있어야 한다. 이 두 가지 조건을 모두 만족하면서 우리에게 득 되는 것이 대체 무엇이란 말인가?"

가능한 미래는 여러 가지가 있겠지만, 내가 보기에 우리의 후손들은 자애롭고 친밀한 로봇을 만들어서 인간의 능력을 어느 정도까지 향상시키다가, 결국에는 동굴거주자의 원리를 따를 것 같다. 로봇 대행자를 내세워 잠시 동안 초인적을 삶을 누릴 수는 있겠지만, 자신의 삶을 버리고 컴퓨터 안에 영원히 갇혀 살거나 알아볼 수 없을 정도로 자신의 몸을 바꾼다는 아이디어에는 강한 거부감을 느낄 것이다. 그것이 바로 인간의 본성이기 때문이다.

특이점을 막는 장애물

로봇이 사람 못지않게 똑똑해지는 시기는 언제일까? 아마도 21세기가 끝날 무렵쯤일 것이다. 내가 이렇게 생각하는 데에는 몇 가지 이유가 있다.

첫째, 컴퓨터의 눈부신 발전은 무어의 법칙을 따르고 있다. 이런 추세는 앞으로 점차 누그러지다가 2020~2025년쯤 되면 성장이 거의 멈출 것이다. 지금으로서는 그 이후의 발전속도를 가늠하기가 쉽지 않다(실리콘 이후의 시대는 4장에서 논할 예정이다). 이 책에서는 컴퓨터의 성능이 계속 상승하되, 상승속도는 점차 누그러진다고 가정한다.

둘째, 컴퓨터가 1초당 10^{16}회의 연산을 수행한다고 해서 사람보다 똑똑하다는 뜻은 아니다. IBM 사의 체스전문 컴퓨터 딥블루는 1초 동안 2억 가지 길을 분석할 정도로 빨라서 결국 세계챔피언을 이겼지만, 그것 말고는 할 수 있는 일이 없다. 똑똑한 존재가 되려면 체스의 길을 분석하는 것보다 훨씬 고난도의 임무를 수행할 수 있어야 한다.

예를 들어 자폐증환자들 중에는 엄청난 기억력과 계산능력을 발휘하는 사람이 종종 있다. 그러나 이들은 혼자서 구두끈조차 매지 못한다. 이들이 직장을 갖고 정상적인 사회생활을 한다는 것은 어림도 없는 이야기다. 영화 〈레인맨(Rain Man)〉의 실제인물로 유명했던 킴 피크(Kim Peek)는 1만 2,000권의 책에 들어 있는 모든 단어를 외우고, 컴퓨터를 동원해야 검산이 가능할 정도로 복잡한 계산을 암산으로 척척 해냈다. 그러나 그의 IQ는 겨우 73에 불과하여 일상적인 대화가 불가능했으며, 죽는 날까지 다른 사람의 도움을 받아야 했다. 생전에 그의 부친이 돌보지 않았다면 피크는 아무 일도 할 수 없었을 것이다. 미래에 만들어질 초고속 컴퓨터도 자폐증환자처럼 기억력이 뛰어나고 계산속도도 빠르겠지만, 그것이 전부이다. 이런 기계가 현실세계에서 혼자 살아간다는 것은 불가능한 이야기다.

앞으로 컴퓨터의 계산능력이 인간과 비슷해진다고 해도 다양한 임무를 수행하려면 그에 걸맞은 소프트웨어와 프로그램이 주입되어야 한다. 빠른 계산속도는 인간과 비슷해지기 위한 첫걸음일 뿐이다.

셋째, 똑똑한 로봇이 탄생했다 해도 자신보다 똑똑한 복제로봇을 만들 수 있을지는 분명치 않다. 자기복제 로봇의 수학적 기초를 확립한 사람은 게임이론의 창시자이자 초기의 전자식 컴퓨터를 설계했던 폰 노이만이었다. 그는 임의의 기계가 자신과 똑같은 기계를 복제할 수 있는지를 판단하는 수학적 기준을 제시했다. 그러나 노이만도 '자신보다 똑똑한 복제품을 만드는 기계'까지는 고려하지 않았다. 사실 '똑똑하다'는 말의 정의 자체가 모호하기 때문에 어느 정도 똑똑해야 하는지도 분명치 않다.

로봇에 칩을 추가하면 원래보다 메모리 용량도 커지고 성능도 향상된다. 그러나 이런 식으로 업그레이드한 복제로봇이 원래의 로봇보다 '똑똑하다'고 말할 수 있을까? 전자계산기는 계산속도가 사람보다 거의 100만 배나 빠르지만 사람보다 똑똑진 않다. 기억력과 연산속도는 지능의 척도가 될 수 없기 때문이다.

넷째, 하드웨어의 성능은 시간이 흐름에 따라 지수함수적으로 증가하지만, 소프트웨어는 그렇지 않다. 하드웨어가 빠르게 발전할 수 있었던 것은 기판에 새겨 넣는 트랜지스터의 크기가 계속해서 작아졌기 때문이다. 그러나 소프트웨어는 사람이 책상 앞에 앉아 연필을 들고 종이 위에 무언가를 적어나가면서 만들어진다. 그렇다면 사람이 생각하는 속도가 트랜지스터의 조밀도처럼 매년 몇 배씩 증가할 수 있을까? 턱도 없는 소리다. 다시 말해서 소프트웨어의 병목현상은 바로 인간에 의해 초래된다.

인간의 모든 창조활동이 그렇듯이, 소프트웨어도 오랜 침체와 부단한 노력, 그리고 어느 날 운 좋게 떠오른 황금 같은 아이디어의 산물이다. 하드웨어는 실리콘에 새겨진 트랜지스터의 개수가 증가하면서 예측 가능한 속도로 발전해왔지만, 소프트웨어는 인간 사고의 산물이므로 예측이 불가능하다. 그러므로 컴퓨터의 성능이 지수함수를 따라 꾸준히 향상된다는 주장은 반론의 여지가 다분하다. 다들 알다시피 쇠사슬은 가장 약한 연결고리보다 강할 수 없다. 그리고 컴퓨터에서 가장 약한 연결부위는 인간의 손으로 만들어지는 프로그램과 소프트웨어를 연결하는 고리이다.

공학분야는 지수함수적으로 발전할 수 있다. 특히 효율성에 따라 결과가 좌우되는 경우에는 상당기간 동안 큰 폭으로 발전할 수 있다. 실리콘 기판에 초소형 트랜지스터를 새기는 기술이 그 대표적인 사례이다. 그러나 수학, 물리학 등 사람의 머릿속에서 이루어지는 기초과학 연구는 행운과 숙련도, 그리고 언제 떠오를지 모르는 천재의 영감 등에 의존하기 때문에 발전속도가 거의 무작위로 나타난다. 이 패턴은 아주 긴 세월 동안 아무런 변화가 없다가 갑자기 큰 변화가 초래되어 전체적인 흐름이 바뀌는 '단속평형(punctuated equilibrium, 종의 진화과정을 설명하는 모형 중 하나로, 긴 세월 동안 별다른 변화가 없다가 빠른 시간 사이에 종의 분화가 이루어진다는 가설 — 옮긴이)'과 비슷하다. 뉴턴에서 아인슈타인, 그리고 현대로 이어지는 기초과학의 변천과정을 돌아보면 꾸준한 변화보다 단속평형에 훨씬 가깝다는 것을 알 수 있다.

다섯째, 앞에서 두뇌의 역설계를 다룰 때 언급한 바와 같이 사람의 두뇌구조를 규명하는 프로젝트는 비용과 규모가 너무 엄청나기 때문에 21세기 중반 이전에는 착수하기 어렵다. 뿐만 아니라 프로젝트가 진행되면서 산더미처럼 쌓인 데이터를 분석하는 데에도 수십 년의 시간이 소요된다. 따라서 두뇌의 역설계는 아무리 빨라도 21세기 말이 되어야 완료할 수 있을 것이다.

여섯째, 생각 없던 기계가 어느 날 갑자기 의식에 눈을 뜨는 '빅뱅'은 일어나지 않을 것이다. 앞에서 그랬던 것처럼 "사전 시뮬레이션으로 미래를 계획하는 능력"을 의식의 한 요소로 정의한다면, 의식의 형성은 점진적으로 이루어져야 한다. 그리고 기계가 이런 수순을 따라 발전한다면 시간은 아직 많이 남아 있다. 나의 지론에 의하면 의식을 가진 기계는 21세기 말에 등장할 것이기에 다양한 사안들을 논의할 시간은 충분하다. 또한 기계의 의식은 인간과 달리 기이한 특징이 있을 것이므로 인간의 순수의식보다 '실리콘 의식'이 먼저 규명될 것이다.

이쯤에서 또 하나의 질문이 떠오른다. 육체의 성능은 기계적으로 향상될 수 있지만, 생물학적 방법을 통해 향상될 수도 있다. 진화란 '더 좋은 유전자'를 후손에게 물려주기 위한 자연의 몸부림이었다. 그렇다면 수백만 년의 세월을 생략하고 지름길을 가로질러서 유전자의 운명을 우리 스스로 제어할 수도 있지 않을까?

3
의학의
미래

완 벽 , 그 리 고 그 이 상 의 육 체

직접 나서서 묻는 사람은 없지만 누구나 궁금한 사실이 하나 있다.
유전자를 조작하여 더 나은 인간을 만들 수 있다면 왜 실행에 옮기지 않는가?

_제임스 왓슨 James Watson, 노벨상 수상자

나는 금세기 안에 인간 육체의 비밀이 모두 밝혀질 것이라고 생각한다.
그때가 되면 상상할 수 있는 모든 것이 현실로 다가올 것이다.

_데이비드 볼티모어 David Baltimore, 노벨상 수상자

지금 당장은 아니지만 드디어 때가 무르익은 것 같다.
나는 우리가 '죽을 수 있는' 마지막 세대가 아닐까 걱정된다.

_제럴드 서스맨 Gerald Sussman

신화 속의 신들은 무소불위의 능력을 갖고 있다. 그들은 삶과 죽음을 조종하고 병을 낫게 하며 수명을 마음대로 늘일 수 있다. 인간이 신에게 기도하면서 가장 간절하게(또는 흔하게) 바라는 것은 질병으로부터의 해방이다.

그리스와 로마신화에 등장하는 에오스(Eos)라는 새벽의 여신은 인간인 티토노스(Tithonus)와 사랑에 빠진다. 에오스는 완벽한 육체를 가진 불사의 존재였으나, 티토노스는 어쩔 수 없이 늙어 죽을 운명이었다. 이를 안타깝게 여긴 에오스는 모든 신의 아버지인 제우스를 찾아가 자신의 연인에게 영생을 허락해달라고 간청했고, 제우스는 두 연인을 불쌍히 여겨 소원을 들어주었다.

그러나 에오스는 마음이 급했던 나머지 한 가지 실수를 범했다. 영원한 삶과 함께 '영원한 젊음'도 함께 달라는 부탁을 깜빡 잊었던 것이다. 그리하여 티토노스는 죽지 않았지만 그의 육체는 세월과 함께 늙어갔다. 몸과 마음이 완전히 소진되어 가는데도 죽을 수가 없었으므로, 티토노스는 영원한 고통 속에 갇힌 셈이었다.

21세기 과학도 이와 비슷한 문제에 직면해 있다. 지금 과학자들은 인간의 염색체에 담긴 모든 정보를 확보한 상태이며, 분석이 끝나면 노화의 원리와 방지책도 알게 될 것이다. 그러나 건강과 활력 없이 수명만 길어진다면 티토노스가 겪었던 고통을 인간도 겪게 될 것이다. 이 세상에 그것만큼 가혹한 형벌도 없다.

21세기 말이 되면 인간은 신과 같이 삶과 죽음을 통제하는 능력을 갖게 될 것이다. 이 능력은 병을 치료하는 데 국한되지 않고 육체의 기능을 향상시키거나 새로운 생명의 형태를 창조하는 데까지 뻗어나갈 것이다. 이 모든 것은 기도나 환생이 아니라 생명공학이 이루어낼 기적이다.

로버트 란자(Robert Lanza)는 생명의 비밀을 밝히는 과학자들 중 한 사람이다. 그는 젊고 활력이 넘치는 생물학자로서 새로운 아이디어를 쉴 새 없이 쏟아내고 있지만 항상 마음이 조급하다. 연구해야 할 대상이 너무나 많기 때문이다. 그는 생명공학이 몰고 온 혁명의 파도를 타고 아찔한 곡예를 펼치는 중이다. 마치 사탕가게에 들어선 어린아이처럼, 란자는 미지의 영역을 신나게 탐험하면서 새로운 발견의 즐거움을 만끽하고 있다.

한두 세대 전만 해도 상황은 완전 딴판이었다. 당시의 생물학자들은 지렁이나 벌레들을 느긋하게 관찰하다가 궁금증이 동하면 가끔 해부도 하면서, 새로 발견된 벌레에게 어떤 라틴어 학명을 붙여줄지 고민하는 것이 주된 일과였다.

그러나 란자에게는 그런 여유가 없다.

나는 라디오방송국에서 란자를 만나 인터뷰를 하다가 그의 젊은

패기와 무한한 창의력에 깊은 감명을 받았다. 그는 다소 엉뚱한 계기로 하루가 다르게 급변하는 이 분야에 투신하게 되었다고 한다. 란자는 보스턴 남부의 평범한 노동자 집안 출신으로, 그 동네에서는 대학에 진학하는 사람이 거의 없었다. 그런데 그가 고등학생 때 DNA의 비밀이 풀렸다는 뉴스를 접하면서 생물학에 완전히 빠져들었다. 사실 그의 목적은 집에서 키우는 닭을 복제해서 수를 늘리는 것이었다. 란자의 부모는 아들이 해주는 설명을 알아듣지 못했지만 꿈을 이룰 수 있도록 축복해주었다.

고등학생 란자는 복제프로젝트를 당장 실행하기로 마음먹고 조언을 구하기 위해 무작정 하버드대학으로 달려갔다. 아는 사람이 아무도 없었던 그는 교정에서 한 사람을 붙잡고 도움을 청했다. 란자는 그가 잡역부라고 생각했으나, 사실 그는 생물학과 연구실의 선임 연구원이었다. 그는 어린 학생의 무모하고도 패기 넘치는 열정에 감동을 받아 란자를 그곳에 있는 과학자들에게 소개했고, 그 순간부터 란자의 인생은 180도 달라졌다. 지금도 란자는 자신의 삶을 맷 데이먼(Matt Damon) 주연의 영화 〈굿 윌 헌팅(Good Will Hunting)〉에 비유하곤 한다. 이 영화에서는 거칠고 무식해 보이는 한 청년이 MIT의 수학과 교수를 놀라게 할 정도로 천재적 재능을 발휘한다.

지금 란자는 고등세포연구소(Advanced Cell Technology)의 최고연구책임자로 재직하면서, 수백 편의 논문과 발명품을 발표하는 등 이 분야를 선도하고 있다. 지난 2003년에 샌디에이고 동물원 관계자들이 란자를 찾아와 이미 멸종된 야생 소 '바텡(bateng)'을 복제해달라며 25년 전에 죽은 마지막 바텡의 몸을 건네주었다. 란자는 그 시신에서 사용 가능한 세포를 추출하여 필요한 처리를 한 후 유타 주에 있는 한 농장으로 보냈고, 그곳에서 세포를 수정시켜 암소의 몸 안에 주입했다. 그로부터 10개월 후 멸종했던 바텡이 방금 탄생했다는 기쁜 소식이 란자에게 전해졌고, 이 일을 계기로 그는 각종 언론의 헤드라인을 장식했다.

란자는 지금 한창 발전하고 있는 '조직공학(tissue engineering)'에도 깊은 관심을 갖고 있다. 이 분야가 궤도에 오르면 특정 장기가 병들거나 손상되었을 때 자신의 세포에서 양육된 새로운 장기를 이식받을 수 있게 된다. 또한 그의 연구팀은 최초로 인간배아세포의 복제에 성공한 여러 팀들 중 하나로서, 배아줄기세포의 생성에 큰 기여를 할 것으로 기대되고 있다.

의학의 3단계

DNA의 비밀이 속속 드러나면서 란자는 그야말로 발견의 격랑을 타고 거침없는 항해를 계속하고 있다. 의학의 역사를 되돌아보면 지난 세월 동안 의학이 3단계를 거쳐왔음을 알 수 있는데, 첫 번째는 수만 년에 걸쳐 미신과 마법, 소문 등에 근거하여 환자를 치료했던 원시적 단계이다. 이 시기에는 대부분의 태아들이 출생 즉시 사망했고, 평균수명은 18~20세를 밑돌았다. 간간이 아스피린 같은 화학약품이나 약초가 발견되기도 했지만 새로운 치료법을 개발할만한 체계는 거의 전무한 상태였다. 게다가 효력이 있는 치료법은 비밀로 취급되어 일부 의사들이 독점하고 있었다. 이 시대의 의사들은 부자 고객의 비위를 맞추면서 돈을 벌었고, 자신만의 비법을 지키는 것이 최대현안이었다.

이 시기에 메이오클리닉(Mayo Clinic, 미국 미네소타 주 로체스터에 있는 사립병원—옮긴이)의 설립자 중 한 사람이 환자들을 돌보면서 작성했던 일기가 지금까지 전해지고 있는데, 거기에는 자신이 간직해온 비법들 중 실제로 효과가 있는 것은 쇠톱과 모르핀, 단 두 개뿐이라고 적혀 있다. 쇠톱은 병균에 감염된 팔과 다리를 절단하는 데 쓰였고, 모르핀은 절단수술을 받는 환자의 고통을 덜어주었다. 일기의 주인공은 그 외의 모든 비법들이 효과가 불분명하거나 엉터리라고 고백했다.

19세기에 병균이론과 공중위생의 중요성이 부각되면서 의학은 두 번째 단계로 접어들게 된다. 1900년에 미국인의 기대수명은 49세까지 올라갔다. 1차 세계대전에서 수만 명의 군인들이 죽어가고 있을 무렵, 의학계에서는 재현 가능한 과학적 실험의 중요성이 부각되면서 다수의 논문이 학술지에 발표되었다. 의사들은 부자고객의 비위를 맞추는 대신 논문으로 명성을 쌓는 데 관심을 갖기 시작했다. 이러한 변화는 항생제와 백신의 개발로 이어졌고, 얼마 지나지 않아 인간의 수명은 70세 이상으로 길어졌다.

의학의 세 번째 단계는 분자의학(molecular medicine)으로 대변된다. 의학과 물리학이 결합되면서 연구대상의 규모가 원자와 분자, 그리고 유전자로 작아진 것이다. 이 역사적인 변화는 1940년에 오스트리아 태생의 물리학자 에르빈 슈뢰딩거(Erwin Schrödinger)의 저서 《생명이란 무엇인가(What Is Life)?》에서 시작된다(슈뢰딩거는 그 유명한 파동방정식을 발견하여 양자역학의 초석을 쌓았다). 그는 신비한 생명의 힘이나 영혼의 존재를 부정하면서 다음과 같이 주장했다. "모든 생명은 일종의 암호체계에 기초하고 있으며, 그 기본단위는 분자이다.

이 분자를 찾아낸다면 생명의 비밀도 풀릴 것이다."

슈뢰딩거의 아이디어에서 영감을 떠올린 물리학자 프랜시스 크릭(Francis Crick)은 유전학자 제임스 왓슨(James Watson)과 함께 연구팀을 꾸렸다. 이들의 목적은 슈뢰딩거가 말한 분자가 바로 DNA임을 입증하는 것이었다. 결국 1953년에 왓슨과 크릭은 DNA의 이중나선구조를 밝힘으로써 역사상 최고의 영웅으로 등극한다. 하나의 DNA 가닥을 직선으로 풀면 길이가 거의 1.8미터에 달하며, 그 안에는 A, T, C, G(아데닌, 티민, 시토신, 구아닌)라는 네 종류의 핵산이 무려 30억 개나 나열되어 있다. DNA 분자를 따라 이 핵산이 배열되어 있는 순서를 알아내는 것은 곧 '생명의 책'을 작성하는 것이나 다름없다.

그후 분자의학은 빠르게 발전하여 의학사의 기념비라 불리는 인간게놈 프로젝트(Human Genome Project)까지 도달했다. 이것은 인간의 몸에 있는 모든 유전자의 순서를 밝히는 초대형 프로젝트로서, 수백 명의 전문인력과 30억 달러의 예산을 들여 2003년에 완료되었다. 이제 우리는 자신의 염색체에 담긴 모든 정보(약 2만 5,000개의 유전자 정보)를 CD-ROM 한 장에 저장할 수 있게 된 것이다. 간단히 말해서 각 개인의 '소유자 설명서(owner's manual)'가 완성된 셈이다.

데이비드 볼티모어는 이렇게 말했다. "오늘날의 생물학은 자연과학이라기보다 정보과학에 가깝다."

가까운 미래 (현재~2030년)

유전자의학

물리학자인 나는 의학의 급속한 발전을 견인한 일등공신으로 양자 이론과 컴퓨터공학을 꼽고 싶다. 양자이론은 단백질과 DNA 분자에 원자들이 어떻게 분포되어 있는지를 놀랍도록 자세히 알려준다. 그 덕분에 과학자들은 생명의 분자들이 형성된 과정을 원자단위로 알 수 있게 되었다. 또한 길고 지루하고, 많은 돈이 들어가는 '유전자서열 밝히기'는 지금 자동화된 로봇들이 작업을 대신하고 있다. 한 사람의 유전자서열을 모두 알아내려면 수백만 달러의 비용과 긴 시간이 소요되기 때문에, 현재 자신의 완벽한 유전자지도를 갖고 있는 사람은 전 세계에 단 몇 명밖에 없다(이 기술을 완성한 과학자들도 일부 포함되어 있다). 그러나 앞으로 몇 년만 있으면 평범한 사람도 이 첨단 기술의 혜택을 보게 될 것이다.

(나는 1999년에 독일 프랑크푸르트에서 '의학의 미래'라는 주제로 열렸던 학술회의 현장을 지금도 생생하게 기억한다. 거기서 나는 "2020년이 되면 개인의 유전자지도를 만들 수 있으며, 모든 사람들이 자신의 유전자정보를 CD-ROM에 담아서 간직하게 될 것"이라고 예견했다. 그런데 청중석에서 한 사람이 벌떡 일어나더니 "그건 절대로 불가능하다"고 큰 소리로 외쳤다. 유전자의 수가 너무 많기 때문에 한 개인의 유전자를 모두 해독하려면 천문학적 비용이 든다는 것이었다. 하긴, 인간게놈 프로젝트에 무려 30억 달러가 투입되었으니 한 사람의 유전자를 모두 해독하는 비용도 결코 만만치는 않을 것이다. 나는 강연을 마치고 그와 개인적으로 만나 토론을 계속하다가 무엇이 문제인지 깨달았다. 그는 무어의 법칙을 고려하지 않고 선형적으로

생각했던 것이다. 무어의 법칙에 따라 컴퓨터의 성능이 향상된다면 로봇이나 컴퓨터 등 자동화기계를 이용하여 DNA 서열을 규명할 수 있고, 비용도 크게 떨어질 것이다. 그는 무어의 법칙이 생물학에 미치는 영향을 심각하게 고려하지 않은 것이다. 그때 내가 내렸던 예측에서 틀린 부분이 있다면, 개인의 유전자지도가 일반화되는 시점을 너무 멀리 잡았다는 것이다.)

스탠퍼드대학의 스티븐 퀘이크(Stephen R. Quake)는 유전자서열 분야의 첨단을 달리는 공학자로서 개인용 유전자지도의 작성비용을 5만 달러까지 낮추는 데 성공했고, 앞으로 몇 년 이내에 1만 달러까지 낮추는 것을 목표로 하고 있다. 이 비용이 1,000달러까지 내려간다면 세계인구의 상당수가 혜택을 볼 수 있을 것이다. 그리고 앞으로 수십 년 후에는 유전자지도 작성비용이 혈액검사 비용과 비슷한 100달러 수준까지 내려갈 것이다.

(100달러까지 낮추려면 지름길로 가야 한다. 퀘이크는 한 사람의 DNA와 이미 분석이 끝난 다른 사람의 DNA를 비교하는 방법을 생각해냈다. 그는 인간의 염색체를 32비트의 정보가 담긴 DNA조각으로 분리한 후, 이 조각을 기본단위로 두 사람의 DNA를 컴퓨터로 비교했다. 사람들끼리의 DNA는 99.9퍼센트 이상이 똑같기 때문에 처음부터 새로 만들 필요 없이 이미 분석이 끝난 사람의 DNA정보와 특정인의 DNA를 비교하여 '다른 점'을 찾는 것이 훨씬 빠르다.)

퀘이크는 세계에서 여덟 번째로 유전자서열이 완전히 밝혀진 사람이다. 그런데 그 속에서 심장병과 관련된 유전자가 발견되는 바람에 약간의 충격을 받았다고 한다. 그는 짧은 탄식을 내뱉으며 말했다. "당신의 유전자지도가 밝혀진다면 눈으로 보기 전에 마음을 단단히 먹어야 할 것이다."

나는 그의 심정을 이해할 수 있다. BBC와 디스커버리 채널 프로그램의 사회를 맡으면서 나 역시 유전자정보의 일부를 CD-ROM에 담은 적이 있기 때문이다. 그때 한 의사가 나의 팔에서 혈액을 채취하여 반데빌트대학(Vanderbilt Univ.)에 보낸 적이 있는데, 그로부터 2주후에 수천 개의 유전자정보가 담긴 CD-ROM이 나에게 배달되었다. 그 안에 내 몸의 청사진 중 일부가 들어 있다고 생각하니 다소 이상한 느낌이 들었다. 이 정보를 잘 활용하면 내 몸의 복사본을 만들 수도 있을 것이다.

그러나 내 몸의 비밀을 CD-ROM에 담는 것은 그다지 유쾌한 경험이 아니었다. 예를 들어 특정부위를 자세히 보면 알츠하이머를 유발하는 유전자가 발견될지도 모른다. 나의 어머니께서 그 병으로 돌아가셨기 때문에 신경이 쓰이는 것도 사실이다(다행히도 내게는 그 유전자가 발견되지 않았다).

내 유전자들 중 4개는 전 세계에서 유전자분석이 완료된 수천 명의 게놈(genome, 유전자gene와 염색체chromosome의 합성어. 각 생명체가 갖고 있는 고유한 유전정보 전체를 의미함—옮긴이)과 일치한다. 이들이 살고 있는 지역을 지도에 점으로 표시하면 티벳에서 중국, 그리고 일본으로 이어지는 긴 궤적이 나타난다. 이 궤적이 바로 우리 어머니의 조상들이 지난 수천 년 동안 이주해온 경로이다. 이와 같이 유사한 유전자의 분포상황을 분석하면 선조들의 이동경로를 알 수 있다. 우리 조상들은 거주지를 옮기면서 아무런 기록도 남기지 않았지만, 그들이 이주해온 경로가 나의 피와 DNA에 각인되어 있는 것이다(부계쪽 선조들의 이주경로도 추적할 수 있다. 미토콘드리아 염색체는 모계를 따라 전달되는 반면, Y염색체는 부계를 따라 전달된다. 따라서 유전자를 분석하면 아버지와 어머니의 조상계보를 모두 추적할 수 있다).

미래에는 많은 사람들이 자신의 유전자정보를 받아 들고 나처럼 이상한 느낌을 갖게 될 것이다. 그 안에는 언제 걸릴지 모를 위험한 질병과 조상들의 이주경로 등 본인도 모르는 비밀이 적나라하게 드러나 있다.

그러나 과학자들은 감상에 빠질 겨를이 없다. 그들은 이로부터 생물정보학(bioinformatics)이라는 새로운 분야를 개척하는 중이다. 수천 가지 생명체의 게놈을 컴퓨터로 빠르게 스캔하고 분석하여 그들의 유전자에 들어 있는 모든 정보를 알아내겠다는 것이다. 예를 들어 특정 질병을 앓고 있는 수백 명의 게놈정보를 컴퓨터에 입력하면 손상된 DNA의 위치를 정확하게 알아낼 수 있다. 지금 이 시간에도 과학자들은 세계에서 가장 강력한 컴퓨터를 이용하여 동물과 식물에서 추출한 수백만 개의 유전자를 분석하고 있다.

생물정보학이 궤도에 오르면 〈CSI〉 같은 TV 수사드라마도 크게 달라질 것이다. 머리카락이나 침, 혈흔 등에서 작은 DNA조각을 채취하면 그로부터 머리카락과 눈의 색상, 인종, 키, 과거의 병력, 심지어는 얼굴 생김새까지 알 수 있다. 현재의 과학수사는 희생자의 두개골로부터 원래의 얼굴을 거의 비슷하게 복원하는 수준까지 와 있다. 그러나 미래에는 머리의 비듬이나 작은 혈흔만 있어도 희생자의 얼굴을 정확하게 복원할 수 있다(다들 알다시피 일란성 쌍둥이는 외모가 거의 같은데, 이는 사람의 얼굴이 환경적 요인보다 유전자에 의해 결정된다는 증거이다).

의사 방문하기

2장에서 말한 바와 같이, 미래에는 환자가 의사를 방문하는 방식도 크게 달라진다. 벽지 스크린을 통해 의사에게 상담을 받을 때 , 사실 당신은 사람이 아닌 소프트웨어 프로그램과 대화를 나누고 있는 것이다. 당신의 욕실에는 요즘 병원에 있는 감지기보다 훨씬 많은 수의 감지기가 설치되어 있어서 1년 전에 감지된 암세포가 그사이에 종양으로 자라났는지 조용히 확인해줄 것이다. 예를 들어 일상적인 암의 절반가량은 p53유전자가 변형되어 발생하는데, 이것은 감지기를 통해 쉽게 확인될 수 있다.

암의 징후가 발견되면 나노입자를 혈관에 주입한다. 이 입자는 지능형 폭탄처럼 암세포를 찾아가 지니고 있던 약을 살포한다. 간단히 말해서, 암세포만 골라 죽이는 자객인 셈이다. 이때가 되면 요즘 사용되는 화학요법은 지난 세기에 성행했던 거머리 치료법처럼 원시적으로 보일 것이다(나노입자와 DNA칩, 나노봇 등 나노기술의 전반적인 내용은 4장에서 다룰 예정이다).

벽지 스크린에 나타난 의사가 당신의 장기에 난 병이나 상처를 치료할 수 없는 경우에는 대체장기를 배양하면 된다. 지금도 미국에서는 9만 1,000명의 환자들이 장기이식을 기다리고 있으며, 매일 18명이 장기 보급을 받지 못해 사망하고 있다.

만일 의사가 당신의 장기에서 심각한 질병을 발견한다면 곧바로 대체장기를 주문할 것이다. 물론 이 장기는 당신의 세포를 키워서 만든 것이므로 부작용이 전혀 없다. 요즘 의학계에서는 신체의 여러 장기를 만들어내는 '조직공학(tissue engineering)'이 핫 이슈로 떠오르고 있는데, 지금은 피부와 피, 혈관, 심장판막, 연골, 코, 귀 등을 만드는 수준까지 와 있다(주요장기인 방광은 2007년에, 기관氣管은 2009년에 처음으로 만들어졌다). 지금까지는 비교적 간단한 장기를 키워내는 데

영화 〈스타트렉〉에서 선보였던 트라이코더는 간단한 조작으로 거의 모든 질병을 진단할 수 있다. 휴대용 MRI와 DNA칩이 개발되면 이것도 현실로 다가올 것이다.

그쳤지만, 5년 이내에 간과 췌장이 만들어질 것으로 기대된다. 이 연구가 성공한다면 그 여파는 가히 상상을 초월할 것이다. 노벨상 수상자인 월터 길버트(Walter Gilbert)는 나와 대화를 나누던 자리에서 이렇게 말했다. "앞으로 수십 년 후면 자신의 세포를 배양하여 몸 안의 모든 장기를 만들어내는 세상이 올 것이다."

장기를 만드는 과정은 다음과 같다. 우선 몸에서 몇 개의 세포를 추출한 후 원하는 장기 모양으로 미리 만들어놓은 틀에 주입한다. 이 틀은 언뜻 보기에 스펀지처럼 생겼지만, 사실은 무생물에 의해 분해되는 폴리글리콜산(polyglycolic acid)으로 되어 있다. 이 안에서 적절한 환경을 만들어주면 세포가 자라나면서 틀이 서서히 분해되고, 최종적으로 완벽한 장기가 만들어진다.

나는 노스캐롤라이나에 있는 웨이크포레스트대학(Wake Forest Univ.)의 앤서니 아탈라(Anthony Atala)를 방문하여 이 기적 같은 기술을 직접 볼 기회가 있었다. 그의 안내를 받으며 연구실 안을 가로질러 가다가 사람의 장기가 들어 있는 병이 눈에 뜨이기에 가까이 가서 보았다. 그런데 놀랍게도 그것은 세포에서 자라난 혈관과 방광이었다. 또한 그 옆에는 흐르는 액체 속에서 심장판막이 혼자 여닫기를 반복하고 있었다. 나는 병에 담겨 있는 장기를 바라보면서 프랑켄슈타인 박사의 실험실에 와 있는 듯한 느낌이 들었다. 하지만 이 연구소는 확실하게 다른 점이 있다. 19세기 의사들은 신체의 일부나 장기를 사람에게 이식했을 때 거부반응이 나타난다는 사실을 전혀 모르고 있었다. 뿐만 아니라 수술 후 나타나는 감염증세를 예방하거나 치료하는 방법도 없었다. 그러나 아탈라는 프랑켄슈타인처럼 괴물을 만든 것이 아니라, 의학의 미래를 송두리째 바꿔놓을 혁명적인 기술을 개발한 것이다.

아탈라가 세운 목표 중 하나는 5년 이내에 사람의 간을 만드는 것이다. 간은 구조가 별로 복잡하지 않고 조직도 몇 가지밖에 안 되기 때문에 비교적 쉽게 만들 수 있다. 만일 이 목표가 이뤄진다면 간이식을 기다리는 수천 명의 환자들을 구할 수 있을 것이다. 또한 알코올중독으로 간경변을 앓는 환자들에게도 희소식이 아닐 수 없다(그러나 장기를 마음대로 만들어서 이식할 수 있게 되면 건강에 나쁜 습관을 고치기도 어려워질 것이다).

기도나 방광 같은 장기는 지금도 만들 수 있는데, 다른 장기는 왜 늦어지고 있는가? 세포에 피를 공급하는 모세혈관이 문제이다. 우리 몸에 있는 모든 세포들은 끊임없이 피를 공급받아야 하는데, 모세혈관을 만들기가 어려워서 다른 장기 제작에 어려움을 겪고 있는 것이다. 또한 장기의 구조가 복잡할수록 만들기도 어려워진다. 예를 들어 혈액 속의 독소를 걸러내는 신장은 수백만 개의 필터로 이루어져 있는데, 이렇게 복잡한 구조를 형틀로 제작하기란 결코 쉬운 일이 아니다.

그러나 뭐니 뭐니 해도 가장 만들기 어려운 장기는 사람의 두뇌이다. 조직공학이 아무리 빠르게 발전한다 해도 수십 년 이내에 두뇌가 생산될 가능성은 거의 없다. 단, 젊은 뇌세포를 머릿속에 주입해서 손상된 부위의 기능을 회복시키는 것은 가능할 수도 있다. 필요한 세포를 적재적소에 주입하는 것은 불가능하지만, 사람의 두뇌는 워낙 적응력이 뛰어나기 때문에 시술 후 몇 가지 기능을 다시 배우기만 하면 뉴런의 연결이 회복되면서 원래의 기능을 발휘하게 될 것이다.

줄기세포

여기서 한 걸음 더 나간 것이 줄기세포 기술이다. 지금까지 만들어진 장기들은 줄기세포를 이용한 것이 아니라, 일반세포를 형틀에 넣고 특수한 환경에서 배양한 것이다. 그러나 가까운 미래에는 줄기세포를 배양하여 다양한 장기를 만들게 될 것이다.

줄기세포는 '모든 세포의 어머니'로서, 몸에 있는 어떤 세포로도 변할 수 있다. 우리 몸을 이루는 개개의 세포들은 몸 전체를 재생할 수 있는 모든 유전정보를 갖고 있다. 그러나 세포의 발육이 끝나면 대부분의 유전자가 기능을 멈추면서 특정임무에 집중하게 된다. 예를 들어 피부세포는 혈액으로 변할 수 있는 유전자를 갖고 있지만, 이 유전자는 배아세포가 성인의 피부세포로 발달하는 과정에서 기능을 상실한다.

그러나 배아줄기세포는 다른 세포로 변할 수 있는 능력을 끝까지 잃지 않는다는 특징이 있다. 과학자들은 배아줄기세포의 가능성을 높이 평가하고 있는데, 사실 여기에는 논쟁의 여지가 있다. 이로부터 장기를 추출하여 환자에게 이식하려면 배아가 희생되어야 하기 때문이다(란자와 그의 동료들은 성인의 줄기세포를 어떤 특정한 형태의 세포로 변환하는 데 성공했다. 이것을 다시 배아줄기세포로 바꾸면 윤리적 문제를 피해갈 수 있다).

줄기세포를 이용하면 당뇨병, 심장병, 알츠하이머, 파킨슨병, 암 등 다양한 병을 치유할 수 있다. 좀 더 정확하게 말하자면 줄기세포로 치료되지 않는 병이 거의 없을 정도이다. 한때 과학자들은 척수손상을 회복불가능으로 여겼지만, 지금은 치료법을 활발하게 연구하고 있다. 1995년에 유명 영화배우 크리스토퍼 리브(Christopher Reeve, 영화 〈슈퍼맨〉 시리즈의 초대 주인공 — 옮긴이)가 척수에 부상을 입고 사지가 마비되었는데, 불행히도 그는 치료를 받지 못하고 2004년에 사망했다. 그러나 지금은 줄기세포로 척수를 치료하는 방법이 동물을 대상으로 연구되고 있으며, 머지않아 결과가 나올 것으로 예상된다.

쥐의 척수를 치료하는 데 커다란 진전을 이룬 콜로라도대학의 스티븐 데이비스(Stephen Davies)는 이렇게 말했다. "우리는 성인의 뉴런을 성인의 중추신경계에 직접 이식했다. 말 그대로 프랑켄슈타인식 실험을 실행한 것이다. 그런데 놀랍게도 뉴런은 일주일 만에 두 뇌의 한쪽 부분에서 다른 쪽으로 신경섬유를 내보냈다." 척수부상을 치료할 때 신경을 조금이라도 건드리면 엄청난 고통을 야기한다는 것이 기존의 통념이었다. 데이비스는 신경세포의 한 형태인 성상세포(astrocyte)에 두 종류가 있으며, 이들이 각기 다른 결과를 낳는다는 사실을 알아냈다.

데이비스는 "척수가 손상되었을 때 적절한 성상세포를 사용하면 아무런 고통 없이 복구될 수 있다. 그러나 다른 성상세포를 사용하면 치료효과는 전혀 없고 고통스럽기만 하다"고 말한다. 그는 자신이 개발 중인 줄기세포 치료법이 뇌졸중이나 알츠하이머, 또는 파킨슨병까지 치료할 수 있을 것으로 믿고 있다.

배아줄기세포는 우리 몸에 있는 어떤 세포로도 변할 수 있기 때문에 가능성은 무궁무진하다. 그러나 미네소타대학의 심장혈관치료센터 소장인 도리스 테일러(Doris Taylor)는 아직 할 일이 많이 남아 있다며 다음과 같이 경고했다. "배아줄기세포는 좋은 면과 나쁜 면, 그리고 추한 면을 모두 갖고 있다(the good, the bad, and the ugly). 그런데 각각의 역할을 모두 이해하지 못하기 때문에 어떤 결과가 나올지 예측할 수 없다. 이것을 치료에 적용하려면 더 많은 연구가 이루어져야 한다."

이것이 바로 줄기세포가 직면한 문제이다. 주변과의 적절한 화학적 상호작용이 없으면 줄기세포는 암 덩어리 같은 악성세포로 자라날 수도 있다. 세포들에게 언제, 어느 부위가 자랄 것인지를 지시해주는 화학적 메시지는 줄기세포 자체만큼 중요하다.

지금은 주로 동물을 대상으로 실험이 진행되고 있으며, 속도는 느리지만 꾸준히 앞으로 나아가고 있다. 테일러는 2008년에 역사상 처음으로 쥐의 심장을 배양하여 각종 언론의 헤드라인을 장식했다.

그녀의 연구팀은 세포를 쥐의 심장 안에서 용해시켜 심장모양을 본 뜬 단백질 틀을 만들었다. 그리고 여기에 심장줄기세포를 이식하여 틀 안에서 배양되도록 유도했다. 그전에도 다른 과학자들이 일부 심장세포를 페트리접시(세포배양용 용기)에서 배양한 적은 있었지만, 실제로 뛰는 심장을 실험실에서 만든 사례는 테일러가 처음이었다.

테일러는 심장배양이 개인적으로도 흥미로운 일이라면서 이렇게 말했다. "정말 훌륭하다. 내 눈으로 보지 않았다면 믿기 어려웠을 것이다. 동맥에서 정맥까지, 모든 혈관이 완벽하게 재현되어 있지 않은가."

미국정부에도 조직공학에 각별한 관심을 보이는 단체가 있다. 바로 미군이다. 과거의 전쟁에서는 군인의 사망률이 매우 높아서 한 연대나 대대 전체가 전선에서 몰살하는 경우도 많았고, 부상을 입은 후 며칠 뒤에 사망하는 군인도 부지기수였다. 그러나 지금은 군사의료체계가 크게 발달하여 이라크와 아프가니스탄에서 부상자가 발생하면 곧바로 유럽이나 미국으로 이송되어 최고 의료진의 치료를 받을 수 있다. 그런데 부상자의 생존율이 크게 높아지면서 팔이나 다리를 절단한 환자도 날이 갈수록 많아지는 추세이다. 그래서 미군에서는 절단환자의 팔과 다리를 재생하는 기술에 각별한 관심을 갖고 있다.

미군 재생의학연구소(Armed Forces Institute of Regenerative Medicine)의 연구원들은 장기를 생성하는 혁신적인 방법을 개발했는데, 일등공신은 바로 도롱뇽이었다. 도롱뇽의 줄기세포는 다른 장기나 기관으로 쉽게 전환되기 때문에 팔이나 다리가 절단되어도 다시 자라난다. 피츠버그대학의 스티븐 바딜락(Stephen Badylak)은 이 원리를 이용하여 손가락 끝 부분을 재생하는 데 성공했다. 그의 연구팀은 세포 사이에 존재하는 간질(間質, extracellular matrix)을 이용하여 재생 능력이 탁월한 '픽시더스트(pixie dust)'를 만들었다. 이 물질은 줄기세포가 특정 형태로 자라는 데 필요한 정보를 담고 있기 때문에 재생의학에서 매우 중요하게 취급된다. 절단된 손가락 끝 부위에 픽시더스트를 주입하면 손가락 끝뿐만 아니라 손톱까지 자극하여 원래 손가락과 거의 똑같은 복사본을 만들어낸다. 바딜락은 이 방법을 적용하여 손가락조직과 손톱을 약 0.8센티미터까지 재생할 수 있었다. 그의 다음 목표는 이 방법을 확장하여 도롱뇽처럼 팔과 다리 전체를 재생하는 것이다.

복제

사람의 다양한 장기를 배양할 수 있다면 사람 전체를 똑같이 복제할 수도 있지 않을까? 유전자 정보가 완전히 일치하는 복제인간을 만드는 것이 과연 가능한가? 그렇다. 적어도 원리적으로는 가능하다. 그러나 아직은 성공하지 못했다.

복제인간도 할리우드의 단골메뉴이다. 영화 〈6번째 날(The 6th Day)〉에서 아놀드 슈왈츠제네거는 인간복제 기술을 터득한 악당들과 싸움을 벌인다. 여기서 특이한 점은 악당들이 사람의 몸만 복제하는 것이 아니라 사람의 기억까지 완벽하게 복원하여 복제인간의 머릿속에 주입한다는 것이다. 슈왈츠제네거가 천신만고 끝에 악당들을 제거하자, 이번에는 자신과 외모와 기억이 똑같은 복제인간이 나타난다. 그는 자신도 모르는 사이에 자신의 몸이 복제되었다는 사실을 알고 몹시 혼란스러워한다(영화가 아닌 현실세계에서도 복제는 가능하지만, 기억까지 똑같을 수는 없다).

독자들도 복제기술이 세계적 이슈로 떠올랐던 1997년을 기억할 것이다. 그해에 에딘버러대학 로슬린연구소의 이언 윌머트(Ian Wilmut)가 복제 양 돌리(Dolly, 어미양의 젖가슴이 유난히 컸기 때문에 가슴이 크기로 유명했던 미국의 컨트리가수 돌리 파튼Dolly Parton의 이름에서 따왔다고 한다 ― 옮긴이)를 세상에 공개했다. 복제하고자 하는 양(A)의 몸에서 세포를 얻어 배양하고, 다른 암컷 양(B)의 난자에서 핵을 제거한 후 배양된 A의 세포를 B의 난자에 주입하여 제3의 대리모 양(C)의 자궁에 착상시켜서 유전적으로 A와 똑같은 새끼 양을 탄생시킨 것이다. 언젠가 내가 윌머트 박사에게 당시 세계적으로 불었던 복제열풍을 어떻게 평가하느냐고 물었더니 "의학적으로 중요한 업적임은 분명하지만, 언론의 열풍은 지나치게 과장된 것"이라고 했다.

그후 전 세계의 여러 연구팀들이 복제연구에 본격적으로 뛰어들어 쥐, 염소, 개, 고양이, 소, 돼지, 말 등 다양한 포유류를 복제하는 데 성공했다. 나는 BBC 촬영 팀을 대동하고 댈러스 외곽에서 농장을 경영하는 론 마키스(Ron Marquess)를 방문한 적이 있다. 그곳은 세계에서 규모가 가장 큰 '복제 소 농장'으로, 복제를 거쳐 탄생한 소들을 전문적으로 사육하고 있는데 개중에는 3대에 걸쳐 복제된 소도 있다(복제된 소를 또 복제하고, 그 소를 또 복제했다는 뜻이다). 마키스는 "복제를 통해 번식한 소들의 계보를 따지는 새로운 어휘가 필요할 것"이라고 했다.

그중에서 한 무리의 송아지들이 나의 눈길을 끌었다. 그들은 모두 동일한 소에서 복제된 쌍둥이들이었는데, 여덟 마리가 일렬로 서서 함께 먹고, 뛰고, 자는 모습이 매우 인상적이었다. 물론 그 송아지들은 옆에 있는 친구가 자신과 똑같다는 사실을 모르고 있겠지만, 본능적으로 무리를 지어 돌아다니면서 다른 쌍둥이의 행동을 따라하고 있었다.

마키스는 복제 소 사육이 유망한 사업이라고 했다. 예를 들어 신체조건이 탁월한 황소를 번식용으로 사용하면 많은 돈을 벌 수 있는데, 만일 이 소가 죽는다면 사전에 정자를 받아 냉동시켜놓지 않는 한 대가 끊길 수밖에 없다. 그러나 복제기술을 사용하면 비싼 품종을 영원히 보유할 수 있다.

복제기술은 가축사육 분야에서 부를 창출할 수 있지만, 인간에 대해서는 그 용도가 다소 불분명하다. 그동안 인간복제에 성공했다고 주장하는 사람(또는 단체)들이 몇몇 있었으나, 앞뒤 정황으로 미루어 볼 때 세간의 이목을 끌기 위한 거짓일 가능성이 높다. 내가 아는 한 지금까지 영장류 복제에 성공한 사례는 한 건도 없었고, 특히나 사람은 말할 것도 없다. 다른 동물을 복제할 때에도 수백 마리의 태아들 중 하나가 살아남을 정도로 확률이 낮다(이언 윌머트도 276번이나 실패한 끝에 간신히 돌리를 탄생시킬 수 있었다 — 옮긴이).

인간복제의 기술적인 문제가 해결된다고 해도 사회적인 문제가 도사리고 있다. 무엇보다도 종교계가 복제를 반대하고 나설 것이다. 지난 1978년에 세계 최초의 시험관아기 루이스 브라운(Louise Brown)이 탄생했을 때에도 카톨릭교회는 인위적인 생명의 탄생을 반대했었다. 이런 인식은 쉽게 바뀌지 않기 때문에 앞으로 인간복제를 금지하거나 용도를 제한하는 법이 제정될 가능성이 높다. 또 한 가지 문제는 복제인간의 수요가 그리 많지 않다는 점이다. 인간복제가 합법화된다고 해도 실제로 복제되는 사람은 극히 일부에 불과할 것이다. 따지고 보면 인류는 옛날부터 복제인간을 수도 없이 보아왔다. 일란성 쌍둥이가 바로 그들이다. 따라서 인간복제는 처음에만 세간의 이목을 끌 뿐 시간이 갈수록 사람들의 관심에서 서서히 멀어질 것이다.

시험관아기는 날로 증가하는 불임부부들의 마지막 희망이므로 앞으로도 꾸준히 탄생할 것이다. 그러나 어느 누가 사람을 통째로 복제하고 싶겠는가? 임종을 앞둔 돈 많은 노인에게 상속자가 없다면(또는 상속해주고 싶은 후계자가 없다면) 자신의 몸을 복제하여 돈 많은 어린아이로 태어나 인생을 다시 시작하고 싶을지도 모르겠다. 그 외에 또 어떤 경우가 있을까? 내 머릿속에는 더 이상 아무것도 떠오르지 않는다.

미래에 인간복제가 법으로 금지된다고 해도 복제를 필요로 하는 사람은 어딘가에 분명히 있을 수 있다. 그러나 극히 일부만이 복제될 것이므로 사회적 파장은 그리 심각하지 않을 것이다.

유전자치료

현재 미국 국립보건원의 원장이자 인간게놈 프로젝트를 이끌었던 프란시스 콜린즈(Francis Collins)는 내게 이런 말을 한 적이 있다. "우리 몸속에 있는 유전자 중 6개는 꽤 복잡하게 꼬여 있다. 과거에는 이 치명적인 유전자결함을 그냥 안고 사는 수밖에 없었지만, 미래에는 유전자치료법으로 치료할 수 있을 것이다."

유전병은 역사가 시작된 이래로 인간을 끊임없이 괴롭혀왔고, 역사에 직접적인 영향을 미쳤다. 예를 들어 과거 유럽의 왕실에서는 근친결혼이 성행했기 때문에 귀족들은 여러 세대에 걸쳐 심각한 유전병을 앓아왔다. 영국의 왕 조지 3세(George III, 즉위 기간은 1760~1820년)는 간헐적으로 발작증세를 보이는 급성간헐성 포르피린증(acute intermittent porphyria)을 앓았던 것으로 추정된다. 일각에서는 조지 3세의 지병이 식민지와의 관계를 악화시켜서 1776년에 미국 독립을 초래했다고 주장하는 학자도 있다.

빅토리아 여왕은 지혈이 되지 않는 혈우병 유전자를 갖고 있었다(혈우병은 반성유전으로, 남자에게만 나타난다 — 옮긴이). 그녀는 아홉 명의 자녀를 두었는데, 대부분이 유럽의 왕족과 결혼하면서 이 치명적인 '귀족질병'을 유럽 전역에 퍼뜨렸다. 빅토리아 여왕의 증손자이자 니콜라스 2세의 아들인 알렉시스(Alexis) 왕자도 혈우병환자여서 종종 마법사 그리고리 라스푸틴(Grigori Rasputin)의 처방을 받았다. 그는 왕자의 치료를 빌미로 러시아 황실을 농락했고, 총체적인 부실에 빠진 황실은 절실한 개혁을 뒤로 미루는 바람에 1917년에 발발한 볼셰비키혁명과 함께 비극적인 최후를 맞이했다.

그러나 미래에 유전자치료법이 개발되면 낭포성 섬유증(북유럽인), 테이-삭스병(Tay-Sachs disease, 동유럽 유태인), 겸상적혈구빈혈(아프리카계 미국인) 등 5,000여 종에 달하는 유전병을 치료할 수 있을 것이다. 유전자 하나가 변이를 일으켜 나타나는 다양한 질병들은 가까운 미래에 치료법이 개발될 것으로 예상된다.

유전자치료에는 체세포치료법과 생식세포치료법의 두 가지 형태가 있다.

체세포치료법은 한 개인의 손상된 유전자를 치료하는 방법으로, 당사자가 죽으면 치료효과도 끝난다. 반면에 생식세포치료법은 생식세포의 유전자에 수정을 가하는 방법으로, 다소 논란의 여지가 있긴 하지만 치료효과가 후대에 영원히 전달된다는 장점이 있다.

유전병을 치료하려면 '오래 걸리지만 확실한' 길을 따라가야 한다. 제일 먼저 할 일은 유전병을 앓는 사람을 찾아서 여러 세대에 걸쳐 그의 가계를 추적하는 것이다. 이들의 유전자를 일일이 분석하여 손상된 유전자의 정확한 위치를 알아내야 한다.

그다음에 동일한 부위의 건강한 유전자를 구하여 매질(보통 무해한 바이러스를 사용한다)에 삽입한 후 환자에게 주입하면 바이러스가 환자의 세포에 건강한 유전자를 전달하여 병을 치료한다. 2001년까지 전 세계에서 시도된 유전자치료법은 거의 500가지에 달했다.

그러나 그후로 지금까지는 다소 정체된 상태이다. 한 가지 문제는 환자의 몸이 '좋은 유전자를 배달하는 바이러스'를 유해한 것으로 오인하여 공격을 가한다는 것이다. 이렇게 되면 제대로 된 치료효과를 기대할 수 없다. 또 다른 문제는 표적세포에 좋은 유전자 바이러스가 충분히 전달되지 않으면 적절한 단백질이 충분히 만들어지지 않는다는 것이다.

이런 문제에도 불구하고 지난 2000년에 프랑스의 과학자들은 몸의 면역체계가 작동하지 않는 상태로 태어난 중증 복합면역결핍장애(SCID) 환자들을 치료할 수 있다고 공언했다. 이 병을 앓고 있는 아이들은 평생을 살균된 방이나 캡슐 안에서 살아가야 한다. 면역체계가 작동하지 않는 아이들은 아무리 사소한 병에 걸려도 목숨이 위태로워진다. 이들의 면역세포에 새로운 유전자를 주입하면 면역체계가 정상 작동하도록 유도할 수 있다.

그러나 1999년에 펜실베이니아대학에서 한 환자가 유전자치료를 받던 중 사망하는 사건이 발생하면서 의학계 전체에 자성의 소리가 높아졌다. 1,100명의 환자들에게 동일한 치료법을 적용하다가 최초로 사망자가 발생한 것이다. 2007년에는 특정 종류의 SCID 치료를 받은 환자 10명 중 4명이 백혈병 증세를 보이는 등 심각한 부작용이 드러났다. 현재 이 분야의 과학자들은 암 유발 유전자를 자극하지 않고 손상된 유전자만 치료하는 방법을 주로 연구하고 있는데, 지금까지 17명의 SCID 환자들이 부작용(암) 없이 치료되었다.

유전자치료의 목적 중 하나는 암을 치료하는 것이다. 일상적으로 발견되는 암의 절반은 p53 유전자가 손상되어 나타난 결과이다. p53은 길이가 매우 길고 구조가 복잡해서 환경이나 화학적 요인에 의해 손상되기 쉽다. 그래서 대부분의 실험실에서는 환자의 몸에 건강한 p53 유전자를 주입하는 실험이 진행 중이다. 예를 들어 흡연은 p53 유전자 중 잘 알려진 세 부분에 변이를 유발한다고 알려져 있다. 그러므로 손상된 p53 유전자를 새것으로 대치하면 폐암 발생률을 줄일 수 있을 것으로 예상된다.

지금도 유전자치료는 서서히, 그러나 꾸준하게 발전하고 있다. 메릴랜드에 있는 국립보건원의 과학자들은 2006년에 '살해 T세포(killer T cell)'에 변화를 주어 특정 암세포를 공격하게 함으로써 피부암의 일종인 전이성 흑색종을 치료하는 데 성공했다. 이것은 유전자치료가 특정 암을 치료하는 데 효과적임을 보여주는 첫 번째 사례로 기록되었다. 그리고 2007년에 런던 무어필즈 안과병원(Moorfields Eye Hospital)의 의사들은 유전자치료법을 이용하여 선천성 망막질환(RPE65 유전자의 변이로 나타나는 병)을 치료하기도 했다.

그런가 하면 부부들 중에는 유전자치료법이 완성될 때까지 기다리지 않고 자손에게 물려줄 유전자를 스스로 선택하는 경우도 있다. 체외수정을 통해 여러 개의 배아를 생성한 뒤 각 배아의 유전병 여부를 검사하여 가장 건강한 배아를 자궁에 착상시키는 것이다. 이렇게 하면 신생아의 유전병을 원천 봉쇄할 수 있으므로 굳이 비싼 유전자검사를 할 필요가 없어진다. 현재 이 방법은 테이–삭스병 환자들이 많은 브룩클린의 정통 유대교도를 대상으로 실행되고 있다.

그러나 한 가지 질병만은 21세기 끝까지 인류를 위협할 것이다. 그것은 바로 지난 세월 동안 수많은 사람들의 생명을 빼앗아간 '암'이다.

암과 더불어 살아가기

1971년, 당시 미국 대통령이었던 리처드 닉슨은 수많은 군중들 앞에서 '암과의 전쟁'을 진지하게 선포했다. 그는 "제 아무리 암이라 해도 돈을 들이면 치료법이 곧 개발될 것"이라고 자신있게 말했다. 그러나 40년이 지난 지금, 암 치료법 개발에 2,000억 달러를 쏟아부었음에도 불구하고 암은 미국인 사망원인의 2위 자리를 굳건하게 지키고 있다(미국인 사망자의 25퍼센트는 암으로 죽는다).

1950~2005년 사이에 암 환자의 사망률은 (나이 등 여러 요인들을 감안했을 때) 겨우 5퍼센트밖에 줄지 않았다. 올 한 해에도 56만 2,000명의 미국인이 암으로 사망할 예정이다. 하루에 1,500명이 넘는 숫자다. 암 발생률은 몇 가지 형태의 질병에서만 떨어졌을 뿐 대부분은 거의 변하지 않았다. 게다가 암의 치료과정에는 독극물, 절단, 레이저주사 등 극단적인 방법이 동원되어 환자에게 극심한 고통을 안

겨준다. 일각에서는 "암과 치료, 둘 중 어느 쪽이 더 해로운가?"라는 의문을 제기하는 사람도 있다.

지금 우리는 무엇이 잘못되었는지 알고 있다. 유전공학 혁명이 일어나기 전인 1971년에는 암의 원인이 전혀 알려지지 않았었다.

지금 과학자들은 암이 유전자 때문에 나타나는 질병임을 잘 알고 있다. 겉으로 드러난 원인이 바이러스이건, 화학물질이나 방사능이건, 또는 순전히 우연이건 간에 암은 적어도 4개 이상의 유전자에 변이가 생겨서 '정상적인 세포가 죽는 방법을 잊었기 때문에' 생기는 병이다. 통제능력을 잃은 세포는 자기복제를 무한정 반복하고 결국 환자를 죽음으로 몰아가게 된다. 그런데 4개 이상의 유전자에 변형이 생길 때까지 시간이 걸리기 때문에, 암 환자들은 암의 징후가 최초로 발생한 후 수십 년이 지나서 사망하는 경우가 많다. 예를 들어 강한 햇빛에 피부를 자주 노출시킨 사람은 그렇지 않은 사람보다 수십 년 후에 피부암에 걸릴 가능성이 높다. 다른 유전자들이 변형되어 세포가 '암 진행 모드'로 접어들 때까지 시간이 걸리기 때문이다.

암 유전자는 최소 두 가지 타입이 있다. 자동차의 가속페달 역할을 하는 발암유전자(oncogene)와 브레이크 역할을 하는 종양억제유전자(tumor suppressor)가 그것이다. 발암유전자는 가속페달을 계속 밟아 통제를 잃은 자동차처럼 세포를 무한정 만들어낸다. 반면에 종양억제유전자는 세포의 생성을 억제하기 때문에 여기에 손상이 생기면 세포의 무한생성을 막을 수 없게 된다.

다양한 암을 유발하는 일련의 유전자들을 규명하기 위해 시작된 암 게놈 프로젝트(Cancer Genome Project)는 인간게놈 프로젝트보다 100배 이상 야심차고 대담한 프로젝트이다.

암 게놈 프로젝트를 진행하던 과학자들은 오랜 연구 끝에 2009년에 피부암 및 폐암과 관련된 첫 번째 결과를 발표했는데, 그 내용이 매우 충격적이었다. 웰컴 트러스트 생어 연구소(Wellcome Trust Sanger Institute)의 마이크 스트래튼(Mike Stratton)은 이렇게 말했다. "그것은 암을 바라보는 우리의 관점을 완전히 바꿔놓았다. 그런 형태의 암은 한 번도 본 적이 없었다."

폐암세포에서는 무려 2만 3,000가지의 변이가 발견되었으며, 흑색종(피부암의 일종)세포의 변이는 3만 3,000가지였다. 이는 곧 담배 15개비를 피울 때마다 하나의 변이가 유발된다는 것을 의미한다 (전 세계에서 매해 100만 명이 폐암으로 사망하고 있는데, 주원인은 흡연으로 추정된다).

프로젝트의 목적은 100종류가 넘는 암을 유전학적으로 분석하는 것이다. 우리 몸을 이루는 다양한 조직들은 언제라도 암으로 변형될 수 있으며, 개개의 암세포에는 수만 가지의 변이가 존재한다. 암을 규명하려면 수만 개의 변이 중에서 어떤 것이 세포의 기능을 마비시켰는지 알아내야 하므로, 하나의 암을 유전학적으로 분석하는 데 수십 년이 걸린다. 앞으로 과학자들은 여러 가지 암의 치료법을 개발하겠지만 모든 암을 정복하지는 못할 것이다. 암은 하나의 질병이 아니라 여러 질병의 집합이기 때문이다.

앞으로 개발될 암 치료법은 모두 분자와 유전자 수준에서 이루어질 것이다. 그중 일부를 소개하면 다음과 같다.

- 종양에 피 공급을 억제하여 성장을 억제하는 혈관생성 방해제 (antiangiogenesis)

- 스마트 폭탄처럼 암세포만을 골라서 공격하는 나노입자
- p53 유전자에 초점을 맞춘 유전자치료법
- 암세포에만 작용하는 신약
- 암 유발 바이러스를 죽이는 백신[예를 들어 자궁경부암은 인유두종 바이러스(human papillomavirus, HPV) 때문에 발생한다]

안타깝게도 모든 암을 죽이는 '마술탄환' 같은 것은 없다. 설령 있다고 해도 우리 능력으로 찾기는 어려울 것이다. 그보다는 주변 곳곳에 DNA칩을 설치하여 몸 안의 암세포를 수시로 확인하고 종양을 조기에 발견하여 사망률을 낮추는 쪽으로 가게 될 것 같다.

노벨상 수상자인 데이비드 볼티모어는 이렇게 말했다. "암이란 우리가 개발한 치료법과 끊임없이 전쟁을 벌이는 세포군단이다."

조금 먼 미래(2030~2070년)

발전을 거듭하는 유전자치료

유전자치료를 연구하는 사람들은 몇 번의 실패에도 불구하고 향후 수십 년 동안 꾸준한 진전이 이루어질 것으로 굳게 믿고 있다. 그동안 동물을 대상으로 해왔던 실험들은 점차 사람에게 적용될 것이고, 21세기 중반이 되면 유전자치료법이 유전병 치료의 표준으로 자리잡을 것이다.

지금까지의 유전자치료법은 유전자 하나가 변이를 일으켰을 때

나타나는 질병을 주로 다루었다. 그러나 당뇨병, 정신분열, 알츠하이머, 파킨슨병, 심장병 등 대부분의 질병은 여러 개의 유전자변이와 환경적 요소들이 복합적으로 작용한 결과이기 때문에 다루기가훨씬 어렵다. 이런 병들도 유전자의 명확한 패턴이 존재하지만, 유전자 하나 때문에 발생하지는 않는다. 예를 들어 일란성 쌍둥이 중한 사람만 정신분열을 앓고 다른 쪽은 정상인 경우도 있다.

지난 여러 해 동안 과학자들은 가족의 유전자를 추적하면 정신분열을 유발하는 유전자를 찾아낼 수 있다고 생각해왔다. 그러나 최근의 연구사례를 보면 그렇지 않은 경우도 많이 발견된다. 따라서 기존의 생각이 틀렸거나 정신분열을 야기하는 유전자가 생각보다 많을 수도 있다(환경적 요인도 무시할 수 없을 것이다).

21세기 중반이 되면 적어도 하나의 유전자 때문에 생기는 질병들은 유전자치료법으로 완치될 가능성이 크다. 그러나 환자들은 유전자를 수리하는 데 만족하지 않고 기능까지 개선되기를 바랄지도 모른다.

디자인된 아기

21세기 중반의 과학자들은 손상된 유전자를 고치는 단계를 넘어 유전자를 개선하는 수준에 이를 전망이다.

슈퍼맨 같은 능력을 갖고 싶은 욕망은 그리스와 로마신화에서 시작되어 지금까지도 사람들의 뇌리 속에 남아 있다. 신화 속 인물들 중 가장 위대한 영웅이자 가장 큰 유명세를 타고 있는 헤라클레스는 훈련과 식이요법으로 초능력을 얻은 것이 아니다. 그저 아버지인 제우스신으로부터 특별한 유전자를 물려받았을 뿐이다. 신들의 제왕인 제우스는 어느 날 빼어난 미모의 인간 여성 알크메네를 보고 첫눈에 마음을 빼앗긴다. 알크메네는 유부녀였기에 제우스는 그녀의 남편으로 위장하고 접근하여 함께 밤을 보냈고, 그날 이후로 알크메네는 아이를 갖게 된다. 제우스는 배 속의 아기가 훗날 위대한 전사가 될 것이라고 예언했다. 그러나 제우스의 본처인 헤라가 이 사실을 알고 격분하여 알크메네를 육체적으로 학대했고, 그녀는 거의 죽기 직전에 덩치가 유난히 큰 사내아이를 낳는다. 이렇게 신과 인간의 혼혈로 태어난 헤라클레스는 제우스의 힘을 고스란히 물려받아 훗날 숱한 무용담을 낳게 된다.

미래에 과학이 아무리 발달해도 신의 유전자를 창조할 수는 없겠지만, 초인적 능력을 발휘하는 유전자를 만들어낼 수는 있다. 그리고 헤라클레스가 어렵게 태어난 것처럼, 이 기술을 구현하려면 수많은 난관을 극복해야 한다.

21세기 중반이 되면 '디자인된 아기'가 실현될 것이다. 하버드대학의 생물학자 윌슨(E. O. Wilson)은 이렇게 말했다. "호모 사피엔스(Homo sapiens)는 그들을 이 땅에 생존케 했던 자연선택에 의해 사라질 때가 되었다…… 이제 우리는 자신의 속을 깊이 들여다보고 무엇이 되고 싶은지 결정해야 한다."

이미 과학자들은 기본적 기능을 하는 유전자들을 골라내고 있다. 예를 들어 쥐의 기억력과 성취동기를 높이는 '똑똑한 쥐 유전자'는 1999년에 규명되었다. 이 유전자를 가진 쥐는 다른 쥐보다 기억력이 좋고 미로를 빠져나오는 능력도 뛰어나다.

프린스턴대학의 조셉 치엔(Joseph Tsien)과 그의 동료들은 유전자

변형 쥐를 만들어 학계의 이목을 끌었다. 그는 쥐의 전뇌(前腦, 두뇌의 제일 앞쪽 부분)에서 신경전달물질 N-메틸-D-아스파르트(N-methyl-D-aspartate, NMDA)를 생성하는 유전자 NR2B에 변형을 가하여 똑똑한 쥐 '두기마우스(Doogie mouse)'를 탄생시켰다(TV 드라마 〈천재소년 두기(Doogie Howser, MD)〉에서 따온 이름이다).

두기마우스는 여러 가지 테스트에서 일반 쥐들보다 월등한 성적을 올렸는데, 예를 들면 다음과 같은 식이다. 커다란 용기에 불투명한 액체를 가득 담고 수면 바로 아래에 조그만 받침대를 설치해놓는다. 여기에 보통 쥐를 담그면 받침대에 잠시 올라서긴 하지만 곧 그 존재를 잊어버리고 용기 속을 이리저리 허우적대며 돌아다닌다. 그러나 두기마우스는 처음부터 받침대가 있는 곳을 향해 직선거리로 헤엄쳐서 그 위에 가뿐하게 올라선다. 그리고 보통 쥐에게 낡은 물건을 보여준 후 같은 종류의 새 물건을 보여주면 별 관심을 보이지 않지만, 두기마우스는 그 차이를 인식하고 즉각적으로 반응을 보인다.

그러나 무엇보다 중요한 것은 과학자들이 똑똑한 쥐 유전자의 작동원리를 이해했다는 점이다. 즉, 이들은 시냅스(synapse, 신경세포의 연접부위)를 통제하는 데 성공했다. 두뇌를 복잡하게 나 있는 고속도로에 비유했을 때 이 시냅스는 톨게이트에 해당한다. 통과료가 너무 비싸면 차들이 지나갈 수 없어서 신호전달이 중단되고, 통과료가 싸면 소통이 원활하여 두뇌신호가 잘 전달된다. NMDA 같은 신경전달물질은 시냅스의 통과료를 낮춰서 신호전달을 원활하게 만들어준다. 두기마우스는 두 개의 NR2B 유전자 복사본을 갖고 있는데, 이들이 NMDA의 생성을 촉진하여 두뇌의 기능이 향상되는 것이다.

이 똑똑한 쥐들은 "신경경로가 강화될수록 학습효과가 뚜렷하게 나타난다"는 헤브의 법칙의 타당성을 입증하고 있다. 특히 이 경로들은 두 신경섬유 사이의 신호전달을 원활하게 만들어주는 시냅스를 통제함으로써 강화될 수 있다.

이 결과는 '학습'의 특별한 성질을 설명해준다. 모든 동물의 학습능력이 나이가 들수록 떨어지는 이유는 노화와 함께 NR2B 유전자의 활동성이 떨어지기 때문이다.

마이티마우스 유전자

쥐의 근육량을 늘려주는 '마이티마우스 유전자'도 발견되었다. 이유전자는 근육이 큰 쥐에서 최초로 발견되었으나, 지금은 미오스테인 유전자(myostain gene)가 균형적인 근육성장을 제어한다는 사실이 잘 알려져 있다. 그러나 1997년에 과학자들은 미오스테인 유전자가 없으면 근육이 대책 없이 자라난다는 사실을 알게 되었다.

그 무렵에 독일의 과학자들은 다리 위쪽 부분과 팔 부위에 비정상적인 근육을 가진 한 소년에게 관심을 돌렸다. 소년의 몸을 초음파로 분석해보니 팔과 다리의 근육이 정상인의 두 배로 나타났다. 이들은 프로 육상선수였던 어머니의 유전자를 추적하다가 두 모자 사이에 비슷한 유전자 패턴을 찾아냈다(소년의 혈액에서는 미오스테인이 발견되지 않았다).

존스홉킨스 의과대학(Jones Hopkins Medical School)의 과학자들은 이 사실에 근거하여 퇴행성 근육질환을 앓고 있는 환자들에게 도움을 주기 위해 임상실험 희망자를 모집했는데, 연구실에 걸려온 전화의 절반은 무조건 근육을 키우고 싶어 하는 바디빌더들이었다. 아마도 이들은 스테로이드를 복용하여 빠르게 성공을 거둔 아놀드 슈왈츠제네거에게 영향을 받았을 것이다(그는 과거 약물복용 사실을 인정했다). 그후로 미오스테인 유전자에 대한 관심이 증폭되면서 올림픽위원회도 과학자들에게 특별검사를 의뢰해왔다. 선수들이 상습적으로 복용하는 스테로이드는 약물검사를 통해 쉽게 검출되지만, 위에 언급된 새로운 방법은 유전자와 단백질이 관련되어 있기 때문에 검출하기가 쉽지 않다.

출생 후 다른 환경에서 자란 일란성 쌍둥이들은 유전자에 기인한 공통적 특성을 여러 개 갖고 있다. 과학자들은 여러 쌍둥이를 분석한 결과, 행동거지의 50퍼센트는 유전자에 의해 결정되고 나머지 50퍼센트가 환경에 의해 결정된다고 결론지었다. 특히 기억력과 언어추리력, 공간추리력, 사고의 속도, 외향성 등은 대부분 유전자에 의해 결정된다.

복잡한 원인에 기인한다고 생각했던 행동들 중 상당수도 유전자 때문인 것으로 밝혀졌다. 예를 들어 초원들쥐(prairie vole)는 평생을 일부일처로 살아가는 반면, 실험용 생쥐는 짝짓기를 할 때 상대를 가리지 않는다. 에모리대학의 래리 영(Larry Young)은 "초원들쥐의 특정 유전자를 생쥐에게 주입하면 생쥐도 평생 일부일처로 살아간다"는 사실을 실험으로 확인함으로써 세상을 놀라게 했다. 개개의 동물들은 뇌 펩티드(brain peptide)에 각기 다른 버전의 수용체를 갖고 있어서, 사회적 행동거지와 찍짓기 습관이 다르게 나타난다. 래리 영은 초원들쥐의 이 수용체에서 유전자를 채취하여 생쥐에게 주입했고, 유전자에 변형이 생긴 생쥐는 원래의 본능과 달리 평생 동안 일부일처를 고집했다.

래리 영은 "일부일처와 같이 복잡한 사회적 습성은 오랜 진화를 통해 하나가 아닌 여러 개의 유전자와 관련되어 있을 것이다……그러나 유전자 하나를 바꾸면 어떤 식으로든 행동에 영향을 미치는 것도 사실이다"라고 말했다.

우울함과 행복함도 유전자에 기인한 감정이다. 비극적인 사고를 당해도 여전히 행복한 사람들이 있다는 것은 오래전부터 알려진 사실이다. 이들은 자신 때문에 다른 사람들이 피해를 보는 경우에도 항상 밝은 면만 바라본다. 또한 이들의 몸은 보통사람보다 대체로 건강하다. 하버드대학의 심리학자인 대니얼 길버트(Daniel Gilbert)는 나에게 "이 현상을 설명할 수 있는 이론이 있다"고 귀띔했다. 그 이론에 의하면 모든 사람은 각기 다른 '행복 기준점'에서 태어난다고 한다. 그후 이 기준점은 일상생활을 겪으면서 오락가락하지만, 전체적인 평균치는 출생시의 기준점에서 크게 벗어나지 않는다. 이 이론이 맞다면 만성적인 우울증을 앓고 있는 환자에게 약물이나 유전자 치료를 적용하여 타고난 기준점을 이동시킬 수 있을 것이다.

생명공학의 부작용

21세기 중반이 되면 과학자들은 인간의 성격을 좌우하는 여러 유전자들을 골라내서 변형을 가할 수 있게 될 것이다. 그러나 이로부터 인간이 즉각적인 혜택을 누릴 수 있는 것은 아니다. 예상치 못한 결과와 다양한 부작용을 없애려면 수십 년의 세월이 추가로 소요된다.

트로이전쟁의 영웅 아킬레스는 불사신이었지만 치명적인 약점이 있었다. 어릴 적에 그의 어머니가 스틱스(Styx) 강에 그의 몸을 담가 불사신으로 만들었는데, 그때 아킬레스의 발목을 잡은 채로 담그는 바람에 뒤꿈치가 강물에 닿지 않았던 것이다. 나중에 그는 트로이전쟁에서 바로 그 부위에 화살을 맞고 전사한다.

오늘날 과학자들이 실험실에서 만든 창조물도 아킬레스건처럼 숨겨진 약점이 있을지도 모른다. 예를 들어 기억력과 수행능력이 향상된 '똑똑한 쥐'는 지금까지 33종이 만들어졌는데, 가끔씩 몸이 마비되는 부작용을 보인다. 또는 이들의 몸에 약간의 전기충격을 가하면 극심한 공포에 떨기도 한다. 똑똑한 쥐를 만든 UCLA의 알치노 실바(Alcino Silva)는 그 원인이 "너무 많은 것을 기억하고 있기 때문"이라고 했다. 지금까지 알려진 바에 의하면, 인간이 세상에 적응하고 지식을 체계화하는 데 기억력 못지않게 '망각'도 중요한 역할을 한다. 지식을 체계화하려면 머릿속에 들어 있는 상당량의 파일을 버려야 한다는 것이다.

1920년대에 러시아의 신경과의사 루리아(A.R. Luria)가 집중적으로 연구했던 '기억력의 달인'도 이와 비슷한 경우였다. 그 사람은 단테의 《신곡》을 단 한 번 읽고 책에 적혀 있는 모든 단어를 외울 수 있었다. 그러나 그 내막을 들여다보면 그다지 감탄할 일이 아니다. 신문기자라면 이런 능력이 도움이 되겠지만, 정작 본인은 비유적인 표현을 전혀 이해하지 못했다. 루리아는 연구보고서에 다음과 같이 적어놓았다. "그는 한 문장을 읽고 어떤 이미지를 떠올리는데, 이것이 비유적 표현에서 연상되는 또 다른 이미지와 충돌을 일으켜 문장의 숨은 뜻을 이해하지 못한다. 이 점은 아무리 훈련을 해도 개선되지 않았다."

과학자들은 기억력과 망각 사이의 균형이 중요하다고 믿고 있다. 너무 많이 잊으면 과거의 실패나 좌절감과 함께 애써 습득한 기술까지 잊게 된다. 그 반대로 너무 많이 기억하면 중요한 정보와 함께 과거에 겪었던 모든 좌절과 슬픔이 수시로 떠올라 아무것도 할 수 없을 것이다. 그러므로 기억과 망각이 적절한 조화를 이루어야 최상의 이해력이 발휘된다.

바디빌더와 운동선수들은 오래전부터 자신에게 명성을 안겨줄 약물과 치료법에 관심을 가져왔다. 예를 들어 에리트로포이에틴(erythropoietin, EPO, 근육지구력 강화 약물)은 산소를 함유한 적혈구를 다량으로 생성하여 근육의 지구력을 향상시켜준다. 그러나 EPO를 투여하면 피의 농도가 진해지기 때문에 뇌졸중이나 심장마비에 걸릴 수도 있다. 또한 인슐린유사성장인자(insulin-like growth factors, IGF)는 단백질을 자극하여 근육을 키워주지만 종양이 자라나는 부작용이 있다.

유전자 개선요법을 법으로 금지할 수는 있어도 근절시키기는 어렵다. 예를 들어 부모가 자식에게 좋은 것을 주고 싶어 하는 것은 오랜 진화를 거치면서 유전자에 각인된 제1의 행동강령이다. 그래서 많은 부모들은 자신의 아이에게 피아노, 바이올린, 발레, 운동 등 많은 것을 가르치려고 애쓴다. 그러나 생명공학이 발달하면 아이들의 기억력과 집중력, 운동신경, 심지어는 외모까지 개선시키려 할 것이다. 이웃집 아이가 유전자요법을 통해 학습능력이 일취월장했다는 소문을 들으면 자신의 아이도 같은 요법을 받게 해주고 싶을 것이다. 이것을 무슨 수로 말리겠는가?

그레고리 벤포드(Gregory Benford)는 이렇게 말했다. "외모가 뛰어난 사람은 모든 일을 잘 해내는 경향이 있다. 갈수록 치열해지는 이 세상에서 자기 아이들의 경쟁력을 높이고 싶지 않은 부모가 어디 있겠는가?"

21세기 중반이 되면 유전자개선 치료법이 성행할 것이다. 사실, 태양계를 탐사하고 척박한 행성에서 임무를 수행하려면 어쩔 수 없이 유전자를 개선해야 한다.

일부 사람들은 "더 건강하고 행복한 삶을 누릴 수 있다면 당연히 유전자를 개선할 필요가 있다"고 주장한다. 심지어는 미용을 위해 유전자개선을 허용해야 한다고 주장하는 사람도 있다. 이런 추세는 과연 어디까지 갈 것인가? 아무리 제재를 가해도 유전자개선으로 외모와 능력을 향상시키려는 사람들의 욕심을 진정시킬 수는 없을 것이다. 인류가 '돈을 들여 개선된 인간'과 '그렇지 않은 가난한 인간'으로 나뉘기를 바라는 사람은 없겠지만, 이 기술을 어느 수준까지 밀어붙일 것인지는 민주적으로 결정되어야 한다.

내가 보기에 미래에는 유전자개선이 질병을 치료하거나 삶의 질을 향상시키는 목적으로 사용될 것이며, 단순한 미용을 목적으로 하는 유전자개선은 법으로 금지될 것 같다. 그러나 외모가 개선되기를 원하는 사람들은 항상 있을 것이므로 치료 자체가 법망을 피해 암거래될 가능성이 높다. 앞으로 우리는 극히 일부사람들만 유전자개선의 혜택을 보는 사회에 익숙해져야 할 것이다(그러나 평균적인 사람은 시술을 받을 수 없도록 금지한 상태에서 극히 열등한 사람이 합법적인 시술을 받아 평균 이상의 능력을 갖게 된다면, 그것을 평등하다고 생각할 사람은 없을 것 같다 — 옮긴이).

어쨌거나 유전자개선 때문에 재앙이 닥치지는 않을 것이다. 외모

개선을 위한 성형수술은 지금도 누구나 할 수 있으므로 굳이 유전자 시술까지 받을 필요는 없다. 그러나 유전자개선으로 개인의 성격을 바꾼다는 것은 매우 위험한 발상이다. 성격이란 수많은 유전자들이 복잡한 상호작용을 주고받으면서 발현되는 것이기 때문에, 그들 중 몇 개를 건드리면 예상치 못한 결과가 초래될 수 있다. 이런 부작용을 모두 제거하려면 수십 년은 족히 걸린다.

그렇다면 유전자개선의 최상급이라 할 수 있는 '수명연장'은 어디까지 왔을까?

먼 미래 (2070 ~ 2100년)

나이 거꾸로 먹기

역사에 등장하는 모든 왕들과 정복자들은 왕국 전체를 쥐고 흔들 만한 권력을 쥐고 있었지만 결코 제어할 수 없는 공통의 난적이 있었으니, '노화'가 바로 그것이었다. 영원히 죽지 않는 삶, 즉 영생의 비결은 인류가 가장 오랫동안 찾아온 최고의 희망사항이었다.

성경에 의하면 신은 6일 만에 이 세상을 창조했다. 그는 마지막 날 인간인 아담과 이브를 만들면서 지식의 사과를 따먹지 말라고 금지령을 내렸는데, 이들이 명령을 어기는 바람에 에덴동산에서 쫓겨났다. 신은 아담과 이브가 지식을 이용하여 영생의 비밀을 알게 되면 그들 스스로 신이 되겠다고 나설까봐 걱정스러웠던 것이다. 이것은 결코 내 개인적인 생각이 아니다. 구약성서 창세기 3장 22절을 보면 다음과 같이 적혀 있다. '보라, 인간이 선과 악을 깨달아 우리 (신)와 같이 되려 했다. 이제 그가 손을 들어 생명의 나무열매까지 따먹고 영원히 살까 걱정되노라.'(한글판 성경의 문체가 다소 추상적이어서 영문판을 그대로 직역했다 — 옮긴이)

인류역사를 통틀어 가장 오래된 이야기 중 하나인 〈길가메시 서사시(The Epic of Gilgamesh)〉는 기원전 27세기에 살았던 메소포타미아의 영웅 길가메시의 모험담을 담고 있다. 길가메시는 가장 가까웠던 친구 엔키두의 갑작스런 죽음을 계기로 영생을 찾아 긴 모험을 떠난다. 그는 여행길에서 어떤 현자와 그의 부인이 신으로부터 영생을 얻었다는 소문을 듣고 찾아갔는데, 알고 보니 그는 대홍수에서 살아남은 유일한 생존자였다. 길가메시는 그 현자의 도움을 받아 영원한 삶을 보장한다는 불로초를 어렵게 손에 넣지만, 잠시 방심한 사이 뱀이 그것을 먹어버리는 바람에 비탄에 잠긴 채 고향으로 돌아온다.

〈길가메시 서사시〉는 인류가 남긴 가장 오래된 기록이므로, 역사학자들은 《호머(Homer)》와 《오디세이(Odyssey)》를 쓴 그리스의 작가들과 성경의 '노아의 홍수' 이야기도 〈길가메시 서사시〉의 영향을 받은 것으로 짐작하고 있다.

기원전 200년경에 중국대륙을 통일했던 진시황제를 비롯하여 고대에 막강한 권력을 휘둘렀던 대부분의 왕들은 젊음의 원천을 찾기 위해 거대한 함대를 사방에 파견했으나, 아무런 소득도 거두지 못했다(전해지는 소문에 의하면 진시황제는 불로초 탐사대를 파견하면서 "실패하면 돌아오지 말라"는 특명을 내렸다고 한다. 결국 이들은 불로초를 찾지 못했고, 빈손으로 돌아가면 처벌 받을 것이 뻔했기에 하는 수 없이 일본에 정착했다. 한편 진시황제는 그들을 사기꾼이라고 비난하면서 그와 관련된 사람들을 잡아들였는데, 이로부터 바로 그 악명 높은 분서갱유焚書坑儒가 시작되었다).

지난 수십 년 동안 과학자들은 인간의 수명을 인위적으로 늘일 수 없다고 생각했다. 그러나 몇 년 전부터 놀라운 실험결과가 속속 발표되면서 이와 같은 통념은 더 이상 발붙일 곳이 없게 되었다. 한때 이 분야에서 찬밥신세를 면치 못했던 노인학(gerontology)은 지금 최고의 이슈로 부상하여 수억 달러의 연구기금이 조성되었으며, 관련 상품도 다양하게 개발되고 있다.

인간은 왜 늙는가? 노화를 방지하거나 늦출 수는 없을까? 해답의 열쇠는 유전학이 쥐고 있다. 일반적으로 동물의 수명은 종마다 다르다. 예를 들어 우리의 DNA는 유전학적으로 가장 가까운 친척인 침팬지와 98.5퍼센트가 똑같지만, 평균수명은 인간이 1.5배나 길다. 따라서 둘 사이의 유전자 차이를 분석하면 우리가 침팬지보다 오래 사는 이유를 알 수 있다.

과학자들은 노화의 비밀을 밝히기 위해 다양한 실험을 수행해왔고, 여기서 얻은 결과들이 어떤 하나의 일관성을 보이면서 '통일된 노화이론'이 탄생했다. 이제 과학자들은 노화의 원인을 잘 알고 있다. 노화란 세포에 다양한 형태의 '오류'가 누적되면서 나타나는 현상이다. 예를 들어 우리 몸은 신진대사를 하면서 자유라디칼(free radical, 대사과정에서 생성되는 산소화합물)과 산화물을 생성하는데, 이들이 세포의 세밀한 역학체계에 손상을 입혀 노화가 일어나는 것이다.

이 유전적 오류가 누적되는 것은 '계의 총 엔트로피(entropy, 무질서도)는 항상 증가한다'는 열역학 제2법칙의 결과이다. 금속에 녹이 슬고, 오래된 음식이 부패하고, 생명체가 늙는 것은 피할 수 없는 우주의 섭리이다. 그 무엇도 열역학 제2법칙에서 예외가 될 수 없다. 들판에 핀 야생화에서 인간의 육체에 이르기까지, 심지어는 우주 자체도 서서히 시들다가 죽어갈 운명이다.

그러나 여기에도 빠져나갈 구멍은 있다. 항상 증가하는 것은 그냥 엔트로피가 아니라 '총 엔트로피(total entropy)'이다. 따라서 한 지역의 (부분)엔트로피는 감소할 수도 있다. 다만, 그 대가로 주변의 엔트로피가 급증하여 결국 총 엔트로피는 증가하게 된다. 생명의 경우도 마찬가지다. 사람은 나이를 거꾸로 먹을 수 있다. 그 대가로 다른 어디선가 엔트로피가 급증하겠지만, 젊어지는 것을 금지하는 원리는 없다(오스카 와일드Oscar Wild의 소설 〈도리언 그레이의 초상The Picture of Dorian Gray〉에도 이와 비슷한 내용이 나온다. 주인공 그레이는 신기하게도 늙지 않지만, 초상화 속의 자신은 날이 갈수록 추하게 늙어간다. 굳이 따지자면 실물과 그림 속 인물의 '나이의 합'이 항상 증가하는 셈이다). 엔트로피법칙은 냉장고에서도 볼 수 있다. 냉장고 내부의 온도가 떨어질수록 그곳의 엔트로피는 감소한다. 그러나 온도를 낮추려면 냉장고 뒤에 모터가 있어야 하고, 모터가 작동되면 어쩔 수 없이 열이 발생한다. 즉, 냉장고 안에서는 엔트로피가 감소하지만 바깥쪽의 엔트로피가 증가하여 결국 총 엔트로피는 증가하게 된다(그래서 냉장고 뒤쪽은 항상 뜨겁다).

노벨상 수상자인 리처드 파인만(Richard Feynman)은 이런 말을 한 적이 있다. "생물학 책 어디를 뒤져봐도 '반드시 죽어야 한다'는 법칙은 없다. 죽음이라는 우주적 질병을 극복하는 것은 오직 시간문제일 뿐이다. 나는 생물학자들이 단명한 육체의 치유법을 개발해줄 것으로 믿는다."

여성의 성호르몬인 에스트로겐도 열역학 제2법칙을 따른다. 젊은 시절에는 에스트로겐 덕분에 활력이 넘치지만, 갱년기가 되면 노화가 가속되고 사망률도 증가한다. 사실 에스트로겐은 스포츠카에 옥탄가 높은 연료를 주입하는 것과 비슷하다. 고급 휘발유를 넣으면 자동차의 성능이 향상되지만, 그 대가로 엔진이 마모되고 곳곳에 상처가 생긴다. 여성들은 에스트로겐에 의해 세포가 마모되면서 유방암에 걸릴 확률이 높아진다. 의학계에서도 몸에 에스트로겐을 주입하면 유방암의 성장이 촉진되는 것으로 알려져 있다. 따라서 여성들이 갱년기 전에 누리는 젊음도 '엔트로피의 증가'라는 대가를 요구하며, 이것은 유방암이라는 질병의 형태로 나타난다(최근 들어 여성 유방암 환자의 수가 급증하고 있는데, 그 이유를 설명하는 이론들 중 하나는(아직 논란의 여지가 있는 이론이다) 한 여성이 평생 동안 겪는 월경 횟수와 관련되어 있다. 고대의 여성들은 성인이 된 후로 꾸준히 임신을 겪다가, 갱년기가 되면 얼마 살지 못하고 곧 사망했다. 즉, 고대의 여성은 평생 동안 겪은 월경 횟수가 적어서 에스트로겐의 수치가 낮았으며, 그 결과 유방암 발생률도 비교적 낮았을 것으로 추정된다. 그러나 현대의 여성들은 초경이 빨라졌고 출산율도 한 사람당 1.5명으로 낮아졌다. 이는 현대여성이 평생 동안 겪는 월경 횟수가 과거보다 훨씬 많아졌음을 의미하며, 그에 따라 에스트로겐 수치도 과거보다 훨씬 높아져서 유방암 발생확률이 눈에 띄게 높아진 것이다).

최근 들어 과학자들은 유전자 및 노화의 비밀과 관련하여 몇 가지 감질나는 실마리를 찾아냈다. 그중 제일 눈에 띄는 내용은 평균수명보다 오래 사는 동물을 여러 세대에 걸쳐 번식시킬 수 있다는 것이다. 특히 효모균과 선충, 과실파리 등은 평균보다 오래 사는 변종을 실험실에서 배양할 수 있다. 캘리포니아대학교 어바인 캠퍼스의 마이클 로즈(Michael Rose)는 선택적 교배를 통해 과실파리의 수명을

70퍼센트까지 늘릴 수 있다고 발표하여 학계를 놀라게 했다. 그가 만들어낸 슈퍼파리('므두셀라 파리'라고 이름지었다)는 항산화제 슈퍼옥사이드 디스뮤타제(superoxide dismutase, SOD) 함유량이 일반 파리보다 많았는데, 이것은 자유라디칼에 의한 세포손상을 늦추는 역할을 한다. 1991년에 콜로라도대학의 토머스 존슨(Thomas Johnson)은 선충의 노화를 일으키는 것으로 추정되는 '에이지-1(age-1)' 유전자를 골라내어 선충의 수명을 110퍼센트까지 늘리는 데 성공했다. 그는 "인간에게도 에이지-1 같은 유전자가 있다면 이와 비슷한 원리로 수명을 늘일 수 있을 것"이라고 했다.

지금 과학자들은 하등동물의 노화와 관련된 유전자(age-1, age-2, daf-1)를 제어하는 수준까지 와 있으며, 사람도 이에 대응되는 유전자를 갖고 있다. 어떤 특정한 유전자를 활성화시키면 수명이 길어지고, 비활성화시키면 수명이 짧아진다는 이야기다.

효모균은 세대간격이 짧아서 수명이 길어지는 것을 쉽게 확인할 수 있지만, 사람은 수명이 너무 길기 때문에 실험을 통한 확인이 거의 불가능하다. 그러나 앞으로 사람의 모든 유전자정보를 CD-ROM에 담을 수 있게 되면 노화와 관련된 유전자를 찾아낼 수 있다. 그때가 되면 과학자들은 컴퓨터에 저장된 수십억 개의 유전자정보 중 젊은이와 노인의 구별기준이 되는 수백만 개의 유전자를 골라낼 수 있을 것이다. 이 두 그룹을 비교하면 어떤 유전자가 노화와 관련되어 있는지 알 수 있다. 지금까지 노화와 관련된 것으로 알려진 유전자는 모두 60개이다.

사람의 수명은 가계(家系)에 따라 다른 것으로 알려져 있다. 오래 사는 사람들을 보면 대체로 그들의 부모도 수명이 길다. 이런 경향이 두드러지게 나타나는 것은 아니지만, 데이터를 수집하여 통계를 내볼 수는 있다. 출생 직후 평생을 떨어져 살아온 일란성 쌍둥이의 수명도 환경보다는 유전적 요인에 의해 결정되는 듯하다. 그러나 인간의 수명이 오로지 유전자에 의해 결정되는 것은 아니다. 이 분야를 연구하는 과학자들은 유전자가 인간의 기대수명에 미치는 영향을 35퍼센트 정도로 평가하고 있다. 앞으로 자신의 유전자정보가 담긴 CD를 100달러 정도의 가격에 소유할 수 있게 된다면, 수백만 명의 게놈을 컴퓨터로 스캔하여 인간의 수명을 부분적으로 좌우하는 유전자를 규명할 수 있을 것이다.

컴퓨터를 이용하면 노화를 집중적으로 일으키는 유전자를 골라낼 수 있다. 예를 들어 자동차의 노화는 엔진에서 집중적으로 일어난다. 주입된 연료가 산소와 결합하여 폭발을 일으키는 곳이 바로 엔진이기 때문이다. 사람의 유전자를 분석한 결과도 이와 비슷하다. 육체의 노화는 '세포의 엔진'이라 할 수 있는 미토콘드리아에서 집중적으로 일어난다. 과학자들은 이 점에 근거하여 노화 유전자의 후보명단을 대폭 축소할 수 있었으며, 미토콘드리아 내부의 유전자를 수리하여 노화에 역행하는 방법을 연구하고 있다.

2050년이 되면 다양한 시술로 노화를 늦출 수 있을 것이다. 예를 들어 인간장기 백화점인 줄기세포로 오래된 장기를 대체할 수도 있고, 유전자치료로 노화된 유전자를 수리할 수도 있다. 이것이 실현된다면 인간의 수명은 150살까지 길어질 것이다. 그리고 2100년이 되면 세포수리 과정이 가속화되어 나이를 거꾸로 먹는 것도 가능하다. 단순히 오래 사는 것과 젊음을 오래 간직하는 것은 차원이 다른 이야기다.

열량제한

이상하게 들리겠지만, 하루에 섭취하는 열량을 어느 수준 이하로 제한하면(30퍼센트, 또는 그 이상 줄이면) 수명이 30퍼센트가량 길어진다. 지금까지 연구된 모든 생명체들(효모균, 거미, 곤충, 토끼, 개, 원숭이 등)이 이 사실을 입증하고 있다. 제한된 음식으로 연명한 동물들은 종양, 심장마비, 당뇨, 그리고 노화관련 질병의 발생률이 낮은 것으로 나타났다. 사실 열량제한은 동물 전체를 대상으로 지금까지 수행된 여러 실험들 중에서 '유일하게 검증된' 장수비결이다. 게다가 이 방법은 실패한 적이 단 한 번도 없다. 최근까지 이 사례에서 벗어난 듯이 보이는 종은 영장류뿐이었다. 사람을 비롯한 고릴라, 침팬지 등은 원래 수명이 길기 때문이다.

과학자들은 히말라야 원숭이(rhesus monkey)에게 열량제한 식이요법을 적용하면서 그 결과를 주의 깊게 관찰해오다가 드디어 2009년에 기다리던 결과를 얻었다. 위스콘신대학의 연구팀은 20년 동안 칼로리를 적게 섭취해온 원숭이들이 당뇨, 암, 심장마비 등의 질병에 걸릴 확률이 낮다는 사실을 확인했다. 이 원숭이들은 정상적인 식사를 해온 다른 원숭이들보다 건강상태가 월등하게 좋았다.

그 이유를 이론적으로 설명하면 다음과 같다. 동물이 에너지를 소비하는 패턴에는 두 가지가 있는데, 식량이 풍족한 시기에는 주로 번식행위에 에너지를 사용하고, 식량이 부족할 때는 번식을 중단한 채 에너지 소비를 최대한으로 자제한다. 동물의 세계에서는 식량부족현상이 종종 닥치기 때문에, 이럴 때는 번식을 중단하고 신진대사율을 낮춰서 수명을 늘이는 것이 상책이다. 미래의 풍족한 날을 기원하며 '대기모드'로 들어가는 것이다.

사람의 경우, 체중감량을 위해 음식섭취량을 줄이는 것은 너무나 흔한 일이다. 그러나 의도적으로 줄이는 것이 쉽지 않은데다가, 과도한 감량은 부작용을 낳을 수도 있다. 그렇다면 열량제한에 의한 부작용을 없애고 이득만 챙기는 방법은 없을까? 이것이 바로 열량제한을 연구하는 모든 학자들의 꿈이다. 두말할 것도 없이, 사람의 본능은 감량보다 체중을 늘리는 쪽을 선호한다. 겪어본 사람은 알겠지만 열량제한 다이어트는 결코 즐거운 경험이 아니다. 동물에게 열량공급을 줄이면 혼수상태에 빠지거나 움직임이 둔해지고, 심지어는 짝짓기에 대한 관심이 줄어들기도 한다. 과학자들의 관심은 식욕을 좌우하는 유전자를 찾아내서 부작용 없이 열량제한의 이점을 최대한으로 살리는 것이다.

이 분야에서 첫 번째 성과를 거둔 사람은 MIT의 레오나르드 과랑테(Leonard P. Guarante)이다. 그는 하버드대학교의 데이비드 싱클레어(David Sinclair)와 함께 효모균의 수명을 늘이는 방법을 연구하다가 열량제한에 예민하게 반응하는 SIR2 유전자를 발견했다. 이 유전자는 세포에 저장된 에너지를 수시로 체크하다가 에너지가 부족하다고 판단되면 본격적인 활동에 들어간다. 또한 과랑테와 싱클레어는 쥐와 사람에게도 SIR2에 해당하는 SIRT 유전자가 있어서 시르투인(sirtuin)이라는 단백질을 만들어낸다는 사실을 알아냈고, 시르투인이 활성화되는 과정에 레스베라트롤(resveratrol)이라는 화학물질이 관여한다는 사실도 알아냈다.

이것은 매우 흥미로운 결과이다. 왜냐하면 과학자들은 레드와인이 몸에 좋다는 '프랑스인 역설'에 레스베라트롤이 관련되어 있다고 믿어왔기 때문이다. 프랑스요리의 특징은 음식에 뿌리는 소스가 다양하다는 것인데, 대부분이 지방이나 기름으로 만든 것임에도 불구하고 프랑스인들은 정상적인 수명을 유지하고 있다. 그 이유는 아마도 프랑스 사람들이 자주 마시는 레드와인에 레스베라트롤이 다량 함유되어 있기 때문일 것이다.

과학자들은 쥐를 대상으로 한 실험에서 시르투인 활성제가 폐암과 결장암, 흑색종, 림프육종, 2형 당뇨, 심장병 등을 예방한다는 사실을 알아냈다. 만일 시르투인 효과가 사람에게도 입증된다면 의학계에 일대 혁명이 일어날 것이다.

최근 들어 레스베라트롤의 모든 특성을 설명하는 새로운 이론이 등장했다. 싱클레어의 설명에 의하면 시르투인은 특정 유전자가 활성화되는 것을 방지한다(사실은 이것이 시르투인의 주된 임무이다). 예를 들어 세포에 들어 있는 염색체 하나를 직선으로 펴면 길이가 1.8미터에 달하는데, 이 정도면 엄청나게 큰 분자구조이다. 그러나 정작 우리에게 필요한 것은 이들 중 극히 일부에 불과하며, 나머지는 비활성 상태로 남아 있다. 세포는 필요 없는 유전자를 염색체 안에 돌돌 말아서 보관하는데, 이 상태를 유지해주는 것이 바로 시르투인이라는 것이다.

가끔은 염색체의 한 가닥이 끊어지면서 전체 구조가 붕괴되는 경우도 있는데, 이럴 때는 시르투인이 나서서 손상된 염색체를 수리한다. 그러나 시르투인이 구조활동을 펼치는 동안에는 '유전자를 진정시키는' 본연의 임무에 소홀할 수밖에 없고, 그 틈을 타서 잠들어 있던 유전자들이 깨어나 유전적 혼돈을 야기한다. 싱클레어의 설명에 의하면 이것이 바로 노화의 주된 원인 중 하나이다.

만일 이것이 사실이라면 시르투인은 노화를 멈출 뿐만 아니라 거꾸로 되돌릴 수도 있다. 손상된 DNA는 고치거나 되돌릴 수 없지만, 대부분의 노화과정은 시르투인이 주임무에 소홀하여 세포의 기능이 떨어지면서 나타나는 현상이다. 싱클레어는 시르투인이 본연의 임무에 충실하도록 유도하면 노화가 거꾸로 진행될 수도 있다고 주장했다.

젊음의 원천

그런데 문제는 언론이었다. 〈오프라 윈프리 쇼〉에서 레스베라트롤과 시르투인의 효과를 소개하자 수많은 회사들이 마치 생명의 묘약이라도 발견한 것처럼 난리를 쳐댄 것이다. 이 소문은 인터넷을 타고 순식간에 전국으로 퍼졌고, 엉터리 약장사들과 돌팔이 의사들은 레스베라트롤이 무슨 젊음의 묘약인 것처럼 사람들을 현혹시켰다.

(나는 이 모든 소동의 진원지인 과랑테의 연구실을 찾아가 인터뷰를 한 적이 있는데, 그는 말을 몹시 아끼면서 자신이 얻은 결과를 일반대중들이 오해할까봐 걱정된다고 했다. 특히 그는 레스베라트롤을 젊음의 묘약처럼 선전하는 일부 인터넷 사이트에 대해 몹시 분노하고 있었다. 레스베라트롤의 효능이 아직 확실하게 검증되지 않았는데도 그것으로 돈을 벌려는 성급한 사람들 때문에 연구의 의미가 퇴색될 수도 있다는 것이다. 그러나 과랑테는 인터뷰 말미에서 "만일 젊음의 원천이라는 것이 정말로 존재한다면 가장 강력한 후보는 SIR2일 것"이라고 했다. 실제로 그의 연구동료인 싱클레어는 매일 다량의 레스베라트롤을 복용하고 있다.)

노화방지 연구가 과학계의 뜨거운 이슈로 부각되면서, 2009년에 세계적 규모의 학술회의가 하버드 의대에서 개최되었다. 이 자리에는 열량제한요법을 개인적으로 연구하고 있는 과학자들이 대거 참석했는데, 대부분이 스스로를 실험대상으로 삼고 있어서 몹시 수척해 보였다. 그리고 좌중에는 120살까지 사는 것을 목표로 결성된 '120-클럽'의 회원들도 보였다. 회의기간 중 가장 관심을 끌었던 것은 데이비드 싱클레어와 크리스토프 웨스트펄(Christoph Westphal)이 공동으로 설립한 써트리스 파머수티컬(Sirtris Pharmaceuticals)이라는 제약업체였는데, 이 회사는 레스베라트롤을 대체하는 의약품을 개발하여 현재 임상실험을 진행하고 있다. 웨스트펄은 자신에 찬 어조로 "앞으로 5~6년 이내에 수명을 연장시켜주는 약이 개발될 것"이라고 했다.

다양한 임상실험이 새롭게 진행되면서 과거에는 존재하지도 않았던 화학약품들이 핫 이슈로 부상했다. SRT501은 다발성골수종과 결장암의 치료제로 테스트 중이며, SRT2104는 2형 당뇨병 치료제로 임상실험이 진행되고 있다. 현재 전 세계의 수많은 연구팀들은 시르투인 외의 다른 유전자와 단백질, 화학약품(IGF-1, TOR, 라파마이신rapamycin 등)이 노화에 미치는 영향을 분석하고 있다.

임상실험의 성공여부는 시간이 지나야 알 수 있다. 과거의 사례를 보면 노화를 막아준다는 묘약들은 하나같이 속임수였거나 뜬소문으로 판명되었다. 그러나 과학은 결코 미신이 아니다. 과학은 재현 가능하고 검증가능하며, 반증도 가능한 데이터에 기초하고 있다. 미국 국립노화연구소(National Institute on Aging)에서는 지금도 노화를 막아주는 물질을 열심히 찾고 있는데, 아직은 실험대상이 동물에 국한되어 있다. 만일 이것이 사람에게 성공적으로 적용된다면 세상은 결코 이전과 같을 수 없을 것이다.

인간은 반드시 죽어야만 하는 존재인가?

생명공학의 선구자인 윌리엄 헤이즐틴(William Haseltine)은 언젠가 나에게 이런 말을 한 적이 있다. "생명의 특징은 죽지 않는다는 것이다. DNA는 불사의 분자조직이다. 이 분자는 35억 년 전에 지구에 출현하여 끊임없이 자신을 복제해오면서 지금까지 굳건하게 살아 있다…… 인간의 몸은 언젠가 사라지기 마련이지만, 지금 나는 인간의 존재가 아니라 '미래를 바꾸는 능력'을 말하고 있는 것이다. 두뇌의 작동원리를 충분히 이해한다면 우리의 몸과 두뇌는 무한정 퍼져나갈 수 있다. 나는 이것이 결코 부자연스럽다고 생각하지 않는다."

진화생물학에 의하면 동물들은 가임기간 중 진화적 압박을 받는다고 한다. 가임연령이 지나면 무리 속에서 짐으로 취급되며, 결국은 노화로 죽는 것이 진화 프로그램의 섭리라는 것이다. 이 섭리에는 인간도 예외일 수 없다. 그러나 프로그램 자체를 수정하면 더 오래 살 수 있을지도 모른다.

동물의 세계에서는 덩치가 큰 동물일수록 신진대사가 느려서 오래 사는 경향이 있다. 예를 들어 자기 체중에 비해 엄청난 양의 음식을 먹어치우는 생쥐는 4년밖에 못 살지만, 신진대사가 훨씬 느린 코끼리는 거의 70년을 살 수 있다. 신진대사가 생명체의 몸속에 일종의 오류를 누적시킨다는 주장이 사실이라면 당연히 대사율이 낮을수록 오래 살 것이다(과도한 육체노동에 시달린 사람이 단명한 이유도 이 원리로 설명할 수 있다. 언젠가 읽었던 단편소설에서 마술사 지니가 등장하여 한 사람에게 "어떤 소원도 들어주겠다"고 제안했는데, 그는 주저 없이 "1,000년 동안 살고 싶다!"고 외쳤다. 그러자 지니는 그 사람을 나무로 만들어버렸다).

진화생물학자들은 "장수(長壽)는 야생에서의 생존에 어떤 도움이 되는가?"라는 의문을 바탕으로 생명체의 수명을 연구하고 있다. 동물들이 각기 특정한 수명을 누리는 이유는 그것이 종의 생존과 번식에 가장 유리하기 때문이라는 것이다. 이 논리에 의하면 생쥐는 수많은 천적들을 피해 다녀야 하기 때문에 번식을 빨리 해치우고 일찍 죽는 편이 유리하다. 자손을 낳은 쥐는 자신의 유전자를 후대에 남기는 데 성공했으므로 더 이상 살 이유가 없다. 오래 살아봐야 자원을 소모하여 후손의 생존가능성만 낮출 뿐이다(이 이론이 맞다면 하늘을 날아다니는 쥐는 천적을 피하는 능력이 뛰어나므로 생쥐보다 오래 살 것 같다. 정말 그럴까? 그렇다. 날개 달린 쥐, 즉 박쥐는 생쥐와 몸집이 비슷하지만 평균수명은 생쥐보다 3.5배나 길다).

그러나 파충류에게는 이와 같은 논리가 통하지 않는다. 파충류 중에는 아직 수명이 알려지지 않은 종도 있다. 아마 그들은 영원히 살지도 모른다. 앨리게이터(미국, 중국산 악어)와 크로커다일(크로커다일과科 나일악어의 통칭)은 평생 동안 자라며, 아무리 나이를 먹어도 여전히 원기 왕성하고 활력이 넘친다(어떤 책에는 악어의 수명이 70년이라고 나와 있는데, 이것은 아마도 동물원 사육자가 그 나이에 죽었기 때문일 것이다. 좀 더 솔직한 책에는 '악어가 70년 이상 산다는 것은 분명한 사실이지만, 정확한 측정이 이루어진 사례는 아직 없다'고 적혀 있다). 물론 악어도 사고나 기근, 또는 질병에 의해 언젠가는 죽는다. 그러나 안전한 동물원에서 사육되는 악어는 거의 무한정 살 수 있을 것으로 추정되고 있다.

생체시계

수명과 관련된 또 하나의 실마리는 세포의 말단소체에서 찾을 수 있다. 말단소체는 염색체의 끝부분에 달려 있는 단백질성분의 핵산서열로서, 일종의 생체시계(biological clock) 역할을 한다. 이것은 복제과정이 반복될수록 점차 짧아지다가 (피부세포의 경우) 60회 정도 반복된 후에는 노화기에 접어들어 정상기능을 발휘하지 못한다. 비유하자면 말단소체는 다이너마이트에 달려 있는 도화선과 비슷하다. 복제사이클이 반복될수록 심지가 짧아지다가 결국 세포는 더 이상 자신을 복제할 수 없게 된다.

특정 세포의 수명이 끝나는 이 시점을 '헤이플릭 한계(Hayflick limit)'라고 한다. 예를 들어 암세포는 헤이플릭 한계가 없기 때문에 텔로머라아제(telomerase)라는 효소를 계속 생산하여 말단소체가 짧아지는 것을 방해한다.

텔로머라아제 효소를 피부세포에 주입하면 재생이 무한정으로 반복된다. 이들이야말로 불사의 존재이다.

그러나 여기에는 위험요소가 도사리고 있다. 암세포 역시 죽지 않기 때문에 종양 안에서 무한정으로 늘어난다. 암세포가 치명적인 이유는 아무런 제한 없이 무한정으로 증식하여 신체의 기능을 저하시키기 때문이다. 그러므로 텔로머라아제 효소는 신중하게 분석되어야 한다. 생체시계를 되돌리려는 목적으로 이 효소를 사용할 때에는 암 발생여부를 반드시 확인해야 한다.

불사(不死)와 젊음

인간의 수명이 길어진다는 것은 물론 좋은 일이지만 그에 따라 부작용도 만만치 않다. 평균수명이 길어지면 인구가 폭발적으로 늘어날 것이고, 세계적으로 노령화가 극심해지면서 국가의 기능이 마비될 수도 있다.

생물학과 역학, 그리고 나노기술이 융합된 치료법은 인간의 수명연장과 함께 긴 세월 동안 젊음을 유지하게 해줄 것이다. 의학에 나노기술을 접목한 로버트 프레이타스 2세(Robert Freitas Jr.)는 이렇게 말했다. "앞으로 수십 년 후에는 인위적인 수명연장이 일상다반사가 될 것이다. 그때가 되면 우리는 매년 신체검사를 받고 필요한 부분을 수리하면서 자신이 원하는 대로 생물학적 나이를 유지할 수 있다. 치명적인 사고만 잘 피한다면 지금보다 10배 이상 살 수 있을 것이다."

젊음의 샘을 마시고 장수한다는 것은 이미 한물간 이야기다. 미래의 과학자들은 아래 나열한 방법들을 조합하여 인간의 수명을 연장시킬 것이다.

1. 조직공학과 줄기세포를 이용하여 노화나 병으로 손상된 장기를 새로 만들어낸다.
2. 단백질과 효소가 첨가된 칵테일을 복용하여 몸의 치료기능을 향상시키고 신진대사율을 조절하며, 생체시계를 리셋하고 산화를 방지한다.

3. 유전자치료법으로 유전자를 수정하여 노화속도를 늦춘다.
4. 나노센서를 이용하여 암을 비롯한 치명적 질병을 조기에 발견한다.

인구와 식량자원

그러나 의문은 남아 있다. 인간의 수명이 길어진다면 인구과잉으로 심각한 문제가 야기되지는 않을까? 아직은 아무도 알 수 없다.

　노화과정을 늦추면 사회적으로 어떤 변화가 초래될 것인가? 우선 인구가 문제이다. 모두가 오래 산다면 인구가 너무 많아지지 않을까? 그러나 일부 사람들은 우리가 인구폭발을 이미 겪었다고 주장한다. 과거에 45세에 불과했던 평균수명이 한 세기 만에 70~80세로 길어졌으니 그들의 주장에도 일리가 있다. 그런데 수명이 두 배로 길어졌음에도 불구하고 인구는 폭발하지 않았다. 오히려 그 반대의 경향이 국소적으로 나타나서 전체적인 균형을 유지하고 있다. 평균수명이 80을 넘나드는 지금, 사람들은 사회적 경력을 쌓기 위해 출산을 뒤로 미루는 경향이 있다. 외부에서 유입되는 인구를 제외하면 유럽인구도 급히 감소하는 추세이다. 수명이 길어지고 삶이 풍요로워질수록 2세들과의 거리는 멀어지고 출산율도 떨어진다. 여기서 수명이 더 길어진다면 2세를 출산하는 나이도 더욱 늦어질 것이다.

　또 다른 일각에서는 인위적인 수명연장이 부자연스럽고 종교적 믿음에 위배되기 때문에 사람들이 수용하지 않을 것이라고 주장한다. 최근에 비공개로 실시된 어떤 여론조사에 의하면 대부분의 사람들은 죽음이 지극히 자연스러운 현상이며, 그 덕분에 삶의 가치가 더욱 높아진다고 생각하는 것으로 나타났다(그러나 이 여론조사의 대상은 청장년층이었다. 만일 이들이 노인전문병원을 방문하여 매일같이 고통을 호소하며 무력하게 죽을 날을 기다리는 환자들을 직접 본다면 생각이 달라질 것이다).

UCLA의 그레그 스톡(Greg Stock)은 이렇게 말했다. "천신만고 끝에 인간의 수명이 연장된다면, 부작용을 걱정하는 사람들의 구호는 다음과 같이 바뀔 것이다. '약은 언제 주실 겁니까?'"

지난 2002년에 과학자들은 가장 믿을 만한 인구통계자료에 근거하여 "지구가 탄생한 후로 지금까지 지표면 위를 걸었던 사람들 중 6퍼센트가 현재 살아 있다"는 결론을 내렸다. 이는 곧 인류 역사의 대부분에 걸쳐 세계인구가 100만 명 내외였음을 의미한다. 과거에는 식량이 항상 부족했기 때문에 인구가 증가할 겨를이 없었다. 로마제국이 전성기를 구가할 때에도 인구는 5,500만 명을 넘지 않았다.

그러나 지난 300년 사이에 현대의학이 비약적으로 발전하면서 평균수명이 길어졌고, 산업혁명 덕분에 식량의 대량생산이 가능해지면서 인구가 크게 늘어났다. 그리고 20세기에는 인구증가율이 최고치에 달하여, 1950년에 22억 명이었던 세계인구가 1992년에는 55억 명으로, 불과 42년 사이에 두 배 이상 증가했다. 현재 세계인구는 약 67억 명이다. 지금도 매년 7,900만 명이 지구가족의 새로운 일원으로 태어나고 있는데, 이는 프랑스 인구를 훌쩍 넘는 숫자이다.

대책 없이 증가하는 인구는 다양한 형태의 종말론을 낳았으나, 인류는 총알을 교묘하게 피해가면서 (적어도 지금까지는) 잘 버텨오고 있다. 저명한 인류학자 토머스 맬서스(Thomas Malthus)는 1798년에

"인구증가가 식량공급을 추월하면 어떤 일이 벌어질 것인가?"라며 다가올 식량난을 심각하게 경고했다. 식량이 부족하면 굶주림과 폭동이 성행하고 정부가 와해되는 등 극심한 혼란을 겪다가 결국 인구와 자원의 새로운 평형점을 찾아갈 것이다. 식량은 선형적으로 증가하는 반면, 인구는 기하급수적으로 증가하기 때문에 어떤 시점이 되면 세계의 질서는 와해될 것이다. 맬서스는 이 시점이 1800년대 중반에 찾아올 것으로 예측했다.

그러나 1800년대 중반은 급속한 인구팽창의 출발점에 불과했다. 신대륙이 발견되고 강대국의 식민지가 확장되면서 식량공급이 크게 증가한 덕분에 인류는 맬서스가 예견했던 재앙을 피해갈 수 있었다.

1960년대에 이르러 또 다른 버전의 '맬서스 종말론'이 등장했다. 인구폭발이 지구가 감당할 수 있는 한계를 초월하여 2000년이 되면 세계전체가 붕괴된다는 것이었다. 물론 이 예견도 맞아떨어지지 않았다. 녹색혁명에 힘입어 식량공급량이 증가했기 때문이다. 새로운 화학비료와 농업기술이 개발되면서 1950~1984년 사이에 곡물생산량은 250퍼센트 이상 증가했는데, 이것은 당시 인구증가율을 웃도는 수치였다.

그리하여 인류는 총알을 또 한 번 피해갔다. 그러나 지금은 세계인구가 과거 어느 때보다 빠르게 증가하고 있기 때문에, 일부 사람들은 머지않아 지구가 생산할 수 있는 식량의 한계에 도달할 것이라며 신중하게 경고하고 있다.

아닌게 아니라, 육지와 바다에서 생산되는 식량은 얼마 전부터 정체곡선을 그리기 시작했다. 영국정부의 수석과학자는 과거 어느 때보다 심각한 식량난과 에너지난이 2030년에 닥칠 것이라고 했다. UN 국제식량농업기구의 발표에 따르면 2050년의 세계인구는 지금보다 23억 명가량 증가할 것이고, 이들을 먹여 살리려면 식량공급이 70퍼센트 증가해야 한다. 이 기대치를 만족시키지 못한다면 이번만은 대재앙을 피할 길이 없다.

그러나 이런 식의 산술적 계산은 현실을 과소평가한 것이다. 실제 상황은 이보다 훨씬 심각하다. 중국과 인도에서 새롭게 중산층으로 떠오른 수억 명의 사람들은 두 대의 자동차와 넓은 교외주택, 그리고 햄버거와 프렌치 프라이 등 할리우드 스타와 같은 삶을 꿈꾸면서 세계의 자원을 맹렬하게 소비할 것이다. 저명한 환경론자이자 워싱턴 D.C.의 월드워치연구소(World Watch Institute) 설립자인 레스터 브라운(Lester Brown)은 나와 대화를 나누면서 "지구의 자원은 수억 명에 달하는 중산층의 욕구를 충족시킬 만큼 충분하지 않다"고 털어놓았다.

약간의 희망

장담하긴 어렵지만, 약간의 희망은 남아 있다. 한때 입에 올리기를 금기시했던 산아제한은 지금 대다수 개발도상국의 국가정책으로 시행되고 있으며, 선진국에서는 이미 당연한 현상이 되어버렸다.

현재 유럽과 일본의 인구는 '폭발'이 아니라 '함몰'되고 있다. 일부 유럽국가에서 한 가구당 출산율은 1.2~1.4명까지 떨어졌고, 일본은 인구문제와 관련하여 삼중고에 시달리고 있다. 첫 번째 문제는 일본의 인구노령화가 세계에서 가장 빠르게 진행된다는 점이다. 예를 들어 일본여성의 기대수명은 다른 어떤 집단보다 20년 가까이 길다. 두 번째는 출산율이 가파르게 감소한다는 것, 그리고 세 번째는 정부의 이민자 수용정책이 지나치게 보수적이라는 점이다. 그래서 사람들은 일본이 처한 상황을 "서서히 망가지는 기차"에 비유하곤 한다. 물론 유럽의 사정도 크게 다르지 않다.

여기서 얻을 수 있는 한 가지 교훈은 "가장 강력한 피임법은 인구과잉"이라는 것이다. 과거의 농부들은 가족계획이나 사회보장이 전혀 없었으므로 노동력 수급과 노후보장을 위해 아이들을 가능한 한 많이 낳았다. 계산은 간단하다. "아이가 하나 태어나면 일손이 많아지고 수입이 많아지며, 나중에 늙은 부모를 돌볼 사람도 많아진다." 그러나 농부들이 중산층으로 진입하면서 조기은퇴와 안락한 생활이 가능해졌고, 그 결과 방정식은 "아이가 많으면 수입과 삶의 질이 그만큼 줄어든다"는 쪽으로 변했다.

제3세계 국가(아시아, 아프리카, 라틴아메리카)들은 정반대의 문제에 직면해 있다. 인구가 빠르게 증가하는 가운데, 인구의 대부분이 20세 이하의 어린이와 청소년이라는 점이다. 인구폭발이 세계에서 가장 극심할 것으로 예상되는 아시아와 사하라사막 이남의 아프리카에서도 출생률이 감소하고 있는데, 여기에는 몇 가지 이유가 있다.

첫째, 농업에 종사하던 지방인구가 빠르게 도시로 유입되고 있기 때문이다. 농부들이 조상 대대로 살아왔던 고향을 떠나 돈을 벌 기회가 많은 대도시로 몰려들고 있는 것이다. 1800년까지만 해도 도시에 사는 사람은 전체 인구의 3퍼센트에 불과했다. 그러나 20세기 말에는 이 비율이 47퍼센트까지 증가했고, 앞으로 도시밀집현상은 더욱 심각해질 것이다. 그런데 도시에서 아이를 양육하려면 돈이 훨씬 많이 들기 때문에 가구당 출산율은 크게 낮아진다. 도시의 빈민가에 사는 노동자들이 임대료와 식비 등 높은 생활비에 시달리다 보면 아이를 많이 낳을수록 가난해진다는 결론에 이를 수밖에 없다.

둘째, 중국과 인도에서 보듯이 산업화가 진행될수록 아이를 적게 낳는 중산층이 증가한다. 이것은 이미 산업화를 이룬 선진국들도 과거에 겪었던 현상이다.

셋째, 아무리 가난한 나라라 해도 교육을 받은 여성들은 저출산을 선호하는 경향이 있다. 실제로 방글라데시에서는 광범위한 교육정책을 펼친 결과, 인구의 도시집중현상이 심하지 않음에도 불구하고 출산율이 7명에서 2.7명으로 감소했다.

UN에서는 이 모든 요인들을 고려하여 미래의 예상인구를 수시로 보정하고 있다. 정확한 예측은 어렵지만 2040년에 세계인구는 90억에 이를 것으로 추정된다. 그후에도 인구는 계속 증가하겠지만 증가속도가 서서히 둔화되다가 결국에는 정체상태로 접어들 것이다. 다소 낙관적인 계산에 따르면 2100년에 인구가 110억이라는 정점을 찍은 후 안정된 상태로 접어들 것이라고 한다.

상식적으로 생각할 때 110억은 지구의 수용능력을 초과하는 숫자이다. 그러나 수용능력을 어떻게 정의하느냐에 따라 결과는 달라질 수 있다. 또 한 번의 녹색혁명이 지금 한창 진행 중이기 때문이다.

이 복잡하고 난해한 문제를 일거에 해결할 수는 없겠지만, 부분적인 해결책은 생명공학에서 찾을 수 있다. 유럽에서는 생명공학으로 생산된 음식이 별로 좋은 반응을 얻지 못했다. 생명공학 관련업체들은 제초제와 제초제에 내성을 가진 곡식을 동시에 판매해왔는데, 업자들은 수익이 많아져서 좋았겠지만 소비자의 입장에서 보면 자신이 먹을 음식에 그만큼 많은 약이 투입되었다는 뜻이기도 하다. 그래서 사람들은 생명공학 식품을 외면했고, 소비자의 성향을 파악하지 못한 시장은 결국 붕괴되고 말았다.

그러나 미래에는 건조하고 척박한 환경에서도 많은 수확을 올릴 수 있도록 개량된 '슈퍼 쌀'이 등장할 것이다. 물론 이 쌀에도 거부감을 느끼는 사람이 있겠지만, 도덕적인 관점에서 볼 때 당장 수억 명의 사람을 먹여 살릴 수 있는 안전한 쌀을 거부하기는 어려울 것이다.

멸종했던 생명체의 부활

한편, 다른 과학자들은 수명연장을 넘어서 '죽음을 속여 넘기는' 기술까지 개발하고 있다. 이들의 관심은 이미 죽은 생명체를 되살리는 것이다.

영화 〈쥬라기공원(Jurassic Park)〉에서 과학자들은 죽은 공룡의 몸에서 추출한 DNA를 파충류의 알에 이식하여 공룡을 되살려내는 데 성공한다(영화에서는 DNA를 공룡의 몸에서 직접 추출하지 않고 과거에 공룡의 피를 빨아먹었던 모기의 화석에서 추출했다). 현실세계에서 사용 가능한 공룡의 DNA는 아직 발견된 적이 없지만, 영화에서처럼 공룡을 되살리는 방법이 있긴 있다. 21세기 말이 되면 동물원은 수천 년 전에 멸종된 동물들로 가득 찰 것이다.

앞서 말한 대로 로버트 란자는 멸종된 야생 소 '바텡'을 되살리는 데 성공했다. 그러나 란자는 이 소가 명대로 살지 못하고 빨리 죽을까봐 걱정하고 있다. 그래서 그는 바텡을 복제하되 성별이 다른 바텡을 탄생시키는 쪽으로 연구를 진행하는 중이다. 일반적으로 포유류의 성은 X와 Y 염색체에 의해 결정된다. 란자는 자신이 만든 바텡의 몸에서 세포를 추출하여 염색체에 수정을 가하면 성별이 다른 바텡을 만들 수 있다고 확신한다. 만일 이 방법이 성공한다면 이미 멸종한 동물이 동물원 우리 안에 멀쩡하게 살아서 새끼까지 배고 있는 모습을 구경할 수 있을 것이다.

옥스퍼드대학의 교수이자 《이기적 유전자(The Selfish Gene)》의 저자인 리처드 도킨스(Richard Dawkins)는 언젠가 나와 저녁식사를 하던 자리에서 "앞으로 우리는 멸종위기에 빠진 동물뿐만 아니라 오래전에 멸종한 동물들까지 살려낼 수 있을 것"이라고 했다. 그는 배열순서가 밝혀진 유전자의 수가 27개월마다 두 배로 늘어나고 있음을 지적하면서, 앞으로 수십 년 후에는 누구나 160달러만 내면 자신의 유전자서열을 알 수 있을 것이라고 했다. "뿐만 아니라 미래의 생물학자들은 조그만 도구를 사용하여 눈앞에 마주치는 모든 생명체의 유전자서열을 단 몇 분 만에 알아낼 수 있을 것이다."

도킨스는 여기서 한 걸음 더 나아가 2050년이 되면 유전자지도만으로 모든 생명체를 만들어낼 수 있게 된다고 장담했다. 이 내용과 관련하여 그의 저서에는 다음과 같이 적혀 있다. '나는 2050년이 되면 생명의 언어를 읽을 수 있을 것이라고 굳게 믿는다. 정체를 알 수 없는 동물의 유전자정보를 컴퓨터에 입력하면 그 동물의 외형뿐만 아니라 천적과 먹이, 기생충과 숙주, 서식지, 심지어는 그들이 무엇을 바라고 무엇을 두려워했는지, 이 모든 것을 생생하게 재현할 수 있을 것이다.' 도킨스는 시드니 브레너(Sydney Brenner)의 연구를 언급하면서 인간과 원숭이 사이의 '잃어버린 고리(missing link)'까지 유전자 형태로 재현할 수 있을 것으로 전망했다.

도킨스의 예상이 그대로 실현된다면 그야말로 엄청난 진보가 아닐 수 없다. 화석과 DNA정보로 유추해볼 때, 인간과 원숭이는 약 600만 년 전에 진화의 나무에서 갈라져 나왔다.

인간과 침팬지의 DNA는 98.5퍼센트가 완벽하게 일치한다. 따라서 이들의 DNA를 컴퓨터에 입력한 후 수학적 근사법을 적용하면 인간과 침팬지를 낳은 공동조상의 DNA를 대충이나마 알아낼 수 있다. 이런 식으로 공동조상의 게놈을 수학적으로 재현한 후, 컴퓨터 프로그램을 통해 외형과 기질을 만들어낸다. 도킨스는 오스트랄로피테쿠스의 화석에 붙여진 이름을 따서 이것을 '루시게놈 프로젝트(Lucy Genome Project)'라 불렀다.

도킨스의 예측은 계속된다. 잃어버린 고리의 게놈이 컴퓨터 프로그램을 통해 수학적으로 재현되면 이 생명체의 진짜 DNA를 만들 수도 있다. 이것을 인간 여성의 난자에 이식하면 인간의 조상이 태어나게 된다.

도킨스의 시나리오는 지나치게 비상식적이라는 이유로 몇 년 전에 스폰서로부터 거절당했지만, 그사이에 발표된 몇 가지 연구결과를 보면 그다지 황당한 꿈은 아니라는 생각이 든다.

첫째, 인간과 침팬지를 구별짓는 1.5퍼센트의 DNA는 현재 자세한 분석이 진행되고 있다. 그중에서 특히 관심을 끄는 것은 두뇌의 크기를 제어하는 ASPM 유전자이다. 인간의 두뇌는 수백만 년 전에 갑자기 커졌는데, 그 원인은 분명치 않다. ASPM 유전자가 변이를 일으키면 소두증(小頭症)이 나타나서 두뇌의 크기가 70퍼센트로 감소하는데, 수백만 년 전에 인간의 조상이 바로 이런 크기의 두뇌를 갖고 있었다. 흥미로운 것은 이 유전자의 역사를 컴퓨터로 추적할 수 있다는 점이다. 분석결과에 의하면 ASPM 유전자는 인간과 침팬지가 서로 다른 길을 걷기 시작했던 500~600만 년 전부터 지금까지 열다섯 차례의 변이를 겪었는데, 이것은 인간의 두뇌가 커진 정도와 거의 일치한다. 우리의 원시사촌과 비교할 때, 인간의 ASPM 유전자는 가장 빈번한 변이를 겪어온 것으로 추정된다.

더욱 흥미로운 것은 게놈 중에서 118개의 문자(핵산)정보가 저장되어 있는 HAR1 영역이다. 2004년에 과학자들은 이 영역에서 인간과 침팬지가 서로 다르게 나타나는 곳이 18개임을 알아냈다. 그런가 하면 침팬지와 닭은 3억 년 전에 분리되었는데, HAR1 영역에서 이들 사이의 차이는 단 두 개뿐이다. 이것은 게놈의 HAR1 영역이 대부분의 진화과정에 걸쳐 안정적인 상태를 유지해오다가 인간이 등장하면서 갑자기 변했음을 의미한다. 따라서 각 개인을 구분짓는 유전자의 대부분은 이 영역에 들어 있을 가능성이 높다.

도킨스의 계획이 실현 가능함을 보여주는 또 하나의 강력한 증거가 있다. 유전학적으로 인간과 가장 가까우면서 오래전에 멸종한 네안데르탈인의 유전자배열이 밝혀진 것이다. 인간과 침팬지, 그리고 네안데르탈인의 게놈을 컴퓨터로 분석한 후 수학적 근사법을 적용하면 잃어버린 고리의 게놈을 복원할 수 있을 것이다.

되살아난 네안데르탈인?

인간과 네안데르탈인은 약 30만 년 전에 진화나무에서 갈라져 나온 것으로 추정되지만, 네안데르탈인은 3만 년 전에 유럽에서 완전히 사라졌다. 그래서 학자들은 네안데르탈인의 DNA를 추출하는 것이 불가능하다고 생각해왔다.

그러나 2009년에 막스플랑크연구소의 진화인류학자 스반테 파보(Svante Pääbo)가 이끄는 연구팀은 지금까지 발굴된 네안데르탈인 6명의 몸에서 샘플을 취하여 모든 게놈을 재현하는 데 성공했다(첫 번째 버전이어서 정확하지는 않다). 30억 개의 염기쌍으로 이루어진 이들의 게놈은 예상했던 대로 인간과 거의 비슷했으며, 극히 일부이긴 하지만 결정적으로 다른 부분도 있었다.

스탠퍼드의 인류학자 리처드 클라인(Richard Klein)은 파보의 업적을 높게 평가하면서 "네안데르탈인은 어떤 성격의 소유자였는가? 과연 그들은 말을 할 수 있었는가?"라는 오래된 질문에 답을 제시할 수 있을 것이라고 했다. 인간은 FOXP2 유전자에 두 가지 특별한 변화가 생기면서 수천 개의 단어로 이루어진 말을 구사할 수 있게 되었다. 그런데 네안데르탈인의 게놈을 분석한 결과, 역시 FOXP2 유전자에서 두 가지 변화가 발견되었다. 따라서 그들도 인간과 비슷한 수준의 대화를 나눌 수 있었을 것으로 추정된다.

네안데르탈인은 진화계보상 인간과 가장 가까운 친척이어서 많은 과학자들의 관심을 끌고 있다. 개중에는 네안데르탈인의 DNA를 만들어서 사람의 난자에 이식하면 살아 있는 네안데르탈인을 볼 수 있을 것이라고 주장하는 사람도 있다. 여기서 다시 천 년쯤 지나면 지구상에는 인간과 네안데르탈인이 공존하게 될지도 모른다.

하버드 의과대학의 조지 처치(George Church)는 "3,000만 달러면 네안데르탈인을 살려낼 수 있다. 우리 팀은 이미 계획도 세워놓았다"고 공언했다. 그의 계획은 다음과 같은 순서로 진행된다. 우선 인간의 모든 게놈을 DNA 10만 쌍이 포함된 조각으로 분리한 후, 각 덩어리를 박테리아에 주입하여 네안데르탈인의 게놈과 일치하도록 유전자를 수정한다. 이렇게 수정된 DNA조각들을 다시 재조립하면 완벽한 네안데르탈인의 DNA가 얻어지고, 프로그램을 역으로 되돌려서 이 세포가 배아상태로 되돌아가도록 만든다. 이제 이 배아세포를 침팬지의 자궁에 이식하면 네안데르탈인 아기가 태어날 것이다.

그러나 스탠퍼드의 리처드 클라인은 연구의 목적 자체에 대해 회의적이다. "그 아기를 하버드에서 키울 것인가? 아니면 동물원에 기부할 것인가?"

도킨스는 말한다. "네안데르탈인과 같이 오래전에 멸종한 생명체를 되살리려는 모든 시도는 윤리적 문제를 야기할 것이다. 네안데르탈인에게도 인권이라는 것이 있는가? 그들이 짝을 짓고 싶어 한다면 허용해야 하는가? 그들이 다치거나 사람에게 해를 입힌다면 누구에게 책임을 물을 것인가?"

네안데르탈인을 되살릴 수 있다면, 결국 매머드처럼 먼 옛날에 멸종된 동물들만을 위한 동물원을 만들어야 하지 않을까?

매머드 되살리기?

기본 아이디어는 위의 제목만큼 황당하지 않다. 과학자들은 옛날에 멸종한 시베리아 매머드의 유전자서열 중 상당부분을 이미 재현해놓았다. 그전까지는 시베리아에서 1만 년 전에 동사한 매머드로부터 극히 소량의 DNA만을 채취해놓은 상태였다. 그런데 펜실베이니아주립대학의 웹 밀러(Webb Miller)와 스티븐 슈스터(Stephen Schuster)가 거의 불가능에 가까운 일을 해냈다. 얼어붙은 매머드의 몸에서 30억 개의 DNA 염기쌍을 추출하는 데 성공한 것이다. 그전까지만 해도 멸종한 동물에서 확보한 DNA 서열기록은 1,300만 개의 염기쌍, 즉 전체 게놈의 1퍼센트에 불과했다(밀러와 슈스터의 성공비결은 '고효율 서열기록장치high-throughput sequencing device'였다. 이 신형장비를 이용하면 유전자를 하나씩 읽지 않고 한 번에 수천 개의 유전자를 스캔할 수 있다). 또한 이들은 매머드의 몸이 아닌 모공에서 DNA를 채취했다. 그곳의 DNA가 가장 좋은 상태였기 때문이다.

'멸종한 동물 되살리기' 프로젝트는 이제 생물학적으로 가능한 일이 되었다. 슈스터는 1년 전까지만 해도 그것을 공상과학으로 치부했다고 한다. 그러나 매머드의 유전자서열이 모두 밝혀진 지금, 슈스터는 앞으로 할 일을 머릿속에 구체적으로 그려나가고 있다. 그의 예상대로라면 아시아 코끼리의 DNA 중 약 40만 개에 수정을 가하면 매머드와 거의 동일한 특성을 가진 동물을 만들어낼 수 있다. 수정된 코끼리의 DNA를 난자의 핵에 주입한 후, 이 난자를 다른 코끼리의 자궁에 착상시키면 얼마 후 새끼 매머드가 태어난다.

이 연구팀은 다른 멸종동물인 주머니승냥이의 DNA 서열도 복원하고 있다. 태즈메이니아 산 주머니곰(Tasmanian devil)을 닮은 주머니승냥이는 호주의 유대동물 중 하나로서 1936년에 공식적으로 멸종되었다. 그밖에 도도새를 복원하려는 움직임도 있는데, 현재 옥스퍼드 박물관에 보관되어 있는 도도새의 연조직이나 뼈에서 양호한 상태의 DNA를 추출할 수만 있다면 "도도새처럼 죽은(dead as a dodo, 시대에 뒤떨어지거나 씨가 말랐다는 뜻의 숙어 —옮긴이)"이라는 표현은 사라질 것이다.

이쯤 되면 처음의 질문으로 자연스럽게 되돌아간다. "공룡을 되살릴 수 있는가?" 단적으로 말하자면 대답은 "No"다. 쥬라기공원이 가능하려면 공룡의 몸에서 손상되지 않은 DNA를 추출해야 하는데, 지금까지 발굴된 공룡화석들 중 가장 최근 것이라고 해도 무려 6,500만 년이나 지났기 때문에 현실적으로 불가능하다. 공룡화석의 대퇴부에서 연조직이 발견되어 한때 과학자들을 흥분시킨 적이 있는데, 이들도 결국 DNA 채취에는 실패했다. 당시 과학자들은 약간의 단백질을 추출한 것으로 만족해야 했다. 이 단백질을 분석한 결과 티라노사우르스가 개구리 또는 닭과 매우 가까운 친척임이 밝혀졌지만, 공룡의 게놈을 복원하기에는 정보가 턱없이 부족했다.

그러나 도킨스는 포기하지 않았다. 그는 "다양한 조류의 게놈을 파충류와 비교하면 '일반화된 공룡'의 DNA서열을 복원할 수 있다"고 굳게 믿고 있다. 또한 그는 새의 부리가 치뢰(tooth bud, 치아의 싹)로 자라나거나 뱀의 몸에서 다리가 자라나게 할 수 있다고 귀띔했다. 그렇다면 기나긴 세월 속에 묻혀버린 고대생물의 기질이나 성향도 게놈의 어딘가에 저장되어 있을 것이다.

요즘 생물학자들은 특정 유전자를 활성화시키거나 무력하게 만들 수 있다. 다시 말해서 on-off 스위치로 유전자를 켜거나 끌 수 있다는 뜻이다. 이는 곧 고대생물의 특성을 좌우했던 유전자가 현생 동물에게 'off' 상태로 존재할 수 있음을 의미한다. 이런 유전자를 찾아서 'on' 상태로 만들면 고대생물의 특징을 재현할 수 있다.

예를 들어 고대의 닭들은 발에 물갈퀴가 달려 있었다. 그후로 오랜 진화를 겪으면서 물갈퀴는 사라졌지만, 물갈퀴와 관련된 유전자는 사라지지 않고 지금도 닭의 몸속에서 off 상태로 남아 있다. 이 유전자를 활성화시키면(즉, on 상태로 바꾸면) 원리적으로 물갈퀴가 달린 닭을 만들 수 있다. 이와 비슷하게 인간도 과거에는 체모가 많았으나 땀을 흘리기 시작하면서 대부분 사라졌다. 털보다는 땀이 체온을 유지하는 데 더 유리했기 때문이다(개들은 땀샘이 없기 때문에 입을 벌리고 헐떡이면서 체온을 유지한다). 지금도 우리 몸에는 털과 관련된 유전자가 off 상태로 존재하고 있다. 이 유전자를 다시 활성화시키면 온 몸을 털로 덮이게 만들 수 있다(늑대인간의 전설을 이 논리로 설명하는 사람도 있다).

수천만 년 전에 살았던 공룡의 유전자 중 일부가 아직도 현생조류의 게놈에 잠든 채로 남아 있다면, 이들을 다시 활성화시켜서 공룡의 특성을 지닌 새로 만들 수 있다. 도킨스의 제안은 아직 가설일 뿐이지만 신중하게 고려해볼 가치가 있다고 생각한다.

새로운 생명체를 창조하다

이제 마지막 질문을 던질 차례다. "지금까지 지구상에 존재한 적 없는 새로운 생명체를 우리가 원하는 대로 창조할 수 있을까? 예를 들어 고대신화에 나오는 페가수스(날개 달린 말)나 용, 또는 켄타우로스(반인반마)를 유전자조작으로 만들어낼 수 있을까?" 21세기 말까지는 불가능할 것 같다. 그러나 그후에도 과학은 동물의 세계에 변화를 주면서 꾸준히 발전할 것이다.

신화 속 동물을 주문 생산하는 것이 불가능한 이유는 여러 개의 유전자를 한꺼번에 조작할 수 없기 때문이다. 지금 기술로는 오직 하나의 유전자만을 수정할 수 있다. 예를 들어 밤에 동물의 몸에서 빛을 발하게 만드는 유전자(야광유전자)는 서열상에서 정확한 위치가 알려져 있기 때문에, 이것을 다른 동물에게 주입하여 야광몸체로 만들 수 있다. 현재 과학자들은 성질이 난폭하거나 방랑 기질이 있는 등 집에서 키우기 부적절한 애완견의 유전자 하나를 수정하여 주인이 원하는 성격으로 개조하는 실험을 진행하고 있다.

그러나 그리스신화에 등장하는 키메라(chimera, 머리는 사자, 가슴은 양, 꼬리는 뱀의 형상을 한 괴물 — 옮긴이)처럼 완전히 새로운 생물을 창조하려면 유전자 수천 개의 위치를 뒤바꿔야 한다. 예를 들어 날개 달린 돼지를 만들려면 날개와 관련된 수백 개의 유전자를 이동시키고, 날개부근의 근육과 혈관도 전체적으로 적절한 균형을 이루도록 수정해야 한다. 물론 지금의 기술로는 어림도 없는 이야기다.

그렇다고 완전히 불가능한 것도 아니다. 미래의 가능성을 열어줄 만한 실마리가 풀렸기 때문이다. 생물학자들은 몸의 각 층(머리 꼭대기에서 발끝까지)을 서술하는 유전자들이 이와 동일한 순서로 염색체 안에 배열되어 있음을 알아냈다. 'HOX 유전자'라 불리는 이 유전자들은 우리 몸이 어떻게 구성되어 있는지를 말해준다. 자연은 역시 효율성을 선호하여 우리 몸에 장기가 배열된 순서와 염색체에 있는 해당 유전자의 순서를 동일하게 만들어 놓았고, 그 덕분에 몸 안에서 일어나는 모든 과정이 효율적으로 빠르게 진행될 수 있었다.

게다가 우리 몸에는 여러 유전자의 특성을 좌우하는 '마스터 유전자(master gene)'라는 것이 있다. 이 마스터 유전자 몇 개를 조절하면 다른 유전자 수십 개를 조절한 것과 동일한 효과를 볼 수 있다.

자연은 건축가가 건물의 청사진을 만들 때와 동일한 순서로 우리 몸을 만들었다. 청사진의 기하학적 배치는 실제 건물의 물리적 배치와 동일하다. 또한 모든 청사진은 구획별로 나뉘어져 있어서 이들을 하나로 합치면 전체 청사진이 완성된다.

게놈의 모듈구조(분리 가능한 부분들이 결합되어 전체를 이루는 구조)를 이용하여 변종동물을 만드는 것 외에, 유전학과 유전공학을 이용하여 과거에 죽은 역사적 인물을 살려낼 수도 있다. 로버트 란자는 이미 죽은 사람의 몸에서 손상되지 않은 세포를 추출할 수만 있다면 그를 다시 살려낼 수 있다고 굳게 믿고 있다. 영국의 웨스트민스터사원에는 오래전에 죽은 왕과 여왕, 시인, 종교인, 정치인, 그리고 아이작 뉴턴 같은 과학자들의 시신이 보존되어 있다. 란자는 "그들의 몸에서 온전한 DNA를 추출하여 다시 살려내는 날이 반드시 올 것"이라고 장담했다.

1978년에 개봉된 〈브라질에서 온 소년들(The Boys from Brazil)〉은 죽은 히틀러를 되살리려는 어떤 과학자의 음모를 다룬 영화이다. 그러나 역사적 인물을 되살린다 해도, 그들의 천재성이나 악당기질까지 되살아난다는 보장은 없다(인물뿐만 아니라 주변의 모든 환경이 당시와 똑같아야 하기 때문이다 ─ 옮긴이). 그래서 한 생물학자는 "히틀러를 되살려 봐야 그는 2류 화가밖에 되지 못할 것"이라고 했다(히틀러는 정계에 입문하기 전에 별 볼일 없는 화가지망생이었다).

모든 질병을 극복할 수 있을까?

허버트 조지 웰즈(H. G. Wells)의 소설에 기초한 공상과학영화 〈다가올 세상(Things to Come)〉은 2차 세계대전이 가져다준 끝없는 고통과

절망을 그리고 있다(이 영화는 2차대전이 발발하기 3년 전인 1936년에 개봉되었으며, 세계대전이 유럽을 배경으로 25년 동안 계속되는 것으로 그려졌다 — 옮긴이). 오랜 전쟁 끝에 모든 문명은 잿더미가 되고, 갱단을 방불케 하는 군인들이 약탈과 착취를 일삼으며 세상을 다스린다. 그러나 영화의 말미에 가면 뜻있는 한 무리의 과학자들이 초강력 무기를 들고 질서회복에 나서고, 폐허가 된 세계는 이들의 활약에 힘입어 다시 문명을 되찾는다. 그런데 이 영화의 한 장면에서 어떤 여자아이가 20세기 역사를 배우다가 '감기'라는 말을 듣고 질문을 던진다. "감기가 뭐예요?" 아이에게 돌아온 대답은 "오래전에 완전한 치료법이 개발되어 지금은 걸리지 않는 병"이라는 것이었다.

글쎄, 과연 그럴까?

모든 질병을 극복하는 것은 인류의 오랜 숙원 중 하나이다. 그러나 2100년이 되어도 모든 질병을 퇴치할 수는 없을 것이다. 병균이 변이를 일으켜 새로운 질병을 만들어내는 속도가 치료법이 개발되는 속도보다 훨씬 빠르기 때문이다. 사람들은 은연중에 지구의 주인이 인간이라고 생각하지만, 사실 우리는 박테리아와 바이러스가 사방천지를 뒤덮고 있는 세상에서 살고 있다. 이들은 인간보다 수십억 년 먼저 지구에 출현하여 지금까지 위세를 떨치고 있으며, 인간이 멸종한 후에도 수십억 년 이상 생존할 것이다.

질병의 대부분은 동물로부터 옮겨온 것이다. 인간은 약 1만 년 전부터 편의를 위해 동물을 사육해왔으므로, 어찌 보면 질병은 당연히 치러야 할 대가였다. 한마디로 동물의 몸은 거대한 '병균 저장소'인 셈이다. 게다가 이들 중 대부분은 인류가 사라진 후에도 여전히 맹위를 떨칠 것이다. 다행히도 아직까지는 극히 일부의 사람들만이 이런 질병에 감염되어 왔지만, 도시가 대형화되고 교류가 많아질수록 질병도 빠르게 퍼지기 때문에 언제 재앙이 닥칠지는 아무도 알 수 없다.

과학자들은 감기바이러스의 유전자서열을 분석하다가 그 기원이 조류라는 사실을 알고 놀라움을 금치 못했다. 알려진 바에 의하면 많은 새들이 감기 바이러스를 옮기고 다니는데, 그중 대부분은 아무런 증세도 보이지 않는다. 그러다가 가끔씩 돼지가 새의 배설물을 먹으면서 '유전자 혼합기'의 역할을 한다. 그렇다면 새, 돼지와 가장 가깝게 지내는 사람은 누구일까? 바로 농장의 인부들이다. 그래서 일부 학자들은 감기 바이러스가 주로 아시아에서 발생하는 이유를 위와 같은 논리로 설명하고 있다. 아시아 지역에는 오리와 돼지를 같이 사육하는 농장이 많기 때문이다.

신종 유행성감기로 알려진 H1N1 플루는 조류 플루와 돼지 플루의 변종인데, 이것이 처음은 아니다. H1N1은 가장 최근에 발견된 변종플루일 뿐이다.

인간이 숲을 베고 건물과 공장을 짓는 등 자신의 주거환경을 계속 넓혀나가다 보면, 옛날부터 동물의 몸속에 잠복해왔던 병균에 노출될 가능성도 그만큼 높아진다. 세계인구는 예나 지금이나 꾸준히 증가하고 있으므로 신종 바이러스가 등장했다고 해서 그리 놀랄 일은 아니다. 동물서식지 침범을 멈추지 않는 한 새로운 병원균은 계속해서 인류를 괴롭힐 것이다.

예를 들어 인체면역결핍 바이러스인 HIV(human immunodeficiency virus)의 기원도 원숭이들 사이에 퍼져 있던 유인원면역결핍 바이러스 SIV(simian immunodeficiency virus)라는 설이 지배적이다. 과거에는 원숭이들만 걸리던 병이 사람에게 옮겨온 것이다. 유행성출혈열의 원인인 한타바이러스(hantavirus)는 미국 남서부 사람들이 설치류의 서식지였던 초원으로 진출하면서 나타났고, 진드기에 의해 감염되는 라임병(lyme disease)은 미국 북동부 사람들이 숲 근처에 집을 짓기 시작하면서 감염되기 시작했다(그 지역 숲에 진드기가 유난히 많았던 것으로 알려졌다). 에볼라바이러스는 아주 오래전부터 특정지역 사람에게 옮긴 것으로 추정되지만, 비행기를 이용한 장거리여행이 일상화되면서 감염지역이 급속히 넓어지는 바람에 세계적인 질병이 되었다. 고열과 구토를 일으키는 '재향군인병(legionnaires' disease, 고인 물이 썩으면서 발생하는 병으로, 1976년 미국 필라델피아에서 열린 재향군인대회에서 처음 발생했기 때문에 이런 이름이 붙었다. 에어컨 바람으로 옮겨진다고 하여 '냉방병'이라 부르기도 한다 — 옮긴이)'도 오래전부터 있던 병인데, 요즘은 냉방장치의 바람을 타고 퍼져나가기 때문에 크루즈선을 타고 장기여행을 하는 노인들에게 자주 나타난다.

위에 언급된 사례들로 짐작해볼 때, 신종바이러스는 앞으로도 꾸준히 신문의 헤드라인을 장식할 것이다. 그러나 안타깝게도 치료법 개발은 바이러스의 출현속도를 따라가지 못하고 있다. 신종바이러스는커녕 가장 흔한 감기조차 아직도 마땅한 치료법이 없다. 약국에서 파는 다양한 감기약들은 겉으로 나타나는 증세만 진정시킬 뿐 바이러스 자체를 죽이지는 못한다. 치료약 개발이 어려운 이유는 감기를 유발하는 리노바이러스(rhinovirus)의 변종이 300여 가지나 되기 때문이다. 이 모든 바이러스를 퇴치하는 백신이 만들어진다 해도 값이 너무 비싸서 현실성이 없다.

HIV는 상황이 훨씬 안 좋다. 변종이 무려 수천 종이나 되고 변종이 탄생하는 속도도 엄청나게 빨라서, 백신 하나를 어렵게 개발하면 그사이에 새로운 변종이 활개치는 경우가 태반이다. 그래서 사람들은 HIV 백신개발을 '움직이는 과녁에 총 쏘기'에 비유하곤 한다.

미래의 인류는 많은 병들을 정복하게 되겠지만, 과학보다 빠르게 진화하는 병균까지 잡을 수는 없을 것이다.

멋진 신세계

과학으로 유전을 통제하는 2100년이 되면, 올더스 헉슬리(Aldous Huxley)의 소설 《멋진 신세계(The Brave World)》와 현실을 비교해볼 필요가 있을 것 같다. 서기 2540년의 미래를 배경으로 쓰여진 이 책이 1932년에 처음 출판되었을 때 사람들은 엄청난 충격과 혼란에 휩싸였다.

그로부터 80년이 지난 지금, 소설 속에서 예견된 내용 중 상당수가 현실로 나타나고 있다. 헉슬리는 이 소설에서 시험관아기와 마약, 그리고 출산을 위한 성(sex)과 즐거움을 위한 성이 구별된 세상을 논함으로써 영국사회를 분노하게 만들었다. 그러나 지금 우리는 체외수정과 피임약을 당연시하는 세상에서 살고 있다(소설에서 언급된 파격적 내용 중 아직 실현되지 않은 것은 인간복제뿐이다). 또한 이 소설에는 의사들이 '두뇌가 손상된 태아'를 다량으로 복제하여 엘리트 권력층의 하인으로 부려먹는다는 내용도 있다. 이들은 손상된 정도에 따라 알파급(Alphas, 뇌 손상이 전혀 없는 지도층)에서 엡실론급(Epsilons, 가장 지능이 낮은 노예계급)으로 나뉜다. 헉슬리가 내다본 미래의 과학기술은 인간을 가난과 무지, 질병에서 해방시키는 수단이 아니라, 대부분의 사람들이 노예로 전락한 악몽 같은 세상을 유지하는 수단이었던 것이다.

《멋진 신세계》는 많은 부분에서 인류의 미래상을 매우 정확하게 예측했으나 유전공학의 출현만은 예상하지 못했다. 만일 헉슬리가 유전공학을 알고 있었다면 책에 언급되지 않은 또 하나의 문제를 제기했을 것이다. 미래에는 인류가 여러 종으로 분화되어 부모는 아이들에게 별로 애착이 없고, 정부가 아이들의 유전자를 통제하는 시스템으로 바뀌지 않을까? 사실 지금도 수많은 부모들은 아이들에게 희한한 옷을 입히고 별의별 잡다한 경연대회에 출전시키는 등 쓸데없는 경쟁을 부추기고 있다. 그렇다면 아예 처음부터 아이들의 유전자를 부모의 입맛에 맞게 수정할 수도 있지 않은가? 자손에게 최상의 이득을 안겨주고 싶은 것이 부모의 본능이라면, 자손의 유전자를 유리한 쪽으로 수정할 수도 있지 않을까?

이런 시스템이 어떤 결과를 초래할지 알아보기 위해 간단한 초음파검사를 예로 들어보자. 의사는 임산부와 태아의 건강을 체크한다는 순수한 목적으로 초음파검사를 권하겠지만 이 과정에서 태아의 성별이 드러난다. 그래서 태아가 여자아이로 판별되면 낙태수술로 아이를 지우는 유행이 생겨났다(이런 경향은 특히 중국과 인도에서 심하게 나타난다). 한 통계자료에 의하면 인도의 봄베이에서 낙태수술로 희생된 8,000명의 태아들 중 7,997명이 여자아이였다. 남아선호도가 높기로 유명한 한국에서는 한 가정에서 세 번째로 태어난 아이의 65퍼센트가 사내아이다. 그런데 이렇게 태어난 아이들이 결혼할 시기가 되면 수백만의 청년들이 짝을 찾을 수 없게 된다. 비슷한 연령대의 여자가 그만큼 적기 때문이다. 이것은 정말로 심각한 문제가 아닐 수 없다. 자신의 성과 가문의 대를 잇기 위해 아들만 골라 낳는다면 그다음 세대에서 대가 끊길 수도 있는 것이다.

미국에서는 인체성장호르몬(human growth hormone, HGH)의 남용이 심각한 문제로 떠오르고 있다. 일부 판매업자들이 HGH를 노화방지 약으로 홍보하고 있기 때문이다. 원래 HGH는 성장호르몬 결핍증을 앓고 있는 아이들의 치료약으로 개발되었으나, 노화방지에 효과가 있다는 근거 없는 소문이 돌면서 선풍적인 인기를 끌기 시작했다. 지금도 인터넷 사이트에서는 검증되지 않은 처방을 받기 위해 수많은 사람들이 순서를 기다리고 있다.

미래에도 사람들은 기회만 있으면 기술을 남용하여 심각한 폐단을 낳을 것이다. 이런 사람들이 유전공학을 마음대로 다룰 수 있게 된다면 과연 어떤 일이 벌어질까?

최악의 시나리오는 공상과학의 고전으로 알려진 조지 웰즈의 소설 《타임머신(The Time Machine)》에서 찾아볼 수 있다. 때는 서기 802,701년, 인간은 두 종족으로 분리된다. 본문에는 다음과 같이 적혀 있다. '진실은 점차 뚜렷하게 드러났다. 그사이에 인간은 서로 다른 두 종의 동물로 진화한 것이다. 땅위에서 살아가는 아름답고 우아한 종족만 있는 것이 아니라, 지하세계에서 살아가는 종족도 있었다. 창백하고 불쾌한 인상에 밤에만 돌아다니는 음침한 종족이었지만, 그들도 분명히 우리의 후손이었다.'(소설에서는 전자를 '엘로이족', 후자를 '몰로족'이라고 불렀다 — 옮긴이)

인간이라는 종은 앞으로 어떤 변화를 겪게 될 것인가? 멀리 갈 것도 없이 집에서 키우는 애완용 개를 생각해보자. 지금 세상에는 수천 종의 개가 있지만, 모든 개의 조상은 캐니스 루푸스(Canis lupus)

라는 회색늑대이다. 이들은 마지막 빙하기가 끝날 무렵인 1만 년 전부터 인간과 함께 살기 시작했다. 그런데 사람들이 개를 선택적으로 교배시켜서 새로운 종을 계속 만들어왔기 때문에 생김새와 크기가 엄청나게 다양해졌다. 선택교배를 하면서 체형과 성격, 색상, 능력 등이 크게 달라진 것이다.

개의 수명은 대략 사람의 7분의 1이다. 따라서 이들이 늑대생활을 청산하고 사람과 함께 살아온 후로 약 1,000세대가 지난 셈이다. 비슷한 계산을 사람에게 적용해보자. 인간이 체계적 번식을 시도한다면 개의 경우처럼 수많은 종으로 분리될 것이며, 7만 년 후에는 종의 수가 수천 가지에 이를 것이다(물론 여기서 말하는 '종'은 생물 분류법상의 種이 아니라, 단순히 '다른 종류'를 의미한다. 아무리 종류가 많아도 이들 모두는 상호번식이 가능한 '호모 사피엔스'에 속할 것이다). 그러나 이 과정에 유전공학이 개입된다면 변화속도가 엄청나게 빨라져서 7만 년이 아니라 단 한 세대 만에 동일한 결과를 낳을 수도 있다.

다행히도 다음 세기까지 인간의 종분화(speciation, 하나의 종species이 둘 이상의 종으로 나뉘는 현상—옮긴이)는 일어나지 않을 것이다. 진화의 역사에서 종분화는 하나의 종이 지리적 여건에 의해 둘 이상의 집단으로 분리되어 각기 독립적인 번식을 할 때 나타났다. 예를 들어 호주대륙에 사는 동물들은 다른 대륙의 동물과 지리적으로 완전히 분리되어 있기 때문에, 캥거루와 같이 다른 곳에서는 찾아볼 수 없는 유대동물로 진화할 수 있었다. 그러나 인간은 뛰어난 기동력을 보유하고 있으므로 유전적 병목현상을 겪지는 않을 것이다. 게다가 인간은 서로 섞이는 것을 좋아하기 때문에 한 집단이 고립된 채 따로 진화할 가능성은 거의 없다.

UCLA의 그레고리 스톡은 이렇게 말했다. "전통적인 진화론의 관점에서 볼 때 현생인류는 당분간 변하지 않을 것이다. 지금은 엄청난 인구가 복잡하게 얽혀 있고, 자연선택의 압박은 아주 한정된 지역에서 짧은 기간 동안만 작용할 뿐이다."

그밖에 동굴거주자의 원리에서 파생된 제한조건도 있다.

앞서 말한 바와 같이, 사람들은 자신의 천성에 반대되는 신기술(종이 없는 사무실 등)을 심리적으로 거부하는 경향이 있다. 이 천성은 지난 10만 년, 또는 그 이상의 긴 세월 동안 수많은 세대를 거치면서 거의 아무런 변화 없이 전수되어온 것이므로 앞으로도 쉽게 바뀌지는 않을 것이다. 따라서 자신의 2세에게 정상에서 벗어난 유전자 조작을 기꺼이 허용할 부모는 없을 것 같다. 자신의 아이가 남들에게 '변종'으로 여겨지는 것을 누가 좋아하겠는가. 그런 아이가 설령 뛰어난 능력을 갖고 있다 해도 사회적으로 성공할 가능성은 별로 높지 않다. 아이에게 우스꽝스러운 옷을 입히는 것도 문제지만, 아이의 유전형질을 영구적으로 바꾸는 것은 차원이 다른 이야기다(미래에 유전자 이식기술이 일반화되면 유별난 유전자가 시장에서 판매될 수도 있다. 그러나 대부분의 사람들이 거부감을 느껴서 수요는 그리 많지 않을 것이다). 21세기 말이 되면 부부 또는 약혼한 커플들이 유전자 도서관에서 '질병을 피하고 신체기능을 향상시키는 유전자'를 엄선하여 그들의 2세에게 심어줄지도 모른다. 그러나 기이한 유전자는 수요가 많지 않을 것이므로 활발한 연구가 이루어지지는 않을 것 같다.

소비자보다는 독재적인 정부가 더 위험하다. 유전자공학이 독재자의 손에 들어가면 자신의 입지를 더욱 확고히 하기 위해 강인하고 복종적인 군인들을 다량으로 만들어낼 것이기 때문이다.

미래의 인류가 우주식민지 개척에 나선다면 새로운 인간이 필요할 수도 있다. 다들 알다시피 다른 행성에서는 중력과 대기, 기후 등이 지구와 크게 다르다. 그러므로 다음 세기쯤 되면 타 행성에 적응할 수 있는 인간이 필요해질 것이다. 기존의 인간이 엄청난 장비를 지고 다니는 것보다 산소소비량과 몸무게, 신진대사율 등이 외계행성에 적합하도록 수정된 인간을 파견하는 쪽이 훨씬 효율적이다. 그러나 앞으로 한동안 우주여행은 여전히 '비싼' 여행으로 남아 있을 것이다. 21세기 말이 되어도 화성에는 기껏해야 전초기지 정도가 건설될 것이고, 대부분의 인간들은 여전히 지구를 기반으로 살아가고 있을 것이다. 적어도 앞으로 수십 년 동안 우주여행은 전문훈련을 받은 우주인과 돈 많은 부자들, 그리고 우주식민지 개척에 나선 대담한 사람들의 전유물로 남을 것이다.

우주여행을 목적으로 별종 인간을 만들어낸다는 아이디어 자체는 그럴듯하지만, 그런 일이 21세기에 일어날 것 같지는 않다. 22세기가 되어도 사정은 마찬가지다. 우주선을 띄우는 방법에 혁명적인 개선이 이루어지지 않는 한, 아무리 세월이 흘러도 대부분의 인간은 지구 표면에 붙은 채 살아갈 것이다.

2100년 이전에 마주칠 가능성이 있는 위험요소가 또 하나 있다. 유전자를 변형하는 기술이 엉뚱한 방향으로 발전하여 세균전쟁이 발발할 수도 있지 않을까?

세균전쟁

세균전쟁의 역사는 성경만큼이나 오래되었다. 고대의 군인들은 적의 성벽 너머로 시체를 던지거나, 적군이 마시는 우물에 동물의 시체를 빠뜨려 오염시키곤 했다. 천연두 균이 묻어 있는 옷을 적에게 보내서 감염시키는 작전도 종종 구사했다. 그러나 현대의 세균전은 수백만 명을 한꺼번에 죽일 수 있을 정도로 위협적이다.

1972년에 미국과 구 소련은 공격용 무기로 생화학무기를 사용하지 않는다는 금지조약에 서명했다. 그러나 생명공학이 극도로 발달한 지금 40년 전의 조약은 의미를 상실했다. 사실 'DNA 연구'라는 타이틀을 달면 전쟁이니 평화니 하는 말 자체가 무색해진다. 유전자 조작은 평화적인 목적으로 사용될 수도 있고 끔찍한 살인무기가 될 수도 있기 때문에 덮어놓고 금지할 명분을 찾기가 쉽지 않다.

유전공학을 악의적으로 적용하면 세균은 유해한 정도를 넘어 치명적인 무기로 돌변한다. 세균의 유전자를 변형하면 인체에 더욱 많은 해를 끼치면서 침투능력까지 뛰어난 괴물로 만들 수 있기 때문이다. 냉전시대에는 미국과 소련이 인류역사를 통틀어 가장 강력한 병균인 천연두를 다량 보유하고 있다는 소문이 파다하게 퍼져 있었다. 그런가 하면 1992년에 소련을 탈출한 한 망명자는 러시아가 20톤의 천연두 균을 무기용으로 비축해놓고 있다고 폭로했다. 뿐만 아니라 소련이 붕괴된 후 이것이 테러분자들의 손에 들어갔다는 소문까지 돌면서 전 세계가 공포에 휩싸이기도 했다.

지난 2005년에 생물학자들은 1918년에 유럽을 휩쓸었던 스페인 독감 바이러스를 복원하는 데 성공했다(당시 이 바이러스로 죽은 사람은 1차 세계대전 사망자보다 많았다). 흥미로운 것은 이 바이러스가 오래전에 사망하여 영구동토층에 묻힌 한 알래스카 여성의 몸에서 추출되었다는 점이다. 또한 유행병으로 죽은 한 미군병사의 시신에서도 동일한 바이러스가 검출되었다.

과학자들은 스페인독감 바이러스의 모든 게놈정보를 파악한 후 웹사이트에 올렸는데, 다른 과학자들 대부분은 우려를 표명했다. 정보가 공개되는 바람에 역사상 가장 많은 사람을 죽였던 가공할 세균을 일개 대학생도 만들 수 있게 되었기 때문이다.

그러나 바이러스의 사소한 변이가 대재앙으로 연결되는 과정을 알아낼 수도 있으므로 정보를 공개한 것은 일견 반가운 소식이기도 했다. 실제로 그 효과는 금방 나타났다. 한 무리의 과학자들이 그 원인을 밝혀낸 것이다. 대다수의 바이러스는 사람 몸의 면역체계를 무력하게 만드는 반면, 스페인독감 바이러스는 면역체계로 하여금 과민한 반응을 보이도록 유도한다. 그래서 환자들은 체내의 수분을 방출하면서 죽음에 이르게 된다. 몸 안에 품고 있던 수분 때문에 익사하는 셈이다. 이 사실이 알려진 후 과학자들은 H1N1 플루의 유전자서열을 스페인독감 바이러스와 비교했는데, 다행히도 치명적인 요소는 발견되지 않았다. 또한 임의의 바이러스가 스페인독감과 닮은 정도를 수치로 나타내는 방법도 개발되었는데, H1N1 플루는 이 값도 아주 작은 것으로 판명되었다.

그러나 장기적으로 볼 때 바이러스 정보공개는 심각한 부작용이 우려된다. 살아 있는 생명체의 유전자를 수정하는 작업은 해가 갈수록 쉬워지고, 비용은 저렴해지고 있다. 게다가 이와 관련된 정보는 인터넷을 통해 누구나 접할 수 있게 되었다.

미래에는 필요한 요소를 입력만 하면 어떤 유전자도 만들 수 있게 될 것이다. 이 정도는 수십 년 이내에 가능하다. 타자기로 A-T-C-G(DNA를 구성하는 네 종류의 염기 — 옮긴이)를 특정 순서로 입력하면 컴퓨터에 연결된 기계가 DNA를 자르고 이어서 원하는 유전자를 만들어준다. 문제는 전문가뿐만 아니라 일개 고등학생까지 생명체를 마음대로 창조할 수 있다는 것이다.

한 가지 끔찍한 시나리오는 'AIDS균 공중살포'이다. 감기 바이러스는 에어로졸(aerosol, 공기 중에 떠다니는 고체 또는 액체상태의 미립자 — 옮긴이) 속에서 살아남게 해주는 몇 개의 특별한 유전자를 갖고 있기 때문에 기침이나 재채기를 통해 쉽게 옮겨진다. 반면에 AIDS 바이러스는 대기에 몹시 취약하여, 보균자와 직접 접촉하지 않으면 옮을 염려가 없다.

그렇다면 감기 바이러스의 유전자를 AIDS 바이러스에 주입하여 사람의 몸 밖에서도 살아남을 수 있는 변종 AIDS로 만들 수도 있지 않을까? 이런 바이러스를 감기처럼 퍼뜨린다면 그 결과는 불을 보듯 뻔하다. 게다가 바이러스와 박테리아는 사람이 손을 대지 않아도 자기들끼리 유전자를 교환할 수 있는 것으로 알려져 있다. 따라서 (가능성은 그리 높지 않지만) AIDS와 감기 바이러스가 스스로 유전자를 교환하여 위의 시나리오가 자연적으로 실현될 수도 있다.

미래에는 국가나 테러집단이 AIDS를 무기로 활용하게 될 것이다. 그러나 바이러스는 특정집단만을 골라서 죽이지 않는다. 만일 어떤 집단이 변종 AIDS균을 공중살포한다면 그들도 희생자 명단에 오를 것이다. 이 점을 생각하면 조금이나마 위안이 된다. 아무리 적이 미워도 같이 죽을 생각을 하지는 않을 테니 말이다.

9·11테러가 발생한 직후, 하얀 가루 형태의 탄저균이 들어 있는 상자가 여러 정치인들에게 무기명으로 배달되면서 미국은 또 한 번 공황상태에 빠졌다. 생화학무기의 공포가 현실로 다가온 것이다. 가

루의 성분을 분석해보니 그것은 최대한의 사상자가 발생하도록 개량된 특수 탄저균이었다. 이는 곧 고성능 생화학무기 제조법이 이미 테러분자들의 손에 넘어갔음을 의미한다. 탄저균은 토양 속이나 주변환경에서 쉽게 찾을 수 있지만, 이것을 정제하여 무기로 사용하려면 전문적인 지식이 있어야 한다.

생화학 테러가 미국 역사상 최대규모로 자행되었음에도 불구하고 범인은 아직 잡히지 않았다(유력한 용의자가 있었지만 최근에 자살했다). 여기서 주목할 사실은 단 한 사람이라도 전문적인 훈련을 받기만 하면 국가 전체를 위협할 수 있다는 점이다.

그런데 아이러니하게도 이기적인 생각이 세균전쟁의 발발을 억제하고 있다. 1차 세계대전 중에 독가스를 이용한 공격은 별로 실효를 거두지 못했다. 바람의 방향이 갑자기 바뀌면 아군이 전멸할 수도 있기 때문이다. 독가스의 군사적 기능은 적군을 죽이는 것이 아니라 적에게 공포를 심어주는 것이다. 지금까지 지구상에서 수많은 전쟁이 공개적으로 치러졌지만 독가스 덕분에 이긴 사례는 단 한 번도 없었다. 동-서 냉전이 절정에 달했을 무렵에도 미국과 소련은 독가스의 효력이 예측 불가능하다는 사실을 잘 알고 있었다. 자칫 잘못하여 예상보다 많은 사상자가 발생하면 곧바로 핵전쟁으로 이어질 것이기에 양측은 화학무기의 사용을 극도로 자제했다.

지금까지 이 장에서는 유전자와 단백질, DNA 등 주로 분자구조물에 관한 내용을 다루었다. 그렇다면 다음 질문이 자연스럽게 떠오른다. 미래에는 분자보다도 훨씬 작은 원자를 어느 정도까지 다룰 수 있을까?

4

**나노
테크놀로지**

모 든 것 은 무(無)에 서 탄 생 한 다 ?

내가 아는 한, 물리학에서 물체를 원자단위로 다루는 것을 금지하는 법칙은 없다.

_**리처드 파인만** Richard Feynman, **노벨상 수상자**

나노기술은 자연의 궁극적 장난감(원자와 분자)을 갖고 노는 도구이다.
모든 것은 원자와 분자로 이루어져 있으므로
새로운 창조의 가능성도 무한하게 열려 있다.

_**호스트 스토머** Horst Stormer, **노벨상 수상자**

무한히 작은 것들은 무한히 큰 역할을 한다.

_**루이 파스퇴르** Louis Pasteur

인간은 복잡한 도구를 다룰 줄 안다. 바로 이 능력 덕분에 인간은 지구상에 존재하는 모든 동물들 중 최상의 지위에 오를 수 있었다. 그리스·로마신화에서는 인간을 불쌍히 여긴 프로메테우스(Prometheus)가 벌칸(Vulcan, 불카누스. 불과 대장장이의 신)의 용광로에서 불씨를 훔쳐 사람에게 건네줌으로써 도구의 역사가 시작된다. 그러나 프로메테우스의 절도행각은 신들의 노여움을 샀고, 제우스는 공범인 인간을 벌 주려는 목적으로 기발한 아이디어를 생각해냈다. 그는 벌칸에게 금속으로 상자와 여인을 만들라는 지시를 내렸고, 벌칸은 문제의 상자와 함께 아름다운 여인을 만들어 생명을 불어넣었으니, 이 여인이 바로 그 유명한 판도라(Pandora)였다. 제우스는 판도라에게 상자를 주면서 절대로 뚜껑을 열지 말라는 특명을 내린다. 그러나 호기심을 이기지 못한 판도라는 어느 날 기어이 상자의 뚜껑을 열었고, 그 안에서 온갖 혼돈과 고통, 불행이 쏟아져 나와 세상을 가득 메워버렸다. 그런데 마지막으로 희망이 빠져나오려는 순간, 극적으로 뚜껑을 닫은 덕분에 그후로 인간은 아무리 불행하고 고통스러워도 희망만은 간직할 수 있게 되었다.

결국 벌칸의 용광로는 인간에게 꿈과 고통을 모두 안겨준 셈이다. 오늘날 우리는 원자를 하나씩 다룰 수 있는 궁극의 기계를 설계하는 단계까지 와 있다. 그런데 이 기계는 과연 우리에게 깨달음과 지식의 불을 지펴줄 것인가? 아니면 판도라의 상자처럼 혼돈의 바람을 일으킬 것인가?

역사가 시작된 이후로 인간의 운명은 줄곧 도구에 의해 좌우되어 왔다. 인간은 수천 년 전에 활과 화살을 발명하여 물체를 손으로 던진 것보다 빠르게 발사할 수 있게 되었고, 이로 인해 사냥기술이 발달하면서 음식이 풍족해졌다. 또한 7,000년 전에 야금술이 개발된 후로 진흙과 짚더미로 지었던 집들은 점차 견고한 재질로 바뀌었으며, 결국에는 하늘을 찌르는 마천루가 되었다. 황량한 사막과 우거진 숲에 도시가 들어설 수 있었던 것도 금속을 다루는 기술 덕분이었다.

이제 우리는 인류역사를 통틀어 가장 막강한 도구를 손에 넣기 직전까지 와 있다. 모든 만물의 기본단위인 원자를 마음대로 다룰 수 있게 된 것이다. 나노기술(nanotechnology)이라 불리는 이 도구는 금세기 안에 원자를 낱개로 다루는 수준까지 발전하여, 엄청나게 강하고 가벼우면서 놀라운 전자기적 특성을 갖고 있는 신소재를 양산하게 될 것이다. 나노기술이 가져올 2차 산업혁명의 여파는 1차 산업혁명과 비교가 되지 않을 정도로 깊고 광범위하다.

노벨상 수상자인 리처드 스몰리(Richard Smalley)는 "나노기술의 가장 큰 목표는 원자를 기본 블록으로 삼아 유용한 도구를 만드는 것"

이라고 했고, 휴렛팩커드 사의 필립 큐키스(Philip Keukes)는 나노기술의 위력을 다음과 같이 서술했다. "나노기술의 목표는 간단한 컴퓨터를 박테리아 크기로 줄이는 것이다. 그러면 지금 당신이 사용하고 있는 데스크탑 컴퓨터는 먼지 한 톨만 한 크기로 작아진다."

이것은 결코 허황된 꿈이 아니다. 현재 미국에서는 정부가 직접 나서서 나노기술개발에 박차를 가하고 있다. 2009년에 미국정부는 의학, 산업, 항공 등 적용분야가 무궁무진하다는 사실을 간파하고 미국 나노기술연구소(National Nanotechnology Institute)에 15억 달러의 연구비를 지원했다. 정부산하기관인 나노기술과학재단의 보고서에는 다음과 같이 적혀 있다. '나노기술은 유해한 박테리아와 바이러스를 차단하는 등 식량과 물을 생산하고 보존하는 데 큰 일익을 담당할 것이며, 에너지와 신소재개발 분야에서도 혁명적인 변화를 가져올 것이다.'

앞으로 세계각국의 경제적 상황은 나노기술의 개발여부에 따라 크게 달라질 것이다. 전 세계의 운명이 여기 달려 있다고 해도 과언이 아니다. 2020년쯤 되면 무어의 법칙이 빗나가기 시작하여 얼마 후면 정체상태로 접어들 것이다. 이때가 되어서도 물리학자들이 실리콘 트랜지스터를 대체할 신소재를 개발하지 못한다면 세계경제는 혼란에 빠질 가능성이 높다. 대부분의 과학자들은 이 문제를 해결해줄 가장 강력한 후보로 나노기술을 꼽는다.

과거에 무(無)에서 유(有)를 창조하는 능력은 오직 신만이 행사할 수 있었다. 그러나 미래의 나노기술은 이 꿈같은 기적을 인간에게도 허용할 것이다.

양자세계

노벨 물리학상을 수상한 리처드 파인만은 과학자들을 향해 간단하면서도 난해한 질문을 던졌다. "우리가 사용하는 기계장치들은 어느 정도까지 작아질 수 있는가?" 이것은 구체적인 구현방법을 묻는 학술적 질문이 아니었다. 컴퓨터가 소형화됨에 따라 산업의 구조 자체가 달라지고 있었으므로, 이 질문의 답에 따라 사회와 경제는 엄청난 변화를 겪게 될 판이었다.

파인만은 1959년에 열린 미국물리학회 정기총회에 연사로 초빙되어 '극소영역에는 무한한 가능성이 담겨 있다(There's Plenty of Room at the Bottom)'는 제목으로 연설을 했다. "물리학자는 화학자들이 노트에 써 내려가는 화학물질을 직접 만들 수 있는 사람이다. 정말로 흥미롭지 않은가? 주문만 하면 무엇이든 오케이다. 화학자의 지시에 따라 개개의 원자를 배치하면 된다. 원자를 낱개로 움직일 수 있다면 이 세상에 만들지 못할 물질은 없다." 파인만은 개개의 원자를 따로 다루는 것이 어렵긴 하지만, 원리적으로 이것을 금지하는 물리법칙은 없다고 했다.

결국 세계경제와 국가의 운명은 직관과 전혀 일치하지 않는 희한한 물리학, 즉 '양자역학'에 달려 있는 셈이다. 흔히 사람들은 물체의 크기가 작아져도 거기 적용되는 물리학법칙은 변하지 않는다고 생각하지만, 사실은 그렇지 않다. 디즈니영화 〈애들이 줄었어요(Honey, I Shrink the Kids)〉와 〈줄어드는 인간(The Incredible Shrinking Man)〉에서는 사람들이 이상한 광선을 쬐고 눈에 보이지 않을 정도로 작아진다. 그러나 작은 세계에 다른 법칙이 적용된다는 사실을 간과한(또는 번거로워서 생략한) 제작진은 줄어든 사람들이 우리와 동일한 물리법칙을 겪는 것처럼 묘사했다. 예를 들어 디즈니영화에서 줄어든 아이들이 개미를 타고 달리다가 비를 맞는 장면이 있는데, 주의 깊게 본 사람은 알겠지만 빗방울이 떨어진 곳에 작은 웅덩이가 생긴다. 물론 현실세계에서 정상인의 몸보다 큰 물 덩어리가 땅으로 떨어진다면 그와 같은 현상이 나타날 것이다. 그러나 빗방울보다 작은 개미나 줄어든 사람이 볼 때, 빗방울은 땅바닥에서 퍼지지 않고 반구(구의 반쪽)형태로 뭉쳐야 한다. 물의 표면적을 최소화하려는 표면장력이 작용하기 때문이다. 우리가 살고 있는 거시세계에서는 다른 힘에 비해서 표면장력이 매우 약하기 때문에 그런 광경을 볼 수 없지만, 개미만 한 스케일에서는 표면장력이 상대적으로 커져서 빗방울이 유리구슬처럼 뭉치게 된다.

(이와 반대로 개미의 몸집이 집채만큼 커져도 심각한 문제가 발생한다. 이런 괴물은 첫 걸음을 내딛자마자 다리가 부러질 것이다. 개미의 몸집이 커지면 다리를 지탱하는 힘도 커지지만 지탱해야 할 몸무게가 훨씬 크게 증가하기 때문에 자신의 체중을 감당할 수 없게 된다. 예를 들어 개미가 이상한 광선총을 맞고 10배로 커졌다면 몸무게는 $10 \times 10 \times 10 = 1,000$배로 증가한다. 그러나 다리의 힘은 근육의 굵기에 비례하기 때문에 $10 \times 10 = 100$배밖에 증가하지 않는다. 수치로 비교하자면 거대개미는 정상개미보다 10배나 약한 셈이다. 그러므로 거대한 킹콩이 엠파이어스테이트빌딩을 기어오르는 것도 있을 수 없는 일이다. 그는 건물에 도착하기 전에 다리가 부러지면서 쓰러져야 한다.)

원자규모에서는 수소분자의 결합력이나 '반 데르 발스 힘(van der Waals force, 분자들 사이에 작용하는 인력 — 옮긴이)' 등 전자기적 상호작용에 의한 힘이 매우 강하게 나타난다. 거시세계에서는 잘 느껴지지 않지만, 물질의 물리적 특성 중 대부분은 바로 이 전자기력에 기인한 것이다.

이해를 돕기 위해 한 가지 사례를 들어보자. 미국 북동부지역으로 가면 고속도로에 움푹 파인 구멍이 자주 눈에 뜨인다. 왜 그럴까? 겨울이 되면 눈 녹은 물이 갈라진 아스팔트 틈새로 유입된다. 그 안에서 물이 다시 얼면 부피가 늘어나면서 아스팔트가 부서지고 그 자리에 구멍이 생기는 것이다. 그런데 이상한 점이 하나 있다. 대부분의 물질은 액체에서 고체로 변할 때 부피가 줄어드는데, 물은 왜 얼면서 부피가 늘어나는 것일까? 그 원인은 바로 수소원자의 결합력 때문이다. 하나의 물분자에는 산소원자 하나당 두 개의 수소원자가 V자 형태로 달려 있다. 대충 말하자면 물분자의 아래쪽은 전기적으로 −이고 위쪽은 +이다. 이제 누군가가 온도를 영하로 낮추면 물분자가 위−아래로 층층이 쌓이면서 전기력에 의해 규칙적인 육각형 격자를 형성하게 되는데, 가장 안정된 구조를 이루려면 원자들 사이에 추가 공간이 필요하기 때문에 전체적으로 부피가 커지는 것이다. 얼음이 물에 뜨고 눈송이의 결정이 육각형인 이유도 동일한 논리로 설명할 수 있다.

장애물 통과하기

원자 스케일에서는 표면장력과 수소결합, 그리고 반 데르 발스 힘 외에도 기이한 양자적 현상이 수시로 발생하고 있다. 일상생활 속에서는 양자적 힘을 느낄 수 없지만, 이 세상이 지금과 같은 형태로 유지되는 것은 양자적 힘이 모든 곳에서 끊임없이 작용하고 있기 때문이다. 한 가지 예를 들어보자. 물질의 기본단위인 원자는 거의 모든 곳이 텅텅 비어 있다. 원자의 중심에 원자핵이 있고 그 주변에 전자들이 분포되어 있는데, 원자핵과 전자 사이의 간격이 너무 넓어서 대부분의 공간이 비어 있는 것이다. 원자를 축구장 크기로 확대했을 때, 원자핵은 센터서클 중심에 놓여 있는 좁쌀 한 톨보다 작고, 전자는 운동장 외곽의 담을 따라 분포되어 있다. 즉, 운동장의 대부분이 텅텅 비어 있는 것이다(이 상태를 '진공vacuum'이라고 한다). 이토록 공허한 원자들이 모여서 인간을 비롯한 만물을 이루고 있으니, 마음만 먹으면 벽을 쉽게 통과할 수 있을 것 같다. 하지만 막상 시도해보면 이마에 혹만 생길 뿐이다.

(나는 실험시간에 학생들을 실험대상으로 삼아 이 사실을 증명해보이곤 한다. 몸에 해롭지 않은 방사능 방출체를 학생의 앞쪽에 매달아놓고, 뒤에는 가이거계수기(방사선 검출기)를 설치해놓는다. 그러면 잠시 후 가이거계수기에 방사능 입자가 도달했다는 신호음이 들려오고, 입자가 자신의 몸을 통과했다는 사실을 깨달은 학생은 놀란 가슴을 쓸어 내린다.)

이 세상 모든 물체가 '거의 텅 비어 있는' 원자로 이루어져 있는데, 우리는 왜 벽을 통과할 수 없는 것일까? 20여 년 전에 개봉된 영화 〈사랑과 영혼(Ghost)〉에서 주인공 패트릭 스웨이지(Patrick Swayze)는 자신의 경쟁자에게 살해당한 후 원혼이 되어 이 세상을 떠돈다. 그는 자신의 약혼녀였던 데미 무어(Demi Moore)를 찾아가 사건의 전말을 어떻게든 알려주려고 하지만 마땅한 방법이 없다. 그녀의 몸을 만지려고 손을 내밀면 마치 허공을 휘젓는 것처럼 그냥 통과해버렸던 것이다. 그는 자신이 물질계를 떠난 영혼이기 때문에 이 세상 어떤 물질도 만질 수 없음을 뒤늦게 깨닫는다. 그런가 하면 주인공이 지하철 벽을 뚫고 얼굴만 들이민 채 기차와 함께 달리는 장면도 있다(그런데 유령이 된 주인공은 시종일관 땅 위를 편안하게 걸어다녔다. 모든 물체를 통과한다면 지면도 통과하여 지구 중심으로 빨려 들어가야 한다. 아마도 이 영혼은 모든 물체를 통과하되 '지면과 마루바닥'만은 예외였나 보다).

우리는 왜 유령처럼 단단한 물체를 통과할 수 없는가? 결론부터 말하자면 상식을 완전히 뛰어넘는 '기이한 양자적 현상' 때문이다. 볼프강 파울리(Wolfgang Pauli)의 배타원리에 의하면 한 쌍의 전자는 절대로 동일한 양자상태에 놓일 수 없다. 그러므로 거의 동일한 전자 두 개가 서로 가까이 접근하면 배타원리에 위배되지 않기 위해 서로 밀어내는 경향을 보인다. 벽돌담이나 철제금고가 견고하게 보이는 이유는 바로 이것 때문이다. 제아무리 단단한 물체라 해도 속은 텅텅 비어 있다.

당신은 의자에 앉을 때 몸(또는 옷)이 의자와 접촉한다고 생각하겠지만, 사실은 의자의 전기력과 양자적 힘에 떠밀려 나노미터(10^{-9}미터)보다 좁은 간격을 두고 허공에 떠 있는 상태이다. 의자뿐만이 아니다. 무언가를 만질 때 우리의 손은 물체와 직접 닿지 않고 미세한 원자력에 의해 일정 간격만큼 떨어져 있다(배타원리를 어떻게든 무력화시킨다면 벽을 통과할 수 있다. 문제는 그 방법을 아무도 모른다는 것이다).

양자역학의 법칙은 원자를 견고하게 유지시켜줄 뿐만 아니라 이들을 서로 결합시켜 분자로 만들어준다. 이해를 돕기 위해 원자를 태양계에 비유해보자. 태양계의 중심에는 태양이 있고, 그 주변을 여러 행성들이 돌고 있다. 그런데 어느 날 두 개의 태양계가 충돌한다면 행성들끼리 격렬한 충돌을 일으켜 산산이 부서지고, 두 태양계는 완전히 분해될 것이다. 태양계끼리 충돌하면 안정된 상태를 유지할 방법이 없다. 그렇다면 원자들도 서로 충돌하면 산산이 부서질 것 같다. 과연 그럴까?

아니다. 전혀 그렇지 않다. 두 개의 원자가 가까이 접근하면 서로 퉁겨 내거나, 하나로 결합하여 안정된 상태의 분자가 된다. 원자들이 뭉쳐서 분자가 될 수 있는 이유는 이웃한 두 원자 사이에 전자를 공유할 수 있기 때문이다. 상식적으로 생각할 때, 원자들이 전자를 공유한다는 것은 터무니없는 발상이다. 전자가 뉴턴의 역학법칙을 따른다면 절대로 있을 수 없는 일이다. 그러나 베르너 하이젠베르크의 불확정성원리에 의하면, 전자는 정확한 위치를 갖지 않고 두 원자 사이에 '퍼져 있으면서' 이들을 결합시키고 있다.

만일 누군가가 양자역학의 스위치를 꺼서 양자적 현상을 모두 사라지게 만든다면 모든 분자들은 서로 충돌하면서 산산이 분해되고, 이 세상에는 소립자로 이루어진 기체만 남을 것이다. 따라서 원자들이 분해되지 않고 서로 결합하여 견고한 물체를 이루는 비결은 오직 양자역학만이 설명할 수 있다.

(그렇기 때문에 '세계 속의 세계' 가설도 현실적으로 불가능하다. 세간에는 우리의 태양계가 어떤 거대족속이 사는 세계의 원자 하나에 해당한다고 주장하는 사람들이 있다. 영화 〈맨 인 블랙Men in Black〉의 마지막 장면도 우리의 우주가 "다른 외계 생명체가 갖고 노는 구슬 속의 원자"임을 은근히 시사하고 있다. 그러나 스케일이 달라지면 적용되는 물리법칙도 달라진다. 원자세계와 거대한 은하에 동일한 법칙이 적용된다는 것은 물리학을 잘 모르는 사람들의 희망사항일 뿐이다.)

양자역학의 원리들은 하나같이 우리의 상식을 뛰어넘는다. 그중 중요한 것 몇 가지를 소개하면 다음과 같다.

- 임의의 입자 위치와 속도를 동시에 정확하게 측정하는 것은 불가능하다.
- 입자는 서로 다른 두 지점에 동시에 존재할 수 있다.
- 모든 입자는 서로 다른 여러 개의 상태에 '동시에' 존재한다. 예를 들어 팽이처럼 자전하는 입자의 스핀 값은 '위(up)'와 '아래(down)'를 동시에 취할 수 있다.
- 당신은 한 지점에서 갑자기 사라졌다가 다른 지점에 나타날 수 있다.

양자역학에 익숙하지 않은 독자들은 "말도 안 된다"며 혀를 찰 것이다. 당연하다. 나도 양자역학을 몰랐다면 헛소리로 치부했을 것이다. 그래서 아인슈타인은 "양자역학이 성공을 거둘수록 내 눈에는 더욱 터무니없어 보인다"고 했다. 이 기괴한 법칙들이 어디서 왔는지는 아무도 모른다. 이 모든 것들은 그저 가정일 뿐 아무런 설명도 없다. 그런데도 양자역학이 확고한 입지를 굳힐 수 있었던 것은 모든 자연현상을 설명해주는 '옳은 이론'이기 때문이다. 실험에서 얻은 값과 양자이론으로 계산한 값 사이의 오차는 100억 분의 1도 되지 않는다. 이 정도면 역사상 가장 정확한 물리학이론임이 분명하다.

그런데 우리가 살고 있는 일상적인 세계에서는 양자적 현상이 나타나지 않는다. 왜 그럴까? 우리의 몸을 비롯한 거시적 물체들은 1조×1조 개가 넘는 원자로 이루어져 있기 때문이다. 구성입자가 이렇게 많으면 양자적 효과들이 서로 상쇄되어 '상식에 부합되는' 결과만 나타난다.

개개의 원자를 조작하다

리처드 파인만은 물리학자들이 개개의 원자를 조작하여 필요한 분자를 만들어내는 환상적인 세상을 꿈꿨다. 물론 1959년에는 불가능했지만, 지금은 파인만의 꿈이 부분적으로 실현되었다.

내가 캘리포니아의 산호세에 있는 IBM 알마덴 리서치센터(Almaden Research Center)를 방문했을 때 이 기적 같은 기술을 직접 볼 수 있었다. 그곳에는 개개의 원자를 다룰 때 사용하는 주사터널현미경(scanning tunneling microscope)이 비치되어 있는데, 이 장비를 발명한 IBM 사의 게르트 비니히(Gerd Binning)과 하인리히 로러(Heinrich Rohrer)는 1986년에 노벨상을 받았다(내가 어렸을 때 학교선생님들은 "원자는 너무나 작기 때문에 앞으로 과학이 아무리 발전해도 눈으로 볼 수는 없을 것"이라고 했다. 그 무렵에 나는 원자물리학자가 되겠다고 이미 결심을 굳힌 상태였기에, 직접 볼 수 없는 것들을 머릿속에 그리며 평생을 살아야 할 것 같았다. 그러나 지금 우리는 원자를 볼 수 있을 뿐만 아니라, 초미세 족집게를 이용하여 원자를 이리저리 움직일 수도 있게 되었다).

'주사터널현미경'이라는 이름만 들으면 언뜻 광학현미경이 연상되겠지만, 사실 이것은 현미경과 거리가 멀다. 겉모습만 보면 구식 축음기처럼 생겼다. 미세한 바늘(굵기가 원자 하나의 폭과 비슷하다)이 물체의 표면을 천천히 훑고 지나가면 바늘에 흐르는 전류가 물체를 통과하여 그 밑에 있는 센서로 전달되는데, 원자 하나를 지날 때마다 전류가 미세하게 변하기 때문에 센서가 그 차이를 감지하여 물체의 표면상태를 추정하는 것이다. 이런 식으로 물체 위를 여러 번 스캔하면 스크린에는 원자의 배열상태가 놀라울 정도로 선명하게 나타난다. 더욱 놀라운 점은 이 바늘이 원자의 형태를 감지할 뿐만 아니라 원자를 하나씩 이동시킬 수도 있다는 것이다. 이 장치를 이용하면 원자로 글씨를 쓸 수 있으며(실제로 이들은 원자를 재배열시켜서 'IBM'이라는 문자를 만들었다), 원자규모의 간단한 기계장치를 만들 수도 있다.

(이보다 최근에 나온 원자현미경은 원자의 배열상태를 3D로 보여준다. 이 장비도 원자크기의 바늘을 사용하고 있지만 바늘에서 레이저를 방출한다는 점이 다르다. 바늘이 물체 위를 훑고 지나가면 미세한 진동이 일어나고, 레이저빔 영상장치가 이 진동을 감지하여 원자의 배열상태를 파악한다.)

개개의 원자를 움직이는 원리는 비교적 간단했다. 안내원의 지시에 따라 컴퓨터스크린 앞에 앉았더니 탁구공처럼 생긴 하얀 공들이 스크린에 나타났는데, 알고 보니 그것은 어떤 물체의 원자배열을 주사터널현미경으로 찍은 영상이었다. 나는 특정 원자를 커서로 선택한 후 커서를 다른 곳으로 이동시켰다. 그리고 바늘을 작동시키는 단추를 눌렀더니 주사터널현미경이 물체를 다시 스캔했고, 잠시 후 나타난 화면에는 해당 원자가 내가 원했던 위치로 정확하게 이동해 있었다.

하나의 원자를 임의의 위치로 옮기는 작업은 1분이면 충분하다. 그러나 나는 스크린에 떠 있는 온갖 글씨들을 해독하고 작동법을 익히느라 거의 30분이 걸렸다. 그리고 한 시간 후에는 10여 개의 원자로 조금 복잡한 기하학적 형태를 만들 수 있었다.

견학이 끝난 후 나는 한동안 말 못할 감회에 빠져 있었다. 불과 30년 전만 해도 도저히 불가능하다고 생각했던 일을 전문가도 아닌 내가 해낸 것이다.

MEMS와 나노입자

나노기술은 아직 초보단계지만 화학코팅 분야에서 빠른 성장세를 보이고 있다. 제품의 표면에 분자 몇 개의 두께로 화학물질을 뿌리면 먼지가 앉지 않고 외관도 수려해진다. 최근에 등장한 얼룩방지용 의류와 컴퓨터 광각스크린, 강력 금속절단기, 흠집방지코팅 등도 나노기술의 산물이다. 초박막 코팅으로 기능이 향상된 제품은 앞으로도 계속 출시될 것이다.

나노기술은 이제 갓 태어난 '젊은 과학'이다. 그러나 여기서 파생된 MEMS(미세전자제어시스템, microelectromechanical systems)는 이미 400억 달러에 이르는 시장을 구축했다. MEMS란 초소형 기계를 만드는 기술의 통칭으로, 잉크젯 카트리지와 에어백 센서에서 비행기의 자이로스코프 디스플레이에 이르기까지 다양한 분야에 적용될 수 있다. 기본적인 원리는 컴퓨터 산업계에서 사용하는 에칭(부식술)과 비슷하지만, 트랜지스터 대신 기계의 부품을 새긴다는 점이 다르다. 이 부품들은 크기가 너무 작아서 현미경으로만 볼 수 있다.

지난 2000년에 IBM 취리히연구소(Zürich Research Institute)의 과학자들은 주사현미경으로 원자를 하나씩 움직여서 동양의 구식 수동 계산기인 주판을 원자 스케일로 만드는 데 성공했다. 이들은 위아래로 움직이는 주판알 대신 버키볼(buckyball, 탄소원자들이 축구공 모양으로 배열되어 있는 탄소동소체, C60)을 사용했는데, 하나의 크기가 머리카락 굵기의 5,000분의 1밖에 안 된다.

코넬대학의 과학자들은 한술 더 떠서 원자 스케일의 기타를 만들었다. 여기에는 진짜 기타와 마찬가지로 여섯 개의 줄이 달려 있고,

하나의 줄은 100개의 원자로 이루어져 있다. 기타의 전체 크기는 머리카락 굵기의 20분의 1밖에 안 된다. 그런데 놀랍게도 이 원자 기타는 연주도 가능하다. 다만 줄의 진동수가 너무 높아서 사람의 귀에 들리지 않을 뿐이다.

그러나 뭐니 뭐니 해도 가장 실용적인 발명품은 에어백 센서이다. 이것은 자동차의 급정거를 감지하는 초소형 가속도계로서, 에어백의 스프링(또는 레버) 끝에 장착되어 있다. 운전자가 갑자기 브레이크를 밟으면 큰 가속도가 생기면서 센서에 충격이 전달되고, 이로부터 미세한 전류가 생성된다. 그러면 이 전류가 화학폭발을 유도하여 다량의 질소가스를 25분의 1초 만에 에어백 안으로 불어 넣는다. MEMS를 적용한 에어백 센서는 이미 세계 각지에서 수천 명의 목숨을 구했다.

가까운 미래 (현재~2030년)

몸속의 나노기계

가까운 미래에 우리는 의학의 혁명이라 불리는 다양한 나노장비의 혜택을 보게 될 것이다. 혈관을 따라 몸속을 돌아다니는 나노기계가 그 대표적 사례이다. 영화 〈환상적인 여행(Fantastic Voyage)〉에는 적혈구 크기만큼 줄어든 잠수함이 등장한다. 테러범의 공격을 받고 뇌사상태에 빠진 한 과학자를 살리기 위해 특수요원들이 축소된 잠수함을 타고 환자의 몸에 들어가 뇌수술을 한다는 스토리다. 요원들은 혈관을 타고 뇌를 찾아가는 동안 여러 번 위기에 봉착하는데, 그때마다 극적으로 문제를 해결하고 결국은 수술에 성공한다.

나노기술이 추구하는 목표 중 하나는 암세포를 골라서 확실하게 죽이고 정상세포에는 해를 입히지 않는 '암세포 전문킬러'를 분자 크기로 만드는 것이다. 혈관을 타고 이동하면서 암세포를 처리하는 초소형 잠수함은 오래전부터 공상과학소설의 단골메뉴 중 하나였다. 그러나 비평가들은 현실성이 없다며 단순한 상상의 산물로 치부해왔다.

지금 그 꿈이 현실로 다가오고 있다. 뉴욕주립대학교 버펄로캠퍼스의 제롬 센탁(Jerome Schentag)은 1992년에 특별한 알약을 개발했다. 이 알을 삼키면 속에 있는 전자장비가 미리 설정해놓은 위치를 찾아가서 손상부위에 필요한 약을 주입한다. 여기에는 초소형 TV 카메라가 내장되어 있어서 위장이나 창자의 내부를 볼 수 있다(가는 길을 외부자석으로 유도할 수도 있다). 이 알약은 종양의 정확한 위치를 파악하고 치료하는 데 큰 효과를 거둘 것으로 기대된다. 미래에는 조직검사나 간단한 수술을 할 때 피부를 절개할 필요가 없다. 그 정도의 '잔심부름'은 똑똑한 알약이 대신 할 수 있기 때문이다.

알약보다 훨씬 작은 나노입자(nanoparticle)도 있다. 이것은 몸의 특정부위에 항암제를 실어 나르는 분자로서, 장차 암 치료분야에 일대 혁명을 불러올 것으로 예상된다. 과거에 실행된 암 치료의 문제점은 부수적인 피해가 너무 크다는 것이었다. 그러나 나노입자는 스마트 폭탄처럼 화학약품 탄두를 싣고 정확하게 암세포만 공략하기 때문에 부작용을 일으킬 염려가 없다.

항암치료를 받아본 사람이라면 나노입자가 얼마나 유용한 치료

수단인지 실감이 갈 것이다. 치명적 독소인 항암제는 정상세포와 암세포를 구별하는 능력이 거의 없기 때문에, 치료를 받는 환자는 구토증과 탈모, 기력감퇴 등 온갖 부작용을 감수해야 한다. 그래서 암환자들 중에는 "고통 속에 사느니 차라리 암으로 죽는 편이 낫겠다"고 하소연하는 사람도 있다.

나노입자가 개발되면 이 모든 부작용을 말끔하게 없앨 수 있다. 분자 크기의 초소형 캡슐에 치료약을 담아서 몸속에 주입하면 혈관을 타고 암세포를 찾아가 정밀폭격을 가한다. 아군과 적군이 마구 뒤섞여 있는 혼잡한 전쟁터에서 적군만 골라 죽이는 폭탄이 있다고 상상해보라. 나노입자가 바로 그런 폭탄이다.

나노입자의 키포인트는 크기이다. 10~100나노미터면 혈액세포를 관통할 수 없을 정도로 크지만 암세포는 경우가 다르다. 일반적으로 암세포의 표면에는 커다란 구멍이 불규칙적으로 뚫려 있기 때문에 나노입자가 쉽게 침입할 수 있다. 아군과 적군이 아무리 복잡하게 뒤엉켜 있어도 폭탄이 적군을 식별할 수 있다면 그 전쟁은 이긴 거나 다름없다. 즉, 나노입자의 크기를 10~100나노미터 규모로 줄이면 복잡한 유도장치를 사용하지 않아도 저절로 암세포 속에 누적될 것이므로 아무런 부작용 없이 암을 치료할 수 있다.

이 치료법은 전혀 위험하지 않으며 복잡할 것도 없다. 가장 중요한 핵심은 나노입자를 적당한 크기(정상세포를 공격하기에는 너무 크고, 암세포에 침투하기에는 적절한 크기)로 만드는 것이다.

매사추세츠 주 케임브리지에 있는 바이오 벤처기업 바인드 바이오사이언스(BIND Bioscience)의 과학자들은 또 다른 형태의 나노입자를 개발하여 학계의 관심을 끌었다. 이들은 나노입자의 탄두를 폴리

유산(polylactic acid, PLA)과 글리콜산(glycolic acid)으로 만들었는데, 이 성분은 치료약을 분자망 속에 가둬두는 역할을 한다. 그리고 나노입자를 펩티드(아미노산 화합물)로 코팅하여 표적세포에 잘 들러붙도록 만들었다.

이 나노입자의 특징은 스스로 생성된다는 것이다. 즉, 복잡한 제조과정을 사람이 일일이 통제할 필요가 없다. 적절한 환경에서 다양한 화학성분들을 순서에 맞게 첨가해주면 스스로 결합하여 나노입자가 형성된다. 따라서 대량생산에 들어가도 거대한 공장을 지을 필요가 없다.

바인드 사의 연구원이자 하버드의대 의사인 오미드 파로크자드(Omid Farokhzad)는 이렇게 말했다. "우리가 개발한 나노입자는 자체조립이 가능하기 때문에 복잡한 화학적 공정을 거치지 않고서도 아주 쉽게 만들 수 있다…… 게다가 우리는 이 입자를 킬로그램 단위로 만들 수도 있다. 이것은 지금까지 어느 누구도 이루지 못한 성과이다." 지금까지 쥐를 대상으로 실험한 결과, 이 나노입자는 전립선암과 유방암, 그리고 폐암에 탁월한 효과를 보이는 것으로 나타났다. 여기에 약간의 염료를 추가하면 나노입자가 해당장기에 축적되어 약효를 발휘하는 전 과정을 눈으로 확인할 수 있다. 사람을 대상으로 한 임상실험은 몇 년 후부터 실시할 예정이라고 한다.

암세포 죽이기

몸 안에 주입된 나노입자는 암세포를 찾아갈 뿐만 아니라, 그 안에 화학물질을 살포하여 암세포를 죽인다. 말하자면 고도로 훈련된

'암세포 전문킬러'인 셈인데, 그 뒤에 숨은 원리는 비교적 간단하다. 나노입자는 특정 주파수의 빛을 흡수하도록 되어 있다. 그래서 여기에 레이저를 쪼이면 입자가 진동하면서 근처에 있는 암세포의 벽을 파괴한다. 따라서 이 방법이 성공을 거두려면 나노입자를 가능한 한 암세포에 가깝게 접근시켜야 한다.

그 해결책으로 미국 아르곤 국립연구소(Argonne National Laboratory)와 시카고대학의 과학자들은 산화티탄(titanium dioxide)을 사용하여 나노입자를 만들었다(산화티탄은 자외선차단제에 흔히 쓰이는 혼합물이다). 우리 몸에는 특정 암세포(다형성교모세포종, glioblastoma multiforme, GBM)를 자연적으로 찾아가는 항체가 있는데, 연구진은 산화티탄 나노입자를 이 항체와 결합시키는 데 성공했다. 즉, 나노입자가 항체를 '얻어 타서' 암세포로 접근하는 것이다. 이들이 목적지에 도달했을 때 백색광을 5분 동안 쪼여주면 탄두에 들어 있는 화학물질이 활성화되어 암세포를 죽인다. 실험에 의하면 이 방법으로 암세포의 80퍼센트를 죽일 수 있다고 한다.

이 연구진은 암세포를 죽이는 2차 방법도 개발했다. 진동하기 쉬운 초소형 자석판을 암세포 근처에 접근시키고 외부에서 약한 자기장을 걸어주면 이들이 격렬하게 진동하면서 암세포의 벽을 파괴한다. 실험 결과 자석진동판은 암세포의 90퍼센트를 죽이는 것으로 나타났다.

이것은 결코 운 좋게 얻은 결과가 아니다. 캘리포니아대학 산타크루즈(Santa Cruz)캠퍼스의 과학자들은 금-나노입자를 이용하여 이와 비슷한 치료법을 개발했다. 구슬처럼 동그랗게 생긴 이 나노입자는 직경이 20~70나노미터로서 원자의 몇 배밖에 되지 않는다. 이 연구진은 피부암세포를 추적하는 것으로 알려진 특정 펩티드에 금-나노입자를 연결하여 쥐의 피부암세포까지 운반하는 데 성공했다. 여기에 적외선 레이저를 쪼이면 금-나노입자에서 방출된 열이 암세포를 죽인다. 연구진의 한 사람인 진 장(Jin Zhang)은 이를 두고 "암세포를 뜨거운 물에 넣어서 데워 죽이는 원리"라고 했다.

미래의 나노기술은 종양이 자라나기 수십 년 전에 암세포를 미리 탐지하는 수준으로 발전할 것이다. 그리고 우리 몸속에는 나노입자가 항상 순찰을 돌면서 암세포가 발견되는 즉시 우리도 모르게 파괴할 것이다. 이것은 결코 공상과학이 아니다. 기본적인 기술은 이미 완성되어 있다.

혈액 속의 나노자동차

나노입자를 한 단계 업그레이드한 것이 나노자동차(nanocar)이다. 나노입자는 혈관을 타고 피가 흐르는 방향을 따라 몸속을 순환하는 반면, 나노자동차는 마치 무선조종 비행기처럼 임의로 방향을 조절할 수 있다.

라이스대학(Rice Univ.)의 제임스 투어(James Tour)와 그의 동료들은 바퀴 대신 버키볼(C60)을 사용하는 나노자동차를 개발했다. 이들의 목적은 혈관 속에서 초소형 로봇을 밀고 가는 분자규모의 자동차를 만드는 것이다. 로봇과 자동차는 몸속을 감시하는 일종의 순찰차로서, 마주치는 암세포를 죽이고 손상된 곳에 약을 주입한다.

그런데 문제는 분자자동차에 엔진을 장착하는 것이었다. 그동안 과학자들은 분자규모에서 꽤 복잡한 기계장치를 만들어왔지만, 엔진만은 너무 복잡해서 만들 수가 없었다. 그러나 이 연구팀은 아데

노신3인산(adenosine triphosphate, ATP, 세포 속의 에너지 전달체)이라는 천연분자를 에너지원으로 활용했다. ATP는 모든 생명체의 생명활동을 유지시켜주는 원동력이다. ATP분자의 에너지는 원자들 사이에 '결합에너지'의 형태로 존재하면서 매순간마다 근육에 공급되고 있는데, 인공적으로 구현하기에는 구조가 너무 복잡하다.

이 문제의 해결책을 찾아낸 사람은 펜실베이니아주립대학의 토머스 말록(Thomas Mallouk)과 아유즈만 센(Ayusman Sen)이었다. 이들은 1초당 10미크론(1미크론=10^{-6}미터)의 속도로 움직이는 나노자동차를 만들었는데, 이 정도면 박테리아의 이동속도와 비슷하다(원리는 다음과 같다. 우선 금과 백금으로 박테리아와 비슷한 크기의 나노막대를 만든다. 이것을 물과 과산화수소의 혼합용액에 담가두면 막대의 양끝에 화학반응이 일어나면서 한쪽 끝에 있던 양성자가 반대쪽 끝으로 이동한다. 그런데 이 양성자는 물분자의 전기전하를 밀치고 나아가기 때문에, 결국 나노막대가 앞으로 전진하게 되는 것이다. 물속에 과산화수소가 섞여 있는 한 나노막대는 꾸준히 앞으로 나아간다).

자기력을 이용하면 나노막대의 방향도 바꿀 수 있다. 나노막대에 니켈판을 삽입하면 나침반의 바늘과 비슷하게 행동한다. 즉, 몸의 외부에 자석을 갖다 대면 나노막대가 자석의 자기장 방향으로 정렬한다는 뜻이다. 따라서 자석을 이용하면 나노막대를 원하는 지점으로 유도할 수 있다.

방향을 조절하는 또 한 가지 방법은 빛을 사용하는 것이다. 분자에 빛을 쪼이면 양이온과 음이온으로 분해되고, 이들은 물질 속에서 각기 다른 속도로 퍼져나간다. 그런데 이온은 전기전하를 띠고 있으므로 자신의 주변에 전기장을 형성하고, 분자기계는 그 영향을 받아 방향을 바꾸게 된다. 즉, 자석 대신 빛을 사용해도 분자기계의 방향

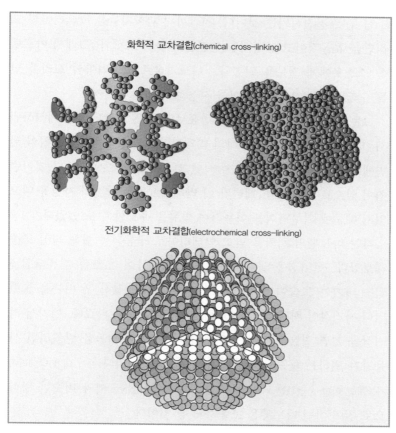

화학적 교차결합(chemical cross-linking)

전기화학적 교차결합(electrochemical cross-linking)

미래에는 분자로봇이 혈관 속을 수시로 순찰하면서 암세포와 병원균을 섬멸할 것이다.

을 조종할 수 있다.

캐나다 몬트리올에 있는 폴리테크닉의 실뱅 마르텔(sylvain Martel)을 방문했을 때 내가 이 기술을 직접 확인할 수 있었다. 그가 제안한 아이디어는 일상적인 박테리아의 꼬리를 이용하여 혈액 속에서 초소형 칩을 전진시키는 것이다. 지금까지 과학자들은 박테리아의 꼬리만큼 효율적이고 안정적인 엔진을 만들지 못했다. 그래서 마르텔은 스스로에게 질문을 던졌다. "나노기술로 박테리아의 꼬리를 만들 수 없다면, 그냥 박테리아를 사용해도 되지 않을까?"

그는 이 문장의 끝에 찍힌 마침표보다 작은 컴퓨터칩을 제작하면서, 다른 한편으로는 한 무리의 박테리아를 배양했다. 그후 칩의 뒷면에 약 80개의 박테리아를 이식했더니 마치 프로펠러를 단 것처럼 칩이 앞으로 전진했다. 게다가 이 박테리아들은 약간의 자성을 띠고 있기 때문에 외부자석을 이용하여 방향을 유도할 수도 있었다.

나는 마르텔의 허락을 받고 박테리아로 구동되는 칩을 직접 조종해보았다. 현미경을 들여다보니 박테리아들이 초소형 컴퓨터칩을 밀고 나가는 모습이 뚜렷하게 보였다. 그리고 잠시 후 버튼을 눌렀더니 자기장이 켜지면서 칩이 오른쪽으로 방향을 바꿨다. 여기서 자기장을 끄면 칩은 다시 무작위로 움직인다. 이 작동을 반복하면 사용자가 원하는 곳으로 컴퓨터칩을 유도할 수 있다(마치 내가 박테리아 자동차를 타고 운전하는 기분이었다). 미래의 의사들은 이와 비슷한 방식으로 칩이 아닌 나노봇을 조종하게 될 것이다.

혈관 속에서 자석으로 방향을 찾아가는 분자기계가 유해한 세포를 조준 사격하고, 손상된 장기를 치료하고, 동맥의 막힌 부분을 뚫는다고 상상해보라. 이런 날이 오면 피부를 절개하는 수술은 구시대의 유물로 전락할 것이다.

DNA칩

3장에서 말한 대로, 미래에는 모든 의류와 가정의 욕실 등에 장착된 초소형 센서가 암을 비롯한 온갖 질병을 조기에 발견하여 우리의 건강을 지켜줄 것이다. 그런데 이 기술이 실현되려면 DNA칩부터 개발되어야 한다. 간단히 말해서 '초소형 실험실'을 하나의 칩 안에 구현하는 것이다. 영화 〈스타트렉〉에 등장하는 트라이코더처럼 DNA칩은 단 몇 분 만에 모든 진단을 마무리할 것이다.

요즘 병원에서 암 발생여부를 판별하려면 여러 과정을 거쳐야 하기 때문에 많은 시간과 비용이 소모된다(심지어는 몇 주일이 걸리는 경우도 있다). 게다가 이런 식으로는 모든 종류의 암을 다 찾을 수도 없다. 그러나 컴퓨터기술이 도입되면서 상황은 변하고 있다. 최근에 과학자들은 기존보다 훨씬 빠른 암 진단법을 개발했는데, 원리를 간단히 말하자면 암세포에 의해 생긴 생체표지(biomarker)를 추적하는 것이다.

컴퓨터칩을 만들 때 사용되는 식각법(에칭)을 도입하면 특정 DNA 서열이나 암세포를 감지하는 기능을 초소형 칩에 새길 수 있다.

트랜지스터 식각법을 이용하여 칩의 표면에 DNA 조각을 새긴 후 흐르는 액체 속에 담그면 DNA 조각들이 서로 결합하여 특정한 유전자서열을 만들어낸다. 여기에 레이저를 쪼이면 유전자를 아주 빠르게 스캔할 수 있다. 즉, 유전자를 하나씩 읽지 않고 한 번에 수천 개씩 읽을 수 있는 것이다.

1997년에 미국의 애피메트릭스(Affymetrix) 사는 한 번에 5만 개의 유전자를 분석할 수 있는 상업용 DNA칩을 출시했다. 그후 2000년에는 성능이 40만 개로 향상되었고, 2002년에는 한층 더 개선된 칩이 200달러에 판매되었다. 이 가격은 앞으로 무어의 법칙을 따라 더욱 내려갈 것이다.

토론토 의과대학 교수인 샤나 켈리(Shana Kelley)는 이렇게 말했다. "지금은 암 생체표지 샘플을 임상적으로 분석하려면 연구실을 가득 채울 정도로 커다란 컴퓨터가 있어야 한다. 운 좋게 이런 컴퓨터를 구했다 해도 결과를 얻으려면 또 한참을 기다려야 한다. 그러나 우리 연구팀은 손톱만 한 크기의 전자 칩으로 생체분자를 관측하는 데 성공했다." 그녀는 앞으로 이 칩을 분석하는 데 필요한 모든 도구들이 휴대폰만 한 장비 속에 다 들어갈 것이라고 했다. 간단히 말해서, 병원이나 대학교의 웬만한 화학실험실이 초소형 칩 안에 통째로 들어간다는 뜻이다.

매사추세츠 제네럴호스피털(Messachusetts General Hospital, 하버드의대 부속병원)의 의료진은 지금까지 시장에 출시된 그 어떤 칩보다 100배 이상 뛰어난 바이오칩을 자체 제작했다. 일반적으로 혈액 안에서 혈액순환종양세포(circulating tumor cells, CTCs)의 비율은 100만 분의 1 미만이지만, 이 수치가 증가하면 목숨이 위태로워진다. 그런데 새 바이오칩은 혈중 CTCs 수치가 10억 분의 1일 때도 그 존재를 감지할 수 있다. 그러므로 티스푼 정도의 혈액샘플만 있으면 바이오칩으로 폐암, 전립선암, 췌장암, 유방암, 결장암 등을 감지할 수 있다.

표준 식각법을 이용하면 7만 8,000개의 다리가 달린 칩에 특정한 모양을 새길 수 있다(다리 하나의 길이는 100미크론이다). 전자현미경으로 보면 다리가 달린 울창한 숲과 비슷하다. 개개의 다리는 상피세포 부착분자(epithelial cell adhesion molecule, EpCAM)의 항체로 코팅되어 있다. 다양한 형태의 암에서 발견되는 EpCAM은 암세포들이 서로 소통하면서 종양으로 자라나는 데 반드시 필요한 요소이다. 이제 다리가 달린 칩에 혈액샘플을 흘려보내면 CTC 세포들이 다리에 들러붙으면서 암세포의 존재를 알려준다. 실험결과 116명의 암환자들 중 115명의 암을 감지하는 데 성공했다.

바이오칩이 보급되면 진단비도 크게 절감될 것이다. 요즘 병원에서 실행되는 조직검사나 화학분석법은 몇 주를 기다려야 결과를 알수 있고 비용도 수백 달러나 들어간다. 그러나 미래에는 검사가 단 몇 분 만에 끝나고 비용도 몇 센트면 충분할 것이므로, 굳이 병원까지 갈 필요도 없다. 머리를 빗을 때나 이를 닦을 때마다 곳곳에 숨어 있는 칩들이 다양한 질병과 암을 진단해줄 것이다.

워싱턴대학의 리로이 후드(Leroy Hood)와 그의 동료들은 한 방울의 피에서 특정 단백질을 검출하는 폭 4센티미터짜리 칩을 개발했다. 두말할 것도 없이, 단백질은 생명의 기본단위이다. 근육과 피부, 체모, 호르몬, 효소 등은 대부분 단백질로 이루어져 있다. 따라서 암과 관련된 특정 단백질을 검출할 수 있으면 조기진단에 큰 도움이 될 것이다. 요즘 특정 단백질을 10분 만에 검출하는 칩이 10센트에 판매되고 있는데, 기존의 검사방식에 비하면 백만 배 이상 효율적이다. 앞으로 수백, 수천 가지의 단백질을 빠르게 검출하는 칩이 생산되면 치명적인 병에 걸려 조기에 사망하는 경우는 크게 줄어들 것이다.

탄소 나노튜브

나노기술의 미래를 보여주는 대표적 사례가 바로 탄소 나노튜브

(carbon nanotube)이다. 원리적으로 탄소 나노튜브는 강철보다 강하면서 전기가 잘 통하기 때문에, 이것을 소재로 한 컴퓨터는 무한한 가능성을 갖고 있다. 한 가지 문제는 재질의 순도가 높아야 한다는 것인데, 이런 조건 때문에 현재 세계에서 가장 긴 탄소 나노튜브라고 해봐야 길이가 고작 몇 센티미터밖에 되지 않는다. 그러나 언젠가는 모든 부품이 탄소 나노튜브로 되어 있는 컴퓨터가 반드시 등장할 것이다.

탄소 나노튜브란 개개의 탄소원자들이 튜브모양으로 결합된 구조물을 말한다. 탄소원자로 만들어진 치킨와이어(구멍이 육각형 모양으로 나 있는 철조망. 닭장의 벽에 주로 사용된다)를 상상해보라. 이것을 돌돌 말아서 튜브모양으로 만들면 그 구조가 탄소 나노튜브와 비슷해진다. 탄소 나노튜브는 모든 숯검댕이 안에 존재하지만, 지금까지 어느 누구도 그와 같이 절묘한 탄소결합을 인공적으로 구현하지 못했다.

탄소 나노튜브가 갖고 있는 기적 같은 특성은 독특한 원자구조에서 비롯된 것이다. 바위나 나무같이 단단한 물체는 복잡한 분자구조가 여러 개의 층으로 싸여 있다. 그래서 층 사이에 강제로 틈을 만들면 쉽게 파괴되는 것이다. 대다수 물질의 강도가 크지 않은 이유는 결국 따지고 보면 분자구조가 약하기 때문이다. 예를 들어 흑연은 순수한 탄소로 되어 있지만 이웃한 층들이 쉽게 미끄러지기 때문에 강도가 약하다. 흑연결정의 각 층은 탄소원자로 이루어져 있으며, 하나의 탄소원자는 다른 세 개의 탄소원자와 결합되어 있다.

다이아몬드도 순수한 탄소로 이루어져 있지만, 흑연과 달리 천연광물 중에서 가장 높은 강도를 자랑한다. 다이아몬드 속의 탄소원자들은 서로 단단히 얽힌 결정을 형성하고 있기 때문이다. 이와 마찬가지로 탄소 나노튜브가 강한 것도 원자의 규칙적인 배열에서 기인한다.

산업현장에서는 이미 탄소 나노튜브를 활용하고 있다. 전기전도성이 좋기 때문에 높은 전력을 전송하는 케이블에도 사용될 수 있다. 또한 탄소 나노튜브로 만든 물체는 케블라(Kevlar, 미국 듀퐁 사에서 개발한 고탄성, 고강도의 섬유 — 옮긴이)보다 강하다.

그러나 탄소 나노튜브의 가장 중요한 응용분야는 아마도 컴퓨터일 것이다. 탄소는 컴퓨터기술의 근간이 되었던 실리콘을 대신할 유력한 후보 중 하나로 떠오르고 있다. "무엇이 실리콘을 대신할 것인가?" 세계경제의 앞날은 이 하나의 질문에 달려 있다고 해도 과언이 아니다.

후(後)실리콘 시대

앞서 지적한 바와 같이, 정보혁명의 근간이 되어왔던 무어의 법칙은 영원히 지속될 수 없다. 그렇다면 실리콘을 대신할 재료를 과연 어떤 나라가 제일 먼저 개발할 것인가? 세계경제와 국가의 미래는 이 질문의 답에 따라 크게 달라질 것이다.

무어의 법칙은 언제 붕괴되는가? 세계각국은 언젠가 다가올 이 운명의 시기를 불안한 마음으로 기다리고 있다. 이 법칙을 제창했던 고든 무어는 2007년에 "당신의 법칙이 영원히 적용된다고 생각하는가?"라는 질문을 받고 "물론 아니다. 앞으로 10~15년 이내에 폐기될 것이다"라고 대답했다.

무어의 답은 인텔 사의 기술전략 담당이사인 파올로 가르기니(Paolo Gargini)의 예측과 비슷하다. 인텔은 지난 40여 년 동안 반도체산업의 발전속도를 좌우해온 회사이므로 그의 말에 주의를 기울일 필요가 있다. 2004년도 세미콘 웨스트(Semicon West) 연례회의 석상에서 가르기니는 "적어도 앞으로 15~20년 동안은 무어의 법칙을 믿어도 좋을 것"이라고 했다.

실리콘으로 대변되는 컴퓨터혁명의 핵심은 "실리콘 기판에 자외선(UV)을 투사하여 더욱 작은 트랜지스터 새기기"이다. 요즘 생산되는 펜티엄칩(Pentium chip)은 손톱만 한 기판에 수천만 개의 트랜지스터가 새겨져 있다. 자외선의 파장은 최소 10나노미터까지 줄일 수 있으므로, 화로소자의 크기는 원자의 30배까지 작아질 수 있다. 그러나 이런 식의 소형화는 분명한 한계가 있다. 무어의 법칙이 종말을 맞이할 수밖에 없는 데에는 몇 가지 이유가 있다.

첫째, 고성능 기판에서 발생하는 열이 결국은 기판을 태울 것이다. 예를 들어 기판을 여러 장 쌓아서 입방체 칩을 만들면 칩의 연산능력은 크게 향상되겠지만, 그와 동시에 계란을 익힐 수 있을 정도로 과도한 열이 발생한다. 원인은 간단하다. 입방체 칩은 표면적이 작아서 열을 방출하는 속도가 느리기 때문이다. 일반적으로 뜨거운 칩에 찬물을 흘려 보내면 물과 닿는 면적이 넓을수록 냉각효과가 크게 나타난다. 입방체 칩의 문제는 부피에 비해 면적이 작다는 것이다. 예를 들어 입방체 칩의 크기를 두 배로 늘리면 발생하는 열은 8배로 증가하지만(회로소자가 8배 많아지므로) 표면적은 4배밖에 증가하지 않는다. 즉, 입방체 칩이 커질수록 냉각능력보다 열을 발생시키는 능력이 훨씬 빠르게 증가하기 때문에 그만큼 식히기가 어려워지는 것이다. 따라서 칩을 입방체로 만드는 것은 일시적인 해결책에 불과하다.

기판에 회로소자를 새길 때 자외선 대신 X-선을 쓰자는 의견도 있다. X-선의 파장은 자외선 파장보다 100배 가까이 짧으므로 일단은 그럴듯하게 들린다. 그러나 여기에는 치러야 할 대가가 있다. 자외선에서 X-선으로 옮겨가면 에너지가 100배 가까이 커진다(전자기파의 에너지는 파장에 반비례한다―옮긴이). 이 정도 에너지면 기판을 파괴하고도 남는다. X-선으로 무언가를 새기는 것은 용접할 때 쓰는 토치램프로 조각상을 다듬는 것과 비슷하다. 조금만 실수를 해도 작품은 돌이킬 수 없을 정도로 망가진다. 따라서 X-선 식각법도 완전한 해결책은 될 수 없다.

무어의 법칙이 종말을 맞이할 수밖에 없는 두 번째 이유는 양자역학 때문이다. 불확정성원리에 의하면 당신은 원자나 소립자의 위치와 속도를 동시에 (정확하게) 알 수 없다. 현재 시판되고 있는 펜티엄 칩은 여러 개의 층으로 이루어져 있는데, 층 하나의 두께는 원자의 30배 정도이다. 지금과 같은 추세로 간다면 2020년에는 한 층의 두께가 원자의 5배까지 얇아질 것이다. 그런데 이 정도로 얇아지면 불확정성원리에 의해 전자의 위치가 불확실해진다. 즉, 전자가 층 밖으로 새어 나오면서 회로가 단락될 수도 있다. 실리콘 트랜지스터를 무한정 작게 만드는 기술이 개발된다 해도, 양자역학의 원리 때문에 어떤 하한선을 넘을 수 없는 것이다.

앞에서도 언급했지만, 나는 2년 전에 워싱턴 주 시애틀에 있는 마이크로소프트 본사에서 3,000여 명의 소프트웨어 엔지니어들을 앞혀놓고 무어의 법칙이 끝나가고 있음을 강조한 바 있다. 그때 내 강연을 들었던 엔지니어들 중 몇 사람을 최근에 다시 만났는데, 그들은 한결같은 목소리로 이렇게 말했다. "요즘 그 문제를 심각하게 받아들이고 있으며, 컴퓨터의 성능을 개선하는 가장 쉬운 방법은 병렬처리(parallel processing)뿐이다." 무어의 법칙이 효력을 상실한 후에도 컴퓨터가 계속 발전하려면 여러 개의 칩을 병렬로 연결하는 것이 가장 효과적이다. 컴퓨터가 처리해야 할 문제를 여러 조각으로 분해하여 개개의 칩에 한 조각씩 할당하고, 모든 프로세스를 동시에 실행한 후 결과를 종합하면 빠른 시간 내에 답을 구할 수 있다.

우리의 두뇌도 병렬처리와 비슷한 방식으로 작동한다. 생각하는 두뇌를 MRI로 스캔해보면 밝은 색상을 띤 영역이 동시에 여러 곳에서 발견된다. 이는 곧 우리의 두뇌가 작업량을 여러 조각으로 나눠서 각 부분의 소작업을 동시에 진행한다는 뜻이다. 두뇌의 뉴런이 전기신호를 전달하는 속도는 시속 약 350킬로미터로서, 거의 빛의 속도로 신호를 전달하는 컴퓨터에 비하면 답답할 정도로 느리다. 그러나 사람의 두뇌는 슈퍼컴퓨터보다 성능이 훨씬 우수하다. 어떻게 그럴 수 있을까? 병렬처리가 바로 그 비결이다. 연산속도는 컴퓨터가 훨씬 빠르지만, 사람의 두뇌는 수십억 개의 연산을 동시에 수행할 수 있기 때문에 느린 속도를 보충하고도 남는다.

컴퓨터가 병렬처리를 수행하려면 주어진 문제를 몇 개의 작은 문제로 분할한 후 이것을 각기 다른 칩으로 보내서 동시에 연산을 수행해야 한다. 그런 다음 여러 개의 결과를 종합하여 최종적인 답을 구하면 된다. 말로는 간단한데, 실제로 구현하기는 결코 쉽지 않다. 문제의 형태에 따라 분할하는 방식이 다르기 때문이다. 일반적인 법칙이 있으면 좋겠지만 아직은 아무도 찾아내지 못했다. 그러나 인간은 이 작업을 자신도 눈치 채지 못할 정도로 자연스럽게 해내고 있다. 이것은 수백만 년 동안 시행착오를 거치면서 서서히 형성되어온 능력일 것이다. 이에 반해 컴퓨터 소프트웨어의 역사는 수십 년밖에 되지 않았으니, 인간의 두뇌를 따라오려면 아직도 갈 길이 멀다.

원자 트랜지스터

실리콘칩을 대신할 후보 중 하나는 원자 트랜지스터이다. 트랜지스터가 원자규모까지 작아져서 실리콘으로는 더 이상 만들 수 없게 된다면, 아예 원자를 트랜지스터로 활용할 수도 있지 않을까?

한 가지 가능한 방법은 분자로 트랜지스터를 구현하는 것이다. 원래 트랜지스터란 전기의 흐름을 제어하는 일종의 스위치이므로, 로택산(rotaxane)이나 벤젠시올(benzenethiol) 같은 화학물질의 분자를 잘 활용하면 실리콘 트랜지스터와 동일한 효과를 볼 수 있다. 벤젠시올의 분자는 중앙에 손잡이(또는 밸브)가 달린 긴 튜브처럼 생겼다. 정상적인 상태에서는 이 튜브를 통해 전기가 자유롭게 흐르지만, 손잡이를 비틀면(또는 밸브가 닫히면) 더 이상 전류가 흐르지 않는다. 즉, 벤젠시올 분자는 원자밸브의 개폐상태에 따라 전기의 흐름을 제어하는 스위치 역할을 한다. 따라서 밸브가 열린 상태에 '1'을, 닫힌 상태에 '0'을 할당하면 벤젠시올 분자를 통해 디지털 신호를 전송할 수 있다.

최근에 몇몇 기업체들이 개개의 분자로 트랜지스터를 만드는 데 성공했다고 발표한 바 있다. 이로써 일단 첫발은 내딛은 셈이지만, 대량생산체제에 들어가려면 시간이 더 걸릴 것으로 보인다.

분자 트랜지스터의 후보로 물망에 오른 물질 중에 그래핀(graphene)이라는 것이 있다. 이것은 2004년에 맨체스터대학의 안드레 가임(Andre Geim)과 코스탸 노보셀로프(Kostya Novoselov)가 흑연에서 추출한 탄소화합물로, 흑연결정의 층 하나를 추출한 것처럼 생겼다(두 사람은 이 공로를 인정받아 2008년에 공동으로 노벨 물리학상을 수상했다). 탄소나노튜브는 탄소원자로 이루어진 시트를 돌돌 말아놓은 가느다란 튜브인 반면, 그래핀은 시트 한 장을 펴놓은 형태이기 때문에 두께가 원자 하나 정도밖에 되지 않는다. 그런데도 놀라운 특성을 갖고 있기 때문에, 과학자들은 그래핀을 이리저리 갖고 놀면서 새로운 응용분야를 찾고 있다. 노보셀로프는 자신 있게 말한다. "물리학자들에게 그래핀은 금광이나 다름없다. 여기에 일생을 걸어도 연구주제가 동나는 일은 결코 없을 것이다"(그래핀은 지구상에서 가장 강한 물질이기도 하다. 그래핀 위에 뾰족한 연필을 수직으로 세우고 그 위에 코끼리를 얹어도 찢어지지 않을 정도이다).

　노보셀로프의 연구팀이 사용한 방법은 실리콘 기판에 초소형 트랜지스터를 새길 때 사용하는 표준방식과 비슷하다. 이들은 그래핀에 가느다란 전자빔을 주사하여 세계에서 가장 작은 트랜지스터를 새겼는데 두께는 원자 하나, 폭은 원자 10개에 해당한다(현재 세계에서 가장 작은 실리콘 트랜지스터는 길이가 30나노미터이다. 노보셀로프의 트랜지스터는 이보다 30배나 작다).

　그래핀에 새긴 트랜지스터는 정말 엄청나게 작다. 사실 분자영역에서는 이보다 작은 트랜지스터를 만들기 어렵다. 여기서 더 작아지면 불확정성원리에 의해 전자가 트랜지스터 밖으로 새어 나와 고장을 일으킬 것이다. 노보셀로프도 "분자 스케일에서 이보다 작은 트랜지스터는 없을 것"이라고 했다.

분자 트랜지스터 후보는 그래핀 외에 몇 개가 더 있지만, 분자 트랜지스터 하나를 만드는 것은 별 문제가 아니다. 진짜 문제는 이렇게 작은 트랜지스터를 적절히 조합하여 사용 가능한 제품을 만드는 것이다. 분자 트랜지스터는 머리카락 굵기보다 수천 배나 가늘기 때문에 다루기 어렵기로 정평이 나 있다. 만일 당신의 상사가 이런 것을 대량생산하라고 지시한다면 그런 악몽이 따로 없을 것이다. 사정이 이러하니 그래핀 트랜지스터가 상용화되려면 좀 더 기다려야 할 것 같다.

그래핀은 매우 특이한 신소재여서, 트랜지스터는 고사하고 그래핀 자체를 대량생산하는 방법조차 아직 알려지지 않은 상태이다. 지금 과학자들이 만들 수 있는 그래핀은 0.1밀리미터에 불과하다. 이 정도면 트랜지스터를 꽤 많이 새길 수 있지만 상업용으로 쓰기에는 턱없이 모자란다. 이 문제를 해결하는 한 가지 방법은 스스로 조립되는 분자 트랜지스터를 개발하는 것이다. 무슨 마술처럼 들리겠지만 사실 대부분의 분자구조는 자연에서 스스로 형성된다. 아직은 구현된 사례가 없지만 미래에 어떤 낭보가 들려올지는 아무도 알 수 없다.

양자컴퓨터

컴퓨터와 관련된 이슈들 중 가장 파격적이면서 가장 큰 관심을 끄는 것은 개개의 원자가 계산을 수행하는 양자컴퓨터이다. 전산공학의 관점에서 볼 때 원자는 계산을 수행할 수 있는 최소 단위이기 때문에 일각에서는 양자컴퓨터를 '인간이 도달할 수 있는 궁극의 컴퓨터'라고 주장하는 사람도 있다.

원자는 자전하는 팽이와 비슷하다. 팽이가 한 방향으로 회전할 때 '0'을, 반대방향으로 회전할 때 '1'이라는 값을 부여한다면, 회전하는 팽이는 1비트의 정보를 담고 있는 셈이다. 그리고 팽이를 뒤집으면 0이 1로 바뀌는데, 이것은 한 번의 연산에 해당한다.

그러나 양자세계는 워낙 기이해서 하나의 원자는 두 방향으로 '동시에' 자전할 수 있다(한쪽 방향 회전을 스핀 업up, 반대쪽 방향 회전을 스핀 다운down이라 한다. 양자세계에서 하나의 입자가 여러 곳에 동시에 존재하는 것은 일상다반사다). 따라서 하나의 원자는 '0 아니면 1'이 아니라, '0과 1을 동시에' 가질 수 있다. 그래서 양자컴퓨터에서는 비트(bit) 대신 큐비트(qbit)라는 용어를 사용한다. 예를 들면 '스핀이 업일 확률은 25퍼센트, 다운일 확률은 75퍼센트'라는 식이다. 그러므로 자전하는 원자에는 1비트가 아니라 훨씬 많은 정보를 저장할 수 있다.

양자컴퓨터는 성능이 워낙 탁월하여 CIA도 암호해독용으로 깊은 관심을 보이고 있다. 다른 국가의 암호를 해독하려면 암호의 열쇠(code key)를 찾아야 한다. 각국에서는 정보를 보호하기 위해 기발한 방식으로 암호를 생성하고 있는데, 그중 하나가 바로 큰 숫자의 소인수분해를 이용하는 것이다. 예를 들어 21이라는 수는 소인수분해가 아주 쉬워서 3과 7의 곱으로 표현된다는 것을 누구나 쉽게 알 수 있지만, 100자리 숫자를 두 수의 곱으로 표현하라고 하면 디지털 컴퓨터로 계산해도 100년 이상 걸린다(게다가 이 수가 두 개의 소수를 곱해서 만든 숫자라면 난이도는 더욱 높아진다 ─ 옮긴이). 그러나 양자컴퓨터에게 이런 종류의 암호해독은 일도 아니다.

양자컴퓨터는 결코 공상과학이 아니다. 나는 이 분야의 선구자 중 한 사람인 MIT 연구소의 세스 로이드(Seth Lloyd)를 방문했을 때 양자컴퓨터를 직접 볼 수 있었다. 그의 연구실은 온갖 컴퓨터와 진공펌프, 센서 등으로 가득 차 있었는데, 그중에서도 실험실 중앙에 놓여 있는 장치가 제일 눈에 뜨였다. 그 장치에는 균일한 자기장을 만들어내는 두 개의 커다란 코일이 달려 있어서 작다는 것만 빼면 꼭 MRI 스캐너처럼 보였다. 그런데 로이드가 자기장이 걸려 있는 공간에 샘플을 갖다놓으니, 그 안에 있는 원자들이 마치 같은 방향으로 회전하는 여러 개의 팽이들처럼 한 방향으로 정렬되었다. 스핀이 '업'이면 여기에 '0'이 할당되고, 스핀이 '다운'이면 '1'이 할당된다. 그후 샘플에 전자기펄스를 가했더니 원자의 정렬상태가 변하면서 일부 원자들이 0에서 1로 바뀌었다. 로이드의 장비는 이와 같은 방식으로 연산을 수행하고 있었다.

그렇다면 양자컴퓨터를 이용해서 우주의 신비를 풀 수도 있지 않을까? 로이드는 양자컴퓨터 연구를 방해하는 가장 큰 요인이 주변에서 유입되는 잡음(소리뿐만 아니라 모든 형태의 신호)이라고 했다. 아주 조금만 방해를 받아도 원자의 미묘한 특성이 붕괴되기 때문이다.

원자들이 '결맞음 상태(coherent)'에서 일제히 동일한 위상으로 진동하고 있을 때 외부 요동이 조금이라도 유입되면 미묘한 균형이 곧바로 붕괴되면서 '결어긋남(decohere)' 상태로 돌변한다. 심지어는 우주에서 날아오는 우주선(宇宙線, cosmic ray)이나 실험실 밖 도로를 달리는 트럭의 진동까지도 방해가 될 정도이다.

외부영향에 의한 결어긋남은 양자컴퓨터가 직면한 가장 큰 문제이다. 누구든지 이 문제를 해결하는 사람은 노벨상은 물론이고 세계에서 제일가는 부자가 될 것이다.

독자들도 상상이 가겠지만, 결맞음 상태에 있는 원자들로 양자컴퓨터를 만들기란 엄청나게 어려운 일이다. 지극히 미세한 잡음이 들어와도 애써 만들어놓은 시스템이 한순간에 붕괴되기 때문이다. 그래서 지금까지 양자컴퓨터로 수행한 제일 복잡한 계산은 3×5=15이다. 그 많은 시간과 노력, 그리고 막대한 돈을 들여가면서 대체 뭐하는 짓인가 하겠지만, '개개의 원자들이 수행한 계산'이라는 점을 고려하면 이 정도만 해도 대단한 업적이다.

그 외에 태생적인 문제점도 있다. 양자역학의 불확정성원리 때문에 양자컴퓨터로 얻어진 모든 계산결과는 그 자체로 불확정성을 갖고 있다. 그래서 2+2를 계산하면 4가 나올 때도 있지만 그렇지 않을 수도 있다. 단, 동일한 계산을 여러 번 반복하면 평균적으로 거의 4에 접근한다. 이와 같이 양자컴퓨터의 세계에서는 간단한 산수조차 답이 명확하게 떨어지지 않는다.

결어긋남 문제가 해결될 것인지, 아니면 영원히 미해결로 남을지는 아무도 알 수 없다. 인터넷 창시자 중 한 사람인 빈트 서프(Vint Cerf)는 "2050년이 되면 상온에서 작동하는 양자컴퓨터가 탄생할 것"이라고 했다.

현재 상황은 그리 낙관적이지 않지만 성공만 한다면 그 여파는 가히 상상을 초월한다. 그래서 과학자들은 혼신의 힘을 기울여 미래형 컴퓨터를 디자인하고 있는데, 그중 일부를 소개하면 다음과 같다.

- 광학컴퓨터(optical computers): 전자가 아닌 광선(빛)을 매개로 계산을 수행한다. 광선은 서로 교차하면서 통과할 수 있기 때

문에 광학컴퓨터는 아무런 전선 없이 입방체 모양으로 만들 수 있다. 또한 식각법으로 트랜지스터를 새기듯이 레이저도 새길 수 있으므로, 이론적으로는 하나의 칩 안에 수백만 개의 레이저를 장착할 수 있다.

- 양자도트컴퓨터(quantum dot computers): 칩에 사용되는 반도체에 아주 작은 점(도트, 원자 100개 정도의 크기)을 새기면 그 안에 있는 원자들이 일제히 동일한 위상으로 진동하도록 만들 수 있다. 2009년에 공개된 세계 최소형 양자도트컴퓨터는 단 하나의 전자로 이루어져 있다. 양자도트는 발광다이오드와 컴퓨터용 모니터에서 이미 그 가치를 입증했으며, 이들을 적절히 배열시키면 양자컴퓨터도 가능할 것으로 기대된다.

- DNA컴퓨터(DNA computers): 서던캘리포니아대학의 과학자들은 1994년에 DNA 분자로 이루어진 컴퓨터를 만들었다. DNA 가닥에는 '0'과 '1' 대신 A, C, G, T로 표현되는 4종류의 아미노산 정보가 저장되어 있다. 따라서 DNA는 일종의 컴퓨터용 테이프로 간주할 수 있으며, 일반 컴퓨터(0, 1)보다 비트 수가 많기 때문에(A, C, G, T) 더 많은 정보를 저장할 수 있다. 또한 DNA가 들어 있는 믹싱 튜브(mixing tube)를 이용하면 일반 컴퓨터와 비슷한 방식으로 큰 숫자를 다룰 수 있다. 우리 몸속에는 수십억 개의 DNA 분자들이 동시에 작용하고 있으므로, 특정 형태의 문제를 해결할 때는 기존의 디지털 컴퓨터보다 DNA 컴퓨터가 훨씬 효율적이다.

조금 먼 미래(2030~2070년)

형태변환

영화 〈터미네이터 2: 심판의 날(Terminator 2: Judgment Day)〉에서 아놀드 슈왈츠제네거는 미래에서 온 로봇 T-1000의 무자비한 공격을 받는다. T-1000은 액체금속으로 만들어진 신형 터미네이터로서, 모양을 마음대로 바꿀 수 있고 작은 틈도 마음대로 빠져나갈 수 있다. 오로지 살인을 목적으로 만들어진 이 로봇은 총과 같이 복잡한 기계로 변신할 수는 없지만 손끝이나 발끝을 뾰족한 모양으로 바꿔서 누구든지 쉽게 죽일 수 있다. 게다가 임무에 맞게 다른 형태로 변신했다가 본인이 원하면 언제든지 원래의 모습으로 되돌아온다. 한마디로 T-1000은 도저히 죽일 수 없는 완벽한 살인무기였다.

물론 이것은 영화 이야기다. 지금의 기술로는 견고한 물체를 (부수거나 자르지 않고) 다른 형태로 바꿀 수 없다. 그러나 21세기 중반이 되면 형태변환기술이 상용화될 것으로 보인다. 컴퓨터칩으로 유명한 인텔 사가 지금 이 분야를 선도하고 있다.

2050년이 되면 나노기술의 다양한 산물들이 사방에 널려 있겠지만 크기가 너무 작아서 눈에 보이지는 않을 것이다. 대부분의 나노제품은 분자제조기술 덕분에 엄청나게 강하고, 타지 않고, 전도성이 뛰어나고, 유연하기까지 하다. 또한 곳곳에 설치된 나노센서는 보이지 않는 곳에서 우리의 건강을 지켜준다. 만일 지금 우리가 타임머신을 타고 21세기 중반으로 간다 해도 겉으로 보이는 세상은 크게 다르지 않을 것이다. 그러나 눈에 보이지 않는 나노기술 덕분에 세상은 완전히 달라져 있을 것이다.

그런데 나노기술의 산물 중 눈으로 볼 수 있는 것이 하나 있다.

살인전문로봇 터미네이터 T-1000은 형상변환물질(programmable matter)의 가장 극적인 사례이다. 미래에는 단추 하나로 물체의 외형과 색상, 물리적 구조 등을 마음대로 바꿀 수 있게 될 것이다. 네온사인은 가스튜브에 전기공급을 제어함으로써 눈에 보이는 형태를 수시로 바꿀 수 있으므로, 따지고 보면 이것도 원시적 형태의 형상변환물질이라 할 수 있다. 전기가 기체원자를 들뜬 상태(excited state, 에너지준위가 높아진 상태 — 옮긴이)로 만들면, 잠시 후 원자는 정상상태로 되돌아오면서 빛을 방출한다. 이 과정을 좀 더 복잡하게 구현한 것이 컴퓨터 스크린에 사용되는 LCD이다. LCD에 들어 있는 액체결정(액정, liquid crystal)은 작은 전류가 흐를 때 불투명해지는 성질이 있다. 여기에 전류의 양을 조절하면 결정의 색상과 모양이 달라지면서 다양한 영상이 구현된다.

인텔 사의 과학자들은 여기서 한 걸음 더 나아가 공상과학영화에서처럼 실제로 외형을 바꾸는 형상변환물질을 만들었다. 아이디어는 간단하다. 우선 모래알만큼 작은 칩을 만든다. 이 똑똑한 모래알은 표면의 정전하(靜電荷, 움직이지 않는 전하)를 쉽게 바꿀 수 있어서 서로 당기거나 미는 힘을 발휘한다. 예를 들어 모든 모래알(칩)의 전하가 균일하면 일렬로 늘어서면서 특정 배열을 형성한다. 그리고 전하량을 바꿔주면 모래알의 배열이 즉각적으로 달라진다. 전하량의 크기에 따라 배열이 여러 가지 형태로 달라지는 성질만 보면, 이들은 꼭 원자를 닮았다. 그래서 과학자들은 이 모래알 칩을 '카톰(catom)'이라고 부른다(클레이토닉스claytonics와 아톰atom의 합성어이다. 형상변환물질은 2장에서 언급했던 분자로봇과 비슷한 점이 많다. 분자로봇은 약 5센티미터 크기의 블록들이 배열을 바꾸면서 전체적인 외형이 달라지는데, 형상변환물질은 기본단위가 이보다 훨씬 작다는 것뿐이다).

인텔 사의 책임연구원인 제이슨 켐벨(Jason Campbell)은 이렇게 말했다. "휴대전화를 생각해보라. 주머니에 넣기에는 너무 크지만 손가락으로 자판을 두드리기에는 너무 작다. 영화를 보거나 이메일을 읽을 때는 더 답답하다. 그러나 200~300밀리리터의 캐톰만 있으면 휴대폰을 매순간마다 적절한 크기로 바꿀 수 있다." 손에 쥐고 있을 때는 휴대폰이지만, 사용이 끝난 후에는 다른 모양으로 바뀌서 주머니에 넣을 수 있다는 이야기다. 만일 이것이 실현된다면 전자제품을 여러 개 지니고 다닐 필요가 없다.

인텔연구소의 과학자들은 캐톰으로 1인치(약 2.5센티미터) 크기의 배열을 만드는 데 성공했다. 개개의 캐톰은 육면체 모양으로, 표면에는 미세한 전극들이 균일하게 달려 있다. 이 전극에 대전된 전하량을 조절하여 캐톰들 사이의 결합방향을 바꾸는 것이다. 이들이 결합하여 커다란 육면체가 될 수도 있고, 이 상태에서 전극의 전하량을 조절하면 순식간에 배열이 바뀌면서 배 모양이 되기도 한다.

모양이 바뀌는 것도 신기하지만, 더욱 놀라운 것은 각 캐톰의 크기를 조절하여 모래알보다 작게 만들 수 있다는 점이다. 실리콘 에칭기술이 계속 발전하여 캐톰이 세포 크기까지 작아진다면 단추 하나를 눌러서 모양을 바꿀 수 있을 것이다. 인텔 사의 선임연구원인 저스틴 래트너(Justin Rattner)는 "앞으로 40년 이내에 이 기술은 일상생활 속에 깊이 파고들게 될 것"이라고 했다. 특히 자동차와 비행기의 외관을 설계하는 디자이너나 건축가, 예술가 등 3차원 모형을 만드는 사람들은 캐톰으로 첫 시제품을 만든 후 원하는 대로 수정을 가할 수 있다. 예들 들어 캐톰으로 4-도어 세단의 차체를 만들었는데 모양이 맘에 들지 않는다면 간단하게 스위치 몇 개를 눌러서 해치백(들어서 여는 문) 스타일로 바꿀 수 있다. 또한 차체를 조금 압축하면 스포츠카로 변신한다. 이런 작업은 찰흙으로도 할 수 있지만, 찰흙과 달리 캐톰은 지능과 기억력을 갖고 있으므로 언제라도 이전의 형태로 되돌아갈 수 있다. 또한 여러 번의 시행착오 끝에 최종 스타일이 결정되면 관련정보를 수천 명의 디자이너들에게 전송하여 똑같은 복제품을 대량생산할 수도 있다.

이 기술이 산업계에 미치는 영향은 실로 막대하다. 예를 들어 장난감은 싫증을 잘 내는 어린아이들의 특성상 수명이 짧을 수밖에 없는데, 모든 장난감을 캐톰으로 만든다면 평생을 갖고 놀 수 있다. 크리스마스에도 새 선물을 사줄 필요 없이 새 장난감과 관련된 소프트웨어를 다운로드하여 기존의 장난감에 주입하면 완전히 새로운 장난감으로 변신한다. 크리스마스날 트리 주변에 모여 앉아 선물포장을 뜯는 풍경은 구시대의 유물이 될 것이다. 미래에는 크리스마스가 오면 산타클로스가 보내준 소프트웨어가 최고의 선물일 수도 있다. 기존의 장난감도 이미 캐톰으로 만들어진 것이어서, 여기에 새 소프트웨어를 주입하면 현재 시장에서 가장 잘나가는 새 장난감으로 변신한다.

장난감뿐만이 아니다. 시장에서 판매하는 상당수의 제품들도 결국은 소프트웨어의 형태로 인터넷을 통해 판매될 것이다. 물론 택배기사는 필요 없다. 새로 다운 받은 소프트웨어를 기존의 물건에 입력하기만 하면 된다. 주택이나 아파트를 리모델링할 때에도 부수고 다시 쌓는 등 번거롭고 힘든 과정을 거칠 필요가 없다. 부엌의 타일과 식탁, 가전제품, 싱크대 등도 단추 하나만 누르면 신제품으로 변신할 것이다.

그뿐만이 아니다. 형상변환물질이 상용화되면 쓰레기가 크게 줄어든다. 프로그램을 새로 주입하면 금방 새 물건이 되기 때문이다. 그러므로 가구나 가전제품이 망가져도 버릴 이유가 없다. 형상변환물질로 만들어진 모든 물건은 재활용이 가능하다.

이렇게 응용분야는 무궁무진하지만, 지금 인텔 사의 과학자들은 여러 가지 문제에 직면해 있다. 제일 큰 문제는 수백만 개의 캐톰들이 사용자의 의도에 따라 일사불란하게 움직이도록 통제하는 것이다. 새 프로그램을 형상변환물질에 업로드할 때 대역폭(bandwidth)이 문제가 될 수도 있다. 그러나 여기에는 간단한 해결책이 있다.

공상과학영화에서는 '모핑(morphing)'이라는 촬영기법이 자주 사용된다. 멀쩡한 사람이 갑자기 괴물로 변하는 등 (적어도 지금은) 실제로 있을 수 없는 현상을 화면으로 구현할 때 종종 사용되는 기법이다. 이 장면을 실제로 연출하려면 많은 인력과 긴 시간이 필요하지만 요즘은 컴퓨터로 처리하고 있다. 방법은 의외로 간단하다. 인간과 괴물의 얼굴을 비교하여 눈과 코 등 중요한 차이점을 추출해서 벡터로 연결한 후 이 벡터를 따라 일제히 조금씩 이동하면 '서서히 변해가는 중간과정'이 만들어진다. 이렇게 얻은 그림들을 필름에 순차적으로 심으면 사람에서 괴물로 변하는 연속과정이 구현되는 것이다. 3차원 물체의 외형이 변하는 과정도 이와 비슷한 방법으로 구현할 수 있다.

또 다른 문제는 캐톰들 사이에 작용하는 정전기력이 고체원자들

사이의 결합력에 비해 너무 약하다는 것이다. 앞에서 언급한 바와 같이 금속의 견고함과 플라스틱의 유연함은 양자역학으로 설명할 수 있는데, 여기 작용하는 양자적 힘은 정전기력을 압도할 정도로 강하다. 미래에는 이 두 가지 힘을 모두 고려하여 형상변환물질의 안정성(변환된 후의 형태가 안정적으로 유지되는 것)을 확보하는 문제가 중요한 이슈로 떠오를 것이다.

카네기멜론대학의 세스 골드스타인(Seth Goldstein)을 방문했을 때 나는 형상변환물질의 현주소를 두 눈으로 확인할 수 있었다. 그의 연구실 테이블에는 칩이 장착된 다양한 크기의 육면체들이 어지럽게 쌓여 있었는데, 그들 중 두 개는 전기력으로 단단하게 결합된 상태였다. 골드스타인은 그것을 내 손에 쥐어주며 강제로 떼어보라고 했다. 나는 있는 힘을 다해서 떼어보려고 했지만 결합력이 얼마나 강한지 도저히 뗄 수 없었다. 두 육면체 사이에 작용하는 전기력이 그만큼 강했던 것이다. 그는 육면체의 크기를 줄여도 결합력은 약해지지 않는다고 했다.

잠시 후 그는 나를 다른 연구실로 안내하여 캐톰이 얼마나 작아질 수 있는지 보여주었다. 그곳에서 본 캐톰은 크기가 1밀리미터 정도였는데, 실리콘기판에 수백만 개의 트랜지스터를 새길 때와 비슷한 방법으로 조각한 것이라고 했다. 그 캐톰들은 어찌나 작았는지 현미경을 통해야 제대로 볼 수 있을 정도였다. 골드스타인의 목표는 전기력을 적절히 통제하여 마치 마법사가 주문을 외워 물건을 만들어내듯이 단추 하나로 물체의 외형을 마음대로 바꾸는 것이다.

그는 연구실을 구경시켜주다가 갑자기 나에게 질문을 던졌다. "냉장고를 순식간에 오븐으로 바꾸고 싶을 때 수십억 개의 캐톰을 어떻게 통제할 수 있을까요?" 나는 "상상이 가질 않네요. 프로그래머에게 그런 일은 악몽 그 자체일 것 같습니다"라고 대답했다. 그러자 골드스타인이 씨익 웃으며 말했다. "다행히도 개개의 캐톰에게 일일이 명령을 내릴 필요는 없습니다. 그냥 자기 주변에 있는 캐톰들이 움직이는 대로 따라가도록 하면 됩니다. 개개의 캐톰이 주변의 일부 캐톰들하고만 결합하도록 지시를 내려도 전체적인 외형을 마술처럼 바꿀 수 있습니다"(인간 두뇌의 뉴런도 갓 태어났을 때는 주변의 극히 일부 뉴런들하고만 결합되어 있다가 나이가 들면서 점차 결합구조가 복잡해진다).

프로그램과 안정성 문제만 해결된다면, 21세기 말에는 빌딩을 비롯한 도시 전체가 단추 하나로 나타나거나 사라질 것이다. 사람이 할 일은 건물의 부지를 설정하고 땅의 기초를 다지는 것뿐이다. 나머지는 수조 개의 캐톰들이 알아서 도로나 건물로 변신해줄 것이다.

인텔 사의 과학자들은 여기서 한 걸음 더 나아가 캐톰으로 인간의 형상을 만들 생각까지 하고 있다. 이들의 계획대로라면 영화에서만 보았던 T-1000이 현실세계에 등장할 날도 멀지 않은 것 같다.

먼 미 래 (2 0 7 0 ~ 2 1 0 0 년)

만능복제기, 최후의 성배

나노기술을 신봉하는 사람들은 2100년에 분자를 조립하는 장치, 즉 '만능복제기(replicator)'가 등장할 것으로 믿고 있다. 만능복제기란 말 그대로 이 세상 모든 물건을 똑같이 복제하는 장치로서, 크기도 세탁기 정도면 충분하다. 이 장치 안에 기본원료를 넣고 단추를 누르면 수조×조 개(10^{24}개 이상)의 나노봇들이 원료에 들러붙어 복잡한 임무를 수행한다. 즉, 개개의 나노봇들이 원료를 분자단위로 분해한 후 재조립하여 완전히 새로운 물건으로 바꾸는 것이다. 원리적으로 만능복제기는 만들지 못할 물건이 없다. 이런 장치가 개발된다면 과학과 공학 역사상 최고의 업적이 될 것이며, 인류가 만들어온 도구의 역사는 그 정점을 찍을 것이다.

한 가지 문제는 물체를 복제하기 위해 재배열시켜야 할 원자가 너무 많다는 것이다. 예를 들어 사람의 몸은 500조 개의 세포로 이루어져 있으며, 원자로 따지면 10^{26}개나 된다. 따라서 원자의 위치를 저장하는 데만도 엄청난 용량의 메모리가 필요하다.

이 난관을 극복해줄 해결사가 바로 나노봇이다. 아직 만들지는 못했지만, 나노봇은 몇 가지 중요한 특징을 갖고 있다. 첫째, 이들은 자기복제가 가능하다. 일단 하나의 나노봇을 만들어놓기만 하면, 인간의 도움 없이 자신과 똑같은 나노봇을 무한정 만들어낼 수 있다. 그러므로 문제는 첫 번째 나노봇을 완벽하게 만들어내는 것이다. 둘째, 나노봇은 분자의 특성을 규명하고 정확한 지점에서 자를 수 있다. 셋째, 나노봇은 분해된 원자를 사전명령에 따라 다른 형태로 재배열시킬 수 있다. 따라서 10^{26}개의 원자들을 일일이 재배열시키는 문제는 이와 비슷한 개수의 나노봇을 만드는 문제로 전환되고, 이는 곧 '첫 번째 나노봇'을 만드는 문제로 단순화된다. 재배열시켜야 할 원자가 많은 것은 전혀 문제가 되지 않는다. 진짜 문제는 이 마술과도 같은 최초의 나노봇을 만들어서 번식시키는 것이다.

그러나 이 환상적인 장치의 실현 가능성에 대해서는 학자들의 의견이 엇갈린다. 나노기술의 선구자이자 《창조의 엔진(The Engines of Creation)》의 저자인 에릭 드렉슬러(Eric Drexler)를 포함한 소수의 학자들은 "모든 물건들이 분자 수준에서 제작되어 누구에게나 공급되는 소비의 천국"을 꿈꾸고 있다. 무엇이든 원하는 물건을 누구나 쉽게 소유할 수 있다면 사회의 질서는 바닥부터 완전히 뒤집어질 것이다. 그러나 이들을 제외한 대부분의 과학자들은 만능복제기에 회의적인 생각을 품고 있다.

노벨상 수상자인 리처드 스몰리는 2001년 〈사이언티픽 아메리칸(Scientific American)〉에 '끈끈한 손가락'과 '뚱뚱한 손가락' 문제를 언급하면서 다음과 같은 질문을 던졌다. "모든 물체를 분자 스케일에서 조립할 수 있을 정도로 민첩한 나노봇을 과연 만들 수 있을까?" 그는 단호하게 "No!"라고 선언했다.

그후 스몰리는 2003, 2004년에 드렉슬러에게 보내는 일련의 편지를 〈케미컬 앤 엔지니어링 뉴스(Chemical and Engineering News)〉에 게재하여 논쟁을 본격화시켰다. 스몰리가 "나노봇으로는 분자를 조작할 수 없다"고 주장하는 데에는 두 가지 이유가 있다.

첫째, 분자를 조작하는 '손가락'에는 인력이 작용하기 때문에, 손가락 자체가 분자에 달라붙어서 정교한 작업을 수행할 수 없다. 원자들이 서로 잡아당기는 이유 중 하나는 전자들 사이에 반 데르 발스 힘 같은 미세한 전기력이 작용하기 때문이다. 꿀이 잔뜩 묻어 있는 핀셋으로 시계부품을 수리한다고 상상해보라. 작은 부품들이 핀셋에 자꾸 달라붙어서 아무것도 할 수 없을 것이다. 이제 분자와 같이 시계보다 훨씬 복잡한 무언가를 끈끈한 손가락으로 조립한다고 상상해보라.

둘째, 원자를 다루기에는 손가락이 너무 크고 뚱뚱하다. 두툼한 목장갑을 낀 채로 시계를 조립한다고 상상해보라. 나노손가락도 결국은 원자로 이루어져 있으므로 개개의 원자를 다루기에는 너무 투박하다. 그렇다면 원자보다 작은 손가락을 만들 수 있을까? 당연히 불가능하다.

스몰리의 결론은 다음과 같다. "소년과 소녀의 등을 떠밀어 강제로 붙여놓는다고 해서 그들이 사랑에 빠지지 않는 것처럼, 두 개의 분자에 역학적 운동을 일으킨다고 해서 화학반응이 일어나지는 않는다. 화학반응은 역학보다 훨씬 미묘한 현상이기 때문이다."

만능 분자복제기는 미래사회에 혁명을 일으킬 것인가? 아니면 단순한 호기심으로 남아 있다가 결국 불가능으로 판명되어 쓰레기통에 버려질 것인가? 앞에서 본 바와 같이 거시세계와 나노세계에는 동일한 물리법칙이 적용되지 않는다. 거시세계에 살고 있는 우리는 은 반 데르 발스 힘과 표면장력, 불확정성원리, 배타원리 등을 거의 느낄 수 없지만, 이 현상들은 나노세계를 전적으로 지배하고 있다.

이 상황을 좀 더 실감나게 이해하기 위해, 원자의 크기가 구슬만 하다고 가정해보자. 그리고 당신의 집 뒷마당에 이런 원자들로 가득 찬 수영장이 있다고 가정하자. 당신이 '원자 수영장'에 뛰어들었을 때의 느낌은 물속에 뛰어들 때와 완전히 다를 것이다. 원자들은 브라운운동(Brownian motion)을 하고 있기 때문에 끊임없이 진동하면서 당신의 온몸을 정신없이 때릴 것이다. 당신은 마치 끈적한 당밀에 빠진 것처럼 아무리 허우적거려도 앞으로 나아갈 수 없다. 게다가 당신의 몸과 구슬(원자)은 여러 가지 힘이 조합된 복잡한 상호작용을 교환하고 있기 때문에, 손을 뻗어 구슬을 잡으려고 하면 멀리 도망가거나 손가락에 붙어버릴 것이다.

스몰리는 분자복제기에 KO 펀치를 날리지 못했지만, 격렬한 논쟁이 가라앉으면서 몇 가지 사실이 분명하게 드러났다. 첫째, 초소형 핀셋으로 분자를 자르고 붙이는 나노봇은 개념적으로 수정되어야 한다. 원자 스케일에서는 양자적 힘이 모든 것을 좌우하기 때문이다.

둘째, 복제기(또는 만능조립기)는 아직 공상과학영화에서나 볼 수 있지만 그 초기버전은 이미 존재한다. 생각해보라. 햄버거와 야채로 9달 만에 아기를 만들어내는 변환시스템이 자연에 이미 존재하고 있지 않은가. 이 과정은 DNA 분자가 음식에 함유된 단백질과 아미노산을 이용하여 리보솜(ribosome, 단백질과 리보핵산으로 이루어진 미립자)의 길을 유도함으로써 이루어진다.

셋째, 분자조립기가 가능하려면 좀 더 복잡한 버전으로 수정되어야 한다. 스몰리가 지적한 대로 원자 두 개를 가까이 붙여놓았다고 해서 반응이 일어나지는 않는다. 자연에서는 대개의 경우 물속에 녹아 있는 효소가 화학반응을 촉진한다. 스몰리는 컴퓨터와 전자산업계에서 사용되는 화학물질들이 대부분 물에 녹지 않는다는 점을 지적했다. 그러나 드렉슬러는 "물이나 효소의 도움 없이 진행되는 화학반응도 있다"고 반박했다.

한 가지 가능성은 자체조립, 또는 상향식(bottom-top) 접근법을 사용하는 것이다. 고대부터 인류는 무언가를 제작할 때 항상 하향식(top-down) 접근법을 사용해왔다. 망치와 톱으로 나무를 자른 후, 미리 짜놓은 계획에 따라 나무 조각을 조립하여 커다란 집을 만드는 식이다. 이런 경우에는 사소한 실수가 전체과정에 영향을 미칠 수 있기 때문에 매 단계마다 계획에 어긋나지 않도록 세심한 주의를 기울여야 한다.

이와는 반대로 조립이 스스로 이루어지는 방식을 상향식 접근법이라 한다. 예를 들어 눈의 육각형 결정은 뇌우 속에서 저절로 만들어진다. '수조×조' 개의 원자들이 자동으로 재배열되면서 다양하고 아름다운 결정을 만들어내는 것이다. 눈의 결정이 형성되는 과정은 미리 만들어진 설계도를 따라 진행되지 않는다. 이런 현상은 생물계에서도 쉽게 찾아볼 수 있다. 예를 들어 다섯 가지 이상의 단백질 분자와 몇 개의 DNA 분자로 이루어진 박테리아 염색체(bacterial ribosome)는 시험관에서 스스로 형성된다.

자체조립법은 반도체산업에도 사용되고 있다. 예를 들어 트랜지스터의 부품들은 경우에 따라 스스로 조립되기도 한다. 복잡하고 다양한 기술(냉각, 결정화, 중합반응, 증착, 응결 등)을 정확한 순서에 따라 적용하면 상업적 가치가 높은 컴퓨터 부품을 만들 수 있다. 앞에서 언급했던 암세포 퇴치용 나노입자도 이와 같은 공정을 거쳐 만들어진다.

그러나 대부분의 물체는 스스로 만들어지지 않는다. 나노물질 중 자체조립이 가능한 것은 극히 일부에 불과하다. 그래서 나노기계의 자체조립기술은 발전속도가 매우 느리다.

결론적으로 말해서, 분자를 조립하는 기계는 물리학법칙에 위배되지 않지만 만들기가 매우 어렵다. 나노봇은 아직 만들어지지 않았고 가까운 미래에 등장할 가능성도 별로 없다. 그러나 첫 번째 나노봇이 만들어지기만 하면 이전과는 완전히 다른 세상이 도래할 것이다.

복제기 만드는 법

만능복제기는 어떻게 생겼을까? 100년쯤 후에나 만들어질 물건을 미리 예측하긴 어렵겠지만, 알고 있는 지식을 총동원하여 대략적인 외형을 상상해보자(나는 이런 종류의 상상을 즐기는 편이다). 언젠가 내가 사이언스 TV의 특집프로에 출연했을 때, 과학자들이 레이저빔으로 내 얼굴을 스캔한 후 플라스틱으로 얼굴의 입체 복사본을 뜬 적이 있다. 얼굴에 레이저빔을 주사하면 피부에서 반사된 레이저가 센서로 전달되고, 그곳에서 정보를 분석하여 모니터에 3차원 영상이 나타나는 식이다. 레이저는 위에서 아래로 한 번에 한 층씩 내 얼굴을 스캔하면서 내려갔고, 스캔이 끝난 후 모니터에는 내 얼굴이 평면판을 여러 개 쌓아놓은 듯한 형태로 재현되었다.

이 모든 정보는 그 옆에 있는 커다란 기계장치로 전송되었다. 크기가 거의 냉장고만 한 이 장치는 임의의 3차원 물체를 인쇄하는 '3차원 프린터'였다(우리가 흔히 사용하는 프린터는 '2차원 프린터'로서 종이 위에 데이터를 인쇄하는 장치이다. 이런 경우에는 종이가 '배경' 역할을 하기 때문에 데이터가 할당되지 않은 곳은 빈 종이로 남겨두면 된다. 그러나 3차원 프린터는 공간 자체가 배경이기 때문에 '출력용지'라는 개념이 없다. 3차원 프린터는 아무것도 없는 텅 빈 공간에 재료를 주사하거나, 이미 준비해둔 커다란 덩어리를 조각하여 물체를 만들어내는 장치이다). 스캔 데이터가 이 장치에 전송되자 조그만 노즐이 좌우로 이동하면서 액체 플라스틱을 조금씩 분출하기 시작하더니, 10분 후에는 약간 으스스해 보이는 내 얼굴이 완성되었다. 색상을 입히지 않아서 낯설게 보이긴 했지만, 각 부위의 오차는 0.1밀리미터가 채 되지 않는다.

이 장치를 이용하면 여러 부품으로 이루어진 복잡한 기계를 단 몇 분 만에 복제할 수 있으므로 상업적 가치가 매우 높다. 그러나 앞으로 수십 년, 또는 한 세기 후에 이 장치는 세포나 분자 스케일에서 원본을 복제하는 수준까지 발전할 수도 있다.

그다음 단계는 3차원 스캐너를 이용하여 사람의 장기를 만드는 것이다. 웨이크포레스트대학(Wake Forest Univ.)의 과학자들은 잉크젯프린터를 이용하여 살아 있는 심장조직을 만드는 방법을 연구 중이다. 이들은 노즐을 통해 살아 있는 심장세포를 주사(注射)하는 소프트웨어 프로그램을 만들었는데, 물론 잉크젯프린터의 카트리지에는 잉크 대신 심장세포를 포함한 유동체가 들어 있다. 기본적인 방식은 플라스틱으로 내 얼굴을 복제할 때와 비슷하지만, 심장은 각 부위마다 세포의 종류가 다르기 때문에 프로그램이 훨씬 복잡하고 프린터도 훨씬 정교해야 한다.

우리의 몸을 이루는 모든 원자들의 위치를 일일이 알아낼 수도 있을까? MRI를 이용하면 못할 것도 없다. 앞에서 언급한 대로, MRI 스캔의 오차는 약 0.1밀리미터이다. 즉, MRI로 얻은 영상의 픽셀 하나에는 수천 개의 세포가 들어 있다. 그러나 MRI 영상의 해상도는 자기장의 균일한 정도에 비례한다. 즉, 자기장이 균일할수록 더욱 선명한 영상을 얻을 수 있다. 따라서 자기장의 균일성이 지금보다 개선되면 0.1밀리미터 이하의 작은 영역까지 볼 수 있다.

지금 과학자들은 세포단위까지 볼 수 있는 MRI 스캐너를 개발하고 있다. 충분히 균일한 자기장을 생성할 수만 있다면 (원리적으로) 분자나 원자 스케일까지 보는 것도 가능하다.

결론적으로 말해서 복제기는 물리학법칙에 어긋나지 않지만, 스스로 조립되는 방식은 구현하기가 쉽지 않을 것 같다. 복제기의 상업적 가치와 응용분야는 자체조립기술이 완성된 후에 논해도 늦지 않을 것이다. 그 시기는 내가 보기에 21세기 말쯤 될 것 같다.

그레이-구 시나리오

선 마이크로시스템즈(Sun Microsystems)의 설립자 빌 조이(Bill Joy)를 비롯한 일부 사람들은 나노기술의 앞날을 그다지 긍정적으로 보지 않는다. 이들은 나노기술이 지구의 자원을 게걸스럽게 먹어치우다가 결국에는 쓸모 없는 '그레이-구(gray-goo)'만 남게 될 것이라고 주장했다. 영국의 찰스 황태자도 나노기술과 그레이-구 시나리오에 대해 언급한 적이 있다.

나노봇은 여러모로 유용하지만 위험의 소지가 다분하다. 자기자신을 복제할 수 있다는 것, 바로 그것이 문제이다. 이들이 통제를 벗어나기 시작하면 돌이킬 방법이 없다. 나노봇은 스스로를 복제할 수 있으므로, 이 과정을 인간이 통제하지 못하면 순식간에 지구를 접수하고 생태계를 완전히 파괴할 것이다. 이것이 바로 그레이-구 시나리오이다.

그러나 나노기술이 복제기를 만드는 수준까지 발전하려면 수십 년에서 100년은 족히 걸릴 것이므로 그레이-구를 논하는 것은 시기상조라고 본다. 앞으로 수십 년 후에도 안전장치를 설계할 시간은 충분하다. 예를 들어 결정적인 순간에 '무력화 단추'를 눌러서 모든 나노봇들을 무용지물로 만들 수도 있고, 통제를 벗어난 나노봇을 전문적으로 소탕하는 '킬러봇'을 만들어 사태를 수습할 수도 있다.

또 한 가지 방법은 이와 비슷한 사태를 수십억 년 동안 겪어온 자연에서 해결책을 찾는 것이다. 지구는 자기복제로 번식하면서 종종 변이까지 일으키는 바이러스와 박테리아의 천국이다. 그러나 인간의 몸은 항체와 백혈구를 꾸준히 개발하면서 스스로를 방어해왔다. 인간의 면역체계가 완벽하다고 볼 수는 없지만, 이로부터 나노봇과 효과적으로 싸우는 방법을 배울 수도 있을 것이다.

복제기가 사회에 미치는 영향

나는 한동안 BBC와 디스커버리 채널 특집프로의 사회를 맡아 진행한 적이 있는데, 그때 《과격한 진화(Radical Revolution)》의 저자 조엘 가로(Joel Garreau)가 게스트로 출연하여 이런 말을 했다. "스스로 조립되는 기계가 만들어진다면, 그것은 두말할 것도 없이 인류역사상 최고의 업적이다. 그러나 그후에는 지금껏 한 번도 생각해본 적 없는 격렬한 변화가 찾아올 것이다."

'소원을 빌 때는 항상 심사숙고하라'는 격언이 있다. 그 소원이 이루어질 수도 있기 때문이다. 분자조립장치(또는 복제기)는 나노기술의 영원한 성배지만, 정작 만들어지고 나면 우리 사회는 더 이상 이전과 같을 수 없을 것이다. 편리하고 풍족해지는 정도가 아니라 근본부터 완전히 달라질 수밖에 없다. 그동안 인류가 쌓아온 문화, 철학, 종교 등 사회의 기반을 이루는 값진 유산들은 궁극적으로 가난과 궁핍에서 비롯되었다. 어떤 종교에서는 "선행의 대가는 부(富)이고 악행의 대가는 가난"이라고 주장하는가 하면, 불교는 고통의 본질을 이해하고 이겨내는 것을 최고의 가치로 삼는다. 그런가 하면 기독교의 신약성서에는 다음과 같이 적혀 있다. '부자가 하나님의 나라에 가는 것은 낙타가 바늘구멍을 통과하는 것보다 어렵다(여기서 '낙타 gamla'는 '굵은 밧줄gamta'의 오역이라는 설이 있다 — 옮긴이).'

부의 분포는 사회 자체를 정의하는 요소이기도 하다. 봉건주의는 소수의 부유한 귀족과 다수의 가난한 농민들로 이루어진 비정상적인 사회를 안정적으로 유지하는 제도였고, 자본주의는 열정적이고 생산적인 사람들이 노동을 통해 더 많은 부를 축적하는 데 기초를 두고 있다. 그러나 게으르고 비생산적인 사람들도 단추 하나만 누르면 원하는 모든 것을 얻을 수 있다고 상상해보라. 세상에 어느 누가 열심히 일하겠는가? 이런 세상에서 자본주의는 발붙일 곳이 없어진다. 만능복제기는 사람들 사이의 관계를 거꾸로 뒤집어서 사회를 완전히 망쳐놓을 것이다. 뿐만 아니라 빈부격차가 완전히 사라지면서 정치적 위상이나 권력도 더 이상 통하지 않을 것이다.

이 문제는 영화 〈스타트렉: 차세대〉 편에서 잠시 다뤄진 적이 있다. 20세기에 지구에서 발사된 캡슐이 우주공간을 떠돌다가 우주선 엔터프라이즈 호에 발견되어 극적으로 구조된다. 캡슐 안에는 20세기형 불치병에 걸린 환자들이 냉동상태로 보존되어 있었는데, 이들은 의술이 충분히 발달된 미래에 구조되어 완치되기를 바라는 사람들이었다. 엔터프라이즈 호의 의사는 이들을 간단하게 치료했고, 건강을 되찾은 사람들은 목숨을 건 도박에서 이겼다며 매우 기뻐했다. 그런데 그들 중 한 사람이 선원들에게 묻는다. "지금이 서기 몇 년입니까?" 그는 지금이 24세기라는 사실을 알고 자신이 투자했던 돈이 크게 올랐을 거라며 당장 지구에 있는 은행가와 접촉을 시도했다. 그러나 엔터프라이즈 호의 선원들은 그가 하는 말을 알아 듣지 못한다. "돈? 투자? 그게 뭐지?" 알고 보니 24세기에는 돈이나 재산이라는 개념이 존재하지 않았다. 24세기는 필요한 것을 요구하기만 하면 무엇이든 곧바로 얻을 수 있는 세상이었던 것이다.

완벽한 사회란 어떤 사회인가? 16세기 영국의 정치가이자 사상가였던 토머스 모어(Thomas More)는 도처에 만연한 가난과 고통 때문에 고뇌하다가 대서양에 있는 가상의 낙원을 떠올리고 1516년에 그 유명한 《유토피아(Utopia, 이상향)》를 탈고했다. 19세기 유럽에서는 유토피아를 추구하는 다양한 사회운동이 전개되었으며, 이들 중 대부분은 자유와 기회를 찾아 신대륙(미국)으로 건너갔다.

만능복제기는 19세기 사색가들이 생각했던 이상향을 실현시켜줄 수도 있다. 인간은 유토피아를 건설하기 위해 항상 노력해왔지만, 과거의 사례를 보면 가난과 궁핍이 불평등을 낳고, 불평등이 계층 간 갈등을 낳으면서 결국 사회 전체가 와해되고 말았다. 그러나 만능복제기가 가난을 퇴치해준다면 유토피아가 실현될지도 모른다. 예술과 음악, 그리고 문학이 꽃을 피우고 사람들은 각자 자신의 꿈을 좇아 만족스런 삶을 누릴 수 있을 것이다.

그러나 현실은 그리 간단치 않다. 돈을 벌어서 가난을 극복한다는 동기가 사라지면 사람들은 나태해지면서 사회 전체가 낮은 수준으로 퇴화될 수도 있다. 한 비평가의 말을 빌리자면, "예술적 감각이 뛰어난 극소수의 사람들이 시를 쓰고, 그 외의 대다수는 쓸모 없는 한량이 될 것이다."

이상주의자들이 했던 말도 수정되어야 한다. 사회주의의 제1모토는 "능력에 따라 일하고 기여한 만큼 가져간다"이고, 공산주의의 제1모토는 "능력에 따라 일하고 필요한 만큼 가져간다"였다. 그러나 만능복제기가 실현되면 이 구호는 "원하는 만큼 가져간다"로 바뀔 것이다.

완벽한 사회를 다른 관점에서 바라볼 수도 있다. 동굴거주자의 원리에 의하면 사람들의 기본적 특성은 10만 년 동안 거의 변하지 않았다. 그리고 10만 년 전에는 직업이라는 것이 아예 존재하지도 않았다. 원시인들은 공동체를 이루어 생활하면서 좋은 것과 나쁜 것을 똑같이 나누어 가졌다. 당시에는 직업이 없었으므로 사람들의 성취동기를 자극하는 것은 일이나 돈이 아니었다.

그러나 원시인들은 결코 게으르지 않았다. 왜 그랬을까? 여기에는 몇 가지 이유가 있다. 첫째, 당시에는 식량이 절대적으로 부족하여 굶어죽는 일이 다반사였다. 특히 자신의 수확물을 나누지 않는 사람은 무리에서 추방되었고, 추방은 곧 죽음을 의미했다. 둘째, 원시인들은 자신이 한 일에 자부심을 느끼기 시작하면서 일 자체에 의미를 부여하게 되었다. 셋째, 원시인들은 무언가 생산적인 일을 해야 한다는 사회적 압박감에 항상 시달렸다. 생산적인 사람은 결혼을 하여 자신의 유전자를 후대에 전할 수 있었으나, 게으른 사람은 그럴 기회를 갖지 못했다.

그렇다면 만능복제기가 실현되어 원하는 것을 언제든지 가질 수 있는 세상이 된다 해도 사람들은 생산적인 일을 하려고 노력하지 않을까? 이런 경우에 위에 열거한 세 가지 이유가 어떻게 달라질지 생각해보자. 첫째, 만능복제기가 있으면 이 세상에 굶는 사람은 없다. 그러나 둘째, 대부분의 사람들은 자신의 기술과 수확물을 여전히 자랑스럽게 여길 것이므로 자신이 하는 일에 상당한 의미를 부여할 것이다. 그리고 셋째, 사회적 압박이 계속 유지되려면 개인의 자유가 제한되어야 한다. 따라서 사회적 압박은 더 이상 존재하지 않을 것이며, 만능복제기가 남용되지 않도록 일과 보상에 대한 사람들의 태도를 바꾸는 쪽으로 교육이 이루어질 것이다.

다행히도 이 분야는 발전속도가 비교적 느린 편이어서 만능복제기가 출현하려면 100년은 족히 걸릴 것이다. 이 정도면 복제기의 장단점을 이해하고 부작용을 방지하는 등 미리 준비할 시간은 충분하다. 복제기가 가져올 사회적 변화와 대응책을 미리 강구해둔다면 그것 때문에 세상이 와해되는 일은 없을 것이다.

그보다 더 큰 문제는 만능복제기의 가격이다. 최초로 만들어진 만능복제기는 엄청나게 비쌀 것이다. MIT의 로봇공학자인 로드니 브룩스는 이런 말을 한 적이 있다. "반도체 패턴형성법(photolithography)이 번창했던 것처럼, 나노기술도 한동안 전성기를 구가할 것이다. 단, 그것은 일반인을 위한 대량생산체계가 아니라 극히 제한된 환경에서 초고가 장비로 활용될 가능성이 높다." 물건을 공짜로 공급하는 것 자체는 큰 문제가 아니다. 미래의 어느 날 만능복제기가 실현된다 해도 현실적인 가격으로 공급되려면 수십 년은 더 지나야 할 것이다.

저명한 미래학자인 자메이 카시오(Jamais Cascio)는 언젠가 나와 대화를 나누다가 이 책의 2장에서 언급한 '특이점이론'에 반론을 제기한 적이 있다. 그는 인간의 특성이라는 것이 워낙 혼란스럽고 복잡하여 예측하기 어렵기 때문에 단순한 이론으로는 설명할 수 없다고 했다. 그러나 카시오는 나노기술이 세상을 바꾼다는 점에는 나와 의견을 같이했다. 그는 넘쳐 나는 물자와 함께 자기복제가 가능한 로봇들이 미래세상을 뒤덮을 것이라고 했다. 그래서 나는 카시오에게 물었다. "모든 물건이 무상으로 주어지는 세상에서 사람들은 과연 일을 할 필요성을 느낄 것인가?"

그의 대답은 다음과 같았다. 첫째, 사람들이 일을 하지 않아도 누구나 먹고살 수 있는 최소한의 수입은 보장될 것이다. 따라서 일부는 죽는 날까지 빈둥거리는 한량이 될 것이며, 그들의 삶을 보호하는 사회제도도 생길 것이다. 지금의 관점에서 보면 결코 바람직하다고 할 수 없지만, 필요한 물건을 복제기와 로봇이 다 만들어주는 세상에서는 피해갈 수도 없는 일이다. 둘째, 사업가적 관점에서 볼 때 방금 언급한 부작용은 다가올 혁명에 의해 어느 정도 보완될 것이다. 아무리 게을러도 가난에 빠질 염려가 없으므로, 일부 부지런한 사람들은 다른 이들에게 새로운 기회를 제공하는 사업에 관심을 갖게 될 것이다. 카시오는 "도산할 염려가 없는 사회에서는 창조적인 생각이 봇물처럼 쏟아져 나오면서 새로운 르네상스가 도래할 것"이라고 했다.

나의 전공분야인 물리학에서도 학자들이 받을 수 있는 최고의 보상은 돈이 아니라 '발견과 혁신의 즐거움'일 것이다. 다른 분야에서도 자신의 꿈을 이루기 위해 높은 보수의 직장을 거절하는 사람들이 종종 있다. 내가 아는 예술가와 지식인들 중에서도 인간의 영혼에 고상함을 부여하고 더욱 창조적인 삶을 살기 위해 돈을 포기한 사람들이 적지 않다.

누구나 원하는 만큼 가질 수 있는 세상이 2100년경에 실현된다면, 우리 사회도 이와 비슷한 반응을 보일 것이다. 개중에는 일을 거부하고 평생 게으름을 피우는 사람도 일부 있겠지만, 훨씬 많은 사람들이 창조적, 과학적, 또는 예술적 성과를 거두기 위해 노력할 것이다. 그들에게는 값비싼 물건보다 창조적이고 혁신적이며 예술적인 삶을 누리는 것이 훨씬 소중하다. 그러나 아무리 세월이 흘러도 동굴거주자의 원리는 여전히 유효할 것이므로, 많은 사람들은 여전히 일을 할 것 같다. 일을 하고 싶은 욕구는 인간의 유전자에 이미 내장되어 있기 때문이다.

그러나 만능복제기도 해결할 수 없는 문제가 하나 있다. 바로 '에너지'와 관련된 문제이다. 미래의 환상적인 삶도 결국은 에너지가 꾸준히 공급되어야 유지될 수 있다. 그 많은 에너지를 무슨 수로 충당한다는 말인가?

5

에너지의
미래

별의 에너지

석기시대는 돌이 부족해서 끝난 게 아니다.
석유시대도 석유가 고갈되기 한참 전에 끝날 것이다.
_제임스 캔턴 James Canton

핵융합은 선사시대 인류에게 주어진 최고의 선물인
불에 필적할 정도로 획기적인 발견이다.
_벤 보바 Ben Bova

별은 신이 내려준 에너지의 보고(寶庫)이다. 그 옛날 태양의 신 아폴로가 불 뿜는 말이 끄는 전차를 타고 하늘을 가로지르면서 태양의 무한한 힘을 하늘과 지구에 뿌렸다. 그의 힘에 필적할 상대는 오직 신들의 제왕인 제우스뿐이었다. 제우스를 사랑했던 인간세상의 여인 세멜레(Semele)는 어느 날 제우스에게 진짜 모습을 보여달라고 간청했고, 제우스는 마지못해 그녀의 청을 들어주었다. 그러나 이것은 세멜레를 질투한 헤라의 계략이었으니, 결국 세멜레는 엄청난 에너지에 휘말려 한 줌의 재로 사라지고 말았다.

21세기가 가기 전에 인류는 신이 준 선물을 십분 활용하게 될 것이다. 짧게 보면 화석연료에서 탈피하여 태양 및 수소에너지를 활용한다는 뜻이고, 긴 안목에서 보면 핵융합에너지를 제어하고 외계의 태양에너지까지 활용한다는 뜻이다. 여기서 물리학이 더 발전하여 자기(磁氣, magnetism)의 시대가 도래하면 기차와 자동차, 심지어는 스케이트보드까지 자기력을 쿠션 삼아 허공에 뜬 채 이동하게 될 것이다. 또한 이것은 에너지 소비량을 크게 줄여줄 것이다. 기차와 자동차에 투여되는 에너지의 대부분은 지면(또는 레일)과의 마찰력을 이겨내는 데 사용되기 때문이다.

석유시대의 종말

현대문명은 석유와 천연가스, 그리고 석탄 등 주로 화석연료에 의해 유지되고 있다. 지금 전 세계에서는 약 14조 와트(watt)의 전력이 생산되고 있는데, 그중 33퍼센트는 석유에 의존하고 있으며 25퍼센트는 석탄, 20퍼센트는 천연가스, 7퍼센트는 핵에너지, 15퍼센트는 생물자원과 수력, 그리고 나머지 0.5퍼센트가 태양에너지와 재생에너지로 만들어지고 있다.

화석연료가 없으면 세계경제는 당장 마비된다. 모든 산업이 석유에 절대적으로 의존하고 있기 때문이다.

석유시대의 종말을 처음으로 심각하게 경고한 사람은 셸오일(Shell Oil) 사의 석유공학자 킹 허버트(M. King Hubbert)였다. 그는 1956년에 미국석유연구소에서 다음과 같이 예견했다. "미국의 석유보유량은 머지않아 반으로 줄어들 것이며, 1965~1971년 사이에 심각한 에너지 난에 처할 것이다. 미국의 석유생산량은 한동안 상승곡선을 그려왔으나, 이 곡선은 곧 최고점에 도달한 후 돌이킬 수 없는 하강국면으로 접어들 것이다." 이는 곧 석유생산이 갈수록 어려워지다가 어느 시점에 이르면 원유수출국이었던 미국이 원유수입국으로 전락한다는 것을 의미했다. 그러나 당시만 해도 허버트의 예측은 도저히 상상할 수 없는 시나리오였기에, 대부분의 사람들은 코웃음을 치며 심각하게 받아들이지 않았다.

그 무렵에 미국은 텍사스를 비롯한 여러 유전에서 엄청난 양의 석유를 생산하고 있었으므로 허버트의 주장이 터무니없게 들린 것도 무리는 아니었다. 그러나 시간이 흘러 허버트의 예측이 정확하게 맞아 들어가면서 석유공학자들의 얼굴에 미소가 사라졌다. 1970년에 미국의 1일 석유생산량이 1,020만 톤으로 최고치에 도달했다가 계속해서 떨어지기 시작한 것이다. 이 하향곡선은 지금까지도 계속되고 있으며, 현재 미국은 석유소비량의 59퍼센트를 수입에 의존하고 있다. 수십 년 전에 허버트가 예상했던 감소곡선과 2005년까지 미국 석유생산량의 감소곡선을 비교해보면 놀라울 정도로 비슷하다. 이제 석유공학자들은 또 하나의 질문을 놓고 고민 중이다. "전 세계의 석유보유량도 허버트가 말한 최고치에 도달했는가?" 1956년에 허버트는 이 수치도 50년 이내에 정점을 찍을 것이라고 예견했다. 그가 예견했던 미국의 석유사정이 정확하게 맞아떨어졌으니, 이것도 맞을 가능성이 높다. 우리가 고래기름 시대를 되돌아보면서 격세지감에 빠지듯이, 우리의 후손들도 화석연료시대를 되돌아보며 비슷한 감정에 빠질 것인가?

그동안 나는 중동의 여러 나라에서 과학과 에너지, 그리고 지구의 미래를 주제로 여러 번 강연을 해왔다. 사우디아라비아의 석유매장량은 약 2,670억 배럴로 추정되는데, 이 정도면 나라 전체가 거대한 '원유호수' 위에 떠 있다고 해도 과언이 아니다. 나는 사우디아라비아를 비롯한 페르시아 만 근처의 여러 나라들을 돌아다니면서 엄청난 양의 에너지가 낭비되고 있다는 느낌을 강하게 받았다. 사람이 살지 않는 사막 한복판에서 물을 뿜어내는 거대한 분수를 비롯하여 인공연못과 인공호수 등은 그다지 효율적으로 보이지 않았다. 게다가 두바이에 건설된 초대형 실내스키장에서는 수천 톤의 인공눈을 끊임없이 생산하면서 엄청난 열기를 외부로 뿜어내고 있다.

사실 중동 각국의 석유장관들은 지금 심각한 고민에 빠져 있다. 이들이 발표한 '채굴가능 매장량'에 의하면 전 세계가 앞으로 수십 년은 거뜬히 쓰고도 남지만, 사실 이것은 원유수입자들이 믿어주기를 바라는 희망사항일 뿐이다. 중동의 석유장관들은 자국의 이해관계와 정치적 상황에 얽혀 석유매장량을 과장해서 발표하는 경우가 허다하다.

에너지전문가들은 전 세계 석유생산량이 지금 정점을 찍었거나, 10년 이내에 정점을 찍을 것으로 내다보고 있다. 이것이 사실이라면 에너지 공급량은 머지않아 돌이킬 수 없는 하향곡선을 그리게 될 것이다.

물론 석유가 완전히 바닥나는 불상사는 없을 것이다. 새로운 유전이 계속해서 개발되고 있기 때문이다. 그러나 석유를 채굴하고 정제하는 데 들어가는 비용은 하루가 다르게 치솟고 있다. 예를 들어 캐나다의 타르 퇴적지에는 전 세계가 수십 년 동안 쓸 수 있을 정도로 막대한 양의 석유가 매장되어 있으나, 채산성이 맞지 않아 개발을 미루고 있다. 미국의 석탄매장량도 300년 치를 웃돌 것으로 예상되지만, 법적인 제한이 걸려 있는 데다가 미립자와 오염물질을 제거하는 비용이 너무 비싸서 그림의 떡으로 남아 있다.

게다가 새로 발견된 유전들은 정치적으로 불안정한 지역에 집중되어 있다. 지난 수십 년 동안 유가변동추이 그래프를 보면 2008년에 배럴당 140달러로 정점을 찍었다가 경기불황으로 다시 내려가는 등 롤러코스터를 방불케 한다. 원유의 가격은 각국의 정치상황과 향후 전망, 소문 등에 따라 달라지지만, 한 가지 사실은 분명하다. 석유의 평균가격은 앞으로도 꾸준히 올라간다는 것이다.

유가상승은 세계경제에 지대한 영향을 미친다. 인류문명이 지난 20세기에 전례를 찾아볼 수 없을 정도로 빠르게 발전할 수 있었던 것은 값싼 석유와 무어의 법칙 덕분이었다. 그런데 에너지 가격이 올라가면 식량수급과 환경오염이 현안으로 떠오른다. 소설가인 제리 포넬(Jerry Pournelle)은 이렇게 말했다. "식량과 환경오염이 문제가 아니다. 정말로 중요한 문제는 에너지다. 에너지만 충분하다면 수경재배(水耕栽培, 생육에 필요한 양분을 녹인 수용액만으로 식물을 재배하는 방법 ― 옮긴이)나 그린하우스를 이용하여 식량생산을 늘릴 수 있다. 환경오염도 마찬가지다. 에너지가 충분하면 오염물질을 분해하여 환경에 무해한 물질로 바꿀 수 있다."

또 다른 문제도 있다. 전후시대의 인구통계학에서 가장 눈에 띄는 변화는 중국과 인도의 중산층 인구가 크게 증가했다는 점이다. 이들의 소비력이 증가하면서 석유와 생필품 가격에 엄청난 압박이 가해지고 있다. 이들은 할리우드 영화를 통해 맥도널드 햄버거와 두 대의 자동차를 소유한 집들을 접하면서 자신들도 미국인처럼 풍족하게 살기를 원한다. 물론 잘살고 싶은 마음에는 아무런 잘못도 없지만, 그 대가로 엄청난 양의 에너지가 소모된다는 점이 문제이다.

가까운 미래(현재~2030년)

태양·수소의 경제학

이 모든 상황을 고려해볼 때 '역사는 되풀이된다'는 격언이 맞는 것 같기도 하다. 1900년대에 오랜 친구 사이였던 헨리 포드(Henry Ford)와 토머스 에디슨(Thomas Edison)은 "미래에 어떤 형태의 에너지가 가장 많이 소비될 것인가?"를 놓고 내기를 걸었다. 포드는 내연기관이 증기기관을 대신한 것처럼 석유가 석탄을 대신한다는 쪽에 걸었고, 에디슨은 전기자동차 쪽에 걸었다고 한다. 두 사람은 심심풀이로 내기를 걸었을지도 모르지만, 사실 이것은 누가 이기느냐에 따라 인류의 역사가 크게 달라질 수 있는 '세기적 내기'였다.

처음 한동안은 석유를 구하기가 너무 어려워서 에디슨이 이긴 것처럼 보였다. 그러나 중동을 비롯한 여러 지역에서 유전이 연달아 발견되어 석유수급이 원활해지면서 운세는 포드 쪽으로 기울었고, 그후로 세상은 결코 이전으로 돌아갈 수 없게 되었다. 에디슨의 배터리는 승승장구하는 가솔린을 따라가기에 확실히 역부족이었다 (지금도 중량 대비로 따져보면 가솔린이 배터리보다 40배 많은 에너지를 함유하고 있다).

그러나 최근의 에너지 동향을 보면 다시 과거로 돌아가고 있는 듯하다. 에디슨과 포드가 아직 살아 있다면 에디슨이 승리를 외칠 정도로 전기에너지가 약진하고 있기 때문이다. 그렇다면 다가올 시대에 과연 무엇이 석유를 대신할 것인가? 아직은 아무도 알 수 없다. 단기적으로 보면 당장 화석연료를 대체할 만한 후보가 없기 때문에 당분간은 여러 형태의 에너지를 섞어서 쓰는 쪽으로 갈 것이다.

그러나 장기적으로 볼 때 석유를 대신할 가장 유력한 후보는 태양·수소에너지(태양력, 풍력, 수력, 수소 등 재생기술에 기초한 에너지)이다.

현재 태양전지에서 생산되는 전기에너지는 석탄에서 생산되는 전기에너지보다 몇 배나 비싸다. 그러나 태양·수소에너지는 관련 기술의 발달로 단가가 꾸준히 내려가고 있다. 반면에 화석연료의 단가는 지금도 서서히 올라가는 중이다. 앞으로 10~15년 후면 태양·수소에너지와 화석에너지의 가격곡선이 한 지점에서 만날 것으로 예상되며, 그후에는 시장에서 차지하는 세력이 가격을 결정할 것이다.

풍력발전

단기적으로는 풍력과 같이 재생 가능한 에너지가 시장을 장악할 것이다. 전 세계에서 생산되는 풍력에너지의 총량은 2000년에 170억 와트였던 것이 2008년에 1,210억 와트로 증가했다. 과거에는 보조수단으로 여겨졌던 풍력에너지가 가장 유력한 에너지원으로 떠오른 것이다. 최근에 풍력터빈 제작기술이 개선되면서 풍력발전소의 효율이 크게 높아졌으며, 에너지시장에서 가장 **빠르게** 성장하는 에너지원으로 자리잡았다.

현대의 풍력발전소는 제분소 역할을 했던 1800년대 말기의 풍차와 완전히 다르다. 공해를 양산하지 않고 안전성도 뛰어난 풍력발전기는 하나당 5메가와트(500만 와트)의 전력을 생산하는데, 이 정도면 작은 마을 전체에 전기를 공급할 수 있다.

풍력터빈은 거대한 선풍기처럼 생겼다. 매끈한 선풍기 날은 길이가 30미터에 달하며, 마찰이 거의 없이 돌아가도록 설계되어 있다. 여기서 전력을 생산하는 원리는 수력발전소의 댐이나 자전거 발전기와 크게 다르지 않다. 풍력터빈이 바람을 맞아 회전운동을 하면 코일 안에 있는 자석이 돌아가고, 회전하는 자기장은 전류를 만들어낸다. 대형 풍력발전소에서는 100여 개의 터빈이 약 500메가와트의 전력을 생산하고 있는데, 이는 화력발전소나 핵발전소에서 생산하는 전력량과 비슷하다.

지난 수십 년 동안 풍력발전의 선두주자는 유럽이었으나 최근 들어 미국이 유럽을 앞지르기 시작했다. 2009년에 미국은 순전히 바람만을 이용하여 280억 와트의 전력을 생산했다. 특히 텍사스 주의 생산량만 80억 와트에 달하며, 10억 와트 분량이 추가로 건설되고 있다(그후에도 꾸준히 늘려갈 계획이다). 모든 것이 계획대로 진행된다면 장차 텍사스 주의 전력생산량은 500억 와트에 달하여 2,400만 주민들이 충분히 쓰고도 남을 것이다.

그러나 미국은 머지않아 풍력발전 1위의 자리를 중국에게 내줄 듯하다. 현재 중국은 대형 풍력발전소 6개를 건설 중인데, 완공되고 나면 1,270억 와트를 생산할 예정이다.

풍력발전소는 앞으로 계속 증가하겠지만, 이것만으로 전 세계에 전력을 공급하기에는 턱없이 모자란다. 게다가 풍력발전도 자체적으로 몇 가지 문제점을 안고 있다. 무엇보다도 바람이 불어야만 전력을 생산할 수 있고, 발전소를 세울 수 있는 지역도 극히 한정되어 있다. 그리고 전송과정에서 전력손실을 줄이려면 도시와 가까운 곳에 발전소를 지어야 하는데 이 또한 커다란 제약이 아닐 수 없다.

태양이 온다!

궁극적으로 모든 에너지의 근원은 태양이다. 석탄과 석유도 결국은 수백만 년 전에 동물과 식물에게 쏟아진 태양에너지가 퇴적된 것이다. 그 결과 1갤런의 휘발유에 저장된 태양에너지는 배터리에 저장된 에너지보다 훨씬 많다. 이것은 지난 세기에 에디슨이 직면했던 문제로서, 지금까지도 여전히 문제로 남아 있다.

태양전지는 햇빛을 즉석에서 전기로 바꾸는 장치이다. 이 원리를 처음으로 알아낸 사람은 그 유명한 아인슈타인이었다(1905년, 광전효과). 빛의 입자인 광자가 금속에 부딪히면 금속의 표면에서 전자가 튀어나오는데, 전자의 이동은 곧 전류의 흐름을 의미하므로 햇빛은 전류를 만들어낼 수 있다.

그러나 태양전지는 효율이 많이 떨어진다. 지난 수십 년 동안 많은 과학자와 공학자들이 이 부분을 개선하기 위해 무진 애를 써왔지만 아직도 효율은 15퍼센트를 넘지 않는다. 그래서 전문가들은 태양전지의 효율을 높이는 쪽으로 연구를 계속하되 태양전지의 제작비와 설치비를 줄이는 방법도 같이 연구하고 있다.

예를 들어 미국 전역에 전기를 공급하기 위해 애리조나 주 전체를 태양전지로 덮는 것은 별로 좋은 생각이 아니다. 그러나 요즘 사하라사막의 소유권이 세계적인 이슈로 떠오르면서 발빠른 투자자들이 사막의 상당부분을 사들여서 '태양에너지공원'을 건설하고 있다. 이들의 목표는 에너지 부족현상을 겪고 있는 유럽에 전기를 공급하는 것이다.

도시에서도 건물이나 가정집의 지붕 전체를 태양전지로 덮으면 비용을 절약할 수 있다. 이 시스템은 몇 가지 장점이 있는데, 그중 하나는 기존의 발전소에서 일반가정까지 에너지를 전송할 때 발생하는 손실을 걱정할 필요가 없다는 점이다. 그러나 태양에너지로 이득을 보려면 설치와 유지, 모든 부분에서 비용을 최대한으로 절약해야 한다.

태양에너지는 몇 가지 면에서 아직 사람들의 기대에 부응하지 못하고 있다. 그러나 최근 들어 불안정한 유가에 위기감을 느낀 전문가들이 태양에너지의 상업화에 박차를 가하면서 몇 개월마다 기록이 갱신되고 있다. 태양전지의 생산량은 매년 45퍼센트씩 증가하는 추세이며, 전 세계에서 태양열로 생산되는 전력은 150억 와트에 달한다(지난 2008년 한 해에만 56억 와트가 증가했다).

2008년에 플로리다 파워 앤 라이트(Florida Power & Light) 사는 미국 최대규모인 25메가와트짜리 태양열발전소 설립계획을 발표했다(현재 미국에서 가장 큰 태양열발전소는 네바다 주의 넬리스Nellis 공군기지에 있으며, 발전량은 15메가와트이다).

2009년에는 캘리포니아 오클랜드에 있는 브라이트소스(Bright-Source) 사가 14개의 태양열발전소를 건설하여 캘리포니아, 네바다, 애리조나 주에 26억 와트의 전력을 공급한다는 초대형 프로젝트를 발표하여 파워 앤 라이트 사의 기록을 가뿐하게 갱신했다.

브라이트소스 사의 프로젝트 중에는 3개의 태양열발전소로 이루어진 서던캘리포니아의 이반파(Ivanpah)단지와 13억 와트를 생산하는 모하비(Mojave)단지도 포함되어 있다(모하비사막의 발전소는 퍼시픽가스 앤 일렉트릭Pacific Gas and Electric 사와 공동으로 건설할 예정이다).

세계최대의 태양전지 제조사인 퍼스트솔라(First Solar)는 2009년에 중국의 만리장성 북쪽 인근에 세계 최대규모의 태양열발전소를 짓겠다고 공언했다. 자세한 사항은 아직 협의 중이지만, 10년에 걸쳐 2,700만 개의 태양집열판을 설치하여 20억 와트의 전력을 생산하는 것이 목표이다. 이것은 웬만한 화력발전소 두 개에 해당하는 규모로서 300만 가구에 전력을 공급할 수 있다. 내몽고의 64평방킬로미터 부지에 걸쳐 건설될 이 발전소는 규모가 훨씬 큰 에너지단지의 일부에 불과하다. 중국의 한 관계자는 이곳에 풍력발전소와 태양열발전소, 생물발전소, 그리고 수력발전소를 종합적으로 건설하여 120억 와트를 생산할 예정이라고 했다.

이 야심찬 프로젝트가 환경평가 심사를 통과할지, 그리고 어느 정도 효율성을 발휘할지는 아직 알 수 없다. 그러나 중요한 것은 세계적으로 유명한 기업체들이 화석연료를 대신할 강력한 후보로 태양열에너지를 꼽고 있다는 점이다.

전기자동차

전 세계 석유생산량의 절반이 승용차, 트럭, 기차, 그리고 비행기에 사용되고 있기 때문에, 교통분야에서 약간의 변화만 일어나도 세계경제는 지대한 영향을 받는다. 지금 세계각국은 화석연료가 아닌 전기로 가는 자동차에 큰 관심을 보이고 있다. 이 역사적인 전환이 완결되려면 몇 가지 단계를 거쳐야 하는데, 첫 번째 단계가 바로 석유와 배터리를 혼용하는 하이브리드카(hybrid car)이다. 전기자동차는 순간 가속이 느리고 장거리 주행이 어렵다는 단점이 있는데, 하이브리드카는 여기에 소형 내연기관을 추가하여 문제를 해결했다.

그러나 하이브리드카는 첫 번째 단계일 뿐이다. 그다음 단계인 플러그-인 하이브리드카(일반가정용 콘센트에 플러그를 꽂아 충전할 수 있는 하이브리드카 — 옮긴이)는 가솔린엔진을 켜지 않고 배터리만으로 80킬로미터를 주행할 수 있다. 대다수의 사람들은 생활반경이 80킬로미터 이내이므로 그 안에서는 가솔린을 사용할 필요가 없다.

플러그-인 하이브리드카의 대표주자로는 제너럴모터스(General Motors) 사의 셰비볼트(Chevy Volt)를 들 수 있다. 이 차는 리튬-이온 배터리로 65킬로미터를 주행할 수 있으며, 그후 가솔린엔진으로 전환하면 거의 500킬로미터까지 갈 수 있다.

그다음 단계로 나온 것이 가솔린엔진을 아예 장착하지 않은 테슬라 로스터(Tesla Roaster)이다. 이것은 실리콘밸리에 있는 테슬라모터스(Tesla Motors, 북미 유일의 전기자동차 전문제조사) 사의 제품으로 "리튬-이온 배터리로는 가솔린엔진을 이길 수 없다"는 통념을 깨고 새로운 스포츠카로 빠르게 부상하고 있다.

언젠가 나는 존 헨드릭스(John Hendricks)와 함께 그가 소유하고 있는 2인승 테슬라 로스터를 타볼 기회가 있었다(헨드릭스는 TV 디스커버리 채널의 모회사인 디스커버리 커뮤니케이션Discovery Communication의 설립자이다). 그는 운전석에 앉은 나에게 "차의 성능이 궁금하면 가속페달을 있는 힘껏 밟아보라"고 했다. 나는 반신반의하면서 가속페달을 조금 세게 밟아보았다. 그랬더니 온몸에 강력한 힘이 느껴지면서 자동차가 용수철 튀듯이 격렬하게 출발했고, 3.9초 만에 시속 100킬로미터에 도달했다. 그전에도 전기자동차의 성능이 뛰어나다는 말을 자주 들어왔지만, 직접 몸으로 느껴보니 가솔린자동차의 입지가 위태로워졌음을 실감할 수 있었다.

테슬라 로스터의 마케팅이 성공을 거두자, 지난 수십 년 동안 전기자동차를 등한시해 왔던 기존의 자동차제조사들도 태도를 바꾸기 시작했다. 로버트 루츠(Robert Lutz)는 제네럴모터스 사의 부사장으로 재직할 때 이런 말을 한 적이 있다. "우리 회사의 내로라하는 천재들은 리튬-이온 배터리 자동차가 출시되려면 최소한 10년은 걸린다고 장담해왔다. 우리뿐만 아니라 도요타도 같은 생각이었다. 그런데 테슬라 로스터가 붐을 일으키면서 상황이 크게 달라졌다. 자동차사업에 대해 아무것도 모르는 캘리포니아의 조그만 신생회사가 어떻게 우리도 못한 일을 해낼 수 있었을까?"

닛산모터스(Nissan Motors)는 일반 운전자를 위한 전기자동차 생산을 선도하고 있다. 이 회사에서 선보인 리프(Leaf)는 1회 충전으로 160킬로미터까지 달릴 수 있으며, 최고속도는 시속 140킬로미터이다.

가솔린엔진 없이 오직 전기로만 가는 자동차가 시장을 점령한 다음에는 '미래형 자동차'라 불리는 연료전지자동차(fuel cell car)가 매장의 쇼윈도를 장식하게 될 것이다. 2008년 6월에 혼다모터(Honda Motor Company) 사는 세계최초의 상용 연료전지자동차 FCX 클래리티(Clarity)를 발표했다. 이 차는 380킬로미터의 주행거리에 최고속도가 시속 160킬로미터이며, 표준 4-도어 세단의 특성을 모두 갖추고 있다. FCX 클래리티는 가솔린엔진 없이 수소연료만으로 작동하는데, 아직은 대량생산체계가 갖춰지지 않아서 미국의 서던캘리포니아에서만 볼 수 있다. 또한 혼다는 연료전지자동차의 스포츠카 버전인 FC 스포츠(Sport)도 곧 출시할 예정이다.

방만한 경영으로 파산직전까지 갔다가 고위직 간부들을 과감하게 해고하고 간신히 회생한 GM(제네럴모터스) 사는 2009년에 100만 마일(160만 킬로미터) 테스트를 마친 연료전지자동차 셰비 이퀴녹스 (Chevy Equinox)를 공개했다(25개월 동안 5,000명의 시험운전자들이 100대의 차를 테스트했다). 소형차와 하이브리드카에서 오래전부터 일본에 뒤져왔던 디트로이트도 미래시장의 거점을 마련하기 위해 고군분투하고 있다.

표면적으로 보면 연료전지자동차는 완벽한 자동차라 할 수 있다. 산소와 수소를 혼합할 때 발생하는 화학에너지를 전기에너지로 바꿔서 차를 구동하는데, 이 과정에서 발생하는 부산물이라곤 물밖에 없다. 사람에게 유해한 스모그는 단 1그램도 배출되지 않는다. 연료전지자동차의 배기구에서는 유독성 가스 대신 무색, 무취의 물방울이 떨어진다.

셰비 이퀴녹스를 10년 동안 시험운전해온 마이크 슈바블(Mike Schwabl)은 "자동차 배기구에 손을 대도 물방울만 뚝뚝 떨어질 뿐 전혀 뜨겁지 않다"고 했다.

사실 연료전지는 전혀 새로운 기술이 아니다. 그 기본원리는 1839년에 실험을 통해 밝혀졌다. NASA도 지난 수십 년 동안 인공위성의 동력원으로 연료전지를 사용해왔다. 과거와 달라진 것은 가격이 내려가면서 대량생산이 가능해졌다는 점이다.

그러나 연료전지자동차는 헨리 포드가 T-모델을 출시했을 때와 동일한 문제에 직면해 있다. 당시 비평가들은 "가솔린은 매우 위험한 물질이므로 충돌사고가 나면 탑승자는 화염에 싸여 죽을 것이며, 장거리 주행을 하려면 거리 곳곳에 가솔린 펌프를 설치해야 할 것"이라고 했다. 물론 이들의 지적은 옳았다. 지금도 해마다 수천 명의 사람들이 끔찍한 교통사고로 목숨을 잃고 있으며, 거리 곳곳에 주유소가 들어섰다. 그러나 자동차의 편리함과 유용성에 비하면 그 정도의 부작용은 아무것도 아니었다.

연료전지자동차에 대해서도 이와 비슷한 문제점이 제기되고 있다. 수소연료는 휘발성과 폭발성이 강하고, 장거리 운행을 하려면 거리 곳곳에 수소펌프를 설치해야 한다. 그러나 일단 수소연료 공급체계가 구축되면 사람들은 무공해 자동차의 매력에 빠져 부작용을 무시해버릴 것이다. 현재 미국전역에 연료전지자동차를 위한 주유소는 단 70개밖에 없다. 연료전지자동차는 연료를 가득 채워도 270킬로미터밖에 못 가기 때문에 운전자는 연료 게이지를 수시로 확인해야 한다. 그러나 대량생산체계가 구축되고 기술이 개선되면 연료가격도 많이 내려갈 것이므로 큰 문제는 아니라고 본다.

전기자동차의 가장 큰 문제는 배터리 자체에 있다. 다들 알다시피 배터리는 무(無)에서 에너지를 만들어내는 도깨비방망이가 아니다. 자동차가 움직이려면 배터리를 충전해야 하는데, 이때 공급되는 전기에너지는 대부분 석탄을 태우는 발전소에서 만들어진다. 전기자동차가 공해를 만들지 않는다고 해도, 그 에너지원은 여전히 화석연료에 의존하고 있는 것이다.

수소는 에너지를 만들어내지 않는다. 단지 에너지를 실어 나를 뿐이다. 수소기체를 만드는 한 가지 방법은 물에 전기에너지를 투입하여 산소와 수소로 분리하는 것이다. 그러므로 전기자동차와 연료전지자동차가 무공해 미래를 약속한다 해도 이들이 계속 굴러가려면 어디에선가는 석탄을 열심히 태워야 한다. 이런 식으로 에너지의 근원을 추적하다 보면 결국 '물질과 에너지의 총량은 변하지 않는다'

는 열역학 제1법칙에 도달하게 된다. 기술이 제아무리 발달해도 무(無)에서 유(有)를 얻을 수는 없다.

그러므로 가솔린에서 전기로 넘어가려면 화력발전을 근본적으로 대치할 만한 다른 에너지원이 개발되어야 한다.

핵분열

에너지를 만들어내는 한 가지 방법은 우라늄원자핵을 반으로 쪼개는 것이다. 핵에너지는 석탄이나 석유와 달리 온실가스를 만들어내지 않지만, 지난 수십 년 동안 정치적 상황과 기술적 문제에 발목이 잡혀 제대로 활용되지 못했다. 미국의 마지막 핵발전소는 1977년에 착공되었는데, 2년 후인 1979년에 스리마일 섬(Three Mile Island)에 있는 핵발전소에서 사고가 발생하여 상업용 핵에너지의 미래에 먹구름이 드리워졌다. 그후 1986년에 발생한 체르노빌 원전사고는 너무나 치명적이어서 핵에너지 개발을 거의 한 세대 동안 묶어놓았다. 이 사건을 계기로 미국과 유럽은 핵에너지 개발사업을 거의 백지화했고, 프랑스, 일본, 러시아의 핵발전소는 정부의 보조금으로 명맥을 유지했다.

핵에너지의 문제점은 우라늄원자가 반으로 쪼개지면서 엄청난 양의 핵폐기물이 양산되어 수천~수백만 년 동안 방사능을 방출한다는 것이다. 가장 흔한 크기인 1,000메가와트짜리 원자로를 1년 동안 가동하면 약 30톤의 고수준 핵폐기물이 발생하는데, 밤에도 빛이 날 정도로 방사능이 강해서 특별히 고안된 냉각수에 저장해야 한다. 현재 미국에는 약 100개의 상업용 핵발전소가 가동되고 있으므로, 고수준 핵폐기물도 매해 수천 톤씩 쌓여가고 있다.

핵폐기물은 두 가지 면에서 심각한 문제를 야기한다. 첫째, 원자로가 작동을 멈춰도 폐기물은 여전히 방사능을 방출한다. 스리마일 섬의 경우처럼 냉각수 공급이 갑자기 중단되면 원자로의 노심(爐心, core)이 녹기 시작한다. 이 액체금속이 물과 접촉하면 증기폭발이 일어나면서 원자로가 파열되고, 엄청난 양의 고수준 폐기물이 대기 중으로 유입된다. 가장 최악의 경우인 '9단계 사고(class-9 accident)'의 경우, 당장 수백만 명의 사람들을 사고지점에서 15~80킬로미터 떨어진 곳으로 대피시켜야 한다. 인디언포인트(Indian Point) 원자로는 뉴욕 시에서 북쪽으로 38킬로미터 거리에 있다. 정부의 추산에 의하면 이곳에서 원전사고가 발생했을 때 예상되는 재산피해는 수천억 달러에 달한다. 스리마일 섬의 원자로는 한때 미국 북동부를 초토화시킬 위기에 처했으나, 관리자들이 냉각수를 빨리 투입한 덕에 피해를 줄일 수 있었다. 만일 이 조치가 30분만 늦었어도 우라늄이 녹아 내리면서 초대형 사고가 터졌을 것이다.

키에프(Kiev)의 외곽에 있는 체르노빌 원전은 상황이 훨씬 안 좋았다. 기술상의 이유로 관리자들이 안전장치(제어봉)를 꺼놓은 사이에 약간의 초과출력이 발생하면서 원자로가 통제불능상태에 빠진 것이다. 게다가 냉각수가 액체금속에 닿으면서 증기폭발이 일어나 원자로를 통째로 날려버렸고 노심의 상당부분이 대기중으로 방출되었다. 사고를 수습하기 위해 급파된 직원들 중 대부분은 엄청난 방사능에 피폭되어 현장에서 사망했으며, 특수차단막을 장착한 헬기가 출동하여 불길에 휩싸인 원자로에 붕산수를 살포했다. 소련당국은 간신히 사고를 수습한 후 원자로 전체를 두터운 콘크리트로 덮어버렸다. 그러나 지금도 이곳에서는 뜨거운 열과 방사능이 계속해서 방출되고 있다.

우라늄이 녹아 증기폭발을 일으키는 것도 문제지만, 사실 이런 사고는 자주 일어나지 않는다. 이보다 더 심각한 문제는 핵폐기물을 처리하는 방법이다. 어디에 버려야 안전할까? 원자력의 역사가 50년이 넘었는데도 아직 마땅한 해결책이 없다. 핵발전소를 운영하는 여러 국가들은 핵폐기물의 영구적 처리법을 개발하기 위해 많은 돈을 쏟아 부었지만 아무런 성과도 거두지 못했다. 그래서 미국과 러시아는 폐기물의 일부를 바다에 버리거나 땅에 묻어왔다(게다가 깊이 묻지도 않았다). 1957년에는 우랄산맥의 플로토늄 매립지에서 대형폭발이 일어나 많은 사람들이 대피했으며, 스베르들롭스크(Sverdlovsk)와 첼랴빈스크(Chelyabinsk) 사이의 1,000평방킬로미터에 달하는 지역이 심각한 방사능 피해를 입었다.

1970년대에 미국은 고수준 핵폐기물을 캔자스 주 리온스(Lyons)에 있는 소금광산에 묻으려고 했다. 그러나 석유와 천연가스 채굴업자들이 땅속에 구멍을 벌집처럼 뚫어놓았다는 사실이 뒤늦게 밝혀지면서 모든 계획을 취소했다.

그후 25년 동안 미국은 90억 달러를 들여 네바다 주 유카(Yucca)산맥에 대규모 핵폐기장을 건설해왔으나, 2009년에 버락 오바마 대통령의 지시로 이것마저 중지되었다. 미국정부는 핵폐기물을 적어도 1만 년 동안 안전하게 보관할 수 있는 매립지를 찾고 있었는데, 지질학자들은 유카산맥이 이 조건을 충족시키지 못한다고 결론지었다. 그래서 핵에너지 사업자들은 영구적인 핵폐기물 처리장을 찾지 못한 채 미봉책으로 넘어가고 있다.

핵에너지의 미래는 여전히 불투명하다. 월스트리트는 수십억 달러짜리 핵발전소 건설에 선뜻 돈을 투자할 정도로 과감하지 않다. 그러나 산업계에서는 핵에너지의 안정성이 서서히 향상될 것으로 내다보고 있으며, 미국 에너지국은 핵에너지 카드를 아직도 버리지 않고 있다.

핵확산

큰 에너지는 큰 위험을 수반한다. 노르웨이의 신화에 의하면 바이킹족은 아스가르드(Asgard, 천상에 있는 신들의 주거지. 지상과의 사이에 비프로스트Bifrost라는 다리가 놓여 있다 — 옮긴이)를 정의롭게 다스리는 오딘(Odin)을 숭배했다. 전사들의 영웅인 토르(Thor)조차도 신 중의 신인 오딘의 지배를 받았다고 한다. 그러나 개중에는 질투와 시기가 강하고 거짓말을 잘하는 재난의 신 로키(Loki)도 있었다. 결국 그는 거인들과 공모하여 빛과 암흑 사이에 전쟁을 일으켰는데, 이 전쟁이 바로 '신들의 종말'이라 불리는 라그나로크(Ragnarok)였다.

현대에도 국가들 사이에 반목과 시기가 계속되면 핵무기 버전의 라그나로크가 발발할지도 모른다. 상업적으로 절대우위를 점거한 국가는 마음만 먹으면 언제든지 핵무기 소유국으로 변신할 수 있다. 이것은 역사가 입증하는 사실이다. 문제는 핵무기 제작기술이 세계에서 가장 위험한 지역으로 확산되고 있다는 점이다.

2차대전이 진행되는 동안에는 세계에서 가장 강력한 국가들만이 원자폭탄을 만들 수 있었다. 그러나 미래에 새 기술이 개발되면 농축우라늄 가격이 거의 껌 값으로 곤두박질칠 수도 있다. 이것이 바로 우리가 직면하고 있는 위험요소이다. 원자폭탄 개발에 들어가는 비용이 내려갈수록, 위험한 집단이 핵무기를 보유할 가능성은 높아질 수밖에 없다.

원자폭탄을 제작하려면 무엇보다도 다량의 우라늄과 그것을 정제하는 기술을 확보해야 한다. 자연에 존재하는 천연우라늄의 99.3퍼센트는 238U이고, 원자폭탄에 사용되는 235U는 0.7퍼센트밖에 안 된다. 238U와 235U는 화학적 성질이 똑같은 동위원소이기 때문에 이들을 분리하려면 무게의 미세한 차이를 이용하는 수밖에 없다 (235U는 238U보다 약 1퍼센트 정도 가볍다).

2차대전이 한창 진행되고 있던 무렵, 두 동위원소를 분리하는 방법은 기체확산법뿐이었다. 우라늄을 육불화우라늄(uranium hexafluoride)이라는 기체로 만들어서 수백 킬로미터의 튜브 속으로 빠르게 발사하면 빠른 (가벼운) 우라늄, 즉 235U가 튜브의 끝에 먼저 도달하고 잠시 후에 238U가 도달한다. 따라서 먼저 도달한 기체우라늄을 골라낸 후 이 기체를 대상으로 동일한 과정을 여러 번 반복하면 235U의 순도를 높일 수 있다. 0.7퍼센트에 불과했던 235U의 함유량이 90퍼센트에 도달하면 폭탄으로 쓸 수 있는데, 이것을 '농축우라늄'이라 한다. 그러나 기체우라늄을 빠른 속도로 발사하려면 엄청난 양의 전기에너지가 투입되어야 한다. 그래서 당시 미국은 전기생산량의 상당부분을 오크리지국립연구소(Oak Ridge National Laboratory, 원자폭탄을 개발했던 연구소. 180만 평방미터의 부지에 1만 2,000명의 인력이 동원되었음)에 독점적으로 공급했다.

전쟁이 끝난 후 최고의 강대국으로 떠오른 미국과 소련은 이미 확보한 기체확산법을 바탕으로 핵무기를 대량으로 생산했는데, 한창 때는 두 나라에서 보관 중인 핵탄두가 3만 개를 넘을 정도로 치열한 경쟁을 벌였다. 그러나 지금은 전 세계 농축우라늄의 33퍼센트만이 기체확산법으로 제조되고 있다.

그후 좀 더 복잡하고 저렴한 초원심분리법(ultracentrifuge)이 개발되면서 핵에너지는 2세대로 접어들었고, 이와 함께 세계정세도 크게 달라졌다. 우라늄이 들어 있는 캡슐을 분당 10만 회로 빠르게 회전시키면 235U와 238U가 받는 원심력의 차이가 커지면서(원심력은 회전하는 물체의 질량과 회전속도의 제곱에 비례하고, 회전반경에 반비례한다 — 옮긴이) 1퍼센트가량 무거운 238U가 캡슐 바닥에 가라앉게 된다. 따라서 충분한 회전을 거친 후 위에 떠 있는 부분을 추출하면 순수한 235U를 얻을 수 있다.

초원심분리법은 기체확산법보다 효율이 50배나 높다. 즉, 동일한 양의 235U를 얻기 위해 투입되는 에너지가 50분의 1밖에 안 된다. 현재 전 세계 농축우라늄의 54퍼센트가 이 방법으로 생산되고 있다.

초원심분리기 1,000개를 1년 동안 쉬지 않고 가동하면 원자폭탄 하나에 해당하는 농축우라늄을 만들 수 있다. 그런데 여기 필요한 기술은 그다지 복잡하지 않기 때문에 외부로 유출되기도 쉽다. 무명의 원자공학자였던 칸(A. Q. Khan)이 초원심분리기의 설계도와 원자폭탄 부품을 훔쳐서 다른 나라에 팔아 넘겼던 사건은 핵안보 역사상 최악의 기밀유출 사례로 남아 있다. 그는 영국, (당시) 서독, 네덜란드가 유럽형 우라늄원자로를 건설하기 위해 공동으로 설립한 암스테르담의 우라늄농축합동연구소(URENCO)에서 근무하던 중 1975년에 비밀문서를 훔쳐서 파키스탄 정부에 넘겼고, 그 나라 국민들에게 영웅으로 대접받았다. 또한 그는 이 정보를 사담 후세인과 이란, 북한, 리비아 등에 팔아 넘긴 용의자로 지목되었다.

파키스탄은 훔친 정보로 원자폭탄을 여러 개 만들어서 1998년부터 실험을 개시했다. 그후 인도와 파키스탄은 서로 경쟁하듯 핵실험을 강행하면서 긴장을 고조시켰는데, 따지고 보면 이 위태로운 상황은 한 사람의 절도행각에서 비롯된 것이었다.

칸으로부터 원자폭탄 관련정보를 구입한 것으로 추정되는 이란도 핵무기 프로그램을 강행하여 2010년에 8,000개의 초원심분리기를 확보했고, 앞으로 3만 개를 더 제작할 예정이라고 한다. 여기에 자극 받은 중동의 다른 국가들도 원자폭탄 보유국이 되려는 의중을 은연중에 드러내고 있다.

그후 레이저를 이용한 우라늄 정제기술이 개발되면서 향후 세계정국에 또 한 차례의 변화를 예고했다. 이 방법은 머지않아 초원심분리법보다 저렴한 비용으로 보급될 것이다.

235U와 238U는 원자핵의 전하량이 같기 때문에 전자껍질(electron shell, 전자가 움직이는 궤도)의 형태도 똑같다. 그러나 전자껍질 방정식을 자세히 분석해보면 껍질 사이의 에너지 간격이 235U와 238U에서 조금 다르게 나타난다. 따라서 우라늄원자에 특정 에너지 값으로 정교하게 세팅된 레이저빔을 투사하면 235U의 전자만 궤도에서 이탈된다. 이런 식으로 235U만을 골라 이온화시킨 후 전기장을 걸어주면 235U와 238U를 쉽게 분리할 수 있다.

그러나 두 동위원소 사이의 에너지준위 차이가 너무 작아서 레이저의 출력을 맞추기가 쉽지 않다. 1980~1990년대에 미국과 프랑스, 영국, 독일, 남아프리카공화국 등 여러 나라들이 이 기술에 큰돈을 투자했으나 결과는 실망스러웠다. 특히 미국은 여기에 500명의 과학자와 20억 달러의 거금을 쏟아 부었지만 만족스러운 결과를 얻지 못했다.

그후 2006년에 호주의 과학자들이 "레이저 농축기술을 확보했으며, 현재 상업화 방안을 검토 중"이라는 놀라운 소식을 발표했다. 우라늄 연료 값의 30퍼센트가 농축과정에서 발생하기 때문에, 호주의 사일렉스(Silex) 사는 시장성을 낙관하고 있다. 실제로 이 회사는 미국의 제너럴일렉트릭(GE) 사와 상업화 공동추진계약을 체결한 상태이다. 이들의 목표는 레이저기술로 전 세계 농축우라늄 시장의 3분의 1을 점유하는 것이다. 2008년에 GE히타치 원자력에너지(GE Hitachi Nuclear Energy) 사는 2012년까지 미국 노스캐롤라이나 주의 윌밍턴(Wilmington)에 세계최초의 레이저 농축기지를 건설할 예정이라고 발표했다.

이 시설이 완공되면 향후 몇 년 동안은 우라늄 정제비용을 낮추는 데 기여할 것이다. 그러나 많은 사람들은 "레이저 농축기술도 결국 위험한 집단의 손에 넘어갈 것"이라며 우려를 표하고 있다. 농축우라늄의 생산과 유통을 제한하지 않으면 테러분자들조차 원자폭탄을 갖게 된다는 이야기다.

나의 지인이자 지금은 고인이 된 시어도어 테일러(Theodore Taylor)는 미국 국방성에서 가장 큰 핵탄두와 가장 작은 핵탄두를 골고루 개발했던 특이한 사람이다. 그가 디자인한 데이비드 크로켓(David Crokett)은 무게가 23킬로그램에 불과하지만 적국을 위협하기에는 부족함이 없다. 원자폭탄의 열렬한 지지자였던 테일러는 오리온 프로젝트(Orion Project, 1959년에 시작된 미국 공군의 원자력우주선 추진계획—옮긴이)에 참여했을 때에도 "핵폭탄을 터뜨리면 우주선을 가까운 별로 보낼 수 있다"고 주장했다. 우주공간에서 핵폭탄을 연달아 터뜨리면 강한 충격파가 발생하여 우주선을 거의 빛의 속도로 밀어낼 수 있다는 것이다.

언젠가 나는 그와 대화를 나누던 자리에서 핵폭탄 설계를 그만두고 태양에너지를 이용하는 편이 바람직하지 않겠느냐고 물었다. 그러자 테일러는 "그렇지 않아도 끔찍한 악몽에 시달리고 있다"면서, 자신이 제3세대 핵탄두를 개발한 장본인이 될까봐 전전긍긍하고 있다고 고백했다(1950년대에 개발된 1세대 핵폭탄은 덩치가 너무 커서 목표지점으로 운반하는 것 자체가 큰 일이었다. 그후 1970년대에 등장한 2세대 핵폭탄은 미사일의 노즈콘(뾰족한 끝부분)에 무려 10개까지 장착할 수 있을 정도로 크기가 작아졌다. 그러나 3세대 폭탄은 밀림이나 사막, 우주공간 등 특수한 환경에서 작동되도록 설계된 임무지향적 무기이다). 3세대 핵무기 중 하나인 소형원자폭탄은 가방에 들어갈 정도로 작다. 만일 테러분자가 이런 폭탄을 휴대하고 적국에 잠입한다면 도시 하나를 통째로 날려버릴 수 있다. 테일러는 자신이 심혈을 기울여 만든 물건이 테러리스트의 손에 들어갈까봐 죽는 날까지 단 하루도 마음을 놓지 못했다.

조금 먼 미래(2030~2070년)

지구온난화

21세기 중반이 되면 화석연료 사용량이 최고조에 달하여 지구온난화 현상이 본격적으로 진행될 것이다. 지금도 지구의 기온이 조금씩 높아지고 있다는 데에는 이견의 여지가 없다. 지난 100년 사이에 지구의 평균기온은 0.7도가량 높아졌으며, 이 추세는 더욱 가속화되고 있다. 이밖에도 온도상승의 징후는 지구 곳곳에서 찾아볼 수 있다.

- 북극지방의 얼음 두께는 지난 50년 사이에 반으로 줄었고, 남아 있는 얼음도 섭씨 0도 바로 아래의 온도를 간신히 유지하며 바다 위를 표류하고 있다. 이들은 바다의 아주 작은 온도변화에도 민감하게 반응하기 때문에, 온도상승에 대한 조기경보시스템의 역할을 한다. 요즘은 북극을 덮고 있던 빙하의 일부가 매해 여름마다 조금씩 녹아 내리고 있는데, 2015년이 되면 완전히 사라질 것으로 예상된다. 이런 추세로 간다면 21세기 말에는 남극과 북극의 모든 빙하가 영원히 사라지면서 해류와 계절풍에 큰 변화가 생기고, 지구의 생태계는 치명적인 타격을 입게 될 것이다.
- 그린란드를 덮고 있는 얼음층의 면적은 2007년에 60평방킬로미터나 줄어들었으며, 2008년에는 180평방킬로미터의 얼음층이 추가로 사라졌다(그린란드의 빙하가 모두 녹으면 전 세계의 해수면은 평균 6미터 가까이 상승한다).
- 지난 수만 년 동안 남극대륙을 덮고 있던 얼음층도 서서히 붕괴되고 있다. 2000년에는 10만 평방킬로미터의 얼음층이 사라졌는데, 이는 미국의 코네티컷 주와 비슷한 면적이다. 또한 2002년에는 트와이츠빙하(Thwaites Glacier)에서 로드아일랜드만 한 얼음덩어리가 떨어져 나갔다(남극대륙의 빙하가 모두 녹으면

해수면은 55미터까지 상승한다).

- 평균해수면이 1피트(약 30센티미터) 상승할 때마다 육지의 해안선은 내륙으로 30미터씩 이동한다. 지난 100년 동안 해수면은 20센티미터가량 상승했는데, 주된 원인은 바닷물이 더워지면서 부피가 팽창했기 때문이다. UN의 발표에 따르면 2100년에 평균해수면은 18~58센티미터까지 상승할 것이라고 한다. 그러나 일각에서는 UN의 발표가 지나치게 낙관적이라는 주장도 있다. 콜로라도대학 북극산악연구소(Arctic and Alpine Research)의 과학자들은 2100년에 해수면이 1~2미터까지 올라갈 수 있다고 경고했다. 어쨌거나 앞으로 대륙의 해안선은 지도를 다시 작성해야 할 정도로 크게 달라질 것이다.

- 인류가 기온을 기록하기 시작한 것은 1700년대 후반의 일이었다. 그후 연평균기온은 1995년, 2005년, 2010년에 역대 최고기록을 갱신했고, 10년 단위로 끊었을 때 가장 더웠던 10년은 2000~2009년이었다. 또한 대기중 이산화탄소 함량도 크게 증가하여 10만 년 만에 최고치를 기록했다.

- 지구가 더워지면서 열대질병이 점차 북쪽으로 퍼져나가고 있다. 최근에 위세를 떨치고 있는 웨스트나일 바이러스(West Nile virus, 모기가 옮기는 뇌염의 일종 ― 옮긴이)가 그 대표적 증거이다. UN의 질병관리 담당자들은 북쪽으로 퍼져가는 말라리아에 주목하고 있다. 해충이 낳은 알은 동절기를 넘기지 못하고 대부분 죽는다. 그러나 겨울이 짧아지면서 알의 생존율이 높아졌고, 그결과 해충이 옮기는 질병도 광범위하게 퍼져나가고 있다.

UN 산하기관인 '기후변화에 대한 정부 간 패널(Intergovernmental Panel on Climate Change, IPCC)'의 과학자들은 "지구온난화의 주범은 인간"이라는 결론을 내렸다. 그중에서도 특히 석탄과 석유를 태울 때 발생하는 이산화탄소가 온난화를 부채질하고 있다.

햇빛은 대기중 이산화탄소를 쉽게 통과한다. 그러나 태양열이 지표면을 데우면서 발생한 적외선복사는 이산화탄소 층을 통과하지 못한다. 지표면에 도달한 태양열이 이산화탄소 때문에 우주공간으로 되돌아가지 못하고 지구의 대기 속에 갇혀버리는 것이다.

온실이나 자동차에서도 이와 비슷한 현상을 볼 수 있다. 햇빛이 내리쬐는 주차장에 자동차를 장시간 주차해두면 실내공기가 뜨거워지는데, 유리창을 닫아놓았으므로 빠져나갈 곳이 없다. 경험이 있는 사람이라면 이런 자동차에 타고 싶지 않을 것이다.

대기중 이산화탄소 농도는 과거에도 꾸준히 증가해왔지만, 지난 세기에 폭발적으로 증가하여 과학자들을 긴장시키고 있다. 산업혁명이 일어나기 전에는 대기중 이산화탄소 농도가 270ppm(part per million, 대기의 100만 분의 270이 이산화탄소라는 뜻이다 — 옮긴이)이었으나, 지금은 387ppm까지 높아졌다(1900년에 전 세계 석유소비량은 1억 5,000만 배럴이었다. 그러나 이 수치는 2000년에 280억 배럴로 무려 185배나 증가했다. 2008년에는 화석연료 사용과 벌목으로 인해 94억 톤의 이산화탄소가 발생했으나, 그중 50억 톤만이 바다와 토양, 식물 등으로 흡수되었다. 나머지는 대기중으로 유입되어 향후 수십 년 동안 지구의 온도상승에 기여할 것이다).

아이슬란드 방문기

기온상승은 근거 없이 나온 이야기가 아니다. 북극의 얼음 속에 형성된 기포에는 얼음이 얼던 무렵의 대기가 그대로 보관되어 있다. 따라서 극지방의 얼음을 가져다가 내부의 기포를 채취하면 과거의 대기상태를 분석할 수 있다. 과학자들은 이 방법으로 60만 년 전 대기의 온도와 이산화탄소 함량을 알아냈다. 연구가 더 진행되면 수백만 년 전의 대기성분도 밝혀질 것으로 예상된다.

몇 년 전에 나는 강연을 위해 아이슬란드의 수도인 레이캬비크(Reykjavik)를 방문한 적이 있다. 나를 태운 비행기가 레이캬비크 공항에 도착하자 눈에 보이는 것은 톱니처럼 들쭉날쭉한 바위들과 그 위를 덮고 있는 하얀 눈뿐이었다. 눈에 보이는 모든 것이 마치 달 표면처럼 척박하고 스산했지만, 수천 년 전의 북극기후를 연구하기에는 더 없이 좋은 장소인 것 같았다.

나는 그길로 북극 얼음덩어리를 집중적으로 분석하고 있는 레이캬비크대학의 한 연구소로 향했다. 처음 도착했을 때 연구실 문이 냉장고 문처럼 생겨서 특이하다고 생각했는데 아니나 다를까, 그 내부는 냉장고를 방불케 할 정도로 추웠다. 나를 안내하던 연구원은 "애써 채취해온 얼음을 보존하려면 북극과 비슷한 온도를 유지해야 하기 때문"이라고 했다. 연구실 안으로 들어가니 지름 3~4센티미터에 길이가 30센티미터쯤 되는 금속제 파이프들이 선반 위에 산더미처럼 쌓여 있었다. 이 파이프를 얼음에 박았다가 끄집어내면 기다란 원통모양의 얼음 샘플이 얻어진다. 물론 그 안에는 수만 년에 걸친 기후의 역사가 고스란히 보관되어 있다. 나는 연구원이 골라준 얼음 샘플을 관찰해볼 기회가 있었는데, 처음에는 그저 기다란 얼음 막대처럼 보였지만 자세히 들여다보니 색상이 각기 다른 여러 개의 띠가 나타났다.

과학자들은 다양한 방법으로 얼음 샘플을 분석하고 있다. 어떤 얼음층에서는 화산분출을 의미하는 검댕이 발견되기도 한다. 특정지역에서 화산이 분출된 시기는 매우 정확하게 알려져 있으므로, 이로부터 해당 얼음층이 형성된 시기를 알 수 있다.

이 얼음 샘플을 잘게 잘라서 현미경으로 들여다보니 아주 작은 거품(얼음 속에 공기로 차 있는 공동)들이 눈에 들어왔다. 지구상에 인류문명이 존재하지도 않았던 수만 년 전의 지구대기가 그 안에 들어 있다고 생각하니 온갖 감회가 물밀듯이 밀려왔다. 그동안 TV나 책을 통해 무심히 보아왔던 북극의 얼음이 과거로 가는 타임머신이었던 것이다.

거품 속에 들어 있는 대기에서 이산화탄소 함량을 측정하는 것은 별로 어렵지 않다. 그러나 얼음이 처음 형성되던 무렵의 대기온도를 계산하려면 꽤 복잡한 과정을 거쳐야 한다(과학자들은 주로 거품 속에 들어 있는 물을 분석한다. 물분자에는 몇 가지 동위원소가 포함되어 있는데, 온도가 떨어지면 무거운 동위원소가 통상적인 물분자보다 빠르게 응축된다. 그러므로 무거운 동위원소의 양을 측정하면 물분자가 응축되던 시기의 온도를 계산할 수 있다).

과학자들은 수천 개의 얼음 조각을 끈질기게 분석한 끝에 중요한 결론에 도달했다. 대기의 온도와 이산화탄소의 함량이 마치 앞뒤로 붙어서 연달아 달리는 롤러코스터처럼 수천 년 동안 동일한 패턴으로 변해왔던 것이다(간단히 말해서, 한쪽이 올라가면 다른 쪽도 올라가고, 한쪽이 내려가면 다른 쪽도 내려갔다).

무엇보다 중요한 것은 지난 100년 사이에 대기의 온도와 이산화탄소 함량이 크게 증가했다는 점이다. 지난 수천 년 동안 이렇게 갑자기 변한 사례는 처음이다. 과학자들의 주장에 의하면 이것은 자연현상이 아니라 인간의 활동 때문에 초래된 결과이다.

인간이 대기중 이산화탄소의 함량을 급격하게 올려놓았다는 증거는 다른 곳에서도 찾을 수 있다. 요즘은 컴퓨터 시뮬레이션이 크게 발전해서 지구의 온도변화 추이를 '인간이 있는 경우'와 '인간이 없는 경우'에 대하여 각각 실행할 수 있는데, 지구에 인간이 등장하지 않았다는 가정 하에 온도를 추정해보면 큰 변화 없이 평평한 직선으로 나타난다. 그러나 여기에 인간을 등장시키면 이산화탄소 함량과 온도가 급격하게 상승한다. 게다가 컴퓨터가 계산한 상승곡선은 실제 데이터와 정확하게 일치하고 있다.

이뿐만이 아니다. 정상적인 상태라면 태양에서 유입된 열량과 지구 밖으로 유출된 열량이 같아야 한다. 그러나 최근 관측데이터를 보면 그렇지 않다. 유입량이 유출량보다 많아서 지구가 더워지고 있는 것이다. 그런데 계산을 해보면 인간의 활동에 의해 생성된 에너지가 지구에 쌓이는 열량과 완벽하게 일치한다. 따라서 최근에 나타나고 있는 지구온난화는 인간 때문에 나타난 현상임이 분명하다.

화석연료의 사용을 극도로 자제한다면 이 현상을 멈출 수 있을까? 안타깝게도 때는 이미 늦었다. 만일 우리가 오늘부터 일체의 활동을 중단하여 이산화탄소를 전혀 만들지 않는다고 해도, 이미 방출된 이산화탄소는 향후 수십 년간 지구를 데우기에 충분하다.

지금과 같은 추세가 21세기 중반까지 계속된다면 상황은 매우 심각해진다.

해수면이 지금과 같은 추세로 계속 상승한다는 가정 하에 21세기 중반의 해안선을 다시 그려보면 사태의 심각성을 한눈에 알 수 있다. 일부 과학자들이 이 작업을 수행했는데, 새로 만든 지도에는 대부분의 해안도시가 사라지고 없다. 월스트리트를 포함한 맨해튼의 대부분도 해저도시가 된다. 이제 각국 정부들은 구할 가치가 있는 도시와 포기해야 할 도시 명단을 작성해야 할 판이다. 제방을 쌓고 수문을 설치하는 등 정교한 계획을 세워서 수행하면 몇 개 도시는 살릴 수 있을 것이다.

그러나 대다수의 해변도시들은 수몰을 막을 길이 없다. 여기에 사는 시민들은 머지않아 다른 곳으로 이주해야 한다. 인구가 많은 상업도시들은 대부분 바닷가에 위치하고 있으므로 해수면의 상승은 세계경제에 돌이킬 수 없는 상처를 남길 것이다. 치밀한 계획을 세워 일부 도시들을 살린다 해도 거대폭풍이 엄청난 파도를 일으켜 도시의 기반시설을 파괴할 수도 있다. 1992년에 해일이 맨해튼을 덮쳤을 때 뉴욕의 지하철과 뉴저지로 가는 일부 철도가 마비된 사례도 있다. 한 나라의 경제가 아무리 튼튼하다 해도 자연재해 앞에서는 견딜 재간이 없다.

방글라데시와 베트남의 홍수

'기후변화에 대한 정부 간 패널(IPCC)'은 세계에서 가장 위험한 지역으로 베트남의 메콩강 삼각주와 이집트의 나일강 삼각주, 그리고 방글라데시를 꼽았다.

그중에서도 가장 위험한 곳은 방글라데시이다. 이곳은 지구온난화와 무관한 상습침수지역으로, 국토의 대부분이 해수면과 비슷한 높이에 자리잡고 있다. 방글라데시는 지난 수십 년 사이에 국민소득이 크게 높아졌으나, 아직도 세계에서 가장 가난하면서 인구밀도가 가장 높은 나라로 꼽힌다(방글라데시의 국토면적은 러시아의 120분의 1에 불과하지만, 총인구는 러시아와 거의 비슷하다). 해수면이 지금보다 1미터만 높아져도 방글라데시의 절반은 물속에 잠길 것이다. 이 나라는 거의 한 해도 거르지 않고 자연재해를 겪어오다가 1998년 9월에 사상 최악의 재난을 겪으면서 세계의 이목을 끌었다. 거대한 태풍에 휩쓸려온 바닷물이 하룻밤 사이에 국토의 3분의 2를 집어삼키면서 3,000만 명의 이재민이 발생했고 1만 킬로미터의 도로가 파괴되었으며, 1,000명에 가까운 사람들이 목숨을 잃었다. 이 사건은 근대역사에서 최악의 자연재해로 기록되었다.

베트남의 메콩강 삼각주도 해수면이 상승했을 때 피해가 극심할 것으로 예상된다. 21세기 중반이 되면 8,700만의 베트남 국민들은 심각한 위기에 직면할 것이다. 베트남에서 생산되는 쌀의 50퍼센트가 메콩강 삼각주에서 재배되고 있으며, 이 지역에 거주하는 인구도 1,700만 명에 달한다. 해수면이 상승하면 이 많은 사람들은 조상 대대로 물려받은 삶의 터전을 잃게 될 것이다. 세계은행(World Bank)의 추산에 의하면 해수면이 1미터 상승했을 때 세계인구의 11퍼센트가 이와 같은 상황에 처하게 된다. 게다가 메콩강의 강물은 소금기를 머금고 있기 때문에 한 번 범람하면 비옥한 토양을 모두 망쳐버린다. 베트남에서 수백 만의 이재민이 발생하면 대부분이 호치민(구 사이공)으로 몰려들 텐데, 이곳도 이미 4분의 1이 물에 잠겨 있을 것이다.

미국 국방성의 위탁을 받아 연구를 진행했던 글로벌 비즈니스 네트워크(Global Business Network)는 2003년에 지구온난화로 초래될 수 있는 최악의 시나리오를 내놓았다. 수백만 명의 이재민들이 국경을 넘고 이를 통제할 수 없는 정부는 기능을 상실한다. 그 결과 모든 국가에는 약탈과 폭동이 난무하면서 최악의 사태로 치닫게 된다. 필사적으로 국경을 넘으려는 외국인들을 저지하고 더 이상의 무질서를 막기 위해 국가가 취할 수 있는 최후의 선택은 무엇일까? 유감스럽게도 핵무기밖에는 뾰족한 대안이 없다.

이 보고서에는 다음과 같이 적혀 있다. "파키스탄과 인도, 그리고 중국은 핵무기 보유국으로서 경작 가능한 땅과 강에 국경을 두고 있으며, 그동안 크고 작은 분쟁을 여러 차례 겪어왔다." 글로벌 비즈니스 네트워크의 설립자인 피터 슈바르츠(Peter Schwartz)는 나와 대화를 나누던 자리에서 이 시나리오를 자세히 들려주었다. "가장 위험한 곳은 인도와 방글라데시의 접경지역이다. 방글라데시에 재난이 닥치면 1억 6,000만의 이재민들이 인류역사상 최대규모의 집단이주를 시도할 것이다." 국경이 붕괴되면 지역정부는 기능을 상실하고 대규모 폭동이 일어날 수밖에 없다. 이럴 때 국가가 동원할 수 있는 최후의 선택은 핵무기를 사용하는 것이다.

최악의 시나리오에는 "지구온난화 자체가 온난화를 가속시킨다"는 내용도 포함되어 있다. 예를 들어 북극지방의 툰드라(tundra, 동토대)가 녹으면 식물이 썩으면서 수백만 톤의 메탄가스가 분출된다. 현재 북반구의 2,300만 평방킬로미터가 툰드라로 덮여 있으며, 그 밑에는 엄청난 양의 식물들이 수만 년 전 마지막 빙하기 때부터 얼어붙은 채로 보존되어 있다. 이 툰드라에 저장되어 있는 이산화탄소와 메탄가스의 양은 대기중에 포함된 양보다 많다. 따라서 툰드라가 녹으면 지구의 기후에 심각한 변화가 초래될 것이다. 게다가 메탄가스는 이산화탄소보다 훨씬 해로운 온실가스이다. 이 기체는 대기 속에 오래 머물지 않지만, 그 폐해는 이산화탄소를 훨씬 능가한다. 툰드라가 녹으면서 메탄가스가 대기 속으로 유입되면 지구의 기온은 빠르게 올라갈 것이고, 기온이 올라가면 메탄가스의 분출량이 더욱 많아져서 지구온난화의 속도가 점차 빨라질 것이다.

온난화 방지기술

다가올 미래를 생각하면 소름이 돋는다. 게다가 '돌이킬 수 없는 반환점'을 이미 넘어선 상태라면 희망을 걸어볼 곳도 없다. 그러나 다행히도 우리는 아직 그 지점을 지나지 않았다. 온실가스를 통제하는 것은 기술적인 문제가 아니라 각국의 정치 및 경제상황과 관련된 문제이다. 다들 알다시피 한 국가의 이산화탄소 분출량은 그 나라의 경제규모에 비례한다. 예를 들어 미국은 전 세계 이산화탄소의 25퍼센트를 배출하고 있는데, 실제로 전 세계 경제활동의 약 25퍼센트가 미국에서 이루어지고 있다. 그러나 현재 세계에서 이산화탄소를 가장 많이 배출하는 나라는 중국으로, 폭발적인 경제성장률이 주원인으로 꼽힌다. 그러므로 이산화탄소 배출량을 줄이려면 경제활동을 줄이는 수밖에 없다. 세계각국이 지구온난화에 미온적인 태도를 보이는 것도 이런 이유 때문이다.

그동안 지구온난화를 막기 위해 다양한 대책이 강구되어 왔지만 대부분이 미봉책에 불과했다. 이 문제를 근본적으로 해결하려면 에너지의 소비방식을 바꿔야 한다. 모든 이들이 공감할 만한 방법은 아직 나오지 않았지만, 과학자들이 제안해온 주요방법을 소개하면 다음과 같다.

오염물질 우주공간에 버리기

한 가지 방법은 이산화황 같은 오염물질을 로켓에 실어서 대기권 위에 살포하여 태양 빛을 반사시키는 것이다. 노벨상 수상자인 폴 크루첸(Paul Crutzen)은 이것이 지구온난화라는 인류대재앙을 멈출 수 있는 유일한 방법이라고 했다. 과학자들은 1991년에 필리핀의 피나투보(Pinatubo)화산이 폭발하는 광경을 보면서 이와 같은 아이디어를 떠올렸다. 당시 100억 톤에 달하는 먼지와 파편이 대기층 위로 날아가 태양을 가리는 바람에 하늘이 어두워졌고, 그 여파로 세계의 평균기온이 0.5도로 낮아졌다. 이로부터 지구온난화를 막기 위해 필요한 오염물질의 양도 계산할 수 있다.

그러나 비평가들은 이 방법이 일시적인 효과밖에 없으며, 온난화보다 더욱 심각한 부작용을 낳을 수도 있다고 주장한다. 피나투보화산이 폭발했을 때에도 강수량이 갑자기 감소하여 극심한 가뭄에 시달린 전례가 있다. 어쨌거나 이 방법을 테스트하려면 최소 1억 달러의 예산이 투입되어야 한다. 게다가 이산화황의 효과는 일시적이기 때문에 매해마다 새로 뿌려줘야 하는데, 그 비용은 무려 80억 달러에 달한다.

녹조류 번식시키기

또 한 가지 방법은 철(Fe)을 기반으로 한 화학물질을 바다에 살포하여 녹조류의 번식을 유도하는 것이다. 녹조류는 이산화탄소를 흡수하기 때문에 이들이 많으면 대기중 이산화탄소 함량이 줄어든다. 그러나 플랑크토스(Planktos, 미국 실리콘밸리에 있는 환경관련 벤처기업 — 옮긴이)가 남대서양에 화학물질을 살포한다는 계획을 발표하자, 런던협약(폐기물 투기에 의한 해양오염 방지협약) 가입국들이 일제히 우려를 표명했고, 국제연합(UN)도 녹조류번식 프로젝트를 무기한 유보하기로 결정했다. 현재 플랑크토스는 실험을 마친 후 기금이 바닥난 상태이다.

이산화탄소 격리시키기

화력발전소에서 석탄을 태울 때 발생하는 이산화탄소를 액화시켜서 환경으로부터 완전히 격리시킬 수도 있다. 가장 손쉬운 방법은 땅속에 묻는 것이다. 원리적으로는 별로 부작용이 없는 좋은 해결책이다. 그러나 이미 방출된 이산화탄소를 제거하는 기능이 없고, 비용이 너무 많이 든다는 점이 문제이다. 탄소액화실험은 지난 2009년에 처음으로 실행되었다. 1980년에 건설된 웨스트 버지니아의 마운터니어발전소(Mountaineer power plant)가 이산화탄소를 격리하는 쪽으로 시설을 개편하면서 미국 최초의 탄소액화실험장으로 선택된 것이다. 여기서 만들어진 액화기체는 지하 2,400미터의 백운암 층에 묻을 예정이다(이 액체는 높이 9~10미터, 폭 수백 미터의 지하공간을 차지할 것이다). 발전소의 소유주인 아메리칸 일렉트릭파워(American Electric Power) 사는 2~5년에 걸쳐 해마다 약 10만 톤의 이산화탄소를 묻기로 했다. 그래 봐야 이 발전소에서 방출되는 이산화탄소의 1.5퍼센트밖에 안 되지만, 앞으로 시설을 꾸준히 확장하여 90퍼센트까지 처리할 계획이라고 한다. 초기 투자비용은 약 7,300만 달러로 예상되는데, 결과가 만족스러우면 주변에 있는 발전소로 빠르게 파급될 것이다(마운터니어발전소 주변에는 4개의 화력발전소가 더 있으며, 이들이 생산하는 전력은 60억 와트에 달한다). 물론 위험이 전혀 없는 것은 아니다. 지하에 묻은 액체가 다른 곳으로 흐를 수도 있고, 액체가 기화되어 물에 섞이면 지하수를 오염시킬 수도 있다. 그러나 이 프로젝트가 성공한다면 지구온난화 방지에 큰 공헌을 하게 될 것이다.

유전공학

유전공학을 이용하여 다량의 이산화탄소를 흡수하는 특수 생명체를 만드는 것도 한 가지 방법이 될 수 있다. 이 방식의 열렬한 지지자 중 한 사람인 크레이그 벤터(Craig Venter)는 인간게놈 프로젝트에서 데이터를 고속으로 처리하는 기술을 개발하여 부와 명예를 한꺼번에 얻은 저명인사이다. 여기서 그의 주장을 잠시 들어보자. "인간게놈은 일종의 소프트웨어나 운영체계에 해당한다. 그러므로 이 소프트웨어를 다시 쓰면 유전적으로 수정되거나 완전히 새로운 생명체를 만들 수 있다. 우리의 목적은 이산화탄소를 흡수한 후 천연가스와 같이 유용한 가스를 배출하는 생명체를 만드는 것이다. 지구상에는 이미 이 방법을 알고 있는 생명체가 수천, 또는 수백만 종이나 존재하고 있으므로 이들의 번식력과 가스배출능력을 향상시키기만 하면 된다. 이 분야는 앞으로 10년 이내에 석유화학산업의 판도를 바꿔놓을 것이다."

그런가 하면 프린스턴대학의 프리먼 다이슨(Freeman Dyson)은 나무의 유전자를 수정하여 이산화탄소 흡수량을 늘릴 것을 강력하게 주장하고 있다. 지구상에는 수조 그루의 나무가 있으므로 실험이 성공한다면 효과는 확실하다. 다이슨은 〈우리는 대기중 이산화탄소 함량을 제어할 수 있는가(Can We Control the Carbon Dioxide in the Atmosphere)?〉라는 제목의 논문에서 '빠르게 자라는 나무들'로 구성된 '탄소은행'을 조성하여 이산화탄소의 양을 조절할 것을 강력하게 주장했다.

그러나 유전공학을 응용할 때에는 항상 부작용을 조심해야 한다. 불량 자동차는 리콜이라도 할 수 있지만, 잘못 만들어진 생명체는 돌이킬 수 없다. 일단 환경 속에 살포되면 다른 생명체에 영향을 주어 먹이사슬과 생태계를 통째로 바꿔놓을 수도 있다.

안타깝게도 정치가들 중에는 이 계획에 관심을 보이는 사람이 없다. 그러나 앞으로 지구온난화가 심각한 수준에 도달하면 무심했던 정치가들이 정신을 차리고 구체적인 실천방안을 강구할 것이다(물론 그들이 할 일이란 기금을 조성하는 것이다).

앞으로 수십 년이 중요한 고비이다. 21세기 중반에는 '수소시대'에 접어들어 핵융합과 태양력, 재생에너지 등 화석연료를 탈피한 에너지원이 세계경제를 이끌겠지만, 그 시대로 무난하게 넘어가려면 과도기를 현명하게 보내야 한다. 아직은 화석연료가 에너지를 생산하는 가장 저렴한 방법이기 때문에 지구온난화는 앞으로 수십 년 동안 우리를 위협할 것이다.

핵융합에너지

21세기 중반이 되면 핵융합이라는 새로운 에너지원이 에너지시장의 판도를 바꿀 것으로 예상된다. 사실 핵융합은 현재 당면한 문제를 영구히 해결해줄 후보로 손색이 없다. 앞서 말했듯이 핵분열에너지는 우라늄원자가 둘로 쪼개지면서 발휘되며, 이 과정에서 다량의 핵폐기물이 양산된다. 그러나 핵융합은 심각한 폐기물을 양산하지 않으며, 얻을 수 있는 에너지 양도 훨씬 많다. 핵융합에너지는 뜨겁게 달궈진 수소원자의 핵이 헬륨으로 변하는 과정에서 생성된다.

핵융합은 태양의 에너지원이기도 하다. 수소원자의 깊은 내부에는 우주의 에너지원이 숨어 있다. 태양뿐만 아니라 우주에 존재하는 모든 별들은 핵융합반응을 통해 에너지를 방출하고 있다. 간단히 말해서, 핵융합에 우주의 비밀이 담겨 있는 셈이다. 누구든지 핵융합반응을 제어할 수만 있다면 거의 무한대에 가까운 에너지를 확보하게 된다. 게다가 핵융합의 원료는 지구에서 가장 흔한 바닷물에서 구할 수 있다. 동일한 양의 원료를 사용했을 때 핵융합은 석유보다 1,000만 배나 많은 에너지를 만들어낼 수 있다. 280그램의 물이 50만 배럴의 석유와 맞먹는 것이다. 이렇게 효율적인 에너지 생산법이 또 어디 있겠는가?

핵융합은 범우주적으로 선택된 에너지를 공급하는 수단이다. 모든 별은 둥글게 뭉쳐진 수소기체에서 시작되는데, 이들이 자체중력으로 압축되면서 내부의 온도가 상승하다가 대략 5,000만 도에 이르면(이 값은 별의 크기에 따라 다르다) 수소원자의 핵이 서로 융합하여 헬륨 원자핵으로 변신한다. 그리고 이 과정에서 발생한 에너지가 외부로 방출되어 방대한 거리를 여행한 후 우리 눈에 들어온 것이 바로 '별빛'이다(좀 더 자세히 설명하자면 이 압축과정은 '로슨의 기준Lawson's criterion'을 만족해야 한다. 즉, 수소기체의 밀도와 온도, 그리고 압축에 소요된 시간이 어떤 특별한 기준을 모두 만족해야 핵융합으로 연결된다는 뜻이다. 수소폭탄이나 핵융합반응기 등 핵융합을 인공적으로 일으킬 때에도 이 조건이 만족되어야 한다).

핵심은 간단하다. 수소기체를 데우고 압축시키면 핵융합이 일어나 엄청난 양의 에너지를 얻을 수 있다.

그러나 현실은 그리 녹록치 않다. 지금까지 수많은 과학자들이 핵융합을 지구에서 구현하기 위해 혼신의 노력을 기울여왔으나 아무도 성공하지 못했다(유일한 성공사례는 에너지를 컨트롤할 필요가 없는 수소폭탄뿐이었다 — 옮긴이). 수소기체의 온도를 수천만 도까지 올리기가 너무 어렵기 때문이다.

과학자들은 "앞으로 20년이면 핵융합을 제어할 수 있다"는 공언을 매 20년마다 똑같이 반복해왔다. 그래서 일반대중들도 핵융합에 걸었던 기대를 거의 포기한 상태이다. 그러나 많은 물리학자들은 2030년경에 핵융합에너지를 활용할 수 있을 것으로 내다보고 있다. 21세기 중반이 되면 한적한 시골에서 조용하게 운영되는 핵융합발전소를 볼 수 있을지도 모른다.

그동안 핵융합과 관련하여 온갖 뜬소문과 사기극, 실패담 등이 난무했기 때문에 일반대중들이 회의적인 태도를 보이는 것도 무리가 아니다. 미국과 소련이 본격적인 냉전체제로 돌입하여 수소폭탄개발에 한창 열을 올리던 1951년, 아르헨티나의 대통령 후안 페론(Juan Perón, 락 오페라 〈에비타(Evita)〉의 주인공인 에바 페론의 남편 — 옮긴이)은 자국의 과학자들이 태양에너지를 제어하는 혁신적인 기술을 개발했다며 대대적인 홍보를 펼쳤다. 미국과 소련의 양대 강국체제가 굳어져 가는 분위기에서 터져나온 이 뉴스는 곧바로 〈뉴욕타임스〉의 헤드라인을 장식했고, 전 세계가 충격에 휩싸였다. 페론 대통령의 주장이 사실이라면, 아르헨티나는 미국과 소련도 풀지 못한 과학적 난제를 해결했으므로 명실공히 과학선진국으로 도약한 셈이었다. 당시 '독일어를 구사한다'는 것 외에는 별로 알려진 바가 없었던 로널드 리히터(Ronald Ritcher)라는 과학자는 페론 대통령을 설득하여 아르헨티나에 부와 영광을 가져다줄 '서머트론(thermotron)'이라는 장비건설에 거금의 투자를 약속 받았다. 페론은 리히터의 말을 믿고 언론에 그와 같은 내용을 발표했던 것이다.

당시 수소폭탄 제작을 놓고 소련과 치열한 경쟁을 벌이던 미국의 과학자들은 페론 대통령의 주장이 넌센스라며 일축해버렸다. 원자물리학자인 랄프 랩(Ralph Lapp)은 한술 더 떠서 "나는 아르헨티나가 어떤 물질을 사용하는지 잘 알고 있다. 한마디로 잠꼬대 같은 소리다"라고 폄하했다.

그러자 언론은 태도를 바꿔 아르헨티나가 제작 중이라는 폭탄을 '잠꼬대 폭탄'이라고 불렀다. 원자물리학자인 데이비드 릴리엔탈(David Lilienthal)은 한 기자가 "실낱같은 가능성이라도 있는 거냐"고 묻자 "실낱보다 가늘다"고 잘라 말했다.

국제언론이 부정적인 반응을 보이자 페론 대통령은 "미국과 소련이 아르헨티나를 질투하고 있다"며 불편한 심기를 노골적으로 드러냈다. 그러나 다음해에 페론 대통령의 대변인이 로널드 리히터의 연구실을 방문했을 때 사건의 전말이 드러났다. 대변인이 도착하자 리히터가 불안감을 이기지 못하여 산소탱크로 연구실의 문을 폭파시킨 것이다(폭파현장에서 리히터의 자필로 '원자력에너지'라고 적혀 있는 종이가 발견되었다). 또한 그는 원자로에 주입할 목적으로 다량의 화약을 주문해놓은 상태였다. 사람들은 리히터의 정신상태가 이상하다고 생각했다. 조사관이 검증을 위해 라듐조각을 리히터의 '복사계수기' 바로 옆에 갖다놓았을 때에도 아무런 반응이 나타나지 않았다. 알고 보니 모든 것이 철저하게 꾸며진 사기극이었던 것이다. 결국 리히터는 정부를 기만한 죄로 재판에 회부되었다.

그러나 핵융합과 관련된 가장 유명한 사건은 아마도 '스탠리 폰즈(Stanley Pons)와 마틴 플라이슈만(Martin Fleishman) 사건'일 것이다. 유타대학의 잘나가는 화학자였던 두 사람은 1989년에 상온에서 작동되는 저온핵융합(cold fusion) 기술을 확보했다고 발표했다. 팔라듐(palladium, Pd)을 물속에 담그면 어떤 마술 같은 반응이 일어나면서 수소원자들이 응축되어 핵융합을 일으킨다는 것이다. 더욱 놀라운 사실은 이 모든 장치를 책상에 올라갈 정도로 작게 만들 수 있다는 것이었다.

이들의 발표로 전 세계가 발칵 뒤집혔다. 거의 모든 신문들이 저온핵융합을 1면 머릿기사로 다뤘고, 저널리스트들은 "드디어 에너지 위기가 끝나고 무한에너지 시대로 돌입하게 되었다"며 사방에서 팡파르를 울렸다. 유타 주는 저온핵융합 연구소 건립기금으로 500만 달러를 내놓았으며, 일본의 자동차 생산업체들도 수백만 달러를 투자했다. 돌이켜보면 저온핵융합은 과학이론을 넘어 하나의 종교처럼 사방에 퍼져 나갔던 것 같다.

로널드 리히터와 달리 폰즈와 플라이슈만은 학계에서 인정받는 과학자였기에, 자신이 얻은 결과를 기꺼이 다른 과학자들과 공유하겠다며 모든 실험장비와 데이터를 공개했다.

그러자 곧바로 문제가 발생했다. 이들이 공개한 실험장치는 너무나 단순하여 수많은 연구팀들이 검증을 시도했는데, 대부분이 핵융합 근처에도 가지 못했다. 그러나 아주 드물게 실험에 성공했다고 주장하는 팀이 있었으므로 이론 자체를 폐기할 수도 없었다.

마침내 물리학자들이 두 팔을 걷어붙이고 본격적인 검증에 나섰다. 이들은 폰즈와 플라이슈만의 방정식을 검토하다가 몇 가지 결함을 발견했다. 첫째, 폰즈와 플라이슈만의 주장이 옳다면 이들은 다량의 중성자복사에 노출되어 이미 죽었어야 한다(전형적인 핵융합반응에서는 두 개의 수소원자핵이 강하게 부딪히면서 막대한 에너지와 중성자가 생성되고, 수소원자는 헬륨으로 변한다). 그런데 폰즈와 플라이슈만은 아직 멀쩡하게 살아 있으므로 실험이 성공했을 리가 없다는 것이다. 만일 이들이 저온핵융합에 성공했다면 강력한 복사에 노출되어 도저히 살아남을 길이 없다. 둘째, 폰즈와 플라이슈만이 발견한 것은 열핵반응이 아니라 화학반응일 가능성이 높다. 셋째, 팔라듐은 핵융합이 일어날 정도로 수소원자들을 압축시키지 못한다. 양자역학의 법칙이 그것을 금지하고 있다.

그런데도 이와 관련된 논쟁은 지금까지 계속되고 있다. 실험에 성공했다는 주장이 간간이 들려오고 있기 때문이다. 그러나 이들도 항상 성공한 것은 아니다. 일백 보 양보해서 이들의 주장이 사실이라 해도 결국은 '아주 가끔' 성공한다는 것인데, 그렇다면 이런 장치로 만든 자동차엔진이 무슨 의미가 있겠는가? 과학은 재현가능성과 검증가능성, 그리고 반증가능성에 기초한 학문이므로 '어쩌다 운이 좋으면 성공하는' 실험은 과학의 대상이 될 수 없다(그것을 굳이 과학으로 인정받으려면 최소한 '실험에 실패하는 원인'이라도 규명해야 한다 — 옮긴이).

열핵융합

그러나 일단 핵융합에 성공하면 그 여파가 너무나 막대하기 때문에 과학자들은 새로운 소식에 촉각을 곤두세우고 있다.

핵융합은 핵분열과 달리 유해한 폐기물을 양산하지 않는다. 간단히 말해서 "자연이 우주에 에너지를 공급하는 가장 깔끔한 방법"이라 할 수 있다. 핵융합의 부산물인 헬륨(He)은 몸에 해롭지 않으면서 상업적 가치도 높다. 핵융합이 일어나는 원자로도 일종의 부산물인데, 땅에 묻으면 길어야 수십 년 동안 약간의 유해물질을 방출하다가 위력을 상실한다. 무엇보다 중요한 사실은 핵융합에서 양산되는 폐기물의 양이 핵분열과 비교가 안 될 정도로 적다는 것이다(핵분열은 고수준 핵폐기물을 매년 30톤씩 양산하고 있으며, 땅속 깊이 묻어도 수천~수천만 년 동안 방사능을 방출한다).

이뿐만이 아니다. 핵융합 원자로는 녹아 내릴 염려가 없다. 우라늄분열 원자로에는 수 톤에 달하는 고수준 핵폐기물이 들어 있어서 전원을 차단한 후에도 뜨거운 열기가 계속 생성된다. 원전에 사고가 났을 때 녹아 내린 금속이 땅속에 스며들어 증기폭발을 일으키는 것도 이 '여분의 열' 때문이다(이것이 땅속을 통해 중국까지 도달한다는 상상의 가설을 차이나 신드롬China Syndrome이라 한다).

핵융합발전소는 원리적으로 안전하다. 사실 "융합에 의한 용융(fusion meltdown)"이라는 말 자체가 물리학적 넌센스이다. 예를 들어 누군가가 핵융합 반응기의 자기장을 고의로 차단해도 뜨거운 플라즈마가 원자로의 내벽에 닿는 순간 핵융합반응은 곧바로 멈추게 된다. 그러므로 핵융합발전소에서 사고가 난다 해도 연쇄반응이 일어날 염려는 없다. 사고와 동시에 모든 반응이 자동으로 중단될 것이기 때문이다.

샌디에이고 캘리포니아대학 에너지연구소의 파로크 나즈마바디(Farrokh Najmabadi)는 "핵융합발전소가 대형사고로 완전히 초토화된다 해도 피해가 너무 미미하여 주변 사람들을 대피시킬 필요는 없다"고 했다.

상업용 핵융합발전소는 이 모든 장점을 갖고 있다. 정말 환상적인 에너지원이 아닐 수 없다. 다만 한 가지 사소한 문제는 "아직 존재하지 않는다"는 것이다. 그동안 말도 많고 탈도 많았지만 믿을 만한 성공사례는 단 한 번도 없었다.

그러나 물리학자들은 낙관적이다. 미국 최대의 핵융합원자로 DIII-D의 건설을 감독하고 있는 데이비드 볼드윈(David Baldwin)은 말한다. "10년 전만 해도 일부 과학자들은 인공 핵융합이 불가능하다고 생각했다. 그러나 지금 그 가능성을 부인하는 사람은 거의 없다. 문제는 핵융합에서 경제적 가치를 창출하는 것이다."

NIF의 레이저 핵융합

앞으로 몇 년만 지나면 상황은 크게 달라질 것이다.

현재 핵융합과 관련된 몇 가지 실험이 세계 각국에서 동시에 진행되고 있으며, 물리학자들은 과거의 실패에도 불구하고 핵융합을 확실하게 구현할 수 있다는 자신감에 차 있다. 유럽의 여러 나라와 미국, 일본 등이 지원하는 국제열핵융합실험로(International Thermonuclear Experimental Reactor, ITER)가 현재 프랑스에서 가동 중이며, 미국은 독자적으로 국립점화시설(National Ignition Facility, NIF)을 운영하고 있다.

나는 NIF를 방문하여 레이저 융합장치를 직접 본 적이 있다. 장담하건대, 처음 보는 사람은 그 규모에 압도되어 벌어진 입을 다물지 못할 것이다. NIF 원자로는 수소폭탄과 구조가 비슷하기 때문에 군사용 핵탄두를 주로 개발하는 로렌스 리버모어 국립연구소에 설치되어 있다. 나는 이 괴물 같은 설비를 볼 때까지 수 차례에 걸쳐 철저한 검문검색을 받아야 했다.

복잡한 수속을 모두 마친 후 드디어 원자로가 있는 곳에 도착했을 때 나는 완전히 넋을 잃고 말았다. 그동안 학교에서 레이저를 자주 접해왔지만(뉴욕시립대의 내 연구실 바로 아래에는 뉴욕 주에서 가장 큰 레이저가 가동되고 있다) NIF의 레이저에 비하면 아이들 장난감에도 못 미치는 수준이었다. 넓이가 축구장의 3배에 달하고 높이는 10층 건물과 맞먹는 거대한 시설 속에 192개의 대형 레이저가 설치되어 있는데, 그냥 눈으로 보는 것만으로도 완전히 압도당할 지경이었다. 이것은 세계 최대의 레이저시스템으로, 기존의 어떤 레이저보다 60배 이상 강한 출력을 발휘한다.

여기서 발사된 레이저빔은 긴 터널을 거쳐 거울에 반사된 후 중수소와 삼중수소(수소의 동위원소)로 만들어진 바늘 끝만 한 샘플에 집중된다. 500조 와트의 레이저빔이 맨눈으로 보일까 말까 한 작은 표적에 집중되면 온도가 1억 도까지 올라가는데, 이것은 태양의 중심부보다 높은 온도이다(이때 발휘되는 레이저의 출력은 핵발전소 50만 개에서 생산되는 에너지와 비슷하다). 그러면 작은 샘플의 표면이 순식간에 기화되면서 충격파가 발생하고, 이로 인해 샘플의 내부에서 핵융합반응이 일어난다.

NIF의 핵융합 원자로는 2009년에 완공된 후 지금까지 실험을 계속하고 있다. 모든 것이 계획대로 진행된다면 '자신이 소비한 에너지만큼 새로운 에너지를 생산하는' 최초의 핵융합유도장치로 역사에 기록될 것이다. 이 장치로는 상업적으로 가치 있는 에너지를 생산할 수 없지만, 레이저빔을 수소에 집중시켜서 에너지를 얻을 수 있다는 사실만은 확실하게 입증될 것이다.

NIF의 실험책임자 중 한 사람인 에드워드 모지스(Edward Moses)는 나와 대화를 나누면서 자신의 꿈과 포부를 조심스럽게 밝혔다. 안전모를 쓰고 있는 그의 모습을 보면 세계최대의 레이저실험실을 책임지고 있는 세계최고의 핵물리학자가 아니라, 공사장에서 험한 일을 하는 잡역부가 연상된다. 그는 "과거에 핵융합이 온갖 뜬소문을 양산하면서 신뢰를 잃었던 것은 사실이지만, 지금은 분명한 현실로 다가오고 있다"고 했다. 모지스가 이끄는 연구팀은 과학사에 '태양에너지를 평화적으로 활용한 최초의 과학자'로 기록되기를 바라고 있는데, 최근 발표된 연구결과를 보면 이들의 희망이 곧 이루어질 것 같다. NIF와 같은 대형 프로젝트를 이끌려면 얼마나 큰 열정과 신념이 필요할까? 모지스와 대화를 나눠보면 금방 알 수 있다. 그는 핵융합의 최고 전문가이자 둘째가라면 서러울 열렬한 신봉자이다. 미국대통령이 NIF를 방문했을 때에도 모지스가 나서서 핵융합의 미래에 대해 열변을 토했다고 한다.

그러나 NIF도 초기에는 많은 어려움을 겪었다(상식을 벗어난 일도 있었다. NIF의 전 소장이었던 마이클 캠벨Michael Campbell은 프린스턴대학에서 받은 박사학위가 허위임이 밝혀지면서 1999년에 사임했다). 2003년으로 잡혀 있던 완공예정일은 계속 연기되었고, 그사이에 예산도 10억 달러에서 40억 달러로 불어났다. 그밖에도 온갖 우여곡절을 겪은 끝에 완공예정일을 6년이나 넘긴 2009년이 되어서야 모든 공사를 간신히 마칠 수 있었다.

레이저 핵융합기는 일말의 오차도 허용하지 않는 정교한 장치이다. 192개의 레이저는 바늘 끝만 한 샘플 덩어리가 균일하게 내파되도록 정확하게 조준되어야 한다. 위치뿐만 아니라 시간도 중요하여, 192개의 레이저빔은 300억 분의 1초라는 오차범위 안에서 동시에 도달해야 한다. 위치와 시간이 조금이라도 어긋나면 열이 비대칭적으로 발생하여 일정하게 내파되지 않고 특정 방향으로 폭발(외파)을 일으킨다. 물론 이런 경우에는 핵융합이 일어나지 않는다.

샘플의 표면이 완벽한 구형에서 50나노미터(원자의 150배) 이상 어긋나도 균일한 내파가 일어나지 않는다(이것은 560킬로미터 밖에서 야구공을 던져 스트라이크 존에 넣는 것과 비슷하다). 이와 같이 레이저핵융합에서 가장 중요한 핵심은 레이저빔의 정확한 조준과 샘플의 균일성이다.

유럽연합은 NIF와 별개로 2011년부터 레이저핵융합 실험시설인 고출력레이저에너지 연구시설(High Power Laser Energy Research Facility, HiPER)을 건설해오고 있는데, 규모는 NIF보다 작지만 효율은 훨씬 뛰어난 것으로 알려져 있다.

그러나 NIF와 HiPER가 실패로 끝난다 해도 시도해볼 만한 또다른 방법이 있다. 태양을 병 안에 집어넣는 '국제열핵융합실험로'가 바로 그것이다.

ITER, 자기장 안에서 핵융합을 일으키다

프랑스에 있는 ITER에서는 거대한 자기장 안에 뜨거운 수소기체를 담아놓는 실험이 진행 중이다. NIF는 초소형 수소샘플을 레이저로 빠르게 붕괴시키는 반면, ITER은 자기장을 이용하여 수소기체를 서서히 압축시킨다. 이 장치는 속이 텅 빈 거대한 철제 도넛처럼 생겼는데, 내부에는 자기장을 생성하는 자기코일이 설치되어 있어서 도넛의 내부에 주입된 수소기체가 외부로 빠져나가는 것을 막아준다. 이 상태에서 도넛 내부의 수소기체에 전류를 흘리면 온도가 올라가기 시작한다. 자기장으로 수소기체를 꽉 잡아놓고 전류를 계속 흘려주면 수소기체의 온도를 수백만 도까지 올릴 수 있다.

'자기 호리병(magnetic bottle)'을 이용한 핵융합은 새로운 이론이 아니다. 이 아이디어는 1950년대에 이미 제안되어 있었다. 그런데 핵융합에너지를 상업화하는 데 왜 이토록 오랜 세월이 걸리는 것일까?

문제는 자기장이다. 수소기체 덩어리가 조금이라도 튀어나오거나 들어간 곳 없이 균일하게 압축되도록 자기장을 조절해야 하는데, 이것이 보통 어려운 일이 아니다. 예를 들어 한껏 부푼 풍선을 손으로 눌러 고르게 압축시킨다고 해보자. 골고루 누르려고 아무리 애를 써도 손이 닿은 곳만 압축되고, 나머지 부분은 손가락 사이로 부풀어오를 것이다. 손의 위치를 바꿔도 사정은 마찬가지다. 이것은 원리를 안다고 쉽게 해결될 문제가 아니다. 문제의 근원은 물리학이 아니라 공학이기 때문이다.

그런데 생각해보니 좀 이상하다. 우주에 있는 수조 개의 별들은 처음 압축될 때 아무런 문제도 없지 않았던가? 우주에서는 별이 그토록 쉽게 생성되는데, 지구에서는 왜 이렇게 어려운 것일까? 별을 압축시키는 힘은 중력이고 인공 핵융합을 일으키는 힘은 전자기력이니, 위의 질문에 답하려면 중력과 전자기력의 차이부터 알아야 할 것 같다.

중력은 뉴턴의 주장대로 오직 끌어당기는 힘밖에 없다. 그러므로 별의 경우에는 수소기체의 중력이 거리에 따라 균일하게 작용하여 완벽한 구를 형성한다(그래서 모든 별과 행성들은 육면체나 삼각형이 아닌 구형을 띠고 있다). 그러나 전기전하는 플러스(+)와 마이너스(−) 두 종류가 있다. 예를 들어 음전하만 모아서 공처럼 동그랗게 뭉쳐놓으면 서로 밀어내는 힘(척력)이 작용하여 모든 방향으로 산산이 흩어질 것이다. 그러나 하나의 양전하와 하나의 음전하를 가까이 모아놓으면 '전기쌍극자(electric dipole)'가 형성되고, 이로부터 거미줄과 비슷하게 생긴, 다소 복잡한 전기장이 만들어진다. 이와 비슷한 원리로 자기장도 쌍극자를 형성할 수 있다. 그러므로 도넛 모양의 용기 내부에서 뜨거운 기체를 균일하게 압축시키는 것은 엄청나게 어려운 일이다. 실제로 여러 개의 전자들이 만드는 전기장이나 자기장을 그림으로 표현하려면 슈퍼컴퓨터를 동원해야 한다.

요점은 다음과 같다. 중력은 오직 인력으로만 작용하기 때문에 기체를 구형으로 균일하게 압축시킬 수 있다. 그래서 별은 아주 쉽게 형성된다. 그러나 전자기력은 인력과 척력 두 가지가 있어서 기체를 압축했을 때 복잡한 형태로 볼록하게 튀어나오기 때문에 융합을 제어하기가 매우 어렵다. 핵융합이 지난 50년 동안 진도를 나가지 못한 것은 바로 이런 이유 때문이다.

불과 얼마 전까지만 해도 그랬다. 그러나 지금 물리학자들은 ITER이 강력하고 균일한 자기장을 생성하여 오래된 문제를 해결해줄 것으로 굳게 믿고 있다.

ITER은 역사상 최대규모의 과학프로젝트 중 하나이다. 그 중심에는 속이 빈 도넛 모양의 금속제 방이 있고, 총 무게는 2만 3,000톤으로 에펠탑보다 훨씬 무겁다(에펠탑의 무게는 7,300톤이다).

부품들이 얼마나 무거운지, 이들을 실은 트럭이 지나갈 도로까지 보강공사를 해야 할 정도이다. 가장 무거운 부품은 무게가 900톤에 달하고, 높이는 4층 건물과 맞먹는다. ITER의 본거지는 19층 높이의 단일건물로서 건설비용만 100억 유로가 들어갈 예정인데, 프로젝트 참가국인 유럽연합과 미국, 중국, 인도, 일본, 러시아, 한국이 분담하기로 합의를 보았다.

반응로가 가동되면 내부의 수소기체는 섭씨 1억 5,000만 도까지 가열될 것이다(태양 중심부의 온도는 섭씨 1,500만 도이다). 모든 것이 계획대로 진행된다면 500메가와트의 에너지가 생산될 예정인데, 이는 반응로를 가동하기 위해 투입된 에너지의 10배에 해당하는 양이다(지금까지 최고기록은 영국 옥스퍼드셔 컬햄과학센터Culham Science Center의 유러피언 JETJoint European Tours에서 세운 16메가와트이다). ITER의 담당자들은 2019년에 순익분기점을 넘어 수익을 올릴 수 있을 것으로 기대하고 있다.

ITER은 원래 이익창출을 고려하지 않은 과학 프로젝트이다. 그러나 물리학자들은 핵융합에너지를 상업적으로 활용하는 단계까지 준비하고 있다. 상업용 핵융합발전소 연구팀을 이끌고 있는 파로크 나즈마바디는 ITER보다 작은 ARIES-AT를 설계하고 있는데, 총 발

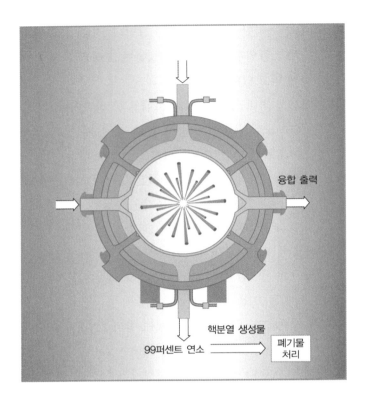

융합 출력

핵분열 생성물

99퍼센트 연소 → 폐기물 처리

전량은 10억 와트로 한 시간당 1킬로와트에 5센트를 받을 예정이라고 한다. 이 정도면 화석연료와 충분히 경쟁할 수 있다. 그러나 전국적인 보급망이 구축되려면 적어도 21세기 중반까지는 기다려야 할 것이다.

또 다른 상업용 핵융합기로 DEMO라는 것이 있다. ITER은 최소 500초 동안 500메가와트를 생산하도록 설계된 반면, DEMO는 에너지를 꾸준히 생산하도록 만들어질 예정이다. 또한 DEMO에는 ITER에 없는 기능이 추가되어 있다. 핵융합이 일어나면 여분의 중

두 가지 형태의 핵융합. 왼쪽 그림(본문 394p)은 수소가 풍부하게 들어 있는 샘플에 레이저를 주사하여 압축하는 장치이며, 오른쪽 그림(본문 395p)은 자기장을 이용하여 수소기체를 압축하는 장치이다. 21세기 중반이 되면 전 세계는 핵융합에너지를 사용하게 될 것이다.

성자가 생성되어 빠른 속도로 이동하는데, 반응로의 내벽에 '블랭킷(blanket)'이라는 특수 코팅제를 발라두면 중성자의 에너지를 흡수하면서 뜨거워진다. 따라서 내벽 근처에 물이 지나가는 파이프를 설치해두면 물이 끓으면서 증기가 발생하고, 이 증기로 터빈을 돌리면 추가전력을 생산할 수 있다.

DEMO의 가동예정일은 2033년으로 잡혀 있다. ITER보다 15퍼센트쯤 큰 DEMO는 입력에너지의 25배를 생산할 예정이다. 또한 DEMO의 총 에너지 생산량은 20억 와트로 기존의 화석연료 발전소와 비슷하다. 이 프로젝트가 성공한다면 핵융합에너지의 상용화에 크게 기여할 것으로 기대된다.

그러나 아직 확신할 단계는 아니다. ITER은 재원을 확보한 상태지만 DEMO는 아직 설계단계이기 때문에 지연될 가능성이 높다.

핵융합을 연구하는 과학자들은 이제 반환점을 돌았다고 굳게 믿고 있다. 지난 수십 년 동안에는 온갖 뜬소문과 실패담에 시달려왔지만, 이제 비로소 핵융합을 컨트롤할 수 있는 단계에 이르렀다는 것이다. 물론 이들의 주장은 허풍이 아니다. 앞으로 NIF와 ITER 중 적어도 하나는 성공을 거두어 각 가정에 전력을 공급하게 될 것이다. 그러나 NIF와 ITER은 상업용 발전소가 아니기 때문에 얼마나 실용적일지는 아직 두고 봐야 알 것 같다. 최근에는 실용적인 핵융합의 차세대 주자로 탁상용 핵융합(tabletop fusion), 또는 거품 핵융합(bubble fusion)이 물망에 오르고 있다.

탁상용 핵융합기

현재 진행 중인 프로젝트들이 반드시 성공한다는 보장은 없다. 그래서 일부 과학자들은 전혀 다른 방식으로 핵융합을 시도하는 중이다. 핵융합 자체는 물리적으로 잘 알려진 과정이기 때문에, 지름길이 있다면 굳이 큰돈을 들일 필요가 없을 것이다. 특히 탁상용 핵융합기는 비용과 공간이 크게 절약된다는 점에서 상당한 매력을 갖고 있다.

영화 〈백 투 더 퓨처(Back to the Future)〉의 마지막 부분에서 닥 브라운(Doc Brown) 박사가 타임머신으로 개조된 드로리안 승용차에 연료를 넣는 장면이 나온다. 관심 있게 본 사람들은 알겠지만 그때 주입된 연료는 가솔린이 아니라 바나나 껍질과 찌그러진 음료수캔 등 쓰레기통에서 주워온 듯한 잡동사니들이었다. 물론 이 자동차는 타임머신이기 때문에 연료탱크도 특이하게 생겼는데, 브라운 박사는 이것을 '미스터 퓨전(Mr. Fusion)'이라고 불렀다.

앞으로 수백 년 안에 축구장만 한 핵융합반응로를 영화에서처럼 커피머신만 한 크기로 줄일 수 있을까?

탁상용 핵융합은 거품이 터지면서 뜨거운 열기를 방출하는 '음파발광(sonoluminescence)'에 기초하고 있다(그래서 종종 '거품 핵융합'이라 불리기도 한다). 이 신기한 현상은 1934년에 콜로뉴대학(Cologne Univ.)의 과학자들이 빠른 사진현상법을 개발하기 위해 필름으로 초음파 실험을 하던 중 우연히 발견되었다. 현상액에 초음파를 흘려 보냈더니 작은 거품들이 생성되었다가 터지면서 빛을 발하여 필름에 흔적을 남긴 것이다. 거품이 터지면서 강력한 에너지가 방출된 것만은 분명했지만, 거품의 수명이 너무 짧아서 구체적인 연구는 이루어지지 않았다. 이와 비슷한 시기에 나치의 과학자들은 프로펠러에 의해 생성된 거품에서 빛이 방출되는 현상을 연구하다가 거품 안이 초고온 상태임을 알게 되었다.

일련의 연구가 진행된 후 거품 속의 공기가 초고압으로 압축되어 있어서 이들이 터질 때 강한 빛을 방출한다는 사실이 알려졌다. 열 핵융합은 앞서 말한 대로 '수소기체의 균일한 압축'에 전적으로 의존하고 있기 때문에, 레이저 조준이 어긋나는 등 약간의 불균형이 발생해도 전체과정을 망치게 된다. 그런데 거품이 수축될 때에는 그 안에 있는 분자들이 매우 빠르게 움직이므로 순식간에 내부압력이 균일해진다. 그러므로 이상적으로 완벽한 상황에서 거품을 터뜨리면 핵융합을 일으킬 수 있다.

과학자들은 음파발광 실험을 반복하면서 거품 안의 온도를 수만 도까지 올리는 데 성공했다. 불활성기체를 이용하면 거품에서 방출되는 빛의 강도를 높일 수 있다. 그러나 이로부터 핵융합에 필요한 온도를 구현할 수 있을지는 아직도 논쟁거리로 남아 있다. 오크리지 연구소(Oak Ridge National Laboratory)의 연구원이었던 루시 탈레야칸(Rusi Taleyarkhan)은 2002년에 음향 핵융합장비를 이용하여 핵융합을 일으키는 데 성공했다고 발표했다. 그는 "실험장비 속에서 중성자를 발견했으며, 이는 핵융합이 일어났다는 결정적인 증거"라고 주장했다. 그러나 많은 연구팀들이 그와 동일한 실험에 연달아 실패하면서 탈레야칸의 주장은 신빙성을 잃게 되었다.

핵융합의 또 다른 대안으로는 TV의 공동발명가인 필로 판스워스(Philo Farnsworth)의 아이디어를 들 수 있다. 그는 어린 시절 농장에서 쟁기 끄는 농부를 바라보다가 TV의 주사선을 떠올렸으며, 14살 때 첫 설계도를 그렸다고 한다. 그후 세계최초로 동영상을 스크린에 재현하는 전기장비를 만들었으나 지적재산권을 제대로 관리하지 못하여 RCA 사와 길고 긴 법정싸움에 휘말렸다. 이 과정에서 극도의 스트레스에 시달렸던 그는 결국 본인이 자원하여 정신병원에 입원했고, 그가 TV를 발명했다는 사실도 사람들 사이에서 거의 잊혔다.

판스워스는 노년에 중성자를 생성하는 탁상용 핵융합기에 관심을 갖게 되었는데, 그가 생각한 장치는 그물모양으로 생긴 작은 구가 커다란 그물 구 안에 들어 있는 형태로서 원리는 다음과 같다. 바깥 구를 양전하로, 안쪽 구를 음전하로 대전시킨 후 밖에서 양성자를 주사하면 바깥쪽 구는 양성자를 밀어내고 안쪽 구는 양성자를 잡아당긴다. 구의 중심에는 다량의 수소를 함유하고 있는 샘플이 설치되어 있어서, 두 개의 구와 상호작용을 주고받은 양성자가 여기 도달하면 핵융합을 일으키면서 중성자를 방출한다.

이 디자인은 너무 간단하여 고등학생도 시도해볼 수 있다. 그러나 과연 이런 장치로 쓸 만한 에너지를 얻을 수 있을지는 의문이다. 가속된 중성자의 수가 너무 적기 때문에 최종적으로 발생하는 에너지도 아주 미미할 것으로 예상된다.

전통적인 원자충돌기나 입자가속기의 원리를 이용하여 탁상용 핵융합기를 만들 수도 있다. 원자충돌기는 핵융합 반응로보다 구조가 훨씬 복잡하지만 양성자를 가속시키는 데에는 부족함이 없다. 그러나 이 경우에도 양성자의 수가 너무 적어서 실용성이 떨어진다. 현실적으로 사용 가능한 에너지를 얻으려면 입자빔이 훨씬 굵어야 한다.

위험부담은 있지만 성공의 대가가 너무 크기 때문에, 지금도 일부 진취적인 과학자와 공학자들은 탁상용 핵융합기에 자신의 미래를 걸고 있다.

먼 미래(2070~2100년)

자기력의 시대

20세기는 확실히 전기의 시대였다. 모든 전기현상의 근원인 전자는 다루기가 쉽기 때문에 우리는 라디오와 TV, 컴퓨터, 레이저, MRI

스캐너 등 온갖 전자제품의 혜택을 보며 살아왔다. 이제 21세기의 물리학자들은 또 하나의 성배를 찾기 위해 혼신의 힘을 기울이고 있다. '상온에서 작동하는 초전도체'가 바로 그것이다. 이것이 실현된다면 인류는 전기의 시대와 작별을 고하고 '자기력의 시대'로 접어들게 될 것이다.

땅 위에 뜬 채 연료도 없이 시속 수백 킬로미터로 달리는 자동차를 상상해보라. 기차나 사람도 마찬가지다. 자기력을 잘 활용하면 공중에 뜬 채 어느 곳이든 갈 수 있다.

많은 사람들이 잊고 있는 중요한 사실이 하나 있다. 자동차가 그토록 많은 연료를 잡아먹는 이유는 타이어와 지면 사이에 작용하는 마찰력 때문이다. 연료의 대부분은 이 마찰력을 극복하는 데 사용된다. 원리적으로는 에너지를 조금도 소모하지 않고 샌프란시스코에서 뉴욕으로 수평이동할 수 있다. 지금처럼 막대한 연료가 소모되는 이유는 바퀴와 지면 사이의 마찰력을 이겨내면서 가야 하기 때문이다(공기의 저항도 이겨내야 한다). 만일 샌프란시스코와 뉴욕을 잇는 도로 전체가 얼음으로 덮여 있다면 연료를 거의 들이지 않고 갈 수 있다(물론 모든 구간이 평평하다는 전제 하에 그렇다 — 옮긴이). 우주공간을 여행하는 우주선도 단 몇 리터의 연료만 있으면 명왕성까지 갈 수 있다(단, 지구가 아닌 우주공간에서 출발했다는 전제 하에 그렇다 — 옮긴이). 거의 진공에 가까운 우주공간에서는 우주선의 움직임을 방해하는 요인이 거의 없기 때문이다. 이와 비슷하게 자기자동차는 땅위에 떠 있을 수 있으므로 약간의 힘으로 밀기만 하면 앞으로 나아간다.

이 환상적인 기술의 핵심은 초전도체(superconductor)이다. 수은을 절대온도 4K(영하 269도)까지 냉각시키면 모든 전기저항이 사라지는

데 이것을 초전도현상이라 하고, 이런 현상을 보이는 물질을 초전도체라 한다(초전도현상이 처음 발견된 것은 정확하게 한 세기 전(1911년)의 일이었다). 따라서 초전도체로 만든 전선은 에너지 손실이 전혀 없다. 일반적으로 전선을 통과하는 전자는 다른 원자들과 수시로 충돌하면서 에너지를 잃어버린다. 그러나 절대온도 0K(영하 273도)에 가까운 극저온에서는 원자들이 거의 움직이지 않기 때문에, 전선 속의 전자는 아무런 방해도 받지 않고 전기장을 따라 자유롭게 이동할 수 있다.

이와 같이 초전도체는 신기하면서도 기적 같은 특성을 갖고 있다. 그러나 여기에는 한 가지 문제가 있는데, 절대온도 0K 근처까지 온도를 낮추려면 비싸기로 유명한 액체수소를 그야말로 물 쓰듯이 써야 한다는 점이다.

그래서 1986년에 "극저온까지 낮추지 않아도 초전도성을 띠는 새로운 종류의 초전도체가 발견되었다"는 뉴스가 발표되었을 때 물리학자들은 경악을 금치 못했다. 새로운 초전도체는 놀랍게도 세라믹(ceramics, 비금속 무기물을 열처리하여 만든 요업제품 — 옮긴이)이었으며, 0K보다 92도나 높은 영하 181도에서 초전도성을 나타냈다. 이론적으로 불가능하다고 생각했던 '고온 초전도'가 현실로 나타난 것이다(물론 영하 181도는 그다지 고온이라 할 수 없지만, 초전도현상이 워낙 저온에서 일어나다 보니 이 정도를 '고온'으로 인식하게 된 것이다 — 옮긴이).

지금까지 세라믹 초전도체의 온도기록은 138K(영하 135도)이다. 액체질소의 온도가 77K(영하 196도)이므로, 이것을 냉각제로 사용할 수 있다는 것만으로도 커다란 진전이 아닐 수 없다(액체질소의 값은 같은 양의 우유와 비슷하다).

그러나 세라믹 초전도체는 잠깐 동안 물리학자들의 관심을 끌었을 뿐 완전한 신뢰를 얻지는 못했다. 여기에는 몇 가지 이유가 있는데, 첫째는 액체질소가 비교적 저렴하다 해도 이것을 냉각시키는 장치가 여전히 필요하다는 점이다. 둘째는 세라믹을 가느다란 선으로 가공하기가 어렵다는 것이고, 세 번째 이유는 세라믹이 초전도성을 띠는 이유가 아직도 분명하지 않다는 점이다. 지난 수십 년 동안 그 원인을 규명하기 위해 수많은 물리학자들이 도전장을 던졌지만, 세라믹을 서술하는 양자이론이 너무 복잡해서 아무도 결론을 내리지 못했다. 현재 물리학자들은 이 문제에 관하여 아무런 실마리도 얻지 못한 상태이다. 누군가가 세라믹의 고온 초전도현상을 이론적으로 설명한다면 노벨상은 따놓은 당상이나 다름없다.

물리학자들은 상온(우리가 흔히 겪는 일상적인 온도) 초전도체의 엄청난 위력을 익히 알고 있다. 만일 이런 물체가 발견되거나 만들어진다면 또 한 번의 산업혁명이 전 세계를 휩쓸 것이다. 상온 초전도체는 따로 냉각할 필요가 없으므로 엄청난 위력의 자기장을 영구적으로 발휘할 수 있다.

예를 들어 고리모양의 구리 도선을 따라 흐르는 전류는 도선 내부의 저항 때문에 순식간에 에너지를 잃는다. 전류를 계속 흐르게 하려면 건전지나 축전기 등으로 에너지를 계속 공급해야 한다. 그러나 초전도체로 만든 고리형 도선에 전류를 한 번만 흘려주면 별도의 에너지를 공급하지 않아도 계속해서 전류가 흐른다. 실험 데이터에 의하면 이 전류는 거의 10만 년 동안 유지되는데, 일부 이론가들은 우주의 나이만큼 유지된다고 주장하기도 한다.

어쨌거나 초전도체는 전선에서 발생하는 에너지손실을 크게 줄일 것이므로 전기요금도 그만큼 저렴해질 것이다. 대부분의 발전소는 전송과정에서 발생하는 손실을 줄이기 위해 대도시 근방에 자리 잡고 있다. 그래서 각국의 정부는 시민들의 반대에도 불구하고 핵발전소를 대도시 근처에 지을 수밖에 없고, 풍력발전소를 지을 때에도 바람이 많이 부는 지역을 마음대로 고를 수 없는 것이다.

발전소에서 생산되는 전력의 30퍼센트는 전송과정에서 손실된다. 상온 초전도체가 등장하면 손실이 거의 0에 접근하여 전기요금이 내려가고 오염도 줄어들 것이며, 온난화방지에도 크게 기여할 것이다. 전 세계의 이산화탄소 배출량은 에너지 사용량과 밀접하게 관련되어 있고 대부분의 에너지는 마찰을 이기는 데 사용되고 있다. 때문에 자기력의 시대가 도래하면 에너지 소비량과 이산화탄소 방출량이 영구적으로 줄어들 것이다.

자기자동차와 자기열차

상온 초전도체를 이용하면 별도의 에너지를 투입하지 않아도 초강력 자석을 만들 수 있으므로 자동차나 기차를 허공에 띄울 수 있다.

간단한 실험은 소규모 실험실에서도 할 수 있다. 나는 BBC TV와 사이언스 채널에 출연하여 이 실험을 여러 번 해보았다. 고온 초전도 세라믹은 과학용품을 전문적으로 취급하는 회사에서 구입할 수 있는데, 내가 사용한 것은 크기가 1인치쯤 되는 견고한 회색물질이었다. 이것을 플라스틱 접시 위에 놓고 그 위에 액체질소를 조심스럽게 부으면 두 물체가 접촉하자마자 액체질소가 격렬하게 끓기 시작한다. 질소가 진정될 때까지 기다렸다가 세라믹 위에 조그만 자석을 올려놓는다. 그러면 자석이 마치 공중부양이라도 하듯이 허공으로 떠오른다. 이때 자석을 가볍게 건드리면 혼자서 팽이처럼 돌아간다. 나는 이 조그만 접시에서 교통산업의 미래를 보았다.

자석이 뜨는 이유는 간단하다. 자기력선은 초전도체를 관통하지 못하는데, 이것을 '마이스너효과(Meissner effect)'라 한다(초전도체 주변에 자기장을 걸어주면 표면에 미세한 전류가 흐르면서 자기장을 상쇄시킨다. 즉, 초전도체는 자기장을 밀어내는 성질이 있다). 세라믹 위에 자석을 놓으면 세라믹을 통과하지 못한 자기력선이 크게 휘어지면서 일종의 '쿠션' 역할을 하기 때문에 자석이 허공에 뜨는 것이다.

상온 초전도체는 초자석(supermagnet)의 시대를 알리는 신호탄이기도 하다. 앞에서 설명한 바와 같이 MRI는 여러모로 유용한 기계임이 분명하지만, 제대로 작동하려면 엄청나게 강한 자기장을 걸어줘야 하기 때문에 유지비가 많이 든다는 단점이 있다. 그러나 여기에 상온 초전도체를 사용하면 강력한 자기장을 싼값에 만들 수 있을 뿐만 아니라, MRI의 크기도 줄일 수 있다. 불균일 자기장을 이용한 MRI 스캐너는 크기가 30센티미터 정도인데, 상온 초전도체를 적용하면 거의 단추 크기로 작아질 것이다.

영화 〈백 투 더 퓨처 III〉에는 주인공 마이클 제이 폭스(Michael J. Fox)가 날아다니는 스케이트보드, 즉 허버보드(hoverboard)를 타고 공중을 나는 장면이 나온다. 이 영화가 개봉된 후로 한때 전국의 장난감가게 주인들은 허버보드를 살 수 있냐고 묻는 아이들의 전화공세에 시달렸다고 한다. 아쉽게도 허버보드는 아직 만들어지지 않았다. 그러나 상온 초전도체가 만들어진다면 얼마든지 가능한 이야기다.

자기부상열차와 자기부상자동차

상온 초전도체의 간단한 응용분야로는 지면과의 마찰 없이 공중에 떠서 달리는 혁명적인 교통수단, 즉 자기부상열차나 자기부상자동차를 들 수 있다.

상온 초전도체를 이용한 자동차를 상상해보자. 이 자동차는 아스팔트 대신 초전도체로 만들어진 도로 위를 달린다. 또한 자동차에는 자기장을 만들어내는 초전도체나 영구자석이 달려 있어서 회전하는 바퀴 없이 허공에 뜬 채 날아갈 수 있다(뒷장 그림 참조). 접촉면이 없으니 마찰이 없고, 마찰이 없으니 앞뒤로 이동하기가 너무나 쉽다. 그래서 이런 차의 추진장치는 압축공기만으로 충분하다. 일단 한 번 움직이기 시작하면 오르막길이 아닌 한 거의 영원히 달릴 수 있다. 유일한 방해물은 공기저항인데, 이것은 전기엔진이나 소형 제트엔진, 또는 압축공기를 이용하여 쉽게 극복할 수 있다.

상온 초전도체는 아직 만들어지지 않았지만, 일부 국가들은 강력한 자석이 부착된 레일 위에 뜬 채로 달리는 자기부상열차(마그레프, maglev)를 이미 제작해놓았다. 열차의 바닥과 레일에 부착된 자석을 서로 같은 극끼리 마주보도록 설치해놓으면 자석 특유의 척력이 작용하여 열차를 공중에 띄우는 식이다.

최초의 자기부상열차는 1984년에 영국의 버밍햄(Birmingham) 국제공항과 버밍햄 기차역을 연결하는 노선에 건설되었으나, 현재 이 분야를 선도하는 국가는 독일과 일본, 그리고 중국이다. 자기부상열차의 최고속도기록은 일본의 MLX01 열차가 세운 시속 578킬로미터이다(제트비행기가 이보다 빠른 이유 중 하나는 높은 고도에서 공기가 희박하여

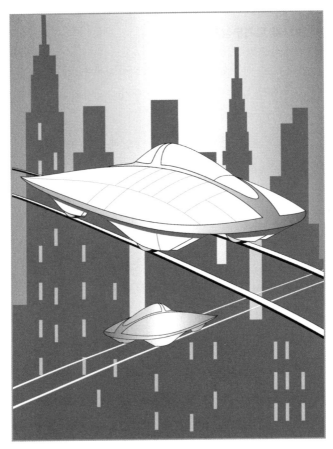

상온 초전도체가 실현되면 자동차와 기차는 지면을 벗어나 하늘을 날아다니게 된다. 이들은 초전도체로 만든 레일이나 도로 위에 떠서 공기저항 외에는 아무런 마찰 없이 이동할 수 있다.

저항이 작기 때문이다. 자기부상열차의 에너지 손실은 대부분 공기저항에서 비롯된다. 자기부상열차를 진공터널 속에서 운행한다면 음속의 5배가 넘는 시속 6,400킬로미터까지 달릴 수 있다). 단, 지금의 기술로는 자기부상열차로 이득을 내기 어렵기 때문에 아직 연구단계에 머물러 있다. 그러나 상온 초전도체가 실현되면 상황은 완전히 달라진다. 미국의 철도업계는 이로 인해 새로운 중흥기를 맞이할 것이며, 비행기 승객의 상당수를 열차가 흡수하여 온실가스도 크게 줄어들 것이다(대기에 퍼져 있는 온실가스의 2퍼센트는 비행기에서 방출된 것이다).

하늘에서 에너지를 얻다

21세기 말이 되면 또 다른 형태의 에너지가 대안으로 떠오를 것이다. 가까운 우주공간에 지천으로 널려 있는 태양에너지가 바로 그것이다. 한 가지 방법은 수백 개의 인공위성을 지구주변의 궤도에 올려서 태양열을 흡수한 후 지구를 향해 마이크로파 복사빔의 형태로 전송하면 되는데, 이것을 '우주태양력발전(space solar power, SSP)'이라 한다. 그런데 위성이 계속 움직이면 어렵게 얻은 에너지를 지구의 특정 위치로 보내기가 어렵지 않을까? 방법이 있다. 인공위성을 지표면으로부터 3만 5,200킬로미터 떨어진 궤도에 올리면 위성의 공전속도와 지구의 자전속도가 일치하여 지구에서 보면 위성이 항상 제자리에 떠 있는 것처럼 보인다(이것을 '정지위성geostationary satellite'이라 한다). 따라서 모든 위성을 정지궤도에 올리면 한 지점에 집중적으로 에너지를 전송할 수 있다.

　SSP의 가장 큰 걸림돌은 비용문제이다. 대부분의 비용은 우주에너지를 수집할 인공위성 제작에 들어간다. 태양에너지를 직접 수거한다는 아이디어 자체는 물리학적으로 아무런 하자가 없지만, 공학적 및 경제적인 면에서 커다란 문제점을 안고 있다. 그러나 6장에서 언급되겠지만, 21세기 말이 되면 우주비행의 비용을 획기적으로 줄이는 기술이 개발되어 SSP를 실현시켜줄 것이다.

SSP가 처음 제안된 것은 인간이 달에 가기 한 해 전인 1968년의 일이었다. 당시 국제태양에너지학회 의장이었던 피터 글레이저 (Peter Glaser)는 현대도시만 한 크기의 인공위성을 쏘아 올려 태양에너지를 수거한 후 빔의 형태로 지구에 전송한다는 파격적인 아이디어를 제시했으나, 현실성이 떨어진다는 이유로 별다른 관심을 끌지 못했다. 그후 1979년에 NASA의 과학자들이 글레이저의 제안을 심각하게 재검토했는데, 수천억 달러에 달하는 재원을 마련할 길이 없어서 또다시 포기하고 말았다.

그러나 우주항공기술이 꾸준히 발달하면서 NASA는 1995~2003년 동안 소규모 SSP 프로젝트에 연구비를 지원했다. 이 계획을 지지하는 사람들은 "경제성이 있는 SSP 시스템 구축은 오직 시간문제일 뿐"이라고 주장했다. 뉴욕대학교 물리학과 교수를 역임했던 마틴 호퍼트(Martin Hoffert)는 "SSP는 항구적이고 광역적이면서 폐기물을 방출하지 않는 최상의 전기에너지원"이라고 했다.

물론 이 야심찬 프로젝트에도 문제점은 있다. 일부 사람들은 위성에서 지구를 향해 발사한 에너지빔이 인구밀집지역으로 잘못 날아와 대형사고를 낼 수도 있다고 주장한다. 그러나 내가 보기에 이것은 지나친 기우인 것 같다. 위성에서 발사된 빔은 지표면의 아주 작은 면적에 집중되기 때문에 사고가 날 가능성은 거의 없다. 악한 마음을 품은 무리들이 인공위성에서 지구를 향해 죽음의 광선을 쏘아대는 것은 할리우드 영화에서나 가능한 이야기다.

공상과학작가인 벤 보바는 2009년 〈워싱턴 포스트(Washington

Post)〉에서 SSP의 비용을 구체적으로 예상했다. 그의 글에 의하면 위성 하나당 5~10기가와트를 생산하는데, 이 정도면 웬만한 화력발전소를 훨씬 능가한다. 또한 전기요금도 한 시간 동안 1킬로와트를 사용했을 때 8~10센트로 기존의 발전소와 경쟁할 만하다. 그런데 SSP용 인공위성은 크기가 1.5킬로미터나 되고 제작비는 핵발전소 건설비와 비슷한 10억 달러에 달한다.

보바는 SSP의 실현을 위해 현 정부가 일단 100메가와트짜리 '데모용 프로젝트'에 착수할 것을 권하면서 "지금 당장 착수한다면 오바마 대통령의 재임 말기에 데모용 위성을 발사할 수 있을 것"이라고 했다.

그러나 여기에 반응을 보인 것은 미국이 아닌 일본정부였다. 2009년에 일본의 무역성은 "SSP 위성의 가능성을 분석하는 연구를 계획 중"이라고 발표했으며, 미쓰비시전자를 비롯한 일본의 여러 회사들은 10억 와트의 전력을 생산하는 100억 달러 규모의 SSP 위성개발 프로젝트에 참여할 예정이다. 이 위성은 면적이 3.8평방킬로미터에 달하는 초대형 위성으로, 전면이 태양전지로 덮여 있다.

일본의 정부출연 연구기관인 에너지경제연구원의 켄수케 카네키요(Kensuke Kanekiyo)는 다음과 같이 말했다. "언뜻 보기엔 공상과학만화 같지만, 화석연료가 고갈되고 나면 우주태양광발전이 최선의 대안으로 떠오를 것이다."

그러나 예산 규모가 너무 커서 일본정부도 신중을 기하고 있다. 처음 4년 동안 과학적 실현가능성과 경제적 가치를 철저히 분석하여, 긍정적인 결과가 나오면 무역성과 일본항공우주국이 나서서 2015년에 소형 실험위성을 발사할 예정이다.

가장 중요한 문제는 과학이 아니라 경제적 가치이다. 동경에 있는 우주사업 자문회사 엑스칼리버 KK(Excalibur KK)의 히로시 요시다(Hiroshi Yoshida)는 다음과 같이 경고했다. "SSP위성은 저궤도(약 480킬로미터)가 아닌 정지궤도(약 3만 5,000킬로미터)를 돌아야 하기 때문에 에너지를 전송하는 과정에서 막대한 손실이 발생한다. 내 계산에 의하면 SSP의 예산을 지금의 10분의 1로 줄여야 경제적 이익을 창출할 수 있다."

로켓 추진체에 들어가는 비용도 문제이다. 화성탐사계획도 이 문제 때문에 난항을 겪고 있다. 로켓 제작비를 혁신적으로 줄이지 않는 한 SSP 프로젝트는 실패할 가능성이 높다.

21세기 중반까지는 일본의 계획대로 진행될 것이다. 그러나 추진체 문제가 해결되지 않으면 프로젝트는 차세대 로켓이 등장할 때까지 연기될 가능성이 높고, 그 시기는 아마도 21세기 말쯤 될 것이다. SSP위성의 가장 큰 문제가 돈이라면 다음과 같은 질문이 자연스럽게 떠오른다. "우주여행에 들어가는 비용을 혁신적으로 줄일 수는 없을까?"

6

우주여행의
미래

별 을 향 하 여

그동안 우리는 우주의 해변가에 너무 오래 머물러 있었다.
이제 드디어 새로운 별을 찾아 항해를 떠날 때가 되었다.

_**칼 세이건** Carl Sagan

그리스와 로마의 신들은 강력한 전차를 타고 올림푸스산 위를 날아 다녔고, 노르웨이의 신들은 무적의 바이킹호를 타고 우주의 바다를 건너 아스가르드로 나아갔다.

2100년이 되면 우리 인간도 신들의 전차 못지않은 우주선을 타고 외계의 별로 날아갈 수 있다. 새로운 우주시대가 열리면 밤하늘의 별은 더 이상 동경의 대상이 아니라 탐사대상이 될 것이다.

그러나 별까지 가는 우주선을 제작하기란 결코 쉬운 일이 아니다. 비유하자면, 두 팔은 이미 별을 향해 뻗어 있는데 발이 진창에 빠져서 허우적대고 있는 형국이다. 21세기에는 목성의 위성이나 지구와 비슷한 외계행성에 로봇을 파견하는 등 우주탐사의 새 장을 열겠지만, 오랜 세월 동안 꿈꿔온 '유인우주선 외계탐사 프로젝트'는 우리에게 실망을 안겨줄 것 같다.

가까운 미래 (현재~2030년)

외계행성

우주개발 프로그램에서 가장 눈에 띄는 부분은 외계에 파견될 탐사로봇이다. 이 로봇들은 인간의 한계를 넘어 탐사영역을 크게 넓혀줄 것이다.

우주과학의 성배는 뭐니 뭐니 해도 외계행성에 사는 생명체를 찾는 일이다. 이것은 탐사로봇에게 주어질 첫 번째 임무이기도 하다. 지금까지 천문학자들은 지구에 기반을 둔 천체망원경으로 외계태양계에서 약 500개의 행성을 찾아냈으며, 지금도 평균 2주에 한 개씩 새로운 행성이 발견되고 있다. 그러나 실망스럽게도 이들은 한결같이 목성형 행성뿐이다. 즉, 지구보다 덩치가 훨씬 크고 기체로 되어 있어서 생명체가 존재할 가능성이 거의 없다.

외계행성을 찾는 한 가지 방법은 별의 미세한 흔들림을 관측하는 것이다. 외계태양계는 회전하는 아령과 비슷하다. 즉, 두 개의 공이 서로 상대방의 영향을 받아 공전하고 있다. 아령의 한쪽 끝은 태양과 비슷한 별로서 망원경으로 쉽게 관측되지만, 반대쪽 끝에 있는 목성형 행성은 별보다 10억 배 이상 어두워서 직접관측이 불가능하다. 그러나 목성형 행성이 별 주변을 공전하고 있으면 별은 그 영향을 받아 조금씩 흔들린다. 따라서 망원경으로 이 흔들림을 관측하면 그 주변에 행성이 있다는 사실을 알 수 있다. 천문학자들은 이 방법으로 수백 개의 행성을 발견했다. 그러나 지구형 행성은 워낙 작아서 별의 움직임이 거의 없기 때문에 이런 식으로는 확인이 불가능하다.

　지구에 있는 천체망원경으로 지금까지 발견한 행성들 중 가장 작은 것은 지구의 3~4배쯤 된다. 그런데 놀랍게도 이 '슈퍼지구'는 별과의 거리가 적당하여 물이 존재할 수 있는 것으로 밝혀졌다. 물이 있다는 것은 곧 생명체가 존재할 수 있다는 뜻이다.

　이 감칠나는 상황은 2009년에 케플러미션 망원경(Kepler Mission telescope)을 실은 코롯(COROT)위성이 발사되면서 많이 달라졌다. 행성이 별 주위를 공전하다가 (망원경이 바라보는 시각에서) 별 앞을 지나가면 별빛을 부분적으로 가리기 때문에 광도가 아주 조금 약해진다. 지구와 비슷한 행성을 찾으려면 별의 흔들림이 아닌 밝기변화를 추적하는 것이 유리하다. 그래서 코롯위성은 수천 개의 별들을 끊임없이 스캔하면서 미세한 광도변화를 찾아내고 있다. 일단 지구형 행성이 발견되면, 그다음 순서는 생명체에게 필수적인 물의 존재여부를 확인하는 것이다. 액체상태의 물은 범우주적 용매로서, 최초의 DNA도 물에 녹아 있는 화학물질에서 탄생했을 것으로 추정된다. 지구형 행성에서 바다가 발견된다면 외계생명체의 존재 가능성은 크게 높아질 것이다.

　가십거리를 찾는 기자들은 "돈을 따라가라"고 말한다. 돈이 있는 곳에 스캔들이 있기 때문이다. 천문학자들도 무언가를 찾기 위해 눈에 불을 켜고 있다는 점에서 기자들과 비슷하다. 다만 천문학자들은 생명체를 찾고 있으므로 돈이 아닌 '물'을 따라가야 한다.

　케플러위성은 조만간 감도가 훨씬 높은 지구형행성탐사선(Terrestrial Planet Finder, TPF)으로 대치될 예정이다. TPF의 발사일정은 그동안 수 차례 연기되었지만, 일단 궤도에 오르기만 하면 케플러위성의 임무를 훨씬 효율적으로 수행할 것이다.

TPF는 최신형 고급장비를 다양하게 갖추고 있다. 첫째, 여기 장착된 거울은 허블망원경의 거울보다 4배나 크고 감도는 100배 이상 높다. 둘째, 고감도 자외선센서가 장착되어 있어서 강력하게 뿜어져 나오는 별빛을 모두 걸러내고 행성에서 방출되는 복사열만 감지할 수 있다(별에서 방출된 복사파를 두 곳에 받아서 서로 상쇄시키면 행성과 관련된 정보만 골라낼 수 있다).

이제 머지않아 수천 개의 외계행성 목록이 작성될 텐데, 그중 수백 개는 크기와 성분이 지구와 비슷할 것이다. 물론 언제까지나 목록만 작성하고 있을 수는 없다. 어느 정도 정보가 축적되어 지구와 비슷한 행성의 위치가 확인된다면 탐사선을 직접 파견해볼 만하다. 과연 그 행성에 물이 있을지, 물이 있다면 생명체도 있을지, 생명체가 있다면 그들도 우리처럼 라디오신호를 송출하고 있을지 정말 궁금하다.

골디락존의 바깥, 유로파

우리 태양계 안에서도 천문학자들의 관심을 끄는 천체가 있는데, 그중 1순위는 목성의 위성인 유로파(Europa)이다. 지난 수십 년 동안 천문학자들은 태양계의 생명체가 '골디락존(Goldilocks Zone. 너무 뜨겁지도 차갑지도 않고 모든 환경이 생명체의 생존에 알맞게 조성되어 있는 지역. 〈골디락스와 곰 세 마리〉라는 동화에서 유래됨 — 옮긴이)'에만 존재할 수 있다고 믿어왔다. 지구는 태양계 전체를 통틀어 액체상태의 물이 존재할 수 있는 유일한 지역이다. 수성은 태양과 너무 가까워서 모든 물이 증발해버렸고, 목성은 태양과 너무 멀어서 물이 있다 해도 꽁꽁 얼어붙을 것이다. 그런데 DNA와 단백질이 형성되려면 액체상태의 물이 반드시 존재해야 하므로, 태양계의 생명체는 오직 지구(또는 화성)에만 존재할 수 있다는 것이 오래된 통념이었다.

그러나 최근 들어 이 믿음은 틀린 것으로 판명되었다. 우주탐사선 보이저(Voyager)호가 목성의 위성 근처를 지나가다가 얼음으로 덮여 있는 유로파의 지하에 생명체가 살 수 있다는 사실을 발견한 것이다. 유로파는 1610년에 갈릴레오에 의해 처음으로 발견된 후 곧바로 천문학자들의 관심을 끌기 시작했다. 이 위성의 표면은 온통 얼음으로 덮여 있지만, 그 아래에는 지구의 바다보다 수심이 훨씬 깊은 바다가 존재한다. 그래서 유로파는 지구의 달보다 덩치가 작음에도 불구하고 지구 바닷물 전체수량의 두 배에 달하는 물을 보유하고 있다.

이로써 천문학자들은 태양계에 태양 이외의 다른 에너지원이 존재한다는 사실을 인정하지 않을 수 없게 되었다. 유로파의 표면 얼음층 밑에서는 조력(潮力, tidal force)에 의한 열이 끊임없이 발생하고 있다. 유로파는 목성 주변을 공전하다가 가끔씩 작게 흔들리는 경우가 있는데, 그럴 때마다 목성의 강한 중력이 유로파를 여러 방향으로 압착시켜서 중심부에 강한 마찰력을 만들어낸다. 이 마찰력에서 발생한 열 때문에 표면의 얼음이 녹으면서 바다가 형성된 것이다.

그렇다면 목성형 외계행성보다 그 주변을 돌고 있는 작은 위성들을 집중적으로 관측하는 편이 더 바람직할 수도 있다(2009년에 개봉된 제임스 캐머런의 영화 〈아바타〉의 배경도 목성형 외계행성이 아니라 그 주변을 도는 위성이었다). 그동안 우리는 외계생명체가 매우 드물다고 생각했지만, 사실은 멀리 있는 가스행성의 위성에서 칠흑 같은 어둠 속에 번성하고 있을지도 모른다. 이렇게 생각하면 생명체가 존재할 수 있는 후보지역이 갑자기 몇 배, 몇십 배로 많아진다.

이 발견에 자극을 받은 과학자들은 2020년 발사를 목적으로 유로파-목성계 미션(Europa Jupiter System Mission, EJSM)을 준비하고 있다. 이 탐사선은 유로파의 주변을 선회하다가 직접 착륙하여 정보를 수집할 예정이다. 그러나 과학자들은 여기에 만족하지 않고 유로파의 지하바다를 탐색하는 더욱 정교한 장치를 구상하고 있다. 그중 유로파의 얼음 표면에 구형물체를 투하하여 충돌의 여파로 튀어나온 파편을 상공에 떠 있는 탐사선이 분석한다는 유로파 아이스클리퍼 미션(Europa Ice Clipper Mission)이 관심을 끈다. 그 외에 수중로봇을 얼음층 밑으로 침투시켜서 원격조종으로 탐사하는 방법도 논의되고 있다.

유로파에 대한 관심은 지구의 해저탐사까지 촉진시키고 있다. 1970년대까지만 해도 대부분의 과학자들은 태양계의 에너지원이 태양뿐이라고 생각했다. 그러나 1977년에 앨빈(Alvin) 잠수함은 태양에너지가 도저히 도달할 수 없는 곳에서 생명체를 발견하여 세상을 놀라게 했다. 갈라파고스 섬의 해저단층지역에서는 새날개갯지렁이와 털격판담치(mussel, 석패과 뻘조개속의 총칭 — 옮긴이), 갑각류, 조개 등이 해저화산구멍에서 분출되는 에너지로 생명활동을 이어가고 있었던 것이다. 아무리 외진 곳이라 해도 에너지가 있으면 생명체가 살아갈 수 있다. 햇빛이라곤 눈곱만큼도 들지 않는 칠흑의 해저바닥도 예외는 아니었다. 사실 학계에서는 예전부터 "최초의 DNA가 형성된 곳은 해변가가 아니라 심해화산의 분출구 근처"라는 주장이 제기되어 왔으며, 가장 원시적인 형태의 DNA가 해저바닥에서 발견된 사례도 있다. 그러므로 유로파의 바다 밑에 화산이 존재한다면 그곳에도 DNA와 비슷한 무언가가 생성되었을 것이다.

그렇다면 유로파의 얼음층 밑에는 어떤 생명체가 살고 있을까? 지금으로선 짐작만 할 수 있을 뿐이다. 어쨌거나 그곳에 생명체가 존재한다면 빛을 감지하는 신체기능 대신 음파탐지기능이 크게 발달했을 가능성이 높다. 이들에게 얼음층은 하늘이나 다름없으며, 이들의 우주는 바다 속이 전부일 것이다.

LISA, 빅뱅 이전의 탐구

빅뱅 직전에는 과연 어떤 일이 일어났을까? 우리의 우주는 빅뱅에서 태어났으니 그전에 무슨 일이 있었다면 정말 엄청나게 큰 대형 사건이었을 것이다. 이 궁금증을 풀기 위해 계획된 것이 바로 LISA(Laser Interferometer Space Antenna)이다.

최근 들어 과학자들은 멀리 있는 은하들이 지구로부터 멀어져 가는 속도와 변화율(가속도)을 측정할 수 있게 되었다(광원이 관측자를 향해 다가오거나 관측자로부터 멀어져 갈 때 파장이 달라지는 현상을 도플러편이Doppler shift라 하는데, 달라진 정도를 관측하면 광원의 속도를 알 수 있다). 여기서 얻은 데이터를 시간에 역행하는 방향으로 복원하면 비디오테이프를 거꾸로 되돌리듯이 우주의 시작점으로 되돌아갈 수 있다. 이것은 파편이 흩어진 모양을 역으로 추적하여 폭발이 일어나던 시점의 상황을 파악하는 과정과 비슷하다. 빅뱅이 137억 년 전에 일어났다는 것도 이런 역추적 방식을 통해 얻은 결과이다.

그런데 한 가지 감질나는 것은 WMAP(Wilkinson Microwave Anisotropy Probe)위성이 찍은 사진으로는 빅뱅 후 40만 년까지밖에 되돌릴 수 없다는 점이다. 빅뱅이 일어났다는 것만은 분명한 사실이다. 그런데 빅뱅은 왜 일어났는가? 무엇이 폭발했는가? 그리고 무엇이 폭발을 야기했는가? 기존의 관측자료만으로는 도저히 알 수가 없다.

과학자들이 LISA에 주목하는 이유가 바로 이것이다. LISA는 완전 새로운 형태의 복사인 중력파를 감지할 수 있다. 빅뱅의 순간에 생성된 중력파의 메아리를 감지하는 것이 LISA의 임무이다.

인류의 역사를 돌아보면 새로운 형태의 복사를 활용할 때마다 세계관도 따라서 변해왔음을 알 수 있다. 갈릴레오가 광학망원경으로 별과 행성을 관측한 이후로 천문학이라는 새로운 학문이 탄생했고, 2차 세계대전 직후에 탄생한 라디오망원경은 폭발하는 별과 블랙홀을 발견하여 천문학에 일대 혁명을 일으켰다. 그리고 중력파를 감지하는 3세대 천체망원경은 충돌하는 블랙홀과 고차원 공간, 다중우주 등 더욱 파격적인 이론을 검증해줄 것이다.

2018~2020년 사이에 발사될 예정인 LISA는 세 개의 위성으로 구성되어 있다. 이들은 우주공간에서 한 변이 460만 킬로미터에 달하는 거대한 삼각형 대형을 이룬 채 레이저빔을 통해 서로 정보를 교환할 것이다. 계획대로 된다면 LISA는 역사상 가장 큰 관측기구로 기록될 예정이다. 빅뱅 때 발생한 중력파가 아직도 남아 있다면 그 여파로 위성이 미세하게 흔들리면서 레이저의 조준이 빗나갈 것이고, 이로부터 감지기는 요동의 진동수와 특성을 분석하여 중력파의 존재여부를 확인해줄 것이다. 만일 이 관측이 성공한다면 과학자들은 빅뱅 후 1조 분의 1초가 지난 시점까지 보게 되는 셈이다(아인슈타인의 일반상대성이론에 의하면 시공간은 휘어지거나 늘어나는 직물과 비슷하

다. 충돌하는 블랙홀이나 빅뱅과 같이 대형사건이 일어나면 그 여파로 파동(중력파)이 생성되어 시공간 직물을 타고 퍼져나간다. 그러나 이 파동은 너무 작아서 일반적인 관측도구로는 감지할 수 없다. 현재 중력파의 잔해를 감지할 수 있을 정도로 예민한 장치는 LISA뿐이다).

LISA는 충돌하는 블랙홀에서 생성된 복사를 감지할 뿐만 아니라, 빅뱅 이전의 시기를 들여다볼 수도 있다. 불과 얼마 전까지만 해도 불가능하다고 여겨졌던 임무를 당당히 수행할 수 있게 된 것이다.

이론 입자물리학의 총아로 떠오른 끈이론은 빅뱅 이전의 우주를 설명하는 몇 가지 모형을 제시하고 있다(나의 전공분야도 끈이론이다). 이 시나리오에 의하면 우리의 우주는 끊임없이 팽창하고 있는 거대한 거품이며, 우리는 이 거품의 표면에 존재하고 있다(끈끈한 테이프에 들러붙은 파리의 신세와 비슷하다). 그러나 우리의 우주는 혼자가 아니며, 거대한 거품욕조 안에서 다른 수많은 거품우주들과 공존하고 있다. 때때로 이 거품들은 서로 충돌하거나(이것을 '빅 스플랫big splat이론'이라 한다) 둘이 융합되어 하나가 되기도 한다(이것을 '영구인플레이션eternal inflation이론'이라 한다). 개개의 빅뱅전이론(pre-big bang theory)들은 초기 대폭발이 일어난 후 중력복사에너지가 퍼져나간 방식을 나름대로 설명하고 있는데, LISA가 중력파를 감지하면 이들 중 어떤 이론이 맞는지 판별할 수 있을 것이다.

그러나 지금 만들고 있는 LISA도 이 작업을 수행하기에는 역부족이다. 그래서 과학자들은 차세대 관측장비인 '빅뱅관측기(Big Bang Observer, BBO)'의 설계에 착수한 상태이다.

LISA와 BBO 프로젝트가 성공한다면 "우주는 어디서 왔는가?"라는 오래된 질문에 해답이 주어질 것이다. 이것은 그리 먼 훗날의 이야기가 아니다.

유인우주탐사선

우주탐사선에 로봇을 태워 보내면 위험한 환경에 노출되어도 상관 없고 값비싼 생명유지(또는 생명보호)장치가 필요 없으며, 임무를 완수한 후에는 굳이 되돌아올 필요도 없다. 그러나 승무원이 사람이라면 이야기는 180도 달라진다. 우주의 환경이 생명체에게 전혀 우호적이지 않은데다가 사람을 소모품처럼 쓸 수도 없기 때문에, 임무수행보다 승무원의 무사귀환에 초점을 맞춰서 우주선을 설계해야 한다.

1969년에 닐 암스트롱(Niel Armstrong)과 버즈 올드린(Buzz Aldrin)이 달 표면을 걸은 후로, 사람들은 머지않아 태양계의 다른 행성에도 갈 수 있다고 생각했다. 행성뿐만 아니라 외계의 별에 가는 것조차 만만하게 보였다. 당시 신문을 비롯한 모든 언론들은 새로운 우주시대가 열렸다며 연일 추측성 기사를 남발했다.

그러나 한껏 부풀었던 풍선은 얼마 가지 않아 터지고 말았다.

공상과학작가인 아이작 아시모프(Isaac Asimov)가 지적한 대로, 우리는 터치다운에 성공하여 득점을 올린 후 축구공을 챙겨서 집으로 돌아온 것뿐이다. 아폴로 11호의 추진체였던 새턴5호 로켓부스터는 박물관 뒷마당에 구경거리로 방치되어 있고, 하나의 목적으로 일치단결했던 로켓과학자들은 뿔뿔이 흩어졌다. 이들은 우주로 진출하겠다는 의욕을 이미 오래전에 상실했다. 이제 '인간의 최초 달 보행'은 먼지 쌓인 역사책에서나 간신히 찾아볼 수 있을 정도로 잊힌

사건이 되었다.

대체 왜 이렇게 되었을까? 베트남전과 워터게이트 사건(1972년 6월에 닉슨 대통령의 비밀공작원들이 민주당 전국위원회본부에 몰래 침입하여 도청장치를 설치했던 사건 — 옮긴이) 등 몇 가지 악재가 겹치긴 했지만, 원인을 파고 들어가다 보면 결국은 돈 문제에 귀결된다.

우주탐사에는 엄청난 비용이 들어간다. 일반인들은 이 점을 간과하기 쉬운데, 이 기회에 확실히 기억해두기 바란다. 우주로켓은 정말혀를 내두를 정도로 비싼 물건이다. 500그램이 채 안 되는 물건(1파운드. 약 450그램)을 지구주변의 저궤도에 쏘아 올리는 데 1만 달러가 소요된다(이 정도면 같은 무게의 금값하고 비슷하다). 이 물건을 달까지 보내려면 비용이 10만 달러로 올라가고, 화성까지 보내려면 1파운드당 100만 달러를 써야 한다(같은 무게의 다이아몬드의 값과 비슷하다!).

1960~1970년대 중반은 소련과의 우주개발경쟁에서 우위를 점하기 위해 모든 국력을 쏟아 붓던 시기였으므로 돈이 문제가 아니었다. 미국 국민들은 용감한 우주인이 벌이는 곡예에 완전히 매료되어 비용까지 생각할 겨를이 없었으며, 정부당국은 경쟁에서 이기기 위해 천문학적 예산을 기꺼이 지원했다. 그러나 제아무리 강대국이라 해도 이토록 엄청난 '돈 먹는 하마'를 수십 년 동안 키울 수는 없었다.

아이작 뉴턴 경이 만물의 운동법칙을 발견한 지도 어언 300년이넘었는데, 우리는 아직도 그 법칙에서 벗어나지 못하고 있다. 임의의 물체를 지구의 저-위성궤도에 진입시키려면 시속 2만 9,000킬로미터의 속도로 쏘아 올려야 한다(물론 지상의 로켓은 처음부터 이 속도로 움직일 수 없으므로 발사 후 서서히 가속하여 이 속도에 도달한다 — 옮긴이). 그리고 지구의 중력권을 완전히 벗어나 우주공간으로 보내려면 시속 4만 킬로미터까지 가속되어야 한다(로켓이 앞으로 나아가는 원리를 발견한 사람도 뉴턴이다. 그의 세 번째 운동법칙인 작용-반작용법칙에 의하면 모든 작용에는 크기가 같고 방향이 반대인 반작용이 수반된다. 즉, 로켓이 뒤쪽을 향해 연료를 빠른 속도로 분출하면 그 반대방향인 앞으로 나아가는 힘을 받게 된다. 풍선을 한껏 부풀렸다가 입구를 풀어주면 방 안을 어지럽게 날아다니는 것도 같은 원리이다). 그러므로 뉴턴의 법칙을 이용하면 우주여행에 들어가는 비용을 쉽게 계산할 수 있다. 사실, 태양계탐사 자체는 물리학 법칙에 전혀 위배되지 않는다. 원리적으로는 얼마든지 가능하다. 문제는 물리학이 아니라 바로 '돈'인 것이다.

설상가상으로 로켓은 분사에 필요한 모든 연료를 실은 채로 날아가야 한다. 비행기도 연료를 싣고 날아가지만, 산소는 공기 중에서 취할 수 있으므로 따로 실을 필요가 없다. 그러나 우주공간에는 산소가 없기 때문에 우주로켓은 산소와 수소를 모두 실은 채 출발해야 한다.

이런 이유 때문에 제트팩이나 날아다니는 자동차도 실용화되지 못하는 것이다. 많은 공상과학작가들은 개인용 제트팩을 메고 하늘을 날아다니거나 비행자동차를 타고 가족여행을 떠나는 등 '개인비행'이 이미 실현되었거나 곧 실현될 것처럼 서술하여 독자들의 오해를 사고 있는데, 현실은 전혀 그렇지 않다(《내 제트팩 어디 갔어(Where's My Jetpack)?》처럼 냉소적인 제목을 단 책들이 인기를 끄는 것도 이와 비슷한 맥락일 것이다). 그 이유는 간단한 계산을 통해 알 수 있다. 사실 제트팩은 예전부터 존재했다. 2차대전 때 나치가 짧은 기간 동안 실전에 적용한 사례도 있다. 그러나 제트팩의 연료인 과산화수소는 연소시간이 너무 짧아서 연료를 가득 채워도 단 몇 분밖에 날지 못한다. 헬리콥터의 로터(선풍기)를 이용한 비행자동차도 연료소비량이 너무 많아서 재벌이 아닌 다음에는 도저히 출퇴근용으로 쓸 수 없다.

폐기된 달 개발 프로그램

우주여행은 단가가 너무 비싸기 때문에 유인우주탐사의 미래는 다소 유동적이다. 조지 부시 전 대통령은 우주개발 프로그램에 관하여 명쾌하면서도 야심찬 계획을 발표했는데, 그 핵심은 다음과 같다. 첫째, 우주왕복선은 2010년까지 모두 퇴역시키고 2015년 이내에 컨스털레이션(Constellation)이라는 새로운 로켓시스템으로 대치한다. 둘째, 2020년에 우주인을 달에 파견하여 영구기지를 건설한다. 셋째, 화성 유인탐사계획을 계속 추진한다.

그러나 미국경제에 심각한 불경기가 닥치면서 우주사업 투자가 크게 위축되는 바람에 위의 계획은 수정이 불가피해졌다. 2009년에 오거스틴위원회(Augustine Commission, NASA의 프로그램을 검토하는 자문위원회. 록히드 마틴 사의 CEO인 노먼 오거스틴Norman Augustine이 의장을 맡고 있음 ─ 옮긴이)는 버락 오바마 대통령에게 보고서를 제출하면서 "지금의 재정상태로는 조지 부시의 계획을 도저히 실행할 수 없다"고 결론지었고, 그 다음해에 오바마 대통령은 보고서의 내용을 받아들여 우주왕복선과 새로운 달 탐사계획을 취소시켰다.

당장 로켓이 없으면 NASA는 사람을 우주에 보낼 때 러시아에 의존하는 수밖에 없다. 그러나 상업용 우주여행을 준비하고 있는 사(私)기업체들에게는 좋은 소식이다. 앞으로 NASA는 유인우주선을 위한 로켓개발에 거의 손을 뗄 것으로 예상된다. 과거 우주개발의 향수에 빠져 있는 사람들에게는 서운한 소식이겠지만, 우주여행의 상업화시대를 촉진한다는 점에서 바람직한 선택일 수도 있다. 그러나 비평가들은 앞으로 NASA가 '갈 곳 없는 정부기관'으로 전락할 것이라며 정부의 결정을 비난하고 있다.

소행성에 착륙하기

오거스틴위원회는 거창한 우주개발계획을 자제하고 규모가 작으면서 탄력적인 프로그램을 실천할 것을 적극 권장했다. 그중 하나는 지구 근처를 지나 달 또는 목성으로 날아가는 소행성에 접근을 시도하는 것이다. 이런 소행성은 아직 목록에 올라 있지 않을 가능성이 높으며, 지구 근처로 접근하면 그때 비로소 알려질 것이다.

　앞서 말한 바와 같이 달이나 화성에 사람을 보낸 후 다시 지구로 귀환시키려면 엄청난 비용이 들어간다. 그러나 소행성이나 화성의 위성은 중력이 아주 작기 때문에 적은 연료로 임무를 완수할 수 있다. 또한 오거스틴위원회는 지구의 중력과 달의 중력이 정확하게 상쇄되는 라그랑 지점(Lagrange point)에 유인우주선을 파견할 것을 권했다. 태양계가 처음 만들어지던 무렵에 생성된 다양한 먼지와 파편조각들은 중력이 균형을 이룬 라그랑 지점으로 모여들었다. 즉, 라그랑 지점은 우주의 '쓰레기 적하장'인 셈이다. 그러므로 이곳에 유인우주선을 보내면 지구와 달의 초기에 생성된 바위를 수거해올 수 있다.

　소행성은 중력이 아주 작기 때문에 그 위에 우주선을 착륙시키는 것은 '저예산 프로그램'에 속한다(소행성이 공처럼 둥글지 않고 제멋대로 생긴 것도 중력이 약하기 때문이다. 별과 행성, 그리고 달처럼 덩치가 큰 천체들은 생성 초기에 중력이 모든 방향으로 균일하게(그리고 강하게) 작용하여 서서히 둥근 형태로 진화한다. 그러나 소행성은 중력이 작기 때문에 대부분 불규칙한 형태를 띠고 있다).

한 가지 가능성은 2029년에 지구를 아슬아슬하게 스쳐 지나갈 아포피스(Apophis) 소행성에 우주선을 착륙시키는 것이다. 대형 종합경기장과 크기가 비슷한 아포피스는 정지위성보다 낮은 고도까지 접근하여 지구를 스쳐 지나간 후 2036년에 다시 올 예정인데, 이때는 10만 분의 1의 확률로 지구와 충돌할 가능성이 있다. 만일 아포피스가 지구와 충돌한다면 히로시마에 투하됐던 원자폭탄 10만 개가 동시에 터진 것과 같은 파괴력을 발휘할 것이다. 이 정도면 프랑스의 전 국토를 완전히 파괴하고도 남는다(1908년에 시베리아의 퉁구스카Tunguska 지역에 떨어졌던 소행성은 아파트 한 동만 한 크기로, 히로시마 원자폭탄의 1,000배에 달하는 위력을 발휘했다. 그 여파로 주변 2,500평방킬로미터의 숲이 초토화되었으며, 수천 킬로미터 떨어진 곳에서도 충격파가 느껴졌다. 그 무렵에 아시아와 유럽에서는 밤에도 하늘이 환하게 빛나는 신기한 현상이 목격되었는데, 런던에서는 한밤중에 신문을 읽을 수 있을 정도였다고 한다).

2029년에 아포피스는 지구에 충분히 가깝게 접근할 것이므로 여기에 우주선을 착륙시키는 데에는 큰돈이 들지 않는다. 문제는 돈이 아니라 '착륙시키는 방법'이다. 소행성은 중력이 약하기 때문에 사실 착륙이라기보다 '도킹'에 가깝다. 또한 소행성은 불규칙적으로 회전하고 있으므로 도킹하기 전에 정확한 측정이 이루어져야 한다. 소행성의 강도를 테스트하는 것도 매우 흥미로울 것이다. 학자들의 의견에 따르면 소행성은 약한 중력으로 연결된 바위의 집합일 수도 있고, 전체가 하나의 견고한 바위덩어리일 수도 있다. 미래의 어느 날, 소행성을 핵폭탄으로 폭파해야 할 상황이 온다면 둘 중 어느 쪽인지 반드시 알아야 한다. 지구로 다가오는 소행성을 애써 폭파시켰는데 산산이 부서지지 않고 몇 개의 큰 덩어리로 분해된다면 상황은 더욱 악화된다. 그러므로 폭탄을 사용하는 것보다 소행성을 조금씩 밀어내서 지구를 비켜 가도록 만드는 것이 더 안전하다.

화성의 위성에 착륙하기

오거스틴위원회는 유인탐사 프로그램을 지지하지 않았지만, 화성의 위성인 포보스(Phobos)와 데이모스(Deimos)에 사람을 보내는 것은 여전히 매력적인 미션이다. 이 위성들은 지구의 달보다 덩치가 훨씬 작기 때문에 중력도 훨씬 약하다(천체의 중력은 질량에 비례한다. 달의 중력은 지구의 약 6분의 1이다). 포보스와 데이모스의 유인탐사는 비용 절감 외에 다음과 같은 장점이 있다.

1. 화성의 위성을 우주정거장으로 사용하면 다른 행성을 직접 방문하지 않아도 적은 비용으로 자세한 분석을 할 수 있다.
2. 화성의 위성은 화성으로 접근하는 전초기지의 역할을 한다. 포보스와 화성 사이의 거리는 9,600킬로미터에 불과하므로 여기에 기지를 건설하면 몇 시간 내에 화성에 도달할 수 있다.
3. 화성의 위성에는 우주에서 떨어지는 운석과 에너지복사를 막아줄 동굴이 있을 것이다. 특히 포보스의 한쪽 면에는 거대한 '스티크니 분화구(Stickney crater)'가 있는데, 이것은 과거에 거

대한 운석과 충돌했음을 보여주는 증거이다. 이때 충돌의 여파로 엄청난 양의 바위와 먼지들이 하늘로 흩어졌다가 중력에 의해 서서히 떨어졌을 것이다. 따라서 포보스에는 수많은 동굴과 갈라진 틈이 존재할 것으로 추정된다.

달로 돌아가다

오거스틴위원회의 보고서에는 달 탐사계획도 언급되어 있다. 달에도 우주선을 보낼 필요가 있지만 최소한 300억 달러가 소요될 것이고, 이 재정을 마련하려면 10년 이상 걸릴 것이므로 당분간은 달에 가기 어렵다는 것이 위원회의 결론이었다.

이로 인해 취소된 계획이 바로 컨스털레이션 프로그램이다. 이 프로그램은 몇 개의 주요부분으로 구성되어 있는데 그중 하나가 아레스(Ares)로서, 1970년대를 풍미했던 새턴로켓이 퇴역한 후 NASA에서 제작한 차세대 유인로켓이다. 아레스의 꼭대기에 얹혀 있는 오리온 모듈(Orion module)은 6명의 승무원을 우주정거장에 보내거나 4명의 승무원을 달에 보낼 수 있다. 물론 달에 가는 경우를 대비하여 달착륙선 알타이르(Altair)도 만들어놓았다.

우주왕복선은 거대한 로켓추진체의 측면에 비행선이 붙어 있는 구조인데, 이륙할 때 추진체에서 발포단열재가 자주 떨어져 나오는 등 몇 가지 구조적 결함을 갖고 있었다. 특히 2003년에 컬럼비아 호가 이륙할 때 문제의 발포제 조각이 기체의 날개와 충돌하여 날개의 앞부분(검게 칠해진 부분)을 덮고 있는 단열재가 떨어져 나갔다. 그 바람에 결국 대참사로 이어졌고, 이 사고로 NASA는 우주왕복선과 함께 7명의 우주인을 잃었다(사고는 이륙할 때 일어났지만 컬럼비아 호는 아무런 문제없이 임무를 수행했다. 그러나 귀환 길에 대기권에 진입하여 속도가 빨라지면서 대기와의 마찰에 의해 엄청난 열이 발생했고, 단열재를 잃은 날개부위가 타들어 가면서 공중분해되고 말았다). 컨스털레이션 호는 승무원용 캡슐이 로켓추진체의 꼭대기에 얹혀 있으므로 이와 같은 사고가 재현될 염려는 없다.

컨스털레이션은 1970년대에 사용했던 달 탐사용 로켓과 비슷한 점이 많다. 그래서 언론은 컨스털레이션 프로그램을 "아폴로 프로그램의 소행성 버전"이라고 보도했다. 아레스 1호 추진체의 총 길이는 99미터로서, 110미터였던 새턴5호와 거의 비슷하다. 그후 NASA는 추진력을 더욱 보강하여 전장 116미터에 207톤의 화물을 실어 나를 수 있는 아레스 5호를 제작했다(아레스 5호는 달과 화성의 유인탐사를 염두에 두고 제작된 로켓이다. 그후 컨스털레이션 프로그램은 백지화되었지만, 앞날을 위해 일부 부품을 활용하자는 의견도 있다).

달에 영구기지를 건설하다

오바마 대통령은 컨스털레이션 프로그램을 폐기하면서 새로운 옵션을 제시했다. 우주인을 달에 데려다줄 목적으로 만들어진 오리온 모듈을 국제우주정거장의 비상탈출용 캡슐로 사용하자는 것이다. 앞으로 경제가 회복되고 새로운 정권이 들어서면 달에 대한 관심이 다시 살아날 수도 있으므로, 그동안 이미 만들어놓은 부품들을 활용하는 것도 괜찮은 생각이다.

달에 영구적인 기지를 건설하려면 여러 가지 난관을 극복해야 한다. 제일 문제가 되는 것은 미세운석(micrometeorite)이다. 달에는 대기가 없기 때문에 우주에서 날아온 바위들이 달 표면에 수시로 떨어지고 있다. 망원경으로 달의 표면을 관측해본 적이 있는 사람은 알겠지만 비 온 직후의 진창길처럼 크고 작은 분화구가 도처에 널려 있다(이들 중에는 수십억 년 전에 형성된 것도 있다. 달에는 대기가 없으므로 풍화작용이 일어나지 않아서 한 번 생긴 분화구는 영구히 보존된다).

나는 버클리 캘리포니아대학의 대학원생 시절에 이 위험성을 눈으로 확인한 적이 있다. 1970년대에 달 탐사대원이 가져온 월석에 세간의 관심이 집중되었을 때 한 연구소에 초대되어 월석을 현미경으로 관찰할 기회가 있었다. 처음에는 지구의 바위와 비슷해 보였으나 자세히 들여다보니 그 작은 바위에 미세한 분화구가 수도 없이 파여 있었다. 이뿐만이 아니다. 현미경의 배율을 높여 더 자세히 관찰해보니 그 작은 분화구 속에 더 작은 분화구가 숭숭 뚫려 있었다. 분화구는 전에도 본 적이 있었지만, 분화구 속의 분화구를 눈으로 확인한 것은 그때가 처음이었다.

나는 현미경을 들여다보며 모골이 송연해졌다. 대기가 없는 달에서는 모든 운석이 크기에 상관없이 시속 6만 4,000킬로미터로 떨어진다. 아무리 작은 알갱이라 해도 이런 속도로 떨어지는 물체는 우주복을 관통하고도 남는다. 그리고 달에서 우주복의 손상은 곧 죽음을 의미한다. 큰 운석은 어떻게든 피할 수 있겠지만, 눈에 보이지도 않는 미세운석이 언제 떨어질지 모르는 상황에서 무슨 수로 임무를 수행한단 말인가(미세운석에 의한 피해는 실험실에서 확인할 수 있다. 특수제작된 거대한 총에 미세한 금속알갱이를 장전하여 초고속으로 발사한 후, 피해 정도를 확인하는 실험이 여러 곳에서 실행되고 있다)?

한 가지 해결책은 달에 지하기지를 건설하는 것이다. 과거의 달은 화산활동이 활발했기 때문에 내부 깊숙이 연결되는 용암동굴이 어딘가에 분명히 있을 것이다(용암동굴은 과거에 화산에서 분출된 용암이 땅을 동굴모양으로 깎아내면서 지하로 흘러 들어간 흔적이다). 천문학자들은 2009년에 달에서 대형건물만 한 용암동굴을 발견했는데, 이 정도면 지하기지를 건설하기에 충분하다.

우주복사와 우주선(cosmic ray), 그리고 홍염과 미세운석 등을 막는 수단으로 천연동굴을 이용한다면 비용을 크게 절약할 수 있다. 뉴욕에서 로스앤젤레스로 비행기를 타고 날아가는 동안 모든 승객들은 치과에서 X-선을 촬영할 때 쪼이는 양만큼의 복사에 노출된다. 그러나 달에 파견된 우주인은 목숨이 위험할 정도로 다량의 복사에 노출되기 때문에 차단막이 반드시 필요하다. 달을 향해 날아오는 홍염과 우주선에 노출되면 노화가 빨라지고, 심지어는 암에 걸릴 수도 있다.

우주공간에 장기 체류하는 우주인들에게는 무중력도 심각한 문제이다. 나는 오하이오 주 클리블랜드에 있는 NASA 훈련센터를 방문했을 때 승무원들이 훈련 받는 현장을 구경할 기회가 있었다. 그때 한 훈련생이 몸에 안전장비를 착용하고 천장에 수평으로 매달린 채 수직으로 서 있는 러닝머신 위를 두 발로 걸어가는 모습을 신기한 눈으로 바라보았던 기억이 난다. NASA의 과학자들은 이런 식으로 무중력상태를 재현하여 승무원의 적응력을 향상시키고 있다.

NASA의 한 의사는 나와 대화를 나누면서 "무중력상태에 오래 노출되었을 때 나타나는 부작용은 생각보다 훨씬 심각하다"고 강조했다. 실제로 우주정거장에서 장시간 근무했던 미국과 러시아의 우주인들은 근육과 뼈가 퇴화되고 심장혈관이 수축되는 등 몸에 심각한 변화가 나타났다. 우리의 몸은 지구의 중력 하에 수백만 년 동안 진화해왔기 때문에 중력이 약한 곳에 가면 모든 생물학적 과정에 혼란이 초래된다.

우주정거장에서 거의 1년 동안 임무를 수행했던 러시아의 우주인은 지구로 돌아왔을 때 간신히 기어갈 정도로 몸이 약해져 있었다. 우주에서 매일 신체단련을 한다 해도 근육이 약해지고 뼈의 칼슘함량이 떨어지며, 심장혈관계의 기능도 떨어진다. 이런 증상은 대체로 몇 달이 지나면 회복되지만, 개중에는 평생 동안 회복하지 못한 경우도 있다. 화성탐사는 거의 2년이 걸리는 장기여행이므로 승무원들의 몸 상태가 악화되어 막상 도착했을 때 임무를 수행하지 못할 수도 있다(우주선을 회전시켜서 인공중력을 만들어내면 지구와 같은 환경을 유지할 수 있다. 이것은 물이 든 양동이에 끈을 묶고 수직방향으로 원을 그리며 빠르게 돌렸을 때 물이 엎질러지지 않는 것과 같은 원리이다. 그러나 우주선을 통째로 회전시키려면 많은 장비가 추가되어야 하므로 역시 돈이 문제가 된다. 화성행 우주선은 무게 1파운드(약 0.45킬로그램)당 100만 달러의 비용이 들어간다).

달에도 물이 있다

2009년에 NASA는 달의 분화구를 관측하고 물의 존재여부를 확인하기 위해 LCROSS(lunar crater observation and sensing satellite) 탐사선과 켄타우로스 추진체(Centaur booster)를 달의 남극지역에 충돌시켰다. 이들은 시속 9,000킬로미터의 속도로 달 표면에 추락하여 1.5킬로미터 상공까지 파편을 날려 보냈으며, 충돌지점에는 직경 18미터짜리 분화구가 생겼다. 당시 이 광경은 TV로 생중계되었는데, 대단한 구경거리를 기대했던 사람들은 조그만 섬광이 잠깐 나타났다가 사라지는 광경을 보고 적잖이 실망했다. 그러나 표면에서 튀어 오른 파편 속에 24갤런(약 90리터)의 물이 관측되는 등 풍부한 데이터를 건질 수 있었다. 그 다음해에 과학자들은 파편의 5퍼센트가 물이라는 충격적인 사실을 발표했다. 알고 보니 달의 표면은 사하라사막보다 축축했던 것이다.

이것은 매우 중요한 발견이다. 미래의 우주인들은 달의 지하에서 얼음을 채취하여 로켓연료로 쓰거나(수소), 호흡에 사용하거나(산소), 차폐막을 만들거나(물은 복사에너지를 흡수한다), 정제하여 마실 수도 있다. 달에 있는 물(또는 얼음)을 돈으로 환산하면 수억 달러는 족히 될 것이다. 물 값이 문제가 아니라 물을 달까지 실어 나르는 데 워낙 많은 비용이 들기 때문이다.

장거리 여행을 갈 때는 가능한 한 모든 물건을 현지에서 조달하는 것이 편하다. 특히 운송비가 비싼 경우에는 더욱 그렇다. 달에서 얼음과 광물을 충분히 채취할 수 있다면 영구기지를 건설하는 것도 얼마든지 가능하다.

조금 먼 미래(2030~2070년)

화성탐사

오바마 대통령은 2010년에 플로리다를 방문하여 "미국정부는 달탐사 프로그램을 폐기하는 대신 화성탐사 프로그램을 유지할 것이며, 아직 구체적인 형태는 정해지지 않았지만 인간을 달 너머로 데려다 줄 로켓추진체 개발을 위해 필요한 기금을 조성할 것"이라고 했다. 그는 인간이 화성 표면을 걸어 다니는 모습을 자신이 죽기 전에 볼 수 있을 것이라며 흡족해했다(대략 2030년대 중반쯤으로 예상된다). 닐 암스트롱과 함께 인류 최초로 달을 밟았던 버즈 올드린을 비롯하여 우주에 다녀온 경험이 있는 일부 우주인들은 오바마의 정책을 열성적으로 지지하고 나섰다. 이제 더 이상 달을 상대하지 않아도 되기 때문이다. 언젠가 올드린은 나에게 이런 말을 한 적이 있다. "미국은 이미 달에 갔다 오지 않았는가. 이제 진정한 모험을 하려면 화성으로 진출해야 한다."

지구를 제외한 태양계의 모든 행성들 중에서 생명체가 존재할 가능성이 있는 곳은 화성뿐이다. 수성은 태양에 완전히 그을려서 도저히 생명체가 살 수 없고, 목성, 토성, 천왕성과 같은 거대가스 행성들은 생명체가 살기에 너무 춥다. 금성은 지구와 쌍둥이처럼 닮았지만 온실효과가 극심하여 생명체에게는 지옥이나 다름없다. 금성의 온도는 무려 섭씨 480도이고 대기중 이산화탄소 농도가 지구의 100배이며, 수시로 내리는 비의 주성분은 물이 아니라 황산이다. 누군가가 금성에 착륙한다면 당장 질식사하는 것은 물론이고 시신은 자동으로 화장되어 황산 속에 녹아버릴 것이다.

화성은 과거 한때 지구처럼 바다가 있고 강도 있었다. 지금은 완전히 얼어붙은 사막이 되었지만, 수십억 년 전에는 화성에도 생명체가 살았을 것으로 추정된다. 그들 중 일부는 지금도 뜨거운 지하온천 속에서 생명을 유지하고 있을지도 모른다.

미국정부가 화성탐사계획을 추진한다고 발표하긴 했지만, 실행에 옮기려면 20~30년은 족히 걸릴 것이다. 화성 유인탐사는 달과 비교가 안 될 정도로 어려운 프로젝트이다. 달은 3일이면 갈 수 있지만 화성에 가려면 거의 6개월~1년을 쉬지 않고 날아가야 한다.

2009년에 NASA의 과학자들은 화성탐사계획의 대략적인 윤곽을 발표했다. 우주인들은 우주선 안에서 6개월(또는 그 이상)을 보낸 뒤 화성에 도착하여 18개월 동안 임무를 수행하고, 다시 6개월 동안 우주선을 타고 지구로 귀환하게 된다.

화성에 싣고 갈 화물은 약 680톤이다. 최소한으로 줄인 게 이 정도다. 여기 소요되는 비용은 우주정거장에 들어간 1,000억 달러를 상회한다. 음식과 물의 양을 줄이기 위해 승무원들은 자신의 배설물을 정화하여 여행 중인 우주선 안에서 식물을 재배하기로 했다. 그러나 아무리 절약한다 해도 공기와 토양, 물 등 화성에 없는 것은 우주선에 싣고 가는 수밖에 없다.

화성에는 산소가 없고 액체상태의 물도 없으며 동물과 식물도 존재하지 않는다. 게다가 화성의 대기는 대부분이 이산화탄소이며, 대기압이 지구의 100분의 1밖에 안 된다. 이런 곳에 착륙했다가 우주복이 조금이라도 찢어지기만 하면 기압이 급감하면서 단 몇 초 안에 사망할 것이다.

화성탐사 프로그램은 너무 복잡하여 몇 단계로 나눠서 진행시킬 필요가 있다. 무엇보다도 귀환에 필요한 연료까지 싣고 가는 것은 돈이 너무 많이 들기 때문에 연료만 따로 실은 별도의 로켓을 미리 발사해야 한다(화성의 얼음에서 충분한 양의 산소와 수소를 추출할 수만 있다면 이것으로 연료를 만드는 것도 한 가지 방법이다).

우주인들이 화성에 도착해도 현지환경에 적응하려면 적어도 몇 주가 소요될 것이다. 화성의 낮-밤 주기는 지구와 비슷하지만(화성의 하루는 24.6시간이다) 화성의 1년은 지구보다 두 배쯤 길다. 또한 화성의 온도는 결코 영상으로 올라가지 않으며, 강렬한 먼지폭풍이 수시로 불고 있다. 화성에 있는 모래의 점도는 탤컴파우더(talcum powder, 황산가루에 붕산, 향료 등을 섞은 화합물. 땀을 막거나 면도 후 바르는 세정제로 사용됨—옮긴이)와 비슷하고, 시도 때도 없이 화성 전체가 모래폭풍에 휩싸이기도 한다.

화성을 개조하다

21세기 중반에 인류가 드디어 화성에 진출하여 전초기지를 성공적으로 구축한다면, 지구의 생명체가 살 수 있도록 화성을 개조하는 프로그램도 생각해볼 만하다(이것을 '테라포밍terraforming'이라 한다). 이 작업은 21세기 말이나 22세기 초쯤 시작될 것이다.

과학자들은 화성을 개조하는 방법을 다각도에서 연구해왔다. 가장 단순한 방법은 화성의 대기에 메탄을 비롯한 여러 종의 온실가스를 살포하는 것이다. 메탄은 이산화탄소보다 더 강력한 온실가스이므로 태양열을 붙잡아 화성의 표면온도를 영상으로 올려줄 것이다. 그 외에 암모니아나 염화불화탄소(프레온가스)도 온실효과를 유발할 수 있다.

온도가 올라가면 지하의 영구동토층이 수십억 년 만에 처음으로 녹아 내리면서 흔적만 남아 있던 강바닥이 물로 가득 차고, 호수와 바다가 형성되면서 대기가 두꺼워질 것이다. 이렇게 되면 일종의 피드백이 작용하면서 대기중 이산화탄소가 더욱 빠르게 증가한다.

과학자들은 2009년에 화성의 표면에서 방출되는 메탄가스를 발견했는데, 그 원천은 아직 미스터리로 남아 있다. 지구의 메탄가스는 주로 생명체가 부패할 때 발생한다. 그러나 화성에는 생명체가 없으므로 지질학적 과정에서 메탄이 발생하는 것으로 추정된다. 어쨌거나 메탄가스의 출처를 찾으면 방출량을 인공적으로 늘려서 대기의 성분을 바꿀 수 있다.

또 한 가지 방법은 화성 근처를 지나는 혜성을 화성의 대기 안으로 유도하는 것이다. 화성으로부터 충분히 멀리 떨어진 거리에서 혜성에 접근할 수만 있다면 로켓엔진으로 살짝 밀거나, 무거운 물체를 던지거나, 또는 우주선의 자체중력으로 잡아 끌어서 혜성의 궤도를 바꿀 수 있다. 혜성의 주성분은 얼음이며, 태양계를 주기적으로 선회하고 있다(예를 들어 핼리혜성은 32킬로미터짜리 거대한 땅콩처럼 생겼고, 주성분은 얼음과 바위로 밝혀졌다). 혜성이 화성의 대기에 진입하면 마찰에 의해 서서히 녹으면서 대기중에 상당량의 물을 증기의 형태로 흩뿌릴 것이다.

혜성을 유도하기가 여의치 않으면 얼음으로 덮여 있는 목성의 위성이나 케레스(Ceres)처럼 얼음을 함유한 소행성을 화성으로 유도할 수도 있다(그러나 이들은 안정적인 궤도를 돌고 있기 때문에 방향을 바꾸기가 쉽지 않다). 위성이나 소행성을 화성 근처로 유도한 후 혜성의 경우처럼 공전궤도의 반지름을 서서히 줄여서 대기와의 마찰로 얼음을 녹이는 것이다. 또는 혜성이나 위성, 또는 소행성의 궤적을 세심하게 제어하여 화성의 얼음층에 충돌시킬 수도 있다. 화성의 극지방은 얼어붙은 이산화탄소인 드라이아이스와 얼음으로 덮여 있는데, 여름이 되면 드라이아이스는 대부분 녹아 내리지만 얼음은 영구히 보존된다. 혜성이나 위성, 또는 소행성을 이 지역에 충돌시키면 엄청난 열이 발생하여 다량의 이산화탄소와 수증기가 발생할 텐데, 이산화탄소는 대표적인 온실가스이므로 화성의 온도를 빠르게 상승시킬 것이다. 그리고 이 과정은 일종의 피드백을 형성하여 자동으로 진행될 것이다. 얼음층에서 이산화탄소가 발생하면 온도가 높아지고, 높은 온도는 또다시 이산화탄소의 생성을 촉진하기 때문이다.

아예 얼음층에서 핵폭탄을 폭파시키는 방법도 있다. 그러나 폭파 후에 하늘에서 방사능을 함유한 물이 쏟아져 내릴 것이므로 대비책을 강구해둬야 한다. 또 다른 방법은 핵융합을 일으켜서 극지방의 얼음을 녹이는 것이다. 핵융합발전소의 기본 연료는 물인데, 화성에는 얼어붙은 물이 지천으로 깔려 있으므로 한번쯤 생각해볼 만하다.

화성의 온도가 0도 위로 올라가면 곳곳에 물웅덩이가 생긴다. 여기에 지구의 남극지방에 서식하는 특정 형태의 조류(藻類, algae)를 옮겨놓으면 지구 못지않게 번성할 것이다. 이들이 좋아하는 이산화탄소가 화성 대기의 95퍼센트를 차지하고 있기 때문이다. 화성에서 빠르게 성장하도록 조류의 유전자를 수정할 수도 있다.

어쨌거나 조류의 번식에 성공하면 화성의 환경도 여러 면에서 생명체에게 유리한 쪽으로 달라질 텐데, 중요한 항목을 정리하면 다음과 같다. 첫째, 조류는 이산화탄소를 산소로 바꾼다. 둘째, 조류는 화성의 표면색깔을 어둡게 하여 태양열의 흡수를 촉진한다. 셋째, 조류는 외부에서 별도의 영양분을 공급하지 않아도 스스로 자라기 때문에 큰돈을 들이지 않고 화성의 환경을 바꿀 수 있다. 넷째, 조류는 식량으로 사용할 수 있다. 어느 정도 시간이 흐르면 조류는 토양과 양분을 생성하여 식물이 자랄 수 있는 환경을 만들 것이며, 식물이 번성하면 대기중 산소함유량도 빠르게 올라갈 것이다.

과학자들은 화성 주변에 위성을 띄워서 태양열을 화성 표면으로 반사시키는 방법도 고려하고 있다. 몇 개의 위성으로 화성의 온도를 크게 높일 수는 없겠지만, 기온이 영상으로만 올라가면 그다음 과정은 자동으로 진행되기 때문에 한번쯤 시도해볼 만하다. 어떤 방법을 동원하건 간에 일단 화성의 영구동토층이 녹기 시작하면 기온은 스스로 올라갈 것이다.

경제적 이득

달이나 화성을 식민지로 만든다고 해도 당장 경제적 이득을 보기는 어렵다. 1492년에 콜럼버스가 신대륙을 발견한 후 이곳에 진출한 스페인 정복자들은 아메리카 원주민들로부터 금을 약탈하고 값진 광물과 작물을 닥치는 대로 수집하여 본국으로 보냈다. 본토에서 원정대를 조직하여 신대륙에 파견하려면 상당한 돈이 들었지만, 나중에 되돌아올 보상을 생각하면 투자가치가 충분한 사업이었다.

그러나 달과 화성을 개척하는 것은 완전히 다른 이야기다. 그곳에는 공기도, 물도, 비옥한 토양도 없으므로 엄청난 비용을 들여가며 모든 물자를 로켓으로 운반하는 수밖에 없다.

경제논리보다 우선하는 것이 안보논리이긴 하지만, 달은 군사적 가치도 별로 없다. 달에 가려면 평균 3일이 소요되는데, 대륙간탄도탄(ICBM)은 지구 어느 곳이든 90분이면 도달하기 때문이다. 달에 아무리 많은 병력을 주둔시킨다 해도 지구에서 핵전쟁이 발발하면 막을 길이 없다. 그래서 미국 국방성은 달을 무기로 활용하는 프로그램에 별다른 관심을 보이지 않고 있다.

지구 바깥의 다른 세계에 대규모 개발사업을 벌여 식민지화시키면 그곳으로 이주한 사람들에게는 도움이 되겠지만 지구에 되돌아오는 이득은 거의 없다. 우주식민지에서 채굴한 금속과 광물을 지구로 보내려면 엄청난 비용이 들기 때문에 그곳에서 거주자들을 위해 사용하는 편이 훨씬 유리하다. 소행성벨트에서 채취한 천연자원도 지구로 보내지 말고 우주식민지 건설에 사용해야 경제적 이득을 볼 수 있다. 이 모든 것은 21세기 말이나 22세기가 되어야 실현 가능할 것이다.

우주관광

일반인들은 언제쯤 우주에 갈 수 있을까? 프린스턴대학의 제라드 오닐(Gerard O'Neill)은 지구의 인구과잉문제를 해결하기 위해 거대한 바퀴모양의 우주도시를 건설할 것을 제안했다. 여기에는 온갖 형태의 주택과 물 정화장치, 공기 재활용장치 등 생활에 필요한 모든 시설이 구비되어 있다. 그러나 조그만 우주정거장도 간신히 짓고 있는 지금, 거대한 우주도시는 환상에 불과하다. 게다가 대부분의 사람들은 우주보다 지구에서 사는 것을 더 좋아한다. 물론 우주는 너무나 매력적인 곳이어서 한 번쯤 구경할 만한 가치가 있지만, 그곳에서 평생 사는 것은 전혀 다른 문제이다. 우주보다 지구를 선호하는 일반인의 의식이 100년 사이에 바뀌기는 어려울 것이다.

우주에 가고 싶은 일반인들은 '우주관광'을 이용하면 된다. NASA의 관료주의와 소모적 프로그램을 비난하는 일부 기업가들은 시장의 힘을 이용하여 우주여행 경비를 크게 줄일 수 있다고 주장한다. 버트 루탄(Burt Rutan)과 그의 투자자들은 2004년 10월 4일에 안사리 X-프라이즈 프로그램(Ansari X-Prize Program. X-프라이즈재단이 민간기업체와 개인을 대상으로 실시한 우주여행 공모전—옮긴이)에서 우승하여 상금으로 1,000만 달러를 받았다. 이들이 2,500만 달러를 들여 제작한 스페이스십원(SpaceShipOne)은 주최측이 요구한 대로 2주 사이에 62마일(약 100킬로미터) 상공을 두 차례 비행하여, 우주여행에 성공한 최초의 사제 우주로켓으로 기록되었다(마이크로소프트 사의 억만장자인 폴 앨런도 이 프로젝트를 지원했다).

현재 루탄은 우주여행의 상업화를 실현시켜줄 스페이스십투(SpaceShipTwo)를 제작하고 있는데, 버진 아틀란틱(Virgin Atlantic)의 억만장자인 리처드 브랜슨(Richard Branson)으로부터 벌써 다섯 대를 주문 받은 상태이다. 브랜슨은 뉴멕시코 주에 상업용 우주여행사 버진 걸랙틱(Virgin Galactic)을 설립하고 여행객을 모집하는 중이다. 이 계획이 성공한다면 버진 걸랙틱은 최초의 민간우주여행사로 등극할 것이다. 예상되는 비용은 1인당 20만 달러로서, NASA에서 우주인 한 명을 우주에 보내는 데 들어가는 비용의 10분의 1에 불과하다.

스페이스십투는 비용을 절감하기 위해 몇 가지 새로운 방식을 도입했는데, 가장 눈에 뜨이는 부분은 출발하는 방식이다. 이 우주선은 거대한 추진체를 사용하지 않고 비행기의 등에 업힌 채로 출발한다. 비행기의 제트엔진은 대기중의 공기를 사용하기 때문에 대략

16킬로미터 상공까지는 이 방법으로 도달할 수 있다. 그후 비행기에서 분리된 우주선은 자체 로켓엔진을 점화하여 우주로 날아가게 된다. 물론 지구의 저궤도를 선회하기에는 속도가 턱없이 느리지만 대기권의 한계고도인 110킬로미터까지는 충분히 날아갈 수 있으므로, 여행객들은 하늘이 자주색에서 검은색으로 변하는 장관을 마음껏 감상할 수 있다(스페이스십투의 최고속도는 시속 약 3,700킬로미터, 즉 음속의 세 배이다. 인공위성처럼 지구의 저궤도를 따라 공전하려면 시속 2만 8,000킬로미터까지 가속되어야 하는데, 지금의 엔진으로는 역부족이다. 그러나 대기권의 한계고도까지 올라가서 우주를 감상하기에는 부족함이 없다). 21세기 중반이 되면 우주여행에 들어가는 비용이 아프리카 사파리투어와 비슷해질 것이다.

지구를 완전히 한 바퀴 돌려면 우주정거장에 가는 것보다 더 많은 비용이 든다. 마이크로소프트 사의 억만장자인 찰스 시모니(Charles Simonyi)는 일반인으로는 최초로 우주정거장에 다녀온 사람이다. 언론은 그때 시모니가 지불한 비용이 2,000만 달러라고 보도했다. 언젠가 나는 그를 직접 만나서 언론보도가 맞느냐고 물었더니 확답을 피하면서 "보도된 내용과 크게 다르지 않다"고 에둘러 말했다. 그 비싼 여행을 한 번도 아니고 두 번씩이나 다녀온 것을 보면 그만한 값어치가 있긴 있는 것 같다. 그러나 21세기 중반이 되어도 우주여행은 여전히 부자들의 전유물로 남아 있을 것이다.

보잉(Boeing) 사는 2010년 9월에 "늦어도 2015년까지 우주관광에 진출한다"고 발표하여 유인우주여행 프로그램을 민간업체에 이양한다는 오바마의 정책에 더욱 큰 힘을 실어주었다. 이들은 플로리다 주의 케이프 커내버럴(Cape Canaveral)에서 출발하여 국제우주정거장을 견학하고 오는 왕복여행 패키지를 준비하고 있으며, 4인용 우주선에 3명의 관광객을 태울 계획이라고 한다. 그러나 보잉 사는 우주여행의 위험요소까지 떠안을 생각은 없는 것 같다. 그렇다면 만일의 사태에 대한 금전적 책임은 일반 납세자들이 져야 한다. 그래서 보잉 사의 프로그램 매니저인 존 엘본(John Elbon)은 우주관광이 '아직은 불확실한 시장'이라고 했다.

와일드카드

영업용이건 과학프로젝트이건 간에, 우주여행을 방해하는 가장 큰 걸림돌은 역시 비용문제이다. 매사가 그렇듯이 일단 '돈'이 문제점으로 떠오르면 비용을 낮추는 것 외에 별다른 해결책이 없다. 지금 당장은 어렵지만 21세기 중반이 되면 우주여행 비용을 크게 낮춰줄 새로운 추진체가 개발될 것이다.

물리학자 프리먼 다이슨은 일반인들에게 하늘로 가는 길을 열어줄 새로운 기술을 제안했다. '레이저를 이용한 추진엔진'이 바로 그것이다. 이것도 위험부담이 전혀 없진 않지만, 비용만은 확실하게 줄여줄 것으로 예상된다. 원리를 간단히 설명하자면 로켓의 바닥부분에 고출력 레이저를 발사하여 작은 폭발을 일으키고, 이때 발생한 충격파가 로켓을 위로 밀어 올리는 식이다. 특이한 것은 폭발을 일으키는 주체가 화학연료가 아닌 물이라는 점이다. 즉, 레이저로 물을 기화시킨 후 세밀하게 제어된 증기폭발을 유도하여 우주선을 추진하는 것이다. 레이저추진로켓은 추진에 필요한 에너지를 지상기지에서 공급 받기 때문에 연료를 싣고 갈 필요가 없다(화학연료로 추진되는 기존의 로켓은 연료 자체를 들어 올리는 데 연료의 대부분을 사용한다. 멀리 가려면 많은 연료가 필요하고, 연료를 많이 실을수록 무거워지므로 그것을 들어 올리려면 더 많은 연료가 필요하다).

레이저추진은 이미 1997년에 실험으로 검증된 기술이다. 시제품을 처음 제작한 사람은 뉴욕 렌셀러 폴리테크닉대학교(Rensselaer Polytechnic Institute)의 레이크 미라보(Leik Myrabo)로서, 그는 이것을 '광로켓기술 데모장치(lightcraft technology demonstrator)'라 불렀다. 초기모형은 직경 15센티미터에 무게가 2온스(약 57그램)에 불과했지만, 여기에 10킬로와트짜리 레이저를 발사했더니 권총을 발사할 때와 비슷한 폭음을 내면서 로켓을 2g까지 가속시켰다(g는 지구의 중력가속도로 크기는 $9.8m/s^2$이다. 따라서 2g는 중력가속도의 두 배, 즉 $19.8m/s^2$이다). 이 실험에서 미라보는 자신이 만든 로켓시제품을 약 30미터 상공까지 날려 보내는 데 성공했다(1930년대에 로버트 고다드가 액체연료로 날려 보냈던 실험로켓도 이와 비슷한 고도에 도달했었다).

다이슨의 계산에 의하면 레이저추진시스템은 1파운드(약 450그램) 당 5달러라는 적은 비용으로 무거운 물체를 우주로 실어 나를 수 있다. 이 정도면 재벌이 아닌 보통사람들도 관심을 가질 만하다. 다이슨은 1,000메가와트 레이저로 2톤의 로켓을 궤도에 올릴 수 있다고 했다(웬만한 핵발전소의 출력과 비슷하다). 이 로켓은 1톤짜리 상부 화물칸과 1톤짜리 하부 물탱크로 이루어져 있으며, 하단부에 나 있는 조그만 구멍을 통해 물이 조금씩 흘러 나오도록 설계되어 있다. 지상에서 발사한 레이저빔이 로켓의 하단부에 도달하면 물이 순식간에 기화되면서 충격파가 발생하여 로켓을 위로 밀어 올리는데, 이때의 가속도는 약 3g로서 지구의 중력권을 6분 이내에 탈출할 수 있다.

로켓에 연료를 실을 필요가 없으므로 폭파사고가 날 염려도 없다. 화학연료로켓은 50년 동안 사용되어 왔음에도 불구하고 아직도 1퍼센트의 실패확률을 극복하지 못했다. 100회에 한 번이면 그리 많은 편은 아니지만, 한 번 실패하면 산소와 수소 등 폭발성기체와 수많은 파편조각들이 발사현장에 비처럼 쏟아져 내린다. 그러나 레이저추진시스템은 물과 레이저만을 사용하기 때문에 단순하고 안전하며, 우주왕복선처럼 반복해서 사용할 수 있다.

레이저추진으로 1년에 50만 대의 우주선을 발사한다면, 여기서 받은 발사대금으로 관리비와 개발비를 충당하고도 남는다. 그러나 이것은 수십 년 후에나 가능한 일이다. 초대형 레이저를 개발하기 위해 필요한 돈은 웬만한 대학교의 운영비를 훌쩍 뛰어넘는다. 재벌기업이나 정부의 투자를 이끌어내지 못한다면 레이저추진시스템은 결코 실현되지 못할 것이다.

안사리 X-프라이즈 프로그램을 개최한 X-프라이즈재단에 기대를 걸어볼 수도 있다. 1996년에 X-프라이즈를 창설한 피터 다이아맨디스(Peter Diamandis)도 화학연료로켓의 한계를 충분히 인식하고 있다. 안사리 X 공모전에서 우승한 스페이스십투도 발사비용을 만족할 만한 수준으로 내리지 못했다. 미래의 X-프라이즈는 에너지빔으로 추진되는 로켓개발자에게 돌아갈 것이다(레이저빔 대신 마이크로빔 microwave beam 같은 전자기적 에너지를 사용할 가능성이 높다). X-프라이즈에 걸려 있는 수백만 달러의 상금은 사업가와 발명가들에게 확실히 매력적이어서 마이크로파 로켓과 같은 비화학적 로켓개발을 촉진할 것으로 기대된다.

아직 실험단계이긴 하지만 다른 형태의 로켓들도 있다. 그중 하나는 쥘 베른의 소설 《지구에서 달까지》에 나오듯이 거대한 가스총으로 발사체를 날려 보내는 것이다. 물론 베른의 로켓으로는 우주에 갈 수 없다. 지구의 중력을 탈출하려면 시속 약 4만 킬로미터의 속도로 날아가야 하는데, 베른의 화약총으로는 도저히 이런 속력을 낼 수 없기 때문이다. 그러나 아주 긴 총신에 고압가스를 주입하여 포사체를 날려 보낸다면 가능할 수도 있다. 시애틀소재 워싱턴대학 교수였던 고(故) 에이브러햄 허츠버그(Abraham Hertzberg)는 직경 10센티미터에 길이 9미터짜리 시제품 총을 만들었다. 그는 메탄가스와 압축공기를 섞은 25기압짜리 혼합기체를 총신 속에서 점화시켜 포사체를 3만g(지구중력 가속도의 3만 배)까지 가속시켰는데, 가속도가 이 정도로 크면 대부분의 금속은 관성력을 이기지 못하고 납작해진다.

허츠버그는 가스총의 성능을 확실하게 입증했다. 그러나 무거운 물체를 우주로 날려 보내려면 총신의 길이가 최소한 230미터는 되어야 한다. 그리고 포사체가 탈출속도에 도달할 때까지 다섯 종류의 기체를 단계적으로 사용해야 한다.

가스총을 이용한 로켓은 레이저추진시스템보다 저렴하지만, 사람을 이런 식으로 날려 보낼 수는 없다. 엄청난 가속도를 견뎌낼 수 있는 특수금속이 아니라면 접시처럼 납작해질 것이다.

레이저추진시스템과 가스총에 이어 세 번째로 떠오른 후보는 슬링게이트론(slingatron)으로, 끈에 매달린 돌을 빙글빙글 돌리다가 허공으로 날려 보내는 물맷돌(다윗이 골리앗을 쓰러뜨렸던 돌팔매용 무기—옮긴이)과 같은 원리이다.

데렉 티드만(Derek Tidman)은 책상크기만 한 시제품을 만들어서 단 몇 초 만에 포사체를 초속 90미터로 날리는 데 성공했다. 이 슬링게이트론은 곁에서 보면 직경 1미터짜리 훌라후프처럼 생겼다. 튜브의 직경은 약 2.5센티미터(1인치)로서, 그 안에 들어 있는 조그만 금속 구를 모터로 가속하여 발사하는 식이다.

슬링게이트론으로 포사체를 지구 밖으로 날려 보내려면 덩치가 훨씬 커야 한다. 지구의 중력권을 벗어나는 데 필요한 탈출속도는 초속 11.2킬로미터로서, 포사체를 이런 속도로 날리려면 슬링게이트론의 직경이 수백, 또는 수천 미터가 되어야 한다. 또한 슬링게이트론에서 발사된 물체는 중력가속도의 1,000배인 1,000g까지 가속된다. 이 정도면 가스총 탄환의 가속도보다 많이 작지만 그래도 웬만한 물체를 납작하게 만들기에는 충분하다. 이밖에도 개선할 점이 많이 있는데, 가장 중요한 것은 튜브의 안쪽 면과 금속 구 사이의 마찰을 최소한으로 줄이는 것이다.

슬링게이트론이 완성되려면 앞으로 수십 년은 걸릴 것이다. 그것도 정부가 전폭적으로 지원한다는 가정 하에 그렇다. 투자를 유치하지 못하면 슬링게이트론도 레이저추진시스템처럼 사장되고 말 것이다.

먼 미래(2070~2100년)

우주 엘리베이터

21세기 말이 되면 나노기술의 도움으로 거짓말 같은 '우주 엘리베이터'가 실현될지도 모른다. 한 소년이 콩나무 줄기를 타고 하늘로 올라갔다는 〈잭과 콩나무〉처럼 엘리베이터를 타고 우주로 올라간다. 무슨 뚱딴지같은 소리냐고? 아니다. 이론적으로는 얼마든지 가능하다. 지상에서 엘리베이터를 타고 단추를 누르면 탄소 나노튜브로 만들어진 통로를 따라 수천 킬로미터까지 올라갈 수 있다. 우주 엘리베이터는 우주여행의 경제학을 완전히 뒤집어놓을 것이다.

1895년에 러시아의 물리학자 콘스탄틴 치올코프스키(Konstantin Tsiolkovsky)는 당시 세계에서 가장 높은 건축물이었던 에펠탑을 보고 한 가지 의문을 떠올렸다. "우주에 닿을 정도로 높은 탑을 쌓을 수는 없을까?" 그는 간단한 계산을 거친 후 탑이 충분히 높으면 절대로 무너지지 않는다는 결론에 도달했다. 공법의 문제가 아니라 물리학의 법칙이 붕괴를 막아준다. 그는 이것을 '하늘의 성(celestial castle)'이라 불렀다.

끈의 한쪽 끝에 공을 매달고 빠르게 돌리면 줄이 팽팽해진다. 이때 원궤적을 수직방향으로 세우면 공이 최고점에 도달해도 아래로 떨어지지 않는다. 이 모든 것은 공에 작용하는 원심력 때문에 나타나는 현상이다. 이와 마찬가지로, 지표면에서 하늘을 향해 긴 케이블을 세우면 지구의 자전에 의한 원심력 때문에 땅으로 떨어지지 않는다. 그러므로 일단 케이블을 세우기만 하면 그것을 축으로 삼아 엘리베이터를 만들어서 우주에 도달할 수 있다.

이론적으로는 아무런 하자가 없다. 그러나 애석하게도 줄에 작용하는 장력은 강철이 견딜 수 있는 한계를 초과한다. 그러므로 강철 케이블로 우주 엘리베이터를 만든다면(만들 수도 없겠지만) 당장 줄이 끊어지고 말 것이다.

치올코프스키가 우주 엘리베이터를 처음 제안한 후로 수십 년 동안 외면 받아온 것도 이런 이유 때문이다. 그러던 중 1957년에 러시

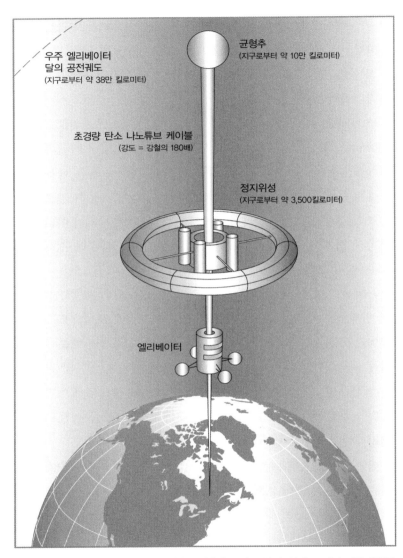

우주 엘리베이터
달의 공전궤도
(지구로부터 약 38만 킬로미터)

균형추
(지구로부터 약 10만 킬로미터)

초경량 탄소 나노튜브 케이블
(강도 = 강철의 180배)

정지위성
(지구로부터 약 3,500킬로미터)

엘리베이터

우주 엘리베이터를 건설하면 우주로 나가는 비용을 크게 줄일 수 있다. 그러나 강한 원심력을 버텨내려면 나노기술의 도움을 받아야 한다.

아의 과학자 유리 아르츠타노프(Yuri Artsutanov)가 새로운 공법을 제안했다. 우주 엘리베이터를 다른 건물처럼 아래에서 위로 건설하지 말고, 위에서 아래로 건설하자는 것이다. 방법은 간단하다. 인공위성을 궤도에 올린 후 지구에 닿을 때까지 케이블을 늘어뜨리면 된다. 우주 엘리베이터는 일부 과학자들의 상상 속에 존재하다가 아서 클라크(Arthur Clarke)의 공상과학소설 《낙원의 샘(Fountains of Paradise)》과 로버트 하인라인(Robert Heinlein)의 《프리다(Frida)》를 통해 세상에 알려지게 되었다.

그후 탄소 나노튜브가 등장하면서 우주 엘리베이터의 실현가능성이 한층 더 높아졌다. 앞에서도 언급했지만 탄소 나노튜브는 인장강도가 가장 강한 물질이다. 실제로 계산을 해보면 나노튜브는 우주 엘리베이터에 걸리는 원심력을 충분히 견딜 정도로 강하다.

문제는 8만 킬로미터에 달하는 탄소 나노튜브를 만드는 일이다. 그동안 과학자들이 사용해온 탄소 나노튜브는 기껏해야 몇 센티미터에 불과했다. 이것을 천문학적 스케일로 키우려면 재료만 많이 드는 게 아니라 또 다른 변수를 고려해야 한다. 현실적으로는 수십억 개의 탄소 나노튜브 가닥을 꼬아서 케이블을 만들면 되는데, 문제는 제작과정에서 이리저리 엮이고 압축되면서 나노튜브에 이물질이 섞인다는 점이다. 모든 탄소원자들이 제 위치에 정확히 분포되어 있는 탄소 나노튜브를 제작하는 것만도 결코 쉽지 않은 과제이다.

2009년에 라이스대학(Rice Univ.)의 과학자들은 이 문제에 혁신적인 돌파구를 마련했다. 이들이 제작한 섬유는 순수물질이 아닌 화합물이었지만(우주 엘리베이터에 적합한 재질은 아니었다) 이들의 제작방법을 도입하면 탄소나노섬유를 원하는 만큼 길게 만들 수 있다. 탄소 나노튜브를 클로로술폰산(HSO$_3$Cl)에 녹인 후 샤워기처럼 생긴 노즐을 통해 뽑아내면 50마이크로미터(1미터의 2만 분의 1) 굵기의 탄소 나노튜브를 수백 미터 길이로 만들 수 있다.

탄소 나노튜브는 구리선보다 전기전도성이 좋고 튼튼하면서 가볍기 때문에, 우주 엘리베이터 외에 일반전선으로 사용해도 상업적 이득을 볼 수 있다. 라이스대학의 교수 마테오 파스콸리(Matteo Pasquali)는 "송전선은 대량생산이 가능해야 한다. 그동안 마땅한 제작법이 알려지지 않아서 탄소 나노튜브를 사용하지 못했지만, 우리가 개발한 방법으로 대량생산이 가능해졌다"고 했다.

마테오 교수팀이 만든 케이블은 순도가 낮아서 우주 엘리베이터에 사용할 수 없지만, 대량생산이 가능해졌다는 것만으로도 획기적인 진보를 이룬 셈이다.

우주 엘리베이터의 제작법이 해결되었다 해도 몇 가지 문제가 남아 있다. 엘리베이터용 케이블의 꼭대기는 대부분의 위성이 떠 있는 고도보다 훨씬 높기 때문에, 위성이 여러 번 돌다보면 케이블과 충돌할 위험이 있다. 인공위성은 거의 시속 3만 킬로미터에 가까운 속도로 공전하고 있으므로, 살짝 스치기만 해도 대형사고로 이어질 것이다. 따라서 충돌사고를 미연에 방지하려면 다가오는 위성을 피할 수 있도록 케이블에 특수로켓을 장착해야 한다.

허리케인이나 번개폭풍 등 극단적인 날씨도 문제를 일으킬 수 있다. 우주 엘리베이터의 한쪽 끝은 지구에 고정되어야 하는데, 아마도 항공모함이나 태평양 한복판에 있는 석유굴착용 플랫폼이 지지대 역할을 할 것 같다. 이런 경우에 태풍이나 허리케인 등 자연력에 의한 손상을 막으려면 케이블이 강하면서도 유연해야 한다.

케이블이 어쩔 수 없이 부러지는 경우에 대비하여 비상탈출 기능도 있어야 한다. 무언가가 갑자기 날아와 케이블을 손상시켰다면, 그 순간부터 엘리베이터는 비상탈출용 캡슐로 변신하여 지표면까지 안전하게 내려올 수 있어야 한다(접이식 날개나 낙하산을 사용할 수도 있다).

NASA는 우주 엘리베이터 연구를 촉진하기 위해 총 상금 200만 달러가 걸린 '스페이스 엘리베이터게임(Space Elevator Game)'이라는 일련의 공모전을 운영하고 있다. 그중 하나인 빔파워 챌린지(Beam Power Challenge)에서 우승하려면 미리 설치해놓은 케이블을 따라 50킬로그램 이상의 물체를 초속 2미터의 속도로 1킬로미터 상공까지 올려야 한다. 단, 일체의 연료와 배터리 및 전선의 사용은 금지되어 있으며, 상승에 필요한 에너지는 외부에서 빔의 형태로 공급되어야 한다.

나는 시애틀에 갔을 때 우주 엘리베이터를 연구하는 공학자들의 열정과 에너지를 현장에서 생생하게 느낄 수 있었다. 그곳에서는 '레이저 모티브(Laser Motive)'라는 이름으로 뭉친 젊은 공학자들이 우주 엘리베이터 시제품을 제작하고 있었는데, 이들의 목적은 당연히 NASA의 공모전에서 우승하는 것이었다.

이들이 작업 중인 창고에 들어가보니 한쪽 구석에 강한 에너지빔을 내뿜는 고출력 레이저가 눈에 뜨였고, 그 반대편에 폭이 1미터쯤 되는 우주 엘리베이터가 놓여 있었다. 여기 부착된 대형거울에 레이저를 발사하면 반사와 굴절을 몇 차례 겪은 후 태양전지에 도달하고, 이곳에서 레이저에너지가 전기에너지로 바뀌어 모터를 작동시킨다(그다음부터는 일반 엘리베이터와 비슷하다). 이 엘리베이터는 에너지를 외부에서 공급 받기 때문에 전선이 필요 없다. 지상에서 레이저를 발사하기만 하면 스스로 알아서 올라가도록 설계되어 있다.

여기 사용되는 레이저는 출력이 너무 커서 주변에 있는 사람들은 반드시 고글을 착용해야 한다. 이들은 무수히 많은 시행착오를 겪은 끝에 드디어 레이저로 엘리베이터를 들어 올리는 데 성공했다. 아직도 갈 길은 멀지만, 이 정도면 우주 엘리베이터의 가능성은 입증된 셈이다.

공모전이 처음 발표되었을 때 사람들은 조건이 너무 까다로워서 수상자가 나오지 않을 것이라고 생각했다. 그러나 2009년에 레이저 모티브 팀이 상금을 거머쥐면서 상황은 크게 달라졌다. 이 경연대회는 캘리포니아 주 모하비사막에 있는 에드워드 공군기지에서 개최되었는데, 엘리베이터가 타고 올라갈 케이블은 헬기에 매달려 있었다. 당시 레이저 모티브 팀은 이틀 동안 네 차례에 걸쳐 엘리베이터를 공중으로 끌어올리는 데 성공했으며, 가장 빠른 기록은 3분 48초였다. 창고에서 온갖 장비들과 씨름하며 몇 년 동안 쏟아 부었던 노력이 드디어 결실을 맺은 것이다.

항성 간 우주선, 스타십

유인우주선 프로그램은 최근에 취소되었지만, 21세기 말에는 결국 화성과 소행성벨트에 전초기지를 세우게 될 것이다. 그후에는 외계의 별에 관심을 갖는 것이 자연스러운 수순이다. 항성 간 탐사선을 지금 당장 만들 수는 없지만 100년 후에는 가능할 것으로 예상된다.

가장 큰 문제는 추진시스템이다. 전통적인 화학연료로켓으로는 가장 가까운 별까지 가는 데만도 무려 7만 년이 걸린다. 1977년에 발사된 두 대의 보이저 호는 지금까지 160억 킬로미터를 여행하여 우주여행 최장거리 신기록을 세웠지만, 다른 별까지의 거리와 비교하면 이제 막 출발한 것이나 다름없다.

항성 간 우주여행에 적용할 수 있는 추진시스템은 다음과 같다.

- 태양광 항해(솔라세일, solar sail)
- 핵추진로켓(nuclear rocket)
- 램제트 융합(ramjet fusion)
- 나노우주선(nanoships)

오하이오 주 클리블랜드에 있는 NASA의 플럼브룩 기지(Plum Brook Station)를 방문했을 때 나는 태양광 항해술의 개발현장을 직접 목격할 수 있었다. 그곳에서 가장 눈에 뜨였던 것은 길이 30미터에 높이 37미터짜리 진공관이었는데, 덩치가 어찌나 큰지 웬만한 아파트 한 동은 충분히 들어갈 것 같았다. 이 진공관은 당연히 세계최대규모로서, 우주공간의 환경을 재현하기 위해 만들어놓은 것이다. 나는 현장요원의 안내를 받으며 진공관 안으로 들어가보았다. 바깥이 내다보이는 투명한 방에는 전에도 들어가본 적이 있었지만, 이렇게 큰 곳은 정말 처음이었다. 앞으로 역사의 한 장을 장식할 위성과 탐사선, 그리고 여러 로켓을 테스트하는 진공관 속을 걷다 보니 마음 깊은 곳에서 커다란 자부심이 느껴졌다.

그곳에서 나는 NASA의 연구원이자 태양광 항해의 열렬한 지지자인 레스 존슨(Les Johnson)을 만났다. 어린 시절부터 공상과학소설을 읽으며 우주선을 타고 다른 별로 여행하는 꿈을 꾸어온 그는 로켓과학자가 되어 꿈을 이뤘고 태양광 항해에 대한 교과서까지 집필했다. 그는 앞으로 수십 년 안에 태양광 항해가 실현된다고 굳게 믿으면서도, 다른 별로 가는 항성 간 우주선은 자신이 죽은 후에나 가능할 것이라고 했다. 중세시대에 거대한 성당을 짓던 석공들이 그랬던 것처럼, 존슨은 자신의 손때가 묻은 작품이 몇 세대 후에나 완성된다는 사실을 잘 알고 있었다.

태양 빛은 질량이 없는데도 운동량을 갖고 있어서 물체에 압력을 가할 수 있다(일반적인 물체의 운동량은 질량에서 기인한다. 따라서 질량이 없으면 운동량도 없다. 그러나 빛은 예외이다). 물론 이 압력은 너무 약해서 인간의 감각기관으로는 느낄 수 없지만, 충분히 큰 돛을 달고 오랫동안 기다리면 우주선을 나아가게 할 수 있다(우주공간에서 태양의 광도는 지구에서 느끼는 것보다 8배나 강하다).

존슨의 목적은 매우 얇으면서 탄력이 뛰어난 플라스틱으로 초대형 태양광 항해선을 만드는 것이다. 폭이 수 킬로미터에 달하는 돛은 우주공간에서 만들어질 예정이다. 조립이 끝난 우주선은 몇 년 동안 태양 주위를 나선형으로 돌면서 서서히 멀어지다가, 태양계를 벗어난 후 본격적인 항성 간 항해모드로 접어든다. 존슨의 설명에 의하면 이 우주선의 속도는 광속의 1퍼센트(초속 3,000킬로미터)이며, 가장 가까운 별에 도달할 때까지 약 400년이 소요될 예정이라고 한다.

존슨은 여행시간을 절약하기 위해 별도의 추진장치를 고안하고 있다. 한 가지 방법은 달에 거대한 레이저를 설치하여 우주선에 발사하는 것이다. 레이저가 우주선의 돛을 때리면 운동량이 더해지면서 더 큰 추진력을 얻게 된다.

태양광 우주선이 안고 있는 한 가지 문제는 항상 태양을 등지고 있기 때문에 정지하거나 반대방향으로 가기가 어렵다는 점이다. 한 가지 해결책은 목적지 별에서 방출되는 빛을 받아 우주선의 속도를 낮추는 것이다. 또 다른 해결책으로 멀리 있는 별의 중력을 이용하여 그 주변을 선회하면서 방향을 바꿀 수도 있다. 이보다는 좀 더 시간이 걸리겠지만 위성에 착륙하여 레이저기지를 건설한 후 레이저를 돛에 발사하여 원하는 방향으로 나아갈 수도 있다.

말로는 쉽지만 현실은 그리 녹록치 않다. 1993년에 러시아는 미르 우주정거장에 폭 18미터짜리 마일러 반사기(Mylar reflector)를 설치했지만 우주선 추진용이 아니라 간단한 실험용이었고, 그나마 두 번째는 실패했다. 일본은 2004년에 두 대의 태양광 우주선을 성공적으로 발사했는데, 이것도 실전용이 아닌 실험용이었다. 2005년에는 행성학회(Planetary Society)와 코스모스 스튜디오(Cosmos Studio), 그리고 러시아 과학아카데미 공동으로 진짜 태양광 우주선 '코스모스 1호'를 잠수함에서 발사했으나, 볼나(Volna)로켓이 오작동을 일으키는 바람에 궤도진입에 실패했다. 그후 2008년에 NASA의 연구팀이 나노세일-D호(Nanosail-D)를 발사했는데, 이 역시 팔콘1호 로켓의 오작동으로 실패하고 말았다.

그러나 2010년 5월에 일본의 우주항공연구개발기구(Aerospace Exploration Agency)에서 드디어 최초의 태양광 우주선 이카로스(IKAROS)를 성공적으로 발사하여 과학자들의 한을 풀었다. 이카로스는 대각선 길이가 20미터인 사각형 모양의 탐사선으로, 오직 태양 빛만을 이용하여 금성으로 날아가고 있다. 한 번의 성공에 고무된 일본은 현재 목성으로 가는 태양광 우주선을 준비 중이다.

핵로켓

과학자들은 핵에너지를 이용한 로켓추진도 고려하고 있다. 1953년 초에 미국 원자력위원회(Atomic Energy Commission)는 로버 프로젝트(Rover Project, 우주여행용 원자력로켓개발 프로그램—옮긴이)에 착수하면서 원자로를 싣고 날아가는 우주로켓을 신중하게 고려하기 시작했다. 그후 1950~60년대에 걸쳐 여러 차례 실험을 강행했으나, 원자로의 구조가 너무 복잡하고 불안정하여 모두 실패로 끝나고 말았다. 게다가 핵분열 반응로는 항성 간 우주선을 추진하기에 역부족이다. 일반적인 핵발전소의 출력은 약 10억 와트인데, 태양계를 벗어나 다른 별로 가기에는 턱없이 부족한 양이다.

그러나 1950년대의 과학자들은 로켓을 추진하는 수단으로 핵반응로가 아닌 핵폭탄을 떠올렸다. 예를 들어 1959년에 시작된 오리온 프로젝트의 골자는 여러 개의 원자폭탄을 순차적으로 터뜨려서 그때 발생한 충격파로 우주선을 추진하는 것이었다. 일련의 원자폭탄을 뒤로 떨어뜨리면서 강력한 X-선으로 우주선을 추진하는 식이다.

1959년에 제너럴 아토믹스(General Atomics) 사의 과학자들은 오리온을 개선하여 무게 800만 톤에 직경이 400미터에 달하는 우주선을 1,000개의 수소폭탄으로 추진한다는 거창한 계획을 내놓기도 했다.

오리온 프로젝트의 열렬한 지지자였던 프리먼 다이슨은 이렇게 말했다. "오리온은 태양계에 생명체를 진출시키는 신호탄이자, 지구에 있는 원자폭탄을 처리하는 유일한 수단이다. 오리온 우주선이

한 차례 여행을 다녀오면 2,000개의 원자폭탄을 처분할 수 있다."

그러나 1963년에 지상 핵무기실험을 금지하는 핵실험 금지조약이 체결되면서 오리온 프로젝트도 중단되었다. 실험을 하지 않으면 더 이상 진도를 나갈 수 없으므로, 핵추진로켓은 사실상 끝난 것이나 다름없다.

램제트 융합

1960년에 로버트 버사드(Robert W. Bussard)는 핵로켓의 또 다른 버전으로 일반 제트엔진과 비슷한 융합엔진을 제안했다. 램제트는 엔진 앞부분에서 공기를 흡입하여 연료와 섞은 후 점화를 통해 화학적 폭발을 유도하여 추진력을 발휘하는 장치이다. 버사드는 융합엔진에 이와 비슷한 원리를 적용했다. 램제트 융합엔진은 공기 대신 수소가스를 사용하는데, 수소는 항성들 사이의 텅 빈 공간에 가장 널리 퍼져 있는 기체이다. 흡입된 수소기체를 전기장과 자기장으로 압축하고 열을 가하여 핵융합을 일으켜서 헬륨으로 변환시키고, 이 과정에서 발생한 폭발에너지로 우주선을 추진한다. 우주공간에는 수소가 무진장 널려 있으므로, 램제트 엔진은 연료를 재보급하지 않아도 영원히 작동한다.

램제트 융합엔진은 겉모습만 보면 아이스크림 콘처럼 생겼다. 흡입구로 들어온 수소기체는 엔진 속으로 주입되어 고열 속에서 핵융합을 일으킨다. 1,000톤짜리 램제트 엔진이 $9.8m/s^2$의 가속도(지구의 중력가속도)를 1년 동안 유지하면 광속의 77퍼센트에 도달한다. 램제트 엔진은 영원히 작동할 수 있으므로 이런 식으로 계속 달린다면 우리의 은하를 벗어나 지구로부터 200만 광년 떨어진 안드로메다 은하까지 23년 만에 도달할 수 있다(물론 이것은 우주선 안에 타고 있는 승무원이 느끼는 시간이다. 아인슈타인의 특수상대성이론에 의하면 속도가 빠를수록 시간은 느리게 흐른다. 따라서 지구에서는 수백만 년이 흘러도 우주선 안에서 느끼는 시간은 23년밖에 안 된다).

램제트 엔진도 몇 가지 문제점이 있다. 첫째, 항성 간 공간에 존재하는 것은 주로 양성자이기 때문에 순수한 수소끼리 핵융합을 일으키는 수밖에 없다. 그런데 이런 식의 핵융합으로는 많은 에너지를 얻지 못한다(수소를 융합시키는 방법은 여러 가지가 있다. 지구에서는 최대한의 에너지를 얻기 위해 중수소와 삼중수소를 융합시킨다. 그러나 우주에 존재하는 수소의 대부분은 양성자가 하나뿐이므로 램제트 엔진은 양성자와 양성자를 융합시킬 수밖에 없고, 여기서 발생하는 에너지는 중수소와 삼중수소를 융합시킨 경우보다 적다). 그러나 버사드는 연료에 약간의 탄소를 섞으면 항성 간 우주선을 추진할 수 있을 정도로 출력이 크게 증가한다는 사실을 입증했다.

두 번째 문제는 충분한 수소를 확보하기 위해 흡입구가 엄청나게 커야 한다는 점이다(계산상으로는 거의 160킬로미터에 육박한다). 이렇게 큰 우주선은 지상에서 만들 수 없으므로 우주공간에서 조립되어야 한다.

그밖에 아직 해결되지 않은 문제도 있다. 1985년에 공학자 로버트 주브린(Robert Zubrin)과 다나 앤드류스(Dana Andrews)는 램제트에 작용하는 저항력이 너무 강해서 광속에 가까운 속도로 가속될 수 없음을 증명했다. 우주공간에는 공기가 없으므로 저항력도 없지만, 수소기체가 퍼져 있는 지역으로 진입하면 우주선의 운동에 심각한 지

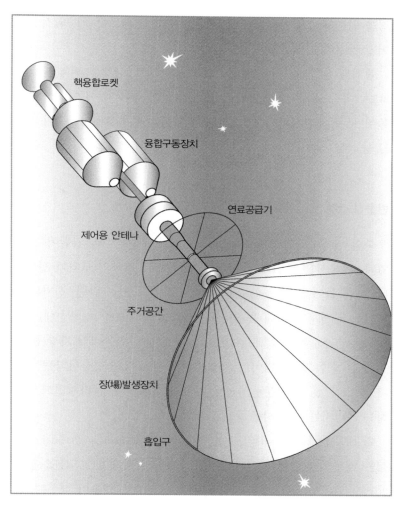

핵융합로켓

융합구동장치

연료공급기

제어용 안테나

주거공간

장(場)발생장치

흡입구

램제트 융합엔진은 우주공간에 무진장으로 존재하는 수소기체를 연료로 사용하기 때문에 영원히 작동할 수 있다.

장을 받는다. 그러나 이들의 계산은 미래의 램제트에 적용되지 않는 어떤 가정에 기초한 것이었다.

램제트 융합엔진이 실현되려면 핵융합(그리고 우주공간의 이온에 의한 저항력)에 대해 좀 더 많은 사실을 알아내야 한다. 위에 열거한 문제들이 모두 해결된다면, 램제트 융합엔진은 우주로켓의 1순위 후보로 등극할 것이다.

반물질 로켓

우주의 천연자원인 반물질(antimatter)도 우주선의 에너지원이 될 수 있다. 반물질은 물질과 반대되는 개념으로, 전하의 부호가 반대이다. 예를 들어 전자(electron)는 음전하를 갖고 있는 반면, 전자의 반물질인 양전자(positron)는 양전하를 띠고 있다(물질-반물질 짝인 전자와 양전자는 질량이 같고 전하의 절대값도 같다—옮긴이). 반물질의 가장 큰 특징은 물질과 접촉하자마자 사라지면서 에너지를 방출한다는 것이다. 티스푼 한 숟갈 분량의 반물질이 물질과 만나 사라지면서 방출하는 에너지는 뉴욕 시를 통째로 날려버리고도 남는다.

댄 브라운(Dan Brown)의 소설 《천사와 악마(Angels and Demons)》에서는 악한 무리들이 바티칸성당을 폭파하기 위해 CERN(유럽 입자물리학연구소)에서 훔친 반물질로 폭탄을 만든다는 내용이 나온다. 수소폭탄의 효율은 1퍼센트에 불과하지만, 반물질 폭탄은 100퍼센트의 효율을 자랑한다. 게다가 반물질 폭탄의 위력은 인류가 지금까지 사용해온 폭탄과 비교가 안 될 정도로 막강하다. 물질과 반물질이 만나면 아인슈타인의 유명한 방정식 $E=mc^2$에 따라 에너지를 방출하는데, 에너지(E)와 질량(m)을 연결하는 비례상수 c^2이 엄청나게 크기 때문이다(여기서 c는 빛의 속도, 즉 광속을 의미한다).

원리적으로 반물질은 가장 이상적인 로켓연료이다. 펜실베이니 아주립대학의 제럴드 스미스(Gerald Smith)는 "반물질 4밀리그램 (0.004그램)만 있으면 화성까지 갈 수 있고, 100그램이면 가까운 별에도 갈 수 있다"고 했다. 같은 분량끼리 비교했을 때, 반물질은 로켓연료보다 수십억 배 강한 출력을 낼 수 있다. 그런데도 반물질 엔진의 구조는 의외로 간단하다. 일상적인 물질이 들어 있는 용기에 반물질을 조금씩 흘려 보내면 둘이 맞닿는 순간 엄청난 폭발이 일어나고, 이때 발생한 기체가 아래로 방출되면서 로켓을 위로 들어 올린다.

그러나 아직은 상상만 할 수 있을 뿐이다. 지금까지 만들어진 반물질이라고 해봐야, 반전자와 반양성자로 이루어진 반수소원자 (antihydrogen atom)가 전부이다. 그나마 이것을 만들 수 있는 시설은 CERN과 페르미연구소뿐이다(페르미연구소에 있는 테바트론Tevatron은 CERN에 있는 강입자충돌기LHC 다음으로 출력이 큰 입자가속기이다). 고에너지 입자빔을 특정 물체에 충돌시키면 수많은 파편조각이 튀어나오는데, 그중에는 반양성자도 포함되어 있다. 여기에 강력한 자기장을 걸어서 반양성자를 분리한 후 반전자를 주입하면 반수소원자가 만들어진다(수소원자는 양성자 하나와 전자 하나로 이루어진 가장 간단한 원소이다. 그러므로 반수소는 실험실에서 만들 수 있는 가장 단순한 형태의 반물질이라 할 수 있다—옮긴이).

페르미연구소의 물리학자 데이브 맥기니스(Dave McGuinnis)는 반물질의 실질적 용도를 오랫동안 연구해온 사람이다. 언젠가 그는 거대한 테바트론 옆에 서서 나에게 반물질의 경제적 가치를 열심히 설명해주었다. "반물질을 꾸준히 생산할 수 있는 장치는 테바트론과 같은 입자충돌기뿐이다. 그러나 충돌기는 너무 비싸고, 여기서 생산되는 반물질의 양은 너무 적다는 게 문제다." 2004년에 CERN에서는 2,000만 달러를 들여 '수조 분의 1그램'의 반물질을 만들어냈다. 다이아몬드가 비싸다고 하지만 반물질에 비하면 껌 값도 안 된다. 이렇게 비싼 반물질로 우주선을 추진한다면 세계경제는 당장 거덜 날 것이다. 맥기니스는 말한다. "반물질 엔진은 결코 황당한 개념이 아니다. 물리학법칙이 그것을 허용하고 있다. 그러나 생산단가가 현실적인 수준으로 내려가려면 앞으로 한참을 기다려야 할 것이다."

반물질이 이토록 비싼 이유는 그것을 생산하는 입자충돌기(또는 입자가속기)를 만들고 운용하는 데 엄청난 돈이 들어가기 때문이다. 그러나 입자가속기는 입자물리학에 등장하는 다양한 소립자들을 관찰하고 연구하는 수단이지 반물질 생산을 위해 만든 장치가 아니다. 간단히 말해서, 상업용 장비가 아니라 연구용 장비라는 이야기다. 그러므로 반물질만 전문적으로 생산하는 특별가속기를 만들어 사용한다면 비용을 크게 절약할 수 있을 것이다. 이런 가속기를 여러 개 만들어서 동시에 가동하면 상당한 양의 반물질을 생산할 수 있다. NASA의 헤럴드 게리쉬(Harold Gerrish)는 "반물질의 가격을 1마이크로그램(100만 분의 1그램)당 5,000달러까지 낮출 수 있을 것"이라고 했다.

또 다른 방법은 지구가 아닌 우주에서 반물질을 수집하는 것이다. 반물질을 함유한 천체를 찾기만 하면 충분한 양을 조달할 수 있다. 2006년에 유럽에서 발사된 파멜라위성(PAMELA, Payload for Antimatter

Matter Exploration and Light-Nuclei Astrophysics)이 바로 이런 임무를 띠고 있다.

엄청난 광맥을 찾았다 해도 채굴기술이 없으면 그림의 떡이다. 우주에서 발견된 반물질을 어떻게 가져올 수 있을까? 방법은 있다. 거대한 자기장그물을 쳐서 수거하면 된다. 물론 이것도 그리 만만한 작업은 아니다.

반물질로 로켓을 추진한다는 아이디어는 물리학법칙에 위배되지 않지만, 현실적인 비용으로 구현하려면 21세기 말쯤 되어야 할 것 같다. 일단 비용문제만 해결되면 그다음은 일사천리로 진행될 것이다.

나노우주선

〈스타트렉〉과 〈스타워즈〉를 보고 있노라면 온갖 첨단기술이 적용된 초대형 우주선을 머지않아 만들 수 있을 것만 같다. 그러나 우주선의 덩치가 반드시 클 필요는 없다. 경우에 따라서는 눈에 보이지 않을 정도로 작은 우주선이 효율적일 수도 있다. 나노기술을 이용하면 손톱이나 바늘만 한(또는 그보다 작은) 우주선을 얼마든지 만들 수 있다. 공상과학영화에 익숙한 사람들은 "우주선에 승무원이 있어야 하고 광선견인기와 관성제어기 등 온갖 대형장비를 갖추고 있어야 하기 때문에, 적어도 엔터프라이즈 호(Enterprise, 영화 〈스타트렉〉에 등장하는 초대형 우주선—옮긴이)만큼은 커야 한다"고 생각하는 경향이 있다. 그러나 나노기술을 이용하면 웬만한 우주선 못지않은 기능을 손톱만 한 공간에 구현할 수 있다. 이런 나노우주선을 수백만 개 만들어서 가까운 별로 보내면, 그들 중 일부만 도달해도 임무를 완수할 수 있다. 게다가 별의 위성에 착륙한 후에는 스스로 복제하여 나노우주선의 수를 무한정 늘릴 수도 있다.

인터넷 창시자 중 한 사람인 빈트 서프(Vint Cerf)는 나노우주선이 태양계뿐만 아니라 외계항성까지 진출할 것으로 예견했다. 여기서 잠시 그의 말을 들어보자. "태양계탐사는 작고 강력한 나노우주선으로 실행하는 것이 훨씬 더 효율적이다. 이들은 이동하기 쉽고 토양과 대기성분을 분석하는 데에도 전혀 문제가 없다. 태양계뿐만 아니라 가까운 별을 탐사할 때도 나노우주선은 막강한 위력을 발휘할 수 있다. 게다가 이들은 지구로 귀환할 필요도 없다."

포유동물은 다른 생명체보다 생존확률이 높기 때문에 새끼를 많이 낳지 않는다. 반면에 곤충은 엄청나게 많은 알을 낳지만 그들 중 극히 일부만이 살아남는다. 이와 같이 지구의 생명체들은 지난 수백만 년 동안 생존확률에 따라 적절한 수의 후손을 낳으면서 개체수를 유지해왔다. 그렇다면 우주선은 어떤가? 수조 킬로미터나 떨어져 있는 별까지 아무런 사고 없이 갈 수 있을까? 성공확률로 따진다면 우주탐사선은 포유류보다 곤충에 가깝다. 값비싼 대형우주선에 사람을 태워 보내놓고 마음을 졸이는 것보다, 개당 1달러도 되지 않는 나노우주선 수백만 대를 보내는 편이 훨씬 경제적이고 성공확률도 높다.

새와 꿀벌 등 무리 지어 날아다니는 동물들은 이와 같은 전략을 펼쳐 큰 성공을 거두었다. 무리를 지으면 개체수를 보존하는 데 유리할 뿐만 아니라, 그 자체로 조기경보시스템이 될 수 있다. 예를 들어 무리의 한쪽 방향에서 천적이 다가오는 경우, 제일 먼저 발견한 개체가 신호를 보내면 순식간에 무리 전체가 방어모드로 돌입하는 식이다. 또한 무리를 지으면 에너지도 절약할 수 있다. 새들이 V자 대형으로 날아가는 이유는 날갯짓에 의한 공기의 요동이 뒤따라오는 새들의 비행을 돕는 쪽으로 작용하기 때문이다. 즉, V자 대형을 유지하면 힘을 덜 들이고 날 수 있다.

과학자들은 무리를 이루고 사는 동물의 집단을 '초생물(superorganism)'이라 부른다. 집단 자체가 각 개체의 능력과 무관하게 어떤 지성을 갖고 있는 것처럼 보이기 때문이다. 예를 들어 개미는 신경계가 단순하고 두뇌도 아주 작지만, 서로 협동하면 복잡한 개미탑을 쌓을 수 있다. 과학자들은 여기서 힌트를 얻어 장차 외계 행성이나 별을 탐사할 때 전형적인 우주선 대신 '나노봇 군단'을 파견한다는 계획을 세우고 있다.

미국 국방성에서 연구 중인 '똑똑한 먼지(smart dust)'도 이와 비슷한 개념이다. 초소형 센서가 장착된(그러나 별로 똑똑하지 않은) 작은 입자 수십억 개를 전장에 살포하여 정보를 수집한 후 고성능 컴퓨터로 분석하면 전체 판세를 뒤엎을 수 있는 중요한 정보를 획득할 수 있다. 국방성의 미국방위고등연구계획국(DARPA)은 '똑똑한 먼지'를 군사용으로 활용한다는 계획을 세우고 이 분야에 상당한 연구비를 지원하고 있다. 미국 공군측이 2007년과 2009년에 발표한 성명서에 따르면 앞으로 10년 이내에 무인정찰기 프레데터(Predator, 한 대당 가격이 무려 450만 달러나 된다)를 대신할 초소형 센서군단을 개발할 계획이라고 한다. 센서 하나의 크기는 나방보다 작고 가격도 1달러 미만이므로, 이들을 수백만 개씩 살포하면 효율성과 경제성에서 무인정찰기를 능가할 것이다.

'집단의 효율'은 과학자들에게도 흥미로운 연구대상이다. 허리케인, 폭풍, 화산폭발, 지진, 홍수, 산불 등 자연재해가 발생했을 때 수천 개의 지역에 '똑똑한 먼지'를 살포하여 재난현장을 실시간으로 관측하면 원인분석과 함께 적절한 대책을 세울 수 있다. 영화 〈트위스터(Twister)〉에 등장하는 폭풍추적자들(storm chasers, 과학적 연구를 목적으로 토네이도나 폭풍을 쫓아다니는 사람들—옮긴이)은 토네이도의 중심부에 소형센서를 살포하기 위해 시종일관 목숨을 걸고 사나운 폭풍을 따라다니는데, 사실 이것은 별로 효율적인 방법이 아니다. 몇 명의 과학자들이 화산폭발 현장이나 토네이도에 접근하여 몇 개의 센서를 던져 넣는 것보다는 수백 킬로미터에 걸쳐 '똑똑한 먼지'를 광범위하게 살포하는 것이 훨씬 효율적이다. 이 먼지센서들이 보내온 데이터(온도, 습도, 풍속 등)를 종합하면 허리케인이나 화산폭발의 현장상황을 실시간으로 분석할 수 있다. 현재 바늘 끝만 한 초소형 센서는 이미 상품화되어 시장에서 구입할 수 있다.

나노우주선의 또 다른 장점은 연료가 적게 든다는 것이다. 웬만한 집보다 큰 로켓을 시속 4만 킬로미터까지 가속시키려면 엄청난 양의 연료가 필요하지만, 작은 물체를 가속시키는 것은 상대적으로 쉽다. 예를 들어 소립자는 일상적인 전기장만으로도 거의 빛의 속도에 도달할 수 있다. 그러므로 나노입자에 작은 전기전하를 주입하면 전기장을 이용하여 쉽게 가속시킬 수 있을 것이다.

군이 커다란 우주선을 띄우면서 자원을 낭비할 필요는 없다. 자기복제기능을 갖춘 초소형 우주선 하나만 있으면 충분하다. 나노우주선을 외계행성이나 위성에 착륙시킨 후 자기복제를 통해 수를 늘리면 그곳에 중간기지를 세워 더 멀리 진출할 수도 있다(그러나 고양이

목에 방울을 다는 것처럼 항상 처음이 문제이다. 자기복제가 가능한 나노우주선은 아직 먼 훗날의 이야기다).

1980년에 NASA는 '자기복제 로봇탐사선'이라는 아이디어를 신중하게 검토한 끝에 산타클라라대학(Santa Clara Univ.)의 관리 하에 운영되는 AASM(Advanced Automation for Space Missions)을 창설했다. 이들의 목적은 자기복제로봇을 달에 파견한 후 그곳의 자원을 이용하여 자기복제를 실현하는 것이다.

AASM이 제출한 보고서에는 달의 암석을 분석하는 화학공장 건설에 관한 내용이 대부분을 차지하고 있다. 예를 들면 달에 착륙한 로봇이 스스로 자기 몸을 분해한 후 재조립하여 공장으로 변신한다는 식이다(영화 〈트랜스포머〉에 나오는 오토봇과 비슷하다). 또는 로봇이 달 표면에서 필요한 광물을 채취하거나 화학적으로 변형시켜서 기지를 건설할 수도 있다. 이런 식으로 자기복제에 필요한 공장을 건설할 수만 있다면 그다음 임무는 일사천리로 진행될 것이다.

NASA의 미래개념연구소(Institute for Advanced Concepts)는 이 보고서에 기초하여 2002년부터 자기복제로봇 연구를 지원하고 있다. 코넬대학의 메이슨 펙(Mason Peck)은 나노우주선을 열렬히 지지하는 과학자들 중 한 사람이다.

언젠가 나는 메이슨 펙의 연구소를 방문한 적이 있다. 당시 연구실의 작업대 위에는 온갖 부품들이 어지럽게 널려 있었는데, 그들 중 상당부분이 장차 로켓을 타고 우주로 나갈 것이기에 감히 만져볼 생각도 하지 못했다. 작업대 옆에 있는 방에 들어가보니 모든 벽이 플라스틱으로 도배되어 있고, 그 안에서 연구원들이 인공위성을 조립하고 있었다.

메이슨 펙이 생각하는 우주탐사는 할리우드 영화와 완전 딴판이다. 그는 엄청난 연료를 소비하는 대형 우주선 대신 적은 연료로 광속의 1~10퍼센트까지 가속되는 1센티미터 크기의 나노우주선을 생각하고 있다. 우주공간에서 '슬링샷효과(slingshot effect, 우주선이 행성 근처를 스쳐 지나가면서 중력에 의해 속도가 빨라지는 현상—옮긴이)'를 이용하면 별도의 연료를 소모하지 않고 우주선의 속도를 높일 수 있다.

그러나 메이슨 펙은 중력 대신 자기력을 사용할 계획이라고 한다. 지구의 자기장보다 2만 배나 강한 목성의 자기장을 이용하여 나노우주선을 가속시킨다는 것이다. 이것은 원운동을 통해 소립자를 가속시키는 원자충돌기와 비슷한 원리이다.

펙은 장차 목성 근처를 스쳐 지나가게 될 나노우주선의 칩을 나에게 보여주었다. 손톱보다 작은 그 사각형 칩 안에는 수많은 전기회로가 빽빽하게 들어서 있었다. 펙이 디자인한 나노우주선은 의외로 간단하다. 칩의 한쪽 면에는 통신에 필요한 에너지를 공급하는 태양전지가 달려 있고, 반대쪽 면에는 라디오송신기와 카메라, 그리고 여러 가지 센서들이 장착되어 있다. 또한 이 우주선에는 엔진이 없다. 모든 추진력을 목성의 자기장에서 얻을 것이기 때문이다(NASA의 미래개념연구소는 1998년부터 이와 관련된 우주 프로그램을 지원해왔으나, 재정상의 이유로 2007년에 지원을 중단했다).

공상과학영화에는 대형 우주선과 잘생긴 우주비행사가 단골로 등장하지만, 펙의 우주선은 그런 것과 거리가 멀다. 예를 들어 목성의 위성에 기지가 구축되면 여기서 발사된 수백만 개의 나노우주선들이 목성의 궤도를 돌며 관측을 수행한다. 그리고 위성기지에 레이저 대포가 설치되어 있다면, 이것을 나노우주선에 발사하여 거의 광속에 가까울 정도로 가속시킬 수 있다.

나는 펙에게 나노기술을 이용하여 우주선을 분자 크기까지 줄일 수 있느냐고 물었다. 우주선이 이 정도로 작아지면 목성의 자기장 대신 위성에 입자가속기를 설치하여 우주선을 광속에 가까운 속도로 가속시킬 수 있다. 펙은 "이론적으로는 가능하겠지만 구체적인 계산은 아직 해보지 않았다"고 했다.

펙과 나는 노트를 펼쳐놓고 그 자리에서 계산을 해보았다(과학자들은 이런 식으로 연구를 진행한다. 대화를 나누다가 계산이 필요해지면 곧장 칠판으로 달려가거나 연필과 종이를 찾아서 방정식을 푸는 식이다. 뛰어난 천재는 머릿속으로 풀기도 하지만, 그런 사람은 극히 드물다). 우리는 먼저 나노우주선을 가속시키는 원천인 로렌츠방정식을 써놓고, CERN의 강입자가속기와 비슷한 가상의 입자가속기에 분자크기의 나노우주선을 대입시켜보았다. 그랬더니 보통 크기의 입자가속기를 목성의 위성에 설치하면 나노우주선을 광속에 가깝게 가속시킬 수 있다는 결과가 얻어졌다. 우주선이 보통 크기라면 입자가속기가 거의 목성만큼 커야하겠지만, 분자크기의 우주선은 기존의 입자가속기로 충분히 가속시킬 수 있다.

우리는 방정식을 분석하다가 "유일한 문제는 나노우주선의 안정성"이라는 데 의견일치를 보았다. 광속에 가까운 속도에 이르면 칩이 산산이 분해되지 않을까? 실에 매달려 회전하는 공에 원심력이 작용하듯이, 원형가속기 안에서 거의 광속으로 내달리는 분자도 원심력의 영향을 받는다. 또한 이 분자들은 전기전하를 띠고 있으므로 과도한 전기력 때문에 분해될 수도 있다. 우리의 결론은 "광속에 가까운 속도로 달려도 분해되지 않는 분자규모의 나노우주선은 아직 시기상조이며, 앞으로 수십 년 후에나 가능하다"는 것이었다.

메이슨 펙의 꿈은 수백만 개의 나노우주선 군단을 우주로 내보내서 그들 중 일부라도 가장 가까운 별에 도달하도록 만드는 것이다. 그런데 막상 그곳에 도착한 후에는 과연 어떤 임무를 수행해야 할까?

이 질문의 해답을 가장 잘 알고 있는 사람은 아마도 카네기멜론대학의 페이 장(Pei Zhang)일 것이다. 그가 외계행성에 착륙하게 될 소형 헬리콥터 군단을 나에게 보여준 적이 있는데, 회로가 새겨진 조그만 칩에 초소형 회전날개를 달아놓은 것뿐이어서 처음에는 그다지 믿음이 가지 않았다. 그런데 그가 단추를 누르자 네 대의 소형헬기가 공중으로 날아오르더니 모든 방향으로 자유롭게 날아다니면서 다양한 정보를 전송해왔다. 잠시 후 페이 장이 몇 개의 단추를 더누르자 나는 소형헬기 군단에 완전히 포위되고 말았다.

소형헬기 군단의 임무는 화재나 폭발현장에 진입하여 상황을 파악하고 생존자를 확인하는 것이다. 여기에 TV카메라와 센서를 장착하면 온도와 압력, 풍속 등을 파악하여 비상사태에 빠르게 대처할 수 있다. 물론 이 헬기군단은 전쟁터나 외계행성에 파견되어 정보를 수집할 수도 있다. 또한 이들은 상호 간 통신이 가능하기 때문에, 그중 한 대가 위험에 직면했을 때 다른 헬기들이 안전한 경로로 피해가도록 사전경고를 날릴 수도 있다.

미래의 우주탐사는 메이슨 펙이 생각하는 것처럼 조그만 칩 수천, 수만 개를 띄우는 식으로 진행될 것이다. 이들은 거의 광속에 가까운 속도로 날아갈 수 있으므로 가까운 별도 탐사할 수 있으며, 그 근처의 위성에 중간기지를 건설하고 더 멀리 날아갈 수도 있다. 자기복제가 어렵다면 외계 태양계에서 적절한 행성을 발견한 후 2차 나노우주선함대를 추가로 파견하여 그곳에 나노봇 생산공장을 짓는 방법도 있다. 여기서 생산된 2세대 나노우주선들은 그곳을 지구로 삼아 또 다른 외계로 진출하고, 이 과정은 영원히 계속될 것이다.

2100년이 되면 인간은 우주와 소행성벨트로 진출하여 목성의 위성을 탐사하고, 다른 별로 진출하는 초석을 마련하게 될 것이다.

그렇다면 인간은 어떻게 될 것인가? 우주에 식민지를 개척하여 이주정책을 펼치는 것이 과연 가능할까? 과거에 미국 서부에서 유행했던 골드러시처럼 2100년의 지구인들은 새로운 미개척지를 찾아 너도 나도 우주로 나가게 될 것인가?

아니다. 지구에 대한 미련이 더 이상 없다고 해도 비용문제 때문에 그런 일은 일어나지 않을 것이다. 일부 우주인들이 다른 행성에 파견되어 소형 기지를 지을 수는 있겠지만, 대부분의 사람들은 여전히 지구에 발을 붙인 채 살아갈 것이다.

여러 가지 정황으로 미루어볼 때, 앞으로 수백 년 이내에 인류가 지구를 떠날 가능성은 매우 낮다. 그렇다면 이쯤에서 또 한 가지 질문이 떠오른다. 미래의 인류는 어떤 식으로 진화할 것인가? 과학은 우리의 삶과 일, 그리고 미래의 문명과 부(富)에 어떤 영향을 미칠 것인가?

7

부의
미래

승 자 와 패 자

과학기술과 이데올로기는 21세기 자본주의의 근간을 뿌리째 흔들 것이다.
이득을 취하는 데 필요한 기술과 지식은 오직 기술을 통해서만
얻을 수 있기 때문이다.

_레스터 서로 Lester Thurow

고대의 왕국들은 오직 군대에 의해 그 흥망이 좌우되었다. 그래서 로마제국의 위대한 장군들은 전쟁터에 나가기 전에 전쟁의 신 마르스(Mars)의 제단 앞에 제물을 바치고 승리를 기원했으며, 바이킹족도 토르 신의 영감 어린 지시에 따라 전쟁을 수행했다. 그리고 전쟁에서 승리하면 거대한 사원을 지어 전쟁의 신에게 헌정하곤 했다.

그러나 거대문명의 흥망성쇠를 주의 깊게 분석해보면 완전히 다른 결론에 도달하게 된다.

만일 서기 1500년대에 화성인이 지구를 방문하여 지구에 퍼져 있는 모든 문명을 답사한 후 "장차 어떤 문명이 지구를 지배할 것 같습니까?"라는 질문을 받는다면, 아마도 "다른 문명이 지구를 지배할 수는 있어도 유럽문명만은 절대로 그럴 수 없다"고 대답했을 것이다.

동양을 대표했던 중국문명은 수천 년 동안 명맥을 유지해왔다. 다들 알다시피 종이, 화약, 나침반 등 '세계 최초'라는 수식어가 달린 발명품은 대부분이 중국에서 만들어졌으며, 고대중국의 과학자들은 단연 세계 최고수준이었다. 게다가 중국은 강력한 힘으로 대륙을 통일하여 오랜 세월 동안 평화로운 삶을 누려왔다.

유럽의 남쪽에서 일어난 오스만제국도 유럽을 위협하며 긴 세월 동안 번영을 누렸다. 이슬람문명은 대수학을 발명했고 광학과 물리학, 그리고 천문학분야에 찬란한 업적을 남겼으며(지금 우리가 사용하는 별과 별자리 이름의 대부분은 이슬람 문명권에서 명명되었다) 예술적인 안목도 타의 추종을 불허했다. 현재 터키의 이스탄불은 과거 한때 과학교육의 세계적인 중심지였다.

그러나 이와 비슷한 시기에 유럽인들은 마녀라는 이름으로 사람을 잡아다가 고문하고 처형하는 등 종교적 근본주의에 함몰되어 있었다. 특히 서부유럽은 로마제국이 멸망한 후 거의 1,000년 동안 쇠퇴일로를 걸어오면서 중세 암흑기로 빠져들었다. 당시 유럽인들은 대부분의 기술을 외국에서 수입하는 처지였다. 로마제국이 쌓아온 지식은 이미 오래전에 사라졌고, 남은 것은 매사를 옥죄는 종교적 도그마뿐이었다. 여기에 저항하면 당장 잡혀가 고문을 당하거나 사형에 처해졌다. 게다가 유럽의 여러 도시들은 끊임없이 전쟁에 시달렸다.

그러나 지금은 상황이 정반대로 달라졌다. 그사이에 대체 무슨 일이 있었던 것일까?

중국과 오스만제국이 근 500년에 걸쳐 기술적 정체기를 겪는 동안 유럽은 전례를 찾아볼 수 없을 정도로 사력을 다해 과학기술을 발전시켰다.

1405년에 중국 명나라의 영락제(명나라의 3대 황제. 1402~1424년 재위

—옮긴이)는 세계 최대규모의 함대를 조직하여 전 세계로 파견했다 (콜럼버스가 이끌었던 3척의 배를 다 합해도 영락제 함대의 배 한 척보다 작다). 이 시기에 총 일곱 번에 걸쳐 함대가 파견되었는데, 그 규모는 매번 기록을 갱신했다. 이 함대는 아프리카와 마다가스카르까지 도달하여 값진 보물과 식량, 그리고 희귀한 동물들을 싣고 본국으로 돌아갔다. 명왕조시대의 기록에 의하면 나무로 깎은 아프리카 기린이 축제 행렬에 등장했다고 한다.

그러나 중국의 황제들은 만족하지 못했다. 그것이 전부인가? 중국에 대적할 만한 제국이 이 세상에 없다는 말인가? 바깥 세상에서 가져온 보물이라는 것이 고작 신기한 음식과 동물들뿐이란 말인가? 후속황제들이 바깥 세상에 흥미를 잃으면서 중국의 함대는 점차 쇠퇴해갔고, 결국 중국은 빠르게 발전하는 서방세계로부터 완전히 고립되고 말았다.

오스만제국의 경우도 크게 다르지 않다. 황제는 자신이 알고 있는 세상을 모두 정복한 후 종교적 근본주의에 빠져 수백 년 동안 침체기를 겪었다. 말레이시아의 전 총리 마하티르 모하마드(Mahathir Mohamad)는 공식석상에서 다음과 같이 말했다. "위대했던 이슬람문명은 회교학자들이 코란에 너무 집착한 나머지 종교와 무관한 지식을 '반-이슬람'으로 취급하면서 쇠퇴일로를 겪어왔다. 회교지도자들이 과학과 수학, 의학 등 반드시 습득해야 할 지식을 외면한 채 이슬람식 교훈과 율법만을 가르치는 바람에 움마(Ummah, 이슬람 공동체—옮긴이)와 학교는 제 역할을 하지 못했다."

그러나 중세유럽에는 거대한 깨달음의 물결이 휘몰아치고 있었다. 외부와의 교역이 활발해지면서 새로운 사상이 전파되었고, 이것은 구텐베르크의 인쇄기 덕분에 전 유럽으로 빠르게 퍼져 나갔다. 천 년 가까이 위세를 떨쳐왔던 교회는 서서히 지배력을 상실했으며, 성서해석을 주로 가르쳤던 대학들도 뉴턴의 물리학과 돌턴(Dalton)의 화학으로 관심을 돌리기 시작했다. 예일대학의 역사학자 폴 케네디(Paul Kennedy)는 유럽이 빠르게 발전할 수 있었던 또 하나의 이유가 "유럽 전체를 지배할 만한 절대 강자가 없었기 때문"이라고 했다. 과학은 순수학문적 기능 이외에 새로운 전쟁무기와 부를 창출하는 수단이었으므로 각국의 군주들은 끊임없이 전쟁을 치르면서 과학과 공학을 장려했다.

유럽의 과학과 기술이 빠르게 발전하는 동안 중국과 오스만제국의 찬란했던 문명은 점차 그 빛을 잃어갔다. 이슬람문명은 수백 년 동안 동양과 서양의 가교역할을 하면서 전성기를 구가해왔으나, 유럽의 교역대상이 신대륙과 동양으로 옮겨가면서 중동을 거쳐가는 상인들이 점차 줄어들었고, 결국에는 교역대상에서 완전히 배제되었다. 또한 중국은 아이러니하게도 자신들이 발명한 나침반과 화약을 앞세워 쳐들어온 유럽인들에게 무릎을 꿇고 말았다.

동양과 유럽의 운명이 엇갈린 이유는 자명하다. 유럽은 과학과 기술을 장려했고, 이슬람과 중국은 과거의 영화에 안주했기 때문이다. 과학과 기술은 번영의 원동력이다. 과학기술을 무시하는 것은 자유지만, 거기에는 엄청난 대가가 따른다. 이 세상이 조용하게 유지되는 것은 당신이 종교서적을 읽고 있기 때문이 아니다. 당신이 최신 과학기술을 습득하지 않는다면 당신의 경쟁자가 먼저 습득하여 승자로 등극할 것이다.

네 가지 힘의 정복

유럽이 수백 년의 암흑기를 이겨내고 중국과 이슬람문명을 앞지를 수 있었던 비결의 핵심은 사회적 요인과 기술적 요인에서 찾을 수 있다.

서기 1500년대 이후의 역사를 분석해보면 유럽은 위대한 도약을 이미 눈앞에 두고 있었음을 알 수 있다. 유럽에서는 봉건제도가 쇠퇴하면서 상인계급이 새로운 실력자로 떠올랐고, 르네상스의 격렬한 바람이 유럽 전체를 휩쓸었다. 그러나 물리학자들은 이 거대한 변화의 물결을 '우주를 지배하는 네 가지 힘'이라는 렌즈를 통해 바라보았다. 기계장치, 로켓, 폭탄에서 별과 은하에 이르기까지, 우주의 모든 삼라만상은 이 네 가지 힘으로 설명된다. 유럽이 세계의 중심이 될 수 있었던 것은 이 힘들의 작동원리를 가장 먼저 밝혀낸 덕분이었다.

첫 번째 힘은 모든 것을 땅바닥에 붙잡아놓는 중력이다. 태양이 폭발하지 않고 태양계의 행성들이 지금과 같은 궤도를 유지하는 것은 중력이 작용하고 있기 때문이다. 두 번째 힘은 도시의 밤을 밝히고 발전기와 엔진을 작동시키며 레이저와 컴퓨터에 동력을 공급하는 전자기력이다. 세 번째와 네 번째 힘은 약한 핵력(약력)과 강한 핵력(강력)으로, 원자의 중심부에 있는 핵자들(양성자와 중성자)을 결합시키는 힘이다. 이 힘 덕분에 태양을 비롯한 밤하늘의 별들이 빛을 발하고 있다. 중력과 전자기력, 그리고 약력과 강력의 작동원리는 모두 유럽인들에 의해 밝혀졌다.

물리학자들이 각 힘의 비밀을 알아낼 때마다 인류의 역사가 변했고, 유럽인들은 새로운 지식을 십분 활용했다. 아이작 뉴턴은 떨어지는 사과와 달을 바라보며 인류의 역사를 송두리째 바꿔놓을 질문을 떠올렸다. "사과는 아래로 떨어지는데, 달은 왜 지구로 떨어지지 않는가?" 당시 23세의 청년이었던 뉴턴은 사과가 떨어지는 것과 달이 지구 주변을 공전하는 것이 동일한 힘에 의해 나타나는 현상임을 이미 알고 있었다. 얼마 후 그는 '미적분학(calculus)'이라는 새로운 수학을 개발하여 행성과 달의 궤도를 완벽하게 계산해냈다. 인류 역사상 처음으로 천체의 움직임을 설명할 수 있게 된 것이다. 그는 자신이 발견한 자연의 법칙을 일목요연하게 정리하여 1687년에 최고의 과학서적으로 꼽히는 《프린키피아(Principia)》를 출간했다.

여기서 눈여겨볼 점은 뉴턴이 새로운 사고방식을 창안했다는 사실이다. 그는 모든 물체의 움직임을 '힘(force)'으로부터 계산하는 역학체계를 구축했는데, 이것이 바로 그 유명한 뉴턴역학(또는 고전역학)이다. 이로써 인류는 영혼이나 악마, 유령과 같은 추상적 관념에서 벗어나 측정가능하고 잘 정의된 힘을 이용하여 만물의 운동을 설명할 수 있게 되었다. 또한 공학자들은 뉴턴역학 덕분에 모든 기계의 작동을 정확하게 예측할 수 있게 되었으며, 이로부터 증기기관과 증기기관차가 탄생했다.

증기의 힘으로 작동하는 기계장치가 제아무리 복잡하다 해도, 뉴턴의 운동법칙을 이용하면 최소단위 부품의 움직임까지 체계적으로 이해할 수 있다. 역학에 관한 한 뉴턴의 법칙으로 이해할 수 없는 현상은 이 세상에 존재하지 않는 것이다. 중력에서 시작된 뉴턴의 체계적 사고는 기계의 원리를 이해하는 데 지대한 공헌을 하여, 훗날 유럽을 강타한 산업혁명의 원동력이 되었다.

또한 19세기의 유럽에는 마이클 패러데이(Michael Faraday)와 제임스 클럭 맥스웰(James Clerk Maxwell)이 있었다. 이들은 두 번째 힘인 전자기력의 정체를 이론적으로 규명하여 20세기 전기혁명의 기초를 닦아놓았다. 그후 토머스 에디슨은 뉴욕 맨해튼 남쪽의 펄스트리트(Pearl Street)에 발전소를 지어놓고 전기를 공급함으로써 본격적인 전기혁명의 서막을 열었다(그러나 에디슨의 발전소는 교류가 아닌 직류로 운영되었다. 요즘과 같은 교류전기를 일반가정에 처음으로 공급한 사람은 조지 웨스팅하우스George Westinghouse였다―옮긴이). 독자들은 지구의 대륙 전체가 전기조명으로 밝게 빛나는 위성사진을 본 적이 있을 것이다. 만일 외계인이 우주에서 지구를 목격한다면, 지구인이 전자기학을 정복했다는 사실을 한눈에 알아챌 것이다. 현대인은 전기를 당연하게 여기면서도 어쩌다 정전이 되면 그것이 얼마나 고마운 존재인지 새삼 느끼곤 한다. 전기가 없으면 신용카드도 컴퓨터도 쓸 수 없고 온갖 조명과 엘리베이터, TV, 라디오, 인터넷도 작동하지 않는다. 정전이 되면 우리의 삶은 고스란히 100년 전으로 되돌아가고 만다.

유럽의 과학자들이 발견한 핵력(약력과 강력)도 인류의 삶을 완전히 바꿔놓았다. 이제 우리는 별의 일생과 에너지원을 알고 있을 뿐만 아니라 그 힘을 이용하여 MRI, CAT(CT), PET 등 다양한 도구를 만들어서 의료분야에 활용하고 있다. 핵력은 원자의 내부에 숨어 있는 강력한 에너지를 다스리는 힘이다. 앞으로 우리가 핵에너지를 어떤 식으로 사용하느냐에 따라 핵융합에너지를 제어하여 풍요로운 삶을 살게 될 수도 있고, 핵의 불구덩이 속에서 최후를 맞이할 수도 있다.

가까운 미래(현재~2030년)

기술의 4단계

유럽각국은 사회인식의 변화와 네 가지 힘의 규명이 적절한 조화를 이루면서 선진국의 위치를 선점했다. 그러나 기술도 개인이나 국가처럼 흥망성쇠가 있다. 하나의 기술이 탄생하면 더 좋은 기능으로 진화하다가 절정에 이른 후 쇠퇴기를 맞이한다. 과거에 탄생하여 전성기를 누리다가 사라진 기술의 사례들을 분석해보면 일정한 패턴이 발견된다. 기술도 그 나름대로 '진화의 법칙'을 따르는 것이다.

대부분의 기술은 4단계의 변화를 겪는다. 종이와 수도, 전기, 그리고 컴퓨터의 역사를 돌아보면 각 단계의 특징을 분명하게 알 수 있다. 1단계는 제품의 가치가 워낙 높아서 관련기술을 보호하는 단계이다. 수천 년 전, 종이가 처음 발명되었을 때 이집트에서는 두루마리 종이 한 묶음을 운반할 때에도 한 무리의 성직자들이 따라가며 주변을 경계했고, 중국의 종이제작자들은 삼엄한 경비 속에서 목욕재계를 하고 경건한 마음으로 작업에 임했다고 한다.

종이는 1450년에 구텐베르크의 인쇄기가 등장하면서 2단계로 접어들게 된다. 이때부터 '책'이라는 것이 등장하여 두루마리 종이 수백 개에 적어야 할 다량의 지식을 한 개인이 소장할 수 있게 되었다. 구텐베르크 이전까지만 해도 유럽에서 유통되는 책은 기껏해야 3만 권에 불과했으나 1500년에는 그 300배인 900만 권까지 늘어났다. 이로써 특정계층의 전유물이었던 지식은 '누구나 가질 수 있는 소장품'이 되었고, 지식에 눈뜬 일반인이 많아지면서 유럽 전체가 르네상스라는 찬란한 부흥기를 맞이하게 된다.

그러나 1930년대에 이르러 종이 한 장의 가격은 푼돈 수준으로 떨어졌고, 이때부터 종이제작 기술은 3단계로 접어들었다. 사람들은 집 안에 수백 권의 책으로 개인도서관을 꾸며놓기도 하고, 대량생산된 종이는 한 번에 몇 톤씩 팔려나갔다. 종이는 반드시 필요한 물건이지만 너무나 흔했기 때문에 그 존재조차 인식하지 못할 지경이 되었다. 지금 종이는 기술의 마지막 단계인 4단계로 접어든 상태이다. 요즘 사람들은 종이에 온갖 색상과 무늬를 첨가하여 장식용으로 사용하고 있다. 또한 종이는 가장 쉽게 버려지는 물건이 되어 도시 쓰레기의 대부분을 차지하고 있다. 탄생초기에는 가장 값진 보물이었던 것이 흐르는 세월과 함께 낭비의 대상으로 전락한 것이다.

물(식수)도 이와 비슷한 과정을 겪었다. 1단계였던 고대의 물은 너무나 값진 재산이어서 마을 전체가 하나의 우물을 공동으로 사용했다. 이런 식으로 수천 년을 지내오다가 1900년대에 개인용 펌프가 발명되면서 서서히 2단계로 접어들었고, 2차대전이 끝난 후에는 중산층도 사용할 수 있을 정도로 저렴해졌다. 종이의 경우와 비교해보면 이 무렵이 바로 3단계에 해당된다. 현재 수도공급시스템은 4단계로 접어들어 색상과 모양, 크기, 용도 등이 엄청나게 다양해졌다. 지금도 공원에 가면 각양각색의 분수들이 현란한 물줄기를 내뿜고 있는데, 이것은 물이 더 이상 귀중품도, 고가품도 아님을 의미한다.

전기도 예외가 아니다. 토머스 에디슨을 비롯한 여러 공학자와 발명가들의 노력에 힘입어 전기가 1단계로 접어들었을 때, 대부분의 소규모 공장들은 전구 하나로 조명을 대신했다. 1차 세계대전이 끝난 후 전기기술은 2단계로 진입하여 개인용 전구와 모터가 상용화되었으며, 곳곳에 대형 발전소가 건설되면서 싼값에 공급되는 3단계를 거쳤다. 지금은 전기가 세상 곳곳에 보급되고 있지만, 정작 전기를 사용하는 우리는 그 존재를 거의 인식하지 못한다. 심지어는 '전기(electricity)'라는 단어마저 사용빈도가 크게 줄어들었다. 매년 크리스마스가 되면 오색찬란한 전구로 온 집 안을 장식하면서도, 그것이 전기로 작동된다는 사실을 떠올리는 사람은 별로 없다. 전기를 공급하는 전선들이 눈에 뜨이지 않는 곳으로 숨어버렸기 때문이다. 이제 전기는 단순한 조명이 아니라 브로드웨이와 라스베이거스 등 도시를 장식하는 수단으로 사용되고 있다.

4단계에 도달한 전기와 수도는 귀중품이 아닌 생필품이다. 값이 워낙 싸기 때문에 필요 이상으로 소비되는 경우도 많다. 각 가정에는 전기와 수도 사용량을 기록하는 계량기가 달려 있지만, 그 수치를 보고 경각심을 느끼는 사람은 거의 없다.

컴퓨터는 가장 최근에 등장했음에도 불구하고 기존의 발명품과 거의 똑같은 과정을 겪고 있다. 이 사실을 예측한 회사들은 살아남았고, 그렇지 않은 회사들은 대부분 파산했다. IBM은 컴퓨터기술이 1단계였던 1950년대부터 컴퓨터를 생산했는데, 당시에는 너무 고가품이어서 100여 명의 과학자와 공학자들이 한 대의 컴퓨터를 공동으로 사용했다. 그러나 IBM도 무어의 법칙을 일찍 간파하지 못하여 1980년대에 거의 파산직전까지 몰렸다. 당시는 컴퓨터기술 2단계로서, 개인용 컴퓨터가 막 출시되던 시기였다.

개인용 컴퓨터 생산업체들도 앞날을 제대로 예측하지 못했다. 이들은 모든 사용자들이 데스크탑 컴퓨터를 한 대씩 소유하는 시대를 꿈꾸면서도, 이 컴퓨터들이 서로 연결된다는 생각은 하지 못했다. 그러다 1990년대에 컴퓨터는 인터넷의 등장과 함께 3단계로 접어들게 된다. 얼마 전까지만 해도 이 세상과 완전히 고립된 채 각 가정의 책상 위에 외롭게 놓여 있던 수백만 대의 컴퓨터들이 하나로 연결된 것이다. 요즘은 인터넷과 무관하게 고립된 컴퓨터(이런 컴퓨터를 '스탠드얼론stand-alone'이라 한다)를 구경하려면 박물관에 가야 한다.

머지않아 컴퓨터는 눈에 보이지 않는 곳에서 주변환경을 장식하는 4단계로 접어들 것이다. 다른 발명품이 그랬던 것처럼 미래에는 컴퓨터도 장식적인 기능이 강조될 것이며 '컴퓨터'라는 단어는 거의 사용되지 않을 것이다. 또한 미래에는 컴퓨터칩이 종이를 제치고 쓰레기배출량 1위로 등극할 것이다. 물이나 전기처럼 '눈에 보이지 않는 생필품'이 된다는 이야기다.

그러나 컴퓨터와 인터넷은 지금도 진화하고 있다. 경제학자 존 스틸 고든(John Steele Gordon)은 "컴퓨터혁명이 끝났다고 보는가?"라는 질문에 "절대 아니다. 과거에 증기기관이 그랬던 것처럼 새로운 대치품이 등장한 후에도 100년은 족히 버틸 것이다. 지금 인터넷은 1850년대의 철도사업과 비슷한 단계에 와 있다. 아직은 시작에 불과하다"고 대답했다.

모든 기술이 3, 4단계로 진입하는 것은 아니다. 예를 들어 기차는 1800년대 초에 증기엔진이 발명되면서 1단계로 접어들어 수백 명의 승객들이 하나의 증기기관차를 타고 다녔다. 그후 1900년대 초에 개인용 기관차라 할 수 있는 자동차가 발명되어 2단계로 접어들었으나(레일 위를 달리던 것이 고무바퀴로 바뀌었다), 후속단계로 접어들 조짐은 아직 보이지 않고 있다. 지난 100년 사이에 엔진이 강력해지고 연료효율(연비)도 높아지는 등 많은 변화가 있었지만, 재벌이나 수집가를 제외하고 혼자서 자동차를 수십 대씩 소유하는 사람은 없다. 그래서 3, 4단계로 진입하지 못한 기술은 컴퓨터칩을 장착하여 똑똑해지는 쪽으로 진화한다. 개중에는 종이와 물, 전기, 그리고 컴퓨터처럼 4단계까지 가서 끝장을 보는 기술도 있고, 중간단계에 머무는 기술도 있다. 그러나 4단계까지 가지 못하는 경우에도 컴퓨터칩의 꾸준한 개선을 통해 효율이 높아지는 쪽으로 진화할 것이다.

붕괴된 거품

그러나 2008년에 세계적인 불경기가 닥치면서 "그동안 우리가 누려왔던 성장은 모두 환상이었다. 지금의 시스템에는 근본적인 오류가 있으므로 단순했던 과거로 돌아가야 한다"는 목소리가 높아지고 있다.

역사를 돌아보면 거대한 거품이 난데없이 등장했다가 터진 사례를 쉽게 찾아볼 수 있다. 거품은 인간의 변덕스러운 운명과 어리석음이 낳은 부산물이며, 아무런 규칙 없이 무작위로 나타나는 것처럼 보인다. 2008년에 세계경제가 전례 없는 위기에 닥쳤을 때 역사학자와 경제학자들이 출간한 책들을 읽어보면 경제위기를 초래한 주범으로 인간의 본성과 탐욕, 타락, 미숙한 법규, 감독 소홀 등이 언급되어 있다.

경제학적 분석은 전문가들이 충분히 했을 테니, 나는 이 문제를 과학적 측면에서 바라보고자 한다. 긴 안목으로 볼 때 과학은 부를 창출하는 엔진이다. 《옥스퍼드 경제역사사전(The Oxford Encyclopedia of Economic History)》에는 다음과 같이 적혀 있다. '1780년 이후에 영국과 미국이 이룬 경제성장의 90퍼센트는 단순한 자본축적이 아니라 기술혁신이 가져온 결과이다.'

과학이 없다면 우리의 삶은 당장 수천 년 전으로 되돌아갈 것이다. 그러나 과학은 항상 같은 속도로 발전하지 않는다. 혁신적인 발명품(증기기관, 전구, 트랜지스터 등)이 출현하면 후속 발명품들이 봇물처럼 터져 나오면서 급속하게 성장하다가, 어느 정도 시간이 지나면 정체기에 접어든다. 또한 새로운 기술은 새로운 부를 창출하므로 과학기술의 발전은 경제에 영향을 미칠 수밖에 없다.

경제에 처음으로 영향을 준 기술은 증기기관이었다. 특히 증기기관을 장착한 증기기관차는 전 유럽에 걸쳐 산업혁명을 견인했고, 그 결과 유럽사회는 과거와 완전히 다른 모습으로 재정비되었다. 당시 증기력은 첨단기술의 상징으로서 그것을 기반으로 사업을 벌이면 누구나 큰돈을 벌 수 있었다. 그러나 자본주의 체제 하에서 돈은 결코 한 곳에 머물지 않는다. 자본가들은 새로운 투자처를 끊임없이 찾고 있으며, 투기적인 대상에 투자했다가 실패하는 경우도 허다하다.

1800년대 초에 증기기관과 산업혁명으로 일어난 신흥자본가들은 런던 증권거래소의 철도사업 관련주식을 대량으로 사들였다. 그러나 철도회사들이 증권시장에 진출할 때부터 거품은 이미 존재하고 있었다. 〈뉴욕타임스〉의 전문기자 버지니아 포스트렐(Virginia Postrel)은 "100년 전에 철도회사들은 뉴욕 증권거래소에 상장된 주식의 절반을 차지하고 있었다"고 했다. 그러나 검증되지 않는 철도사업에 과도한 투자가 몰리면서 엄청난 거품이 형성되었고, 결국은 1850년 런던 증권시장의 붕괴로 이어지게 된다. 그후로 런던증시는 거의 10년에 한 번씩 소규모 붕괴를 겪었는데, 주된 원인은 '산업혁명으로 창출된 여유자본' 때문이었다.

철도사업은 증권시장에서 한바탕 난리를 치른 후 1880~90년대가 되어서야 비로소 전성기를 맞이하게 된다. 첨단과학의 상징인 증기엔진이 1800년대 중반에 부와 열정을 창출한 것은 사실이지만, 그로부터 철도사업이 일어나려면 수십 년을 더 기다려야 했던 것이다.

토머스 프리드먼(Thomas Friedman)은 다음과 같이 말했다. "19세기 미국의 철도사업은 커다란 붐을 일으켰다가 거품이 터지면서 침체기를 겪었다…… 그러나 이 과정에서 철도기반사업이 구축되어 훗날 대륙횡단철도가 건설될 수 있었으며, 그 덕분에 물자운송비가 크게 절감되었다."

그러나 이와 비슷한 순환과정이 그후에도 계속 반복된 것을 보면, 자본가들은 커다란 시련을 겪으면서도 교훈을 뼈저리게 새기지 않은 것 같다. 19세기 초 미국에 전기와 자동차 열풍이 불어닥쳤을 때에도 거의 동일한 상황이 연출되었다. 에디슨이 전기사업을 시작하면서 공장과 각 가정에 전기가 공급되었고, 포드 사의 '모델-T(1908년에 출시된 최초의 대량생산 자동차—옮긴이)'는 한 시대를 상징하는 아이콘이었다. 전기와 자동차는 과거의 증기기관처럼 엄청난 부를 창출하여 수많은 백만장자를 낳았으며, 여유자본이 뉴욕 증권시장으로 흘러들어 또다시 거품경제를 일으켰다. 모든 상황이 1850년의 영국과 영락없는 판박이였는데도 사람들은 80년 전의 교훈을 까맣게 잊고 있었던 것이다. 1900~1925년 사이에 무려 3,000개의 자동차회사가 등록되었을 정도로 자동차사업은 성황을 이루었지만, 사실 시장은 이 많은 회사들을 지탱할 능력이 없었다. 그리하여 1929년의 어느 날 한계에 이른 거품이 터지면서 미국은 대공황의 긴 수렁으로 빠져들게 된다. 미국과 유럽의 전기사업이 안정된 궤도에 오른 것은 대공황이 수습된 후인 1950~60년대였는데, 이것도 철도사업의 경우와 아주 비슷하다.

지금 우리는 컴퓨터와 레이저, 인공위성, 인터넷, 그리고 전자공학으로 대변되는 세 번째 과학혁명기를 겪고 있다. 이번에도 첨단기술이 엄청난 부를 창출하여 수많은 억만장자를 탄생시켰고, 여유자본이 어디론가 흘러들어가 또 한 차례 거품을 만들었다. 여유자본이 증권시장이 아닌 부동산으로 집중되었다는 점만 빼면, 모든 상황이 과거와 똑같이 진행되고 있다. 부동산 시세가 최고조에 이르자 사람들은 집을 담보로 돈을 빌리기 시작했는데, 부동산 가격이 천정부지로 뛰다보니 대출금의 규모가 '집 값이 올라야 갚을 수 있는 수준'으로 커졌고 비양심적인 은행가들이 모기지론을 남발하면서 거품을 더욱 부채질하여 결국 2008년에 금융위기를 맞게 된 것이다. 이와 비슷한 거품사태를 과거에 두 번이나 겪었음에도 불구하고(1850년, 1929년) 하나도 달라진 것이 없었다.

토머스 프리드먼은 말한다. "21세기 초에 나타난 벼락경기와 거품은 이제 그 한계를 드러내고 있다. 이제 머지않아 입주자 없이 텅 비어 있는 플로리다의 콘도, 부자들이 팔려고 내놓은 개인용 중고 제트기들, 그리고 아무도 이해할 수 없는 파생금융 상품들이 거품붕괴의 잔해로 남을 것이다."

그러나 2008년 경제위기 직후에 세계적 규모의 통신망이 구축되었다는 것은 아이러니가 아닐 수 없다. 정보혁명의 절정기는 아직 도래하지 않은 것이다.

그렇다면 다음 질문을 던지지 않을 수 없다. "네 번째 기술혁명은 언제, 어떤 형태로 찾아올 것인가?" 아직은 장담할 수 없지만, 아마도 인공지능과 나노기술, 원격통신, 그리고 나노생명공학이 어우러진 형태일 것이다. 이 기술들은 지금 당장 사람들을 현혹하고 있지만, 과거의 사례로 짐작해보건대 이로부터 엄청난 부가 창출되려면 앞으로 80년은 족히 기다려야 할 것이다. 부디 2090년의 후손들은 80년 전의 교훈을 잊지 말고 현명하게 대처해 나가기를 바랄 뿐이다.

조 금 먼 미 래 (2 0 3 0 ~ 2 0 7 0 년)

승자와 패자가 결정되는 직업

그러나 기술의 진보가 경제에 갑작스런 변화를 초래하는 경우도 있다. 모든 기술혁명은 어쩔 수 없이 승자와 패자를 낳는다. 21세기 중반이 되면 이와 같은 양극화현상이 더욱 두드러지게 나타날 것이다. 과거에는 대장간과 마차 수리소가 각 마을마다 있었는데, 지금은 대부분 사라졌다. 그리고 이런 직업이 없어졌다고 해서 아쉬워하는 사람도 없다. 그렇다면 21세기 중반에는 어떤 직업이 대세로 떠오를 것인가? 기술의 발달은 미래의 인력시장에 어떤 변화를 몰고 올 것인가?

부분적으로나마 답을 구하기 위해 다른 질문을 던져보자. "로봇의 한계는 어디까지인가?" 앞에서도 말한 바와 같이, 인공지능을 구현하는 데에는 두 가지 걸림돌이 있다. '형태인식'과 '상식'이 바로 그것이다. 그러므로 미래에는 위의 두 가지 능력이 요구되는 직업군이 살아남고, 나머지는 로봇이 대신하게 될 가능성이 높다.

공장의 생산라인에서 자동차 부품을 조립하는 등 단순작업을 반복하는 노동자들은 로봇에게 일자리를 빼앗길 것이다. 이런 일은 로봇이 훨씬 잘하기 때문이다. 컴퓨터가 똑똑해 보이긴 하지만, 사실 이들은 연산속도가 사람보다 수백만 배 빠르기 때문에 그렇게 보이는 것이지, 실제로는 전혀 똑똑하지 않다. 컴퓨터는 복잡한 연산장치일 뿐이며, 단순반복작업이 이들의 주특기다. 공장자동화가 자동차업계에서 가장 먼저 이루어진 것도 바로 이런 이유 때문이다. 그러므로 단순반복노동에 기반을 둔 모든 직업은 머지않아 컴퓨터에게 자리를 내주고 사라질 것이다.

그러나 형태인식에 기반을 둔 노동은 반복성이 없기 때문에 컴퓨터가 아무리 활개를 쳐도 사라지지 않고 오히려 더욱 번성할 것이다. 그 대표적 사례가 쓰레기수거인, 경찰관, 건설현장 인부, 정원사, 배관공 등이다. 쓰레기수거인은 각 주택과 아파트 앞에 놓여 있는 쓰레기통을 인식하여 트럭에 실은 후 쓰레기집하장으로 옮겨야 한다. 뿐만 아니라 쓰레기는 종류에 따라 처리방법이 다르기 때문에 형태인식능력이 반드시 필요하다. 또한 건설현장에서는 설계도에 따라 각기 다른 공법과 도구를 사용하는 등 동일한 작업이 반복되는 경우가 거의 없다. 경찰관은 여러 상황에서 다양한 범죄를 분석하고 범죄의 동기와 방법을 추리해야 하는데, 컴퓨터는 이런 임무를 효율적으로 수행하지 못한다. 그리고 정원관리와 배관작업도 경우마다 다르기 때문에 사람이 할 수밖에 없다.

사무직에서도 승자와 패자가 분명하게 갈린다. 자산목록을 작성하고 재고를 확인하는 등 '땅콩을 세는' 중개인은 사라질 것이다. 대리인, 브로커, 금전출납인, 회계사 등도 일자리를 잃게 된다. 지금도 비행기를 탈 일이 있을 때에는 굳이 여행사직원을 통하지 않아도 웹사이트에서 가장 싼 표를 구입할 수 있다.

예를 들어 메릴린치(Merrill Lynch, 미국의 세계적 금융회사. 2008년에 뱅크오브아메리카Bank of America에 매각되었음—옮긴이)는 온라인 주식거래를 하지 않겠다고 공언한 바 있다. 심지어 이 회사의 중개인인 존 스티픈스(John Steffens)는 "개인이 인터넷을 통해 직접 운영하는 투자프로그램이 미국의 경제를 망치고 있다"고 주장했다. 그러나 1999년에 메릴린치는 시장의 힘에 떠밀려 굴욕을 무릅쓰고 온라인 거래를 수용할 수밖에 없었다. 〈지디넷뉴스(ZDNet news)〉의 찰스 가스파리노(Charles Gasparino)는 "과거에도 산업계의 리더가 하룻밤 사이에 전략을 수정하거나 새로운 사업모델을 수용하는 일은 거의 없었다"고 했다.

미래에는 피라미드 판매조직도 사라질 것으로 예상된다. 업계의 최상위층에 있는 사람이 현장의 정보를 쉽게 접할 수 있다면 굳이 중간단계를 거칠 필요가 없다. 과거에도 개인용 컴퓨터가 사무실에 도입되면서 많은 사람들이 일자리를 잃었다.

앞으로 중개인들이 살아남으려면 로봇이 제공할 수 없는 '상식'을 소비자들에게 제공하는 쪽으로 업무를 특화시켜야 한다.

예를 들어 미래에는 시계나 콘택트렌즈로 인터넷을 서핑하면서 집을 살 수도 있겠지만, 실제로 자신이 살 집을 이런 식으로 구매하는 사람은 거의 없을 것이다. 집을 산다는 것은 인생을 통틀어 가장 중요한 지출에 속하기 때문이다. 집과 같이 중요한 물건을 구입할 때는 인근 학교의 수준과 범죄율, 상하수도 상태 등 주변환경에 관한 정보를 제공해줄 전문 중개인을 찾기 마련이다.

이와 마찬가지로 저급 주식중개인도 온라인 거래에 밀려 일자리를 잃게 될 것이다. 이들이 자리를 보전하려면 논리적이고 현명한 투자방법을 제공할 수 있어야 한다. 사람들은 재정문제에 관한 한 기계보다 사람의 충고를 더 신뢰하기 때문이다. 미래의 중개인은 전문가 못지않은 시장분석능력과 다양한 지식으로 무장해야 살아남을 수 있다. 온라인거래가 주가를 인정사정없이 후려치는 시대에서 살아남으려면 경험과 지식, 그리고 분석능력과 같은 무형의 자산을 축적해둬야 한다.

결국 사무직에서는 '유용한 상식'을 제공하는 자가 끝까지 살아남을 것이다. 그리고 창조력이 필요한 직업(공예가, 배우, 코미디언, 소프트웨어 프로그래머, 지도자, 분석가, 과학자 등)도 여전히 건재할 것이다. 이런 일은 컴퓨터가 대신할 수 없기 때문이다.

인터넷에서는 창조적인 예술이 빠르게 유통되고 있으므로 예술가들도 살아남을 것이다. 컴퓨터는 예술작품을 장식하고 복제하는 데 뛰어난 능력을 발휘하지만, 새로운 형태를 창조하는 능력은 거의 제로에 가깝다. 감정을 이끌어내고 자극하는 예술은 논리가 아닌 상식의 산물이므로, 이 분야에서 컴퓨터가 사람을 능가할 수는 없다.

소설가와 시나리오작가, 그리고 극작가들도 컴퓨터에게 일자리를 빼앗기지 않을 것이다. 사람들 사이의 충돌과 갈등, 승리와 패배 등 현실세계에 부합하면서 극적인 이야기를 만들어내는 것은 컴퓨터가 아닌 인간의 주특기이기 때문이다. 새로운 스토리를 만들려면 인간의 성취동기와 의도를 파악하여 하나의 캐릭터를 창출해야 하는데, 연산만 할 줄 아는 컴퓨터로는 어림도 없는 이야기다. 컴퓨터는 사람을 울리거나 웃길 수 없고, 재미와 슬픔을 이해할 수도 없다.

이밖에 변호사나 법률가와 같이 인간관계를 조율하는 직업도 살아남을 것이다.

로봇에게 변호사 교육을 시켜서 법과 관련된 기초적인 질문에 대답하도록 만들 수는 있다. 그러나 사회의 도덕과 관습은 시대에 따라 변하기 마련이고, 이와 함께 법도 변할 수밖에 없다. 따라서 법의 해석이란 결국 '시대에 부합하는 가치판단'으로 귀결되는데, 컴퓨터는 결코 이런 일을 할 수 없다. 만일 모든 법 조항이 틀에 박힌 듯 정형화되어 단 하나의 해석만이 존재한다면 법정도, 판사도, 배심원도 필요 없어진다. 배심원은 특정집단의 관습을 대표하는 사람들이고 관습은 끊임없이 변하기 때문에, 로봇은 결코 배심원을 대신할 수 없다. 미국 연방대법원장을 지낸 포터 스튜어트(Potter Stewart)는 포르노에 대해 다음과 같이 결론지었다. "포르노는 정의하기가 매우 어렵다. 아무리 신중하게 정의를 내려도 항상 예외가 존재하기 때문이다. 그러나 영상을 직접 보면 그것이 포르노인지 아닌지 한눈에 알 수 있다."

사법체계에 로봇을 도입하는 것 자체가 불법일 수도 있다. 우리의 법은 '배심원단은 일반인과 등등한 사람들로 구성한다'는 기본원리를 고수해왔는데, 로봇은 결코 우리와 등등한 존재가 될 수 없기 때문이다.

법은 고상한 문체로 매우 정확하고 엄밀하게 정의되어 있는 것 같지만, 사실은 상당히 유동적인 체계이다. 동일한 조항이 시대에 따라 다르게 해석되는 것만 봐도 그렇다. 대법원에서 미국헌법에 대하여 어떤 해석을 내리면 항상 찬반양론이 팽팽하게 맞서곤 했다. 헌법의 해석은 시대에 따라 끊임없이 변해왔고, 앞으로도 그럴 것이다. 인간의 가치관이 수시로 변해왔다는 것은 역사를 되돌아보면 금방 알 수 있다. 예를 들어 1857년에 미국 대법원은 "노예는 미국시민이 될 수 없다"는 판결을 내렸다. 그러나 남북전쟁을 치르고 수천 명의 희생자를 낸 후에 이 판결문은 영원히 폐기되었다.

미래에는 한 단체를 이끄는 지도력(리더십)도 귀중한 자산이 될 것이다. 리더가 되려면 정보를 수집하고, 관점을 확립하고, 대중들에게 선택사항을 제시하여 선택을 유도하되, 이 모든 것이 특정목적에 부합되도록 조율하는 능력을 갖춰야 한다. 또한 리더는 저마다 장단점을 갖고 있는 군중들에게 하나의 길을 제시하고 영감을 불어넣어야 한다. 결국 인간의 본성과 시장의 힘을 이해해야 리더가 될 수 있는데, 컴퓨터는 이런 분야에 전혀 적합하지 않다.

연예 및 오락의 미래

요즘 대중의 관심을 한몸에 받고 있는 연예계에도 거대한 변화의 바람이 불어닥칠 것이다. 고대에는 한 사람의 음유시인이 각 도시를 돌아다니며 군중들 앞에서 시와 음악을 들려주곤 했다. 즉, 고대의 음악산업은 지금과 달리 음악가가 청중을 찾아가는 형태였다. 20세기 초까지만 해도 연예인들은 전국을 돌아다니며 쥐꼬리만 한 수입으로 연명하는 등 참으로 고달픈 삶을 살았다. 그러나 토머스 에디슨의 축음기가 등장한 후로 음악계는 커다란 변화를 겪게 된다. 특정 노래가 담긴 레코드판이 수백만 장씩 팔려 나가면서 가수들이 고소득 직종으로 급부상했다. 허름한 식당에서 웨이터로 일하며 간신히 연명하던 로큰롤 가수들은 한 세대가 채 가기도 전에 젊은이들의 영웅으로 떠올랐다.

그러나 음악계는 "앞으로 음악은 레코드판이나 CD가 아닌 인터넷과 이메일을 통해 쉽게 퍼져나갈 것"이라는 과학자들의 경고에 귀를 기울이지 않았다. 음악업계는 온라인으로 사업을 확장할 생각을 하지 않고, CD보다 훨씬 싼 가격으로 음악을 배포하는 회사들에게 법적으로 대응할 궁리만 했다. 그러나 이것은 거대한 파도를 거스르는 것만큼이나 어리석은 짓이었다. 현재 음악업계가 겪고 있는 혼란과 동요는 대부분 여기서 기인한 것이다.

(요즘은 무명가수들도 대형음악사를 통하지 않고 단기간에 세계적인 스타가 될 수 있다. 과거에는 음악업계의 실력자들이 차세대 스타를 선택하여 길러냈지만, 미래의 스타는 시장의 힘과 기술, 그리고 대중의 반응 등 더욱 민주적인 방식으로 결정될 것이다)

신문도 이와 비슷한 딜레마에 빠져 있다. 다들 알다시피 신문사의 주 수입원은 신문의 판매대금이 아니라 신문에 실리는 광고이다. 그러나 요즘은 인터넷만 있으면 누구나 무료로 뉴스를 볼 수 있고 누구나 전국규모의 광고를 내보낼 수 있기 때문에 신문사의 입지가 날로 좁아지고 있다.

이 상황도 앞으로 얼마든지 달라질 수 있다. 요즘 인터넷에서는 정신분열에 가까운 사이비 선구자들이 온갖 해괴한 논리로 대중들을 선동하고 있다. 이들의 헛소리에 시달리다 보면 대중들은 결국

한 가지 덕목을 갈구하게 될 텐데, 그것이 바로 '지혜(현명함)'이다. 사실(fact, 팩트)은 지혜와 아무런 상관이 없으므로, 정신 나간 블로거들의 헛소리에 염증을 느낀 미래의 네티즌들은 지혜가 담긴 글을 갈구하게 될 것이다.

경제학자 해미시 맥레이(Hamish McRae)는 이렇게 말했다. "인터넷에 떠도는 정보의 대부분은 쓰레기다. 이런 것은 쓰레기메일과 다를 것이 없다. 그래서 현명한 판단이 더욱 절실하게 요구되는 것이다. 미래에는 재정을 분석하거나 경제동향을 파악하는 등 현명한 판단력을 기초로 하는 직종이 가장 높은 연봉을 받게 될 것이다."

매트릭스

할리우드의 배우들은 어떻게 될까? 박스오피스 스타로 등극하여 세간의 관심을 한몸에 받고 있는 그들도 결국은 일자리를 잃게 될 것인가? 요즘은 컴퓨터그래픽이 워낙 발달하여 실물과 거의 똑같은 가상의 인물을 만들어낼 수 있으므로 배우들의 입지가 전보다 좁아진 것 같기도 하다. 최근 개봉된 영화의 3D 그래픽영상은 실물과 구별할 수 없을 정도로 사실적이다. 그렇다면 미래에는 배우라는 직업이 사라질 것인가?

그렇게 되지는 않을 것 같다. 컴퓨터로 사람의 얼굴을 만들어내는 데 근본적인 문제가 있기 때문이다. 인간의 '얼굴구별능력'은 타의 추종을 불허한다. 타인의 얼굴을 구별하는 것은 생존과 직결되는 문제이기 때문이다. 우리의 선조들은 친구와 적을 한눈에 판단하고, 낯선 사람을 보는 즉시 그의 나이와 성별, 신체조건, 감정상태 등을 파악해야 했다. 이런 능력이 부족한 종족은 후손에게 유전자를 물려줄 기회도 그만큼 줄어든다. 지금도 우리는 다른 사람의 얼굴표정을 파악하는 데 두뇌기능의 상당부분을 할애하고 있다. 인류는 대화를 개발하기 전까지 오랜 세월 동안 손발짓과 몸 동작으로 의사를 전달해왔으며, 두뇌의 대부분은 상대방의 얼굴을 분석하는 데 사용해왔다. 그러나 앞서 지적한 대로 컴퓨터는 주변사물 인식에 취약하기 때문에 사람의 얼굴을 실제처럼 만들어내기가 쉽지 않다. 그래서 영화에 등장하는 사람이 실제인물인지 컴퓨터 시뮬레이션인지는 어린아이도 금방 알 수 있다(이것은 동굴거주자의 원리와도 일맥상통한다. 인기 배우가 등장하는 액션영화와 애니메이션 액션영화 중 하나를 고르라고 한다면 대부분의 사람들은 전자를 고를 것이다).

그러나 얼굴을 제외한 신체는 컴퓨터도 쉽게 만들어낼 수 있다. 할리우드에서 현세에 존재하지 않는 생명체나 괴물을 만들어내는 방법은 의외로 아주 간단하다. 몸에 딱 달라붙는 옷을 사람에게 입히고 각 관절부위에 센서를 장착한 후 시나리오대로 움직이게 하면, 컴퓨터가 관절의 움직임을 조합하여 움직이는 괴물을 만들어낸다. 영화 〈아바타〉도 이런 식으로 만들어졌다.

언젠가 나는 핵무기를 설계하는 리버모어 연구소에 초대되어 강연을 한 적이 있는데, 그날 일정을 마무리하고 저녁식사를 하던 중 옆 테이블에 앉아 있는 사람과 잠시 대화를 나눌 기회가 있었다. 영화 〈매트릭스〉에서 기술을 담당했던 그는 솔직한 표정으로 다음과 같이 털어놓았다. "제작기간 내내 특수효과를 만드느라 무지 애를 먹었는데, 가장 어려웠던 부분은 엄청난 규모의 가상도시를 그래픽으로 만드는 것이었다. 그러나 솔직히 말해서 사람의 얼굴을 그래픽으로 재현하는 것은 나의 능력을 완전히 벗어난 일이었다." 빛이 사람의 얼굴을 때리면 피부의 굴곡에 따라 온갖 방향으로 산란된다. 그러므로 실제 같은 영상을 만들려면 모든 빛 입자(광자)의 궤적을 컴퓨터로 추적해야 할 뿐만 아니라, 사람의 얼굴표면을 수학적 함수로 표현해야 한다. 이쯤 되면 제아무리 뛰어난 프로그래머라 해도 머리가 아프지 않을 수 없다.

나는 영화의 특수효과 작업이 나의 전공인 고에너지 물리학과 매우 비슷하다는 느낌을 받았다. 예를 들어 원자충돌기에서는 고에너지 양성자빔을 표적에 충돌시켜 입자파편을 산란시킨 후, 수학적 함수(이것을 형태인자form factor라고 한다)를 이용하여 각 입자의 물리적 특성을 추정한다.

나는 반농담 삼아 "영화의 특수효과와 고에너지 물리학에 비슷한 점이 있다고 보는가?"라고 물었더니, 그는 조금의 망설임도 없이 "Yes"라고 했다. 컴퓨터 애니메이터들도 사람의 얼굴을 만들 때 고에너지 물리학과 비슷한 과정을 거친다는 것이다. 그렇다면 이론물리학자들이 사용하는 복잡한 함수가 사람의 얼굴을 만드는 데 사용될 수도 있지 않을까? 얼마든지 가능한 이야기다. 뿐만 아니라 우리가 사람의 얼굴을 인식하는 과정은 소립자를 분석하는 과정과 비슷할 수도 있다!

먼 미래(2070~2100년)

자본주의의 영향

21세기 말이 되면 지금까지 언급된 새로운 기술들이 충분히 발달하여 자본주의 자체에 영향을 줄 것으로 예상된다. 수요와 공급의 법칙은 변하지 않겠지만, 애덤 스미스(Adam Smith)의 자본주의이론은 과학기술의 영향을 받아 수정될 가능성이 높다. 자본주의에 미치는 영향을 몇 가지로 구분하면 다음과 같다.

완벽한 자본주의

애덤 스미스의 자본주의는 "수요와 공급이 만나는 곳에서 상품의 가격이 결정된다"는 수요–공급의 법칙에 기초하고 있다. 상품의 공급이 적고 수요가 많으면 가격은 비싸진다. 그러나 생산자와 소비자가 수요와 공급을 충분히 이해하지 못하고 있다면 제품의 가격은 지역마다 중구난방으로 변할 것이다. 따라서 애덤 스미스의 자본주의는 완전한 이론이 아니며, 앞으로 변할 소지가 충분히 있다.

'완벽한 자본주의'는 생산자와 소비자가 시장에 대해 무한한 지식을 갖고 있어서 가격이 유일하게 결정되어야 가능하다. 미래의 소비자는 콘택트렌즈에 뜨는 인터넷을 통해 전 세계에서 유통되는 거의 모든 상품의 가격과 성능을 완벽하게 파악할 수 있다. 콘택트렌즈가 아니더라도 안경이나 거실의 벽, 또는 핸드폰을 통해 상품과 관련된 모든 정보를 누구나 취할 수 있다는 이야기다. 예를 들어 잡화점에 간단한 물건을 사러 갔을 때에도 진열된 상품을 스캔하면 그

것이 저가세일 중인지 아닌지를 한눈에 알 수 있다. 이처럼 소비자는 물건의 성능과 비교가격, 장단점 등을 즉석에서 알 수 있으므로 완벽한 정보는 소비자에게 유리한 쪽으로 작용한다.

생산자도 인터넷을 통해 수요량과 시장가격을 미리 파악하여 자신이 만든 상품의 가격을 정할 수 있다. 즉, 가격을 결정하기 위한 사전 준비과정의 대부분이 생략되는 것이다. 그러나 결국 생산자보다는 소비자가 기술의 혜택을 더 많이 보게 된다. 소비자는 동일상품의 최저가를 찾기 마련이고, 그에 관한 정보는 사방에 널려 있기 때문이다. 따라서 생산자는 수시로 바뀌는 소비자들의 요구에 신속하게 대처해야 한다.

대량생산과 대량맞춤

요즘 대부분의 상품은 대량생산되고 있다. 자동차의 제왕이었던 헨리 포드가 "현재 시판되고 있는 모델-T는 검은색이지만, 앞으로 소비자들은 원하는 색상의 모델-T를 구입할 수 있다"고 선언할 수 있었던 것도 대량생산 시스템 덕분이었다. 다들 알다시피 제품을 한꺼번에 많이 만들수록 생산효율이 높아지고 가격은 저렴해진다. 그러나 미래의 컴퓨터혁명은 대량생산의 개념 자체를 바꿔놓을 것이다.

소비자가 옷가게에서 완벽한 스타일에 색상까지 맘에 드는 옷을 발견했는데 몸에 맞는 사이즈가 없다면 어떻게 될까? 지금의 시스템에서는 한숨을 쉬며 빈손으로 매장을 나오는 수밖에 없다. 그러나 미래에는 당신의 신용카드나 지갑에 자신의 신체사이즈가 3D로 저장되어 있어서, 매장의 옷이 몸에 맞지 않을 때 생산공장에 이메일을 보내면 곧바로 당신에게 맞는 옷을 만들게 할 수 있다. 옷뿐만이 아니다. 어떤 물건이건 각자 개인의 취향에 맞는 스타일로 주문할 수 있다.

지금은 대량맞춤 시스템을 운영할 수 없다. 기술의 문제가 아니라 채산성이 떨어지기 때문이다. 단 한 사람의 고객을 위해 생산라인과 별도로 상품을 만드는 것은 어느모로 보나 비효율적이다(간혹 그런 경우가 있긴 하지만 가격이 비쌀 수밖에 없다). 그러나 모든 소비자와 생산자들이 언제 어디서나 인터넷에 접속할 수 있는 세상이 오면 맞춤제품도 일반제품과 같은 가격으로 대량생산될 수 있다.

첨단기술의 생필품화

전기와 수도가 그랬던 것처럼, 신기술이 널리 보급되다 보면 결국은 생필품으로 정착된다. 자본주의 시장체제 하에서는 경쟁을 통해 가격이 내려갈 수밖에 없으므로, 미래의 후손들은 신기술이 어디서 왔는지 알 필요도 없이 자신이 사용한 만큼 비용을 지불하면서 무심하게 살아갈 것이다. 인터넷에 기반을 둔 클라우드 컴퓨팅(cloud computing, 1장 참조)도 결국은 필요할 때만 사용하고 쓴 만큼 요금을 지불하되, 필요 없을 때에는 아무도 관심을 가지지 않는 '당연한 기술'로 정착될 것이다.

이것은 지금의 상황과 많이 다르다. 지금 우리는 데스크탑 컴퓨터나 노트북으로 문서작업을 하고 그림을 그리다가 특정 정보가 필요해지면 인터넷에 접속한다. 그러나 미래에는 컴퓨터 없이 인터넷에 접속하여 원하는 정보를 취하고, 사용한 시간만큼 요금을 지불하는 시스템으로 바뀔 것이다. 다시 말해서 전기와 수도처럼 컴퓨터도 계량기를 통해 요금이 부과된다는 뜻이다. 또한 미래에는 모든 가전제품과 가구, 옷 등에 칩이 장착되어 있어서, 사용자가 요구사항을 구두로 전달하면 곧바로 필요한 서비스를 제공받게 될 것이다. 인터넷 화면은 어디에나 있고, 자판이 필요하면 언제든지 띄울 수 있다. 전기혁명의 주체인 전기가 눈에 보이지 않는 것처럼, 컴퓨터혁명의 주체인 컴퓨터도 이런 식으로 우리의 시야에서 점차 사라질 것이다.

고객 타깃팅

과거의 회사들은 주로 신문과 라디오, TV를 통해 광고를 내보냈다. 그리고 대부분의 경우에는 광고가 소비자들에게 어떤 영향을 주는지 전혀 모르는 채, 오직 제품의 판매실적만으로 광고의 효과를 평가해왔다. 그러나 미래의 회사들은 자신이 내놓은 광고를 얼마나 많은 사람들이 보고 있는지 실시간으로 확인할 수 있을 것이다. 예를 들어 당신이 인터넷 라디오와 인터뷰를 한다면 청취자의 수를 즉각적으로 알 수 있다. 이런 시스템이 가능해지면 생산자는 자신이 생산한 제품을 구입할 가능성이 높은 특정고객들을 골라서 광고를 집중적으로 내보낼 수 있다.

그러나 여기에는 '사생활 침해'의 여지가 있다. 미래에는 사생활 보호가 매우 중요한 현안으로 떠오를 것이다. 과거 한때 사람들은 컴퓨터가 '빅브라더(Big Brother, 정보를 독점하여 사회를 통제하는 권력집단. 조지 오웰의 소설에 등장하는 독재자의 이름에서 유래됨—옮긴이)'로 떠오를까봐 우려한 적이 있었다. 조지 오웰의 소설 《1984》에서는 전체주의 권력이 지구를 접수하여 세계 곳곳에 스파이를 심어놓고, 사람들은 자유를 박탈당한 채 굴욕적으로 살아간다. 실제로 컴퓨터통신은 사람들을 감시하는 수단으로 악용될 가능성도 있었다. 그러나 1989년에 소비에트연방(소련)이 해체되면서 미국 국립과학재단은 컴퓨터 통신망기술을 일반에게 공개했고, 이것이 1990년대에 인터넷으로 발전했다.

지금과 같은 시스템에서 빅브라더와 같은 절대권력자가 탄생할 가능성은 거의 없다. 문제는 남의 일에 참견하기 좋아하는 인터넷 마당발들과 소소한 잡범들, 타블로이드판 신문들, 그리고 소비자의 성향을 파악하기 위해 개인정보를 훔치는 기업 등 소위 말하는 '스몰브라더(small brother)'들이다. 다음 장에서 언급되겠지만, 이 문제는 시간이 흐를수록 더욱 심각해질 것이다. 또한 개인정보를 훔치려는 사람들과 그것을 보호하려는 소프트웨어 개발자들 사이의 경쟁도 영원히 계속될 것이다.

상품기반 자본주의에서 지식기반 자본주의로

위에서 언급된 내용은 주로 '기술의 발달이 자본주의의 운영방식에 미치는 영향'이었다. 그러나 첨단기술이 극도로 발달하면 자본주의의 운영방식뿐만 아니라, 자본주의라는 개념자체가 변할 수도 있다. 기술혁명의 여파로 생겨난 모든 잡음들은 '상품기반 자본주의에서 지식기반 자본주의로의 변환'이라는 한 문장으로 요약된다.

애덤 스미스 시대에는 상품의 양이 곧 부의 척도였다. 상품의 가격은 짧은 기간에도 변할 수 있지만, 결국은 시간이 지날수록 떨어지기 마련이다. 지난 150년 사이의 가격추이를 보면 이 사실을 분명하게 알 수 있다. 요즘 우리가 먹는 아침식사는 별것 없어 보이지만, 100년 전에는 영국의 왕조차도 그런 음식을 먹을 수 없었다.

과거에 귀족들만 가질 수 있었던 물건들도 지금은 동네 구멍가게 진열장에 널려 있다. 상품의 가격을 하락시키는 요인으로는 대량생산 및 유통과 통신의 발달, 그리고 생산자들 사이의 경쟁을 꼽을 수 있다.

(예를 들어 요즘 고등학생들에게 "콜럼버스는 단거리 항로를 개척하기 위해 목숨을 건 항해길에 올랐다"고 하면, 대부분 그 이유를 이해하지 못한다. 웬만한 향신료는 슈퍼마켓에서 팔기 때문이다. 그러나 콜럼버스가 살던 시대에 향신료와 허브는 엄청나게 비싼 물건이었다. 당시에는 냉장고가 없었으므로 음식이 상할 수밖에 없었고, 그 냄새를 가리려면 향신료가 반드시 필요했다. 당시에는 냉동차나 컨테이너도 없었고 바다 건너 향신료를 운반하는 빠른 배도 없었기 때문에, 왕조차도 저녁에는 상한 음식을 먹어야 했다. 지금은 마트에서 온갖 종류의 향신료를 헐값에 팔고 있지만, 콜럼버스 시대에 그것은 목숨을 걸 정도로 귀한 물건이었다.)

앞으로 상품기반 자본주의는 서서히 지식기반 자본주의로 변해 갈 것이다. 지식기반 자본주의는 로봇의 취약종목인 '패턴인식'과 '상식'에 기초하고 있다.

MIT의 경제학자 레스터 서로는 다음과 같이 말했다. "오늘날 지식과 기술은 상대적 우위를 점하는 수단으로서, 다른 분야로부터 고립되어 있다. 실리콘밸리와 루트 128(Route 128, 매사추세츠 주에 있는 128번 도로. 컴퓨터를 비롯하여 전자산업 관련기업들이 그 주변에 많이 모여 있음—옮긴이)이 그곳에 있는 이유는 필요한 두뇌들이 그곳에 모여 있기 때문이다. 두뇌가 없다면 굳이 그곳에 있을 이유가 없다."

이 역사적 변환이 어떻게 자본주의에 영향을 미친다는 말인가? 간단히 말해서, 인간의 두뇌는 대량생산될 수 없기 때문이다. 하드웨어는 대량으로 만들어서 톤 단위로 팔리지만 사람의 뇌는 그럴 수 없다. 따라서 미래에는 인간만이 갖고 있는 '상식'이 화폐와 같은 위력을 발휘하게 될 것이다. 그러나 일반상품과 달리 인간의 지적능력은 수십 년에 걸쳐 양육과 교육, 그리고 훈련이라는 과정을 거쳐야 한다.

레스터 서로는 말한다. "모든 것이 경쟁에서 밀려나 사라진다 해도 지식만은 끝까지 살아남을 것이다. 지식이야말로 경쟁에서 우위를 점하게 해주는 유일한 자원이기 때문이다."

소프트웨어의 가치는 시간이 흐를수록 높아질 것이다. 컴퓨터칩(하드웨어)은 가격이 떨어져서 트럭으로 팔릴 수도 있지만, 소프트웨어는 사람이 책상 앞에 앉아 종이 위에 연필을 끄적이는 등 구식방법으로 만들 수밖에 없다. 지금 당신의 노트북 컴퓨터에 들어 있는 각종 데이터와 문서들, 그리고 사진과 동영상의 가치를 상상해보라. 모르긴 몰라도 노트북 자체의 값보다 몇백 배 이상 비쌀 것이다. 물론 소프트웨어는 복제하기 쉬워서 대량생산이 가능하지만, 새로운 소프트웨어를 한꺼번에 대량으로 생산해낼 수는 없다. 사람의 능력에는 한계가 있기 때문이다.

영국의 경제학자 해미시 맥레이는 "1991년에 영국은 눈에 보이는 상품보다 눈에 보이지 않는 상품(서비스)을 더 많이 수출한 최초의 국가가 되었다"고 했다.

미국 경제에서 제조업이 차지하는 비율은 지난 수십 년 동안 감소세를 보여온 반면 지적자본(할리우드 영화, 음악산업, 비디오게임, 컴퓨터, 원거리통신 등)의 비율은 꾸준히 증가했다. 상품기반 자본주의에서 지식기반 자본주의로의 전환은 이미 지난 세기에 시작되어 서서히 진행되고 있으며, 이 추세는 시간이 흐를수록 더욱 빠르게 진행될 것이다. 레스터 서로는 자신의 저서에 다음과 같이 적어놓았다. '천연자원의 가격은 1970~90년대 사이에 몇 차례의 인플레이션을 겪으면서 거의 60퍼센트 가까이 떨어졌다.'

일부 국가의 사례를 보면 이 점을 확실하게 알 수 있다. 일본은 천연자원이 턱없이 부족한데도 2차 세계대전 후 강력한 경제대국으로 성장했다. 일본의 가장 큰 재산은 눈에 보이는 물건이 아니라 국민의 근면성과 단일성이기 때문이다.

그러나 많은 나라들은 이 사실을 간과한 채 눈에 보이는 재물만을 축적하고 있다. 패러다임의 변화를 감지하지 못한다면, 천연자원이 아무리 풍부해도 결국은 가난한 나라가 될 수밖에 없다.

일각에서는 정보혁명이 인간을 "디지털 상류층(컴퓨터에 쉽게 접근할 수 있는 사람)"과 "디지털 하류층(그렇지 않은 사람)"으로 양분한다며 연일 비난을 쏟아내는 사람들도 있다. 이들은 정보혁명이 계층 간 간격과 빈부격차를 부채질하여 사회의 기본구조를 붕괴시킬 것이라고 주장한다.

그러나 이것은 앞으로 닥쳐올 문제의 극히 일부분일 뿐이다. 컴퓨터의 성능이 매 18개월마다 두 배씩 향상되면서 중고 컴퓨터가 많이 쌓이고, 신형 컴퓨터의 가격도 많이 내렸기 때문에 지금은 가난한 가정의 아이들도 컴퓨터와 인터넷을 쉽게 접할 수 있다. 언젠가 미국의 한 학교에서 각 학급에 노트북 컴퓨터를 한 대씩 비치해놓고 효용성을 검증하는 실험을 했는데, 몇 달이 지난 후 확인해보니 지급된 노트북의 대부분이 애물단지로 전락한 상태였다. 교사들은 노트북을 쓰고 싶지만 사용법을 몰랐고, 학생들은 이미 현실세계(교실)에서 친구들과 '접속된 상태(on-line)'였으므로 굳이 노트북을 사용할 이유가 없었던 것이다.

　문제는 접근가능성이 아니다. 진짜 문제는 '일자리'에 있다. 지금도 일자리 시장에는 커다란 변화가 감지되고 있다. 미래에는 이러한 추세를 올바르게 이해하고 자국에 유리한 쪽으로 활용하는 국가들만이 살아남을 것이다.

　개발도상국들은 생산품으로 튼튼한 기초를 쌓은 후, 이것을 발판으로 삼아 지적자본주의로 도약할 수 있다. 이 두 과정을 성공적으로 거친 나라가 바로 중국이다. 중국은 수천 개의 공장에서 온갖 종류의 상품을 만들어 세계시장에 팔았고, 여기서 얻은 수익을 서비스업에 투자하여 지적자본주의의 토대를 구축했다. 현재 미국에서 공부하고 있는 물리학 박사과정 재학생의 50퍼센트는 외국에서 태어난 학생들이며(그런 수준에 도달한 학생을 미국인만으로 채우기에는 턱없이 부족하다), 그들 중 대부분을 중국인과 인도인이 차지하고 있다. 이들 중 일부는 공부를 마친 후 고국으로 돌아가 완전히 새로운 산업을 창조할 것이다.

초급직 종사자들

자본주의의 변화에 제일 먼저 피해를 보는 사람은 초급직 종사자들이다. 과거에도 새로운 기술이 탄생할 때마다 국가경제와 국민의 삶은 커다란 변화를 겪었다. 예를 들어 1850년에 미국 노동자의 65퍼센트는 농부였지만 지금은 2.4퍼센트로 감소했다. 이런 변화는 21세기에도 비슷한 형태로 나타날 것이다.

　미국이민 열풍이 불어닥쳤던 1800년대에는 미국의 경제가 빠르게 성장하여 먹고사는 데 별 문제가 없었다. 당시 뉴욕에 정착한 이주자들은 의류나 전구를 만드는 공장에 쉽게 취직할 수 있었다. 교육수준에 상관없이 근면성만 갖추면 일자리를 얻는 것은 큰 문제가 아니었다. 유럽의 빈민가에 살던 사람들이 미국으로 건너가 중산층으로 유입되는 것은 마치 거대한 컨베이어 벨트를 따라가는 것처럼 이미 정해진 수순이나 다름없었다.

경제학자 제임스 그랜트(James Grant)는 이렇게 말했다. "두뇌와 노동력이 농지에서 공장으로 옮겨가면 생산성은 향상된다…… 지난 200년 동안 기술의 진보는 현대경제의 방파제 역할을 해왔다."

요즘 대부분의 초급직은 사라졌고, 많은 사람들은 편견이나 차별 없는 공정한 경쟁을 원한다. 그러나 단추 하나로 일자리를 수출할 수 있는 세상이 되면서 중국과 인도가 공정한 기회의 나라로 부상하고 있으며, 중산층의 컨베이어 벨트 역할을 해왔던 초급직은 다른 나라로 옮겨갔다. 물론 외국의 노동자들에게는 좋은 일이지만, 그 여파로 미국의 내륙도시들은 공동화현상이 일어나고 있다.

이러한 변화는 소비자 입장에서도 바람직하다. 업체 간 경쟁이 세계적 규모로 확장되면 상품과 서비스의 가격이 내려가고 공급이 원활해지기 때문이다. 정부가 시대에 뒤떨어지면서 임금만 비싼 일자리를 보호한다면 당장은 만족스럽겠지만, 언젠가는 비효율의 대가를 톡톡히 치르게 될 것이다. 이미 사양길에 접어든 사업을 지원하는 것은 언젠가 닥쳐올 붕괴를 잠시 미루는 미봉책에 불과하며, 상황을 더욱 악화시킬 뿐이다.

그런데 아이러니하게도 고임금 서비스업종은 자격을 갖춘 지원자가 태부족하여 인력난에 시달리고 있다. 정규학교를 비롯한 교육기관들이 숙련된 인재들을 충분히 길러내지 못하여 많은 회사들이 함량미달의 인력으로 꾸려나가고 있는 실정이다. 경제사정이 안 좋을 때에도 숙련된 기술자가 필요한 곳에서는 항상 인력이 모자랐다.

그러나 산업화시대 이후의 경제시스템에서 구식의 공장노동직이 사라진다는 것만은 분명한 사실이다. 경제학자들은 "미국의 재산업화"라는 주제를 놓고 여러 해 동안 연구해온 끝에 "무슨 짓을 해도 과거로 되돌아갈 수 없다"는 결론에 도달했다. 미국과 유럽의 경제는 이미 수십 년 전에 산업기반에서 서비스기반으로 전환되었으며, 이 역사적 변화는 결코 되돌릴 수 없다. 산업화의 전성기는 이미 지나갔고, 두 번 다시 돌아오지 않을 것이다.

앞으로는 지적자본주의를 극대화하는 쪽으로 투자를 집중해야 한다. 이것은 21세기에 모든 국가들이 직면하고 있는 난제들 중 하나로서, 이를 풀기 위한 쉬운 길도 지름길도 없다. 이를 위해서는 고등학교 졸업생들이 곧바로 실업자 대열에 끼지 않도록 교육제도를 정비해야 한다. 지적자본주의는 소프트웨어 프로그래머와 과학자들만을 위한 세상이 아니라, 창조성과 예술적 능력, 쇄신, 지도력, 분석력 등 상식에 기반을 둔 다양한 직종에 의해 유지된다. 그러므로 사회에 공급되는 노동인력은 21세기에 던져진 도전과제를 감당할 수 있도록 교육되어야 한다. 특히 미래의 기술사회에서 과학인력을 충당하려면 그들을 가르치는 교사들부터 재교육시켜야 한다(미국에는 이런 속담이 있다. "능력 있는 사람은 일을 하고, 능력 없는 사람은 남을 가르친다Those who can, do. Those who can't, teach").

레스터 서로는 말한다. "한 국가의 성공과 실패는 두뇌를 길러내는 능력에 달려 있다. 중요한 것은 규모가 아니라 그것을 운영하는 두뇌이다."

미래의 경쟁에서 살아남으려면 새로운 산업과 새로운 부를 창출할 사업가를 가능한 한 많이 배출해야 한다. 이들이 바로 새로운 시장을 이끌어갈 사람들이기 때문이다.

승자와 패자로 갈리는 국가

안타깝게도 많은 나라들은 이 길을 가지 않고 상품기반 자본주의를 구축하는 데 열을 올리고 있다. 그러나 상품의 평균가격은 지난 150년 동안 꾸준히 내려왔으므로, 여기에 기반을 둔 경제는 세월이 흐를수록 수축되어 세계시장에서 도태될 것이다.

그러나 이것은 필연적인 과정이 아니다. 2차 세계대전이 끝난 1945년에 독일과 일본은 전쟁의 폐허 속에서 국민전체가 기아에 시달리는 등 국가의 기능이 거의 마비된 상태였으나, 한 세대가 지난 후 다시 선진국으로 도약했다. 또한 중국은 장장 500년에 걸친 침체기를 겪었지만 지금은 매년 8퍼센트의 경제성장률을 이룩하며 승승장구하고 있다. 과거 한때 "아시아의 병자[東亞病夫]"로 불렸던 나라가 경제강국으로 도약한 것이다.

해미시 맥레이는 '과거에 경제성장을 견인했던 토지, 자본, 천연자원 등은 더 이상 위력을 발휘하지 못한다. 토지가 중요하지 않은 것은 단위농지당 수확량이 크게 증가했기 때문이며, 자본이 중요하지 않은 것은 국제시장에서 재원을 확충하는 프로젝트를 통해 얼마든지 끌어 모을 수 있기 때문이다…… 과거에는 자산의 양이 국가의 부를 좌우했지만, 앞으로는 국민의 자질과 조직력, 동기, 자기수

양 등 자산의 질에 따라 한 국가의 운명이 좌우될 것이다'라고 썼다.

그러나 지금 각국의 상황을 보면 이런 길을 추구하지 않는 국가들이 많이 눈에 뜨인다. 일부 국가는 무능한 지도자 때문에 문화적, 민족적으로 분열되어 전 세계가 원하는 상품을 만들어내지 못하고 있다. 이들은 교육에 무관심한 채 군대와 무기를 확충하는 데 열을 올리고 있으며, 공포 분위기를 조성하여 정권을 유지하는 데 급급하다. 이런 나라에서는 실력 있는 사람이 대우받지 못하고 독재자가 거의 모든 부를 독차지하고 있다.

게다가 이 타락한 정권들은 서방세계로부터 지원받은 물자를 국민에게 나눠주지 않고 군대를 키우거나 권력층의 배를 불리는 데 사용하고 있다. 미래학자 앨빈 토플러(Alvin Toffler)는 이렇게 말했다. "1950~2000년 사이에 선진국들이 가난한 나라에 지원한 돈과 물자를 합하면 거의 1조 달러에 달한다. 그러나 지금도 세계인구의 절반에 가까운 28억 명이 하루에 2달러가 채 안 되는 돈으로 살아가고 있다. 이들 중 1달러 이하로 연명하는 사람은 무려 11억 명이나 된다."

물론 선진국들은 지금보다 더 많이 지원할 수 있는 여력이 있다. 그러나 외부에서 어떤 도움을 받건 간에, 국가발전의 궁극적인 책임은 개도국 지도자들의 몫이다. 이 시점에서 우리는 "생선을 주면 하루를 먹고살지만 낚시를 가르치면 평생을 먹고산다"는 격언을 되새길 필요가 있다. 밑 빠진 독에 물 붓듯이 개도국을 도와줄 게 아니라, 자력으로 먹고살 수 있도록 교육제도를 개편하는 데 주력해야 할 것이다.

과학의 활용

정보혁명은 개발도상국들에게 도약의 발판이 될 수 있다. 이들은 선진국이 과거에 겪었던 과정을 모두 거칠 필요가 없다. 전화를 예로 들어보자. 선진국들은 과거에 전국적으로 전화선을 설치하기 위해 엄청난 비용을 들였다. 그러나 지금 시골지역에서는 유선전화보다 휴대폰이 훨씬 유용하므로 굳이 도로나 전화선을 설치하지 않아도 된다.

또한 개도국들은 과거에 기반시설이라는 것이 거의 없었으므로 노후한 시설을 재건할 필요도 없다. 예를 들어 뉴욕과 런던의 지하철은 개통된 지 100년이 넘었는데, 수리비가 하도 많이 들어서 아예 새로 짓는 편이 나을 정도이다. 그러나 개도국에서는 처음부터 첨단소재와 첨단기술을 사용하여 반짝반짝 빛나는 새 전철을 건설할 수 있다. 게다가 요즘 지하철을 건설하는 데 들어가는 비용은 100년 전보다 훨씬 싸다.

중국은 도시를 건설할 때 서방세계의 실패사례를 분석하여 커다란 이득을 보았다. 예를 들어 베이징은 다른 선진국의 대도시보다 훨씬 적은 돈으로 건설되었지만, 지금은 세계최대규모를 자랑하는 도시로서 최첨단 지하철과 전산망이 완벽하게 구축되어 있다.

개도국에게는 인터넷도 중간과정을 생략할 수 있는 좋은 수단이다. 과거에 개도국의 과학자들이 국제학술지를 구독하려면 원시적인 우편시스템을 이용할 수밖에 없었는데, 몇 달 혹은 1년 늦게 도착하는 건 물론이고 심지어는 아예 배달되지 않는 경우도 많았다. 저명한 학술지는 워낙 특화된 서적이고 값도 비쌌기 때문에 개도국에서는 대형도서관에 가야 볼 수 있었다. 이런 열악한 환경에서 개도국의 과학자가 서양의 과학자들과 공동연구를 한다는 것은 현실적으로 거의 불가능하다. 그나마 학문에 남다른 열정을 가진 부잣집 자손들만이 서양의 과학자들과 경쟁할 수 있었으니 비교하는 것 자체가 무의미하다. 그러나 지금은 누군가가 인터넷에 논문을 올리면 단 몇 초 만에 전 세계로 전달된다(게다가 공짜다!). 개도국의 지방대학에 있는 학자들도 (얼굴도 모르는) 서방세계의 학자들과 공동연구를 할 수 있는 세상이 온 것이다.

손에 잡히는 미래

미래는 누구에게나 활짝 열려 있다. 앞서 말한 바와 같이 실리콘시대가 막을 내리고 새로운 기술이 탄생하면 실리콘밸리는 또 하나의 러스트벨트(Rust Belt, 미국 제조업의 전성기 때 가장 큰 호황을 누렸던 중서부의 공업단지. 제조업이 사양길에 접어들면서 극심한 불황에 시달리고 있음—옮긴이)가 될 수도 있다. 그렇다면 미래에는 어떤 나라가 강대국으로 부상할 것인가? 냉전시대에는 군사력이 압도적으로 강했던 미국과 소련이 초강대국으로 위세를 떨쳤으나, 소련이 붕괴된 후로 사정이 크게 달라졌다. 앞으로는 과학기술이 앞선 나라들이 경제적 우위를 점하면서 세계질서를 이끌어갈 것이다.

　미래의 선진국이 되려면 이 사실을 정확하게 간파하고 있어야 한다. 예를 들어 미국은 수학과 과학과목에서 자국학생들의 수준이 많이 떨어짐에도 불구하고 과학기술 선진국의 자리를 고수하고 있다. 1991년에 전 세계 13세 학생들을 대상으로 실시한 학력평가대회에서 미국은 수학 15위, 과학 14위라는 초라한 성적을 거두었다. 이것은 수학과 과학에서 모두 18위를 기록한 요르단보다 조금 나은 수준이다. 그후로 같은 테스트를 매년 실시해왔는데, 미국학생의 순위는 크게 달라지지 않았다(흥미로운 것은 각국 학생들이 거둔 성적이 그 나라 학교의 수업일수에 비례한다는 점이다. 종합 1위를 거둔 중국학생들의 수업일수는 1년에 251일이고, 미국학생들의 수업일수는 178일이다).

이런 초라한 성적에도 불구하고 미국이 과학기술분야에서 앞서가는 이유는 전 세계의 두뇌들이 미국으로 모여들고 있기 때문이다. 미국의 비밀병기는 소위 '천재용 비자'라고 불리는 H1B비자이다. 특별한 재능, 또는 자원이 있거나 과학지식이 탁월한 사람은 H1B 비자를 받을 수 있다. 미국의 과학재원은 이것을 통해 꾸준히 충당되어 왔다. 실리콘밸리의 두뇌들 중 50퍼센트가 외국인이며, 이들 중 대부분은 대만과 인도에서 온 사람들이다. 또한 미국에 있는 대학에서 물리학 박사과정을 밟고 있는 학생들의 절반도 외국 태생이다. 내가 재직하고 있는 뉴욕시립대학교는 한술 더 떠서 정원의 대부분이 외국인 학생들로 채워져 있다.

일부 의원들은 미국인의 일자리가 줄어든다며 H1B비자를 폐지할 것을 강력하게 주장하고 있지만, 이들은 H1B비자의 진정한 역할을 제대로 이해하지 못하고 있다. 사실 미국인 중에는 실리콘밸리에서 최고수준의 연구를 수행할 만한 사람이 거의 없다(실제로 실리콘밸리에 가면 고위직 연구원 자리가 비어 있는 경우를 종종 볼 수 있다). 독일의 총리였던 게르하르트 슈뢰더(Gerhard Schroeder)는 H1B와 비슷한 비자제도를 도입하려고 했다가 "독일인의 일자리가 줄어든다"는 반대의견에 밀려 뜻을 이루지 못했다. 이때도 반대론자들은 고위직 연구원자리를 독일인만으로 채울 수 없다는 사실을 깨닫지 못한 것이다. H1B 이주자들은 일자리를 빼앗으러 오는 사람이 아니라, 장차 새로운 사업을 일으킬 사람들이다.

그러나 H1B는 고급인력 수급난을 잠시 덮어두는 미봉책에 불과하다. 미국은 외국인 과학자가 반드시 필요한데, 이들 중 대부분을 차지하고 있는 중국인과 인도인들은 모국의 경제사정이 좋아지면서 귀국길에 오르기 시작했다. 이런 추세는 앞으로 더욱 가속화될 것이므로 비자를 이용한 인력조달은 근본적인 해결책이 될 수 없다. 따라서 미국은 낡고 경직된 교육제도를 어떻게든 개선해야 한다. 지금 미국에서는 준비가 덜 된 학생들이 기업체와 대학으로 대거 진출하여 인력수급에 심각한 병목현상을 야기하고 있으며, 고용주들은 신입사원을 1년 이상 재교육시켜야 제몫을 한다며 불만을 토로하고 있다. 또한 대학에서는 신입생들의 학력이 떨어져서 고교과정을 다시 교육시켜야 할 지경이다.

다행히도 미국의 대학과 기업체들은 부실한 고교과정을 보충할 능력이 있다. 하지만 재교육은 시간과 재원을 낭비하는 짓이다. 미국이 미래에도 지금과 같은 경쟁력을 유지하려면 초등학교 교육과 고등학교 교육을 근본부터 뜯어고쳐야 한다.

그래도 미국은 커다란 이점을 갖고 있다. 언젠가 뉴욕 역사박물관에서 주최한 칵테일파티에 참석했을 때 벨기에서 온 생명공학 사업가를 만난 적이 있다. 그에게 "벨기에는 생명공학의 강국인데 왜 이곳에 왔느냐"고 물었더니 "유럽에서는 두 번의 기회가 주어지지 않기 때문"이라고 했다. 주변사람들이 당신과 당신 가족의 내력을 모두 알고 있기 때문에 한 번 실수를 하면 그걸로 끝장이라는 것이다.

당신이 무슨 일을 하건 과거의 실수는 끝까지 따라다닌다. 그러나 미국에서는 자신을 끊임없이 개선할 수 있다. 당신의 조상이 어떤 사람이었는지, 미국인들은 그런 것에 별로 관심이 없다. 그들은 지금 당신이 무엇을 할 수 있는지에 관심을 가질 뿐이다. 벨기에에서 온 그 사업가는 "바로 이런 분위기에 끌려서 유럽의 과학자들이 미국으로 몰려드는 것"이라고 했다.

싱가포르의 교훈

서양에는 이런 속담이 있다. "삐걱거리는 바퀴에 기름칠을 하라." 그러나 동양에는 또 다른 속담이 있다. "튀어나온 못이 망치에 얻어맞는다." 두 속담은 정반대의 뜻을 담고 있으면서, 동양인과 서양인의 사고방식의 차이를 단적으로 보여주고 있다.

아시아 학생들의 성적은 서양학생들보다 훨씬 뛰어나다. 그러나 동양의 교육은 교과서를 기계적으로 외우는 식이어서 학생의 능력을 키우는 데 한계가 있다. 과학기술분야에서 더 높은 수준에 도달하려면 창조력과 상상력, 그리고 혁신적인 사고가 필요한데, 동양의 교육체계는 이런 능력을 키우는 데 다소 불리한 면이 있다. 중국은 과거에 서양인들이 손으로 만들었던 제품을 더 싼 가격으로 대량생산할 수 있게 되었지만, 새로운 제품과 새로운 생산법을 창조하는 부분에서는 서양보다 수십 년 뒤처져 있다.

나는 사우디아라비아에서 열린 학술회의에 초대되어 주제강연을 한 적이 있는데, 그 자리에 같이 초대된 사람 중에는 1959~90년 싱가포르의 총리를 지냈던 리콴유(Lee Kwan Yew)도 있었다. 그는 개발도상국 사이에서 록스타를 방불케 하는 유명인사이자, 싱가포르를 현대화하고 과학강국으로 끌어올린 영웅이기도 하다(1인당 국내총생산으로 따지면 현재 싱가포르는 세계에서 다섯 번째로 부유한 나라이다). 그가 강단에 올라서자 우레와 같은 박수가 터져 나오더니 곧 쥐죽은 듯이 조용해졌다. 전설적인 인물의 강연을 단 한 마디도 놓치기 싫어서였을 것이다.

리콴유의 강연은 2차대전 직후에 싱가포르가 처했던 참담한 상황을 회상하는 것으로 시작되었다. 당시 싱가포르는 해적과 밀수, 술에 취한 선원들, 그리고 온갖 불미스러운 사건으로 조용할 날이 없었다. 그러나 리콴유와 그의 동료들은 이 작은 항구도시가 서양과 어깨를 나란히 하게 될 날을 꿈꾸며 개혁의 칼을 빼들었다. 천연자원이 전혀 없는 싱가포르에서 그들이 의지할 곳은 약간의 기술과 근면성을 갖춘 사람들뿐이었다. 리콴유는 뜻을 같이하는 동지들과 함께 필사적으로 개혁을 추진하여 한 세대 만에 싱가포르를 세계적인 과학강국으로 끌어올리는 데 성공했다. 그의 개혁과정은 세계사를 통틀어 가장 흥미로운 성공사례로 꼽힌다.

리콴유는 과학과 교육, 그리고 첨단기술산업 육성에 중점을 두고 체계적인 개혁을 실행해나갔다. 그로부터 수십 년 후, 싱가포르는 고학력 기술자를 대거 확보하여 전자, 화학, 생체의학 등의 분야에서 세계 최고수준의 수출국이 되었으며, 2006년에는 전 세계 컴퓨터칩에 사용되는 실리콘 기판의 10퍼센트를 공급할 정도로 탄탄한 기반을 다질 수 있었다.

물론 리콴유의 개혁이 순탄하게만 진행된 것은 아니다. 그는 사회의 기강과 질서를 바로잡기 위해 길거리에 침을 뱉으면 태형에 처하고, 마약밀매범은 극형으로 다스리는 등 국민들에게 매우 엄격한 법을 적용했다. 그러나 리콴유에게는 또 한 가지 고민이 있었다. 세계 최고수준의 과학자들을 어렵게 불러와도 오래 머물지 않고 고국으로 떠나버렸던 것이다. 그 원인을 분석해보니 싱가포르에는 그들을 붙잡을 만한 문화적 매력이 전혀 없다는 것이 문제였다. 그래서 리콴유는 발레와 교향악단 등 예술단체를 육성하고 문화사업에 적극적으로 투자하여 외국의 과학자들을 붙잡는 데 성공했다. 약간의 과장을 보태면, 싱가포르는 거의 하룻밤 사이에 문화국가로 탈바꿈한 것이나 다름없다.

또한 싱가포르의 학생들이 학교에서 가르치는 내용을 기계적으로 외우기만 할 뿐, 창의력과 도전정신을 전혀 키우지 못한다는 것도 문제였다. 리콴유는 동양의 과학자들이 서양과학을 그대로 베끼는 한 결코 그들을 따라잡을 수 없다는 사실을 깨닫고 과감한 교육개혁을 실행했는데, 그중에서도 가장 눈에 띄는 부분은 창조적인 학생을 선발하여 자신의 꿈을 마음대로 펼칠 수 있는 환경을 만들어준 것이다. 리콴유는 "빌 게이츠나 스티브 잡스도 싱가포르의 숨막히는 교육환경에서는 결코 성공하지 못했을 것"이라며 싱가포르의 경제와 과학을 이끌어갈 미래의 천재들을 선발하여 체계적인 교육을 실시했다.

물론 모든 나라들이 싱가포르를 그대로 따라할 수는 없다. 싱가포르는 조그만 도시국가로서 인구가 워낙 적기 때문에 개혁이 초고속으로 진행될 수 있었다. 길거리에 침을 뱉는다고 매질을 하는 나라에서 살기를 원하는 사람도 그리 많지는 않을 것이다. 그러나 정보혁명의 시대에 선진국으로 도약하기를 원한다면 싱가포르의 사례를 마음속 깊이 새길 필요가 있다.

미래를 향한 도전

언젠가 프린스턴 고등과학원을 방문했을 때 프리먼 다이슨과 점심 식사를 같이할 기회가 있었다. 그 자리에서 다이슨은 과학자로 살아온 자신의 인생담을 들려주다가 한 가지 불편한 사실을 털어놓았다. 2차 세계대전이 일어나기 전에 다이슨은 영국의 젊은 대학생이었는데, 당시 영국의 똑똑한 학생들은 물리학이나 화학 등 어려운 과학을 외면하고 재정관리나 은행가 등 돈벌이가 되는 직업으로 몰려들었다. 그들의 부모세대는 전기와 화학을 이용하여 새로운 부를 창출했으나, 정작 그들은 다른 사람의 돈을 관리하고 주무르는 일을 하고 싶어 했다. 다이슨은 이것이 대영제국의 쇠퇴를 알리는 신호탄이라고 했다. 그후로 영국은 '대영제국'이라 불리며 세계를 지배했던 과거의 영광을 두 번 다시 누릴 수 없었다.

그런데 다이슨은 그때와 비슷한 현상이 지금 또다시 나타나고 있다며 우려를 표했다. 프린스턴에서 제일 똑똑하다는 학생들이 물리학이나 수학의 어려운 문제에 도전하지 않고 주식투자나 펀드에 관심을 갖는다는 것이다. 그날 다이슨과 내가 내린 결론은 "사회의 리더들이 과학기술에 관심을 갖지 않으면 더 이상 번영을 누릴 수 없다"는 것이었다.

이것이 바로 지금 우리에게 주어진 도전과제이다.

8

**인간의
미래**

행 성 문 명

지금 살아 있는 사람들은 훗날 "인류역사상 가장 특별했던 3~400년"으로 기록될 시기의 한복판을 살아가고 있다.

_줄리앙 시몽 Julian Simon

통찰력이 없으면 사람들은 멸망할 것이다.

(한글성경: 묵시가 없으면 백성이 방자히 행하거니와……)

_잠언 29장 18절

신화에 등장하는 신들은 속세와 한참 동떨어진 하늘나라에서 산다. 그리스 신들은 올림푸스산 꼭대기의 신성한 동네에서 살았고, 영원한 명예를 위해 싸웠던 노르웨이의 신들은 발할라(Valhalla)라는 신성한 궁전에 모여 잔치를 벌였다. 21세기 말에 인간이 신과 같은 능력을 갖게 된다면 인류의 문명은 어떻게 달라질 것인가? 최고조로 발달한 과학기술은 우리의 문명을 어디로 이끌 것인가?

이 책에서 언급된 모든 기술혁명은 '새로운 행성문명의 창조'라는 하나의 키워드로 요약된다. 아마도 이것은 인류역사상 가장 큰 변화일 것이다. 사실, 지금 살아 있는 사람들은 인류역사에서 가장 중요한 시기를 살고 있는 사람들이다. 왜냐하면 우리의 선택에 따라 인류는 궁극적인 목적을 달성할 수도 있고, 혼돈의 나락으로 빠질 수도 있기 때문이다. 지금으로부터 약 10만 년 전에 아프리카에서 현생인류의 시조가 등장한 후로 거의 5,000세대에 걸쳐 수많은 사람들이 살다 갔지만, 인류의 운명을 좌우할 열쇠는 지금 이 시대를 살아가는 우리의 손에 쥐어져 있다.

앞으로 인간이 핵전쟁과 같은 어리석은 짓을 하지 않고 대규모 자연재해도 일어나지 않는다면, 역사상 가장 큰 변화를 어쩔 수 없이 겪게 될 것이다. 에너지의 역사를 돌아보면 이 사실을 분명히 알 수 있다.

문명의 단계

역사전문가는 인류의 역사를 집필할 때 인류의 경험과 우매함의 렌즈를 통해 과거를 들여다본다. 그래서 일반 역사서들은 왕들의 업적과 만행, 사회운동, 그리고 한 시대를 풍미했던 사상을 중심으로 쓰여져 있다. 그러나 물리학자가 역사를 바라보는 관점은 전문 역사학자들과 크게 다르다.

물리학자들은 무엇이든지 순위 매기기를 좋아한다. 심지어는 인류의 문명까지도 '에너지 소비량'을 기준으로 순위를 매긴다. 역사가 흘러가는 동안 인류는 1인당 5분의 1마력의 에너지밖에 사용하지 못했다. 즉, 모든 일을 자신의 손으로 해왔다는 뜻이다. 우리의 선조들은 유랑생활을 하며 가혹하고 적대적인 환경 속에서 음식을 찾는 등 수만 년 동안 늑대와 다를 바 없는 삶을 살아왔다. 당시에는 문자가 없었으므로 이들의 이야기는 '모닥불 대화' 형식으로 여러 세대를 거쳐 구전된 것이 전부였다. 이들의 삶은 매우 원시적이었고 평균수명도 매우 짧아서 18~20년에 불과했다. 당시 개인재산이라고는 등에 지고 다니는 것이 전부였고, 사람들은 평생을 배고픔 속에서 살았다. 이런 식으로 20년을 살다가 죽고 나면 지구 어디에서도 자신이 살았던 흔적을 찾을 수 없었다.

그러나 1만 년 전에 문명의 태동을 허용하는 기적 같은 사건이 일어났다. 길고 혹독했던 빙하기가 드디어 끝난 것이다. 그 이유는 아직 알려지지 않았지만, 어쨌거나 지구를 덮고 있던 얼음이 녹아 내리면서 인류는 한 곳에 정착하여 농사를 짓기 시작했고, 말과 소를 사육하면서 1인당 사용할 수 있는 에너지가 1마력으로 늘어났다. 이로써 한 사람이 수천 평의 농지를 경작할 수 있게 되었으며, 여분의 에너지는 인구증가를 촉진시켰다. 우리의 선조들은 동물을 사육하면서 사냥이라는 중노동에서 해방되었고, 숲이나 들판에 정착하여 마을을 형성해나갔다.

농사법이 개선됨에 따라 인류는 '여분의 부'라는 것을 갖기 시작했다. 사유재산에 눈뜬 인간은 자신의 재산을 이용하여 새로운 부를 창출하는 다양한 방법을 고안해냈는데, 예를 들어 문자와 수학은 재산을 헤아리는 수단이었으며, 달력은 파종과 수확시기를 알려주는 시간표였다. 그리고 각 개인의 재산을 파악하고 세금을 물리기 위해 서기와 회계사라는 직업이 탄생했다. 그후 세월이 흘러 잉여재산의 규모가 커지면서 군대와 왕국, 노예가 등장했고, 결국은 고대문명의 탄생으로 이어지게 된다.

그다음으로 찾아온 혁명은 300년 전에 유럽을 강타한 산업혁명이었다. 그전까지만 해도 개인재산이란 자신의 손이나 말(馬)을 이용하며 만든 물건에 국한되었으나, 산업혁명과 함께 기계를 이용한 대량생산이 가능해지면서 개인이 소유할 수 있는 재산이 엄청나게 많아졌다.

대형기계와 기차를 움직이게 하는 증기기관 덕분에 농지뿐만 아니라 공장과 광산까지도 개인이 소유할 수 있게 되었다. 그리고 과도한 노동과 주기적인 기근에 시달리던 소작농들이 도시로 진출하여 '산업노동자'라는 신종계급이 생겨났으며, 대장장이와 마차 수리공은 자동차 제조공장의 노동인력으로 흡수되었다. 그후 내연기관이 발명되면서 한 사람이 사용할 수 있는 에너지는 100마력까지 증가했다. 산업화가 진행됨에 따라 사람의 수명도 길어지기 시작했는데, 1900년에 미국인의 평균수명은 49세였다.

지금 우리는 세 번째 혁명을 눈앞에 두고 있다. 정보에서 부를 창출하는 정보혁명이 바로 그것이다. 이제 국가의 부를 가늠하는 척도는 정부은행의 금고에 쌓여 있는 현금이나 금괴가 아니라, 광케이블과 인공위성, 그리고 월스트리트의 컴퓨터스크린을 통해 흐르는 전자의 개수이다. 앞으로 과학과 무역, 그리고 연예산업은 거의 광속으로 퍼져나갈 것이므로, 개인이 취할 수 있는 정보의 양에는 한계가 없다고 해도 과언이 아니다.

문명의 I, II, III단계

한 개인의 에너지 사용량은 문명의 발달과 함께 꾸준히 증가해왔으며, 지난 몇백 년 사이에는 기하급수적으로 증가했다. 그러나 지구의 에너지는 유한하기 때문에 이런 증가추세가 영원히 계속될 수는 없을 것이다. 개인의 에너지 소비량은 과연 어디까지 증가할 수 있을까? 물리학자들은 문명의 수준을 에너지 소비량으로 가늠한다. 이 방식을 처음 도입한 사람은 외계문명이 보내온 신호를 오랫동안 추적해왔던 러시아의 천체물리학자 니콜라이 카르다셰프(Nikolai

Kardashev)였다.

"외계문명(extraterrestrial civilization)"이라는 모호한 개념에 불만을 느낀 카르다셰프는 문명의 수준을 가늠할 수 있는 객관적 기준을 도입했다. 정부구조와 사회, 문화 등 외계문명의 기본 시스템은 지구와 다를 수도 있지만, 어떤 문명이건 공통적으로 복종할 수밖에 없는 대원칙이 있으니, 그것은 바로 '물리학의 법칙'이다. 그렇다면 지구에 사는 우리의 입장에서 볼 때, 관측 가능하면서 문명의 판단기준이 될 만한 물리량에는 어떤 것이 있을까? 카르다셰프가 떠올린 것은 '에너지의 소비량'이었다.

그는 에너지 소비량에 따라 문명을 I, II, III단계로 분류했다. I단계 문명은 행성수준의 문명으로, 막대한 태양에너지 중 행성으로 유입되는 극히 일부(약 10^{17}와트)만을 사용하는 단계이다. 여기서 진화한 II단계 문명은 별(태양)에서 방출된 모든 에너지를 활용하는 단계로서 총 소모량은 약 10^{27}와트이며, III단계 문명은 수십억 개의 항성(별)에너지를 모두 소비하는 최상의 단계로서 사용 가능한 에너지는 10^{37}와트에 달한다.

문명을 이런 식으로 구분하면 모호하고 섣부른 일반화의 오류를 범하지 않으면서 각 문명의 발달수준을 양적으로 정의할 수 있다. 각 천체에서 방출되는 에너지는 관측을 통해 이미 알고 있으므로, 거기에 숫자를 할당하기만 하면 된다.

각 단계의 문명은 이전단계보다 100억 배 많은 에너지를 소비한다. III단계 문명의 에너지 소비량은 II단계 문명의 100억 배이고(하나의 은하는 약 100억 개의 별들로 이루어져 있다), II단계 문명의 에너지 소비량은 I단계 문명의 100억 배이다.

이 분류법에 의하면 현재 지구의 문명은 0단계에 해당한다. 우리는 스스로 문명인을 자처하고 있지만, 아직도 죽은 행성(지구)에서 에너지를 뽑아 쓰는 처지이기 때문에(석탄과 석유 등) 위의 분류에는 아직 들어가지도 못했다(칼 세이건은 이 분류법을 더욱 세분화하여 지구의 문명을 0.7단계로 규정했다. 숫자만 보면 I단계에 거의 접근한 것 같지만, 에너지 소비량이 지금의 1,000배로 증가해야 I단계로 진입할 수 있다).

잠시 재미 삼아 공상과학물에 등장하는 문명들을 이런 식으로 분류해보자. 〈플래시 고든〉에 등장하는 문명은 행성의 모든 에너지 자원을 활용하고 있으므로 I단계 문명에 해당한다. 이런 문명은 날씨를 마음대로 조절하고 허리케인의 에너지를 활용할 수 있으며, 바다 위에 도시를 건설할 수도 있다. 이들은 로켓을 타고 우주를 돌아다닐 수도 있지만, 사용 가능한 에너지는 행성에 국한되어 있다.

〈스타트렉〉에 등장하는 행성연합(United Federation of Planets)은 100개에 가까운 별을 식민지로 거느리고 있으므로 II단계 문명이라 할 수 있다(빛의 속도로 달리는 워프 드라이브는 제외한다). 이들이 사용하는 에너지는 별 하나에서 방출되는 총 에너지와 비슷한 수준이다.

〈스타워즈〉에 등장하는 제국은 수십억 개의 별들로 구성된 은하의 대부분을 식민지화시켰으므로 III단계 문명에 해당한다. 이들은 워프 드라이브를 이용하여 은하의 모든 곳을 마음대로 여행할 수 있다.

(카르다셰프의 분류법은 행성과 별, 그리고 은하가 한계이다. 그러나 여러 개의 은하를 거느릴 정도로 과학이 발달한다면 'IV단계 문명'도 가능하다. 은하보다 먼 곳에 존재하는 에너지원은 바로 암흑에너지dark energy이다. 지금까지 알려진 바에 의하면 망원경으로 보이는 천체들은 우주의 4퍼센트에 불과하며, 눈에 보이지 않는 암흑에너지가 우주의 73퍼센트를 차지하고 있다.)

이 분류법을 이용하면 우리의 문명이 각 단계에 도달하는 시기도 계산할 수 있다. 전 세계의 국민총생산이 매년 1퍼센트씩 증가한다고 가정하면(지난 몇 년간의 통계로부터 추정한 값이다) 문명의 한 단계에서 다음 단계로 넘어갈 때까지 2,500년이 걸린다. 그리고 국민총생산의 증가율을 2퍼센트로 잡으면 이 기간이 1,200년으로 줄어든다.

그렇다면 현재 우리의 문명은 언제쯤 I단계로 진입할 수 있을까? 앞으로 경제사정은 성장과 후퇴를 반복하면서 들쭉날쭉하겠지만, 평균성장률로 미루어볼 때 대충 100년 후면 I단계 문명으로 진입할 것이다.

0단계 문명에서 I단계 문명으로

우리의 문명이 0단계에서 I단계로 이동하고 있다는 증거는 매일 신문을 펼칠 때마다 쉽게 찾아볼 수 있다. I단계 문명으로 진입할 때 나타나는 '성장통'이 연일 헤드라인으로 보도되고 있기 때문이다.

- 인터넷은 I단계 문명에서 운용될 전화시스템의 초기버전이라 할 수 있다. 우리는 역사상 처음으로 지구 반대편에 있는 사람과 거의 무한대에 가까운 정보를 교환할 수 있게 되었다(게다가 아무런 육체노동도 필요 없다). 요즘은 많은 사람들이 옆집에 사는 이웃보다 지구 반대편에 사는 외국인과 더 친하게 지내고 있다. 앞으로 광케이블이 더 많이 깔리고 통신위성이 더 많이 발사될수록 이런 추세는 더욱 심해질 것이며, 딱히 막을 방법도 없다. 만일 미국 대통령이 인터넷을 금지하는 법령을 발표한다

면 사람들은 코웃음을 칠 것이다. 지금 전 세계에는 거의 10억 대에 가까운 개인용 컴퓨터가 보급되어 있으며, 인터넷을 한 번 이상 사용해본 사람도 세계인구의 4분의 1이 넘는다.

● 영어와 중국어가 I단계 문명의 언어로 빠르게 부상하고 있다. 현재 월드와이드웹(World Wide Web) 방문자의 29퍼센트가 로그인 과정에서 영어를 사용하고 있으며, 중국어가 22퍼센트, 스페인어는 8퍼센트, 일본어 6퍼센트, 그리고 프랑스어 사용자가 5퍼센트이다. 특히 영어는 과학, 경제, 비즈니스, 연예 등 다양한 분야에서 사실상의 공용어로 자리잡았다. 영어권을 제외한 세계각국에서 제2의 언어로 가장 많이 사용되는 것도 영어이다. 여행을 자주 해본 사람은 알겠지만, 세계 어느 곳을 가도 영어는 거의 국제어처럼 통용되고 있다. 아시아의 베트남, 일본, 중국 등지에서 학회가 열리면 거기 참석한 학자들은 예외 없이 영어로 대화를 나눈다. 알래스카대학 언어연구소의 마이클 크라우스(Michael E. Kruss)는 "지금 전 세계에 약 6,000종의 언어가 사용되고 있지만, 이들 중 90퍼센트가 수십 년 이내에 사라질 것"이라고 했다. 원격통신혁명이 가속화될수록 오지에 사는 사람들도 영어에 자주 노출될 것이므로, 모든 언어가 영어로 통일되는 추세는 앞으로 더욱 빠르고 광범위하게 퍼져나갈 것이다. 또한 비영어권 국가에서 영어를 사용하면 경제와 사회가 세계적인 추세에 쉽게 합류하여 다양한 이득을 볼 수 있다.

물론 개중에는 "조상들이 오랫동안 사용해온 언어가 사라질 위기에 처했다"며 안타까워하는 사람도 있다. 그러나 컴퓨터가 있는 한 기존의 언어는 결코 사라지지 않는다. 각국의 언어와 고유문화는 인터넷에서 얼마든지 유통될 수 있기 때문이다.

- 지금 우리는 '행성경제의 태동기'에 살고 있다. 유럽연합을 비롯하여 각종 무역연합들이 부상하고 있는 것은 지구 전체가 I단계 문명으로 진화하고 있다는 증거이다. 유럽인들은 지난 수천 년 동안 이웃 국가들과 치열한 전쟁을 벌여왔고, 로마제국이 멸망한 후에도 싸움을 그치지 않았다. 그러나 지금 유럽은 거대한 연합을 결성하여 세계에서 가장 많은 부를 소유한 집단으로 부상했다. 유럽인들이 갑자기 이웃과의 경쟁을 포기한 것은 북미자유무역협정(NAFTA, 북미 3개국(미국, 캐나다, 멕시코)이 자유무역지대를 조성한다는 취지 하에 체결한 협정—옮긴이) 때문이었다. 세계경제의 거인으로 떠오른 NAFTA와 경쟁하려면 유럽의 경제를 하나로 묶는 수밖에 없었다. 이와 같은 경제연합은 앞으로도 계속 나타날 것이다. 작은 나라들이 세계시장에서 경쟁력을 확보하려면 뭉치는 수밖에 없기 때문이다.

  2008년에 불어닥친 세계경제위기는 각국의 경제사정이 세계경제와 얼마나 밀접하게 엮여 있는지를 보여주는 좋은 사례였다. 월스트리트에서 발생한 불황의 여파는 단 며칠 만에 런던과 동경, 홍콩, 그리고 싱가포르로 전달되어 순식간에 세계경제를 침체의 늪으로 빠뜨렸다. 그러므로 세계경제와 무관하게 한 나라의 경제사정을 독립적으로 논하는 것은 아무런 의미가 없다.

- 요즘 전 세계적으로 중산층이 빠르게 증가하고 있다. 최근 몇 년 사이에 중국과 인도를 비롯한 개발도상국에서 수억 명의 사람들이 중산층으로 유입되었는데, 이들은 문화, 교육, 경제에

대하여 기본적인 지식을 갖춘 집단이어서 왕성한 소비력을 과시하며 세계경제에 지대한 영향을 미치고 있다. 새로 등장한 중산층은 전쟁이나 종교, 도덕 등 전통적 가치보다 정치와 사회, 그리고 새로 출시된 신상품에 더 많은 관심을 보인다. 또한 이들은 전세대의 마음을 사로잡았던 이데올로기와 민족주의적 사고방식에서 벗어나 "대도시 근교에 번듯한 집을 짓고 자동차 두 대를 굴리는 삶"을 꿈꾸고 있다. 선조들은 아들이 전쟁터에 나간 날을 기념하고 축하했지만, 지금 그들은 자손이 좋은 대학에 들어간 날을 축하한다.

잘나가는 누군가를 부러워하는 사람들은 자신도 언제쯤 그렇게 살 수 있을지 궁금해하기 마련이다. 맥킨지 앤드 컴퍼니(McKinsey & Company)의 이사였던 오마에 겐이치(Ohmae Kenichi)는 이렇게 말했다. "사람들은 주변을 둘러보며 '다른 사람이 가진 것을 나는 왜 갖지 못하는가?'라고 자문한다. 이에 못지않게 중요한 것은 원하는 것을 가진 후에 '과거에는 왜 이것을 갖지 못했는가?'라고 자문하는 자세이다."

- 초강대국이 되려면 무기가 아닌 경제력으로 앞서가야 한다. 유럽연합과 NAFTA의 부상은 국력의 원천이 경제력임을 다시 한번 입증하고 있다. 핵전쟁은 위험부담이 너무 크기 때문에, 앞으로는 경제력이 국가의 운명을 좌우하게 될 것이다. 소련이 붕괴된 원인 중 하나는 미국과 대치할 만한 군사력을 키우느라 경제에 너무 과도한 부담이 가해졌기 때문이다(로널드 레이건 전 대통령의 자문위원들은 미국의 군사력을 더욱 증강하여 미국의 절반에 불과한 소련경제를 아예 붕괴시키자는 의견을 내놓기도 했다). 다시 한 번 강조

하건대, 미래의 초강대국은 오직 경제력만으로 그 지위를 유지할 것이다. 물론 경제력의 원천은 과학과 기술이므로, 이 분야를 육성해야 미래의 강대국으로 떠오를 수 있다.

● 지구촌의 신문화는 젊음의 문화(로큰롤)와 영화(할리우드 블록버스터), 고급패션(명품), 그리고 음식(대량생산 패스트푸드 체인) 등을 기반으로 형성되고 있다. 지금은 세계 어디를 가도 음악, 예술, 패션 등이 비슷한 문화코드로 통일되어 있다. 할리우드의 영화제작자들도 블록버스터를 기획할 때 전 세계에 공통으로 통할 수 있는 메시지를 담는다. 모든 문화권에서 통할 수 있는 주제(액션이나 로맨스)에 세계적으로 유명한 배우를 내세우면 흥행성공은 이미 따놓은 당상이다.

2차 세계대전이 끝난 후 젊은이들은 기성세대의 도움 없이 살아갈 수 있을 정도로 충분한 돈을 벌기 시작했다. 놀라운 점은 과거 어느 시대에도 이런 적이 없었다는 것이다. 주머니가 넉넉해진 젊은이들은 기성세대의 문화를 거부하고 그들만의 문화를 창조해나갔다. 과거의 아이들은 13~14세가 되면 농장에 나가 부모의 일을 도와야 했지만(여름방학이 3개월인 것도 여기서 기인한 전통이다. 중세유럽의 아이들은 어느 정도 나이가 차면 여름 내내 중노동에 시달렸다), 2차대전 후 베이비붐 세대는 농장을 떠나 도시로 모여들었다. 지금도 많은 나라에서는 젊은이들이 도시로 대거 진출하여 경제적 자립을 이루고 있는데, 이런 추세가 계속된다면 결국 세계인구의 대부분이 중산층으로 진출하고 지구촌의 문화는 젊은이들이 점령하게 될 것이다.

로큰롤과 할리우드 영화는 상품자본주의가 지식자본주의로 변하는 방식을 보여주는 대표적 사례이다. 앞으로 수십 년 후에 똑똑한 로봇이 상용화된다 해도, 이들은 전 세계 관객을 사로잡을 음악이나 영화를 만들 수 없다.

패션계에서 일부 유명한 브랜드가 시장을 거의 독점하는 현상도 같은 맥락에서 이해할 수 있다. 과거에 고급패션은 일부 귀족과 부자들의 전유물이었지만, 중산층으로 들어선 사람들이 비싼 옷을 사들이면서 시장이 빠르게 확장되었다. 이제 명품의류는 귀족의 상징이 아니라 돈만 있으면 누구나 입을 수 있는 흔한 상품이 되었다.

그러나 지구촌의 문화가 하나의 트렌드로 통일된다 해도, 사람들은 지역문화와 전통을 지켜나가면서 '이중문화생활'을 하게 될 것이다(인터넷을 이용하면 지역문화를 영원히 보존할 수 있다). 사실, 좁은 지역에 전해 내려오는 문화적 전통은 그대로 방치하는 것보다 인터넷을 통해 전 세계로 알리는 것이 보존에 더 유리하다. 사람들은 이런 식으로 전통문화를 유지하면서, 다른 한편으로는 지구촌 문화를 충실하게 따라갈 것이다. 서로 다른 문화권에서 온 두 사람이 대화를 나눌 때에는 지구촌 문화가 다리 역할을 할 수 있다. 사실 이런 현상은 각국의 지식인들 사이에서 이미 나타나고 있다. 국제학회에 참석한 학자들은 자국민들끼리 모여 있을 때 자국의 전통을 따르면서 모국어를 사용하지만, 다른 나라에서 온 학자와 대화를 나눌 때에는 금세 영어를 구사하는 등 '지구촌 문화모드'로 변신한다. 이 모든 것이 I단계 문화로 나아가는 징후들이다. 결론적으로 말해서 지역문화는 살아남되, 지구촌은 하나의 공통문화권을 형성할 것이다.

- 매스컴의 뉴스도 '지구촌화' 되어가고 있다. 요즘은 위성TV와 휴대전화, 인터넷 등이 전 세계에 보급되어 있어서, 한 국가가 자국의 뉴스를 외국에 선별적으로 내보내는 것 자체가 불가능해졌다. 특히 요즘은 휴대전화의 성능이 크게 좋아져서 일반인들도 언제 어디서나 동영상을 촬영할 수 있고, 인터넷을 통해 순식간에 전 세계로 배포할 수 있다. 정부가 국민들을 아무리 통제한다 해도 이런 것까지 막을 수는 없다. 한 지역에서 전쟁이나 혁명이 발발하면 이와 관련된 사진과 동영상이 거의 실시간으로 전 세계에 생중계되는 실정이다. 19세기에는 외국에 배포되는 뉴스를 정부가 제어할 수 있었지만, 지금은 제아무리 강력한 정부라 해도 뉴스의 유출을 막기 어려워졌다.

  왜 이렇게 되었을까? 이유는 간단하다. 바로 기술이 발전했기 때문이다! 게다가 세계인구의 교육수준이 높아지면서 뉴스를 보는 사람들도 과거보다 훨씬 많아졌다. 그래서 요즘 정치인들은 행동을 취하기 전에 자국민뿐만 아니라 세계인의 의견까지 고려해야 한다.

- 과거에는 스포츠가 국민의 결속을 다지고 국가의 정체성을 확립하는 수단이었지만, 지금은 이것까지도 지구촌문화의 하나로 흡수되고 있다. 다들 알다시피 축구와 올림픽은 오래전부터 지구촌 축제로 자리잡았다. 예를 들어 2008년에 치러진 베이징 올림픽은 중국이 수백 년의 고립을 허물고 세계무대에서 자신의 입지를 확보하기 위한 일종의 신고식이었다. 이것도 동굴거주자의 원리와 일맥상통한다. 원래 스포츠는 고감도(High

Touch)의 활동이지만, 지금은 첨단기술(High Tech)의 세계로 진입하고 있다.

● 환경문제도 범 지구적 스케일에서 논의되고 있다. 지금 세계각국은 국경지역에서 발생하는 오염에 신경을 곤두세우고 있다. 소량의 오염물질이 국제적 위기상황을 야기할 수도 있기 때문이다. 인류가 환경문제에 관심을 갖게 된 것은 남극하늘의 오존층에 커다란 구멍이 발견되면서부터였다. 오존층이 사라지면 태양에서 날아오는 유해한 자외선과 X-선이 곧바로 지표면에 도달하게 된다. 그래서 세계 여러 나라들은 산업현장과 냉장고에서 주로 방출되는 프레온가스의 사용을 금지했고, 1987년에 몬트리올협약이 체결된 후로 오존층을 손상시키는 화학약품의 사용량이 크게 감소했다. 그후 1997년에는 각국의 온실가스 배출량을 최소한으로 줄일 것을 골자로 하는 교토 기후변화협약이 체결되었다.

● 관광은 세계적으로 가장 빠르게 성장하고 있는 사업 중 하나이다. 대부분의 인류역사에서 사람들은 자신이 태어난 곳을 중심으로 몇 킬로미터 이내에서 평생을 보냈다. 이 시대 사람들은 다른 지역 사람과 접촉할 기회가 거의 없었으므로, 비양심적인 지도자들이 거짓정보를 흘려서 권력을 유지하는 경우가 비일비재했다.

그러나 지금은 싼 가격으로 누구나 세계여행을 할 수 있다. 요즘은 세계 어디를 가도 배낭 하나만 달랑 메고 여행하는 젊은 이들을 쉽게 볼 수 있는데, 바로 이들이 장차 세계를 이끌어갈 주인공들이다. 일부 사람들은 "여행을 해봤자 현지국가의 문화와 역사, 정치상황 등을 피상적으로밖에 알 수 없다"며 여행객들을 비난하고 있지만, 외부와 고립된 채 살아왔던 과거를 생각하면 어느모로 보나 바람직한 일이다. 과거에는 외부인과 접촉할 수 있는 유일한 기회라는 것이 전쟁뿐이었고, 물론 이 접촉은 항상 비극적인 결과를 낳았다.

- 다양한 사람들과 접촉할 기회가 많아질수록 전쟁도발은 어려워지고 민주주의는 더욱 빠르게 퍼져나간다. 국가들 사이의 적개심은 대부분의 경우 사람들 사이의 오해에서 비롯된 것이다. 여행이나 통신을 통해 친숙해진 나라와는 전쟁을 치를 가능성이 거의 없다.

- 이러한 현실 속에서 전쟁의 속성도 변하고 있다. 그동안 인류는 수많은 전쟁을 겪어왔지만, 두 민주주의 국가가 전쟁을 치른 사례는 찾아보기 어렵다. 과거에 일어났던 전쟁의 대부분은 비민주주의 국가들 사이의 전쟁이었거나, 민주주의 국가와 비민주주의 국가 사이의 전쟁이었다. 한 국가가 전쟁을 치르려면 국민의 동의를 얻어야 하는데, 호전적인 지도자들은 상대국을 악당으로 매도함으로써 국민의 전쟁의지를 부추기곤 했다. 그러나 민주주의 국가에서는 언론과 반대당의 견제가 심하고 전쟁이 나면 모든 것을 잃어버릴 중산층이 있기 때문에 전쟁 분위기를 고조시키기가 매우 어렵다. 특히 비관적인 언론과 자식을 잃기 싫은 어머니들이 들고 일어난다면 전쟁은 도저히 불가능하다.

물론 미래에도 전쟁은 일어날 것이다. 프러시아의 군사이론학자였던 칼 폰 클라우제비츠(Carl von Clausewitz)는 전쟁을 "또 다른 형태의 외교"로 정의했다. 미래에도 전쟁은 있겠지만, 민주주의가 널리 퍼짐에 따라 전쟁의 형태도 크게 달라질 것이다.

정치학자 에드워드 루트워크(Edward Luttwak)는 전쟁이 일어나기 어려운 이유로 '규모가 작아진 가족'을 꼽았다. 과거에는 평균가정의 자녀수가 10명 이상이어서 장남이 농장을 물려받고 동생들은 성직자가 되거나 군에 입대했다. 그러나 요즘은 평균 자녀수가 1.5명에 불과하기 때문에 교회나 군대에 아이들을 보내는 경우가 거의 없다. 전쟁을 치르려면 군인이 있어야 하는데, 저출산의 여파로 군대를 유지하기가 어려워진 것이다. 특히 민주주의 국가와 제3세계 게릴라부대의 전쟁은 거의 상상할 수 없게 되었다.

● 2100년이 되면 국가의 기능이 크게 약화되겠지만, 그래도 국가는 존재할 것이다. 법을 제정하여 통과시키고 지역문제를 해결하려면 어쨌거나 국가가 필요하기 때문이다. 그러나 경제성장의 동력이 지방으로 분산되고 경제가 세계규모로 통합될수록 정부의 힘과 영향력은 줄어들 수밖에 없다. 1700년대 말 ~1800년대 초에 걸쳐 자본주의가 널리 퍼졌던 무렵에 각 국가들은 화폐와 언어, 세법 등을 통일하고 무역과 특허를 통제할 필요가 있었다. 특히 당시의 정부들은 자유로운 상행위와 국가 간 무역을 방해하는 봉건적 전통을 타파하는 데 총력을 기울였다. 이 과정은 보통 100년 이상 걸리는데, 독일의 '철혈 재상' 으로 유명한 오토 폰 비스마르크(Otto von Bismark)는 개혁의 고삐를 당겨 1871년에 현대화된 독일을 건설했다. 이와 마찬가지로 I단계 문명으로 넘어가는 과정에서는 자본주의의 개념이 변

하고, 경제를 좌우하는 힘은 중앙정부에서 지방과 무역연합으로 서서히 넘어갈 것이다.

그렇다고 해서 각국의 정부까지 하나로 통일되지는 않을 것이다. 지구촌문화는 여러 가지 방식으로 존재할 수 있다. 정부의 힘은 지금보다 약해지겠지만, 그 힘을 누가 물려받게 될지는 예측하기 어렵다. 각 나라의 역사와 문화, 그리고 민족성에 따라 다른 형태로 나타날 것이기 때문이다.

● 질병도 범 지구적 차원에서 관리될 것이다. 고대에는 인구가 적었기 때문에 치명적인 질병이 돌아도 그다지 큰 피해를 입지 않았었다. 예를 들어 치료약이 없는 에볼라 바이러스는 고대에도 있었던 것으로 추정되는데, 당시에는 사람들의 활동범위가 좁았으므로 수천 년 동안 극히 제한된 지역 내의 사람들만 감염되었다. 그러나 지금은 세계각지에 문명이 전파되어 사람이 살지 않던 곳에 도시가 들어서고 사람들 사이의 교류도 많아졌으므로, 에볼라 바이러스 같은 질병은 국제적 동조 하에 특별 관리되어야 한다.

도시의 인구가 수백, 수천 명에서 수백만 명으로 늘어나면 질병이 빠르게 퍼져나가고 변종바이러스도 자주 발생한다. 중세 유럽에 흑사병이 돌아 인구의 절반이 죽은 것은 물론 참담한 비극이었지만, 다른 면에서 보면 질병이 그토록 광범위하게 퍼질 정도로 인구가 많아졌고 도시와 국가를 연결하는 통로가 그만큼 발달했다는 뜻이기도 하다.

최근에 등장한 H1N1 플루도 낙천적 시각으로 보면 사회의 발전을 상징하는 유행병이라 할 수 있다. 이 질병은 멕시코시티에서 발생하여 제트비행기를 타고 전 세계로 퍼져나갔다. 더욱 중요한 것은 새로운 질병의 정체와 이동경로를 규명하고 백신을 만드는 데 몇 달밖에 걸리지 않는다는 점이다.

독재정권과 테러

그러나 I단계 문명으로 넘어가는 것을 본능적으로 싫어하는 집단도 있다. 이런 집단은 진보와 자유, 과학, 번영, 교육 등 현대적인 가치를 거부하면서 세상을 향해 노골적인 불만을 드러낸다. 부정적인 집단을 정리하면 다음과 같다.

- 이슬람 테러분자들은 21세기에 살기를 거부하면서 인류역사를 1,000년 전으로 되돌리려 하고 있다. 이들은 자신의 주장이 객관적으로 정당화될 수 없음을 잘 알고 있기에, 과학과 개인관계, 정치 등을 자신들이 믿는 종교적 논리로 해석하고 있다(이들은 과거에 과학과 기술을 번영시켰던 이슬람문명이 새로운 사상에 관대했다는 사실을 까맣게 잊고 있다. 종교적 도그마에 파묻혀 위대했던 이슬람문명의 원천을 망각한 것이다).
- 독재자들은 국민을 외부세계와 철저히 차단시킴으로써 자신의 권력을 유지하고 있다. 2009년에 이란에서 대규모 시위가 일어났을 때, 정부는 국내뉴스의 외부유출을 막기 위해 트위터(Twitter)와 유튜브(YouTube) 사용자들을 철저하게 감시했다.

"펜은 칼보다 강하다"는 말이 있다. 독재정권도 언론을 막을 수는 없다는 뜻이다. 그러나 이 격언은 앞으로 "칩은 칼보다 강하다"로 바뀔 것이다.

극심한 가난에 시달리고 있는 북한주민들이 반란을 일으키지 않는 이유는 외부세계에 대한 정보가 전혀 없기 때문이다. 그들은 다른 나라 사람들도 기아에 시달린다고 하늘같이 믿고 있다. 비교할 대상이 없으니 상대적 박탈감을 느끼지 못하는 것이다.

II단계 문명

인류문명이 II단계로 접어들면 그 어떤 것도 문명을 파괴할 수 없다. II단계 문명은 과학으로 파괴할 수 없을 정도로 강하고 완벽하다. 이 문명은 날씨를 마음대로 제어하여 빙하기를 피해갈 수 있으며, 심지어는 지구로 다가오는 소행성이나 혜성의 방향도 바꿀 수 있다. 태양이 수명을 다하여 초신성으로 변하면 우주선을 타고 다른 별로 이주하거나, 태양의 폭발을 미연에 방지할 수도 있다(예를 들어 태양이 적색거성으로 변하면 소행성이 지구 근처를 스쳐 지나가도록 유도하여 지구를 태양으로부터 더 멀어지게 만들 수도 있다).

II단계 문명은 태양에너지를 100퍼센트 활용하는 단계이다. 어떻게 그럴 수 있을까? 한 가지 방법은 태양을 거대한 구(球)로 에워싸서 모든 에너지를 흡수하는 것이다(이것을 '다이슨 구Dyson sphere'라 한다).

II단계 문명은 매우 평화로운 상태로 유지될 것이다. 우주여행은 워낙 어려운 과제이므로 인류문명은 I단계에 오래 머물 것이고, 그 사이에 분열과 갈등은 모두 해결될 것이다. I단계에서 II단계로 접어들 즈음에 인류는 태양계뿐만 아니라 수백 광년 거리에 있는 별들도 식민지로 개척할 것이다. 그러나 더 멀리 있는 별까지는 아직 도달하지 못한 상태이다. '빛의 속도'라는 한계가 그들을 가로막고 있기 때문이다.

III단계 문명

은하의 대부분을 탐사하는 수준에 도달하면 문명은 III단계에 이른다. 그런데 수천억 개에 달하는 행성들을 어떻게 일일이 탐사할 수 있을까? 이 수준의 문명에서는 전혀 어려운 일이 아니다. 자기복제가 가능한 로봇탐사대를 대량생산하여 은하 전역에 뿌리면 된다. 예를 들면 폰 노이만 탐사로봇이 달에 착륙하여 공장을 짓고, 동일한 로봇을 대량으로 복제하여 멀리 있는 별로 파견하면 그들이 또다시 공장을 지어서 자신의 후손을 생산하고, 이들이 더 멀리 있는 별로 진출하고…… 이런 식으로 반복하면 10만 년 안에 은하수(우리 은하)에 존재하는 모든 별과 행성을 탐사할 수 있다. 우주의 나이는 현재 137억 살이므로, III단계 문명이 태동할 시간은 충분하다(탐사로봇이 자신을 복제해가며 은하를 정복하는 과정은 바이러스가 우리 몸 안에 퍼져나가는 과정과 비슷하다).

또 다른 가능성도 있다. 문명이 III단계에 이르면 사람들은 플랑크에너지와 맞먹는 10^{28}eV의 에너지를 사용하게 될 텐데, 이 정도면 시공간 자체가 불안정해질 수도 있다. 플랑크에너지는 현재 세계에서 제일 큰 입자가속기(LHC. 스위스 제네바에 있는 강입자가속기—옮긴이) 출력의 10^{15}배(1,000조 배)에 달하는 어마어마한 에너지다. 이 에너지에서는 아인슈타인의 중력이론조차 적용되지 않으며, 시공간이 찢어지면서 다른 지점이나 다른 우주로 통하는 입구가 만들어질 수도 있다. 이렇게 엄청난 에너지를 제어하려면 상상하기 어려울 정도로 거대한 기계장치가 있어야 한다. 우리 후손들이 이 문제를 어떻게든 해결한다면, 공간을 압축시키거나 웜홀을 통과하는 등 시공간의 지름길을 만들 수 있다. 이들이 양에너지와 음에너지를 성공적으로 활용하고 불안정성을 제거하는 등 이론 및 현실적인 여러 개의 난제들을 해결한다면 은하 전체를 식민지로 만들 수 있다.

회의론자들은 묻는다. "그렇다면 은하수 안에 III단계 문명이 이미 존재할 수도 있지 않은가? 그런데 왜 그들은 우리를 찾아오지 않는가?"

어쩌면 그들은 이미 지구를 방문했는데, 우리의 문명이 너무 뒤처져서 눈치채지 못했을 수도 있다. 자기복제가 가능한 폰 노이만 탐사로봇은 은하를 탐사하는 가장 효율적인 방법이지만 반드시 덩치가 클 필요는 없다. 외계문명의 나노기술이 충분히 발달했다면 몇 센티미터 이내일 것이다. 이렇게 작으면서 생긴 모양까지 평범하면 눈에 띄기 어렵다. 사람들은 외계인을 생각할 때 거대한 비행접시를 앞세운 우주함대를 떠올린다. 그러나 외계문명에서 파견된 탐사선은 완전자동으로 움직이는 생체기계일 가능성이 높다. 과학이 아무리 발달했어도 귀환이 보장되지 못하는 먼길에 그들이 직접 나서지는 않을 것이다.

지구인이 우주에서 외계인과 마주친다 해도 우리가 짐작했던 모습은 아닐 것이다. 그들은 이미 오래전에 로봇공학과 나노기술, 그리고 생체공학을 이용하여 자신의 육체를 거의 기계와 같은 모습으로 바뀌을 가능성이 높다.

또는 외계문명이 발전을 거듭하다가 어느 시점에 자멸했을 수도 있다. 문명이 발달해도 인간의 잔혹성과 근본주의, 인종주의 등 극단적인 사상은 항상 존재할 것이므로 0단계에서 I단계로 넘어갈 때가 가장 위험한 시점이다. 미래의 어느 날, 우리의 후손이 외계행성을 방문했다가 0단계에서 I단계로 넘어가지 못하고 자멸해버린 문명의 흔적을 발견할지도 모른다(행성의 대기가 너무 뜨겁거나 방사능이 치사량을 넘을 수도 있다).

외계의 지적생명체를 탐사하는 SETI

지금 대부분의 사람들은 지구의 문명이 I단계로 나아가고 있다는 사실을 거의 인식하지 못하고 있다. 그것을 심각하게 느낄 만한 징후가 아직 나타나지 않았기 때문이다. 여론조사를 해보면 "세계화되고 있다"는 정도의 대답은 나오겠지만, 인류가 특정한 목적지를 향해 나아가고 있다고 느끼는 사람은 거의 없을 것이다.

그러나 외계에서 지적생명체의 존재가 확인된다면 상황은 크게 달라진다. 무엇보다도 역사상 처음으로 지구의 문명수준을 다른 문명과 직접 비교할 수 있게 된다. 특히 과학자들은 외계인의 과학수준을 가장 궁금하게 여길 것이다. 단언하긴 어렵지만, 과학기술이 지금과 같은 추세로 발전한다면 앞으로 100년 이내에 외계문명(또는 그 흔적)을 발견할 것으로 예상된다.

과학자들은 지구와 비슷한 바위형 외계행성을 찾기 위해 코롯위성과 케플러위성을 궤도에 올려놓았다. 케플러위성은 앞으로 600

개의 지구형 외계행성을 발견할 것으로 기대된다. 일단 행성이 발견되면 그곳에서 방출되는 지적 신호(방송전파나 무선신호 등)가 있는지 확인하기 위해 집중적인 조사가 이루어질 것이다.

마이크로소프트 사의 억만장자인 폴 앨런은 침체에 빠진 SETI 프로그램을 되살리기 위해 2001년에 기부재단을 설립했다. 지금까지 약 3,000만 달러의 기금이 적립되었는데, 이 돈은 샌프란시스코 북쪽에 있는 해트크리크(Hat Creek)에 라디오망원경을 설치하는 데 사용될 예정이다. 350개의 라디오망원경으로 이루어진 앨런 망원경 어레이(Allen Telescope Array, 앨런의 기부금으로 건설될 예정인 망원경 기지의 이름—옮긴이)가 완성되면 외계행성을 찾는 프로그램은 다시 한 번 날개를 달게 될 것이다. 과거에 외계생명체를 찾던 천문학자들은 기껏해야 1,000개 남짓한 별을 관측할 수 있었다. 그러나 앨런의 기부금으로 만들어질 망원경 어레이는 수백만 개의 별을 이 잡듯이 뒤질 수 있다.

과학자들은 외계에서 날아온 신호를 포착하기 위해 지난 50년 동안 무진 애를 써왔지만 아무런 소득도 올리지 못했다. 과연 우주에는 다른 지적생명체가 존재하지 않는 것일까? 반드시 그렇지는 않다. 많은 과학자들은 50년이 결코 긴 세월이 아니며, 더 많은 시간과 돈을 투자해야 한다고 주장한다. 앞으로 앨런 망원경 어레이가 가동되면 SETI 프로그램은 우주의 기원을 찾는 것 못지않게 중요한 연구과제로 떠오를 것이다.

아마도 과학자들은 21세기가 가기 전에 외계에서 지적생명체가 보내온 신호를 감지하게 될 것이다(SETI 연구소의 소장인 세스 쇼스탁은 나와 대화를 나누던 자리에서 "앞으로 20년 이내에 외계문명과 접촉할 수 있을 것"이라고 했다. 물론 **빠를수록** 좋겠지만 내가 보기에 20년은 다소 무리인 것 같다. 그러나 100년 이내에 외계신호를 잡아내지 못한다면 그것 또한 이상한 일이다).

진보된 외계문명에서 보내온 신호가 감지된다면, 그것은 말할 것도 없이 인류역사상 가장 획기적이고 중요한 사건이다. 그런데 할리우드의 영화제작자들은 외계인의 방문을 '침공'으로 간주하는 경향이 있다. 관객들에게 볼거리를 제공하기 위해 그런 스토리를 만들었겠지만, 외계인이 온다고 해서 예언자들이 "종말이 다가왔다"며 사람들을 선동하고 광적인 신도들이 울부짖는 광경은 그다지 현실적이지 않다.

실제로 외계인과 접촉이 이루어진다 해도 영화처럼 극적인 상황은 연출되지 않을 것이다. 외계인들은 자신의 대화를 지구인들이 엿듣고 있다는 사실조차 모를 것이므로, 지레 겁을 먹고 길길이 뛸 필요는 없다. 설령 그들이 우리의 존재를 알았다고 해도 거리가 너무 멀기 때문에 즉각적인 통신은 이루어지지 않을 것이다. 우선 메시지 내용을 분석하는 데 최소한 몇 개월은 걸릴 것이고, 외계문명의 수준이 카르다세프의 분류 안에 속하는지도 확인해야 한다. 이 모든 작업이 성공적으로 이루어졌다 해도, 외계문명까지의 거리가 최소한 몇 광년은 될 것이므로 온라인 통신은 불가능하다. 따라서 우리는 외계문명을 확인하고 관측할 수 있을 뿐, 그들과 대화를 나눌 수는 없다. 일단 존재가 확인되었다면 그들에게 신호를 보내는 거대한 라디오송신기를 만들 수도 있겠지만 현실적으로 별 의미는 없다. 신호가 한 번 왕복하는 데 수백 년이 걸린다면 목을 빼고 기다릴 이유가 없지 않은가.

새로운 분류

1960년대에 카르다셰프의 문명분류법이 알려지자 과학자들은 에너지 생산량에 관심을 가졌다. 그러나 컴퓨터의 성능이 획기적으로 향상되면서 "한 문명이 처리할 수 있는 정보의 비트 수"가 문명의 수준을 가늠하는 새로운 기준으로 떠올랐다.

예를 들어 어떤 외계행성에 외계인들이 살고 있는데, 대기가 전기를 잘 통하여 컴퓨터를 사용할 수 없다고 가정해보자. 이런 환경에서 전기제품의 스위치를 켜면 회로가 곧바로 단락되면서 스파크가 일어나기 때문에 가장 원시적인 형태의 전기제품만 간신히 사용할 수 있다.

이 외계행성에서 대형 발전기나 컴퓨터의 스위치를 켜면 당장 타버릴 것이다. 그러므로 이곳에 사는 외계인들은 화석연료와 핵에너지를 사용할 수밖에 없고, 컴퓨터가 없으니 정보를 대량으로 처리할 수도 없다. 또한 이들은 인터넷이나 통신수단도 없을 것이므로 과학과 경제가 거의 정체상태에 빠져 있을 것이다. 전기를 사용하지 않고서도 어떻게든 I단계 문명으로 나아갈 수는 있겠지만, 컴퓨터가 없으니 매우 불편하고 느리게 진행될 것이다.

정보처리에 입각한 분류법을 도입한 사람은 칼 세이건이었다. 그는 문명의 수준을 정보처리 능력에 따라 A부터 Z까지 분류했는데, A단계는 100만 개의 정보를 처리하는 문명으로, 언어만 있고 문자는 없는 초기문명이 여기에 속한다. 고대 그리스인들이 남긴 유물(언어, 문서 등) 중 지금까지 남아 있는 모든 내용을 하나로 묶으면 약 10억 바이트 정도이며, 이는 C단계 문명에 해당한다. 여기서 스케일을 키워 인류문명이 지금까지 쌓아온 모든 정보를 평가해보면 H 단계가 된다. 즉, 에너지와 정보로 판단한 지구의 문명은 0.7H단계이다.

최근 들어 일각에서 "에너지와 정보만으로는 문명의 수준을 가늠하기 어려우므로 오염도와 쓰레기배출량을 추가해야 한다"는 의견이 제시되었다. 사실, 에너지를 많이 쓰고 정보처리량이 많은 문명일수록 쓰레기와 오염도 많이 배출되기 마련이다. 이것은 결코 쉽게 넘길 문제가 아니다. I단계와 II단계 문명은 쓰레기에 파묻혀 사라질 수도 있기 때문이다.

II단계 문명은 하나의 별에서 방출되는 에너지를 100퍼센트 활용하는 문명이다. 엔진의 효율을 50퍼센트로 가정하면 에너지의 절반이 열로 방출될 텐데, 이 정도면 행성을 녹이고도 남는다! 석탄을 때는 화력발전소 수십억 개가 동시에 가동된다고 생각해보라. 여기서 방출되는 막대한 양의 열기와 가스는 행성의 모든 생명체를 멸종시킬 것이다.

프리먼 다이슨은 "II단계 문명에 도달한 천체는 X-선이나 가시광선이 아닌 적외선을 방출할 것"이라고 했다. II단계 문명이 외부의 관찰을 피하기 위해 거대한 구로 천체를 에워싼다고 해도, 에너지를 사용하다 보면 어쩔 수 없이 열이 발생하기 때문에 결국은 적외선을 외부로 방출하게 된다는 것이다. 그래서 다이슨은 천문학자들에게 적외선을 주로 방출하는 행성계를 관측할 것을 권했다(아직 발견된 사례는 없다).

그러나 에너지 소비량을 제어하지 못한 문명은 스스로 자멸했을 가능성이 높다. 그러므로 에너지와 정보량이 많다고 해서 문명이 반드시 살아남는다는 보장은 없다. 문명의 수준을 좀 더 정확하게 가늠하려면 에너지효율과 쓰레기, 열, 오염도 등을 모두 함축하는 새로운 기준이 도입되어야 한다. 그중 가장 그럴듯한 후보는 엔트로피이다.

엔트로피와 문명의 단계

이상적인 문명은 에너지와 정보를 대량으로 사용하면서 쓰레기와 열을 많이 배출하지 않는 문명이다. 우리 모두는 지구의 문명이 이런 식으로 현명하게 발전하기를 바라지만, 말처럼 쉽지는 않다.

이 문제는 디즈니 만화영화 〈월-이(Wall-E)〉에 잘 표현되어 있다. 미래의 어느 날, 최고급 우주유람선이 승객을 가득 싣고 지구를 떠난다. 목표는 우주관광이 아니라, 쓰레기와 오염에 덮여 더 이상 사람이 살 수 없게 된 지구를 로봇들이 복원할 때까지 당분간 피신하는 것이었다.

문명이 발달하면 쓰레기는 불가피한 것인가? 그 해답은 열역학 법칙에서 찾을 수 있다. 열역학 제1법칙은 "이 세상에 공짜는 없다"는 격언으로 요약된다. 다시 말해서, 우주에 존재하는 질량과 에너지의 총량은 불변이라는 것이다. 그러나 3장에서 언급한 대로 가장 흥미로우면서 인류문명의 앞날을 좌우하는 것은 두 번째 법칙이다. 열역학 제2법칙에 의하면 "엔트로피의 총량은 항상 증가한다." 즉, 모든 것은 녹슬거나 부패하거나 노화되거나 분해되어 결국 사라진다는 뜻이다.

(엔트로피의 총량은 절대로 감소하지 않는다. 프라이팬에서 익고 있는 계란이 갑

자기 튀어올라 다시 계란껍질 속으로 들어가서 온전한 계란으로 되돌아가는 기적을 본 사람은 없을 것이다. 커피에 탄 설탕이 갑자기 하나로 뭉쳐서 티스푼 위로 올라오지도 않는다. 이런 사건이 물리적으로 완전히 금지된 것은 아니지만, 일어날 확률이 너무나 작다. 그래서 영어사전에 '섞는다'는 뜻의 mix는 있지만, '섞였다가 다시 분리되다'는 뜻의 unmix라는 단어는 없다. 영어뿐만 아니라 어떤 언어에도 이런 뜻을 가진 동사는 존재하지 않는다. 있어 봐야 쓸 일이 없기 때문이다.)

미래의 후손들이 II단계나 III단계로 진입하면서 무작정 에너지를 생산한다면, 쓰레기와 열도 대책 없이 쌓이다가 결국 지구는 생명체가 살 수 없는 죽음의 행성이 될 것이다. 쓰레기와 열, 무질서, 오염은 엔트로피의 또 다른 형태이다. 결국 엔트로피가 문명을 파괴하는 셈이다. 정보도 마찬가지다. 정보를 기록하고 전달하기 위해 숲을 초토화시키고 산더미 같은 종이쓰레기를 양산한다면, 인류는 자신이 만든 정보쓰레기에 파묻히고 말 것이다.

그러므로 문명의 수준을 엔트로피로 가늠하는 또 하나의 기준을 도입할 필요가 있다. 여기서는 이미 언급한 문명의 단계와 별도로 엔트로피와 관련된 두 가지 단계를 추가하고자 한다. 첫 번째는 '엔트로피 보존문명'으로서, 쓰레기와 열을 제어할 수 있는 단계이다. 이 문명의 사람들은 "에너지수요가 계속 기하급수적으로 증가하면 행성의 환경이 완전히 파괴된다"는 사실을 알고 있다. 진보된 문명이 양산하는 엔트로피(또는 무질서도)는 시간이 흐를수록 쌓일 수밖에 없다. 이것은 피할 수 없는 사실이다. 그러나 우리가 살고 있는 행성의 국소적 엔트로피는 나노기술과 에너지 재활용을 통해 감소시킬 수 있다.

두 번째는 에너지 소비량을 무한정 늘려가는 '엔트로피 낭비문명'이다. 행성에 에너지와 열이 너무 많이 쌓여서 도저히 살 수 없게되면 다른 행성에 쓰레기를 갖다 버리거나, 영화 〈월-이〉처럼 아예고향행성을 버리고 다른 곳으로 이주해야 한다. 그러나 다른 행성으로 진출하는 데 필요한 기술이 아직 개발되지 않았다면 가만히 앉아서 쓰레기더미에 묻히는 수밖에 없다. 엔트로피의 증가속도가 기술의 발전속도보다 빠르다면 남는 것은 재앙뿐이다.

'자연의 정복자'에서 '자연의 보호자'로

앞에서 말한 바와 같이, 고대인들은 자연의 신비에 감탄하고 숭배하는 수동적 관찰자였다. 그러나 지금은 자연이 추는 안무를 직접 기획하고 자연의 힘을 제어하는 등 적극적인 조종자가 되었다. 2100년쯤이면 인간은 생각만으로 물체를 움직이고 삶과 죽음을 제어하며 외계의 별에 진출하는 등 자연의 정복자로 등극하게 될 것이다.

그러나 자연의 정복자는 자연의 보호자를 겸해야 한다. 마냥 증가하는 엔트로피를 그대로 방치한다면 인간은 열역학법칙에 의해 사라질 수밖에 없다. 앞에서 정의한 바와 같이 II단계 문명이란 하나의 별에서 방출되는 에너지를 100퍼센트 활용하는 문명이므로, 엔트로피의 증가를 억제하지 않으면 결국 행성 전체가 용광로처럼 끓어오르게 된다. 그나마 다행인 것은 엔트로피의 증가를 억제할 방법이 있다는 것이다.

19세기 증기기관은 트럭 한 대분의 석탄으로 거대한 보일러를 가동시켰다. 누구든지 박물관을 찾아가 이 장치를 직접 보면 효율이얼마나 낮았는지 실감나게 느낄 수 있을 것이다. 실제로 당시의 증기기관은 관리인조차 가까이 접근하기 어려울 정도로 엄청난 열기를 방출했다. 지금 운행되고 있는 조용하고 매끈한 전차(전기로 가는 기차)와 비교해보면, 100년 사이에 엔진의 에너지효율이 크게 높아졌음을 알 수 있다. 석탄으로 가동되는 화력발전소에서는 산더미 같은 쓰레기와 함께 엄청난 열과 오염물질이 대기중으로 방출된다. 그러나 재생에너지와 소형화를 통해 일반가전제품의 에너지효율을 높일 수 있다면, 발전소에서 방출되는 쓰레기와 열도 크게 줄일 수 있을 것이다.

또한 21세기 안에 상온에서 작동하는 초전도체가 발견된다면 마찰로 낭비되는 열이 획기적으로 줄어들고 에너지효율은 크게 올라갈 것이다. 앞에서도 말했지만, 우리가 소비하는 에너지의 대부분은 이동수단에서 발생하는 마찰력을 줄이는 데 사용되고 있다. 자동차를 몰고 캘리포니아에서 뉴욕으로 가려면 연료탱크에 기름을 가득 채워야 하지만, 도로와 바퀴 사이에 마찰이 없다면 거의 공짜로 갈 수 있다. 문명이 고도로 발달하면 지금보다 훨씬 어려운 일을 적은 에너지로 수행할 수 있다. 즉, 엔트로피의 증가를 억제할 수 있다는 뜻이다.

가장 위험한 전환

0단계 문명에서 I단계 문명으로의 전환은 인류역사상 가장 크고 위대한 변화이다. 이 변화가 성공적으로 이루어지면 인류는 한동안 풍요 속에서 번성할 것이고, 실패하면 지구상에서 사라질 것이다. 그러나 그때가 되어도 인간은 원시적인 야만성을 마음 한구석에 지니고 있을 것이므로, 이것은 지극히 위험한 과정이기도 하다. 사실 문명의 껍질을 벗겨보면 그 안에는 극단적인 근본주의와 인종주의, 종교분쟁 등 온갖 갈등요소들이 도사리고 있다. 인간의 본성은 지난 10만 년 동안 별로 달라지지 않았다. 원시인과 비슷한 마음을 갖고 있지만 다만 핵무기와 화학무기, 그리고 생물학무기가 추가되었을 뿐이다.

그러나 어떻게든 I단계 문명으로 진입하기만 하면 최소한 수백 년은 유지될 것이므로 갈등을 해소할 시간은 충분하다. 앞에서 말한 대로 미래의 우주식민지 개척사업은 많은 돈이 들어가기 때문에 화성이나 소행성벨트에 지구인이 대량으로 이주할 가능성은 별로 없다. 혁신적인 로켓기술이 개발되어 비용이 크게 줄어들거나 우주 엘리베이터가 건설되지 않는 한 우주여행은 여전히 일부 전문가나 부자들의 전유물로 남을 것이다. I단계 문명으로 진입한 후에도 대부분의 사람들은 한동안 지구에 발을 붙이고 살아갈 것이며, 그사이에 고질적인 갈등은 어떻게든 해결될 것이다.

지혜를 구하다

지금 우리는 "과학이 불가능을 실현시켜주는" 매우 흥미로운 시대에 살고 있다. 우리 주변에는 비관적인 사람들도 많지만, 나는 인간의 미래가 매우 희망적이라고 생각한다. 앞으로 수십 년 동안 자연에 대하여 새로 밝혀질 사실들은 역사 이후로 지금까지 밝혀진 내용보다 훨씬 많을 것이다.

그러나 과학이 항상 이런 식으로 발전해온 것은 아니었다.

미국의 유명한 과학자이자 정치가였던 벤자민 프랭클린(Benjamin Franklin)은 1780년에 향후 수천 년을 예견하면서 "인간은 치열한 세상에서 생존하기 위해 종종 늑대처럼 행동할 때가 있다"며 유감을 표현했다.

여기서 잠시 그의 글을 읽어보자.

앞으로 천 년 후의 인류는 상상하기 어려울 정도로 막대한 능력을 보유하게 될 것이다. 그들은 중력의 속박에서 벗어나 공간을 자유롭게 돌아다닐 것이다. 농부는 힘든 노동을 하지 않으면서 더 많은 수확을 올릴 것이며, 모든 질병은 사전에 예방되거나 치료 가능해질 것이다. 또한 인간의 수명도 구약성서의 창세기에 등장하는 인물들만큼 길어질 것이다.

프랭클린은 농부가 밭을 갈고 우마차가 농산품을 실어 나르던 시대에 이런 글을 썼다. 당시에는 전염병과 굶주림이 삶의 일부였고 아주 운 좋은 사람들만이 40년 이상을 살 수 있었다(1750년에는 런던에 거주하는 어린아이들 중 3분의 2가 5세 이전에 사망했다). 그는 노화문제를 해결할 가능성이 전혀 없어 보이는 시대에 살고 있었다. 영국의 철학자 토머스 홉스(Thomas Hobbes)는 1651년에 출간한 저서에 '인생은 고독하고 궁핍하며, 불결하고 야만적인데다가 짧기까지 하다'고 적어놓았다.

프랭클린이 말했던 1,000년 후가 오려면 아직 한참 멀었지만, 그의 예언은 벌써부터 곳곳에서 실현되고 있다.

인간의 이성과 지성, 그리고 과학이 과거의 족쇄를 풀어줄 것이라는 믿음을 다시 한 번 확인시켜준 사람은 프랑스의 철학자이자 정치가였던 콩도르세 후작(Marquis de Condorcet)이었다. 그는 1795년에 출간된《인간정신의 간추린 발달사(Sketch for a Historical Picture of the Progress of the Human Mind)》라는 책에서 다방면에 걸쳐 인류의 미래를 예측했는데, 당시에는 매우 파격적인 내용이었지만 지금의 시점에서 볼 때 '인류 역사상 가장 정확한 미래예견서'라 할 만하다. 콩도르세가 예견한 내용 중 일부를 소개하면 다음과 같다. 첫째, 신대륙 식민지는 유럽에서 분리된 후 유럽의 과학을 도입하여 빠르게 발전할 것이다. 둘째, 노예제도는 모든 나라에서 폐지될 것이다. 셋째, 농장의 단위면적당 곡물생산량이 크게 늘어날 것이다. 넷째, 과학이 빠르게 발전하여 삶의 질을 높여줄 것이다. 다섯째, 노동시간이 짧아지면서 여가시간이 늘어날 것이다. 여섯째, 출산제한정책이 전 세계로 퍼져나갈 것이다.

콩도르세의 예언서는 이런 식으로 계속된다. 지금은 당연한 사실이지만, 1795년의 관점에서 보면 아무리 세월이 흘러도 결코 이루어질 것 같지 않은 꿈 같은 내용들뿐이다.

벤자민 프랭클린과 콩도르세는 평균수명이 40년을 밑돌고 과학이 갓 태동하던 시대에 살던 사람들이다. 이들의 예언을 되돌아보면 그사이에 과학기술이 얼마나 빠르게 발전했으며, 인간의 삶이 얼마나 풍요로워졌는지 실감하고도 남는다. 프랭클린과 콩도르세의 예언으로 미루어볼 때, 인간의 창조물 중에서 가장 중요한 것은 아마도 과학일 것이다. 인간은 과학 덕분에 무지의 늪에서 빠져나올 수 있었으며, 지금은 지구를 초월하여 별을 향해 나아가고 있다.

과학은 결코 한 자리에 머물지 않는다. 앞서 말한 것처럼 2100년이 되면 인간은 과거 한때 두려움과 경배의 대상이었던 신들과 거의 동일한 능력을 갖게 될 것이다. 컴퓨터는 마음으로 물체를 움직이게 하고, 생명공학은 생명을 창조하고 수명을 늘려줄 것이다. 또한 나노기술은 물체의 형상을 마음대로 바꾸게 하고, 무에서 유를 창조해줄 것이다. 그리고 이 모든 변화는 인류를 I단계 문명으로 인도할 것이다. 지금 우리는 인류 역사상 가장 중요한 시대를 살고 있다. 우리가 하기에 따라서 인류는 I단계 문명으로 진입할 수도 있고, 나락으로 떨어질 수도 있기 때문이다.

과학은 도덕과 아무런 관련도 없다. 사람들은 흔히 과학을 '양날의 칼'이라 부르곤 한다. 한쪽 날은 가난과 질병과 무지를 잘라내면서, 반대쪽 날은 과학이 자신의 창조주인 사람의 목을 겨누고 있다는 뜻이다. 이 위험한 무기를 안전하게 다루려면 인간의 '지혜'에 의존하는 수밖에 없다.

인류는 1차 및 2차 세계대전을 겪으면서 과학의 파괴적인 면을 확실하게 보았다. 생화학무기와 자동기관총, 비행기에서 떨어지는 폭탄, 그리고 도시 전체를 날려버린 원자폭탄 등, 과학의 파괴력은 전례를 찾아볼 수 없을 정도로 무지막지했다. 20세기 초중반에 세계를 휩쓸었던 인간의 폭력성과 야만성은 확실히 도를 넘어선 것이었다.

그러나 전쟁의 상처를 치유하고, 폐허가 된 도시를 재건하고, 수십억 명의 인류에게 평화와 번영을 가져다준 것도 과학이었다. 어떤 대상이건 확대해서 보여주는 돋보기처럼, 과학은 인간의 긍정적인 면과 부정적인 면을 모두 확장시킬 수 있다. 그래서 과학이 발전할수록 우리에게는 더 많은 선택권이 주어진다. 이것이 바로 과학의 진정한 힘이다.

미래의 키워드, 지혜

그러므로 우리에게 가장 중요한 것은 과학이라는 양날의 칼을 현명하게 사용하는 지혜이다. 철학자 임마누엘 칸트(Immanuel Kant)는 이렇게 말했다. "과학은 조직화된 지식이며, 지혜는 조직화된 삶이다." 나는 지혜라는 것이 수많은 논쟁거리들 중에서 중요한 문제를 골라내어 다양한 각도에서 분석하고, 숭고한 원리와 목적을 지키는 쪽으로 선택을 내리는 원동력이라고 생각한다.

지금 우리사회에서는 지혜를 찾아보기 힘들다. 공상과학작가인 아이작 아시모프는 이렇게 말했다. "지금 우리사회에서 가장 안타까운 일은 사회가 지혜를 모으는 속도보다 과학이 지식을 모으는 속도가 더 빠르다는 것이다."

지혜는 정보와 달리 블로그나 인터넷을 통해 습득할 수 없다. 정보의 바다에 빠져 익사하기 직전인 우리에게 가장 절실하게 필요한 것은 정보를 저장하는 하드디스크가 아니라 올바른 길을 선택하는 지혜이다. 지혜와 통찰력이 없으면 정보의 바다에서 아무런 목적도 없이 떠다니는 공허한 신세가 될 것이다.

지혜는 어디서 구할 수 있는가? 부분적으로는 반대파와의 민주적이고 논리적인 토론에서 얻어진다. 이런 토론은 종종 혼란스럽고 보기에도 안 좋지만, 북새통 속에서 영감 어린 생각이 떠오르기도 한다. 물론 모든 토론은 민주적으로 이루어져야 한다. 윈스턴 처칠은 이렇게 말했다. "권력을 쥐고 있는 자에게 민주주의는 최악의 정책이지만, 정부를 제외한 모든 사람들에게는 그 이상의 대안이 없다."

민주주의는 실천하기가 매우 어렵다. 독재자가 사라졌다고 해서 민주주의가 그냥 얻어지는 것은 아니다. 모든 개개인이 민주주의를 위해 무언가를 해야 한다. 조지 버나드 쇼(George Bernard Shaw)는 민주주의를 두고 "국민들이 감내할 만한 방식으로 정부의 통치를 받는 제도"라고 했다. 사람들의 기대치보다 만족도가 더 높은 제도는 아니라는 이야기다.

오늘날 인터넷은 민주적 자유를 지켜주는 수단으로 떠오르고 있다. 과거에는 문 뒤에서 은밀히 나누던 대화도 지금은 인터넷에 올리기만 하면 수천 개의 웹사이트에서 철저하게 분석된다.

그래서 독재자들에게 인터넷은 공포의 대상이다. 국민들이 언제 어떤 정보를 입수하여 자신에게 반기를 들지 알 수 없기 때문이다. 조지 오웰이 예견했던 《1984》의 공포가 사라진 지금, 인터넷은 테러 수단에서 민주주의를 구현하는 수단으로 변모하고 있다.

지혜는 혼란스러운 토론 속에서 얻어진다. 그러나 민주적이고 활기찬 토론이 계속 이어지려면 반드시 교육이 선행되어야 한다. 교육을 받은 유권자들이 우리 문명의 앞날을 위하여 현명한 선택을 내릴 수 있기 때문이다. 궁극적으로 과학기술의 수준과 나아갈 방향을 결정하는 주체는 대중들이지만, 그들도 교육을 받아야 현명한 결정을 내릴 수 있다.

안타깝게도 대중의 상당수는 앞으로 직면하게 될 수많은 도전에 대해 전혀 모르고 있다. 구식 산업을 대체할 새로운 산업을 어떻게 일으켜야 하는가? 미래의 인력시장에 대비하여 청소년들을 어떤 식으로 교육시켜야 하는가? 인간에게 도움이 되면서 부작용이 없으려면 유전공학을 어떤 수준까지 육성해야 하는가? 미래의 도전에 대비하려면 현재의 교육시스템을 어떻게 고쳐야 하는가? 지구온난화와 핵무기 확산을 방지하려면 어떻게 해야 하는가?

민주주의의 핵심은 교육과 정보이다. 모든 사람에게 자유가 주어진다 해도 교육과 정보가 없으면 이성적이고 합리적인 판단을 내릴 수 없다. 이 책의 목적은 21세기 인류의 운명을 좌우하게 될 토론을 유도하는 것이다.

화물열차를 닮은 미래

미래는 우리 자신의 창조물이다. 미래에 관한 한 '이미 결정된 것'은 존재하지 않는다. 셰익스피어의 〈율리우스 시저(Julius Caesar)〉에는 "브루투스여, 잘못은 저 별에 있지 않고 우리 자신 속에 있나니……" 라는 대사가 등장한다. 헨리 포드는 좀 더 조용한 목소리로 말했다. "역사는 전통이다. 그러나 우리에게 필요한 것은 전통이 아니라 오늘을 충실하게 사는 것이다. 굳이 역사에 관심을 가져야 한다면 이미 지나간 과거보다 지금 우리가 만들어가는 역사에 관심을 갖는 것이 바람직하다고 생각한다."

미래는 트랙을 따라 고속으로 질주하는 거대한 화물열차와 비슷하다. 이 열차는 과학자들이 미래를 연구하면서 흘린 땀과 노력을 선로에 뿌리며 앞으로 나아가고 있다. 가끔씩은 생명공학, 인공지능, 나노기술 등의 첨단과학이 열차의 경적을 울려서 승객들의 주의를 끌기도 하는데, 일부 승객들의 반응은 썰렁하기만 하다. "새로운 것을 배우기에 나는 너무 늙었다. 기차가 어디로 가건, 나는 이대로 편하게 앉아서 남은 여행을 즐기련다." 그러나 젊은이들의 반응은 사뭇 다르다. 열정과 야망으로 넘치는 그들은 이렇게 외치고 있다.

"나도 그 열차에 타게 해달라! 그 열차는 나의 미래이자 운명이다. 이왕이면 객석이 아니라 조종석에 앉고 싶다!"

부디 21세기를 사는 사람들이 과학이라는 양날의 칼을 현명하고 자비롭게 사용하기를 간절히 바란다.

독자들에게 미래를 더욱 실감나게 전달하기 위해, 서기 2100년을 살아가는 한 평범한 사람의 하루를 다음 장에서 소개하고자 한다. 이 부분을 읽고 나면 미래의 과학기술이 우리의 일상생활과 직장, 그리고 희망과 꿈에 어떤 영향을 미치게 될지 좀 더 구체적으로 느낄 수 있을 것이다.

9

서기 2100년의 어느 하루

아리스토텔레스에서 토머스 아퀴나스에 이르기까지,
'완벽함'은 '경험과 관계에 기초한 지혜'를 의미했다.
인간은 이 경험과 관계로부터 도덕적인 삶을 배워나간다.
우리의 완벽함은 유전자 수정으로 이루어지는 것이 아니라,
성격의 수정으로 이루어진다.

_스티븐 포스트 Steven Post

2100년 1월 1일 오전 6시 15분

전날 밤, 망년회를 하느라 녹초가 되어 돌아온 당신은 아직 깊은 잠에 빠져 있다.

갑자기 벽지 스크린이 켜지면서 낯익은 얼굴이 나타난다. 그녀의 이름은 몰리. 당신이 최근에 구입한 소프트웨어 프로그램에 등장하는 가상의 인물이다. 몰리는 유쾌한 목소리로 당신을 깨운다. "존, 일어나세요. 오늘 당신은 사무실에 직접 나가야 해요. 아주 중요한 일이에요."

잠에서 깬 당신은 이맛살을 찌푸리며 웅얼거린다.

"무슨 소리야, 몰리? 오늘은 새해 첫날이잖아! 지금 농담하는 거지? 난 지금 완전히 파김치 상태라고. 그건 그렇고, 대체 뭐가 그리 중요하다는 거야?"

몰리가 뭐라고 대답을 하는데 잠이 덜 깨서 잘 들리지 않는다. 당신은 침대에서 기어 나와 두 발을 질질 끌며 화장실로 간다. 세수를 하는 동안 거울과 변기, 그리고 배수구에 장착되어 있는 수백 개의 센서들이 당신의 입김에서 뿜어져 나온 분자들과 몸속의 혈액을 분석한다. 이 과정에서 질병의 징후가 조금이라도 발견되면 당장 경보가 울릴 것이다.

화장실을 나온 당신은 집 안의 모든 가구와 가전제품을 생각만으로 작동시키는 전선을 머리에 두른다. 그러자 잠시 후에 집 안의 온도가 상승하고 감미로운 음악이 흘러나온다. 로봇은 부엌에서 아침 식사와 커피를 준비하고, 당신의 차는 차고에서 혼자 서서히 빠져나와 주인을 태울 준비를 마친다. 부엌으로 가보니 로봇 팔이 계란을 요리하고 있는데, 익힌 정도가 아주 마음에 든다. "그래, 비싸게 샀는데 이 정도는 돼야지."

콘택트렌즈를 착용하자 렌즈화면에 곧바로 인터넷 창이 뜬다. 당신은 따뜻한 커피를 마시며 오늘의 헤드라인뉴스를 읽는다.

- 화성기지에서 장비를 추가 공급해달라는 요청이 들어왔습니다. 지금 화성에는 겨울이 빠르게 다가오고 있는데, 현지대원들이 차기 프로젝트를 성공적으로 수행하려면 혹한의 날씨를 버틸 수 있는 난방장비가 추가로 필요하다고 합니다. 이들은 화성개조 작업의 일환으로 화성의 대기온도를 높이는 작업을 수행하고 있습니다.
- 외계행성을 탐사하게 될 첫 번째 우주선단이 발사준비를 마쳤습니다. 바늘 끝만 한 초소형 나노봇 수백만 대가 달 기지에서 발사될 예정입니다. 이들은 목성을 스쳐 지나가면서 자기장으

로 속도를 얻어 가까운 별까지 나아가게 됩니다. 그러나 이들 중 일부가 별에 도달하려면 앞으로 몇 년은 걸린다고 합니다.

- 또 하나의 멸종동물이 성공적으로 복원되어 동물원에 전시될 예정입니다. 이번에 되살아날 동물은 긴 엄니를 가진 호랑이로서, 툰드라의 얼어붙은 땅속에서 발견된 DNA로부터 복원되었습니다. 과학자들의 설명에 의하면 지구가 계속 더워지고 있기 때문에 앞으로 더 많은 DNA가 동토층에서 발견될 것이라고 합니다. 앞으로 복원될 멸종동물은 전 세계 동물원에 전시될 것입니다.

- 지난 몇 년 동안 우주로 화물을 실어 날랐던 우주 엘리베이터가 드디어 관광객을 위한 운행을 시작했습니다. 이 사업이 안정궤도에 오르면 우주여행 경비는 50분의 1로 크게 줄어들 것입니다.

- 세계최초의 핵융합발전소가 완공 50주년을 맞이했습니다. 관계자들은 오래된 발전소를 폐기하고 새로운 핵융합발전소를 지을 계획이라고 말했습니다.

- 과학자들은 아마존에서 발견된 치명적 바이러스를 예의주시하고 있습니다. 아직은 외부세계로 퍼지지 않았지만 치료법이 없다는 것이 문제입니다. 연구팀은 바이러스의 유전자서열을 규명하기 위해 혼신의 노력을 기울이고 있습니다.

갑자기 어떤 뉴스가 눈에 확 뜨인다.

- 맨해튼을 에워싸고 있는 제방에서 커다란 균열이 발견되었습

니다. 빨리 수리하지 않으면 과거의 다른 도시들처럼 맨해튼도 물속에 잠기게 됩니다.

이제야 생각이 난다. "아차! 그랬었지. 그래서 몰리가 나를 깨웠던 거로군."

당신은 아침식사를 포기하고 밖으로 뛰어나간다. 집 앞에는 승용차가 이미 대기 중이다. 당신은 생각만으로 자동차에게 명령을 내린다. "사무실까지 가자. 최대한 빨리 가야 해." 자기부상자동차가 공중으로 떠오르면서 인터넷과 GPS로 정보를 수집한다. 도로에 박혀 있는 수십억 개의 칩들이 실시간으로 교통정보를 제공해주고 있다.

당신의 자동차는 초전도체로 만들어진 도로 위에 떠서 조용히, 그러나 아주 빠르게 날아간다. 초전도체가 만든 자기쿠션 덕분이다. 갑자기 자동차의 앞유리에 몰리의 얼굴이 나타난다. "존, 방금 사무실에서 메시지가 왔어요. 회의실에서 사람들을 만나기로 했대요. 그리고 여동생이 보내온 영상메시지도 있어요."

자동차가 스스로 운행하는 동안, 당신은 손목시계형 컴퓨터를 켜고 여동생이 보냈다는 영상메시지를 확인한다. "오빠, 이번 주말이 케빈의 여섯 번째 생일이라는 거 잊지 않았지? 그 애한테 로봇강아지 사주기로 약속했잖아. 참, 그리고 요즘 만나는 사람 있어? 인터넷에서 브리지게임을 하다가 괜찮은 여자를 알게 됐는데, 오빠도 좋아할 것 같아. 소개해줄까?"

당신은 혼자 중얼거린다. "이 녀석, 또 시작이네······".

당신은 자동차 드라이브를 좋아한다. 도로 위에 떠서 달리기 때문에 사실 자동차라기보다 비행기에 가깝다. 물론 도로의 팬 곳이나 돌출부를 걱정할 필요도 없다. 그러나 뭐니 뭐니 해도 가장 좋은 점은 자동차의 운행을 방해하는 마찰력이 없기 때문에 재급유가 거의 필요 없다는 것이다(당신은 "21세기 초에 전 세계가 심각한 에너지 위기에 직면했었다"는 할아버지의 말을 떠올리며 피식 웃는다. 도로와의 마찰력을 극복하는 데 거의 모든 에너지를 소비했다니, 참으로 어이가 없다).

문득 초전도 고속도로가 처음 개통됐던 날이 떠오른다. 당시 매스컴들은 친숙했던 전기의 시대가 막을 내리고 자기의 시대가 도래했다며 아쉬움을 표했었다. 그러나 당신은 전기의 시대가 조금도 그립지 않다. 도로 위로 떠서 날아가는 매끈한 승용차와 트럭, 기차를 바라보면서, 자기력이야말로 비용을 절약하는 최상의 교통수단임을 다시 한 번 확신한다.

당신의 자기부상승용차가 도시의 쓰레기 적하장 위를 날아가고 있다. 아래를 내려다보니 쓰레기의 대부분은 망가진 컴퓨터와 로봇들이다. 요즘은 컴퓨터칩이 물 값보다 싸기 때문에, 유행이 지난 물건은 성능과 무관하게 곧바로 버려지고 있다. 일각에서는 쓰레기칩을 이용하여 간척사업을 하자는 의견까지 제시될 정도이다.

사무실

잠시 후 당신은 사무실이 있는 본사건물에 도착한다. 현관을 열고 들어가면 레이저가 홍채를 스캔하여 얼굴을 확인하고 출입을 허가해주는데, 정작 당신은 아무것도 느끼지 못한다. 그저 현관에서 엘리베이터를 향해 생각 없이 걸어갔을 뿐이다. 과거에 사용했다는 플라스틱 신분증은 박물관에 가야 볼 수 있다. 지금은 당신의 몸 자체가 신분증이다.

회의실에 들어가니 몇 명의 사람들이 나와 있을 뿐 대부분의 자리가 텅 비어 있다. 그런데 당신이 착용하고 있는 콘택트렌즈에 여러 사람들이 3D영상으로 나타나더니 각자 자리에 앉는다. 회의에 참석할 수 없는 사람들이 자신의 모습을 실시간 홀로그램 영상으로 전송하고 있는 것이다.

콘택트렌즈에는 각 사람들의 모습 옆에 그의 이력과 신상정보가 뜬다. 오늘은 꽤 유명한 사람들이 많이 모였다. 당신은 중요인물의 파일을 만들어 그들의 정보를 입력하고 저장한다. 물론 이 모든 과정은 생각만으로 이루어진다.

갑자기 당신 회사 사장이 홀로그램으로 등장하여 한마디 한다. "여러분, 맨해튼을 에워싸고 있는 제방에 균열이 생겼다는 소식을 이미 들으셨을 줄 압니다. 물론 심각한 문제지만 곧 해결될 것이므로 제방이 무너질 걱정은 안 하셔도 됩니다. 그런데 안타깝게도 제일 먼저 파견된 로봇 수리팀이 임무를 완수하지 못했습니다."

갑자기 회의실 조명이 어두워지는가 싶더니 수면 아래에 있는 제방이 시야에 들어온다. 마치 당신이 물속에 있는 듯한 착각이 들 정도로 생생하다. 가까이 확대해서 보니 제방에 커다란 금이 나 있다.

영상이 회전하면서 균열이 시작된 지점을 보여준다. 당신은 그곳에 나 있는 커다란 구멍을 발견하고 깜짝 놀라지만, 사장은 태연한 어조로 설명을 계속한다. "지금 현장에 있는 로봇들은 이런 형태의 균열을 수리할 수 없습니다. 현재 상황을 정확하게 판단하고 수리할 수 있는 사람이 필요합니다. 수리에 실패하면 뉴욕도 다른 도시처럼 물속에 잠기겠지만, 장담하건대 그런 일은 없을 것입니다."

사람들이 웅성대기 시작한다. 그동안 해수면이 높아지면서 바다 속에 잠긴 도시가 한둘이 아니다. 이미 수십 년 전부터 재생기술과 핵융합에너지가 과거의 화석연료를 대체해왔지만, 20세기에 방출된 이산화탄소 때문에 아직도 온난화가 계속되고 있다.

한동안 토론을 거친 끝에 사람이 조종하는 로봇 수리팀을 파견하는 쪽으로 의견이 모아졌다. 이제 당신이 나설 차례. 원격조종 로봇을 설계한 사람이 바로 당신이기 때문이다. 우선 숙달된 일꾼들이 캡슐 안으로 들어가 여러 개의 전극을 머리에 연결한다. 그러면 일꾼들과 로봇이 정신적으로 연결되어 모든 움직임을 통제할 수 있다. 캡슐 안에는 커다란 모니터가 있어서 로봇이 보는 광경을 똑같이 볼 수 있다. 시각뿐만 아니라 모든 촉각도 똑같이 느껴진다. 이 정도면 사람이 물속에 직접 들어가서 일하는 것과 다를 바가 없다. 유일하게 다른 점이라면 사람이 아닌 로봇이 일을 하고 있다는 점이다.

당신은 자신이 하는 일에 자부심을 갖고 있다. 텔레파시로 작동하는 로봇은 여러 사람들로부터 그 능력을 이미 인정받았다. 달에 건설된 기지도 지구에 있는 로봇 조종팀이 달에 파견된 로봇을 조종하는 식으로 운영되고 있다. 그러나 달에 신호가 도달하려면 몇 초가 걸리기 때문에 조종팀은 이 시간차에 익숙해지도록 교육을 받아야 한다.

(당신은 이 로봇을 화성에도 보내고 싶었다. 그러나 지구에서 보낸 신호가 화성에 도달하려면 무려 20분이 걸리고, 거기서 다시 지구로 도달하는 데 20분이 추가된다. 즉, 간단한 질문을 던지고 답을 수신하는 데 40분이 걸리는 셈이다. 그래서 원격조종로봇의 화성파견 프로젝트는 당분간 연기되었다. 아무리 과학이 발달해도 '빛의 속도'라는 한계는 결코 극복할 수 없다.)

그러나 당신은 회의 내내 심기가 불편하다. 사장이 지금 벌어진 상황을 너무 낙천적으로 생각하는 것 같다. 당신은 용기를 내서 사장의 말을 끊고 이의를 제기한다. "저, 사장님. 말씀드리기 죄송하지만 제방에 생긴 균열의 형태를 보니 아무래도 우리 로봇이 만든 것 같습니다."

　갑자기 장내가 소란스러워지면서 사람들이 일제히 반박하고 나선다. "우리 로봇이? 말도 안 돼, 그건 불가능한 일이야. 지금까지 그런 일은 한 번도 없었다고!"

　사장은 사람들을 진정시킨 후 차분한 어조로 말한다. "그래, 누군가가 그 점을 지적할 것 같았지. 이건 매우 중요한 사안이니까 밖으로 새나가지 않도록 기밀을 유지하게. 우리측 언론을 통해 발표되기 전까지는 비밀을 지키란 말일세. 자네 말대로 이 균열은 우리 로봇 중 하나가 오작동을 일으켜 만든 것이라네."

　사장의 말이 끝나자 회의실은 완전 아수라장이 되었다. 사람들은 믿을 수 없다는 듯 고개를 저으며 장탄식을 뱉어냈다. 그런 일이 어떻게 일어날 수 있단 말인가?

　사장은 다시 차분한 어조로 말을 이어간다. "자, 자, 여러분, 진정합시다. 우리 로봇은 기록상으로 완벽합니다. 지금까지 아무런 오점도 남기지 않았다는 뜻입니다. 오작동 원천방지시스템은 그동안 온갖 환경에서 수도 없이 검증되어 왔습니다. 이 기록은 믿어도 좋습니다. 그런데 여러분도 알다시피 최근에 개발된 로봇이 문제입니다. 이 로봇들은 양자컴퓨터가 내장되어 있어서 사람과 거의 비슷한 지능을 발휘할 수 있습니다만, 양자이론에 의하면 무언가가 잘못될 가능성은 항상 존재합니다. 물론 그 확률은 지극히 낮지만 우리가 제어할 수 없는 것도 사실입니다. 이번 사고도 그 낮은 확률 때문에 발생한 것으로 추정됩니다."

당신은 의자 깊숙이 몸을 파묻으며 생각에 잠긴다.

귀가

참으로 힘든 하루였다. 당신은 로봇 조종팀과 함께 양자컴퓨터가 장착된 로봇들을 모두 수거하여 회로를 이 잡듯이 분석한 끝에 드디어 문제를 해결했다. 이제 동일한 사고는 두 번 다시 일어나지 않을 것이다. 또다시 파김치가 된 당신은 간신히 집으로 돌아와 소파 위에 드러누웠다. 그때 벽지 스크린에서 몰리가 나타난다. "존, 브라운 박사님께서 보낸 중요한 메시지가 있어요."

브라운 박사라고? 그 로봇의사가 웬일이지?

"몰리, 스크린에 그를 보여줘." 당신이 명령을 내리자 곧바로 스크린에 나이 지긋한 의사가 나타난다. 물론 그래픽으로 만들어진 가상의 인물이다.

"존, 방해해서 미안하지만 꼭 해줄 말이 있네. 작년에 스키 타다가 큰 사고를 당해서 거의 죽을 뻔했던 거 기억나지?"

그 끔찍했던 일을 어떻게 잊는단 말인가? 알프스에서 스키를 타다가 나무를 들이받았던 그날을 생각하면 지금도 몸서리가 쳐진다. 알프스의 산들은 대부분 눈이 다 녹아서 높은 고도에 있는 리조트를 어렵게 찾아갔는데, 경치가 낯설어서 두리번거리다가 발을 헛딛는 바람에 곧바로 슬로프를 한참 동안 미끄러져 내려왔고, 결국 시속 60킬로미터의 속도로 나무를 들이받았다. 어이쿠!

브라운 박사의 말은 계속된다. "내 검진기록에 의하면 자네는 충돌과 동시에 기절했고 뇌진탕과 심각한 내상을 입었지. 하지만 그때 자네가 입고 있던 옷 덕분에 살아난 거야."

사고가 났을 때 당신은 의식을 잃었지만 당신의 옷이 자동으로 구급차를 부르고 과거의 진료기록과 현재 몸 상태를 구급대원들에게 알려주었다. 병원으로 후송된 후에는 로봇의사가 파열된 미세혈관을 봉하고 상처를 꿰매는 등 응급처치를 해주었다.

브라운 박사가 당시의 상태를 상기시켜준다. "그때 자네의 위와 간, 창자 등은 거의 손댈 수 없을 정도로 손상이 심했지. 하지만 자네의 장기를 제한시간 안에 새로 만들어서 소생시키지 않았나."

갑자기 당신의 몸이 로봇처럼 느껴진다. 당신 몸의 상당 부분이 공장에서 새로 만들어진 장기로 이루어져 있기 때문이다.

"그때 오른쪽 팔도 손상이 심해서 로봇 팔을 이식했어야 했네. 최신 로봇 팔은 기존의 팔보다 다섯 배나 강한 힘을 발휘할 수 있지. 하지만 자네는 이식을 끝까지 거부했어."

"그래요. 저는 아직도 구식 사람인가 봅니다. 앞으로 차차 생각해볼게요."

"그건 그렇고 존, 자네의 새 장기는 정기적으로 검사를 받아야 하네. 지금 당장 MRI 스캐너를 들고 배 위에서 천천히 움직여보게나."

당신은 화장실로 가서 휴대폰만 한 기계장치를 집어들고 배 부위를 천천히 스캔한다. 그러자 거실의 벽지 스크린에 배 속의 상태가 선명한 3D 영상으로 나타난다.

"존, 이제 영상을 분석해서 자네의 몸이 얼마나 치유됐는지 알아볼 걸세. 그건 그렇고, 오늘 아침에 DNA센서가 자네의 췌장에서 암세포를 발견했더군."

"뭐요? 암이라고요?" 당신은 깜짝 놀란다. "이상하네요. 암은 몇 년 전에 이미 정복되었잖아요. 요즘 암에 걸리는 사람이 어디 있어요? 암이라는 말조차 들어본 지 꽤 오래된 것 같은데…… 어떻게 제가 암에 걸릴 수 있지요?"

브라운 박사의 친절한 설명이 이어진다. "사실 과학자들은 암을 정복한 적이 없다네. 지금은 암과의 전쟁을 잠시 멈춘 상태지. 일종의 휴전이라고나 할까? 암은 감기바이러스처럼 종류가 매우 다양해서 완치가 매우 어렵다네. 그저 암세포를 멀리하는 게 상책이지. 자네의 암세포를 치료해줄 나노봇을 주문해놓았으니 걱정 안 해도 돼. 하지만 이 치료를 받지 않으면 7년 이내에 죽을 거라고."

당신은 혼자 투덜댄다. "허, 그것 참 위안이 되는군요."

"지금 발견된 암이 종양으로 발전하려면 몇 년은 있어야 한다네."

"종양이라고요? 그게 뭔데요?"

"아, 그건 크게 자라난 암세포를 뜻하는 구식 용어라네. 요즘엔 그런 단어를 쓰지 않지. 나도 종양이라는 걸 직접 본 적은 없어."

문득 아침에 누군가를 소개시켜준다던 여동생의 이야기가 떠오르면서 당신은 다시 몰리를 호출한다.

"몰리, 난 이번 주말에 아무런 스케줄도 없으니까 데이트 일정 좀 잡아줄래? 내가 어떤 여자를 좋아하는지 알고 있지?"

"네, 당신의 기호는 제 메모리에 저장되어 있어요. 인터넷으로 찾는 동안 잠시 기다려주세요." 잠시 후 몰리는 몇 명의 여자사진과 프로필을 벽지 스크린에 띄운다. 물론 이 여자들도 자신의 벽지 스크린에게 당신과 동일한 명령을 내린 사람들이다.

　당신은 잠시 망설이다가 한 사람의 후보를 선택한다. 카렌이라는 그 여자는 매우 특별해 보인다. "몰리, 카렌에게 이번 주말에 만날 수 있겠냐고 물어봐줄래? 새로 오픈한 레스토랑이 있는데, 그곳이 좋겠어."

　몰리는 당신의 프로필이 담긴 영상메일을 카렌에게 보낸다.

　그날 밤, 당신은 직장동료를 집에 초대해서 함께 축구경기를 보기로 했다. 물론 당신의 친구는 직접 오지 않고 홀로그램 영상으로 나타난다. 그래도 혼자 조용히 보는 것보다 친구와 함께 소리를 지르며 길길이 뛰는 쪽이 훨씬 재미있다. 당신은 수천 년 전 동굴에 살았던 선조들도 이런 식으로 친목을 다졌으리라 생각하며 피식 웃는다.

　갑자기 거실 전체가 밝아지면서 눈앞에 거대한 축구경기장이 펼쳐진다. 당신은 객석이 아니라 운동장 한복판에 서 있다. 수비수가 상대편 골대 쪽으로 길게 패스를 하는데, 당신은 바로 그 옆에 서서 선수들의 숨소리와 공을 차는 소리를 생생하게 들을 수 있다. 마치 당신도 선수가 된 듯한 느낌이다.

　하프타임이 되자 당신과 친구는 각 선수들의 플레이를 나름대로 평가해본다. 맥주와 팝콘을 앞에 놓고 누가 훈련을 가장 열심히 했으며 누가 경기를 주도했는지, 그리고 가장 뛰어난 감독은 누구이며 누가 최고의 유전자 개조수술을 받았는지, 서로 자기 생각을 고집하며 열변을 토한다. 당신이 응원하는 홈팀은 전체 리그를 통틀어 가장 뛰어난 유전학자를 보유하고 있어서, 선수들도 가장 고가의 유전자 개조수술을 받았다. 그들은 축구를 위해 태어났다고 해도 과언이 아닐 정도로 기량이 출중하다.

친구가 돌아간 후(사실은 사라진 후)에도 흥분이 가시지 않는다. 그래서 당신은 잠시 동안 포커게임을 하기로 마음먹는다.

"몰리, 늦은 시간이지만 잠이 오지 않아서 포커게임을 좀 하려고 해. 오늘은 왠지 운이 좋을 것 같거든. 영국과 인도, 중국, 또는 러시아에서 함께 포커를 칠 사람 몇 명만 알아봐줄래?"

몰리가 대답한다. "그런 건 일도 아니죠. 조금만 기다리세요." 잠시 후 스크린에 자신만만한 얼굴들이 하나둘 뜨기 시작하더니, 이들의 3D 입체영상이 당신의 거실에 나타나 자리를 잡고 앉는다. 당신은 누가 허풍(블러핑)을 제일 잘 떨게 생겼는지 주의 깊게 둘러본다. 한참 카드를 치다가 문득 이런 생각이 든다. 지금 당신은 옆집에 사는 이웃보다 지구 반대편에 사는 사람들과 더 가깝게 지내고 있다. 국경이라는 것이 더 이상 의미가 없어진 것이다.

카드친구들이 모두 돌아가고 잠자리에 들려고 하는데 몰리가 화장실 거울에 나타나 말을 걸어온다.

"존, 카렌이 당신의 초대를 받아들였어요. 이번 주말에 그 레스토랑의 저녁 테이블도 예약해놓았어요. 카렌이 보낸 자기소개서를 읽어보시겠어요? 인터넷을 통해 그녀의 소개서가 얼마나 정확한지 확인해 드릴까요? 사람들은…… 음…… 거짓말을 잘하잖아요."

"아냐, 그냥 놔둬. 주말에 한 번쯤 놀라는 것도 괜찮을 것 같아." 포커게임을 하고 나니 왠지 주말에도 행운이 찾아올 것 같다.

주말

드디어 주말이다. 조카 케빈의 생일선물을 사야 한다. "몰리, 스크린에 쇼핑몰을 띄워줘."

스크린에 대형 쇼핑몰의 실내풍경이 나타난다. 옛날에는 인터넷 쇼핑몰이 그저 상품만 나열해놓은 썰렁한 책자처럼 생겼었지만, 지금은 당신이 쇼핑몰 안에 들어가 있는 듯한 착각이 들 정도로 리얼하다. 당신은 스크린에서 팔과 손가락을 움직여가며 통로를 따라 이동하다가 장난감 코너에 멈춰 선다. 옳거니, 케빈이 말했던 로봇강아지가 거기 있다. 당신은 텔레파시를 이용하여 차고에 있는 자동차에게 쇼핑몰로 데려다 달라고 명령을 내린다(물론 온라인으로 직접 주문할 수도 있다. 또는 제품의 청사진을 다운로드한 후에 물품제작기를 이용하여 똑같은 물건을 복제할 수도 있다. 그러나 가끔은 쇼핑몰에 직접 가서 물건을 사는 것도 큰 즐거움이다).

당신은 자기부상자동차를 타고 쇼핑몰로 가면서 창 밖으로 지나가는 사람들을 바라본다. 데이트하기에는 더없이 좋은 날씨다. 길거리에는 사람들 외에 온갖 종류의 로봇들이 돌아다니고 있다. 개를 산책시키는 로봇, 은행원로봇, 요리사로봇, 그리고 로봇강아지 등 실로 다양한 로봇들이 인간생활 깊숙이 파고 들어왔다. 위험하거나 단조롭게 반복되는 일, 또는 사람들과의 접촉이 많지 않은 일은 대부분 로봇들이 하고 있다. 요즘 로봇은 실로 거대한 사업으로 성장했다. 길거리에는 로봇 수리, 로봇 업그레이드, 로봇 제작 등 로봇과 관련된 광고판들이 거리를 가득 메우고 있다. 그래서 로봇관련 산업에 종사하는 사람들은 미래가 창창하다. 로봇시장의 규모는 20세기의 자동차시장보다 크다. 그러나 대부분의 로봇은 눈에 보이지 않는 곳에서 도시의 기반시설을 유지보수하고 있다.

장난감가게에 도착하니 입구에서 안내로봇이 반갑게 맞이한다.

"어서 오세요. 무엇을 도와드릴까요?"

"네, 로봇강아지를 사러 왔습니다."

안내로봇은 당신을 장난감 코너로 데려다준다. 진열대에는 최신 버전의 로봇강아지들이 즐비하게 늘어서 있다. 말이 로봇이지, 사실 이 녀석들은 못하는 게 없다. 주인과 놀고, 뛰고, 막대를 물어 오는 등 카펫에 소변 보는 일만 빼고 강아지들이 하는 동작은 뭐든지 따라할 수 있다. 그래서 부모들이 진짜 강아지보다 로봇강아지를 선호하는 게 아닐까? 당신은 이런 생각을 하며 가볍게 웃는다.

당신은 로봇점원에게 말을 건넨다. "여섯 살 난 조카아이에게 로봇강아지를 사주려고 합니다. 그 아이는 매우 똑똑하고 손재주도 뛰어나지만 가끔씩 수줍어하고 말수가 적은 편이지요. 어떤 모델이 좋을까요?"

로봇점원이 대답한다. "고객님, 죄송합니다. 그 부분은 제 프로그램으로 조언을 드릴 수가 없겠네요. 우주관련 로봇은 어떨까요?"

우주로봇? 봉창 두드리고 있네. 당신은 로봇이 제아무리 똑똑해도 인간을 따라올 수 없다는 사실을 다시 한 번 절감한다.

당신은 신사용품 전문매장으로 이동한다. 데이트에서 좋은 인상을 주려면 칙칙한 옷부터 갈아입어야 할 것 같다. 전시된 옷을 입어보니 스타일은 좋은데 몸에 맞는 게 하나도 없다. 그러나 당신은 다행히 신용카드를 가져왔다. 이 카드에는 당신의 3D 신체사이즈가 낱낱이 기록되어 있어서, 이 데이터를 공장에 전송하면 동일한 스타일로 당신의 몸에 딱맞는 옷을 몇 시간 안에 받을 수 있다. 그러므로 이 세상에 맞지 않는 옷이란 존재하지 않는다.

마지막으로 몇 가지 식료품과 공구를 사기 위해 슈퍼마켓에 들렀다. 모든 상품에는 칩이 장착되어 있어서 상품에 관한 모든 정보를 실시간으로 알 수 있다. 그저 물건을 바라보기만 하면 콘택트렌즈에 가격과 사용후기 등 모든 정보가 줄줄이 뜬다. 물론 어디를 가면 가장 싸게 살 수 있는지도 금방 알 수 있다. 싼 가게를 찾아 이리저리 헤매고 다닐 필요가 없는 것이다.

데이트

당신은 카렌과의 데이트를 일주일 동안 기다려왔다. 그녀를 만날 준비를 하면서 소년처럼 가슴이 뛰었던 것을 생각하면 참 신기하다. 저녁식사를 한 후 카렌을 당신의 아파트로 초대하고 싶은데, 그러려면 우선 낡은 가구부터 바꿔야 할 것 같다. 다행히도 부엌 수납장과 거실의 가구들은 프로그램이 가능한 물질로 만든 제품이다.

"몰리, 부엌 수납장하고 소파, 그리고 이 테이블을 바꾸고 싶어. 어떤 새 모델이 나와 있는지 알아보고 좋은 것으로 골라서 설치해줄래?"

외출준비를 하는 동안 몰리는 필요한 정보를 다운로드한 후 청사진을 설치한다. 그러자 부엌 수납장과 거실의 소파, 그리고 테이블이 퍼티가루처럼 부서져 내리더니 서서히 새 물건으로 재조립되고, 한 시간 후 집 안의 가구들은 완전히 새 물건으로 바뀐다(최근에 당신은 인터넷으로 부동산 관련사이트를 검색하다가 프로그램 가능물질로 지은 집들이 요즘 뜨고 있다는 기사를 읽었다. 실제로 당신이 다니는 회사에서는 이런 물질로 사막에 도시를 짓는다는 야심찬 계획을 세워놓고 있다. 단추 하나만 누르면 신도시가 펑~! 하고 나타난다).

가구를 바꿔도 당신의 아파트는 여전히 우중충해 보인다. 당신은 손을 흔들어 벽지의 무늬와 색상을 바꾼다. 역시 지능형 벽지로 도배하길 잘한 것 같다. 벽을 통째로 칠하는 것보다 훨씬 간단하지 않은가.

당신은 꽃 한 송이를 들고 데이트 장소로 향한다. 레스토랑에 들어가니 예약된 장소에 카렌이 앉아 있다. 옳거니! 이번엔 제대로 짚은 것 같다. 왠지 느낌이 좋다.

카렌은 예술가였다. 게다가 농담도 썩 잘한다. "예술가라고 하면 대개 가난한 사람을 떠올리잖아요. 길거리에서 싸구려 그림을 팔며 근근이 생활비나 버는 사람 말예요." 알고 보니 그녀는 성공한 웹디자이너로서 자신의 회사까지 갖고 있다. 인터넷은 창조적 예술이 가장 절실하게 요구되는 공간이다. 카렌은 이 거대한 시장을 대상으로 자신의 재능을 마음껏 펼치는 커리어우먼이었다.

카렌이 손가락으로 공중에 동그라미를 그리자, 그녀의 작품 몇 개가 허공에 나타난다. "제가 최근에 완성한 작품들이에요." 말투도 자신감에 넘친다.

당신도 자기소개를 한다. "아시겠지만 저는 공학자입니다. 하루 종일 로봇들과 씨름하는 게 제 일이지요. 일부 로봇은 제법 똑똑하지만, 의외로 아주 멍청한 로봇도 많답니다. 예술분야는 어떤가요? 그쪽에서도 로봇이 일자리를 위협하고 있습니까?"

"아니요, 전혀 그렇지 않아요." 카렌은 자신이 창조적인 사람들과 일하고 있으며, 그 분야에서는 상상력이 가장 값진 재산이라고 했다. 로봇에게 가장 취약한 분야에서 일하고 있으니 그들에게 일자리를 빼앗길 염려도 없을 것이다.

카렌의 설명은 계속된다. "제가 구식이라 그럴지도 모르지만, 제 분야에서 컴퓨터는 복사본을 만들거나 사무보조가 필요할 때만 사용해요. 하지만 언젠가는 로봇도 사람만큼 똑똑해지겠지요? 농담을 하거나 소설을 쓰거나, 혹은 오케스트라를 지휘하는 로봇을 꼭 보고 싶네요."

"지금 당장은 불가능하지만 저도 언젠가는 꼭 그렇게 되리라고 생각합니다."

카렌과 대화를 나누다가 문득 한 가지 의문이 떠올랐다. 그녀는 과연 몇 살일까? 몇 년 전에 의학자들이 노화를 늦추는 데 성공한 후로 사람의 나이를 가늠하기가 어려워졌다. 그녀의 웹사이트에도 나이는 나와 있지 않았다. 겉모습만 보면 스물다섯을 넘기지 않은 것 같다.

카렌을 집에 바래다주고 집으로 돌아온 당신은 편한 자세로 앉아 공상에 빠져든다. 그녀와 함께 살면 어떨까? 카렌과 여생을 함께할 수 있을까? 그러나 무언가 찜찜한 느낌이 계속 남아 있다. 이것 때문에 데이트하는 내내 기분이 개운치 않았다.

당신은 벽지 스크린을 향해 명령을 내린다. "몰리, 브라운 박사를 불러줘." 당신을 위해 24시간 대기하고 있는 브라운 박사가 갑자기 고맙게 느껴진다. 새벽에 불러내도 불평 한마디 없다. 불만을 표현하는 건 프로그램되어 있지 않기 때문이다.

벽지 스크린에 브라운 박사가 나타나 아버지 같은 말투로 묻는다. "왜? 어디가 불편한가?"

"박사님, 물어볼 게 있어요. 그것 때문에 마음이 몹시 심란해서요."

"그게 뭔데?"

"저는 과연 몇 살까지 살 수 있을까요?"

"자네의 기대수명을 묻는 건가? 글쎄, 그건 나도 모르지. 내가 가진 의료기록에 의하면 자네는 지금 72살인데, 신체장기와 근육의 상태는 30살쯤 될 거야. 자네는 유전학적으로 몸을 수정하여 수명을 연장시킨 첫 번째 세대라네. 자네가 30세 근처에서 노화가 멈추기를 원하지 않았나. 자네 세대에는 죽은 사람이 많지 않아서 죽음과 관련된 데이터가 별로 없기 때문에, 앞으로 얼마나 살게 될지는 나도 잘 모르겠네."

"그러면 제가 영원히 산다는 말인가요?"

"영생불멸? 그건 아니지. 수명이 길어져서 언제 죽을지 짐작할 수 없는 것과 영원히 사는 것은 분명히 다르거든."

"하지만 지금 저는 나이를 안 먹고 있잖아요. 그러면 대체 언제쯤 결⋯⋯" 당신은 잠시 말을 멈췄다가 무언가 깨달았다는 듯 소리친다. "맞아요, 바로 그거였어요! 오늘 어떤 여자를 만났는데, 아주 특별하고 재미있는 사람이었지요. 그녀와 같이 산다면 삶의 계획도 그녀와 맞춰야 할 텐데, 그게 어렵다는 겁니다. 우리 세대 중에 죽은 사람이 거의 없어서 내가 언제쯤 죽을지 나 자신도 모른다면, 결혼은 언제 하고 아이는 언제 낳을 것이며, 은퇴는 언제쯤 해야 하나요? 내 삶의 계획을 어떻게 세워야 하냐고요!"

"나도 모르겠네. 자네도 알다시피 지금 인간은 기니피그랑 비슷한 처지야. 미안하네, 존. 자네는 전례가 없는 생명체이기 때문에 수명을 예측할 수 없다네."

그후 몇 개월

그후로 몇 달 동안 당신과 카렌은 즐겁고도 놀라운 시간을 보냈다. 두 사람은 가상세계에서 여행과 모험을 떠나기도 했고, 일부러 바보 같은 짓을 하면서 어린애처럼 굴기도 했다. 빈방에 들어가 가상세계 소프트웨어를 콘택트렌즈에 투사하면 주변풍경이 드라마틱하게 바뀐다. 어떤 프로그램을 실행하면 공룡이 당신을 쫓아오는데, 열심히 달아나면 또 다른 공룡이 눈앞에 불쑥 나타나고, 달아나면 또 나타나고…… 이런 식으로 계속된다. 혼자 하면 별로 재미없지만, 카렌과 함께하면 위기에 처한 여자를 구해주는 재미가 있다. 다른 프로그램을 실행하면 당신의 우주선을 빼앗으려는 외계침략자들과 전쟁을 치르고, 또 다른 프로그램에서는 당신의 몸을 독수리와 같이 다른 생명체로 바꿔서 하늘을 마음대로 날아다닐 수 있다. 또는 남태평양의 섬에서 일광욕을 즐기거나 달빛 아래에서 감미로운 음악에 맞춰 춤을 출 수도 있다.

이런 식으로 한동안 즐겁게 지내다가. 어느 날 카렌과 당신은 무언가 새로운 시도를 해보고 싶어졌다. 가상세계가 아닌 현실세계에서 같이 있고 싶어진 것이다. 그래서 두 사람은 함께 휴가를 내어 유럽여행을 가기로 했다.

당신은 벽지 스크린에게 명령을 내린다. "몰리, 카렌과 나는 이번 휴가 때 유럽에 갈 거야. 가상세계 말고 진짜 유럽 말이야. 그러니 비행기표와 호텔을 예약하고, 특별한 볼거리나 공연이 있으면 추천 좀 해줘. 우리 취향이 어떤지는 잘 알고 있지?" 몇 분 후 벽지 스크린에 몰리가 제안한 여행계획표가 나타난다.

그로부터 몇 주가 지난 어느 날, 당신과 카렌은 로마의 유적지를 둘러보고 있다. 쓰러진 돌기둥과 여기저기 흩어져 있는 바위, 담장이 무너진 콜로세움 등 대부분은 이미 폐허가 됐지만, 콘택트렌즈에는 전성기를 구가하던 로마제국시대의 도시풍경이 장엄하게 펼쳐진다.

쇼핑은 또 다른 즐거움이다. 뒷골목 기념품가게에서 주인과 흥정하는 것도 재미있다. 언어가 달라도 의사소통에는 아무런 문제가 없다. 당신이 바라보는 사람 아래쪽에는 그가 하는 말이 당신의 모국어로 번역되어 나타난다. 두툼한 안내책자도, 커다란 지도도 필요 없다. 필요한 것은 콘택트렌즈 안에 다 들어 있다.

로마의 밤하늘을 올려다보면 별자리와 이름이 콘택트렌즈에 나타난다. 위치만 잘 찾으면 토성의 테와 혜성, 그리고 아름다운 성운을 볼 수 있고, 운이 좋으면 폭발하는 별도 볼 수 있다.

어느 날, 카렌이 드디어 당신에게 비밀을 털어놓는다. 그녀의 진짜 나이는 61세였다. 조금 놀라긴 했지만, 나이는 더 이상 중요하지 않다.

"그런데 카렌, 당신은 오래 살게 되어서 행복한가요?"

카렌이 곧바로 대답한다. "그럼요, 당연하지요! 여자들이 결혼을 하고 가정을 꾸리던 시대에 살았던 우리 할머니는 거의 아무런 일도 할 수 없었어요. 하지만 저는 전문분야를 세 번이나 바꿔가면서 행복하게 살아왔어요. 게다가 저는 한 번 바꾸면 뒤를 돌아보지 않는 스타일이에요. 첫 직장은 여행가이드였는데, 한동안 여러 나라를 돌아다니며 좋은 구경을 참 많이 했지요. 관광은 엄청나게 큰 사업이어서 일자리도 아주 많아요. 그런데 몇 년 지나고나니 다른 일이 하고 싶어지더라고요. 무언가 좀 더 의미 있는 일 말이에요. 그래서 변호사가 되어 가까운 사람들의 송사를 도와주었지요. 물론 이것도 아주 보람 있는 일이었어요. 그후에 예술계로 눈을 돌려서 웹디자인 회사를 설립했고요. 그런데 그거 아세요? 지금까지 제가 해왔던 일은 절대로 로봇이 할 수 없는 일이라는 거. 로봇은 여행가이드가 될 수 없고 소송에서 이길 수도 없잖아요? 물론 아름다운 예술품도 만들지 못할 거고요."

당신은 혼자 생각한다. 그건 두고봐야 알지…….

"그럼 네 번째 일도 계획 중인가요?"

카렌이 웃으며 대답한다. "글쎄요, 더 좋은 일이 있으면 시도해봐야겠죠?"

당신은 마침내 속에 담아놓았던 말을 털어놓는다. "카렌, 우리가 늙지 않는다면 언제 어떤 일을 해야 할지 어떻게 알 수 있을까요? 결혼은 언제 하고 아이는 언제 낳는 게 좋을지 알 수가 없잖아요. 우리 몸의 생체시계는 이미 수십 년 전에 사라졌고 앞으로 얼마나 더 살 수 있는지 알 수도 없고…… 그래서 하는 말인데, 이제 결혼을 해서 가정을 꾸릴 때가 되지 않았나 싶네요."

카렌이 흠칫 놀란 표정을 짓는다. "아이를 갖자는 말인가요? 글쎄요, 그런 생각은 심각하게 해본 적이 없어요. 적어도 지금까지는 말이죠. 평생을 같이할 만큼 좋은 사람을 만난다면 생각해볼 수도 있겠지요." 그녀가 살짝 눈웃음을 치는데, 예스인지 노인지 헷갈린다.

얼마 후 당신과 카렌은 결혼에 대해 진지하게 이야기했다. 아이들의 이름은 어떻게 지을까? 아이들에게 어떤 유전자를 이식하는 게 좋을까? 요즘은 유전자공학이 워낙 발달해서 '기획출산'이 가능해졌으므로, 아이가 태어나기 전에 지능과 외모, 성격 등을 미리 결정할 수 있다.

당신은 또다시 벽지 스크린에게 자문을 구한다. "몰리, 정부에서 승인한 최신 유전자목록을 좀 뽑아줄래?" 잠시 후 스크린에 다양한 목록이 줄줄이 뜬다. 머리카락 색, 눈동자 색, 키, 체격, 그리고 부분적이긴 하지만 성격까지 선택할 수 있다. 이 목록은 해마다 늘어나는 중이다. 필요하다면 치료 가능한 유전병 목록도 검색할 수 있다. 당신의 집안에서는 방광섬유증이라는 병이 수백 년 동안 유전되어 왔으나, 지금은 모두 완치된 상태이다.

승인된 유전자목록을 검색하면서, 당신은 부모가 아니라 신이 된 듯한 착각에 빠져든다. 상상만으로 원하는 아이를 만들 수 있으니 이것이 신이 아니고 무엇이겠는가.

몰리가 말한다. "아이의 DNA를 분석해서 성인이 되었을 때의 얼굴 모습과 몸매, 그리고 성격을 시뮬레이션 해주는 프로그램이 있어요. 다운로드해 드릴까요?"

당신은 단호하게 말한다. "아니, 미리 알고 싶지 않아. 모르는 채 남겨두는 것도 있어야지."

1년 후

카렌이 임신을 했다. 그녀의 사이버주치의는 태아와 산모의 몸 상태를 확인한 후 "우주 엘리베이터를 타도 별 무리가 없다"는 진단을 내렸다. 얼마 전까지 화물운반용으로만 사용되어 왔던 우주 엘리베이터가 일반에게 공개되어, 당신과 카렌에게도 탈 기회가 온 것이다.

당신은 약간 상기된 표정으로 카렌에게 말했다. "나는 어릴 적부터 우주에 가고 싶었어요. 로켓을 타는 우주인이 되고 싶었던 거지요. 그런데 어느 날 문득 이런 생각이 들더군요. '우주비행사란 조그만 스파크만 일어도 당장 폭발하는 수백만 갤런의 로켓연료 통 위에 목숨을 걸고 누워 있는 사람'이라고 말이지요. 그후로 우주여행을 향한 열정은 조금 수그러들었지만 우주 엘리베이터는 완전히 달라요. 깨끗하고, 안전하고, 쓰레기도 없지요. 아마 우주로 나가는 가장 세련된 방법일 거예요."

당신은 설레는 마음으로 카렌과 함께 엘리베이터 안으로 들어간다. 운전자가 'Up'이라고 쓰여진 단추를 누르자 엘리베이터가 서서히 위로 가속되기 시작한다. 아파트의 엘리베이터를 탈 때와 비슷한 느낌이지만, 가속되는 시간이 엄청나게 길다. 어느새 당신과 카렌은 지구상의 어떤 곳보다 높이 올라왔다. 고도계를 보니 숫자가 빠르게 증가하고 있다. 10킬로미터, 20킬로미터, 30킬로미터…….

바깥풍경은 매순간마다 파노라마처럼 변한다. 솜털 같은 구름을 뚫고 올라왔을 때에는 하늘이 푸른색이었다가 잠시 후 자주색으로 변하더니 나중에는 완전히 칠흑으로 뒤덮인다. 높이 올라갈수록 하늘은 이렇게 점점 어두워지는데, 별들은 점점 밝아지면서 그야말로 영롱한 빛을 발한다. 땅에서는 한 번도 본 적 없는 별들이 검은 하늘을 가득 메우고 있다. 당신은 처음 보는 별들을 서로 이어가며 당신만의 별자리를 만들어본다. 또 한 가지 신기한 것은 별들이 반짝이지 않는다는 것이다. 공기가 별빛을 방해하지 않기 때문이다. 우주공간에서 바라본 별은 너무나 밝고 또렷하다. 이들은 수십억 년 전에도 그랬고, 앞으로도 그럴 것이다.

아래를 내려다보니 둥그런 지구가 아름답게 빛나고 있다. 바다와 대륙, 그리고 대도시의 조명빛이 저토록 아름다울 줄은 상상도 못했었다.

우주에서 바라본 지구는 너무나 고요하다. 저토록 아름답고 조용한 곳에서 사람들이 전쟁을 일으키고 피를 흘리며 싸웠다는 사실이 믿어지지 않는다. 우주에서 바라본 대륙에는 국경도 없다. 국경은 자연이 아닌 인간이 정한 것이니까. 국가는 아직도 존재하고 있지만, 통신이 극도로 발달한 지금은 별 의미가 없다.

카렌의 얼굴이 당신의 어깨 위에 살며시 내려앉자 문득 당신은 새로운 행성문명의 태동기에 살고 있음을 깨닫는다. 이제 곧 태어날 당신의 아이들은 새로운 문명의 첫 번째 시민이 될 것이다.

당신은 배낭에서 책을 한 권 꺼내 카렌에게 읽어준다. 죽은 지 100년도 더 된 옛날사람이 쓴 책이다. 이 책에는 새로운 행성문명에 도달하기 전에 인간이 마주치게 될 도전과제들이 간략하게 적혀 있다.

마하트마 간디(Mahatma Gandhi)는 말했다.

근로 없는 부(富)

도덕심 없는 쾌락

정직하지 않은 지식

윤리 없는 상행위

인간성이 결여된 과학

희생 없는 명예

원칙 없는 정치

이들은 모두 폭력을 부른다.

감 사 의 글

이 책의 탈고를 위해 시종일관 애써주신 모든 분들에게 감사한다. 무엇보다도 지금까지 내가 집필했던 모든 책들에 번뜩이는 아이디어와 영감을 불어 넣어준 편집자 로저 스콜(Roger Scholl)과 끊임없는 조언으로 책의 완성도를 크게 높여준 에드워드 캐스튼마이어(Edward Kastenmeier)에게 깊은 감사를 드린다. 그리고 여러 해 동안 나의 출판 대리인을 맡아 오면서 새로운 책을 쓸 수 있도록 용기를 북돋워준 스튜어트 크리체프스키(Stuart Krichevsky)에게도 감사의 말을 전하고 싶다.

그동안 나의 인터뷰와 토론에 응해준 300명이 넘는 각 분야의 과학자들에게도 감사드린다. BBC와 디스커버리 등 여러 방송국의 카메라를 대동하고 이들의 연구소를 방문하여 카메라를 들이댔던 점, 이 자리를 빌려 깊이 사과하는 바이다. 그들의 연구에는 잠시나마 방해가 되었겠지만, 최종적으로 만들어진 프로그램을 보면서 그럴만한 가치가 있었다고 생각해주기를 바라는 마음 간절하다.

이들 중 특히 감사의 마음을 전하고 싶은 사람들이 있는데, 그들의 명단을 아래에 소개한다.

에릭 시비안 Eric Chivian 노벨상 수상자, 건강 및 지구환경센터(Center for Health and Global Environment), 하버드의과대학 정신의학과 교수

피터 도허티 Peter Doherty 노벨상 수상자, 세인트주드아동병원 연구소(St. Jude Children's Research Hospital)

제럴드 에델만 Gerald Edelman 노벨상 수상자, 스크립스연구소(Scripps Research Institute)

머리 겔만 Murray Gell-Mann 노벨상 수상자, 산타페연구소(Santa Fe Institute), 칼텍(Caltech, 캘리포니아공과대학)

월터 길버트 Walter Gilbert 노벨상 수상자, 하버드대학교

데이비드 그로스 David Gross 노벨상 수상자, 카블리이론물리학센터(Kavli Institute for Theoretical Physics)

고(故) 헨리 켄들 Henry Kendall 노벨상 수상자, MIT

레온 레더만 Leon Lederman 노벨상 수상자, 일리노이 기술연구소(Illinois Institute of Technology)

남부 요이치로 Nambu Yoichiro 노벨상 수상자, 시카고대학교

헨리 폴락 Henry Pollack 노벨상 수상자, 미시건대학교

고(故) 조지프 로트블랫 Joseph Rotblat 노벨상 수상자, 성바톨로뮤병원(St. Bartholomew's Hospital)

스티븐 와인버그 Steven Weinberg 노벨상 수상자, 오스틴 텍사스대학교(University of Texas at Austin)

프랑크 윌첵 Frank Wilczek 노벨상 수상자, MIT

아미르 악첼 Amir Aczel 《우라늄전쟁(*Uranium Wars*)》의 저자

버즈 올드린 Buzz Aldrin 전 NASA 우주인, 달 표면에 두 번째 발자국을 남긴 사람

지오프 앤더슨 Geoff Anderson 미국 공군사관학교, 《망원경(*The Telescope*)》의 저자

제이 바비 Jay Barbree NBC뉴스 통신원, 《문샷(*Moon Shot*)》의 저자

존 배로우 John Barrow 물리학자, 케임브리지대학교, 《불가능(*Impossibility*)》의 저자

마르시아 바투시악 Marcia Bartusiak 《아인슈타인의 미완성교향곡(*Einstein's Unfinished Symphony*)》의 저자

짐 벨 Jim Bell 코넬대학교 천문학과 교수

제프리 베넷 Jeffrey Bennet 《UFO를 넘어서(*Beyond UFOs*)》의 저자

밥 버먼 Bob Berman 천문학자, 《밤하늘의 비밀(*Secret of the Night Sky*)》의 저자

레슬리 비세커 Leslie Biesecker 미국 국립보건원(National Institute of Health, NIH) 유전병분과 과장

피어스 비조니 Piers Bizony 과학전문 작가, 《개인용우주선 제작법(*How to Build Your Own Spaceship*)》의 저자

마이클 블레이즈 Michael Blaese 전 미국 국립보건원(NIH) 과학자

알렉스 뵈제 Alex Boese 장난박물관(Museum of Hoaxes)의 설립자

닉 보스트롬 Nick Bostrom 옥스퍼드대학 교수, 트랜스휴머니스트(transhumanist)

로버트 바우먼 중령 Lt. Col. Robert Bowman 우주안보연구소(Institute of Space and Security Studies)

로렌스 브로디 Lawrence Brody 미국 국립보건원 게놈 테크놀로지 분과위원장

로드니 브룩스 Rodney Brooks 전 MIT 인공지능연구소 소장

레스터 브라운 Lester Brown 지구정책연구소(Earth Policy Institute) 설립자

마이클 브라운 Michael Brown 칼텍 천문학과 교수

제임스 칸톤 James Canton 세계미래연구소(Institute for Global Future) 설립자, 《극단적 미래(*The Extreme Future*)》의 저자

아서 카플란 Arthur Caplan 펜실베이니아대학교 생명윤리연구소(Center for Bioethics) 소장

프리초프 카프라 Fritjof Capra 《다빈치처럼 과학하라(*The Science of Leonardo*)》의 저자

숀 캐럴 Sean Carroll 우주론학자, 칼텍

앤드류 차이킨 Andrew Chaikin 《달 위의 사람(*Man on the Moon*)》의 저자

리로이 치아오 Leroy Chiao 전 NASA 우주인

조지 처치 George Church 하버드의과대학 컴퓨터유전공학연구소 소장

토머스 코크란 Thomas Cochran 물리학자, 천연자원 보호협의회(Natural Resources Defense Council)

크리스토퍼 코키노스 Christopher Cokinos 과학전문 작가, 《무너진 하늘(*The Fallen Sky*)》의

저자

프란시스 콜린스 Francis Collins 미국 국립보건원 원장

비키 콜빈 Vicki Colvin 라이스대학교(Rice Univ.) 생물학 및 환경나노기술연구소(Biological and Environmental Nanotechnology) 소장

닐 커민스 Niel Comins 《위험한 우주여행(*The Hazard Space Travel*)》의 저자

스티브 쿡 Steve Cook 다이네틱스(Dynetics) 사 우주기술연구소 소장, 전 NASA 대변인

크리스틴 코스그로브 Christine Cosgrove 《노멀 앳 애니 코스트(*Normal at Any Cost*)》의 저자

스티브 커즌스 Steve Cousins 윌로우 가라지(Wilow Garage) 사 CEO

브라이언 콕스 Brian Cox 맨체스터대학 물리학자, 〈BBC 사이언스〉 진행자

필립 코일 Phillip Coyle 전 미국 국방성 차관보

대니얼 크레비어 Daniel Crevier 《AI : 인공지능개발의 파란만장한 역사(*AI : The Tumultuous History of the Search for Artificial Intelligence*)》의 저자, 코레코(Coreco) 사 CEO

켄 크로즈웰 Ken Croswell 천문학자, 《장엄한 우주(*Magnificient Universe*)》의 저자

스티븐 쿰머 Steven Cummer 듀크대학 컴퓨터공학자

마크 컷코스키 Mark Cutkosky 스탠퍼드대학 기계공학자

폴 데이비스 Paul Davis 물리학자, 《초힘(*Superforce*)》의 저자

오브리 드 그레이 Aubrey de Gray SENS재단 수석연구원

고(故) 마이클 더투조스 Michael Dertouzos 전 MIT 컴퓨터과학연구소 소장

재레드 다이아몬드 Jared Diamond UCLA 지리학과 교수, 퓰리처상 수상자

매리엇 디크리스티나 Mariette DiChristina 〈사이언티픽 아메리카(Scientific America)〉 수석편집자

피터 딜워스 Peter Dilworth 전 MIT 인공지능연구소 과학자

존 도너휴 John Donoghue 브라운대학교 브라이언게이트(BrianGate) 창안자

앤 드루얀 Ann Druyan 코스모스 스튜디오(Cosmos Studio), 칼 세이건(Carl Sagan)의 미망인

프리먼 다이슨 Freeman Dyson 프린스턴 고등과학원 명예교수

조나단 엘리스 Jonathan Ellis 물리학자, 유럽입자가속기센터(CERN)

대니얼 페어뱅크스 Daniel Fairbanks 《에덴의 유적(*Relics of Eden*)》의 저자

티모시 페리스 Timothy Ferris 버클리 캘리포니아대학교 명예교수, 《은하수의 새로운 시대(*Coming of Age in the Milky Way*)》의 저자

마리아 피니초 Maria Finitzo 영화제작자, 피바디상(Peabody Award) 수상자, 《줄기세포연구기록(*Mapping Stem Cell Research*)》

로버트 핀켈스타인 Robert Finkelstein 인공지능(AI) 전문가

크리스토퍼 플래빈 Christopher Flavin 월드워치연구소(WorldWatch Institute)

루이스 프리드먼 Louis Freedman 행성협회(Planetary Society) 공동설립자

제임스 가빈 James Garvin 전 NASA 수석연구원, NASA 고다드 우주비행센터(Godard Space Flight Center)

에벌린 게이츠 Evalyn Gates 《아인슈타인의 망원경(*Einstein's Telescope*)》의 저자

잭 가이거 Jack Geiger Physicians for Social Responsibility 공동설립자

데이비드 젤런터 David Gelernter 예일대학교 컴퓨터공학과 교수

닐 게선펠드 Neil Gershenfeld MIT 비트원자센터(Center for Bits and Atoms) 소장

폴 길스터 Paul Gilster 《센타우리의 꿈(*Centauri Dreams*)》의 저자

레베카 골드버그 Rebecca Goldberg 전 환경보호기금(Environmental Defense Fund) 선임연구원, 퓨 자선기금(Pew Charitable Trust), 해양과학연구소장

돈 골드스미스 Don Goldsmith 천문학자, 《도망가는 우주(*The Runaway Universe*)》의 저자

세스 골드스타인 Seth Goldstein 카네기멜론대학교 컴퓨터공학과 교수

데이비드 굿스타인 David Goodstein 캘리포니아 공과대학 물리학과 교수

J. 리처드 고트 3세 J. Richard Gott III 프린스턴대학교 천체물리학과 교수, 《아인슈타인 우주의 시간여행(*Time Travel in Einstein's Universe*)》의 저자

고(故) 스티븐 제이 굴드 Stephen Jay Gould 생물학자, 하버드 라이트브리지 사(Havard Lightbridge Corp.)

토머스 그레이엄 Thomas Graham 스파이위성 전문가

존 그랜트 John Grant 《타락한 과학(*Corrupted Science*)》의 저자

에릭 그린 Eric Green 미국 국립인간게놈연구소 소장, 미국 국립보건원

로널드 그린 Ronald Green 《디자인된 아기(*Babies by Design*)》의 저자

브라이언 그린 Brian Greene 컬럼비아대학교 수학과 및 물리학과 교수, 《엘러건트 유니버스(*Elegant Universe*)》의 저자

앨런 구스 Alan Guth MIT 물리학과 교수, 《인플레이션 우주(*The Inflationary Universe*)》의 저자

윌리엄 핸슨William Hanson 《의학의 변경(*The Edge of Medicine*)》의 저자

레너드 헤이플릭Leonard Hayflick 샌프란시스코 의과대학 해부학 교수

도널드 힐리브랜드Donald Hillebrand 공간이동연구소 소장, 아르곤 국립연구소(Argonne National Laboratory)

프랑크 폰 히플Frank von Hipple 물리학자, 프린스턴대학교

제프리 호프만Jeffrey Hoffman 전 NASA 우주인, MIT 항공학 및 우주인학(astronautics) 교수

더글러스 호프스태터Douglas Hofstadter 퓰리처상 수상자, 《괴델, 에셔, 바흐(*Gödel, Escher, Bach*)》의 저자

존 호건John Horgan 스티븐스 기술연구소(Stevens Institute of Technology), 《과학의 종착점(*The End of Science*)》의 저자

제이미 하이네만Jamie Hyneman TV 프로 〈호기심해결사(MythBusters)〉 진행자

크리스 임페이Chris Impey 애리조나대학 천문학과 교수, 《살아 있는 우주(*The Living Cosmos*)》의 저자

로버트 아이리Robert Irie 전 MIT 인공지능연구소 연구원, 매사추세츠 종합병원(Massachusetts General Hospital)

P.J. 자코보비츠P.J. Jakobowitz 〈PC〉 매거진

제이 자로슬라프Jay Jaroslav 전 MIT 인공지능연구소 연구원

도널드 요한슨Donald Johanson 고인류학자, 루시(Lucy)의 발견자

조지 존슨George Johnson 〈뉴욕타임스(*New York Times*)〉, 과학 저널리스트

탐 존스Tom Jones 전 NASA 우주인

스티브 케이츠Steve Kates 천문학자, 라디오방송 진행자

잭 케슬러Jack Kessler 노스웨스턴대학교 신경의학과 교수, 파인버그 신경과학연구소 (Feinberg Neuroscience Institute) 소장

로버트 커쉬너Robert Kirshner 하버드대학교 천문학자

로렌스 크라우스Lawrence Krauss 애리조나주립대학교, 《스타트렉의 물리학(*The Physics of Star Trek*)》의 저자

레이 커즈와일Ray Kurzweil 발명가, 《영혼이 깃든 기계의 시대(*The Age of Spiritual Machine*)》의 저자

로버트 란자Robert Lanza 생물공학자, 고등세포연구소(Advanced Cell Technology)

로저 로니우스 Roger Launius 《우주로봇(*Robot in Space*)》의 저자

스탠 리 Stan Lee 마블 코믹스(Marvel Comics)와 스파이더맨의 창시자

마이클 레모닉 Michael Lemonick 전 〈타임(Time)〉지 과학편집자, 클리이밋 센트럴(Climate Central)

아서 러너 Arthur Lerner 컬럼비아대학교 지질학자, 화산학자

사이먼 르베이 Simon LeVay 《과학이 잘못되었을 때(*When Science Goes Wrong*)》의 저자

존 루이스 John Lewis 애리조나대학교 천문학자

앨런 라이트맨 Alan Lightman MIT, 《아인슈타인의 꿈(*Einstein's Dream*)》의 저자

조지 리네한 George Linehan 《스페이스십원(*SpaceShipOne*)》의 저자

세스 로이드 Seth Lloyd MIT, 《우주 프로그램하기(*Programming the Universe*)》의 저자

조지프 릭켄 Joseph Lykken 물리학자, 페르미 국립가속기연구소(Fermi National Accelerator Laboratory)

패티 마에스 Pattie Maes MIT 미디어연구소

로버트 만 Robert Mann 《과학탐정수사(*Forensic Detective*)》의 저자

마이클 폴 메이슨 Michael Paul Mason 《헤드 케이스(*Head Cases*)》의 저자

W. 패트릭 맥크레이 W. Patrick McCray 《하늘을 계속 바라보라!(*Keep Watching the Sky!*)》의 저자

글렌 맥기 Glenn McGee 《완벽한 아기(*The Perfect Baby*)》의 저자

제임스 맥러킨 James McLurkin 전 MIT 인공지능연구소 연구원, 라이스대학교

폴 맥밀란 Paul McMillan 스페이스워치(Spacewatch) 소장, 애리조나대학교

풀리비오 멜리아 Fulivio Melia 애리조나대학교 물리학과 및 천문학과 교수

윌리엄 멜러 William Meller 《에볼루션 Rx(*Evolution Rx*)》의 저자

폴 멜처 Paul Meltzer 미국 국립보건원

마빈 민스키 Marvin Minsky MIT, 《마음의 사회(*Society of Mind*)》의 저자

한스 모라벡 Hans Moravec 카네기멜론대학교 연구교수, 《로봇(*Robot*)》의 저자

고(故) 필립 모리슨 Phillip Morrison MIT, 물리학자

리처드 뮬러 Richard Muller 버클리 캘리포니아대학교 천체물리학자

데이비드 나하무 David Nahamoo 전 IBM 언어연구소(Human Language Technology) 연구원

크리스티나 닐 Christina Neal 화산학자, 알래스카 화산관측소(Alaska Volcano Observatory),

미국 지질탐사회

마이클 노바체크 Michael Novacek 미국 자연사박물관 화석, 포유류 큐레이터

마이클 오펜하이머 Michael Oppenheimer 환경전문가, 프린스턴대학교

딘 오니쉬 Dean Ornish 샌프란시스코 캘리포니아대학교 의과대학 임상학 교수

피터 팔레스 Peter Palese 마운트사이나이 의과대학 미생물학 교수

찰스 펠러린 Charles Pellerin 전 NASA 임원

시드니 페르코비츠 Sidney Perkowitz 에모리대학교(Emory Univ.) 물리학과 교수, 《헐리웃의 과학(*Hollywood Science*)》의 저자

존 파이크 John Pike GlobalSecurity.org 운영자

제나 핀콧 Jena Pincott 《신사는 정말로 금발을 좋아하는가?(*Do Gentlemen Really Prefer Blondes?*)》의 저자

토마소 포지오 Tomaso Poggio 인공지능 전문가, MIT

코리 포웰 Correy Powell 〈디스커버(Discover)〉지 수석편집자

존 포웰 John Powell JP 에어로스페이스(JP Aerospace) 설립자

리처드 프레스턴 Richard Preston 《핫존(*The Hot Zone*)》과 《냉동기 속의 악령(*The Demon in the Freezer*)》의 저자

라만 프리즈나 Raman Prijna 런던대학교 천체물리학과 교수

데이비드 쿼맨 David Quamman 과학전문작가, 《못마땅한 다윈(*The Reluctant Mr. Darwin*)》의 저자

캐서린 램스랜드 Katherine Ramsland 과학수사 전문가

리사 랜들 Risa Randall 하버드대학교 물리학과 교수, 《숨겨진 우주(*Warped Passage*)》의 저자

마틴 리스 경 Sir Martin Rees 케임브리지대학교 우주론 및 천체물리학 교수, 《태초 그 이전(*Before the Beginning*)》의 저자

제레미 리프킨 Jeremy Rifkin 경제동향연구재단(Foundation on Economic Trends)의 설립자

데이비드 리퀴어 David Riquier MIT 미디어연구소

제인 리슬러 Jane Rissler 우려하는 과학자들의 모임(Union of Concerned Scientists)

스티븐 로젠버그 Steven Rosenberg 미국 암연구소, 미국 국립보건원

폴 사포 Paul Saffo 미래학자, 스탠퍼드대학교 자문교수

고(故) **칼 세이건** Carl Sagan 코넬대학교, 《코스모스(*Cosmos*)》의 저자

닉 세이건 Nick Sagan 《이것을 미래라 부르는가?(*You Call This the Future?*)》의 공동저자

마이클 샐러몬 Michael Salamon NASA 비욘드 아인슈타인(Beyond Einstein) 프로그램

아담 새비지 Adam Savage TV 프로〈호기심해결사(MythBusters)〉진행자

피터 슈바르츠 Peter Schwartz 미래학자, 글로벌 비즈니스 네트워크(Global Business Network)
공동설립자

마이클 셔머 Michael Shermer 회의론자 협회(Skeptic Society) 설립자, 〈스켑틱(Skeptic)〉
발행인

도나 셜리 Donna Shirley 전 NASA 화성탐사 프로젝트 관리자

세스 쇼스탁 Seth Shostak SETI 연구소

닐 슈빈 Niel Shubin 시카고대학교 유기생물학 교수, 《내 안의 물고기(*Your Inner Fish*)》의
저자

폴 슈츠 Paul Shuch SETI연맹 명예전무이사

피터 싱어 Peter Singer 《전쟁에 뛰어든 로봇(*Wired for War*)》의 저자, 브루킹스연구소
(Brookings Institute)

사이먼 싱 Simon Singh 《빅 뱅(*Big Bang*)》과 《페르마의 마지막 정리(*Fermat's Last
Theorem*)》의 저자

게리 스몰 Gary Small 《아이브레인(*iBrain*)》의 공동저자

폴 스푸디스 Paul Spudis NASA 우주과학 태양계분과 행성지질탐사 프로젝트

스티븐 스퀴어스 Steven Squyres 코넬대학교 천문학과 교수

폴 스타인하르트 Paul Steinhardt 프린스턴대학교 물리학과 교수, 《끝없는 우주(*Endless
Universe*)》의 저자

그레고리 스톡 Gregory Stock UCLA, 《인간 재설계(*Redesigning Humans*)》의 저자

리처드 스톤 Richard Stone 〈디스커버〉지 "최근 지구 대충돌(*The Last Great Impact on
Earth*)"

브라이언 설리반 Brian Sullivan 헤이든 천문관(Hayden Planetarium)

레너드 서스킨드 Leonard Susskind 스탠퍼드대학교 물리학과 교수

대니얼 태밋 Daniel Tammet 자폐증 치료전문가, 《브레인맨 천국을 만나다(*Born on a Blue
Day*)》의 저자

조프레 테일러 Geoffrey Taylor 물리학자, 멜버른대학교(Melbourne Univ.)

고(故) 테드 테일러 Ted Taylor 미국 핵탄두 설계자

막스 테그마크 Max Tegmark 물리학자, MIT

앨빈 토플러 Alvin Toffler 《제3의 물결(*The Third Wave*)》의 저자

패트릭 터커 Patrick Tucker 세계미래협회(World Future Society)

스탠스필드 M. 터너 Stansfield M. Turner 전 CIA 국장

크리스 터니 Chris Turney 영국 엑시터대학교(Univ. of Exeter) 교수, 《얼음, 진흙 그리고 피(*Ice, Mud and Blood*)》의 저자

닐 디그래스 타이슨 Niel deGrasse Tyson 헤이든 천문관 관장

세시 벨라무어 Sesh Velamoor 미래재단(Foundation for the Future)

로버트 월러스 Robert Wallace 《스파이크래프트(*Spycraft*)》의 공동저자, 전 CIA 기술지원팀장

케빈 워릭 Kevin Warwick 영국 리딩대학교(Univ. of Reading), 사이보그전문가

프레드 왓슨 Fred Watson 천문학자, 《스타게이저(*Stargazer*)》의 저자

고(故) 마크 와이저 Mark Weiser Xerox PARC

앨런 와이즈맨 Alan Weisman 《우리가 없는 세상(*The world Without Us*)》의 저자

대니얼 워트하이머 Daniel Werthimer SETI, 버클리 캘리포니아대학교

마이크 웨슬러 Mike Wessler 전 MIT 인공지능연구소 연구원

아서 위긴스 Arthur Wiggins 《물리학의 즐거움(*The Joy of Physics*)》의 저자

앤서니 윈쇼-보리스 Anthony Winshaw-Boris 미국 국립보건원

칼 짐머 Carl Zimmer 과학전문작가, 《진화(*Evolution*)》의 저자

로버트 짐머만 Robert Zimmerman 《지구탈출(*Leaving Earth*)》의 저자

로버트 주브린 Robert Zubrin 화성협회(Mars Society) 설립자

"2012년 12월 21일 동짓날에 지구가 멸망한다"는 주장은 예언이지만, "오늘 저녁에 술을 마시면 내일 시험을 망친다"는 주장은 예견이다. 인과관계가 분명치 않으면서 대체로 부정적인 내용을 담고 있으면 예언이고, 과거의 정보와 인과율에 입각하여 앞으로 벌어질 일을 논리적으로 유추하는 것은 예견이다. 적어도 내가 알기로는 그렇다. 주식과 부동산, 입시경향, 그리고 정계동향 등은 예언이 아닌 예견에 속한다.

그렇다면 세상에서 가장 정확한 예견은 무엇일까? 아마도 "위로 던져진 사과는 다시 아래로 떨어진다"는 식의 과학적 예견일 것이다. 주식시장의 동향을 예견했다가 틀리면 누군가가 피해를 입게 되지만, 과학적 예견은 위험부담이 없고 누구에게나 공개되어 있으며 어떤 예견보다 정확하다. 그러나 사과가 아래로 떨어진다는 단순한 예견으로는 직접적인 이득을 창출할 수 없기 때문에 듣는 이의 피부에 깊이 와 닿지 않는다.

학창시절에 수학과 물리학을 배우면서 누구나 이런 의문을 한 번쯤 떠올린 적이 있을 것이다. "미적분과 뉴턴의 법칙이 앞으로 내가 먹고사는 데 무슨 도움이 된단 말인가?" 맞는 말이다. 전혀 도움이 안 된다. 미적분을 몰라도 인플레이션은 장바구니 물가로 체감할 수 있고, 뉴턴의 법칙을 몰라도 높은 곳에 올라가면 누구나 두려움을 느낀다. 당장 눈앞에 닥친 상황만 인지하면서 살아간다면 굳이 과학을 알 필요 없이 경험과 직관만으로 충분하다.

그러나 과학은 박물관의 전시품이 아니다. 과학은 끊임없이 발전하면서 새로운 사실을 밝혀내고, 그로부터 새로운 문명의 이기가 탄생한다. 새로운 제품은 새로운 시장을 창출하고, 새로운 시장은 새로운 경제 판을 짠다. 과학은 왠지 속세와 무관하게, 그리고 우아하게 존재하는 것 같지만, 그 속을 들여다보면 가장 물질적이고 세속적인 첨단정보의 근원이기도 하다.

이 책에서 미치오 카쿠는 과학적 사실에 인간의 속성과 사회적 동향까지 고려하여 100년 후의 미래를 예견하고 있다. 한 가지 예를 들어보자. 미래에는 어떤 직업이 뜰 것인가? 과학을 고려하지 않는다면 참으로 어려운 질문이다. 그러나 과학적 사실에 기초한 미치오 카쿠의 논리는 참으로 간단명료하다. 미래에는 사람보다 훨씬 능률적인 첨단로봇이 모든 분야에 보급될 것이므로 로봇의 주특기인 단순반복 업무(기계조립공, 단순 주식중개인 등)는 사라지고, 로봇의 취약종목인 '형태인식'과 '유용한 상식'에 기반을 둔 직업(건설인부, 형사, 예술가, 작가 등)이 살아남는다. 이 예견이 그럴듯하게 들리는 이유는 로봇의 필요성을 누구나 인정하기 때문이다. 즉, 다른 사람이 내놓은 예견을 취사선택하려면 기초적인 과학지식이 있어야 한다는 이야기다. 그래서 우리는 학창시절에 과학을 배우는 것이다.

　미래에 대한 예견이 정확하려면 기본정보부터 정확해야 한다. 그래서 미치오 카쿠는 다양한 분야에서 미래의 과학을 선도하는 300여 명의 과학자들을 직접 인터뷰했다. 게다가 그의 전작인 《평행우주》나 《불가능은 없다》와 달리, 자신의 전공분야인 물리학 외에 사회, 역사, 정치, 심리학 등 다방면에 걸쳐 전문가 못지않은 식견을 유감없이 보여주고 있다(심지어 마지막 9장에서 미치오 카쿠는 잠시 소설가로 변신한다!). 60대 중반의 나이에도 오직 미래만 바라보고 사는 듯한 그의 진취적 성향과 과학자로서의 열정, 그리고 박학다식함은 여전히 타의 추종을 불허한다.

　미치오 카쿠의 책은 지금까지 국내에 6권이 소개되었는데, 그중 절반을 내가 번역하는 행운을 누렸다. 나보다 10년 이상 나이가 많은 그이지만, 그의 책을 번역하면서 예전보다 젊어진 듯한 착각이 들 정도이다. 부디 그가 오랫동안 건강을 유지하면서 과학의 전도사로 왕성하게 활동해주기를 진심으로 기원한다.

2012년 9월
박병철

참 고 문 헌

Archer David. *The Long Thaw: How Humans Are Changing the Next 100,000 Years of Earth's Climate*. Princeton. NJ: Princeton University Press, 2009.

Bezold, Clement, ed. *2020 Visions: Health Care Information Standards and Technologies*. Rockville, MD: United States Pharmacopeial Convention, 1993.

Brockman, Max, ed. *What's Next? Dispatches on the Future of Science*. New York: Vintage, 2009.

Broderick, Damien. *The Spike: How Our Lives Are Being Transformed by Rapidly Advancing Technologies*. New York: Forge, 2001.

Broderick, Damien, ed. *Year Million: Science at the Far Edge of Knowledge*. New York: Atlas, 2008.

Brooks, Rodney A. *Flesh and Machines: How Robots Will Change Us*. New York: Vintage, 2003.

Brown, Lester. *Plan B 4.0: Mobilizing to Save Civilization*. New York: Norton, 2009.

Canton, James. *The Extreme Future: The Top Trends That Will Reshape the World for the Next 5, 10, and 20 Years*. New York: Dutton, 2006.

Coates, Joseph F., John B. Mahaffie, and Andy Hines. *2025: Scenarios of U.S. and Global Society Reshaped by Science and Technology*. Greensboro, NC: Oakhill Press, 1997.

Cornish, Edward, ed. *Futuring: The Exploration of the Future*. Bethesda, MD: World Future Society, 2004.

Crevier, Daniel. *AI: The Tumultuous History of the Search for Artificial Intelligence*. New York: Basic Books, 1993.

Davies, Paul. *The Eerie Silence: Renewing Our Search for Alien Intelligence*.

Boston: Houghton Miffin Harcourt, 2010.

Denning, Peter J., ed. *The Invisible Future: The Seamless Integration of Technology into Everyday Life*. New York: McGraw Hill, 2002.

Denning, Peter J., and Robert M. Metcalfe. *Beyond Caculation: The Next Fifty Years of Computing*. New York: Copernicus, 1997.

Destouzos, Michael. *What Will Be: How the New World of Information Will Change Our Lives*. New York: HarperCollins, 1997.

Didsbury, Howard F., Jr., ed. *Frontiers of the 21st Century: Prelude to the New Millenium*. Bethesda, MD: World Future Society, 1999.

_____. *21st Century Opportunities and Challenges: An Age of Destruction or an Age of Transformation*. Bethesda, MD: World Future Society, 2003.

Dyson, Freeman J. *The Sun, the Genome, and the Internet: Tools of Scientific Revolutions*. New York: Oxford University Press, 1999.

Foundation for the Future. *Future of Planet Earth: Seminar Proceedings*. Bellevue, WA: Foundation for the Future, 2009; www.futurefoundation. org/publication/index.htm.

_____. *The Next Thousand Years*. Bellevue, WA: Foundation for the Future, 2004.

Friedman, George. *The Next 100 Years: A Forecast for the 21st Century*. New York: Doubleday, 2009.

Hanson, William. *The Edge of Medicine: The Technology That Will Change Our Lives*. New York: Palgrave Macmillan, 2008.

Kaku, Michio. *Visions: How Science Will Revolutionize the 21st Century*. New York: Anchor, 1998.

Kurzweil, Ray. *The Singularity Is Near: When Humans Transcend Biology*. New York: Viking, 2005.

McElheny, Victor K. *Drawing the Map of Life: Inside the Human Genome Project*. New York: Basic Books, 2010.

McRae, Hamish. *The World in 2020: Power, Culture, and Prosperity*. Cambridge, MA: Harvard Business School, 1995.

Mulhall, Douglas. *Our Molecular Future: How Nanotechonogy, Robotics, Genetics, and Artificial Intelligence Will Transform Our World*. Amherst, NY: Prometheus, 2002.

Peterson, John L. *The Road to 2015: Profiles of the Future*. Corte Madera, CA:

Waite Group, 1994.

Pickover, Clifford A., ed. *Visions of Technology: Art, Technology and Computing in the Twenty-first Century*. New York: St. Martin's Press, 1994.

Rhodes, Richard, ed. *Visions of Technology: A Century of Vital Debate About Machines, Systems, and the Human World*. New York: Simon & Schuster, 1999.

Ridley, Matt. *The Rational Optimist: How Prosperity Evolves*. New York: HarperCollins, 2010.

Rose, Steven. *The Future of Brain: The Promise and Perils of Tomorrow's Neuroscience*. New York: Oxford University Press, 2005.

Seife, Charles. *Sun in a Bottle: The Strange History of Fusion and the Science of Wishful Thinking*. New York: Viking Penguin, 2008.

Sheffield, Charles, Marcelo Alonso, and Morton A. Kaplan, eds. *The World of 2044: Technological Development and the Future of Society*. st. Paul, MN: Paragon House, 1994.

Stock, Gregory. *Redesigning Humans: Choosing Our Genes, Changing Our Future*. Boston: Houghton Mifflin, 2003.

Thurow, Lester C. *The Future of Capitalism: How Today's Economic Forces Shape Tomorrow's World*. New york: William Morrow, 1996.

Toffler, Alvin, and Heidi Toffler. *Revolutionary Wealth*. New York: Knopf, 2006.

van der Duin, Patrick. *Knowing Tomorrow? How Science Deals with the Future*. Delft, Netherlands: Eburon,2007.

Vinge, Vernor. *Rainbow End*. New York: Tor, 2006.

Waston, Richard. *Future Files: The 5 Trends That Will Shape the Next 50 Years*. London: Nicholas Brealey, 2008.

Weiner, Jonathan. *Long for This World: The Strange Science of Immortality*. New York: HaperCollins, 2010.